U0247558

# 黄河志

卷十

## 黄河河政志

黄河水利委员会黄河志总编辑室 编

河 南 人 民 出 版 社

**图书在版编目(CIP)数据**

黄河河政志 / 黄河水利委员会黄河志总编辑室编. —2版. —郑州 : 河南人民出版社, 2017. 1
(黄河志; 卷十)
ISBN 978-7-215-10562-1

Ⅰ. ①黄… Ⅱ. ①黄… Ⅲ. ①黄河-河道整治-概况 Ⅳ. ①TV882

中国版本图书馆CIP数据核字(2016)第261983号

河南人民出版社出版发行
(地址:郑州市经五路66号 邮政编码:450002 电话:65788056)
新华书店经销 河南新华印刷集团有限公司印刷
开本 787毫米×1092毫米 1/16 印张 38.25
字数 637千字
2017年1月第2版 2017年1月第1次印刷

定价:230.00元

# 序

李　鹏

黄河，源远流长，历史悠久，是中华民族的衍源地。黄河与华夏几千年的文明史密切相关，共同闻名于世界。

黄河自古以来，洪水灾害频繁。历代治河专家和广大人民，在同黄河水患的长期斗争中，付出了巨大的代价，积累了丰富的经验。但是，由于受社会制度和科学技术条件的限制，一直未能改变黄河严重为害的历史，丰富的水资源也得不到应有的开发利用。

中华人民共和国成立后，党中央、国务院对治理黄河十分重视。1955年7月，一届全国人大二次会议通过了《关于根治黄河水害和开发黄河水利的综合规划的决议》。毛泽东、周恩来等老一代领导人心系人民的安危祸福，对治黄事业非常关怀，亲自处理了治理黄河中的许多重大问题。经过黄河流域亿万人民及水利专家、技术人员几十年坚持不懈的努力，防治黄河水害、开发黄河水利取得了伟大的成就。黄河流域的面貌发生了深刻变化。

治理和开发黄河，兴其利而除其害，是一项光荣伟大的事业，也是一个实践、认识、再实践、再认识的过程。治黄事业虽已取得令人鼓舞的成就，但今后的任务仍然十分艰巨。黄河的治理开发，直接关系到国民经济和社会的发展，我们需要继续作出艰苦的努力。黄河水利委员会主编的《黄河志》，较详尽地反映了黄河的基本状况，记载了治理黄河的斗争史，汇集了治黄的成果与经验，不仅对认识黄河、治理开发黄河将发挥重要作用，而且对我国其他大江大河的治理也有借鉴意义。

1991年8月20日

# 序

钮茂生

黄河志乘著述甚多,但还未见有河政专著。新编《黄河志》中设河政专志,记述古今河政得失,补此空白,确是一件好事。

黄河是中国的第二大河,是中华民族的摇篮,由于中游水土流失严重,生态环境逐渐恶化,下游河道泥沙沉积而高悬于地面,历史上以水患闻名于世。为治国安邦,历代当朝者无不亲自过问黄河的整治,设治河机构,派治河官员,立治河法规,掌治河政务。纵观数千年,有关治河行政事务的记载纷繁众多,归纳剖析可以看出,每当国家稳定,河政统一,河事则相对安宁,如东汉、隋、唐都是河患稀疏的时期;每当国家四分五裂,河政凋敝,则会造成河患增多,如历史上的魏、晋、南北朝、五代十国等。到了清代末年,河政又步入分散旧辙,直到民国年间,封建割据,以邻为壑,黄河几乎年年决口,甚至一年数决,不堪收拾。

真正实现更新治河观念,充实河政建设,开辟治河事业崭新局面是在中华人民共和国成立以后。1950年1月政务院明确黄河水利委员会为流域机构,开始对黄河进行全面治理。1955年全国人民代表大会一届二次会议通过《关于根治黄河水害和开发黄河水利的综合规划的决议》后,黄河水政建设得到加强,水行政管理职能逐步扩展。这些都有力地促进了黄河的治理与开发。在黄河防洪、防凌、开发水电、发展农业灌溉和城市供水、防治水土流失等各项除害兴利事业中取得了前所未有的成就。

中国共产党十一届三中全会以来,黄河流域经济发展迅速,工农业生产和城市用水需求剧增,加之水资源污染加重,黄河水资源的供需矛盾日趋突出，争水、争地的纠纷也逐渐增多，原有的多“龙”管水的局面已经不能适应形势发展的需要。《中华人民共和国水法》的颁布实施，为统一水政、实行水资源统一管理提供了法律依据，使黄河的治理与开发逐步走上了依法治河的轨道，黄河的水利法制建设得到了加强，以贯彻实施《水法》为先导，建立并不断完善层次分明、行业齐全的黄河水法规体系，符合黄河特点的、调控合理有效的黄河水行政管理体系和有序高效、关系协调、运转有力的黄河水利执法体系，在统一黄河水政、推进流域管理与行政区域管理相结合制度的实施、统一管理水资源方面取得了很大进展。

中国共产党第十四次全国代表大会明确提出了我国经济体制改革的目标是建立社会主义市场经济体制。当前，我国正处在由传统的计划经济向社会主义市场经济转变的重要时期，水利是国民经济的基础产业和基础设施。在新形势下，抓紧水利法制体系建设，是建立和完善适应社会主义市场经济的水利新体制、巩固和发展水利的重要保障。要进一步加快立法步伐，完善配套法规。在逐步完善行政管理法规的同时，要加快水利经济立法，健全执行体系，提高执法水平。

经国务院批准的水利部新“三定”方案，明确了流域机构是水利部的派出机构、国家授权对其所在流域行使水行政主管部门的职责。黄河水利委员会要认真履行国家授予的职权，进一步加强黄河水政水资源管理，加快黄河的治理与开发，发展水利经济，不断壮大水利基础产业，更好地为国民经济和社会发展服务。

《黄河河政志》的编纂出版，为研究黄河、开发治理黄河提供了系统全面的河政资料，古为今用，我相信，这项工作成果不仅对加强黄河建设事业有重要现实意义，也可以对其他江河水利建设事业起到有益的借鉴作用。

1994年8月22日

# 前言

黄河是我国第二条万里巨川，源远流长，历史悠久。黄河流域在100万年以前，就有人类生息活动，是我国文明的重要发祥地。黄河流域自然资源丰富，黄河上游草原辽阔，中下游有广大的黄土高原和冲积大平原，是我国农业发展的基地。沿河又有丰富的煤炭、石油、铝、铁等矿藏。长期以来，黄河中下游一直是我国政治、经济和文化中心。黄河哺育了中华民族的成长，为我国的发展作出了巨大的贡献。在当今社会主义现代化建设中，黄河的治理开发仍占有重要的战略地位。

黄河是世界上闻名的多沙河流，善淤善徙，它既是我国华北大平原的塑造者，同时也给该地区人民造成巨大灾害。计自西汉以来的两千多年中，黄河下游有记载的决溢达一千余次，并有多次大改道。以孟津为顶点北到津沽，南至江淮约25万平方公里的广大地区，均有黄河洪水泛滥的痕迹，被称为"中国之忧患"。

自古以来，黄河的治理与国家的政治安定和经济盛衰紧密相关。为了驯服黄河，除害兴利，远在四千多年前，就有大禹治洪水、疏九河、平息水患的传说。随着社会生产力的发展，春秋战国时期，就开始修筑堤防、引水灌溉。历代治河名人、治河专家和广大人民在长期治河实践中积累了丰富的经验，并留下了许多治河典籍，为推动黄河的治理和治河技术的发展作出了重要贡献。1840年鸦片战争以后，我国由封建社会沦为半封建半殖民地的社会，随着内忧外患的加剧，黄河失治，决溢频繁，虽然西方科学技术逐步引进我国，许多著名水利专家也曾提出不少有创见的治河建议和主张，但由于受社会制度和科学技术的限制，一直未能改变黄河为害的历史。

中国共产党领导的人民治黄事业，是从1946年开始的，在解放战争年代渡过了艰难的岁月。中华人民共和国成立后，我国进入社会主义革命和社会主义建设的伟大时代，人民治黄工作也进入了新纪元。中国共产党和人民政府十分关怀治黄工作，1952年10月，毛泽东主席亲临黄河视察，发出"要把黄河的事情办好”的号召。周恩来总理亲自处理治黄工作的重大问题。为了根治黄河水害和开发黄河水利，从50年代初就有组织、有计划地对黄河进行了多次大规模的考察，积累了大量第一手资料，做了许多基础工作。1954年编制出《黄河综合利用规划技术经济报告》，1955年第一届全国人民代表大会第二次会议审议通过了《关于根治黄河水害和开发黄河水利的综合规划的决议》，人民治黄事业从此进入了一个全面治理、综合开发的历史新阶段。在国务院和黄河流域各级党委、政府的领导下，经过亿万群众和广大治黄职工的艰苦奋斗，黄河的治理开发取得了前所未有的巨大成就。在黄河下游基本建成防洪工程体系，并组建了强大的人防体系，已连续夺取四十多年伏秋大汛不决口的伟大胜利，使社会主义建设事业得以顺利进行；在中上游建成了许多大中型水利水电工程，流域内灌溉面积和向城市、工矿企业供水有了很大发展，取得了巨大的经济效益和社会效益；在黄土高原地区开展了大规模的群众性的水土保持工作，取得了为当地兴利、为黄河减沙的明显成效；河口的治理为三角洲的开发创造了条件。如今，古老黄河发生了历史性的重大变化。这些成就被公认为社会主义制度优越性的重要体现。

治理和开发黄河，是一项光荣而伟大的事业，也是一个实践、认识、再实践、再认识的过程。治黄事业已经取得了重大胜利，但今后的任务还很艰巨，黄河本身未被认识的领域还很多，有待于人们的继续实践和认识。

编纂这部《黄河志》，主要是根据水利部关于编纂江河水利志的安排部署，翔实而系统地反映黄河流域自然和社会经济概况，古今治河事业的兴衰起伏、重大成就、技术水平和经济效益以及经验教训，从而探索规律，策励将来。由于黄河历史悠久，治河的典籍较多，这部志书本着“详今略古”的原则，既概要地介绍了古代的治河活动，又着重记述中华人民共和国成立以来黄河治理开发的历程。编志的指导思想，是以马列主义、毛泽东思想为理论基础，遵循中共十一届三中全会以来的路线、方针和政策，实事求是地记述黄河的历史和现状。

《黄河志》共分十一卷，各卷自成一册。卷一大事记；卷二流域综述；卷三水文志；卷四勘测志；卷五科学研究志；卷六规划志；卷七防洪志；卷八水土保持志；卷九水利水电工程志；卷十河政志；卷十一人文志。各卷分别由黄河水利委员会所属单位及组织的专志编纂委员会承编。全志以文为主，图、表、照片分别穿插各志之中。力求文图并茂，资料翔实，使它成为较详尽地反映黄河的河情，具体记载中国人民治理黄河的艰苦斗争史，能体现时代特点的新型志书。它将为今后治黄工作提供可以借鉴的历史经验，并使关心黄河的人士了解治黄事业的历史和现状，在伟大的治黄事业中发挥经世致用的功能。

新编《黄河志》工程浩大，规模空前，是治黄史上的一项盛举。在水利部的亲切关怀下，黄河水利委员会和黄河流域各省（区）水利（水保）厅（局）投入许多人力，进行了大量的工作，并得到流域内外编志部门、科研单位、大专院校和国内外专家、学者及广大热心治黄人士的大力支持与帮助。由于对大规模的、系统全面的编志工作缺乏经验，加之采取分卷逐步出版，增加了总纂的难度，难免还会有许多缺漏和不足之处，恳切希望各界人士多加指正。

**黄河志编纂委员会**

1991年1月20日

# 凡　例

一、《黄河志》是中国江河志的重要组成部分。本志编写以马列主义、毛泽东思想为指导，运用辩证唯物主义和历史唯物主义观点，准确地反映史实，力求达到思想性、科学性和资料性相统一。

二、本志按照中国地方志指导小组《新编地方志工作暂行规定》和中国江河水利志研究会《江河水利志编写工作试行规定》的要求编写，坚持“统合古今，详今略古”和“存真求实”的原则，突出黄河治理的特点，如实地记述事物的客观实际，充分反映当代治河的巨大成就。

三、本志以志为主体，辅以述、记、传、考、图、表、录、照片等。

篇目采取横排门类、纵述始末，兼有纵横结合的编排。一般设篇、章、节三级，以下层次用一、(一)、1、(1)序号表示。

四、本志除引文外，一律使用语体文、记述体，文风力求简洁、明快、严谨、朴实，做到言简意赅，文约事丰，述而不论，寓褒贬于事物的记叙之中。

五、本志的断限：上限不求一致，追溯事物起源，以阐明历史演变过程。下限一般至1987年，但根据各卷编志进程，有的下延至1989年或以后，个别重大事件下延至脱稿之日。

六、本志在编写过程中广采博取资料，并详加考订核实，力求做到去粗取精，去伪存真，准确完整，翔实可靠。重要的事实和数据均注明出处，以备核对。

七、本志文字采用简化字，以1964年国务院公布的简化字总表为准，古籍引文及古人名、地名简化后容易引起误解的仍用繁体字。标点符号以1990年3月国家语言文字工作委员会、国家新闻出版署修订发布的《标点符号用法》为准。

八、本志中机构名称在分卷志书中首次出现时用全称，并加括号注明简称，再次出现时可用简称。

人名一般不冠褒贬。古今地名不同的，首次出现时加注今名。译名首次出现时，一般加注外文，历史朝代称号除汪伪政权和伪满洲国外，均不加“伪”字。

外国的国名、人名、机构、政治团体、报刊等译名采用国内通用译名，或以现今新华通讯社译名为准，不常见或容易混淆的加注外文。

九、本志计量单位，以1984年2月27日国务院颁发的《中华人民共和国法定计量单位的规定》为准，其中千克、千米、平方千米仍采用现行报刊通用的公斤、公里、平方公里。历史上使用的旧计量单位，则照实记载。

十、本志纪年时间，1912年（民国元年）以前，一律用历代年号，用括号注明公元纪年（在同篇中出现较多、时间接近，便于推算的，则不必屡注）。1912年以后，一般用公元纪年。

公元前及公元1000年以内的纪年冠以“公元前”或“公元”字样，公元1000年以后者不加。

十一、为便于阅读，本志编写中一般不用引文，在确需引用时则直接引用原著，并用“注释”注明出处，以便查考。引文注释一般采用脚注（即页末注）或文末注方式。

## 黄河志编纂委员会



## 黄河志总编辑室

# 黄河河政志编纂人员

**主　　编**　徐思敬

**编撰人员**　徐思敬　林观海　王质彬　陈克森　郭建军　陈爱芳
赵祥志　李为民　王梅枝　左慧元　闵惠仙　刘如云
田杏芳　苏仲仁　温存德　王志敏　高传德　薛长兴
陈同善　乔西现　罗启民　王福林　韩连鑫　郭体英
殷文彬　刘炳华

**编辑人员**　栗　志　王梅枝　侯起秀　陈晓梅　李云奇

# 编辑说明

《黄河河政志》是《黄河志》的第十卷。由治河管理机构、治河法规、治河经费、水资源保护、用水管理、水事纠纷、黄河档案七篇组成。

本志是在黄河志编纂委员会的领导下，由黄河志总编辑室策划，并组织黄河水利委员会各有关业务部门的专业人员编纂的。主编徐思敬，各篇的编写人是：概述和治河管理机构篇徐思敬，治河法规篇林观海，治河经费篇王质彬、陈克森、郭建军、陈爱芳、赵祥志、李为民、王梅枝、左慧元、闵惠仙、刘如云、田杏芳、苏仲仁、温存德，水资源保护篇王志敏、高传德，用水管理篇薛长兴、陈同善、乔西现，水事纠纷篇罗启民、王福林、韩连鑫、郭体英，黄河档案篇殷文彬、刘炳华。

本志各篇编纂的起始时间早晚不一，编纂的程序一般是：各单位编写人员首先按既定的篇、章、节、目收集资料，采访当事人和知情人，经过鉴别、遴选、考证资料，按篇目、凡例规定写出初稿送黄河志总编辑室初审，而后修改、补充写出征求意见稿，分送请有关专家、学者、领导干部、修志行家和知情人审阅。

为了保证本志的质量，1992年7月，黄河志总编辑室在郑州邀请了黄河志编纂委员会的部分委员和黄河水利委员会的部分老领导干部、副总工程师等举行了一次志稿评审会，对《黄河河政志》的篇目安排、记述范围、编辑方法等进行了评议、讨论，提出了修改、补充意见。

根据各方面的意见，各篇章的编写人员对志稿再次进行了修改、补充，由主编总纂后，再次印成专册评审稿送请有关专家、学者、领导干部、修志行家审核评议。先后收到反馈意见260多份、1700多条。经过各编写人员的又一次修改、补充和深加工，由主编统稿后作为送审稿送请黄河志编纂委员会和黄河志总编辑室终审定稿。黄河志编纂委员会委员、原黄河志总编辑室主任徐福龄、袁仲翔、黄河志总编辑室主任林观海，副主任卢旭，主任编辑张汝翼参与终审定稿工作。本志由栗志统编，王梅枝、侯起秀、陈晓梅、李云奇等参加编辑校对工作。

本志目录“第二篇治河法规第四章主要治河法规选辑”中各法规后括号内的年代或日期系编者所加。

本志在编纂过程中，承蒙水利部系统、部分大专院校、有关编志部门和科学研究单位的专家、学者、教授、修志行家们的热情帮助、支持，同时又提出许多补充资料和宝贵意见，在此谨致以衷心的感谢。

本志由于编纂时间仓促，编者受水平所限，难免有讹误及缺漏之处，敬请多加指正。

1995 年 5 月 15 日

# 目　录



## 第一篇　治河管理机构

## 第二篇　治河法规

## 第三篇 治河经费

## 第四篇　水资源保护



## 第五篇　用水管理

## 第六篇　水事纠纷



## 第七篇　黄河档案

# 概　述

一

中国的水利行政建立由来久远。传说舜即位以后，命伯禹作司空，负责治理水土，一般都以此作为中国设立水利行政官员的开始。那时的司空掌天下百工，水利工程一项也在百工之内，实施范围主要在黄河流域。

司空之制至周未改，到了春秋战国时期，黄河流域侯国分立，各自为政，各侯国分别掌握了辖地的水事权。这时修筑堤防已相当普遍，于是互争水利、互避水害，水事纠纷日益增多。为了解决这些纠纷，各侯国举行过多次联席会议，订立了一些规约，如鲁釐公三年（公元前657年）阳谷（今东阿县境）之会的"毋障谷"，九年（公元前651年）葵丘（今兰考县东南）之会的"毋曲防"；鲁襄公十一年（公元前562年）亳城（今商丘市北）之盟的"毋壅利"以及召陵（今郾城县东）之会的"毋曲堤"等，都是禁止修筑有损邻邦、有碍河道行洪的水利规约。这些规约的制定和实施，对减轻洪水灾害、缓和水事纠纷等都起到了很好的作用。

秦统一全国后，设置都水长、承等水利官员，并制定出一系列法规、条款。其中《田律》是中国最早制定的农田水利法规。《田律》中有与黄河直接相关的"决通川防，夷去险阻"的条文，即拆除战国以来修筑的影响行洪和水上交通的阻碍物，以利修守。故秦之统一，也促使了黄河河政趋向统一。

汉承秦制，仍设都水长、承，并在多种官职部门下设有都水官管理水利。特别是汉文帝以后，河患加剧，从中央到地方都十分重视治河。如"河堤谒者"，犹如皇帝派到黄河上的巡察，河堤有事可以随时直接奏闻于朝廷。地方官吏也都有守堤职责，连同堤防守护人员数千人，有时多达万人以上。汉成帝始建四年（公元前29年），以王延世为"河堤使者"，从此黄河上设置了专职官员，河政得以事权统一。

汉时河患加剧，治河投入也剧增，"濒河十郡，治堤岁费且万万"，永平十二年（公元69年）王景治河修堤"虽简省役费，然犹以百亿计"。

汉代曾制定出河防修守法规，惜已失传。明帝永平十三年（公元70年）所下的《巡行河渠诏》及和帝永元十年（公元98年）下的《疏导沟渠诏》也都起到治河法规的作用。在农田水利方面，武帝元鼎六年（公元前111年）所下的《平徭行水诏》规定了农民合理负担，兴修农田水利实行劳役定额；安帝元初二年（公元115年）所下的《修理旧渠通利水道诏》对维修渠道、灌溉用水都作了规定。另外，东汉时还制定了雨雪报告制度。

魏、晋、南北朝曾设都水台的治水机构，但这一时期中原战争频仍，无暇治河，史书上有关治河的事宜记载很少，故有“魏、晋、南北朝，河之利害不可得闻”的概叹。

到了隋、唐，中央水利行政管理机构，除工部之下的水部掌管水利政令外，另专设都水监掌管河道堤防，总领河事，并负责疏浚运河、管理工程设施；沿河各级地方官员在都水监总领下都有修守河防的职责。至此，中国古代水利行政管理体制基本定型。一直到明、清，中间虽有若干变化，大体上都是这样的格局。

唐代有一部关于国家机构、官员职权和其他各种典章制度的法律文件《唐六典》，其中对水利机构和地方政府有关水利行政也作了规定。《唐六典》实际类似今天的政府组织法。

在堤防工程修筑和确保河防安全方面，唐代都规定了比较严密的制度，大部存于《营缮令》中，如修建工程的报批制度、沿河地方官员对河防的检查制度、拆除河床民埝和阻水建筑物制度、堤防植树制度等，并对违反规定的订有惩罚条款，尤其对于人为决堤事件，规定要根据情节严肃处理，直至死刑。

对引水灌溉工程管理，唐代制定出中国第一部比较系统的水利工程管理专门法典——《水部式》。现存的《水部式》已不完整，但从残卷中仍可以看到其对灌溉渠堰、闸门等工程管理和灌溉用水管理以及漕渠、津梁、捕鱼等方面均有系统的规定，对管理人员的职责、考绩、督察也都分门别类作了规定，这对保证农田适时灌溉、节约用水、渠系维修等都有重要作用，并为历代制定水利行政法规参照引用。在航运管理方面，随着众多人工运河的开凿和天然河道航运事业的兴盛，隋唐以来制定了一系列保证航运安全的航道、船运、桥、渡、仓房等管理制度和惩处水上交通犯罪的法规。唐代还根据黄河含沙量大、漕渠易淤的特性，制定了“每年正月发近县丁勇，塞长茭，决沮淤”的清浚漕渠制度。

宋、金时期，黄河洪水灾害频繁，治河机构也随之更为完备。工部掌百工政令;都水监依旧独立,且其权力更为加重。宋代廷臣有奏,朝廷必发都水监核议,职责十有八九皆在黄河。其下又设南、北外监,各置监丞、提举、司监官、监埽官、堰官、渡监官等。鉴于黄沁两河下游防洪息息相关,金代增设黄沁都巡河官居怀州兼沁水事。此外,河工一旦有事,朝廷还要另诏派临时性官员。沿河各级地方官员仍都兼理河务,以致河工官员名目繁多。宋、金时期的河工兵夫人数也大有增加,宋时有"河防一步置一人"的事。金人在沿河设25埽,仅专职人员就有12000多人,若遇筑堤堵口等大型工程,动员民工人数更多,少者数万,多者数十万。

在河政管理方面,宋人制定了《农田水利条约》、《疏决利害八事》;金人制定了《河防令》。《河防令》为中国第一部防洪法令。

宋、金时期的治河投资,大量用于频繁的堵口、开河、改道、筑堤工程,每次大工支付资金多至数万、数十万贯,绳、索、蒲、苇料物数十万至数百万条、束,总投资数量已不可胜计。北宋末年左正言任伯雨曾说:"河为中国患,二千岁矣,自古竭天下之力以事河者,莫如本朝。"此后金代统治黄河流域一个半世纪,黄河为害的严重程度和投入的治河资金、人力,并不比北宋减少。

元、明时期仍以工部掌天下百工政令。元朝都水监的品秩有所升高,由四五品升为从三品,员额也有增加,机构庞大,人员众多,官属虽盛于往昔,实则职权分散。明代治河兼治运,自明初起,皆由漕运都督兼理河道。永乐年间,以工部尚书宋礼治河。此后间遣侍郎或都御史治河,成化年间以王恕为总理河道,为黄河上设总理河道之始,隆庆年间总理河道又加提督军务职衔。山东、河南两省巡抚兼理河务,地方各级长官共负当然之责,其组织机构愈见统一,职权愈见集中。

元、明以来,颁布的水利管理法规增多,朝廷、总理河道衙门、地方政府都颁布过一系列水利法规,其内容更为广泛、细致、具体。如元代在农田水利方面颁布的《通制条格·田令》,其中又分《理民》、《立社巷长》、《司农事例》等二十项条律;在河防方面明代颁布有《四防二守》制度和"每里十人以防"、"三里一铺、四铺一老人"巡视制度以及悬旗、挂灯、鸣锣等报警制度;对修筑堤防的选择、种类以及筑堤取土的远近、干湿度、坯头厚度、夯实程度、边坡陡缓、质量检验等都规定得十分具体、细致。这些法规制度为巩固河防工程,提高防守效应奠定了基础。

元、明时期河患水灾仍很严重,且常危及运河。两代涌现了许多治河名人,如贾鲁、徐有贞、白昂、刘大夏、刘天和、朱衡、万恭、潘季驯等。他们在黄河两岸举办的筑堤、堵口、开河等大工程连年不断,每项工程动员的民夫少者数万，多者数十万人，投资50万至80万金。元、明时期投入治河的资金又超过了宋、金时期。

在明代以前的河工投资及征用民夫人数都无一定数额，遇有大工皆临时请拨。明代开始变征夫为折征民工，即应征之民夫可以折纳银两，由官代募民夫。这一办法官民都感便利，遂成定课，谓之“河银”。此后无工之年也照常纳课，且常有加课，从此河工有了一定的岁入帑银，但也逐年加重了百姓的负担。

清代河防机构设河道总督专领河政。河道总督以下设管河道、厅、汛、堡，由道员、同知、通判、州同、州判、县丞、主簿、巡检分段修守河防。沿河各级地方政府仍有修守职责。治河动用劳动力，仍以民夫为主。康熙年间河道总督靳辅以为“河工所用之民夫，各有生业，不能常年责以居工，不如改募河兵，勒以军法，较为着实”。经奏请皇帝允准，按武装编制沿河建立了河营。从此，黄河下游又增加了一套武职机构。统领各河营者为河标，设参将、游击，每营设守备、协备，再下有千总、把总、外委等武官。每营以河段长短设河兵500～1000名不等，负责保卫河防、修筑工程、防汛、抢险、堵口等，实际是一支专职技术队伍。

雍正二年(1724年)，河道总督设副职，分管河南、山东黄运两河河务。雍正七年，以徐州为界分设江南河道总督和河南山东河道总督(又称河东河道总督)，分管黄运两河，形成两河道总督并存。至咸丰五年(1855年)铜瓦厢改道，江南河道总督裁撤，河务又由河东河道总督统管。光绪二十八年(1902年)清政府经济拮据，又将河东河道总督裁撤，河务由沿河各省巡抚兼管。黄河又走向分散治理。

著名的河套引黄灌溉，历史悠久，其管理主要由地方政府负责。宁夏灌区西夏时曾设农田司，元代曾设河渠提举、营田司、河渠司，明代设屯田司、屯田水利同知，清初设水利都司、水利同知，同治间改为抚民同知。内蒙古灌区清代以前皆由地方官管理，清末始由清政府派垦务大臣管理渠工灌溉事务，成立垦务局及10个渠工分局，宣统二年(1910年)又将这些机构大部裁汰。

此外，明万历二十一年(1592年)在青海西宁也增置屯兵通判，主管屯田及水利。

清代制定的河防法规，内容更加广泛、周密。如康熙年间《治河条例》、《道光二十九年防汛章程》对河防官员的修守职责、经费、料物收支保管、水情工情的传递、险工抢修、土工、坝工、埽工的施工规范、工程质量的验收、责任事故的赔偿及河防禁令等都有详细条款规定。其他如《清会典》、《大清会典事例》、《大清新刑律》中也都有关于防洪的具体条款。在农田水利方面，由于清代对河套灌区的引黄灌溉工程又有许多扩建、新建，因之对以往的引黄灌溉法规、制度多有补充、增订，如对渠系的维修、疏浚管理、节约用水、征收水费等规定更见细致周密。

清代治河仍重保漕，加以河道泥沙淤积，决口频繁，治河工程繁重，年支岁修、抢险及疏浚费用不下150万两白银，遇有堵口、筑堤及意外大型工程另拨专款，每年都要支付巨额白银。那时河政腐败，河官贪污成风，治河经费及大量河工投资流入私人腰包，黄河依然灾害频繁。特别是铜瓦厢改道后洪水漫流四处泛滥，清政府内外交困、经济拮据，治河经费由各省分筹，并号召灾区人民集资修筑民埝保卫田舍，官府只守南北金堤。光绪十六年(1890年)开始实行岁修定额，年支60万两白银，以后又屡有缩减。而河患仍连续不断，特别是在河南举办的石桥堵口工程，支付白银达1200万两，清政府不得不仰赖于摊派及增收地亩丁银，有时还向其他流域各省筹措、募捐。

## 二

民国初年至22年，河政仍不统一。下游冀鲁豫三省黄河河务分别由各省河务局负责修守；宁夏、绥远引黄灌区设水部房、水利局管理河渠水利。民国22年(1933年)建立国民政府黄河水利委员会，受行政院指挥监督并颁布《黄河水利委员会组织法》。组织法规定：黄河水利委员会下设总务、工务两处，“掌理黄河及渭、洛等支流一切兴利、防患、施工事务”。实则下游三省及宁、绥河务及灌溉仍由各省政府管理，河政并未统一。同年，国民政府成立黄河水灾救济委员会，负责救灾、堵口，次年底撤销，其间黄河水利委员会也受其指挥监督。

黄河水利委员会由著名水利专家李仪祉首任委员长，开始大量引进国外的先进科学技术，大量吸收水利科学技术人员，并在工务处下设测绘、设计、工程、河防管理、林垦五组，组建测量队，扩大水文站网，治河机构为之一新，治黄工作开始走向以现代科学技术为主，上下游统筹，标本兼治的新阶段。民国26年(1937年)2月，下游三省黄河河务局改归黄河水利委员会直接领导，并改称修防处，黄河河政又趋向统一。

抗日战争期间，黄河下游沦陷，国民党军为阻止日军西进，民国27年

(1938 年)在花园口扒口,黄河改道,黄河水利委员会西迁,河政无什改革。日本帝国主义投降后,黄河水利委员会迁回开封,民国 35 年(1946 年)为堵复花园口口门,成立黄河花园口堵口复堤工程局,受黄河水利委员会指导。这时,黄河下游已大部解放,解放区亦成立了冀鲁豫黄河水利委员会和山东省河务局,形成了解放区与国民党统治区两套治河机构同时并存的局面。

民国年间,在引进国外先进水利科学技术的同时,水利行政也吸收了国外的先进管理经验,制定、补充了许多水利法规。主要的如《河川法》、《水利法》、《水利法施行细则》、《水利建设纲领》、《水权登记规则》、《管理水利事业办法》、《电业法》、《灌溉事业管理养护规则》、《河套灌区水利章程十条》、《宁夏灌区管理规则》、《陕西省泾惠渠灌溉管理规则》、《黄河水利委员会防护堤坝办法》、《黄河水利委员会苗圃组织规程》等。其中《水利法》为中国近代的第一部水利法规,规定了各级水利行政机构的权限、职责;认定水资源为国家所有的自然资源,取水必须取得水权;对兴办水利工程的申报批准手续和土地征用、水运、渔业等方面水事矛盾协调以及河道、湖泊的堤防防护等作了详密的规定,成为其他各种水利法规的基本法规。

民国初年,下游河工经费仍照清末办法,由各省自筹,每年约在 40 万元至 50 万元之间。如民国 14 年(1925 年)为 44 万元;民国 19 年(1930 年)为 52 万元,而实拨从来不足。

民国 22 年(1933 年),黄河下游大灾,国民政府成立黄河水利委员会和黄河水灾救济委员会,连同国内及侨胞捐助共拨款 318.9 万元用于救灾及堵口。次年于额定预算之外,分别向河南借款 150 万元、河北借款 70 余万元,国民政府筹措 100 万元用于培修堤防;山东则筹措 15 万元,征夫培修民埝。此后再无更多的拨款。黄河水利委员会成立之初,中央决定拨给开办费 10 万元,每月经费 6 万元。而实际只领到开办费 4 万元,每月经费 3～4 万元,很难维持局面。新开拓的地形测量、水文站建设、水土保持及科学试验研究等工作都因经费不足受到影响。至于堵口工程的费用开支,仍援旧例,根据工程的大小另拨专款。其中双合岭、宫家坝、冯楼、九股路、董庄 5 处堵口工程投资不下 1100 万元。花园口堵口时正值货币贬值,共支付 592 亿元,其中包括联合国善后救济总署拨给堵口复堤工粮 5000 吨,各类机械物资 12000 余吨,价值 250 余万美元。民国时期黄河几乎年年决口,有时一年数决,其投资数字有的已散佚,尤其是征用大量的民间劳力和物料数字大部分散佚,总额已无法统计。

民国年间,国民政府和地方政府的拨款远不能满足治河工程的需要,特别是不能满足频繁的堵口、救灾及紧急工程的需要，于是不得不从各方面筹措资金。如用各种名目增加农、工、商税收；征用民间的劳动力和治河物料；向国内及侨胞募捐、贷款；接受国内外慈善机关的援助等。山东省在民埝（今临黄大堤）和南北金堤间每年征收“民埝专款”；河北省则发行“黄灾奖券”等。尽管如此千方百计地筹措，仍出现河防修守年年月月经费无着、时时刻刻工料短缺的局面，加之那时政府工作人员贪污腐化，河务流弊丛生，河防工地上曾发生成年累月地拖欠治河员工薪饷的事。

## 三

中华人民共和国成立以后，统一领导治理和开发黄河的最高一级管理机构是黄河水利委员会，直属中华人民共和国水利部。

黄河水利委员会成立于 1951 年 1 月。在此之前，黄河下游冀鲁豫解放区和渤海解放区于 1946 年都已建立治河机构，1948 年华北人民政府也在河南省建立了治河机构。同年年底，冀鲁豫解放区黄河水利委员会在开封接收了国民政府的治河机构——黄河水利工程总局及其下属机构，共 1277 人。1949 年 6 月，华北、中原、华东三大解放区成立了统一的治河机构——黄河水利委员会。1950 年 1 月，中央人民政府政务院将黄河水利委员会改为流域性机构，下设 4 个局 6 个直属处，统一领导黄河流域的治理和开发。同年 6 月，成立黄河防汛总指挥部，受中央防汛总指挥部指挥，下游各省、地区、县亦分别设立黄河防汛指挥部。

20 世纪 50 年代初期，治河机构扩展迅速。到 1956 年黄河水利委员会已有下属局、院 4 个，直属处、室、校、所 12 个，共有职工 9097 人。此后，三门峡、刘家峡、盐锅峡、青铜峡、三盛公、花园口、位山、陆浑等大型水利工程纷纷开工，各工程分别由中央、省（区）组织成立工程局、指挥部，若连同各地举办的中小型水利工程，其工程指挥机构已数不胜数，职工及民工人数更难以统计。1966 年“文化大革命”开始后，黄河水利委员会及各级治河机构陷入瘫痪状态。及至各级革命委员会建立，复将大批干部下放基层或农村劳动，各级治河机构只设政工、生产、办事三个小组，已很难行使其管理职能。至 1973 年，才渐次恢复“文化大革命”以前的各级治河机构。1978 年中国共产党第十一届中央委员会第三次全体会议以后，百废俱兴，各级治河机构都已恢复“文化大革命”以前的名称和建制，职工人数发展到 15367 人。1989 年经人事部报请国务院同意，黄河水利委员会升为副部级机构。1990年黄河水利委员会进行机构调整，机关设10个职能局、办，20个处、室；二级机构设7个正局级、6个副局级、12个处级单位。同年，将山东、河南两黄河河务局所属的修防处、段也都更名为黄河河务局。

黄河干支流的上中下游，修建了众多引水灌溉工程和水电站、水利枢纽工程。这些工程在修建时，分别由中央或地方政府组成工程指挥部施工。修成后分别交给地方政府成立管理机构管理，其中三门峡和故县水利枢纽由黄河水利委员会分别设立管理局管理。黄河流域的水资源保护、水资源管理、水量分配等，1975年以前分别由沿河各省（区）的卫生环境保护部门和相关省（区）联合组成的分配调度部门管理。20世纪80年代黄河水利委员会建立了水资源保护办公室，1990年又成立水政水资源局，水政逐步向统一管理迈进。

水土保持是一项广泛、持久的群众性工作，一向由地方各级政府分别组成水土保持实施机构开展工作，黄河中游亦有由国务院组成的黄河中游水土保持委员会，黄河水利委员会也设有黄河中游治理局和农村水利水土保持局，会同地方进行流域内的水土保持监督、管理、预防工作，并负责水土保持的业务指导和技术服务。从现有黄河水利委员会的机构设置和职能来看，已经吸收了先进的流域管理经验，为进一步统一河政、完善职能奠定了基础。

中华人民共和国成立以来，国家颁布了很多法律、法规。有关水利的和由黄河系统制定的及沿河各省（区）人民政府制定的水利法规，不下150多部（件）。其条款更见周密，内容更臻完备。1988年颁布的《中华人民共和国水法》，是中国的一部水的基本法。它既总结了历史经验，又体现了水利作为基础产业的重要地位。它的贯彻实施，标志着中国走上了依法治水的新阶段。

解放区人民治河工作是从1946年开始的。1946～1949年全部治河工作在下游。那时正值解放战争时期，解放区经济极为困难，但是解放区人民政府每年仍为治河付出了巨大财力、物力和人力。冀鲁豫解放区黄河水利委员会1947年全年支付修堤工资折合粮食小米526万公斤、小麦449万公斤，冀钞31亿多元，柴草1748万公斤。渤海解放区山东省河务局1947年全年支付修堤工资折合粮食639万公斤，柴草399万公斤。另外，因解放区受封锁，治河所需的石料来源断绝，解放区人民政府先是动员群众收集零散砖石，由河务部门收料发款，后因用量太大，号召群众自动捐献。一时群众献砖献石风起云涌，争先支援治河，截至1948年9月两解放区河务部门共收群众捐献的散砖、乱石、庙碑、石牌坊共30.5万立方米。两解放区从1946年到1949年用于黄河的工款折合人民币3400余万元，每年平均1133万元。

从1949年中华人民共和国成立至1993年，黄河下游进行了三次大修堤工程，完成土方8亿立方米，改建、新建险工136处，坝垛、护岸5347道，并对大堤进行了锥探灌浆，放淤固堤，消灭隐患，修建护滩工程192处，开辟滞洪区、河道展宽工程各2处，共投资34.46亿元；沿河群众完成治河投工2.6亿个，折合人民币6.52亿元。到1993年黄河下游河防共投资40.98亿元（不含防洪水库投资）。上述工程的完成，构成了黄河下游"上拦下排，两岸分滞"的防洪体系，对防洪和兴利都发挥了重大作用。

黄河流域的水土保持工作，民国时期只进行小范围的试验研究和治理。中华人民共和国成立以后，以自力更生为主，国家支援为辅，多层次、多渠道筹集资金，开展了大规模的治理，截至1993年共投资107.83亿元，其中国家投资19.26亿元；群众自筹资金（大部分是投入的劳力折合资金）86.13亿元；国际支援2.44亿元。

从20世纪50年代修建黄河三门峡水利枢纽开始，截至1992年已在黄河干流上修建了龙羊峡、刘家峡、盐锅峡、八盘峡、青铜峡、三盛公、天桥、三门峡、花园口（已破除）、位山（已破除）10座拦河水利枢纽，共投资49.80亿元；在支流上修建大中型水库171座，投资21.07亿元；截至1990年在干支流新建、扩建30万亩以上灌溉工程50处，投资42.04亿元，截至1985年修建的1～30万亩灌区550多处，投资18.29亿元。此外地方投资和群众集资修建的中小型水利工程投资均未统计在内。

从1950年到1993年，治河工作用于勘测设计、水文观测、水利科学研究等项的款项开支数字也很大。仅从黄河水利委员会经费中就开支了11.31亿元，黄河流域各级地方政府用于治河各项事业的开支不下12.41亿元。

综上不完全统计，国家对治河总投资不少于215亿元。但若与治河兴利收益相比，截至1993年黄河流域的引黄灌溉面积已发展到9500万亩，水力发电装机总量达到367余万千瓦，水土流失治理面积达到2.36亿亩，只此三项的连年增产总值将不知要超过治河总投资的多少倍。若连同沿河城市工业、人民生活供水、引黄济（天）津、引黄济青（岛）的经济收益尤其是黄河下游40多年安渡大汛的经济效益，其总收益数就更为巨大。

黄河流域的水事纠纷自古就有。那时主要是两岸滩区争种滩地和灌溉用水。尤其是游荡性河段，河道变化剧烈，两岸农民争种耕地常发生斗殴流血事件。最多纠纷的河段是黄河下游和禹门口至潼关河段，明清两代的地方志中多有记载，并且一直没有得到妥善解决。中华人民共和国成立以后，随着黄河流域工农业生产和交通运输业迅猛发展，在黄河干支流上兴建了许多水利工程、铁路、桥梁等，使河道流向、灌溉引水、排涝防洪等发生了新的变化，出现了新的矛盾，省与省、地区与地区之间产生了新的水事纠纷，主要有禹门口至潼关间晋陕两省因修建河道工程引起的争种滩地和争水资源的纠纷；金堤河中下游鲁豫两省防洪排涝、灌溉引水和行政区划的纠纷；沁河下游豫晋两省因修水电站引起的用水纠纷；黄河下游豫鲁两省因修建密城湾河道工程引起的群众争种滩地的纠纷等。中央人民政府对各类水事纠纷十分重视，提出了“互让互利，团结治水”的方针，各级人民政府通过调查研究、召开会议、充分协商或修建工程，使纠纷大都得到解决，少数正在协调的纠纷也都大大缓解。

从20世纪70年代起，随着国家工农业生产的发展，沿河排污量增多，致使黄河水质污染日趋严重。黄河水质污染的主要来源是工矿企业排放的废水、废渣，城市人民生活排放的污水、垃圾及农田随水土流失、灌溉退水进入河道的农药、化肥和泥沙等。污染程度有的河段在三级以上，个别支流达到五级。主要污染物为耗氧有机物和挥发酚、氰化物、石油类、砷化物、汞、六价铬、铅、镉等。这些有毒物质，严重地影响人民的生活和健康，对工业、农业、渔业生产也影响极大，致使一些工业产品质量下降，引黄灌区和渔场减产，乃至绝收。

黄河流域的水资源保护工作是从1972年开始的，最先由沿河8省（区）联合组成污染调查协作组，进行水质调查和监测。1975年成立黄河水源保护办公室，1978年成立黄河水质监测中心和水源保护科学研究所，进行水质监测、科学研究和监督管理、污染防治工作。经过十多年各级水利、环境保护部门的共同努力，特别是《中华人民共和国环境保护法》、《中华人民共和国水污染防治法》和《中华人民共和国水法》颁布以来，一些工矿企业和城市的污染物排放量有所减少，局部水质有所改善，但从全流域污染趋势来看，随着工农业的发展，污染程度仍有所加重。

作为黄河水资源保护的管理机关——黄河流域水资源保护局，由于受到机构和工作职能的限制，尚无法单独行使监督管理的职责，长期以来只是协助或会同地方环境保护部门做一些监督管理工作，尚不能适应黄河水资源保护工作的需要。

1990年，黄河水利委员会成立了水政水资源局，这对管好用好黄河水资源，合理开发，兴利除害，走向科学治河、依法治河，加强流域统一管理将会发挥重要作用。

中国人民在治河斗争中积累的大量原始档案和原始资料大部分都已散佚，尤其是明代以前的，现存已寥寥无几！而近期所形成的治河档案和资料却十分完善，即使在解放战争中所形成的人民治黄档案，由于档案保管人员忠于职守，虽在战火纷飞中也都保存了下来。

中华人民共和国成立以后，黄河档案管理工作逐渐走上正轨，保管制度严密，档案资料充实完备，除将原有档案进行统一整理外，又对历代治黄档案资料进行了征集，并从各方面收集大批有关治河著述和史料，逐步弥补历代治黄史料的不足。截至1990年底，黄河档案馆馆藏档案总计164512卷、图纸281036张、资料77338本，会属单位共藏档案281921卷，下属各局、院分藏的档案、资料尤多。这些档案、资料为黄河流域的开发治理提供了并将继续提供重要依据。

# 第一篇

## 治河管理机构

据传说，中国自夏、商、周时期就已设水行政专官，行使水行政管理。那时的黄河治理，已经是国家的重要事务。秦、汉以来，从中央到沿河各级地方官府，都有治河职责。汉成帝时开始设立治河专职官员。到了宋代，沿河各州、县皆设专官管理河务，治河机构逐渐扩大。金、元时期，黄河下游河防由军民共守。明代设立总理河道，下游河务管理由分散走向统一，总理河道加提督军务职衔，可以直接指挥军队。清代设立河道总督，沿河设河防营，实行文武两套机构。至清光绪二十八年(1902年)，国库拮据，撤销河道总督，河务由下游沿河各省巡抚兼理，治河机构由统一又走向分散。民国22年(1933年)，国民政府建立黄河水利委员会，从此有了全河统一的治河机构。中华人民共和国成立以后于1950年1月25日，中央人民政府政务院决定将黄河水利委员会改为流域性机构。随着治河事业的发展，黄河水利委员会已是水利部在黄河流域和新疆、内蒙古内陆河范围内的派出机构。国家授权其在流域内和在上述范围内行使水行政管理职能。按照统一管理和分级管理的原则，统一管理本流域水资源的河道，负责流域的综合治理、开发，管理具有控制性的重要水工程，搞好规划、利用和保护。随着水行政职能的实施，治理机构迅速扩大，专业机构日渐完备。

# 第一章　古代机构

## 第一节　明代以前

相传公元前21世纪以前，舜即位，命大禹为司空负责治水，一般都以此为中国特设水利官员之始。

到了春秋战国时期，增设水官、都匠水工等，负责治河、开渠事宜。当时黄河流域国邑林立，各自为政，互争水利，互避水害，修筑了许多堤防和灌溉工程，治河机构逐渐扩大。

秦设都水长、丞，掌理国家水政。

汉承秦制，中央治水官员仍设都水长、丞，并在太长、少府、司农、水衡都尉等官职、部门属下，都设有都水官。由于都水官数量多，武帝特设左、右都水使者管理都水官。至汉哀帝才罢都水官员和使者，并设河堤谒者。沿河地方郡县官员都有防守河堤职责。修守河堤动员人数，有时多在万人以上。武帝以前（公元前140年以前），“都水使者居京师以领之，有河防重事则出而治之”。到了成帝始建四年（公元前29年），以王延世为河堤使者，开始设立治河专官。

魏、晋以来，中原战争频繁，治河机构仍承汉制，除设都水使者、河堤使者、河堤谒者、水衡都尉外，水部下又有都水郎、都水从事等，但是这些官员的职位都不高，后来逐渐减少，甚至有时只剩一人，治河机构大量缩减。晋人傅玄曾说：“河堤谒者，一人之力，行天下诸水无时得遍。”

隋初有水部侍郎，属工部，下设都水台，后改台为监，又改监为令，统舟楫、河渠两署令。那时全国总人口不过5000万，被征去开凿运河的丁役竟达300万人。可见河防机构已很薄弱。

唐代比较重视治河和水利工程，除在尚书省工部之下专设水部郎中、员外郎以外，又置都水监。龙朔二年（公元662年）改水部为司川，至咸亨元年（公元670年）又复故，而河堤谒者仍专司河防，以下又增添典事三人、掌固四人。唐代地方官员皆兼领河事。开元十年（公元722年）六月，“博州（今聊城)黄河堤坏”。唐玄宗下令派博州刺史李畲、冀州(今冀县)刺史裴子余、赵州(今赵县)刺史柳儒“乘传旁午分理”,并令按察使萧嵩“总领其事”。治河主要依靠地方政府。

五代时期,黄河决溢频繁,治河机构略有加强。后唐时(公元923~936年)除设河堤使者以外,又设水部、河堤牙官、堤长、主簿等。后周显德时(公元954~959年)并设水部员外郎等。

宋代河患加剧,治河机构更加扩大。“工部尚书掌百工水土政令,侍郎为之二”。工部其属有三,即屯田、虞部、水部。水部下设都水监,水部及都水监衙门,权限也较历朝为重,“廷臣有奏,朝廷必发都水监核议,职责十有八九皆在黄河”,都水监几为黄河专设。沿河地方设置多种兼职、专职官员,各州长吏也都管黄河,另外还有一些临时性的治河机构。那时河工堤防埽坝修筑技术已有相当大的发展,河工技术队伍逐步扩大,并逐渐形成长期的固定性治河专业技术队伍,终年驻守河工。

宁夏、内蒙古引黄灌溉工程历史悠久,但其管理主要由地方政府负责。西夏时(1031~1228年)设农田司,专管宁夏农田水利。

金代治河机构仿宋制,设都水监,并在尚书省下设工部,置侍郎一员、郎中一员,“掌修造工匠屯田山林川泽之禁,江河堤岸道路桥梁之事”,宣宗兴定五年(1221年)另设都巡河官,掌巡视河道、修完堤堰、栽植榆柳等,其管理职责更为广泛具体。沿河地方官员也都兼理河务。大定二十七年(1187年)世宗命沿河“四府十六州之长、贰皆提举河防事,四十四县之令、佐皆管勾河防事”,并下令“添设河防军数”。金还在下游沿河置25埽(6在河南,19在河北),每埽设散巡河官一员,每4埽或5埽设都巡河官1员,共配备埽兵12000人。

元代工部设侍郎、员外郎仍如旧制,都水监掌治河渠和堤防、水利、桥梁、闸堰事。另设河道提举司,专管治理黄河。至正六年(1346年)置山东、河南都水监,以专堵疏之任。至正八年又诏“于济宁、郓城立行都水监”,九年又立山东、河南行都水监。十二年各行都水监添设判官二员。对于宁夏复设灌区管理机构,世祖至元元年(1264年),派郭守敬为宁夏河渠提举。二十六年(1289年)复立营田司于宁夏府,管理屯田水利。至武宗至大元年(1308年)八月,宁夏设立河渠司,秩五品,官二员,参以二僧,专管水利。

## 第二节　明清时期

明代工部下仍设水部（后改为都水清吏司），由郎中、员外郎主管河渠水利。明代治河兼治运，永乐时令漕运都督兼理河道。永乐九年（1411年），以工部尚书宋礼治河，此后间遣侍郎或御史治河，渐次多用朝官。成化七年（1471年），以王恕为总理河道，为黄河设立总理河道之始。弘治五年（1492年）八月，命工部左侍郎陈政兼都察院右佥都御史总理河南等处河道；嘉靖二十年（1541年），以都御史加工部衔提督河南、山东、直隶河道；隆庆四年（1570年）总理河道又加提督军务衔；万历六年（1578年）以工部尚书兼总理河漕提督军务；十六年复设总理河道；二十六年复并为总理河漕；三十二年又复设总理河道。总之，明代治河机构，以工部为主管，总理河道直接负责，并兼有军衔，可以直接指挥军队治河。沿河各省巡抚及以下地方官也都负有治河职责，其治河机构愈见完备。

明代在镇守宁夏总兵署下设屯田司，负责浚渠、均徭以都屯政。万历十六年（1588年），改设屯田水利同知，管理宁夏水利。在黄河上游的青海省西宁，明万历二十一年（1593年）增置屯兵判官，主管屯田及水利。

清代仍沿明制，设工部，掌天下百工政令，河工隶属于工部。但河道总督直接受命于朝廷，工部不敢干涉。河道总督的品秩可达到头品，曾有大学士充任。顺治元年（1644年）河道总督驻济宁，管理黄运两河。康熙十六年（1677年）移驻清江浦（今江苏淮阴市）。雍正二年（1724年）设副河道总督，驻河南武陟。雍正五年副河道总督分管河南、山东两省黄、运河务。雍正七年分设江南河道总督（仍驻清江浦）和河南山东河道总督（又称河东河道总督，驻济宁）。两河道总督兼兵部尚书右都御史衔，乾隆四十八年（1783年）改兼兵部侍郎右副都御史衔。

河道总督以下，设文武两套机构：文职机构设管河道、厅、汛；武职机构设河标、河营。文职司核算钱粮、购备河工料物等；武职负责河防修守。两者职责也互有连带，期在互相牵制。文职管河道，设道员，以下河厅由同知、通判充任；再下汛、堡由州同、州判、县丞、主簿、巡检充任。武职河标设参将、游击，河营由守备或协备统领，以下又有千总、把总、外委各武官。

江南河道总督下辖有：河库道（驻清江浦，掌出纳河帑），淮徐道（驻徐州），淮扬道（驻淮安）。康熙十七年（1678年）开始设河营。

河东河道总督下辖有：山东运河道（驻济宁），开归道（曾称开归陈许道，驻开封），彰卫怀道（驻武陟）。开始只有河兵1700人，后又从江南调来支援河兵1000人，成立河南豫河营和河北怀河营。

咸丰五年（1855年）黄河从河南兰阳（今兰考县）铜瓦厢决口改道，兰阳以下故道断流。咸丰十年（1860年）六月，清政府裁撤江南河道总督及其所属道、厅、营、汛，河务由河东河道总督统辖。光绪十年（1884年）山东新河道河务除由巡抚总领外，设立河防总局，上中下三游设分局及11个河防营。光绪十七年（1891年）山东巡抚奏请委派三游总办、会办各一员办理河务，成为定制。直隶省新河道流经长垣、濮阳、东明三县。光绪元年（1875年）设东明河防同知，汛期调练军上堤防守。光绪六年（1880年）大名府管河同知移驻东明高村。次年，成立河防营，并以大顺广兵备道兼管水利，后又调保定练军前营管理黄河。北岸长垣、濮阳两县新修堤埝由地方自行修守。至光绪二十八年（1902年）清政府将河东河道总督裁撤，河务由三省巡抚分别兼管，黄河下游河务又走向分散管理。

宁夏灌区，清初设水利都司。雍正三年（1725年）复设水利同知。同治十一年（1872年）改为抚民同知，管理农田水利。

内蒙古河套灌区，清以前皆由地方官管理水利，清末垦务大臣贻谷来到河套灌区，管理机构开始逐渐形成。先是在包头成立西盟垦务局，负责乌、伊两盟垦务和渠工事务，随后又在垦务局下设立10个渠工分局，分管各渠。贻谷被参后，至宣统二年（1910年），水利管理机构又大部被裁汰。

# 第二章 中华民国时期机构

民国初年,全国无统一的治理黄河机构,各省河务受中央主管水利机关和各省政府领导。

中央主管水利的机关多有变化,最初为内务部的土木司和农商部的农林司共同负责管理;民国3年(1914年)增设全国水利局,与内务、农商两部共商水利事务;民国16年(1927年),将水利建设划归全国建设委员会,农田水利划归农业部,河道疏浚划归交通部,水灾、防御归内政部管理。

民国18年(1929年),开始筹设统一的治河机构——黄河水利委员会,但因经费无着,没有正式成立。民国22年(1933年)黄河大水,下游水灾严重,9月1日虽仓猝成立黄河水利委员会,但下游冀鲁豫三省河务仍由地方各省直接管理;有的堵口工程由国民政府成立的黄河水灾救济委员会办理。民国26年(1937年)1月,豫鲁两省的黄河河务局,改为修防处并改归黄河水利委员会;抗日战争胜利后,1946年黄河水利委员会又在郑州北郊成立河北修防处,治河机构始告统一。

## 第一节 黄河水利委员会

民国18年(1929年),国民政府制定并公布《国民政府黄河水利委员会组织条例》,任命冯玉祥为国民政府黄河水利委员会委员长,马福祥、王瑚为副委员长,设委员17人,筹备设立流域机构。但因经费无着,当事人又牵于其他职务而未成立。

民国19年(1930年),中央执行委员会决议:"所有计划、治理黄河事宜,由建设委员会办理。"事后建设委员会并未实现这项决议。

民国20年(1931年),行政院决定将黄河水利事业移交内政部接管,国民政府任命朱庆澜为黄河水利委员会委员长,马福祥、李协(即李仪祉)为副委员长。次年,国民政府改组黄河水利委员会,设委员7人。事后仍以经费无着,而未成立。

民国22年(1933年)4月,国民政府特派李仪祉为黄河水利委员会委员长,王应榆为副委员长,沈怡、许心武、陈泮岭、李培基为委员,5月26日派张含英为委员兼秘书长,并以沿河青海、甘肃、宁夏、绥远、山西、陕西、河南、河北、山东九省及江苏、安徽两省建设厅长为当然委员,许心武兼筹备主任,筹备成立黄河水利委员会。6月28日国民政府公布《黄河水利委员会组织法》,规定黄河水利委员会直属于国民政府,掌理黄河及渭、洛等支流一切兴利、防患、施工事务。8月黄河发生大洪水,下游决口泛滥,灾情严重,黄河水利委员会改归行政院指挥监督。9月1日黄河水利委员会正式成立。这是黄河上第一次成立的流域机构。黄河水利委员会下设总务、工务处,会址原定于南京并在开封西安两地各设办事处,后经河南、河北、山东、江苏、安徽5省电请改设于下游,经行政院核定,遂以开封为会址,于11月8日迁开封教育馆街办公。但下游冀鲁豫三省黄河河务局仍由各该省政府领导。治河机构实际尚未统一。

民国26年(1937年)1月16日,国民政府修正《黄河水利委员会组织法》,规定黄河水利委员会隶属于全国经济委员会,下设总务、工务、河防三处,掌理黄河及渭、洛等支流一切兴利、防患事务,并改沿河各省政府主席为当然委员。共负黄河修守职责,协助办理各该省有关河务。4月又将豫鲁两省河务局改归黄河水利委员会领导,改名黄河水利委员会驻豫、驻鲁修防处。治河机构逐渐走向统一。

民国27年(1938年)春,日本帝国主义侵略军进犯豫东,开封告急,中央电令:"黄河水利委员会除受经济部直辖外,并受第一战区司令长官指挥监督,以期与军事密切配合,适应抗战需要。"黄河水利委员会于当年5月迁至洛阳,后又迁至西安。6月,国民党军为阻日军西进,在花园口扒堤决口,黄河改道。1938年至1939年由黄河水利委员会会同河南省政府两次组织成立防泛新堤工赈委员会,修筑防泛西堤。1939年5月完工后撤销。堤防由河南黄河修防处接收修守。

民国29年(1940年)2月,黄河水利委员会聘请有关大学教授、专家组织成立黄河水利委员会林垦设计委员会,筹划开展水土保持工作(该委员会至民国33年撤销)。4月在郑州成立豫省河防特工临时工程处,负责修筑花园口以下的泛区新堤御敌工程(于次年7月完工后撤销)。10月,在兰州成立黄河水利委员会上游工程处(民国30年6月至民国33年1月,一度改称上游修防林垦工程处),10月17日国民政府修正《黄河水利委员会组织法》,规定黄河水利委员会直属于全国水利委员会。

民国34年(1945年)1月,黄河水利委员会成立宁夏工程总队,总队设在银川,勘测、发展宁夏的引黄灌溉工程。8月,日本宣布无条件投降,黄河水利委员会于次年初迁回开封。12月,黄河水利委员会成立花园口堵口工程处,筹备堵复花园口决口。

民国35年(1946年)2月,成立花园口堵口复堤工程局,受黄河水利委员会指导。黄河水利委员会花园口堵口工程处同时撤销。4月,黄河水利委员会建立河北修防处,暂设于郑州北郊东赵村,后迁至开封。7月,行政院水利委员会成立黄河治本研究团。8月,开始查勘,研究治本工程。12月,宁夏工程总队改组为宁绥工程总队,总队部设于绥远包头,负责勘测和发展宁夏、绥远两省的引黄灌溉工程。同月,行政院聘请美国水利专家成立的黄河顾问团来华,开始查勘黄河,民国36年元月结束。

民国36年(1947年)6月12日,行政院改组黄河水利委员会为黄河水利工程局,次年7月改称黄河水利工程总局。

民国37年(1948年)8月,黄河水利工程总局部分人员迁往南京,次年转迁至衡阳、桂林。9月,奉令撤销。

## 第二节 山东省河务局

民国元年(1912年),山东省黄河河务改由该省都督兼管,同时撤销山东河防总局。上中下三游仍各设河防局、河防分局及18个河防营,但改三游总办为河防局长,改会办、提调为河防分局长。

民国6年3月,山东改设河务局于泺口,以总办统辖全省河务,并将三游河防局一律裁撤,上下两游各设河务分局,中游河防由总办兼理。

民国17年(1928年)山东河务局调整机构,局下仍设三个河务分局及18个河防营,另设河工公电局,管理电话、电报业务。河防营设于南岸8个,北岸10个。每营辖5汛,设营长1人、汛长4人、汛员5人、河兵河夫71至77人不等,以上共计官弁兵夫1620人,另有红炮船水手200人,分三游巡缉。

民国19年(1930年)1月,将三游分局改为三个总段,各设总段长1人,中游总段长仍由局长兼任,南北两岸改设10个分段(上游总段辖南北岸两个分段,中、下游总段各辖南北岸4个分段),各分段设分段长1人,撤销原有18个河防营,在分段以下共设工程汛14汛,汛兵340人;防守汛31汛,汛兵 465 人。工程汛专司巡查堤防修守、保护树木及传递水情、工情；防守汛专司修整抢护河防工程。民国 19 年山东省河务局机关及下属段、汛见表 1—1、表 1—2。

表 1—1　　民国 19 年（1930 年）山东省河务局机关处科

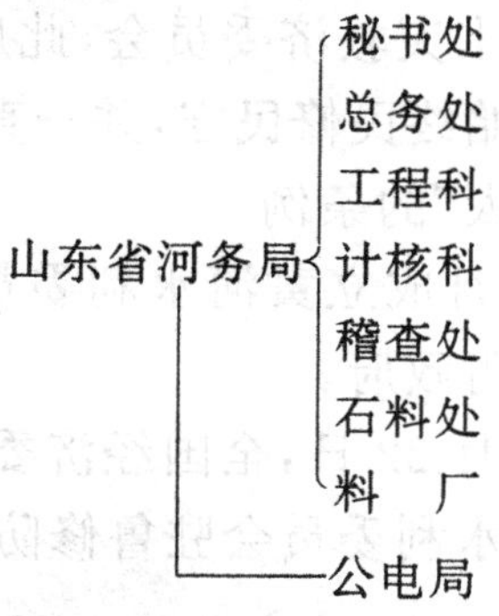


表 1—2　　民国 19 年（1930 年）山东省河务局下属段汛

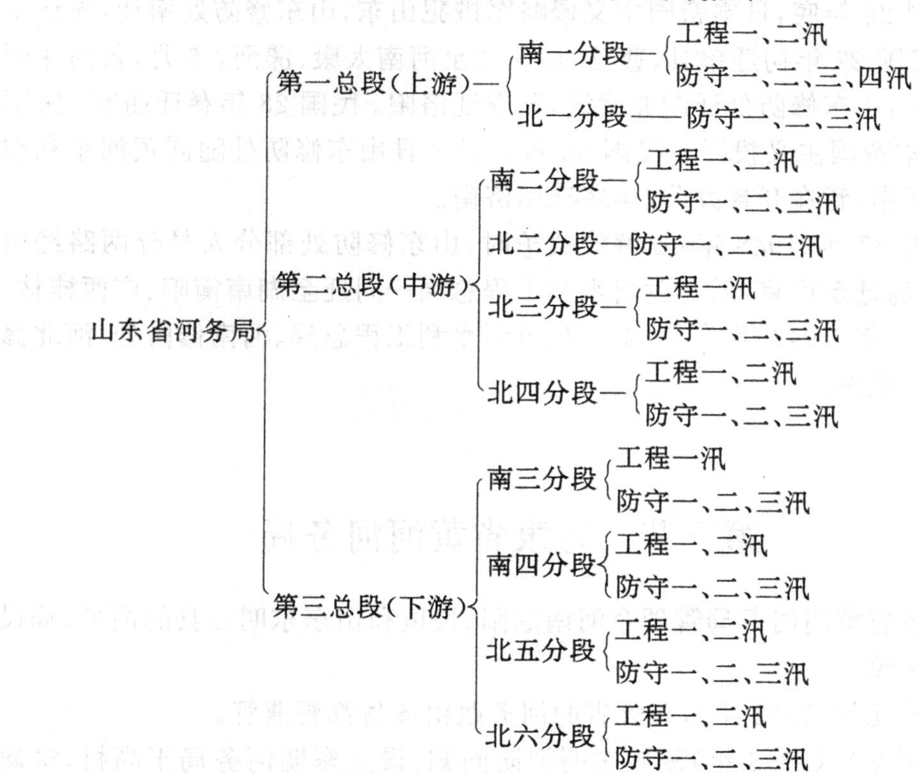


民国 20 年（1931 年），山东成立黄河上游民埝专款保管委员会。山东艾山以上民埝自清光绪年间陆续筑成后，由濮县、范县、寿张、郓城、阳谷五县人民自修自守，并成立廖桥、李桥、柳园、康屯、高义五个埝工局，民选埝长，组织群众管理养护，所需工款由埝工圈护的土地按每亩 2 角收缴，称为“民

埝专款”,12 月山东省政府和埝工局成立黄河上游民埝专款保管委员会,负责保管这项专款,不得挪作他用。民埝防守和埝工维修由此有款可筹。后于民国 23 年(1934 年)7 月 20 日沿民埝各县人民代表联名申请将此民埝改归官修官守,经黄河水利委员会转报行政院后,行政院秘书长批交山东省政府、黄河水利委员会和黄河水灾救济委员会,此后再无下文,直至花园口扒堤决口黄河改道,山东民埝始终民修民守,并一直执行山东河务局规定的汛期河防“每里一铺,驻夫 20 人”的条例。

民国 22 年(1933 年)9 月成立黄河水利委员会,黄河治理始归统一筹划,但山东河务局仍属山东省政府。

民国 26 年(1937 年)4 月 22 日,全国经济委员会下令山东河务局改归黄河水利委员会,改称黄河水利委员会驻鲁修防处,5 月 4 日又令改称黄河水利委员会山东修防处。

民国 26 年底,日本帝国主义侵略军进犯山东,山东修防处南迁,先迁至宁阳。民国 27 年初迁单县、曹县,后又迁至河南太康、漯河。6 月,黄河花园口扒口后,山东修防处迁湖北武汉,秋季迁洛阳。民国 28 年春迁西安。民国 34 年日本帝国主义投降。民国 35 年 2 月 7 日山东修防处随同黄河水利委员会迁河南,暂在开封办公,年底迁回济南。

民国 37 年(1948 年)夏解放战争时,山东修防处部分人员分两路经由徐州、青岛迁至南京,后与黄河水利工程总局一同迁至湖南衡阳、广西桂林。至民国 38 年(1949 年)9 月,奉令和黄河水利工程总局、河南修防处、河北修防处一同撤销。

## 第三节 直隶省黄河河务局

直隶省黄河河务局管理今河南濮阳、长垣和山东东明三县的河务。局设濮阳坝头镇。

民国元年(1912 年),直隶省的河务改由该省都督兼管。

民国 2 年(1913 年)裁撤东明河防同知,设立东明河务局于高村,隶属于直隶省河务局,同时将原修守河防的练军改为河防营,并以冀南观察使兼理河务,统辖直隶省黄河南岸上中下三汛。北岸仍属民修民守的民埝。

民国 6 年(1917 年)将北岸民埝改为官民共守,受东明河务局管辖。次年,设北岸河务局于濮阳坝头镇,沿河分设 5 汛并建立河防营。

民国8年3月2日将东明河务局更名为直隶省黄河河务局，南北两岸各设分局，共辖3县8汛。

民国18年2月18日，直隶省黄河河务局改称河北省黄河河务局，裁撤两岸分局，局设北岸濮阳坝头镇，于南岸设立办事处。

民国27年6月，黄河花园口扒堤决口改道，河北省黄河河务局人员大部星散，局机关随河北省政府流亡西安后，人员寥寥。日本帝国主义投降后，撤销河北省黄河河务局，黄河水利委员会于民国35年(1946年)4月1日建立河北修防处。当时河北省境黄河故道两岸正值解放战争，河北修防处暂设于郑州北郊东赵村，后迁至开封。

民国37年8月，河北修防处的部分人员随同黄河水利工程总局南迁，先后迁到南京、湖南衡阳、广西桂林，于民国38年9月和黄河水利工程总局、河南修防处、山东修防处一同奉令撤销。

## 第四节　河南省河务局

民国元年(1912年)，河南省黄河河务改由该省都督兼管。

民国2年(1913年)设立河防局，沿河设立分、支局。改同知、通判为分、支局长，改都司、守备为河防营长。民国3年将10个河防营和10个河防分局改为9个分局和两个工程队7个支队，沁河仍为民修民守，但受河防局的节制。

民国8年(1919年)，改河南河防局为河南河务局，各工程队、支队称工巡队，支队长改称工巡长，沁河改归官守，改沁工所为东、西两沁河分局，由河南河务局管辖，共有河兵880人。

民国18年(1929年)9月，一度改组河南河务局为整理黄河委员会，次年4月仍改回原称，沿河设6个分局、23汛。

民国19年(1930年)裁去河兵280名，剩余的600名河兵中，真正有抢险、堵口、修堤、防汛技术的不过300人。为补河兵及河工经费不足，援旧例在沿河5公里以内村庄征集壮丁，每20人组成一队，每年上堤参加防汛、抢险、修堤、植树，规定工作20天，免服其他徭役，概不支给粮饷。此年河南省河务局机关及下属局汛见表1—3、表1—4。

民国22年(1933年)9月，黄河水利委员会成立，黄河治理始归统一筹划，但河南河务局仍属河南省政府。

表 1—3　**民国 19 年(1930 年)河南省河务局机关科室**

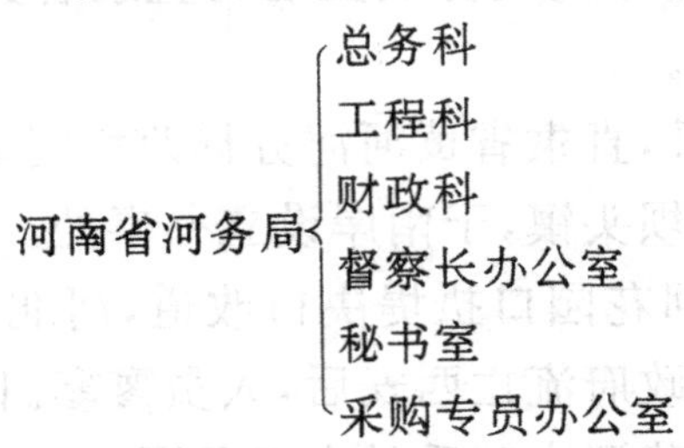


表 1—4　**民国 19 年(1930)河南省河务局下属局汛**

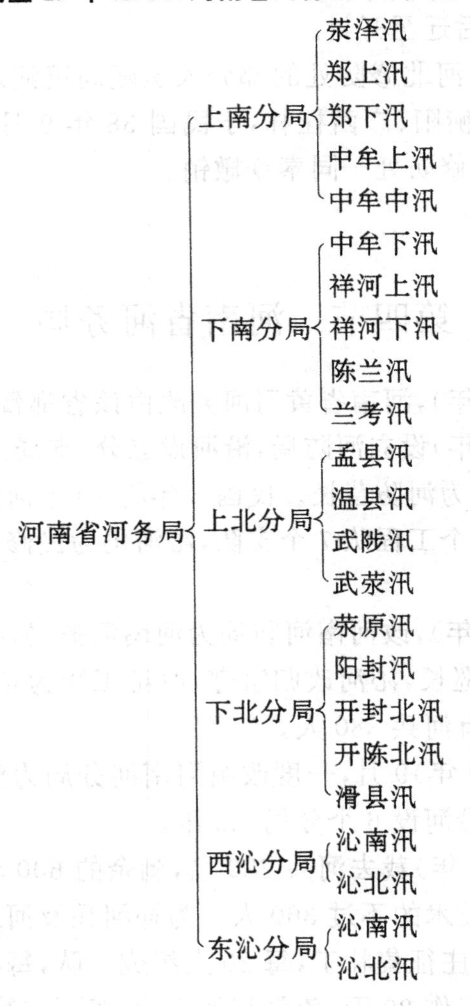


民国 22 至 25 年，黄河连年进行冯楼、贯台、董庄等堵口工程，黄河水利委员会为统一使用技术力量，从河南、山东沿河抽调 500 多名老技术工人成立直属工程队，致使河南各营汛技术力量相对削弱。

民国25年(1936年)河南各分局只剩汛兵440名,其分配人数如表1—5。

表1—5　**民国25(1936年)河南河务局汛兵人数**

| 分局 | 上南 | 下南 | 上北 | 下北 | 东沁 | 西沁 | 合计 |
|---|---|---|---|---|---|---|---|
| 汛数 | 5 | 5 | 4 | 5 | 2 | 2 | 23 |
| 堡数 | 48(堡) | 105(堡) | 77(堡) | 86(堡) | 8(段) | 25(工) | 349 |
| 汛兵数 | 115 | 117 | 62 | 62 | 37 | 47 | 440 |

民国26年4月22日,全国经济委员会下令将河南河务局划归黄河水利委员会领导,改称黄河水利委员会驻豫修防处,5月4日又改称黄河水利委员会河南修防处,并将6个分局改为6个总段,即南一总段、南二总段、北一总段、北二总段、沁西总段、沁东总段。

民国27年(1938年)花园口扒堤决口,黄河改道,花园口以下断流,北岸大部沦陷,河南修防处只剩花园口以上南岸河防。次年7月沿黄泛区西涯筑成防泛西堤,河南修防处成立防泛新堤第一、二、三修防段,对防泛西堤进行修守。同年河南修防处西迁,5月迁郏县,后迁南阳,7月迁洛阳,11月迁镇平。民国28年(1939年)7月复迁洛阳,后迁西安。民国30年(1941年)7月再次迁洛阳,后迁郑州。民国31年又迁洛阳。民国32年(1943年)5月迁内乡县丁河乡凤凰村。民国34年(1945年)迁陕西蓝田,8月日本帝国主义投降,年底迁回河南。先在郑州办公,民国36年(1947年)迁回开封办公。花园口堵口合龙后黄河回归故道,撤销防泛新堤一、二、三段,同时恢复原来的南一、南二、北一、北二四个总段,合并沁西沁东两个总段为沁河总段。

民国37年(1948年)8月,河南修防处部分人员随同黄河水利工程总局部分人员南迁,先后到达南京、湖南湘潭、衡阳、广西桂林。民国38年(1949年)9月河南修防处和黄河水利工程总局一同奉令撤销。

## 第五节　青、甘、宁、绥、晋、陕各省属机构

黄河上游青海、甘肃两省,历代不设专职人员和专管机构,两省沿河及各支流的水利工程和航运事业,均由地方政府负责施工、管理。民国年间,黄河水利委员会虽设有上游工程局,只进行了局部的勘测设计工作,局以下亦

未设长期的管理机构。

民国初年,宁夏道水部房,专司河渠水利。后改六房为三课,第一课管水利。民国17年(1928年)成立宁夏省,次年1月建设厅下设两科,一科管水利。民国26年(1937年)宁夏省政府设水利工款稽核委员会;民国28年改为省水利监察委员会。民国30年建设厅下设水利局,民国34年(1945年)改厅属水利局为省府直属水利局。

民国元年(1912年)绥远黄河河套灌区的西盟垦务总局改名西盟水利局,局下设东西两分局。民国4年(1915年)5月,增设垦务总局实行垦务、水利并立。至民国17年(1928年)西盟水利局撤销,业务并入垦务总局,总局下设渠利科,后又增设包西各渠水利管理局。民国24年(1935年)建设厅整理水利管理机构,设立五(原)、临(河)、安(北)三县水利整理委员会,次年改组包西水利管理局为五(原)、临(河)、安(北)水利管理局。至抗日战争后期,灌区因遭受日本帝国主义侵略,水利管理机构全部瘫痪。

中游山西、陕西两省黄河历代从无专设管理机构。黄河干流龙门以上,为山陕峡谷地区,当时无水利可言;龙门以下,河道开阔,干支流水利由地方政府自行管理,两岸水事纠纷由两省协商解决。

# 第三章　中华人民共和国时期机构

抗日战争中，黄河下游故道及两岸广大地区，大部已由中国共产党领导的八路军从日本帝国主义侵略军铁蹄下解放出来，成立了冀鲁豫解放区行政公署和渤海解放区行政公署。

抗日战争胜利以后，1946年，国民政府决定堵复黄河花园口决口，使黄河回归故道，解放区政府迅即由两行政公署分别建立河务机构，形成解放区与国民党统治区两套治河机构同时并存的局面。

中华人民共和国成立以后，治河管理机构迅速扩大、完善，并陆续建立起各项治河工作的专业机构，职工人数随之增多，有力地加强了黄河流域的统一管理，进一步促进了黄河流域的治理和开发。特别是1980年以后，各级治河管理机构迅速扩充，层次繁多，本志只能记述1980年以后的处级以上主要治河管理机构；1980年以前的也只能记述科级以上主要治河管理机构。

## 第一节　黄河水利委员会

黄河水利委员会，是中华人民共和国水利部的直属机构，也是统一领导治理和开发黄河的最高一级管理机构。

黄河水利委员会成立于1951年1月。在此之前，解放区已分别成立多处治河机构，即1946年冀鲁豫解放区行政公署成立的冀鲁豫解放区黄河水利委员会、渤海解放区行政公署成立的山东省河务局及1948年华北人民政府水利委员会成立的河南第一修防处。

1948年12月，华北人民政府受中国共产党的委托，在河北省平山县西柏坡村附近，召集各治河机构的负责人，开会筹建治理黄河的统一管理机构。这时，冀鲁豫解放区黄河水利委员会驻开封办事处已接收了国民政府的黄河水利工程总局及其下属机构及人员，计有局机关107人，河南修防处837人，河北修防处109人，山东修防处30人，测量队28人，电讯所63人，机械队9人，水文总站20人，河南水利局42人，黄河花园口堵口复堤工程局11人，黄泛区复兴局21人。共计1277人。

1949年6月16日，华北、中原、华东三大解放区选定委员（华北解放区王化云、张方、袁隆，中原解放区彭笑千、赵明甫、张慧僧，华东解放区江衍坤、钱正英、周保祺），在济南召开会议成立三大区统一的治河机构——黄河水利委员会，推选王化云为主任，江衍坤、赵明甫为副主任。三大区公推由华北人民政府领导黄河水利委员会。7月1日黄河水利委员会在开封城隍庙街开始办公。8月成立平原黄河河务局。这时的黄河水利委员会仍不是全流域的统一治河机构。

1950年1月25日，中央人民政府政务院决定将黄河水利委员会改为流域性机构，所有山东、河南、平原三省治河机构统受黄河水利委员会领导，并受各该省人民政府指导。会机关设秘书、人事、供给、工务、计划、测验六处，负责黄河全流域的治理和开发工作。同年政务院第57次政务会议通过任命王化云为黄河水利委员会主任，江衍坤、赵明甫为副主任。委员17名。并于1951年1月7日在开封召开了黄河水利委员会成立大会。

**黄河水利委员会主任、副主任、委员组成为：**

主　　任

　　王化云

副 主 任

　　江衍坤（兼山东黄河河务局局长）

　　赵明甫

委　　员

　　袁　隆（黄河水利委员会秘书处处长兼河南黄河河务局局长）

　　张　方（平原黄河河务局局长）

　　张慧僧（平原黄河河务局第二修防处主任）

　　彭笑千（中南军政委员会农村部副部长）

　　钱正英（华东军政委员会水利部）

　　李赋都（西北军政委员会水利部部长）

　　丁仲文（西北军政委员会水利部副部长）

　　赵锦峰（青海省人民政府农林厅）

　　杨子英（甘肃省人民政府水利局）

　　张　兴（宁夏省人民政府水利局）

　　王文景（绥远省人民政府水利局）

乔峰山(山西省人民政府水利局)

张伯声(西北大学)

张光斗(清华大学)

1950年2月16日,黄河水利委员会将设在西安的黄河上游工程处扩建为西北黄河工程局。同月在武陟庙宫建立引黄济卫工程处。6月6日,政务院发出《关于建立各级防汛指挥部的决定》,6月26日,成立黄河防汛总指挥部,受中央防汛总指挥部领导,黄河水利委员会设黄河防汛办公室,为黄河防汛总指挥部的办事机关。河南省人民政府主席吴芝圃首任总指挥,郭子化(山东省副主席)、韩哲一(平原省副主席)、王化云首任副总指挥。黄河防汛总指挥部负责黄河下游河南、山东、平原三省的黄河防汛工作,三省各设防汛指挥部,沿河各专、市、县、区、乡设立相应的防汛指挥机关,其与治河机构的对应关系如表1—6。

表1—6 **黄河防汛指挥部与黄河水利委员会对应机构关系表**

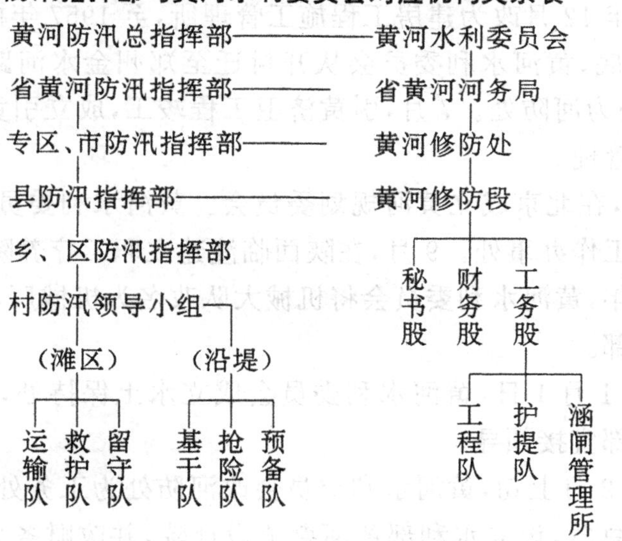


1950年黄河水利委员会机关及所属二级机构见表1—7、表1—8。

表1—7 **1950年黄河水利委员会机关职能各处**

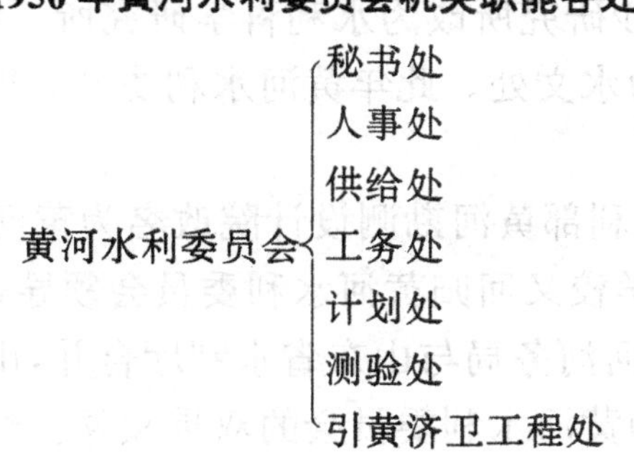

表 1—8　　1950年黄河水利委员会所属二级机构

黄河水利委员会
- 山东黄河河务局
- 平原黄河河务局
- 河南黄河河务局
- 西北黄河工程局

1951年划定北金堤滞洪区,黄河水利委员会和平原省人民政府组织成立工程指挥部,修建了长垣石头庄溢洪堰。竣工后成立溢洪堰工程管理处,归平原黄河河务局管理。同年3月,在开封建立黄河水利专科学校。

同年4月,黄河水利委员会成立宁绥灌溉工程筹备处,处址设绥远陕坝。该处于1952年8月撤销。

1952年,黄河水利委员会改黄河水利专科学校为中等专业学校,并改名为黄河水利学校;改供给处为财务处。11月,平原黄河河务局随同平原省建制一同撤销。同年12月成立建筑工程处,负责建设郑州的办公区和宿舍区,至1955年12月改为建房工程施工管理所,至1957年撤销。

1953年底,黄河水利委员会从开封迁至郑州金水河路,并建立黄河医院,改工务处为河防处。7月,引黄济卫工程竣工,成立引黄灌溉管理局,移交地方政府管理。

1954年,在北京成立黄河规划委员会。黄河水利委员会在三门峡设立潼孟段勘测工作办事处。9月,在陕西临潼建立职工疗养院。10月,设立测量总队。同年,黄河水利委员会将机械大队改名为机械厂,后又将该厂移交给水利电力部。

1955年1月1日,黄河水利委员会成立水土保持处,并将黄河水利学校划归水利部直接领导。

1956年2月上旬,黄河水利委员会改河防处为工务处,撤销计划处、测验处和测量总队,设立水利部黄河勘测设计院,并改财务处为计划财务处。同年,设立黄河水利委员会干部学校(1962年撤销);会机关增设秘书长(至1960年撤销),并将泥沙研究所改为水利科学研究所。同年4月,黄河水利委员会将水文科扩建为水文处。此年黄河水利委员会机关及所属二级机构见表1—9、表1—10。

1958年2月,将水利部黄河勘测设计院改名为黄河水利委员会勘测设计院。7月,黄河水利学校又回归黄河水利委员会领导,11月改名为黄河水利学院。10月,山东黄河河务局与山东省水利厅合并,山东河务局为厅直属局,受山东省水利厅和黄河水利委员会的双重领导。到1962年8月14日

表1—9　　**1956年黄河水利委员会机关职能处、室**

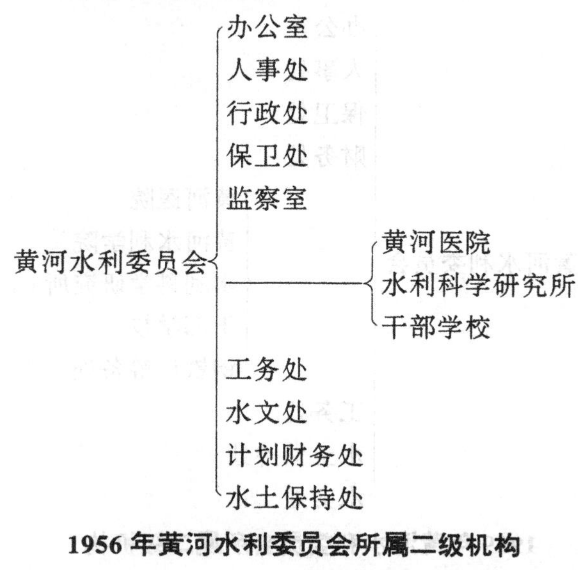


表1—10　　**1956年黄河水利委员会所属二级机构**

黄河水利委员会
- 山东黄河河务局
- 河南黄河河务局
- 西北黄河工程局
- 勘测设计院

厅、局又分开，山东黄河河务局仍回归黄河水利委员会。

1958年12月25日，黄河水利委员会决定将工务处与河南黄河河务局合并，成立黄河工程局，至次年12月撤销，恢复河南黄河河务局和黄河水利委员会工务处。

1958年底，黄河水利委员会改计划财务处为财务处；将临潼职工疗养院移交给陕西省总工会，并成立钢铁厂筹备处，至1962年该厂筹备处撤销。

1959年黄河水利委员会机关及所属二级机构见表1—11、表1—12。

1960年三门峡水利枢纽工程竣工，11月28日成立三门峡水库管理局，至1962年6月撤销。

1960年9月24日，河南省人民委员会决定将河南黄河河务局并入河南省水利厅，为厅下局。至1962年1月1日厅、局又分开，河南黄河河务局仍归黄河水利委员会领导。

1961年1月7日，撤销西北黄河工程局，人员就地由陕西省安排。黄河水利学院亦因精简机构停办。

1962年9月，恢复黄河水利学院，并改由水利电力部领导，更名为水利电力部黄河水利学校。次年秋复课。

表1—11 **1959年黄河水利委员会机关职能处、室**

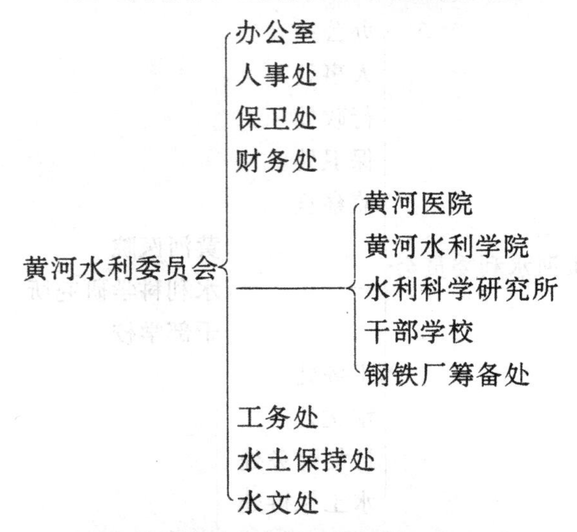


表1—12 **1959年黄河水利委员会所属二级机构**

黄河水利委员会
- 山东黄河河务局
- 河南黄河河务局
- 西北黄河工程局
- 勘测设计院

1962年国务院通知,黄河防汛总指挥部改由豫鲁陕晋四省和黄河水利委员会的负责人共同组成,刘建勋(河南)任总指挥,周兴(山东)、谢怀德(陕西)、刘开基(山西)、王化云(黄河水利委员会)任副总指挥,办公地点设在黄河水利委员会。三门峡水库库区各地、县也建立相应的防汛机构。负责库区、渭河下游及小北干流的防汛工作。

1963年1月,撤销黄河水利委员会勘测设计院,该院所属的规划设计处、测绘处、地质处归黄河水利委员会直接领导。6月黄河水利委员会建立金堤河治理局,7月改名金堤河工程管理局,次年3月又将该局撤销,建立黄河水利委员会张庄闸管理所。同年,黄河水利委员会设立总工程师室。

1963年黄河水利委员会机关及所属二级机构见表1—13、表1—14。

1964年6月,恢复黄河水利委员会勘测设计院。8月,黄河中游水土保持委员会在西安市成立,将黄河水利委员会天水、西峰、绥德水土保持科学试验站划归该委员会领导。黄河水利委员会同时撤销水土保持处和水利科学研究所水土保持研究室。10月,黄河水利委员会成立陆浑水库管理处。10月20日黄河水利委员会建立政治部,下设办公室、组织处、干部处、宣传处;会机关及测绘处、地质处、水文处也同时设立政治处。同年,黄河水利委员

表 1—13　　**1963 年黄河水利委员会机关职能处、室**

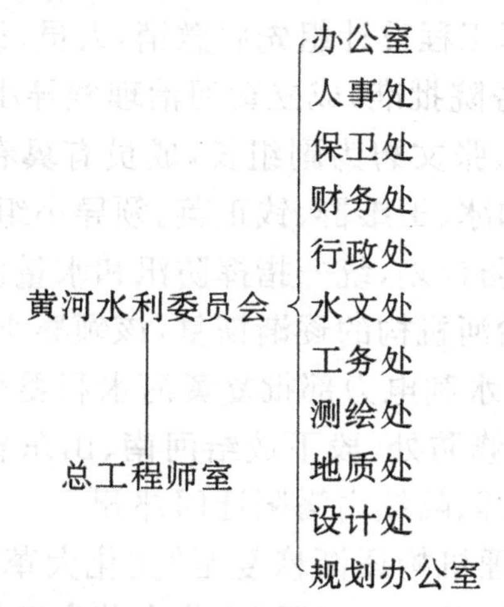


表 1—14　　**1963 年黄河水利委员会所属二级机构**

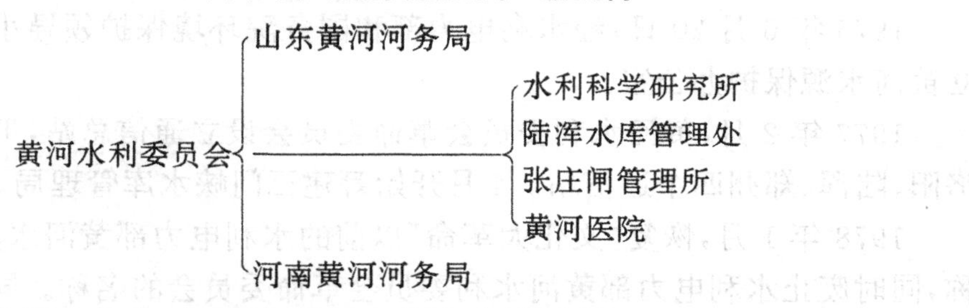


会将规划设计处一分为二，设立规划办公室和设计处。

1966 年 5 月，全国开展“文化大革命”，各级治河机关陷入混乱状态，无法行使管理职能。

1967 年 1 月，全国刮起了夺权风，各治河管理机构相继被群众组织夺权，机关陷于瘫痪。12 月 26 日，黄河水利委员会革命委员会成立，下设政工组、生产组、办事组。

1968 年 8 月，经国务院批准，由青海、甘肃、宁夏、内蒙古四省（区）及黄河水利委员会、西北电业管理局共同组织成立黄河上中游水量调度委员会，并在甘肃省电力局设立办公室，负责分配、调度黄河上中游的水量。该委员会于 1987 年 3 月又进行了一次调整、充实、加强。

1969 年 11 月，黄河水利委员会革命委员会机关人员分散下放，成立规划大队，在洛阳办公，负责黄河流域的勘测、规划、设计工作，下设规划一、二、三分队，分别在陕西韩城、渭南和河南洛阳小浪底工作。同时成立无定河工作队，陆浑、故县、河口村工程设计组和天桥工程设计组，分别在工地现场开展设计工作。

1970年6月,黄河水利学校回归黄河水利委员会革命委员会领导。同年,将故县、河口村、陆浑工程设计组先后撤销,人员、设备并入规划大队。

1971年9月,经国务院批准,成立黄河治理领导小组。刘建勋为领导小组组长,杨得志、李瑞山、张文碧为副组长,成员有冀春光、窦述、张怀礼、吴涛、熊光焰、刘开基、白如冰、王维群、钱正英。领导小组主要负责拟定治黄方针、政策,统一规划和修防计划,统一指挥防汛和水量调度,审查重大工程设计。成立后不久,随着治河机构的逐渐恢复,该领导小组无形撤销。

1972年3月21日,水利电力部批复黄河水利委员会同意将河南、山东黄河河务局及其下属各修防处、段下放给河南、山东省,实行以地方为主的双重领导。同年,规划大队陆续由洛阳迁回郑州。

1973年,各治河管理机构逐渐恢复至"文化大革命"以前的建制,黄河水利委员会革命委员会机关也恢复了"文化大革命"以前的处室。

1975年6月20日,经水利电力部和国务院环境保护领导小组批准,建立黄河水源保护办公室。

1977年2月,黄河水利委员会革命委员会设立通信总站,下设三门峡、洛阳、陆浑、郑州四个通信站。4月开始筹建三门峡水库管理局。

1978年1月,恢复"文化大革命"以前的水利电力部黄河水利委员会名称,同时废止水利电力部黄河水利委员会革命委员会的名称。同年2月,国务院批准,将河南、山东黄河河务局及其所属修防处、段仍改属黄河水利委员会建制。同年,黄河水利委员会恢复勘测设计院,同时改名为勘测规划设计院,增设科学技术办公室。天水、西峰、绥德三个水土保持科学试验站回归黄河水利委员会领导。

1979年4月,黄河水利委员会在开封建立黄河水利技工学校。

同年,经国家计划委员会同意,建立治黄机械化施工队伍。9月10日,黄河水利委员会给河南、山东黄河河务局下达12600人劳动指标。两河务局随即组建成立了机械化施工专业队伍。

1980年4月,黄河水利委员会改水文处为水文局,与水源保护办公室合署办公。同月在郑州建成黄河机械修造厂。5月19日,国家农业委员会同意在西安建立黄河中游治理局,恢复黄河中游水土保持委员会,与黄河水利委员会黄河中游治理局合署办公,实行一套机构,两块牌子。

同年10月20日,建立故县水利枢纽工程管理处,受黄河水利委员会和洛阳行政公署双重领导。管理处设于河南省洛宁县寻峪村。

1981年1月,黄河水利委员会将黄河机械修造厂下放给河南黄河河务局。此年，中共黄河水利委员会政治部组织机构见表1—15，黄河水利委员会机关及所属二级机构见表1—16、表1—17。

表1—15　**1981年中共黄河水利委员会政治部组织机构**

- 中共黄河水利委员会政治部
  - 办公室
  - 组织处
  - 宣教处
  - 老干部管理处

表1—16　**1981年黄河水利委员会机关职能处、室**

- 黄河水利委员会
  - 办公室
  - 科学技术办公室
  - 工务处
  - 计划财务处
  - 物资供应处
  - 企业管理处
  - 行政处
  - 保卫处
  - 劳动工资处
  - 水土保持处

表1—17　**1981年黄河水利委员会所属二级机构**

- 黄河水利委员会
  - 山东黄河河务局
  - 河南黄河河务局
  - 勘测规划设计院
  - 水利科学研究所
  - 黄河医院
  - 通信总站
  - 黄河水利学校
  - 黄河水利技工学校
  - 黄河干部学校
  - 黄委会中学
  - 张庄闸管理所
  - 故县水利枢纽工程管理处
  - 天水水土保持科学试验站
  - 绥德水土保持科学试验站
  - 西峰水土保持科学试验站
  - 水文局
  - 黄河水源保护办公室
  - 黄河中游治理局

1982年3月,经水利部批准并报教育部备案,黄河水利委员会成立黄河职工大学,校址设在黄河水利学校内,教学也由黄河水利学校负责。

1982年,国务院批准成立黄河小北干流①河务局。次年成立三门峡水利枢纽管理局时将此河务局改为三门峡水利枢纽管理局库区治理分局。

同年9月21日,水利电力部将豫北水利土壤改良试验站(驻新乡)移交给黄河水利委员会领导,改名引黄灌溉试验站。

1983年3月18日,黄河水利委员会成立黄河志总编辑室。4月19日,黄河水利委员会成立治理黄河档案馆。4月26日,黄河水利委员会成立黄河志编纂委员会,黄河志总编辑室为其办事机关。

同年7月15日,黄河水利委员会成立三门峡水利枢纽管理局。下设电厂、大坝工程分局、库区治理分局,局设三门峡市。

同年8月16日,黄河水利委员会调整机构,机关职能处、室设办公室、科学技术办公室、工务处、水土保持处、财务处、物资供应处、行政卫生处、劳动工资处、教育处、保卫处、政治部、组织处、老干部处、宣传处。

同年10月26日,经水利电力部批准,临潼黄河职工疗养院由黄河水利委员会和陕西省人民政府双重领导,以黄河水利委员会为主。

1984年6月16日,黄河水利委员会建立卫生处。

1985年3月12日,黄河水利委员会设立黄河小北干流山西管理局和黄河小北干流陕西管理局。两局分别设于运城和渭南,隶属于三门峡水利枢纽管理局库区治理分局。负责小北干流两岸的修防、河道治理、水利建设等管理工作。沿河两岸10个县各设修防段。5月,黄河水利委员会成立审计处。

1986年3月17日,黄河水利委员会成立综合经营办公室。6月21日,黄河水利委员会成立防汛自动化测报中心。

1987年6月17日,黄河水利委员会成立机关生活服务部。9月20日,黄河水利委员会撤销政治部,同时建立基层政治工作办公室。9月21日,黄河水利委员会成立宣传出版中心,同日成立综合经营资金调度中心。

1988年3月12日,黄河水利委员会将天水、西峰、绥德三个水土保持科学试验站交黄河中游治理局。5月29日,撤销三门峡水利枢纽管理局库区治理分局,并将该分局所属的黄河小北干流山西管理局和黄河小北干流

---

① 黄河在中游河口镇至潼关间,自北向南流经内蒙古、山西、陕西之间的一段俗称为“北干流”。其下段自禹门口至潼关间被称为“小北干流”。

陕西管理局改归黄河水利委员会直接领导。

1988年6月2日，黄河水利委员会成立水政处。

1989年2月25日，黄河水利委员会成立物资站，保留物资处的牌子。3月2日，黄河水利委员会成立金堤河管理局筹备组。同月成立监察室。

4月20日，黄河水利委员会成立房地产办公室。

同日，将治理黄河档案馆和技术情报站合并，成立黄河档案情报中心，保留治理黄河档案馆的牌子。

1989年6月3日，经人事部报请国务院同意，黄河水利委员会为副部级机构。

9月，黄河水利委员会将临潼黄河职工疗养院交由中游治理局代管。

1989年黄河水利委员会机关及所属二级机构见表1—18、表1—19。

表1—18　**1989年黄河水利委员会机关职能处、室**

| 黄河水利委员会 |
| --- |
| 办公室 |
| 行政处 |
| 水政处 |
| 工务处 |
| 防汛办公室 |
| 综合计划处 |
| 财务处 |
| 物资供应站(处) |
| 教育处 |
| 干部处 |
| 科技办公室 |
| 老干部处 |
| 劳动工资处 |
| 水土保持处 |
| 保卫处(公安处) |
| 综合经营办公室 |
| 政治思想工作办公室 |
| 黄河志总编辑室 |
| 审计处 |
| 监察室 |

表 1—19　　　　**1989 年黄河水利委员会所属二级机构**

- 黄河水利委员会
  - 山东黄河河务局
  - 河南黄河河务局
  - 黄河中游治理局
  - 
    - 黄河小北干流山西管理局
    - 黄河小北干流陕西管理局
    - 故县水利枢纽工程管理处
    - 水利科学研究所
    - 通信总站
    - 宣传出版中心
    - 黄河报
    - 综合经营资金调度中心
    - 引黄灌溉试验站
    - 防汛自动化测报中心
    - 黄河档案情报中心
    - 张庄闸管理所
  - 三门峡水利枢纽管理局
  - 勘测规划设计院
  - 水文局
  - 黄河水资源保护办公室

1990 年 8 月 2 日，黄河水利委员会调整机构，会机关设副局级职能局、办 10 个：办公室、河务局（防汛办公室）、水政水资源局、农村水利水土保持局、水利水电局、人事劳动局、计划财务局、科教外事局、审计局、监察局。局下设处、室 20 个：秘书处、新闻宣传处、保卫（公安）处、思想政治工作指导委员会办公室、综合处、河道处、水政处、水资源处、水土保持处、农田水利处、基建处、工程管理处、干部处、劳动工资处、老干部处、计划处、财务处、物资处、科技外事处、教育处。人员编制 500 人。会属二级机构事业单位，正局级 7 个：山东黄河河务局、河南黄河河务局、黄河上中游管理局、水文局、水资源保护局、金堤河管理局、勘测规划设计院；副局级 6 个：黄河河口管理局、水利科学研究所、综合经营管理局、机关事务管理局、黄河中心医院、故县水利枢纽管理局；下属处级 12 个单位：通信总站、防汛自动化测报中心、黄河档案情报中心、宣传出版中心、引黄灌溉局、物资处（站）、黄河职工疗养院、黄河志总编辑室、黄河报、黄河水利学校、黄河水利技工学校、子弟中学。企业单位正局级 2 个：三门峡水利枢纽管理局、黄河水利水电开发总公司，副局级单位 2 个：中原黄河工程技术开发公司、黄河水利实业开发总公司；处级单位2个:黄河兴利公司、劳动服务公司。

同年10月,经水利部同意,黄河水利委员会将山东、河南黄河河务局所属的修防处、修防段更名为河务局,其中地(市)河务局由处级单位改为正县级单位;县(区)河务局由科级升格为副县级单位。

1990年11月28日,黄河水利委员会受水利部委托成立基本建设工程质量监督中心站,负责黄河流域内和有关省(区)的部直属大中型水利水电基本建设工程的质量监督。该中心站的日常工作由水利水电局负责。

同年12月23日,黄河水利委员会设立北京接待联络处,隶属于机关事务管理局。地址:北京丰台区芦沟桥乡莱户营东街甲72号。至1991年6月改名为黄河水利委员会驻北京联络处,并于1992年1月改归办公室领导。

1991年3月7日,黄河水利委员会水利水电局工程管理处更名为建设开发处。4月20日,黄河水利科学研究所更名为黄河水利科学研究院。5月13日,黄河水利委员会水政水资源局增设法规处和政策研究室,实行一套机构两块牌子。5月25日,黄河水利委员会办公室设立接待处。5月27日,黄河水利委员会将综合经营资金调度中心挂靠在计划财务局。9月19日,黄河水利委员会办公室增设综合处。9月20日,黄河水利委员会科教外事局撤销科技外事处,设立外事办公室和科技管理处。9月21日,黄河水利委员会计划财务局设立统计处。

1992年1月15日,黄河水利委员会河务局(防汛办公室)撤销河道处,设立防汛处、工务处和工程管理处。2月19日,黄河水利委员会成立驻广州办事处。2月25日,黄河水利委员会成立总工程师办公室,挂靠于办公室。3月13日,黄河水利委员会成立移民办公室。3月14日,黄河水利委员会将老干部处从人事劳动局划出,归会直接领导,筹设老干部局,老干部处下设离休干部管理室和退休干部管理室(正处级)。6月30日,黄河水利委员会成立控制社会集团购买力办公室,挂靠于计划财务局。

同年7月6日,水利部决定,将原黄河水利委员会水利水电开发总公司变更隶属于水利部。9月5日,黄河水利委员会成立晋陕蒙接壤地区水土保持监督局(副局级)。局设陕西省榆林市,由黄河上中游管理局代管。

1993年3月11日,黄河水利委员会将防汛自动化测报中心并入河务局(防汛办公室),对外仍保留防汛自动化测报中心的名称。3月22日,黄河水利委员会恢复驻上海办事处。3月24日,黄河水利委员会将物资处(站)转为物资公司,仍保留物资处的牌子。

1993年黄河水利委员会机关及所属二级单位见表1—20、表1—21。

表 1—20　**1993年黄河水利委员会机关局、办及所属处、室**

- 黄河水利委员会
  - 办公室
    - 秘书处
    - 新闻宣传处
    - 保卫(公安)处
    - 综合处
    - 接待处
    - 总工程师办公室
    - 政治思想工作指导委员会办公室(代管)
    - 黄河志总编辑室(代管)
  - 河务局(防汛办公室)
    - 综合处
    - 防汛处
    - 工务处
    - 工程管理处
  - 水政水资源局
    - 水政处
    - 水资源处
    - 法规处(政策研究室)
  - 农村水利水土保持局
    - 水土保持处
    - 农田水利处
  - 水利水电局
    - 基建处
    - 建设开发处
  - 人事劳动局
    - 干部处
    - 劳动工资处
  - 计划财务局
    - 计划处
    - 财务处
    - 统计处
    - 物资处(物资公司)
  - 科教外事局
    - 外事办公室
    - 科技管理处
    - 教育处
  - 审计局
  - 监察局
  - 老干部处
    - 离休干部管理室
    - 退休干部管理室

表1—21　　**1993年黄河水利委员会所属二级机构**

黄河水利委员会

- 山东黄河河务局
- 河南黄河河务局
- 勘测规划设计院
- 水文局
- 黄河水资源保护局
- 黄河上中游管理局
- 金堤河管理局
- 引黄灌溉局
- 黄河小北干流山西管理局
- 黄河小北干流陕西管理局
- 通信总站
- 防汛自动化测报中心
- 宣传出版中心
- 综合经营资金调度中心
- 黄河档案情报中心
- 黄河博物馆
- 黄河报社
- 三门峡水利枢纽管理局
- 故县水利枢纽管理局
- 机关事务管理局
- 综合经营管理局
- 黄河河口管理局
- 水利科学研究院
- 黄河中心医院
- 移民办公室

表1—22　　**黄河水利委员会职工人数及干部文化程度统计表**

| 年份 | 职工人数 | | | 干部人数及文化程度状况 | | | | | | | | | | |
|---|---|---|---|---|---|---|---|---|---|---|---|---|---|---|
| | 总计 | 其中女性 | | 人数合计 | 其中女性 | | 大专以上 | | 中专、高中 | | 初中 | | 初中以下 | |
| | | 人数 | 占总计 | | 人数 | 占合计 | 人数 | 占合计 | 人数 | 占合计 | 人数 | 占合计 | 人数 | 占合计 |
| | 人 | 人 | % | 人 | 人 | % | 人 | % | 人 | % | 人 | % | 人 | % |
| 1951 | | | | 3041 | 186 | 6.1 | 318 | 10.5 | 549 | 18.1 | 881 | 28.9 | 1293 | 42.5 |
| 1956 | 9097 | | | 5421 | 625 | 11.5 | 1167 | 21.5 | 1036 | 19.1 | 2146 | 39.6 | 1072 | 19.8 |

续表 1—22

| 年份 | 职工人数 | | | 干部人数及文化程度状况 | | | | | | | | | | |
|---|---|---|---|---|---|---|---|---|---|---|---|---|---|---|
| | 总计 | 其中女性 | | 人数合计 | 其中女性 | | 大专以上 | | 中专、高中 | | 初中 | | 初中以下 | |
| | | 人数 | 占总计 | | 人数 | 占合计 | 人数 | 占合计 | 人数 | 占合计 | 人数 | 占合计 | 人数 | 占合计 |
| | 人 | 人 | % | 人 | 人 | % | 人 | % | 人 | % | 人 | % | 人 | % |
| 1958 | 9183 | | | 4484 | 380 | 8.4 | | | | | | | | |
| 1961 | 9982 | 682 | 6.8 | 4610 | 560 | 12.1 | 817 | 17.7 | 1205 | 26.1 | 1952 | 42.4 | 636 | 13.8 |
| 1963 | 9652 | | | 4716 | 608 | 12.8 | 881 | 18.7 | 1290 | 27.4 | 1911 | 40.5 | 634 | 13.4 |
| 1970 | 9416 | 727 | 7.7 | 4759 | 667 | 14.0 | 1098 | 23.1 | 1245 | 26.2 | 1794 | 37.6 | 622 | 13.1 |
| 1972 | 10097 | 910 | 9.0 | 2071 | 496 | 23.9 | 780 | 37.7 | 700 | 33.8 | 506 | 24.4 | 85 | 4.1 |
| 1978 | 15376 | 2982 | 19.3 | 5907 | 1097 | 18.5 | 1354 | 22.9 | 1816 | 30.7 | 2154 | 36.5 | 583 | 9.9 |
| 1984 | 29039 | 6269 | 21.5 | 9551 | 2044 | 21.4 | 2263 | 23.7 | 4525 | 47.4 | 2763 | | | 28.9 |
| 1987 | 28828 | | | 10313 | 2408 | 23.3 | 3175 | 30.8 | 3738 | 36.2 | 3400 | | | 33.0 |
| 1989 | 28234 | 6809 | 24.1 | 10206 | 2490 | 24.3 | 3510 | 34.4 | 4899 | 48.0 | 1797 | | | 17.6 |
| 1990 | 29088 | 7007 | 24.0 | 10079 | 2504 | 24.8 | 3693 | 36.6 | 4742 | 47.0 | 1644 | | | 16.3 |
| 1993 | 29449 | | | 10559 | | | 4568 | 43.3 | 4704 | 44.5 | 1287 | | | 12.2 |

## 第二节 山东黄河河务局

山东黄河河务局是黄河水利委员会的下属机构，负责管理山东黄河河务，驻山东省济南市青龙后街。它的前身是1946年5月22日，渤海解放区行政公署在蒲台建立的山东省河务局，下设工程、秘书、材料、会计、救济和组织动员等科。沿故道各县设办事处(6月8日行政公署又明确办事处为县的常设机构)，办事处下设总务、工程、救济三股及30～60人的工程队和50～100人的河防队。同时，行政公署下设渤海区修治黄河工程指挥部。

1947年6月1日山东省河务局增设航运科，负责造船、航运及管理道旭、张肖堂、清河镇等渡口。

1948年8月1日，渤海解放区行政公署成立治黄防汛总指挥部，负责指挥山东黄河的防汛工作。1950年6月6日，政务院发出《关于建立各级防汛指挥机构的决定》,6月18日山东省设立黄河防汛指挥部,受黄河防汛总指挥部领导,山东河务局为山东黄河防汛指挥部的办事机关。

1949年11月25日,山东省河务局成立洛北、清河、垦利分局。至12月,山东沿河各县已设有长清、平阴、河西、齐禹、齐河、济南、历城、章历、济阳、惠济、齐东、惠民、滨县、蒲台、高青、利津、垦利等17个县治河办事处,河务局及所属单位共有干部739人,工程队工人1214人,船工694人,采石工人700人,合计3347人。

1950年1月25日,政务院通令,所有山东、河南、平原三省之黄河河务机构应即归黄河水利委员会直接领导,并受各该省人民政府指导。3月29日山东省河务局改称山东黄河河务局,4月6日迁济南办公。

7月26日,山东黄河河务局将垦利、洛北、清河分局和济南治黄办事处改为惠垦、清济、齐蒲、济南黄河修防处,各县治黄办事处改为各县黄河修防段。

1951年山东黄河河务局机关及下属单位见表1—23、表1—24。

表1—23 **1951年山东黄河河务局机关职能处、科**

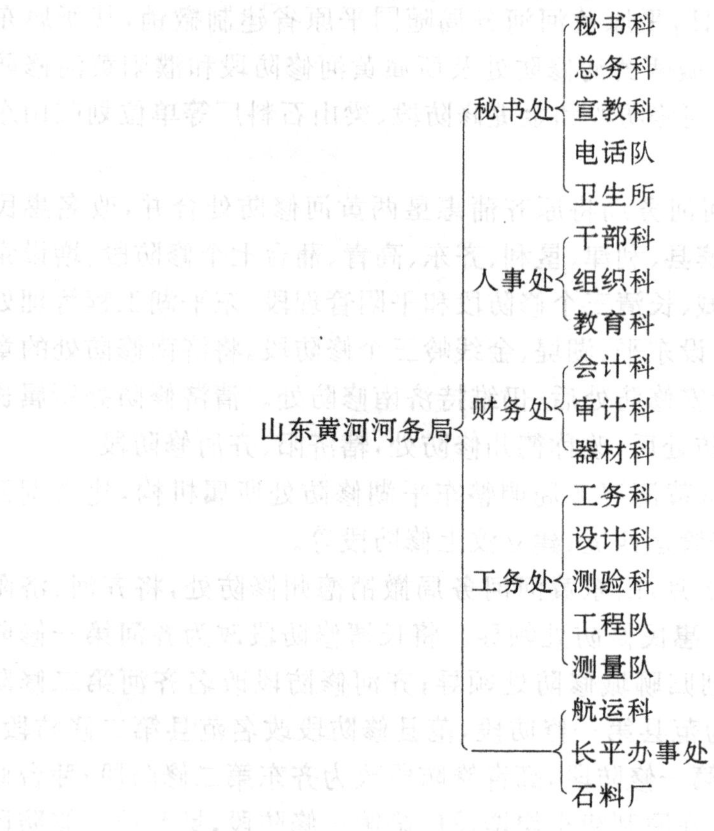

表 1—24　　**1951 年山东黄河河务局下属处、段**

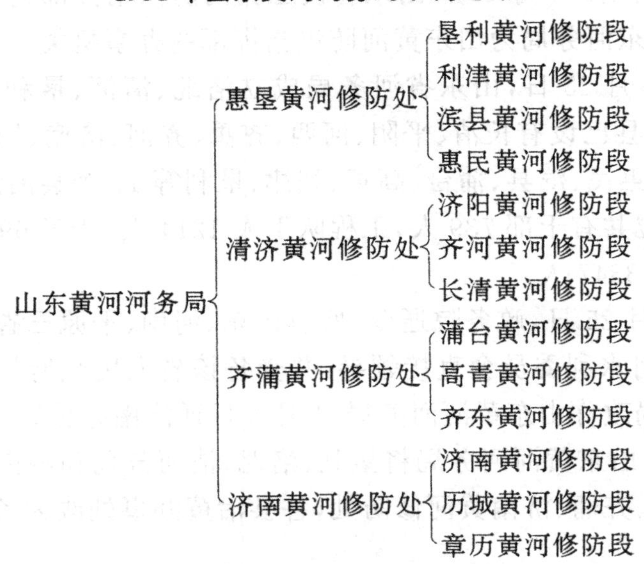


1952 年 9 月，山东黄河河务局下设办公室、总工程师室、人事室及行政、工务、测验、器材、财务科和航运大队、黄台山石料厂等。

1952 年 11 月 30 日，平原黄河河务局随同平原省建制撤销，其所属东平湖管理处和菏泽、聊城两黄河修防处及所属黄河修防段和濮阳黄河修防处所属的范县、濮县黄河修防段和金堤修防段、梁山石料厂等单位划归山东黄河河务局领导。

1952 年，山东黄河河务局将原齐蒲惠垦两黄河修防处合并，改名惠民黄河修防处，辖惠民、滨县、利津、垦利、齐东、高青、蒲台七个修防段。增设泰安修防处，辖章丘、历城、长清三个修防段和平阴管理段。东平湖工程管理处改称东平湖修防处，下设东平、湖堤、金线岭三个修防段。将济南修防处的章丘、历城修防段划归泰安修防处后，仍维持济南修防处。清济修防处所属长清修防段划归泰安修防处后，改称德州修防处，辖济阳、齐河修防段。

1955 年 1 月，山东黄河河务局调整东平湖修防处所属机构，建立湖西修防段，修防处不再兼管运西堤；建立汶上修防段等。

1956 年 3 月至 12 月，山东黄河河务局撤销德州修防处，将齐河、济阳修防段分别划归聊城、惠民修防处领导。将长清修防段改为齐河第一修防段，并由泰安修防处划归聊城修防处领导；齐河修防段改名齐河第二修防段；将濮县修防段改为范县第一修防段，范县修防段改名范县第二修防段；齐东修防段改为齐东第一修防段，高青修防段改为齐东第二修防段；蒲台修防段改为博兴修防段；在原利津东岸增设广饶第一修防段，垦利第一修防段改为广饶第二修防段；利津西岸改为利津第一修防段，垦利第二修防段改为利津第二修防段；将范县第一、第二修防段所属分段撤销，建立金堤修防段。另外，除齐河第二、济阳、惠民、滨县、利津第一、博兴、广饶第一等七个修防段保留部分分段及济南黄河修防处全部保留分段外，其余各修防段一律撤销分段。

1956年4月，山东省人民政府转发水利部通知，汶河划归黄河水利委员会治理，并由山东黄河河务局接管，由泰安修防处负责汶河的河防修守工作。

1958年10月，山东黄河河务局与山东省水利厅合并，河务局为水利厅下的直属局，受水利厅和黄河水利委员会的双重领导。河务局及下属各修防处、段仍负责河防工程及引黄闸坝管理。局机关设人事科、秘书科、工务科、财务科、闸坝管理科。附属单位黄台山石料厂、航运队划归水利厅器材处。对部分处、段进行调整：撤销泰安黄河修防处，其所属章丘黄河修防段改为局直属段；撤销历城黄河修防段，其堤段划归济南修防处；撤销平阴管理段，设立平阴石料收购站；将范县第一黄河修防段改为范县分段，范县第二黄河修防段改为范县黄河修防段(后金堤段亦并入范县修防段)，寿张第一、第二和东阿第一修防段改为寿张黄河修防段，东阿第二修防段改为茌平黄河修防段，济阳黄河修防段改为临邑黄河修防段；金线岭段、运西段合并为湖堤修防段；原菏泽黄河修防处改为济宁黄河修防处；惠民黄河修防处改为淄博黄河修防处；滨县、惠民黄河修防段合并为惠民黄河修防段；利津第一黄河修防段改为利津黄河修防段，利津第二黄河修防段改为利津分段(后利津黄河修防段又改名沾化黄河修防段)；齐东第一黄河修防段改为邹平黄河修防段，撤销齐东第二黄河修防段，其所属堤段依行政区划分别划归邹平、博兴黄河修防段；广饶第一黄河修防段改为广饶黄河修防段，广饶第二黄河修防段改为广饶分段。

1959年4～6月，山东黄河河务局经报请黄河水利委员会批复同意，对所属部分修防处、段进行如下调整；济宁黄河修防处辖菏泽、鄄城、郓城、梁山黄河修防段和汶上、湖堤修防段及采运队；聊城黄河修防处辖范县、寿张、茌平、东平、齐河、临邑黄河修防段及位山引黄闸渠首管理所；济南黄河修防处辖历城、章丘黄河修防段；淄博黄河修防处辖邹平、博兴、广饶、惠民、沾化黄河修防段；并新设东平湖修防处。各修防处设秘书科、工务科、财务科；各修防段下设秘书股、工务股、财务股和工程队，部分段下设有分段。汶上修防段因任务不大，段下不设股。采运队下设秘书股、生产股、财务股。

1960～1961年山东为保证做好引黄涵闸的管理，在菏泽、聊城、济南、淄博黄河修防处增设生产管理科，鄄城、郓城等10个修防段增设生产管理股。另外将东平湖修防处及所属修防段、位山引黄闸渠首管理所划归位山工程局管理。根据山东省行政区划的变化，山东黄河河务局对部分处、段进行如下调整：建立乐陵、垦利黄河修防段，后垦利段又划分为垦利第一黄河修防段（左岸）和垦利第二黄河修防段（右岸）；建立德州黄河修防处，将聊城黄河修防处之齐河黄河修防段及惠民黄河修防处之临邑黄河修防段划归德州黄河修防处；恢复泰安黄河修防处名称，但不设专职机构，其业务由济南黄河修防处兼办；恢复滨县、高青黄河修防段，在平黄河修防段改为东阿黄河修防段；沾化黄河修防段改为利津第一黄河修防段，广饶黄河修防段改为利津第二黄河修防段。

1961年8月14日，山东黄河河务局回归黄河水利委员会领导；山东省抗旱防汛指挥部在山东黄河河务局下设黄河防汛办公室。

1962年3月14日，山东黄河河务局将梁山湖堤第二修防段改为东平湖堤修防段；梁山湖堤第三修防段改为梁山湖堤第二修防段；恢复汶上湖堤修防段。8月，山东黄河河务局编制定为：位山工程局，下设办公室、工务处、财务处、政工处及拦河闸、徐庄耿山口进湖闸、十里堡进湖闸、陈山口出湖闸管理所；东平湖修防处，下设梁山湖堤第一、第二修防段，东平湖堤修防段，汶上湖堤修防段；菏泽黄河修防处，下设菏泽、鄄城、郓城、梁山黄河修防段及石料采运队；聊城黄河修防处，下设范县、寿张、东阿黄河修防段及位山引黄闸管理所；德州黄河修防处，下设齐河、济阳黄河修防段；济南黄河修防处与泰安黄河修防处合署办公，下设历城、章丘黄河修防段；惠民黄河修防处，下设邹平、高青、博兴、惠民、滨县、利津第一、利津第二、垦利第一、垦利第二黄河修防段。局机关设办公室、工务处、财务器材处、人事处。

1963年2月27日，山东黄河河务局在淄博建立四宝山石料采购站，属惠民修防处领导，以解决惠民地区河防用石的困难。

4月1日，黄河水利委员会将河南黄河河务局所属的东明黄河修防段划归山东黄河河务局，归菏泽黄河修防处管辖。

5月7日，山东黄河河务局将垦利第一、第二黄河修防段合并为垦利黄河修防段，左岸仍保留集贤分段。

8月8日，济南、泰安两黄河修防处分署办公。

12月13日，山东黄河河务局将位山工程局与东平湖修防处合并为位山工程局，但仍保留东平湖修防处的名义，下属修防机构不变。

1964 年 3 月，黄河水利委员会撤销金堤河工程局，设立张庄闸管理所。5 月，将原属山东黄河河务局的范县、寿张修防任务交由河南黄河河务局管理，山东黄河河务局在北金堤建立莘县修防段和阳谷修防段。

10 月 29 日，经中共山东省委员会批准，建立中共山东黄河河务局政治部，下设办公室、组织处、宣传处、干部处和局机关政治处。

1965 年 1 月 14 日，山东黄河河务局将原利津第一修防段改为利津修防段，将垦利段黄河北岸堤段划归利津修防段管理；撤销利津第二修防段，所辖堤防划归垦利修防段；撤销梁山湖堤第二修防段，所辖堤段划归徐庄闸坝管理所；梁山湖堤第一修防段改为梁山湖堤修防段。

1965 年中共山东黄河河务局组织机构见表 1—25。山东黄河河务局机关及所属单位见表 1—26、表 1—27。

表 1—25　**1965 年中共山东黄河河务局政治部职能处、室**

中共山东黄河河务局政治部
- 机关党委
- 直属机关政治处
- 办公室
- 组织处
- 宣传处
- 干部处

表 1—26　**1965 年山东黄河河务局机关职能处、室**

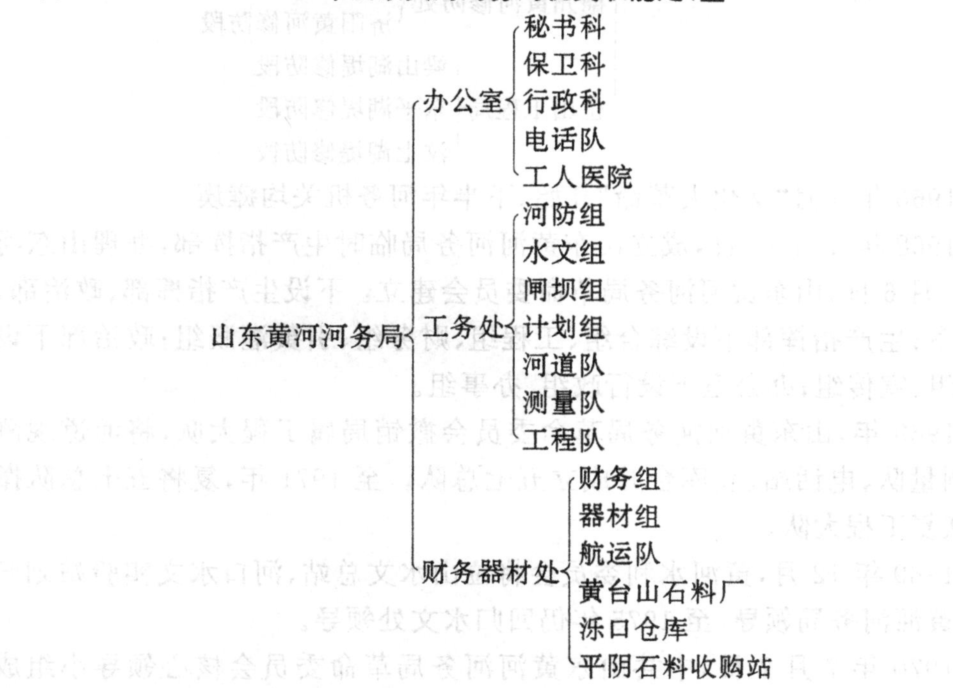

表 1—27　　**1965 年山东黄河河务局所属机构**

- 山东黄河河务局
  - 菏泽黄河修防处
    - 东明黄河修防段
    - 菏泽黄河修防段
    - 鄄城黄河修防段
    - 郓城黄河修防段
    - 梁山黄河修防段
  - 泰安黄河修防处
  - 惠民黄河修防处
    - 邹平黄河修防段
    - 高青黄河修防段
    - 博兴黄河修防段
    - 惠民黄河修防段
    - 滨县黄河修防段
    - 利津黄河修防段
    - 垦利黄河修防段
  - 济南黄河修防处
  - 聊城黄河修防处
    - 东阿黄河修防段
    - 阳谷黄河修防段
    - 莘县黄河修防段
  - 德州黄河修防处
    - 齐河黄河修防段
    - 济阳黄河修防段
  - 位山工程局
    - 梁山湖堤修防段
    - 东平湖堤修防段
    - 汶上湖堤修防段

1966 年 5 月“文化大革命”开始，下半年河务机关均瘫痪。

1968 年 2 月 16 日，成立山东黄河河务局临时生产指挥部，办理山东河务。9 月 6 日，山东黄河河务局革命委员会建立。下设生产指挥部、政治部、办公室；生产指挥部下设综合组、工程组、财务组、引黄灌溉组；政治部下设组织组、宣传组；办公室下设行政组、办事组。

1969 年，山东黄河河务局革命委员会撤销局属工程大队，将河道观测队、测量队、电话站、仓库合并成立五七总队。至 1971 年，复将五七总队撤销，恢复工程大队。

1969 年 12 月，黄河水利委员会将位山水文总站、河口水文实验站划归山东黄河河务局领导，至 1975 年仍回归水文处领导。

1970 年 7 月 7 日，中共山东黄河河务局革命委员会核心领导小组成立，负责领导山东黄河的工作。

1971年10月29日，经山东省生产指挥部同意在长清平阴两县设立管理机构，暂名为山东黄河河务局长清县工程管理组和平阴县工程管理组，以后曾多次改称长清黄河段、长清修防段、长清管理段和平阴黄河组、平阴修防段、平阴管理段。

11月7日，山东省成立菏泽地区黄河东（河南兰考县东坝头）银（山东梁山县银山）窄轨铁路施工指挥部，并开工兴建东银窄轨铁路，以沿堤运输河防工程所需的石料等物资。

1972年3月21日，水利电力部将山东黄河河务局下放给山东省，实行以地方为主的双重领导，明确为山东省生产指挥部的直属局。

1972～1978年，山东黄河河务局所属河防机构变化如下：黄河南岸（垦利）、北岸（齐河）展宽工程相继完成了分洪、泄洪、引黄涵闸，相继建立了李家岸引黄闸管理所、潘庄引黄闸管理所、豆腐窝分洪闸管理所、邢家渡引黄闸管理所、麻湾分洪闸管理所、曹店分洪闸管理所。后将麻湾、曹店两闸管理所合并建立河务局麻湾分洪闸管理所和章丘屋子泄洪闸管理所，撤销邢家渡管理所。将十里堡闸坝管理所改为山东黄河河务局梁山进湖闸管理所，将陈山口出湖闸管理所改为山东黄河河务局平阴出湖闸管理所。

1975年11月，山东黄河河务局将局直机构改为办公室、政治处、工务处、财务器材处。

1978年2月6日，国务院批准山东、河南黄河河务局及所属修防处、段仍实行以黄河水利委员会为主的双重领导，业务、干部调动、分配等由黄河水利委员会负责，党的关系由地方党委负责。山东黄河河务局于20日设立科技处，并于8月将财务器材处分为财务器材两处。

1978年5月，山东黄河河务局成立总工程师室。

1979年2月7日，山东黄河河务局撤销泰安黄河修防处，所遗工作任务、人员合并于济南黄河修防处，章丘黄河修防段、长清黄河管理段划归济南黄河修防处，平阴管理段划归位山工程局。济南黄河修防处增设历城黄河修防段。

1979年9月18日，黄河水利委员会将济南水文总站的人事、组织工作划归山东黄河河务局领导，业务、财务仍由水文处领导。

1980年3月3日，山东黄河河务局建立规划设计室。

1980年，山东黄河河务局将历城黄河修防段分设为济南郊区黄河修防段和历城黄河修防段，并确定各修防处设科教科、办公室、人事科、基本建设科、工务科和财务科。

同年12月9日，山东黄河河务局将工人医院改为职工医院。

1982年，山东黄河河务局设立滨州黄河修防段，隶属惠民黄河修防处。

1983年1月16日，山东黄河河务局调整机构。局下设办公室、政治处、工务处、工程管理处、科技办公室、财务器材处。局直二级机构有规划设计室、职工医院、职工学校。

1983年9月21日，山东黄河河务局设立东营黄河修防处，辖利津黄河修防段、垦利黄河修防段、牛庄黄河修防段和黄河河口管理段。

1983年山东黄河河务局机关及所属单位见表1—28、表1—29。

表1—28 **1983年山东黄河河务局机关职能处、室**

山东黄河河务局
- 办公室
- 总工程师室
- 政治处
- 工务处
- 工程管理处
- 财务器材处
- 科技办公室
- 规划设计室

1984年6月18日，山东省人民政府将菏泽地区东银窄轨铁路管理局移交给山东黄河河务局，改名为“山东黄河河务局菏泽东银窄轨铁路局”。局下设办公室、政工科、生产科、财务器材科、安全保卫科。辖梁山、郓城、鄄城、菏泽、东明5个中心站和机车车辆段、职工医院。

1986年3月15日，山东黄河河务局设立生产经营办公室、审计处、老干部处。

1987年2月17日，山东黄河河务局改规划设计室为山东黄河勘测设计院。

1987年2月23日，山东黄河河务局将济南水文总站的人事、组织工作仍交回水文局统一领导。3月30日，山东黄河河务局改电话站为通信站。

4月4日，东营黄河修防处建立土石方工程施工公司。14日，滨州、滨县两黄河修防段合并为滨州市黄河修防段。

5月26日，济南黄河修防处撤销济南市郊区黄河修防段，成立天桥黄河修防段和槐荫黄河修防段。

7月7日，东营黄河修防处改牛庄黄河修防段为东营黄河修防段。

1988年3月23日，将山东黄河河务局职工医院改为山东黄河医院。

表1—29　**1983年山东黄河河务局所属机构**

- 山东黄河河务局
  - 规划设计院
  - 菏泽黄河修防处
    - 东明黄河修防段
    - 菏泽黄河修防段
    - 鄄城黄河修防段
    - 郓城黄河修防段
    - 梁山黄河修防段
  - 聊城黄河修防处
    - 东阿黄河修防段
    - 阳谷黄河修防段
    - 莘县黄河修防段
    - 位山闸管理所
  - 德州黄河修防处
    - 齐河黄河修防段
    - 济阳黄河修防段
    - 潘庄闸管理所
    - 李家岸闸管理所
    - 邢家渡闸管理所
  - 济南黄河修防处
    - 平阴黄河管理段
    - 长清黄河管理段
    - 历城黄河修防段
    - 章丘黄河修防段
    - 济南郊区黄河修防段
  - 惠民黄河修防处
    - 邹平黄河修防段
    - 高青黄河修防段
    - 惠民黄河修防段
    - 滨县黄河修防段
    - 滨州黄河修防段
    - 博兴黄河修防段
  - 东营黄河修防处
    - 牛庄黄河修防段
    - 利津黄河修防段
    - 垦利黄河修防段
    - 黄河河口管理段
  - 位山工程局
    - 梁山湖堤修防段
    - 汶上湖堤修防段
    - 东平湖堤修防段
    - 平阴出湖闸管理所
    - 梁山进湖闸管理所
  - 济南水文总站
  - 职工医院

1989年，山东黄河河务局增设监察处、综合调研室。东银窄轨铁路局将原设的梁山、郓城、鄄城、菏泽、东明五个中心站改减为银山、霍寨、鄄城三个中心站。此年山东黄河河务局机关及所属单位见表1—30、表1—31。

表1—30 **1989年山东黄河河务局机关职能处、室**

山东黄河河务局
- 办公室
- 总工程师室
- 工务处
- 工程管理处
- 科技办公室
- 财务物资处
- 生产经营办公室
- 政治部
- 老干部处
- 审计处
- 监察处

1990年1月19日，山东黄河河务局建立淄博黄河修防处。

同年10月，黄河水利委员会将山东河南两黄河河务局所属的修防处、修防段更名为河务局。其中地(市)河务局由处级单位改为正县级单位；县(区)河务局由科级单位升格为副县级单位。

同年，山东黄河河务局设立水政水资源处。

1991年2月4日，组建黄河水利委员会黄河河口管理局(副局级)，同时撤销东营市黄河河务局。黄河河口管理局为黄河水利委员会的所属二级机构，委托山东黄河河务局代管，辖垦利、利津、东营区、河口区四个黄河河务局，驻东营市。8月15日，黄河水利委员会批准黄河河口管理局下设办公室、工务处、工管处、综合开发处、财务物资处、政治处、水政处、审计处8个处、室。

4月1日，山东黄河河务局通信总站改为通信管理处。同时山东黄河河务局成立施工总队，5月2日更名为山东黄河工程局。

5月6日，惠民地区黄河河务局更名为滨州地区黄河河务局。27日，山东黄河勘测设计院更名为山东黄河勘测设计研究院。

8月2日，黄河河口管理局增设防汛办公室。

8月21日，黄河水利委员会将山东黄河河务局的位山工程局更名为山东黄河东平湖管理局(正处级)；改梁山湖堤修防段为梁山县东平湖管理局；改东平湖堤修防段为东平县东平湖管理局；改十里铺闸管理所为东平县黄

表 1—31

## 1989年山东黄河河务局所属机构

- 山东黄河河务局
  - 勘测设计院
  - 菏泽黄河修防处
    - 东明黄河修防段
    - 菏泽黄河修防段
    - 鄄城黄河修防段
    - 郓城黄河修防段
  - 聊城黄河修防处
    - 东阿黄河修防段
    - 阳谷黄河修防段
    - 莘县黄河修防段
    - 位山闸管理所
  - 德州黄河修防处
    - 齐河黄河修防段
    - 潘庄闸管理所
    - 李家岸闸管理所
  - 济南黄河修防处
    - 天桥黄河修防段
    - 槐荫黄河修防段
    - 历城黄河修防段
    - 章丘黄河修防段
    - 济阳黄河修防段
    - 平阴黄河修防段
    - 长清黄河修防段
    - 邢家渡闸管理所
  - 位山工程局
    - 梁山黄河修防段
    - 梁山湖堤修防段
    - 东平湖堤修防段
    - 汶上湖堤修防段
    - 平阴出湖闸管理所
    - 东平进湖闸管理所
  - 惠民黄河修防处
    - 惠民黄河修防段
    - 邹平黄河修防段
    - 滨州黄河修防段
    - 博兴黄河修防段
    - 高青黄河修防段
  - 东营黄河修防处
    - 利津黄河修防段
    - 垦利黄河修防段
    - 东营黄河修防段
    - 黄河河口管理段
  - 东银窄轨铁路局
    - 银山中心站
    - 霍寨中心站
    - 鄄城中心站
    - 机车车辆段
  - 通信站
  - 航运大队
  - 将山石料厂

河河务局。

1993 年 2 月 26 日，山东黄河河务局将航运大队更名为山东黄河船舶工程处。

1993 年底，山东黄河河务局系统共有职工 9291 人(含黄河河口管理局)。局机关及代管、所属单位见表 1—32、表 1—33、表 1—34。

表 1—32　　**1993 年山东黄河河务局机关职能处、室**

山东黄河河务局
- 办公室
- 总工程师室
- 工务处
- 工程管理处
- 水政水资源处
- 科技办公室
- 财务物资处
- 政治处
- 老干部处
- 综合经营办公室
- 审计处
- 监察处

表 1—33　　**山东黄河河务局受黄河水利委员会委托代管单位**

黄河水利委员会黄河河口管理局
- 办公室
- 工务处
- 工管处
- 综合开发处
- 利津县黄河河务局
- 垦利县黄河河务局
- 东营区黄河河务局
- 河口区黄河河务局
- 政治处
- 财务物资处
- 水政处
- 审计处

表 1—34

**1993 年山东黄河河务局所属机构**

- 山东黄河河务局
  - 菏泽地区黄河河务局
    - 东明县黄河河务局
    - 菏泽市黄河河务局
    - 鄄城县黄河河务局
    - 郓城县黄河河务局
  - 聊城地区黄河河务局
    - 东阿县黄河河务局
    - 阳谷县黄河河务局
    - 莘县黄河河务局
  - 德州地区黄河河务局——齐河县黄河河务局
  - 济南市黄河河务局
    - 天桥黄河河务局
    - 槐荫黄河河务局
    - 历城黄河河务局
    - 章丘县黄河河务局
    - 济阳县黄河河务局
    - 平阴县黄河河务局
  - 东平湖管理局
    - 长清县黄河河务局
    - 平阴县东平湖管理局
    - 梁山县东平湖管理局
    - 东平县东平湖管理局
    - 东平县黄河河务局
    - 梁山县黄河河务局
  - 滨州地区黄河河务局
    - 惠民县黄河河务局
    - 邹平县黄河河务局
    - 滨州市黄河河务局
    - 博兴县黄河河务局
  - 淄博市黄河河务局——高青县黄河河务局
  - 山东黄河勘测设计研究院
  - 通信管理处
  - 山东黄河船舶工程处

## 第三节　平原黄河河务局

平原黄河河务局是黄河水利委员会的下属机构，负责管理平原省的黄河河务。它的前身是冀鲁豫解放区黄河水利委员会，再早是冀鲁豫解放区行政公署治河委员会，该委员会于1946年2月22日建立于菏泽。沿河各专区、县亦各成立治河委员会。3月12日决议在沿河各地、县设立修防处和修防段。5月底改治河委员会为冀鲁豫解放区黄河水利委员会，下设工程处、秘书处、材料处、会计室，共40余人，分驻于菏泽和鄄城临濮集两地，此后又多次迁移，下属第一、二、三、四修防处和各县修防段。1947年7月28日增设第五修防处。此年机关及所属单位见表1—35、表1—36。

表1—35　**1947年冀鲁豫解放区黄河水利委员会机关职能处、室**

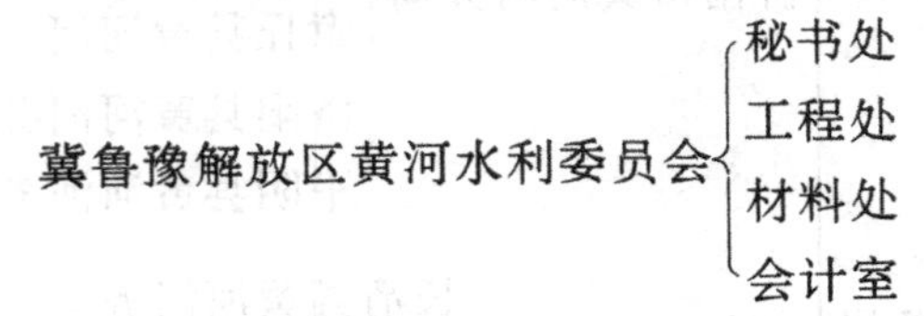


1948年5月16日，冀鲁豫解放区黄河水利委员会在山西平陆设立平陆水文站，负责观测黄河水情向下游解放区报汛。不久，河南陕县解放，陕县水文站恢复，平陆水文站撤销。

1948年11月3日，冀鲁豫解放区黄河水利委员会在开封设立办事处，负责接收国民政府黄河水利工程总局。至次年2月该办事处撤销。

1949年2月，冀鲁豫解放区黄河水利委员会第一、第二修防处合并为第二修防处，辖东明、南华、曲河、长垣、昆吾5个修防段；原第三、第五修防处合并为第三修防处，辖鄄城、郓北、昆山、范县、濮县、寿张6个修防段和两个造船厂、一个石料厂；第四修防处，辖东阿第一（由徐翼修防段改名）、东阿第二、河西、齐禹4个修防段；豫北沁河、黄河新设第五修防处辖封丘、原阳、武陟、温县、沁阳、博爱6个修防段。

1949年8月20日，成立平原黄河河务局，驻新乡，下设秘书处、工务处、财务处、人事室，辖新乡黄沁河修防处和濮阳、菏泽、聊城黄河修防处和21个修防段及石料厂、电话队、航运大队等，共有职工809人。

1950年1月25日，政务院通令，所有平原、山东、河南三省黄河河务机构应即归黄河水利委员会直接领导，并受各该省人民政府领导。6月6日，

表1—36　　**1947年冀鲁豫解放区黄河水利委员会所属机构**

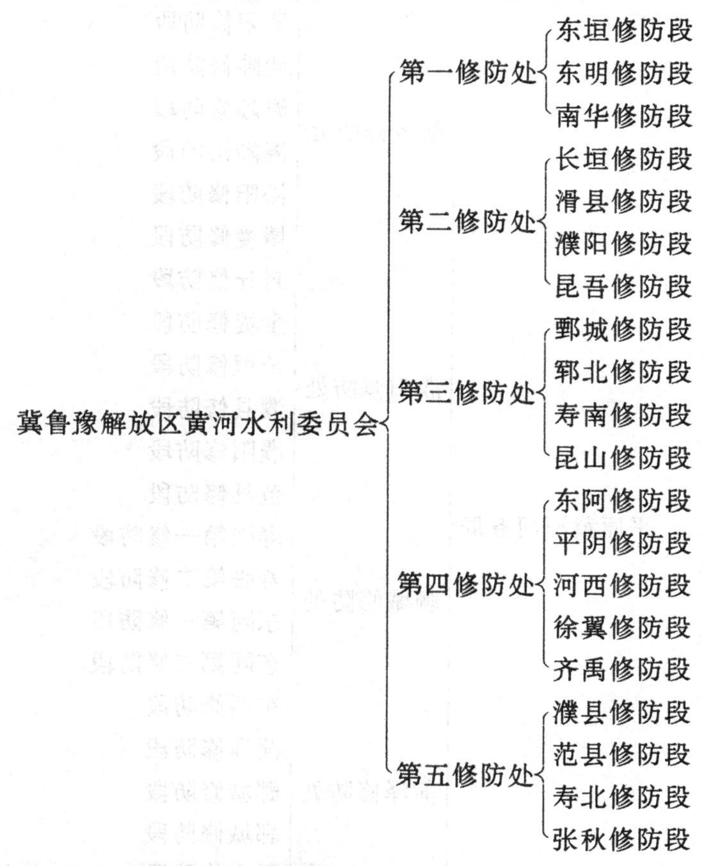


政务院发出《关于建立各级防汛指挥部的决定》，平原省设立黄河防汛指挥部，受黄河防汛总指挥部领导，平原黄河河务局设防汛办公室，为平原黄河防汛指挥部的办事机关。

1951年修建长垣石头庄溢洪堰，当年完工后成立长垣石头庄溢洪堰管理处，由平原黄河河务局直接领导。

1952年平原黄河河务局机关及所属单位见表1—37、表1—38。同年11月，平原黄河河务局随同平原省建制撤销。其所属菏泽、聊城两修防处和所属的修防段及濮阳修防处所属的范县、濮县、金堤修防段和梁山石料厂等单位划归山东黄河河务局。其他划归河南黄河河务局。

表1—37　　**1952年平原黄河河务局机关职能处、室**

平原黄河河务局
- 秘书处
- 财务处
- 工务处
- 人事处

表1—38　　**1952年平原黄河河务局所属机构**

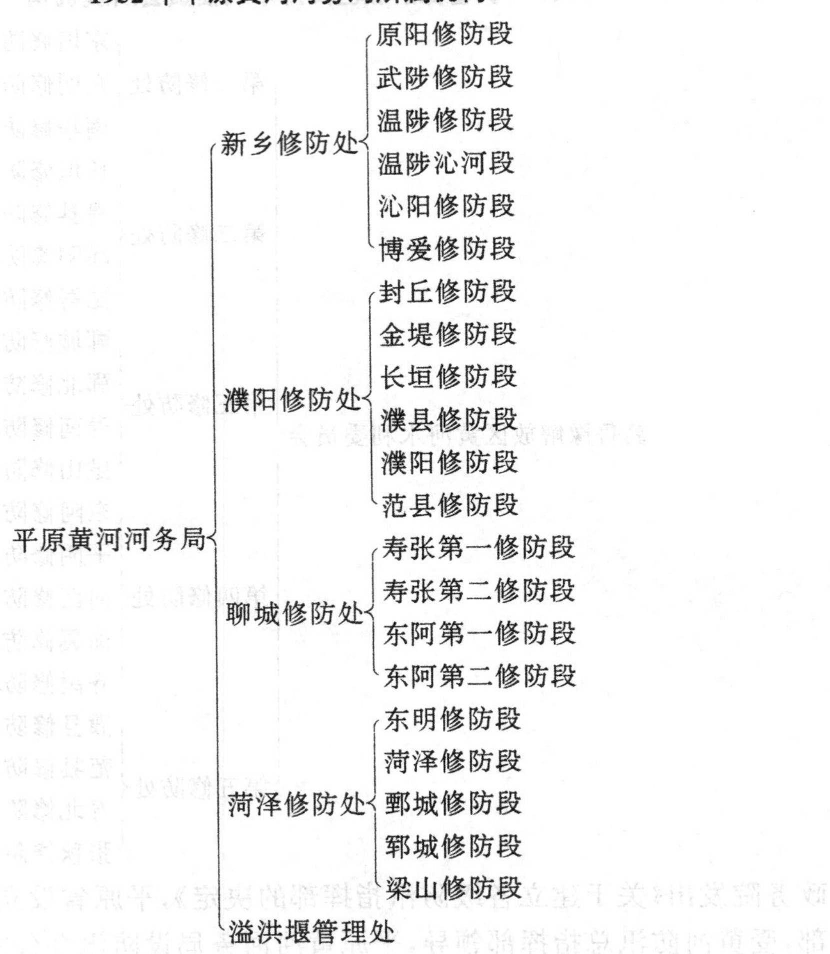


## 第四节　河南黄河河务局

河南黄河河务局是黄河水利委员会的下属机构，负责管理河南黄河河务，驻郑州市金水路。它的前身是1948年11月，华北人民政府水利委员会在开封成立的河南第一修防处。

1950年1月25日，政务院通令，所有山东、河南、平原三省之黄河河务机构应即归黄河水利委员会直接领导，并仍受各该省人民政府指导。

2月16日，河南第一修防处改组为河南黄河河务局，下设秘书、人事、工务、财务4科，辖广郑、中牟、开封、陈兰4个修防段和黑石关石料厂，职工共约400人。

1950年6月6日，政务院发出《关于建立各级防汛指挥机构的决定》，14日，河南省建立黄河防汛指挥部，受黄河防汛总指挥部领导。河南黄河河务局为河南黄河防汛指挥部的办事机关。

1951年河南黄河河务局机关及所属单位见表1—39、表1—40。

表1—39　　**1951年河南黄河河务局机关职能各科**

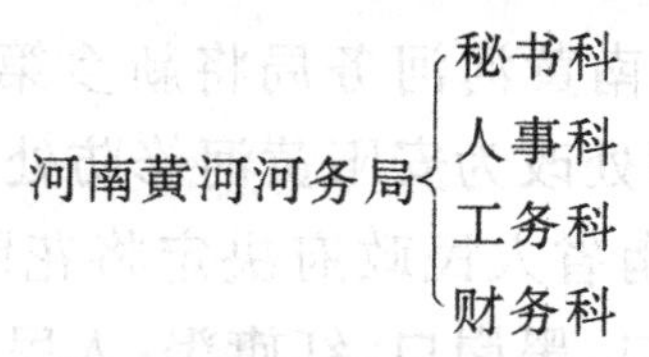

河南黄河河务局
- 秘书科
- 人事科
- 工务科
- 财务科

表1—40　　**1951年河南黄河河务局所属机构**

河南黄河河务局
- 广郑黄河修防段
- 中牟黄河修防段
- 开封黄河修防段
- 陈兰黄河修防段
- 黑石关石料厂

1952年11月30日，平原黄河河务局随平原省撤销，其所属的濮阳、新乡黄河修防处及下属各修防段(濮阳黄河修防处的范县、濮县、寿张三黄河修防段及金堤段划归山东黄河河务局)、溢洪堰工程管理处、石运处、电话队、测量队等划归河南黄河河务局领导。

1953年4月，将石头庄溢洪堰管理处划归濮阳黄河修防处领导。

同年，河南黄河河务局改广郑黄河修防段为局直属郑州黄河修防段，并在开封市建立郑州黄河修防处，辖中牟、开封、陈兰、东明4个黄河修防段。

12月，河南黄河河务局由开封迁至郑州金水路办公。

1954年，河南省撤销濮阳专区建制，濮阳黄河修防处改为安阳黄河修防处。同年，河南黄河河务局建立金堤段，归安阳黄河修防处领导。

1955年，河南黄河河务局将郑州黄河修防处改为开封黄河修防处；并将安阳黄河修防处所属的封丘黄河修防段改归新乡黄河修防处领导。另设立孟津黄河管理段。

1957年12月，河南黄河河务局改陈兰黄河修防段为兰考黄河修防段。

1958年12月25日，河南黄河河务局与黄河水利委员会工务处合并成立黄河水利委员会黄河工程局。同年将新乡黄沁河修防处改为新乡第一修防处，安阳黄河修防处改为新乡第二修防处。

1959年12月25日，黄河水利委员会撤销黄河工程局，恢复工务处和河南黄河河务局。

1960年9月24日，河南黄河河务局并入河南省水利厅，同时在河南省抗旱防汛指挥部下设黄河防汛办公室，指挥河南省的黄河防汛工作。河南省黄河防汛指挥部同时撤销。

1962年1月1日，河南黄河河务局回归黄河水利委员会领导。同时恢复河南省黄河防汛指挥部。

1962年1月25日，河南黄河河务局将新乡第一修防处改为新乡黄沁河修防处，将新乡第二修防处改为安阳黄河修防处。

1962年2月10日河南省人民政府决定将花园口枢纽及共产主义渠、人民胜利渠、东风渠、花园口、黑岗口、红旗渠、人民跃进渠、南小堤、渠村、黄寨等10个渠首闸交河南黄河河务局统一管理，并分别成立管理处、管理段。

1963年4月1日，黄河水利委员会将河南黄河河务局所属的东明黄河修防段划归山东黄河河务局。河南黄河河务局成立花园口枢纽工程管理处。

1964年5月，将原属山东黄河河务局的范县、寿张黄河修防段划归河南黄河河务局管辖。河南黄河河务局在范县设立第一、第二黄河修防段和石头庄溢洪堰管理段，归安阳修防处管辖。

1965年1月15日，河南黄河河务局成立政治部，下设办公室、组织处、宣传处、干部处。局机关及所属单位见表1—41、表1—42。

表1—41　**1965年河南黄河河务局机关职能处、室**

| | |
|---|---|
| 河南黄河河务局 | 办公室 |
| | 政治处 |
| | 工务处 |
| | 财务处 |

1966年1月，将花园口枢纽工程管理处改为花园口枢纽工程管理段、划归郑州黄河修防处领导。

同年下半年，因“文化大革命”，机关瘫痪。

1967年5月，河南黄河河务局设立防汛办公室，为河南省抗旱防汛指挥部的办事机关，同时撤销河南黄河防汛指挥部。

同年10月，河南黄河河务局成立抓革命促生产第一线指挥部，并把黑岗口闸管理段、人民跃进渠闸管理段、兰坝车站、开封转运站划归开封黄河修防处领导，把花园口引黄闸管理段划归郑州黄河修防处领导。

1968年5月4日，成立河南黄河河务局革命委员会，下设政工、财务、生产组。同年撤销花园口枢纽工程管理处。

1969年12月，黄河水利委员会将郑州水文总站划归河南黄河河务局

表1—42　**1965年河南黄河河务局所属机构**

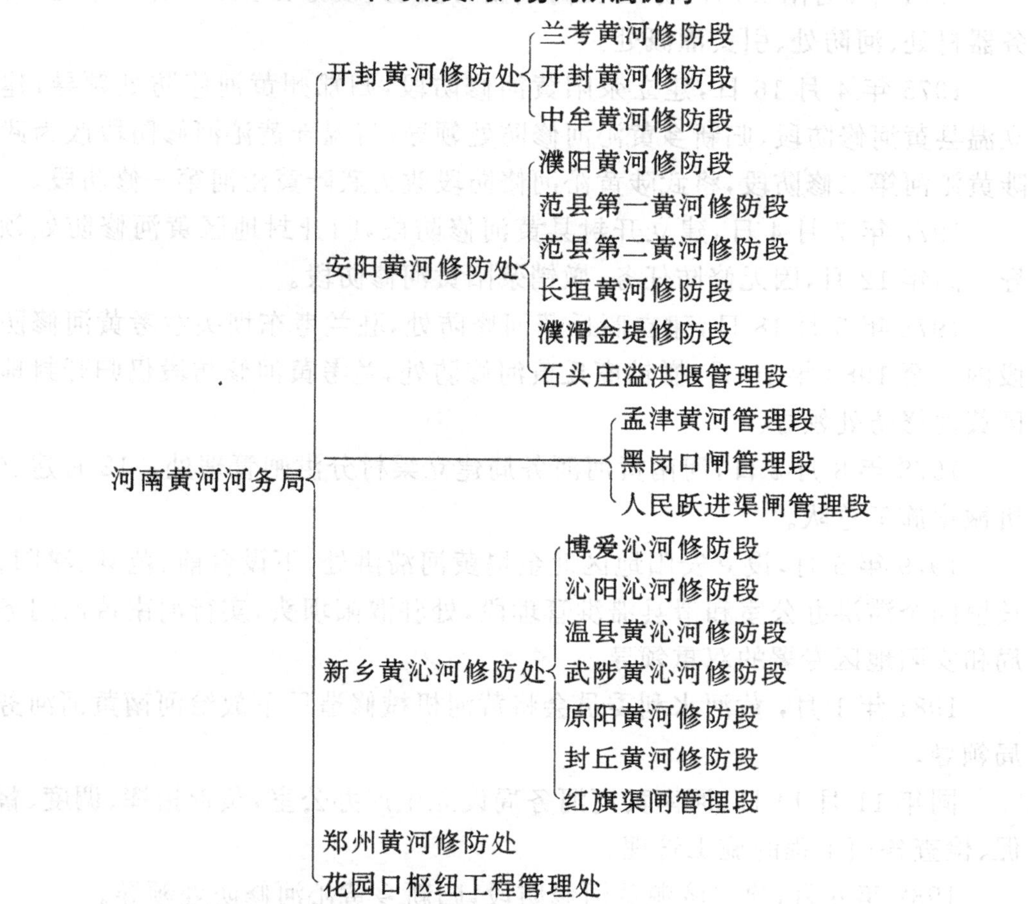


领导，至1975年12月又收回仍归水文处领导。

1969年底，花园口河床演变测验队撤销，部分人员并入河南黄河河务局革命委员会。

1970年2月，安阳地区滞洪办公室和长垣、滑县、濮阳、范县滞洪办公室移交给安阳黄河修防处领导。

1971年3月，成立赵口闸管理段，归开封黄河修防处领导。

1972年3月21日，水利电力部改黄河水利委员会河南黄河河务局为河南省革命委员会河南黄河河务局。至1978年2月6日又改归黄河水利委员会领导。

1972年6月24日，改开封黄河修防处为开封地区黄河修防处，并改开封黄河修防段为开封市黄河修防段。

1973年2月1日，建立巩县黄河修防段，归郑州黄河修防处领导。4月建立孟县黄河修防段，归新乡黄沁河修防处领导。

1974年,河南黄河河务局机构调整,局机关设办公室、政治工作处、财务器材处、河防处、引黄灌溉处。

1975年4月16日,建立荥阳黄河修防段,归郑州黄河修防处领导;建立温县黄河修防段,归新乡黄沁河修防处领导;将温陟黄沁河修防段改为武陟黄沁河第二修防段,将武陟黄沁河修防段改为武陟黄沁河第一修防段。

1977年7月4日,建立开封县黄河修防段,归开封地区黄河修防处领导。同年12月,因无修防任务,撤销荥阳黄河修防段。

1978年5月18日,建立商丘黄河修防处,驻兰考东坝头兰考黄河修防段内。至1980年10月,撤销商丘黄河修防处,兰考黄河修防段仍归开封地区黄河修防处领导。

1978年8月8日,河南黄河河务局建立渠村分洪闸管理处。12月建立机械化施工总队。

1979年5月,设立安阳地区北金堤黄河滞洪处,下设台前、范县、濮阳、长垣四个滞洪办公室和滑县滞洪管理段,处驻濮阳坝头,实行河南黄河河务局和安阳地区专署的双重领导。

1981年1月,黄河水利委员会将黄河机械修造厂下放给河南黄河河务局领导。

同年11月14日,河南黄河河务局设立生产办公室,负责指挥、调度、督促、检查各项工程的施工管理。

1982年6月,建立济源黄河修防段,归新乡黄沁河修防处领导。

1983年9月,将安阳黄河修防处改为濮阳黄河修防处,并将开封市和开封地区黄河修防处合并,仍称开封市黄河修防处,同时成立开封市郊区黄河修防段。同年,河南黄河河务局调整机构,局机关及所属单位设置见表1—43、表1—44。

1984年1月,设立柳园口引黄闸管理段,归开封市黄河修防处领导。

1985年6月6日,河南黄河河务局撤销北金堤黄河滞洪处和渠村分洪

表1—43 **1983年河南黄河河务局机关职能处、室**

河南黄河河务局
- 办公室
- 政治处
- 财务器材处
- 工务处
- 工程管理处
- 科技办公室(治黄研究室)

表 1—44　**1983 年河南黄河河务局所属机构**

- 河南黄河河务局
  - 新乡黄沁河修防处
    - 孟县黄河修防段
    - 温县黄河修防段
    - 武陟黄沁河第一修防段
    - 武陟黄沁河第二修防段
    - 原阳黄河修防段
    - 封丘黄河修防段
    - 沁阳沁河修防段
    - 博爱沁河修防段
    - 济源黄河修防段
  - 郑州黄河修防处
    - 巩县黄河修防段
    - 郑州黄河修防段
    - 中牟黄河修防段
  - 开封黄河修防处
    - 开封县黄河修防段
    - 开封郊区黄河修防段
    - 兰考黄河修防段
  - 濮阳黄河修防处
    - 长垣黄河修防段
    - 濮阳黄河修防段
    - 范县黄河修防段
    - 北金堤修防段
    - 台前黄河修防段
  - 北金堤滞洪处
    - 台前滞洪办公室
    - 范县滞洪办公室
    - 濮阳滞洪办公室
    - 长垣滞洪办公室
    - 滑县滞洪区管理段
  - 规划设计院
  - 黄河机械修造厂
  - 机械化施工总队
  - 渠村分洪闸管理处
  - 孟津黄河管理段

闸管理处，所遗业务由濮阳黄河修防处接管。同时，将长垣滞洪办公室并入长垣修防段。

1986 年 8 月 20 日，河南黄河河务局成立焦作市黄沁河修防处，将新乡黄沁河修防处改称新乡黄河修防处，并将济源、孟县、温县、武陟第一、武陟第二、沁阳、博爱修防段及张菜园闸管理段划归焦作市黄沁河修防处，将濮阳黄河修防处所辖的长垣黄河修防段划归新乡黄河修防处。

1986年12月，河南黄河河务局设立审计处、老干部处。

1988年1月22日，河南黄河河务局成立科技设计处。撤销政治处，设立劳动人事处、行政处。

8月，河南黄河河务局设立监察室。

同年，改郑州黄河修防段为郑州市邙山金水区黄河修防段，归郑州市黄河修防处领导。

1989年3月20日，河南黄河河务局撤销科技设计处，成立科技教育处、综合经营办公室。3月30日，河南黄河河务局成立规划设计院。改通信站为通信处。改机械化施工总队为黄河工程局。此年河南黄河河务局机关及所属单位见表1—45、表1—46。

表1—45 **1989年河南黄河河务局机关职能处、室**

| 河南黄河河务局 | 办公室 |
| --- | --- |
| | 工务处 |
| | 工程管理处 |
| | 防汛办公室 |
| | 科技教育处 |
| | 财务器材处 |
| | 行政处 |
| | 劳动人事处 |
| | 老干部处 |
| | 综合经营办公室 |
| | 审计处 |
| | 监察室 |

1990年10月，黄河水利委员会将山东、河南黄河河务局所属的修防处、修防段更名为河务局。其中地(市)河务局由处级单位改为正县级单位；县(区)河务局由科级单位升格为副县级单位。

同年，河南黄河河务局设立水政水资源处。

1992年，河南黄河河务局改金堤修防段为金堤管理局，并改通信处为通信管理处。

表 1—46　　**1989 年河南黄河河务局所属二级机构**

- 河南黄河河务局
  - 郑州黄河修防处
    - 巩县修防段
    - 邙金修防段
    - 中牟修防段
  - 焦作黄河修防处
    - 济源修防段
    - 孟县修防段
    - 温县修防段
    - 武陟第一修防段
    - 武陟第二修防段
    - 沁阳修防段
    - 博爱修防段
  - 新乡黄河修防处
    - 原阳修防段
    - 封丘修防段
    - 长垣修防段
  - 开封黄河修防处
    - 开封郊区修防段
    - 开封县修防段
    - 兰考修防段
  - 濮阳黄河修防处
    - 濮阳修防段
    - 范县修防段
    - 台前修防段
    - 金堤修防段
    - 濮阳滞洪办公室
    - 范县滞洪办公室
    - 台前滞洪办公室
    - 滑县滞洪管理段
  - 通信处
  - 规划设计院
  - 黄河工程局
  - 黄河机械修造厂
  - 
    - 渠村分洪闸管理所
    - 孟津黄河管理段

1993 年底河南黄河河务局系统共有职工 8528 人。局机关职能处室有办公室、水政水资源处、工务处、工程管理处、规划设计院、防汛办公室、财务器材处、综合经营处、行政处、劳动人事处、老干部处、科技教育处、审计处、监察处。局所属单位见表 1—47。

表 1—47　　**1993 年河南黄河河务局所属机构**

- 河南黄河河务局
  - 郑州市黄河河务局
    - 巩县黄河河务局
    - 郑州市邙山金水区黄河河务局
    - 中牟县黄河河务局
  - 焦作市黄河河务局
    - 济源市黄河河务局
    - 孟县黄河河务局
    - 温县黄河河务局
    - 武陟县黄河第一河务局
    - 武陟县黄河第二河务局
    - 沁阳市沁河河务局
    - 博爱市沁河河务局
  - 新乡市黄河河务局
    - 原阳县黄河河务局
    - 封丘县黄河河务局
    - 长垣县黄河河务局
  - 开封市黄河河务局
    - 开封郊区黄河河务局
    - 开封县黄河河务局
    - 兰考县黄河河务局
  - 濮阳市黄河河务局
    - 濮阳县黄河河务局
    - 范县黄河河务局
    - 台前县黄河河务局
    - 渠村分洪闸管理处
    - 金堤管理局
    - 濮阳县滞洪办公室
    - 台前县滞洪办公室
    - 范县滞洪办公室
  - 黄河工程局
  - 黄河机械修造厂
  - 通信管理处
  - 孟津县黄河河务局
  - 滑县滞洪管理段

# 第五节　三门峡水利枢纽管理局

三门峡水利枢纽管理局是黄河水利委员会的下属机构，驻三门峡市崤山路。

三门峡水利枢纽工程由黄河三门峡工程局负责施工，于1957年4月13日开工，1960年9月基本建成，随后该局继续在三门峡负责进行枢纽的改建工程。1969年黄河三门峡工程局改名水利电力部第十一工程局。

1960年11月28日，黄河水利委员会建立三门峡水库管理局，该局于1962年6月撤销。此后长期未设统一的管理机构。

1983年7月15日，黄河水利委员会建立三门峡水利枢纽管理局，局机关设办公室、政治处、劳动工资处、保卫处、技术处、计划财务器材处、行政建房处等；局下设电厂、大坝工程分局、库区治理分局等。共有职工1738人。

1984年6月，三门峡水利枢纽管理局设立调度室。

1988年，三门峡水利枢纽管理局撤销库区治理分局，并将该分局所属的黄河小北干流山西管理局和黄河小北干流陕西管理局改归黄河水利委员会直接领导。

1989年，三门峡水利枢纽管理局进行机构调整。如表1—48。

表1—48 **1989年三门峡水利枢纽管理局机关职能处、室及所属单位**

- 三门峡水利枢纽管理局
  - 办公室——通信站、编志办公室
  - 劳动人事处
  - 财务处
  - 调度室
  - 水政处
  - ——
    - 水力发电厂
    - 工程管理分局
    - 机电修配厂
    - 综合经营总公司
  - 技术计划处
  - 水电开发处
  - 安全监察处
  - 工程处
  - 物资供应处
  - 保卫处
  - 审计处
  - 监察室

1990年1月24日，三门峡水利枢纽管理局成立离退休服务中心。3月成立武装部。7月5日成立基建分局。7月9日成立行政处。

1991 年 3 月 4 日，三门峡水利枢纽管理局撤销机电修配厂。

1993 年底，三门峡水利枢纽管理局系统共有职工 2090 人。局机关及所属单位见表 1—49。

表 1—49 **1993 年三门峡水利枢纽管理局机关职能处、室及所属单位**

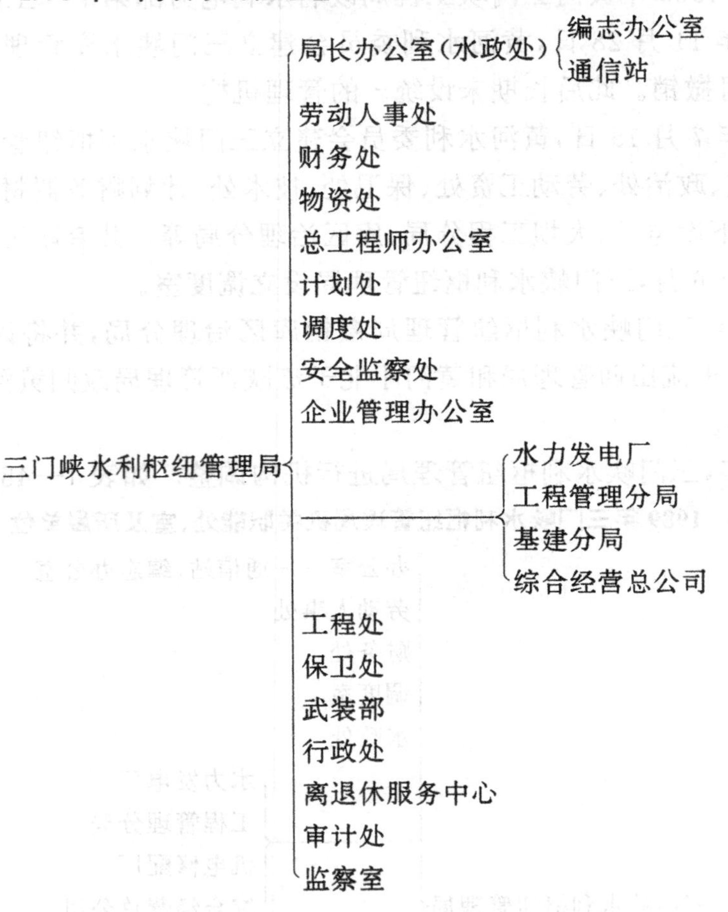


## 第六节 西北黄河工程局

西北黄河工程局是黄河水利委员会的下属机构，驻西安市大厢子庙街。它的前身是 1949 年西安解放时由军事管制委员会接收的国民政府黄河水利工程总局所属的黄河上游工程处。当年 12 月 17 日西安军事管制委员会将黄河上游工程处移交给黄河水利委员会，成为黄河水利委员会的直属单位。

1950 年 2 月 16 日，黄河水利委员会将黄河上游工程处扩建为西北黄河工程局，下设秘书、人事、工程、财务、总务5个科。其主要任务是调查、研究和推广水土保持等。职工78人。1951～1953年该局分别建立和接收了绥德、西峰、天水3个水土保持科学试验站。

1952年11月3日，西北军政委员会成立西北区水土保持委员会，统一领导管理西北区的水土保持工作。西北区水土保持委员会由西北财政经济委员会、西北水利部、西北农林部、西北畜牧部、西北黄河工程局、西北铁路干线工程局6个部门组成。委员会指定西北黄河工程局为水土保持专业机构。至1954年11月，按照全国大区撤销方案，西北区水土保持委员会撤销。所有委员会办公室的所有水土保持干部，移交给西北黄河工程局接收。

1953年2月，黄河水利委员会对西北黄河工程局进行内部机构改组，保留工程科、财务科，撤销秘书、人事、总务科，成立设计科、勘察队、测量队、办公室。办公室下设秘书、人事、总务3个股。

1954年2月，根据财政部门分工负责领导的精神，中央确定西北黄河工程局划归西北行政委员会财政经济委员会指导。7月，经黄河水利委员会同意，西北黄河工程局增设平凉、定西、榆林、延安4个水土保持工作站。11月增设水土保持科。至1956年4月，增设的上述4个水土保持工作站因属推广性质，移交各省水土保持局领导。天水、绥德、西峰3站属科学研究性质，仍归西北黄河工程局领导。

1958年12月，黄河水利委员会将西北黄河工程局领导的天水、绥德、西峰3个水土保持科学试验站收回，由黄河水利委员会直接领导。

1961年1月7日，根据中央精简机构的精神，水利电力部通知撤销西北黄河工程局。3月9日，黄河水利委员会宣布西北黄河工程局撤销，人员由陕西省人民政府就地安排。

## 第七节　黄河上中游管理局

黄河上中游管理局是黄河水利委员会的下属机构，驻西安市韩森路。它的前身是黄河中游治理局。

1979年，水利电力部决定建立黄河水利委员会中游治理局及黄河中游水土保持委员会，委托黄河水利委员会负责筹备。12月，黄河水利委员会开始在西安进行筹建。

1980年3月27日，水利部批复黄河水利委员会《关于筹建黄河中游水土保持委员会和黄河中游治理局的报告》，明确黄河中游治理局的主要任务：1.调查研究，总结经验，推动小流域治理，以点带面，指导黄河中游地区的水土保持工作；2.依靠地方抓好多沙、粗沙区支流综合治理的试点工作；3.组织和开展水土保持试验研究工作；4.管好水土保持经费。明确黄河中游治理局是黄河水利委员会的派出机构，下设办公室、计划财务处、宣传推广处、勘测规划处、科学技术处，编制300人。

同年5月19日，国家农业委员会同意恢复黄河中游水土保持委员会，并以新建立的黄河中游治理局为其办事机关，不增加编制，实行一套机构，两块牌子。

1981年底，黄河中游治理局机构已基本形成，局机关设立办公室、计划财务处、勘测规划设计院、科学技术处、宣传推广处、政治处，并边筹建边开展水土保持工作。

1983年4月28日，黄河水利委员会批复黄河中游治理局设：办公室、规划治理处、宣传推广处、科学技术处、计划财务处、政治处。

1986年5月19日，全国水土保持工作领导协调小组和水利电力部经国务院批准，对黄河中游水土保持委员会进行调整充实。以中共陕西省委书记为主任，水利电力部副部长、国家计划委员会副主任为副主任，有关省、自治区主管副省长、副主席和重点地区、国家有关部门的负责人为委员，共29人。

1987年，黄河中游治理局改政治处为劳动人事处。

1988年4月，黄河水利委员会将天水、绥德、西峰3个水土保持科学试验站交给黄河中游治理局领导。

同年，黄河中游治理局调整机构，局机关设办公室、计划财务处、科学技术处、劳动人事处、勘测规划设计院、综合治理处、综合经营办公室、审计处。

1989年9月，黄河水利委员会将临潼黄河职工疗养院交给黄河中游治理局代管。黄河中游治理局增设水土保持监督处。此年，局机关及所属单位见表1—50。

1990年3月，黄河中游治理局增设思想政治工作处。

1991年12月28日，黄河中游治理局设立基建处。

1992年9月5日，经水利部批准，黄河水利委员会设立晋陕蒙接壤地区水土保持监督局(副局级单位)，并由黄河中游治理局代管，该监督局设于陕西省榆林市。9月8日，黄河中游治理局设立水政水资源处。

10月31日，黄河水利委员会改黄河中游治理局为黄河上中游管理局。至1993年底共有职工961人，局机关及所属单位见表1—51。

表 1—50　**1989 年黄河中游治理局机关职能处、室及所属单位**

- 黄河中游治理局
  - 办公室
  - 劳动人事处
  - 水土保持监督处
  - 综合治理处
  - 所属单位
    - 天水水土保持科学试验站
    - 绥德水土保持科学试验站
    - 西峰水土保持科学试验站
    - 勘测规划设计院
    - 临潼黄河职工疗养院(受委托代管)
  - 计划财务处
  - 科学技术处
  - 审计处

表 1—51　**1993 年黄河上中游管理局机关职能处、室及所属单位**

- 黄河上中游管理局
  - 办公室
  - 劳动人事处
  - 计划财务处
  - 综合治理处
  - 科学技术处
  - 所属单位
    - 天水水土保持科学试验站
    - 绥德水土保持科学试验站
    - 西峰水土保持科学试验站
    - 勘测规划设计院
    - 临潼黄河职工疗养院(代管单位)
    - 晋陕蒙接壤地区水土保持监督局(代管单位)
  - 思想政治工作处
  - 水土保持监督处
  - 水政水资源处
  - 综合经营办公室
  - 基建处
  - 审计处

## 第八节　勘测规划设计院

勘测规划设计院是黄河水利委员会的下属机构，负责黄河流域的勘测、规划、设计任务，驻郑州市金水路。它的前身是1956年2月水利部指示由黄河水利委员会组建的水利部黄河勘测设计院。当时院下设办公室、水工结构处、设计处、测绘处、地质处及人事室、秘书科、生产计划科；测绘处下设三角测量第一、二、三队，天文基线队，地形测量第一、二、三队，精密水准队，航测室；地质处下设勘探第一、二、三、四、五队。共有职工2097人。

1957年7月，地质处改称工程地质处，处下增设物探组。

1958年2月，水利、电力两部合并，将水利部黄河勘测设计院更名为黄河水利委员会勘测设计院。

1958年8月，勘测设计院的规划、设计人员下基层，与地质、勘探共同组成5个三结合形式（设计、地质、勘探）的勘测设计工作队。直属于勘测设计院。

1959年，5个勘测设计工作队和两个测量队合并成7个勘测设计工作队，进行南水北调查勘及黄河中下游查勘。

同年，测绘处将各外业测量队改组为第一、第二、第三、第四测量队。因开展南水北调勘测工作，第一、第二测量队纳入勘测设计工作队，实际只剩第三、第四两个专业测量队。

1960年4月，工程地质处下的物探组扩建为物探队，直属勘测设计院。

1961年，勘测设计院办公室下设行政、财务、器材、人事4个科。

1962年初，撤销各勘测设计工作队，所有人员回归原工作岗位。

1963年1月，黄河水利委员会撤销勘测设计院，规划设计处、测绘处、地质处均直属于黄河水利委员会。

1964年6月，水利电力部批准黄河水利委员会恢复勘测设计院。

1966年5月，“文化大革命”开始，年底黄河水利委员会及所属机构先后陷于瘫痪。

1967年12月26日，黄河水利委员会革命委员会建立。次年建立地质系统革命委员会、测绘系统革命委员会。

1969年11月，黄河水利委员会革命委员会在洛阳建立规划大队，同时建立天桥、故县、陆浑、河口村4个工程设计组和无定河工作队。规划大队下设规划一、二、三分队。至此原勘测设计院所负各项工作初步恢复。

1972 年,规划大队由洛阳陆续迁回郑州办公,并以测绘系统各内、外业共同组成测绘队,撤销规划一、二、三分队,将无定河工作队改名为王圪堵工程设计组。

1978 年 3 月,恢复勘测设计院,定名为黄河水利委员会勘测规划设计院。下设办公室、政治处、行政处、计划财务处、物资供应处、规划处、设计一处、设计二处、测绘总队、地质勘探总队、物探队等。

1979 年 10 月,勘测规划设计院成立总工程师室。

1980 年 2 月,勘测规划设计院撤销地质勘探总队,建立地质勘探处。此年院机关及所属单位见表 1—52。

表 1—52　**1980 年勘测规划设计院机关职能处、室及所属单位**

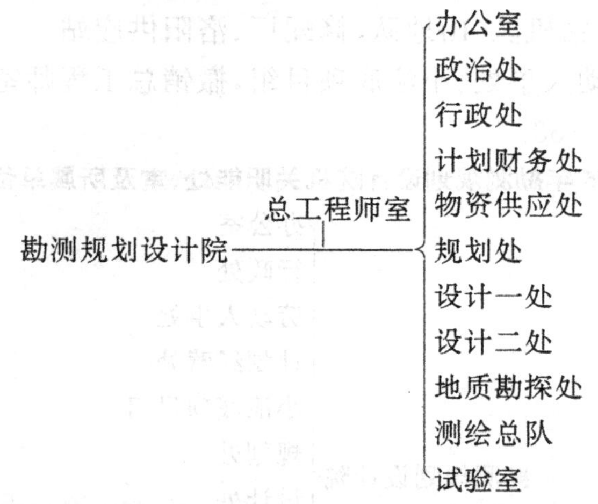


1981 年 3 月,撤销地质勘探处,改设地质处和地质勘探总队,地质处下设主任工程师室、秘书组、勘探组和第一、第二、第三地质组。勘探总队下设办公室、勘探科、财务器材科及第一、第二、第三地质勘探队和山地队、八〇钻机队、修配厂等。

1982 年,物探队改归地质处领导。

1983 年 3 月 18 日,勘测规划设计院进行机构调整,调整后的院机关职能单位和所属单位设:办公室、政治处、设计处、规划处、地质处、测绘总队、计划财务处、实验室、勘探总队和洛阳办事处。

1983 年 3 月,撤销测绘总队,将总队一分为二:在郑州建立测绘处,主管测绘内、外业的生产计划、技术业务工作并领导航测室,下设秘书科、技术科和航测室;在开封建立测绘大队,领导外业队和测绘后勤工作,大队下设技术、政工、行政三科和第一、第二两个测量队。

1983年8月27日，勘测规划设计院成立黄河志编纂领导小组，12月8日成立黄河志编辑室。

同年，将设计一处、设计二处合并为设计处，并建立劳动服务公司。

1984年12月7日，勘测规划设计院进行机构调整。调整后行政管理部门设：办公室、行政处、计划经营处、技术处、劳动人事处；生产部门设：规划处、设计处、测绘总队、地质勘探总队和科学试验研究所。

1985年1月，恢复测绘总队，下设计划经营科、办公室、技术科，原航测室改为航测制图队。开封测绘大队亦归总队直接领导，大队下设4个组（股）和7个中队。

1985年4月，地质处又和勘探总队合并为地质勘探总队，下设政工、秘书、计划经营、财务器材科、主任工程师室、地质队和第一、第二、第三地质勘探队、物探队、八〇钻机队、山地队、修配厂、洛阳供应站。

同年，设立劳动人事处、小浪底项目组，撤销总工程师室。此年，院机关及所属单位见表1—53。

表1—53　**1985年勘测规划设计院机关职能处、室及所属单位**

| | |
|---|---|
| 勘测规划设计院 | 办公室 |
| | 行政处 |
| | 劳动人事处 |
| | 计划经营处 |
| | 小浪底项目组 |
| | 规划处 |
| | 设计处 |
| | 技术处 |
| | 地质勘探总队 |
| | 测绘总队 |
| | 科学试验研究所 |
| | 黄河志编辑室 |

1986年3月，成立地质总队。总队下设办公室、技术室、计划经营科和小浪底、龙门、故县、碛口、南水北调5个地质队。

同年5月，成立老干部处、审计处。

1988年2月，撤销设计处，成立水工设计处、机电设计处、施工设计处。3月，成立多种经营办公室。

1989年5月，设立监察处。

同年，设立全面质量管理办公室，将审计室改审计处，将小浪底项目组改为小浪底设计处，并将物探队改为物探大队，下属第一、第二两个物探队。此年院机关及所属单位见表1—54。

表1—54　**1989年勘测规划设计院机关职能处、室及所属单位**

- 勘测规划设计院
  - 总工程师室
  - 规划处
  - 水工设计处
  - 机电设计处
  - 施工设计处
  - 小浪底设计处
  - 技术处
  - 全面质量管理办公室
  - 办公室
  - 行政处
  - 计划财务处
  - 劳动人事处
  - 老干部处
  - 科学试验研究所
  - 测绘总队
  - 地质勘探总队
  - 地质总队
  - 黄河志编辑室
  - 审计处
  - 监察处

1991年5月，将规划处一分为二：设立规划一处负责流域综合规划；设立规划二处负责移民安置及环境影响评价。

1992年7月，成立总工程师办公室、建筑设计工程处、遥感电算处，并成立规划三处负责西线南水北调工程规划。

1993年1月，将物探大队改由勘测规划设计院直接领导。

1993年底，勘测规划设计院系统共有职工2025人，院机构设置见表1—55。

表1—55 **1993年勘测规划设计院机关职能处、室及所属单位**

勘测规划设计院
- 办公室
- 行政处
- 计划财务处
- 劳动人事处
- 老干部处
- 多种经营办公室
- 黄河志编辑室
- 审计处
- 监察处
- 总工程师办公室
- 规划一处
- 规划二处
- 规划三处
- 水工设计处
- 机电设计处
- 施工设计处
- 小浪底设计处
- 建筑设计工程处
- 遥感电算处
- 全面质量管理办公室
- 测绘总队
- 地质总队
- 地质勘探总队
- 物探大队
- 科学试验研究所

## 第九节 水 文 局

水文局是黄河水利委员会的下属机构，驻河南郑州市城北路。

1949年西安解放后由军事管制委员会接收国民政府黄河水利工程总局水文总站。当年12月17日，西安军事管制委员会将水文总站移交给黄河水利委员会。

1950年春，水文总站由西安迁开封，在黄河水利委员会内办公。当年夏,改水文总站为水文科,隶属于黄河水利委员会测验处,水文科下设计划、测验和资料整编等业务组。每年汛期由水文科抽技术人员到黄河防汛办公室从事水情工作。沿河各水文、水位站行政分别由西北黄河工程局和河南、平原、山东黄河河务局领导,水文科负责对各站进行业务技术方面的领导。

1952 年 8 月,将泺口、柳园口、潼关、吴堡、镫口、兰州 6 个水文站扩建为一等水文站,并负责领导附近的各测站,直接处理各测站的有关技术问题。次年春,又将上述 6 个一等站改建为水文分站。分站各设秘书、财务、技术组。分站管理的区段为:

泺口分站:山东境内黄河干流的水文、水位测站。

柳园口分站:河南境内孟津以下黄河干流和伊、洛、沁河各测站。

潼关分站:渭河太寅以下和泾河流域及黄河干流龙门至小浪底间的各测站。

吴堡分站:黄河义门至禹门口间的干支流各测站。

镫口分站:黄河干流义门以上宁夏、内蒙古河段的各测站。

兰州分站:黄河干流石嘴山以上及渭河太寅以上各测站。

另外,三门峡水文站由会水文科直接领导。

1953 年 3 月,将前左水文站改建为前左水文实验站,开展黄河河口的观测研究。

1954 年 4 月,柳园口分站迁移至秦厂,改名秦厂分站。

同年 12 月,镫口分站改名为包头分站。

1956 年 4 月,黄河水利委员会将水文科扩建为水文处,全面领导各水文站、水位站的行政和业务。处下设秘书、计划财务、技术、水情 4 个科。

同年 6 月,将兰州、吴堡、潼关、秦厂、泺口 5 个水文分站改为水文总站,并撤销包头分站;河口镇以上的水文站划归兰州水文总站领导,义门、河曲两水文站划归吴堡总站领导。明确各水文总站为科级单位。各总站设秘书、财务、技术股。

1957 年,黄河水利委员会水文处将秘书科改为秘书室,撤销技术科,建立测验科和审编科。

1958 年,水文处设立研究室,并建立子洲径流实验站(次年全面开展观测工作)和花园口河床演变测验队。另外,西北黄河工程局建立三门峡库区实验总站。

同年 10 月,泺口、秦厂两水文总站合并成立郑州水文总站,并将利津水文站和刘家园以下 10 个水位站划归前左河口水文实验站领导。

1959 年 1 月，设立位山库区水文实验总站。

同年 3 月，撤销潼关水文总站，并将渭河宝鸡以上及泾河流域所属水文站划归兰州水文总站领导；八里胡同、小浪底、仓头等站划归郑州水文总站领导；三门峡库区内的水文站由三门峡库区实验总站领导。

1960 年 11 月，撤销三门峡库区实验总站的名称，其原有科室、测站改归三门峡水库管理局领导。

1962 年 6 月，三门峡水库管理局撤销，恢复三门峡库区实验总站并改名为三门峡库区水文实验站，由水文处直接领导。

1963 年 4 月，水文处在兰州水文总站所辖的宁蒙河段建立三盛公水文中心站和泾河流域的庆阳水文中心站，为兰州水文总站的派出机构。各设指导员、中心站长 2 至 3 人。

1963 年底，位山拦河大坝破除，位山库区水文实验任务结束，位山库区水文实验总站改为位山水文总站，管辖孙口至泺口间的 4 个水文站及刘庄至刘家园间的 5 个水位站。

1964 年 10 月，黄河水利委员会水文处设立政治处，各水文总站设教导员，中心站设指导员。

1964 年相继成立的水文中心站有：渭河上游的甘谷，陕北地区的延安、横山、义门，洛河的白马寺，共 5 处；次年又在大通河的享堂，伊河的陆浑，沁河的五龙口等 3 处成立了水文中心站。1965 年水文处机构设置见表 1—56。到 1966 年，有水文中心站共 10 处。1968 年 4 月，水文系统革命委员会通知，各水文中心站暂停工作，随将水文中心站撤销。

1979 年 9 月 18 日，黄河水利委员会将济南水文总站的人事、组织工作划归山东黄河河务局领导，至 1987 年 2 月 23 日复收回仍由水文局统一领导。

1979 年，兰州、吴堡、郑州、济南水文总站和三门峡库区水文实验总站明确为副县团级单位。

1980 年 4 月，经水利部批准，黄河水利委员会设立水文局，下设办公室、政治处、技术处、水情处。

1980 年 4 月，黄河水源保护办公室与水文局合署办公，实行一套机构两块牌子。

1983 年 2 月 28 日，黄河水利委员会批复水文局（黄河水源保护办公室）的机构设置。机关设：办公室、测验处、水情处、水源保护处、政治处；水文水源保护研究所、水质监测中心站为下属机构，其中水质监测中心站与水源

表1—56　　**1965年水文处机关职能科、室及所属单位**

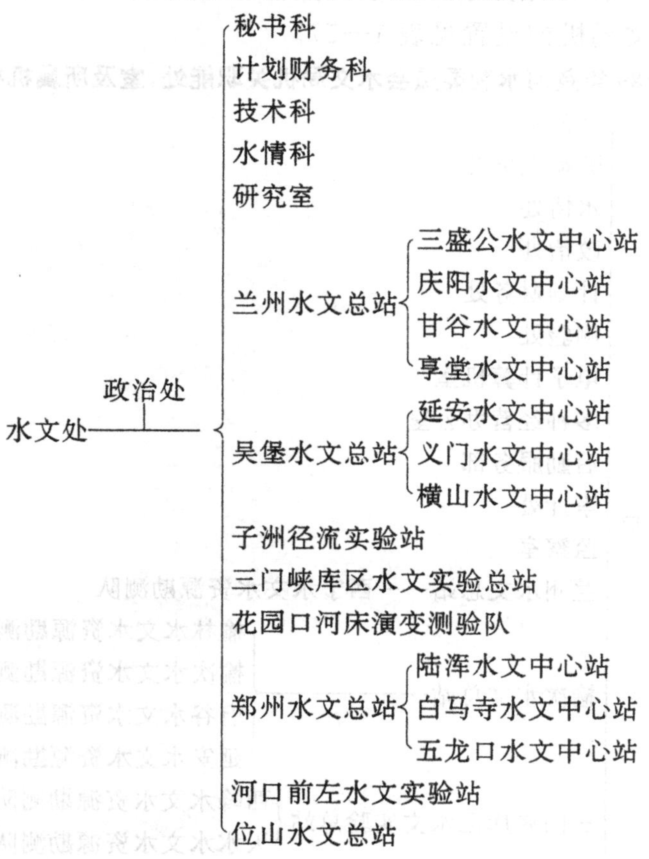


保护处合署办公。

1984年，水文局增设行政处、计划财务处、调查研究室。

同年10月，将兰州水文总站所属渭河测区的武山、南河川、甘谷、秦安、天水、社棠、凤山、董家河8个水文站和泾河测区的泾川、杨闾、杨家坪、袁家庵、姚新庄、太白良、巴家嘴、毛家河、洪德、庆阳、悦乐、贾桥、板桥、雨落坪、张家沟、刘家河、田沟门、脱家沟18个水文站和三岔水位站、巴家嘴水库实验站划归三门峡库区水文实验总站领导。

1985年，吴堡水文总站迁山西榆次，改名榆次水文总站。

1986年，水文局增设审计处，撤销调查研究室。

1986年至1987年，陆续设立西宁、西峰、天水、延安、府谷、榆次、榆林、洛阳8个水文水资源勘测队，分别归兰州、榆次、郑州水文总站和三门峡库区水文实验总站领导，并撤销庆阳、天水、横山、延安、府谷、青铜峡、民和7个水文中心站。

1987年3月，水文局设立电子计算机室。

1988 年 4 月水文局改行政处为后勤服务部。

1989 年水文局机构设置见表 1—57。

表 1—57 **1989 年黄河水利委员会水文局机关职能处、室及所属机构**

- 水文局
  - 办公室
  - 劳动人事处
  - 水情处
  - 政治处
  - 计划财务处
  - 测验处
  - 电子计算机室
  - 多种经营办公室
  - 后勤服务部
  - 审计处
  - 监察室
  - 兰州水文总站——西宁水文水资源勘测队
  - 榆次水文总站
    - 榆林水文水资源勘测队
    - 榆次水文水资源勘测队
    - 府谷水文水资源勘测队
    - 延安水文水资源勘测队
  - 三门峡库区水文实验总站
    - 西峰水文水资源勘测队
    - 天水水文水资源勘测队
  - 郑州水文总站——洛阳水文水资源勘测队
  - 济南水文总站——东营水文水资源勘测实验总队

1990 年，水文局设上游、中游、三门峡库区、河南、下游 5 个水政监察处，分别与水文总站实行一套机构两块牌子，分驻于兰州市、榆次市、三门峡市、郑州市、济南市。

1991 年 2 月，水文局将后勤服务部撤销，同时恢复行政处。3 月，水文局将测验处更名为技术处。7 月 31 日，水文局设立离退休职工管理处。

1992 年 8 月，水文局将所属的兰州、榆次、三门峡、郑州、济南 5 个水文总站更名为：上游水文水资源局、中游水文水资源局、三门峡库区水文水资源局、河南水文水资源局、山东水文水资源局。

9 月 8 日，水文局设立水政监察处。

1993 年底，水文系统和水资源保护系统共有职工 2417 人。局机关及所属单位见表 1—58、表 1—59。

表1—58　**1993年水文局机关职能处、室**

水文局
- 办公室
- 劳动人事处
- 计划财务处
- 政治思想工作处
- 行政处
- 水政监察处
- 技术处
- 水情处
- 电子计算室
- 多种经营办公室
- 离退休职工管理处
- 审计处
- 监察室

表1—59　**1993年水文局所属机构**

水文局
- 上游水文水资源局（上游水政监察处）——西宁水文水资源勘测队
- 中游水文水资源局（中游水政监察处）——
  - 榆林水文水资源勘测队
  - 榆次水文水资源勘测队
  - 府谷水文水资源勘测队
  - 延安水文水资源勘测队
- 三门峡库区水文水资源局（三门峡库区水政监察处）——
  - 西峰水文水资源勘测队
  - 天水水文水资源勘测队
- 河南水文水资源局（河南水政监察处）——洛阳水文水资源勘测队
- 山东水文水资源局（山东水政监察处）——东营水文水资源勘测实验总队

## 第十节　黄河流域水资源保护局

黄河流域水资源保护局是水利部、国家环境保护局双重领导的负责黄河流域水资源保护的机构，也是黄河水利委员会的下属单位，驻河南郑州市城北路。

1975年6月，经水利电力部、国务院环境保护领导小组批准，建立黄河水源保护办公室，下设秘书组、管理科、科研监测科。

1978年5月，水利电力部批准建立黄河水源保护科学研究所、水质监测中心站，隶属黄河水源保护办公室。同时撤销科研监测科。

1980年4月，黄河水源保护办公室与新组建的黄河水利委员会水文局合署办公。合署后，黄河水源保护办公室下设综合处、黄河水源保护中心监测站、黄河水源保护科学研究所。

1983年5月，城乡建设环境保护部与水利电力部联合发文，决定对长江、黄河等五大流域的水源保护局(办)实行水利电力部和城乡建设环境保护部双重领导，以水利电力部为主的领导体制。5个流域水源保护局(办)在环境保护方面的主要任务是："1.贯彻执行国家环境保护的方针、政策和法规，协助建设部草拟水系水体环境保护法规、条例；2.牵头组织水系干流所经省、市、自治区的环境保护部门制订水系干流水体环境保护长远规划及年度计划，报建设部、水电部批准实施；3.协助环境保护主管部门审批水系干流沿岸修建的工业交通等工程以及有关大中型水利工程对水系环境的影响报告书；协助各级环境保护主管部门监督检查新建、技术改造工程项目对水体保护执行"三同时"(新建、扩建和改建工程的防治污染和其他公害的设施，必须和主体工程同时设计，同时施工，同时投产。以下同)的情况；4.会同各级环境保护部门监督不合理利用边滩、洲地，任意堆放有毒有害物质，向水体倾倒和排放废弃物质造成的污染和生态破坏；5.在全国环境监测网的指导下，按商定的统一监测方法和技术规定，组织协调长江、黄河干流的水体环境监测(淮河、珠江、海河另行商议)，掌握水质状况，提出干流水质监测报告，报送建设部、水电部，并供沿岸各环境保护和水利主管部门及其监测站使用；6.开展有关水系水体环境保护科研工作。如水体环境质量、环境容量、稀释自净规律及水利开发、工程建设对环境的影响和评价等。"

1984年3月，根据水利电力部、城乡建设环境保护部《关于流域机构水资源保护局(办)更改名称的通知》，黄河水源保护办公室改为水利电力部、城乡建设环境保护部黄河水资源保护办公室，下设综合处、黄河水资源保护科学研究所和监测中心站。原黄河水源保护办公室兰州、青铜峡、包头、吴堡、三门峡、郑州、济南水质监测站，改名为水利电力部、城乡建设环境保护部黄河水资源保护办公室兰州、青铜峡、包头、吴堡、三门峡、郑州、济南监测站。

1990年8月2日，黄河水利委员会调整机构，改黄河水资源保护办公室为黄河水资源保护局。

1992年3月,水利部、国家环境保护局通知,将水利电力部、城乡环境保护部黄河水资源保护局更名为水利部、国家环境保护局黄河流域水资源保护局。其主要职能、任务不变,仍与水文局合署办公,实行一套机构两块牌子。

1993年,黄河流域水资源保护局将监测中心站更名为黄河流域水环境监测中心站。截至1993年底,黄河流域水资源保护局系统和水文系统共有职工2417人,局机构设置见表1—60。

表1—60 **黄河流域水资源保护局机关及下属单位**

黄河流域水资源保护局
- 综合处
- 黄河水资源保护科学研究所
- 黄河流域水环境监测中心站

# 第十一节 金堤河管理局

金堤河管理局是黄河水利委员会的下属机构,负责金堤河的治理和水事纠纷调处等,驻河南省濮阳市。

黄河水利委员会曾于1963年经国务院批准建立金堤河治理工程局,负责金堤河治理工程的组织施工。当年7月改名为黄河水利委员会金堤河工程管理局。1964年3月,黄河水利委员会撤销金堤河工程管理局,建立张庄闸管理所。该所由黄河水利委员会直接领导。

1989年3月2日,黄河水利委员会建立金堤河管理局筹备组。

1991年3月1日,经水利部批准,正式成立黄河水利委员会金堤河管理局。局下设办公室、工务处、财务器材处。

4月,金堤河管理局增设水政水资源处,与工务处合署办公。张庄闸管理所也划归该局领导,共有职工44人。

1993年底,金堤河管理局系统共有职工70人。局机构设置见表1—61。

表1—61 **1993年金堤河管理局机关职能处、室及所属单位**

金堤河管理局
- 办公室
- 工务处(水政水资源处)
- 财务器材处
- ——张庄闸管理所

## 第十二节　水利科学研究院

水利科学研究院是黄河水利委员会领导的以黄河泥沙研究为中心的综合性水利科学研究机构，驻郑州市顺河路，1950年10月5日创建于河南开封，当时名为黄河水利委员会泥沙研究所。

1953年3月1日，泥沙研究所由开封迁郑州，增设泥沙测验、泥沙资料整理分析、水工、土工研究组及秘书组等。

1955年，泥沙研究所增设材料化学研究组。

1956年2月，黄河水利委员会泥沙研究所改名为黄河水利委员会水利科学研究所。所下设泥沙研究室、土工研究室、水工研究室、引黄泥沙测验队、结构材料研究室、水土保持研究室。天水、西峰、绥德水土保持科学试验站也划归该所领导，1958年改由黄河水利委员会领导。

1958年底，水利科学研究所撤销引黄泥沙测验队。

1960年，水利科学研究所秘书室改为办公室。

1961年，水利科学研究所增设新技术应用研究室。

1964年11月，水利科学研究所撤销水土保持研究室，并将天水、西峰、绥德水土保持科学试验站移交给黄河中游水土保持委员会领导。

1966年5月"文化大革命"开始后，水利科学研究所工作陷于停顿；若干急需进行的工作任务交给黄河水利委员会生产指挥部接办。

1967年，成立黄河水利委员会水利科学研究所革命委员会。

1969年春，黄河水利委员会革命委员会宣布撤销水利科学研究所，按建制交给水利电力部第十一工程局。在准备迁往三门峡时，当年秋改变决定，仍保留水利科学研究所，并将原属勘测规划设计院的试验室划归水利科学研究所。至1980年又将该试验室划回勘测规划设计院。

1973年，水利科学研究所增设水力机械抗磨研究室。

1974年，水利科学研究所增设电子计算机计算站。

1978年，恢复"文化大革命"以前的黄河水利委员会科学研究所建制，并增设生产管理科和政工科。

1983年，水利科学研究所成立黄河志编辑组。

1984年，水利科学研究所成立土壤侵蚀研究室。

1985年，水利科学研究所生产管理科和政工科分别改为科研管理科和人事劳资科，增设财务器材科、科技咨询服务部和情报资料室。并将水力机械抗磨研究室改为高速水流研究室。

1986年，水利科学研究所将土壤侵蚀研究室改为水土保持研究室。增建抗磨防腐研究室。

1988年，水利科学研究所电子计算机计算站与新技术应用研究室合并。增建综合经营办公室、工贸部。

1989年，水利科学研究所将黄河志编辑组改为黄河志编辑室，并成立离退休职工管理科。此年，所机构设置见表1—62。

表1—62　　**1989年水利科学研究所机关职能科室**

水利科学研究所
- 办公室
- 财务器材科
- 人事劳资科
- 科研管理科
- 黄河志编辑室
- 综合经营办公室
- 行政科
- 离退休职工管理科
- 泥沙研究室
- 水工研究室
- 土工研究室
- 水土保持研究室
- 结构材料研究室
- 新技术应用研究室
- 高速水流研究室
- 抗磨防腐研究室
- 情报资料室

1990年10月，黄河水利委员会调整机构，水利科学研究所改名水利科学研究院。

同年，水利科学研究院抗磨防腐研究室与高速水流研究室合并称抗磨防腐研究室。

1991年3月，水利科学研究院建立审计室和监察室。

8月15日，黄河水利委员会批复水利科学研究院的机构设置。职能部门设：办公室、科研管理处、人事劳资处、财务器材处、行政处、多种经营办公室，均为副处级单位；专业所、室设：泥沙研究所、水力学研究所、工程力学研究所(和工程质量监测中心,一套机构两块牌子),均为正处级单位;抗磨防腐研究室、新技术应用研究室、水土保持研究室,均为副处级单位。

1993年底,水利科学研究院共有职工406人,院机构设置见表1—63。

表1—63 **1993年水利科学研究院机关职能处、室**

水利科学研究院
- 办公室
- 科研管理处
- 人事劳资处
- 财务器材处
- 综合经营办公室
- 行政处
- 审计室
- 监察室
- 泥沙研究所
- 水力学研究所
- 工程力学研究所
- 水土保持研究室
- 新技术应用研究室
- 抗磨防腐研究室

## 第十三节 故县水利枢纽管理局

故县水利枢纽管理局是黄河水利委员会的下属机构(副局级)。负责故县水库的防汛、管理、维修、养护、观测、科研、生产经营等。驻河南省洛宁县故县乡。

1980年10月,黄河水利委员会建立故县水利枢纽工程管理处。

1982年,故县水利枢纽工程管理处设立办公室。

1985年,故县水利枢纽工程管理处设立技术室。

1990年8月6日,水利部转发人事部批复,故县水利枢纽管理局为黄河水利委员会的下属二级机构(副局级)。

1991年1月23日,黄河水利委员会批复,同意故县水利枢纽管理局下设办公室、生产技术处、计划财务处、人事劳动处、水力发电厂、工程管理分局、综合经营公司。

1992年9月17日,黄河水利委员会转发水利部的复函,明确故县水利枢纽管理局为事业单位，引进企业管理机制，实行内部承包，人员编制暂定为300人，待有条件时考虑转为企业性质。

1993年底，故县水利枢纽管理局系统共有职工325人。局机构设置如表1—64。

表1—64　　故县水利枢纽管理局机关职能处、室及所属单位

故县水利枢纽管理局
- 办公室
- 人事劳动处
- 财务物资供应处
- 计划技术处
- 安全监察处
- 保卫处（公安分局）
- 水力发电厂
- 工程管理分局
- 综合经营公司

# 第 二 篇

# 治河法规

中国制定治河法规有悠久的历史和丰富的内容。

由于历史上黄河下游决口、改道频繁，黄淮海平原广大地区深受其害，对国家的政治、经济都有着重大影响，因此，历代王朝对黄河治理都相当重视，采取了多种治理措施，如修筑堤防、兴修水利、沟洫治理、发展航运等。为使这些治理措施得以顺利进行，就需要有一种统一的约束力，来规范人们的行动。这种约束力，在阶级社会的早、中期，多数是以帝王的口谕、诏令形式出现的。直至晚清以后治理黄河的法规才渐趋形成。中华人民共和国成立以后，治理黄河的法规又不断加以完善。1988 年《中华人民共和国水法》的公布实施，标志着中国依法治水新时期的开始，也为黄河的全面治理和开发提供了法律依据。

治河法规按其制定的时段，分为古代、中华民国、中华人民共和国三个时期。古代治河法规内容较为简单，分为防洪（包括水利工程施工组织）、农田水利、航运等。到了中华民国尤其是中华人民共和国成立以来治河法规才渐趋成熟，分为综合性法规和专业性法规。

# 第一章　古代治河法规

黄河流域古代沟洫治理,与治河结合起来,有利于农业生产,把黄河洪水所带泥沙分散到田间去,达到肥田的目的。故搞好农田水利与治河的关系甚为密切。

古代对黄河航运是很重视的,因为那时的运输主要依靠水上运输。作为主航道的黄河及其主要支流在历史上显得尤其重要,故航运与治河息息相关。

由于黄河多沙善淤,致使下游河道形成地上河,历史上不断决口、改道。故历代治河都以下游防洪为重点。

历代王朝为了达到黄河安全、农业发展、航运畅通的目的,在治河上都以一定的法规来保证。

## 第一节　防洪法规

中国堤防的起源很早。传说中的共工、鲧都修过简单的堤防。西周时黄河堤防已有相当规模,《国语·周语上》记载的"防民之口,甚于防川,川壅而溃,伤人必多"语句,从一个侧面反映了修堤防洪的事实。《春秋·谷梁传》中有天子之禁"毋雍泉"的记载,说明那时黄河堤防繁多和周天子发布有防洪政令。

春秋时堤防又逐渐增加。这时诸侯国筑堤以邻为壑,各以自利,引起了各诸侯国之间的矛盾。为了解决这种矛盾,诸侯国订立了一些盟约。如鲁釐公三年(公元前 657 年)阳谷之会的"毋障谷"(《春秋·公羊传》);鲁釐公九年(公元前 651 年)葵丘之会的"毋壅泉"、"毋曲防"(《孟子·告子下》);鲁襄公十一年(公元前 562 年)亳城之盟的"毋雍利"(《左传》),以及《管子·霸形》中对召陵之会所叙述的"毋曲堤"。这些都是禁止拦截水源专山川之利,禁止曲为堤防以邻为壑的文约。关于水利行政机构,《管子·度地》说:"除五害之说,以水为治。请为置水官,令习水者为吏。大夫、大夫佐各一人,率部校长官佐各财足，乃取水(官)左右各一人，使为都匠水工，令之行水道、城廓、堤川、沟池、官府、寺舍及州中当缮治者，给卒财足。”其水官的职责：“常令水官之吏，冬时行堤防，可治者，章而上之都。都以春少事作之。已作之后，常案行。堤有毁作，大雨各葆其所，可治者趣治，以徒隶给。大雨，堤防可衣者衣之，冲水可据者据之，终岁以毋败为固。”反映秦汉以前社会礼仪制度的典籍《礼记·月令》中也记载有“修利堤防，导达沟渎，开通道路，毋有障塞”，说明春秋末期已有稳定国家大法的水利条款。

战国时期修筑堤防已相当普遍。为保证堤防的质量已有了详细的施工管理制度。《管子度地》记载，对修堤时机选择，以“当春三月”为好，因为这时“天地干燥，水纠裂时也”，而且“寒暑调，日夜分”，“利以作土功之事”，修成的大堤也比较坚实。至于其他季节“当夏三月，天地气壮，大暑至，万物荣华”；夏季正在农忙时期，修堤与生产有矛盾；“当秋三月，山川百泉涌，降雨下，山水出”，“濡湿日生，土弱难成”，秋季雨水多，土壤潮湿不坚实，对大堤质量没有保证；“当冬三月，天地闭藏”，冬季泥土冻结，而且天短夜长，都不利修筑堤防。当时已注意到施工方法：“令甲士作堤大水之旁，大其下，小其上，随水而行。”对大堤的形状、方向也作了规定，能有效抵御洪水。在大堤上还“树之以荆棘，以固其地，杂之以柏杨，以备决水”。大堤修成后，要“岁卑增之”，“令下贫守之”，“常令水官之吏冬时行堤防，可治者章而上之都，都以春少事作之”。组织水官及人员防守大堤，注意每年培筑堤防。此外，在施工组织和工具配备方面也有规定。如每年从百姓中组织治河队伍，按土地、人数多少征集。在人员中，劳动力的等级根据男女大小，以及身体条件而定。凡参加治河的造册上报，可以免服兵役。动工前，要于冬闲季节就把工具和防汛材料准备好。并且规定了赏罚制度，以便更好地组织劳动，提高工效。

秦统一六国后，制定了一系列的法规。其中与黄河防洪有关的法规条文有“决通川防，夷去险阻”(《史记·秦始皇本纪》)，即拆毁战国以来阻碍水流的工事和妨碍交通的关卡，使整个黄河堤防有了连接起来的可能，使战国时期各国分管的黄河堤防得到统一。《秦律十八种·田律》中规定有“春二月，毋敢雍(壅)堤水”，就是为了迎接雨季防洪需要而作的规定。

西汉治河法规在设置治河官员、河堤防守队伍组织以及经费等方面都有规定，如设有“河堤都尉”、“河堤谒者”等官职管理黄河，有治河专职和修堤人员多达千人，最多时高达万人以上。据《汉书·百官公卿表》记载：“建始三年(公元前30年)，尹忠为御史大夫，坐河决，自杀。”可见西汉时对堤防的修守职责有严格的规定。东汉时的制度沿袭西汉，“诏滨河郡国置河堤员吏如西京旧制”(《汉书·沟洫志》)。这里的西京泛指西汉。东汉对治理黄河也制定有一些法规,如明帝于永平十三年(公元70年)巡行汴渠后发了一个诏书,不仅反映了王景治河后的情况,而且巩固了王景治河的成果;诏书还规定了“无令豪右,得固其利”,从立法的角度考虑是很有意义的。东汉和帝于永元十年(公元98年)下了《疏导沟渠诏》:“堤防沟渠,所以顺助地理,通理壅塞。今废慢懈弛,不以为负。刺史二千石其随宜疏导。勿因缘妄发,以为烦扰,将显其罚。”

隋、唐设都水监负责河道堤防、运河开挖疏浚等工程施工和工程管理。唐代治河法规中在确保堤防安全方面有了比较严密的规定:“修城廓,筑堤防,兴起人功,有所营造,依《营缮令》:‘计人功多少,申尚书省听报,始合役功’。”就是说,对于需要修筑的堤防及需要的人工,应列出计划,报告上级有关部门,待批准后才能动工。这是在堤防修守管理方面所规定的报批制度。“近河及大水有堤防之处,刺史、县令以时检校。若须修理,每秋收讫,量功多少,差人夫修理。若暴水泛滥,损坏堤防,妄为人患者,先即修营,不拘时限。”就是说,地方官员要对管辖的堤防不时检查,发现需要修理的堤防,等到每年秋后农闲时,根据工程量的大小,派人修理。若遇到有决堤危险等特殊情况,则不受时间限制,及时抢修。这是加强对堤防的检查维修的制度。“堤内不得造水堤及人居”,对于西汉以来在河滩地所建的民埝、民房一律拆除。“其堤内外各五步,井、堤上种榆柳杂树”,规定堤防须按要求植树固堤。

对于筑堤,不管是筑新堤还是修旧堤,一定要做到有计划、有组织地进行,凡违反规定的要受到处罚。如“有所兴造,应言上而不言上,应待报而不待报”;“官有营造应须市买料,请所须财物及料用人工多少,故不以实者”。意即筑堤前,负责修筑堤防的官员,应向上级说明的而不说明、应向上级报告而不报告,擅自兴工的要受处罚;对应需的物料的价格、人工数量,都应按政府规定的价格折算,根据工程量的大小安排人工,若有虚假及不依法办理的也要受到处罚;对于该修堤防而不修,或者修而失时造成严重后果的,更要受到惩处。尤其对于人为决堤,根据情节进行严肃处理直至处以死刑。

北宋时明确地规定了各级治河官员的责任制度,内容比较具体,不仅为沿河地方大员明确了治河责任,按地区设置的治河官员,凡治河不力者都要给予处分,甚至对任期已满调任他职的官吏,也作了汛后方能交卸的决定,这是前所未有的。如乾德五年(公元967年)正月,宋太祖赵匡胤“以河堤屡决”,“诏开封、大名府、郓、澶、滑、孟、濮、齐、淄、沧、棣、滨、德、博、怀、卫、郑等州长吏并兼本州河堤使,盖以谨力役而重水患也”。开宝五年(公元972

年)三月,赵匡胤又下诏设置专管河事的官员:“自开封等十七州府,各置河堤判官一员,以本州通判充,如通判阙员,即以本州判官充。”淳化二年(公元991年)三月,宋太宗赵光义下诏:“长吏以下及巡河主埽使臣,经度行视河堤,勿致坏隳,违者当置于法。”咸平三年(公元1000年),宋真宗赵恒令:“缘河官吏,虽秩满,须水落受代。知州、通判两月一巡堤,县令佐迭巡堤防,转运使勿委以他职。”元祐七年(1092年),宋哲宗赵煦又规定:“南北外两丞司管下河埽,今后令河北、京西转运使、副、判官、府界提点分认界至,内河北仍于衔内带‘兼管南北外都水公事’。”

北宋治河法规对于黄河堤防的岁修也作了具体的规定。乾德五年(公元967年),赵匡胤以黄河堤防连年溃决,曾“分遣使行视,发畿甸丁夫缮治”,并以此作为定例,“自是岁以为常,皆以正月首事,季春而毕”,把每年春季正、二、三月定为春修施工的季节。为了保护堤防,对堤上植树也有规定。开宝五年(公元972年),赵匡胤下诏:“缘黄、汴、清、御等河州县,除准旧制种艺桑枣外,委长吏课民别树榆柳及土地所宜之木。仍按户籍高下,定为五等:第一等岁树五十本,第二等以下递减十本。民欲广树艺者听,其孤、寡、惸、独者免。”咸平三年(公元1000年),宋真宗又“申严盗伐河上榆柳之禁”(《宋史·河渠志》)。

据《宋刑统》记载,对“不修堤防,盗决堤防”者有处罚规定,其规定与唐代基本相同。但每一条律都列出标题,眉目更为清楚,对盗决堤防罪比唐代更为具体。规定盗决堤防,致使漂溺杀人,害及十家以上,首犯处死刑,从犯减罪一等;害及百家以上,主谋及同案犯皆处死刑。

金代颁布的《河防令》,是中国历史上的第一部防洪法规,共有10条,把河防要事都作出了明确的规定。其具体内容为:工部每年要派一名官员沿河进行视察检查,督促地方加强防汛措施;每年六月一日至八月终,沿河地方官员,必须上堤防汛;及时报告汛情的传递制度;在防汛期间,地方行政官员和河务机构官员合一共同负责;河防安全情况要报告工部,后呈尚书省;沿河州县官吏防汛的表现要上报;河防军夫放假制度及医疗制度。

元代的治河法规,较详细地反映在《通制条格》中。《通制条格》是《大元通制》的一部分,共有27个篇目。其中《河防》、《营缮》与防洪关系甚为密切。可惜《河防》篇已失缺。在《营缮》篇中对工程的施工、物料、局官巡视等制度都作了明确规定。如《营缮·堤渠桥梁》中规定:“都水监所管河渠、堤岸、道路、桥梁,每岁修理。”又如《营缮·造作》中规定:“诸营造皆须视其时月,计其工程,日验月考,毋使有废。惟夫匠病疾,雨雪妨工者除之。其监官乃须置簿常切拘检，当该上司时至点校，不致虚延日月，久占夫工。”“诸造作料须选信实通晓造作人员，审校相应，方许申索。当该官司体覆者亦如之。有冒破不实，计其多少为罪，已入己者验数追偿。”“诸局分造作局官，每日躬亲遍历巡视，工部每月委官点检，务要造作如法，工程不亏，违者随即究治。其在外局分，本路正官依上提点，每季各具工程次第申宣慰司，移关工部照会。工部通行比较，季一呈省，比及年终，但要了毕，毋敢亏欠。行省管下局分准此。”

金元两代的治河法规对治河的物料规定有单位体积重量，对修筑堤工坝埽，也制定了各种工程定额，为拟具工程计划和施工提供了比较科学的依据，对保证堤工坝埽的质量有重要作用。《河防通议》载有对石料、木料的选择规定“经角山正石方一尺，重一百二十七斤；白石并沙石自方一尺，重一百二十斤……”山杂木“自方一尺，重三十斤”。修堤时根据取土远近来计算功（劳动定额），如在“历步减土法”中规定：“凡一步内取土，以一百尺为功（即离堤1步内，要挖取100立方尺的土算为1功），每堤一步则减土积一尺（第二步，挖取99立方尺为1功），展至五十步，以五十五尺为功，每十人破锹杵二功（即每人运土，另配的锹、硪工按2功计算）。”这是在长期施工过程中经过细致地查定工作而总结出来的先进办法，对合理调配劳力和提高土工效率起了积极的作用。另外，对水陆运输的脚价，拧打绳索的规格，以及修埽工料、开河挖土等计算方法，皆有具体规定，都比以往有所发展。

明代，制定了“四防二守”的制度。四防，即风防、雨防、昼防、夜防。在汛期大水时，无论风雨昼夜，都要加意防守。二守，即官守、民守。所谓官守，即沿河设置管河机构，下有河兵分段修守；关于民守方面，规定黄河堤上“每里十人以防”，建立了“三里一铺，四铺一老人巡视”的护堤组织，“伏秋水发时，五月十五日上堤，九月十五日下堤，愿携家住者听”。为了明确责任，还划分防守工段。黄河右岸的堤铺，以“千字文”编号，北铺以“百家姓”编号。平时“按信地修补堤岸，浇灌树株”。即按修守堤段，修堤浇树。“遇水发，各守信地；遇水决，则管四铺老人，振锣而呼；左老以左夫帅而至，右老以右夫帅而至，筑塞之”，即当发水时，要各守汛段，严阵以待；遇有河决，左老带左岸的工夫，右老带右岸的工夫，到工地进行抢堵。如仍抢塞不住，“则二总管以游夫五百驰而至，助之，此常山蛇势之役也”（《治水筌蹄》）。由于各铺相离颇远，倘一铺有警，别铺不闻，有误救护，须令堤老每铺竖立旗杆一根，及黄旗一面，灯笼一个，白天出险挂黄旗，夜间出险挂灯笼，以便瞻望，还置铜锣一面，以便转报，首尾相随，以便通力合作，进行抢护。沿河的防汛兵夫，由管河官吏督率修守，以防不测。

修筑堤防的规划，是防洪重要原则之一。明代对此是很重视的，规定为："不宜近河而宜远"。为了加强下游堤防，规定"上自河南之原武，下迄曹、单、沛上，于河北岸七八百里间，择诸堤去河最远且大者及去河稍远者各一道，内缺者补完，薄者帮厚，低者增高，断绳者连接创筑，各俾七八百里间有坚厚大堤二重"。当时还制定有"筑缕堤以防冲决，置顺水坝以防漫流"；有"植柳六法"以护堤岸；"浚月河以备霖潦，建减水闸以司蓄泄"(《问水集》)等比较严密的防护措施。明代对堤防工程还依其不同的作用分为遥堤、缕堤、格堤、月堤四种。在堤防工程建设上是一个显著的进步。

明代培筑堤工，已有一套较严密的施工法，以提高修堤的质量。

对修堤取土的地点规定"必于数十步外，平取尺许，毋深取成坑，致妨耕种。毋仍近堤成沟，致水浸没"。强调临河取土，必远距堤脚数十步(一步五尺)以免近堤取土成沟，漫水顺堤行洪，发生新险。对修堤的土质，要求"凡筑堤坝，必择坚实好土，毋用浮杂泥沙，必干湿得宜，燥则每层须用水湿润。"遇到过湿的土壤，"须取起晒晾，候稍干，方加夯杵"。这说明明代修堤，既注意到选择优良的土质，还注意到土料要有适当的含水量，从而强化压实密度。对筑堤每层上土的坯头，规定"每高五寸，即夯三二遍"。对碾实后的质量检查，则"用铁锥筒探之，或间一掘式"。所用铁锥筒，似近代的取土环刀，在碾实后的土层中取出土样，检查压实的密度。对修堤的高度，通过用平准法测量，可使堤顶远近高下，达到一律。对大堤的断面规定，《河防一览》记载，边坡"切忌陡峻，如根 6 丈，顶上须 2 丈，俾马可上下，故谓之走马堤"。如堤的底宽 6 丈，堤顶宽 2 丈，堤高 1 丈时，两边坡即为 1∶2。

明代把唐代规定的盗决、故决堤防罪，改为盗决、故决河防罪，保留失时不修堤防罪。

清代的防洪法基本沿袭明代。规定河堤每 2 里设一堡房，每堡设夫 2 名，住宿堡内，常川巡守。这样上下呼应，远近可互为声援。堡夫均由河上汛员管辖，平时无事搜寻大堤獾洞、鼠穴，修补水沟、浪窝，积土植树；有警，鸣锣集众抢护。当时规定，堡夫每年除寒暑两月外，要月积 15 方土；在堤坡上堡夫可自种梨枣等果树，每年约得数十金，堡夫自顾生计；也可携带家属，住于堤上。堤内外 10 丈，都属官地，培柳成林，防风育材。

在堤防养护方面，除了注意"四防二守"制度外，对消除堤身隐患，也有一些规定和措施。对獾洞、鼠穴、水沟、浪窝、树根朽烂、冰雪冻裂等不同情况，为了防患于未然，每年在春初"百虫起蛰"后，将大堤南北两坦，逐细进行签试。签试的工具，用长 3 尺的尖头细铁签，上安丁字木柄，先量明两坦的尺寸,每人分管3尺,如坦长3丈,即派兵夫10名,按坦之长短排定人数,自上而下,依次持签排立挪步前进。每挪一步即立住,在堤坦之中、左、右,用力签试三签,发现情况记载下来,令兵夫刨挖,寻其根底。对洞穴大小、弯直必须细细查看,发现重大隐患如洞穴南北坦相通者,名曰"过梁",两面俱能签出者,要加倍给奖。大堤开挖以后,要分层行硪填实,恢复原状。

清代对于堤线的选定,取土的地点,质量的要求,施工的时间,运土的工具和单价,均作了明确的规定。

首先是对筑堤总结了"五宜二忌"。所谓"五宜":一是"勘估宜审势";二是"取土宜远";三是"坯头宜薄";四是"硪工宜密";五是"验收宜严"。所谓"二忌":一是忌隆冬施工;二是忌盛夏施工。

清《康熙年间治河条例》、《道光二十九年的防汛章程》为清代黄河上的筑堤和防汛重要规定。

清代的防洪法规在《清会典》和《大清会典事例》中有比较集中地反映。其内容包括:河防官吏的职责、河兵、河夫、经费物料、疏浚、工具、埽工、坝工、砖工、土工、施工规范、工程质量保险和事故索赔、种植苇柳以及河防禁令等。法规内容比较详密。宣统二年(1910年)所颁布的《大清新行律》,增添了新的内容,它吸收了一些西方的刑法,在"三十六罪"中,列有关于"放火决水及水利之罪"和关于"饮料水之罪"。而且在河防条律中的规定更为具体。

## 第二节　农田水利法规

有明确记载农田水利律文开始于战国时代的秦国。四川省青川县战国墓发掘的秦简中发现,秦武王二年(公元前309年)曾制定《田律》,条款中有"十月,为桥,修陂堤,利津溢"的规定。湖北省云梦县发掘睡地虎在墓葬出土的秦简中有《秦律十八种》,其中的《田律》是农田水利的律文。它的内容是:在春季二月,不准进山林砍伐木材,不准壅堤堵水。在播种后,下了及时雨,也应报告降雨量多少和受益农田顷数。发生旱灾、暴风雨、涝灾、蝗虫和其他虫害,也要报告受灾田地顷数等。由此可知,雨量的观察制度始于战国时代的秦国。

西汉元鼎六年(公元前111年),左内史兒宽建议开凿六辅渠,灌溉郑国渠旁地势较高的农田,并且"定水令,以广溉田",即制定了灌溉用水法规,以扩大灌溉面积。

汉武帝发起兴修水利时，朝廷所直接管辖的京畿“三辅”(京兆府、左冯翊、右扶风)赋税田租高于其他郡国，影响农民修水利的积极性，因此于元鼎六年下《减内史稻田租挈诏》(或称《平繇行水诏》)、减内史(即三辅)稻田租税，并采取“平繇行水”的政策，合理负担修水利的劳役。

东汉元和三年(公元86年)，汉章帝北巡(河南、河北)，为奖励农耕“悉以赋贫民，给与粮种，务尽地力，勿令游手”。并令“所过县邑，听半入今年田租，以劝农夫之劳”。

东汉元初二年(公元115年)，汉安帝下《修理旧渠通利水道诏》:“诏三辅、河内、河东、上党、赵国、太原各修理旧渠，通利水道，以溉公私田畴。”(《后汉书·安帝纪》)东汉还规定报雨制度:“自立春至立夏，尽立秋，郡国上雨泽。”(《后汉书·礼仪志》)

魏时由于黄淮之间诸陂引起土地盐碱化，排涝问题亟待解决。咸宁四年(公元278年)，度支尚书杜预上疏提出了废魏氏陂堨排涝的意见，他建议:“其汉氏旧陂旧堨及山谷私家小陂，皆当修缮以积水;其诸魏氏以来所造立及诸因雨决溢蒲苇与马肠陂之类，皆决沥之。”同时还主张:“其旧陂堨沟渠，当有所补塞者，皆寻求微迹，一如汉时故事，预为部分列上，须冬东南休兵交代，各留一月以佐之。”即建议把曹魏修的陂堨和雨水决溢形成的苇塘及马肠陂废掉，而将质量较高的汉代陂堨保留下来。对保留的陂堨，要列出项目上报，并让冬天换防的戍兵留一个月施工，予以维修养护。晋武帝批准了这一建议，黄淮之间的涝灾才逐步得到缓和，正确调整了农田水利的布局。

北魏时刁雍主持开凿的艾山渠，约在今宁夏青铜峡以下的黄河西岸。整个工程不仅修有100多里渠道，而且因地制宜地增修了拦河坝，保证了灌溉用水，灌溉了大面积的田地。并规定了用水制度是“一旬之间，则水一遍，水凡四溉，谷得成实”，使当时青铜峡以下的黄河西岸干旱地区出现了万顷良田，成了“官课常充，民亦丰赡”的富饶之乡。

自西晋至唐，由于权势们在渠道上设置水碓，影响农田灌溉用水。如曹魏时重修的河内郡引沁灌区，入晋后“郡界多公主水碓，遏塞流水，转为浸害”，已不能灌溉。后经刘颂上书力争，皇帝才批准下令将水碓拆去，重兴了灌溉之利。

唐代的郑白渠是个著名的大型灌溉工程，在永徽年间能灌地1万多顷。因为富商大贾竞相在渠上建造碾硙以牟利，影响农业灌溉用水，唐高宗李治接受雍州刺史长孙祥的意见，“遣祥等分检渠上碾硙皆毁之”(《通典·食货》)。可是，仅过五六十年后，王公贵族又纷纷增设碾硙，唐代宗李豫下令将

“势门碾硙八十余所，皆毁之”(《旧唐书·郭暧传》)，避免了局势的恶化。

为了保证适时灌溉、节约用水，据《水部式》记载，唐代制定了一套比较具体的制度。“用水溉灌之处，皆安斗门”，“斗门不得私造”，“不得当渠造堰”，“凡浇田皆仰预知顷亩，依次取用”。“降雨小涨，渠道退水，令水次州县相知检校”。官田“计营顷亩，共百姓均出人工，同修渠堰”。灌溉与碾硙的关系，“先尽百姓溉灌”。对地方官吏和渠长、斗门长等工程管理专职人员的责任，也作了具体规定。对工程维修养护也有具体制度。如在渠堰管理人员的职责和考核方面规定：“凡京畿之内，渠堰陂池之坏决，则下于所由而后修之。每渠及斗门置长各一人，至溉田时，乃令节其用水之多少，均其溉焉。每岁，府县差官一人以督察之，岁终录其功以为考课。”(《唐六典》)对于渠堰的维修养护也有详细条例：“龙首、泾堰、五门、六门、升原堰，令随近县官专知检校，仍堰别各于州县差中男二十人、匠十二人，分番看守，开闭节水。所有损坏随即修理。如破多人少，任县申州差夫相助。”“蓝田新开渠，每斗门置长一人，有水槽处置二人，恒令巡行。若渠堰破坏，即用随近人修理。公私材木并听运下。百姓须溉田处，令造斗门节用，勿令废运。其蓝田以东，先有水硙者，仰硙主作节水斗门，使通水过。”对灌溉用水问题，规定：“京兆府高陵县界，清白二渠交口，着斗门，堰清水。恒准水为五分，三分入中白渠，二分入清渠。若水雨过多，即与上下用水处相知开放，还入清水。二月一日以前，八月三十日以后，亦任开放。泾渭二水大白渠每年京兆少尹一人检校，其二水口大斗门，至浇田之时，须有开下放水多少，委当界县官共专当官司相知，量事开闭。”

关于禁止地方官员谎报灾情，规定：“诸部内有旱涝霜雹虫蝗为害之处，主司应言而不言及妄言者，杖七十。覆检不以实者，与同罪。若致枉有所徵免，赃重者，坐赃论。”(《唐律疏议》)

宋代对农田水利兴建与管理也很重视。天圣初年，宋仁宗下诏：“诏诸州长吏、令、佐能劝民修陂池、沟洫之久废者，及垦辟荒田增税二十万已上，议赏；监司能督责部吏经画，赏亦如之。”天圣二年(1024年)宋仁宗又颁布《疏决利害八事》，规定：排水工程必须“高度地形，高不连属开治”，由“州、县计役力均定，置籍以主之”；施工后出现“水壅不行，有害民田者”，由有关官吏赔偿；不得“敛取夫众财货入己”；严禁在河渠中截水取鱼；开沟占田，按面积减去田赋。

熙宁元年(1068年)宋神宗下诏诸路监司劝长兴陂塘、圩垾，“宜访其可兴者，劝民兴之，具所增田亩税赋以闻”。熙宁二年(1069年)，王安石变法时颁布《农田水利约束》(又称《农田利害条约》),是一部农田水利的较完备的政策法令。这个条约促成历史上著名的一次水利建设高潮。其主要内容:一、提倡并奖励人们向政府提出关于建设农田水利工程的合理化建议;二、各县应报告耕地面积、开垦荒地、应修浚的河流、灌溉工程、应修堤防、应开挖的排水沟渠等农田水利工程计划并提出预算;三、牵涉到几个州的大工程,要上报朝廷批准兴办;四、州一级的行政主管官吏,要协助县一级解决兴办水利工程中的困难;五、鼓励私人兴办农田水利工程,政府可以贷款;六、规定了奖罚的办法等。为在全国贯彻《农田水利约束》,宋神宗"分遣诸路常平官专领农田水利"。并且实行一系列的政策。如鼓励官民向政府建议"土地种植之法,陂塘、圩埠、堤堰、沟洫利害",若"行之有效,随功利大小酬赏"。当时碾硙妨碍灌溉,熙宁六年,宋神宗下令禁止:"诸创置水硙碾碓妨灌溉民田者,以违制论。"为鼓励兴办农田水利,元丰元年(1078年)宋神宗下《兴水利,贷常平钱谷诏》:"辟废田,兴水利,建立堤防,修贴圩埠之类,民力不给者,许贷常平钱谷。"

据《宋史·河渠志》记载,元祐四年(1089年),宋哲宗有水利诏书:"濒河州县,积水冒田,在任官能为民经画疏导沟畎,退出良田自百顷至千顷,第赏。"建中靖国元年(1101年)宋徽宗又下水利诏书:"熙宁、元丰中,诸路专置提举官,兼领农田水利,应民田堤防、灌溉之利,莫不修举。近多因循废弛,虑岁久日更隳坏,命典者以时检举推行。"政和六年(1116年)宋徽宗水利诏书:"立管干圩岸、围岸官法,在官三年,无隳坏堙塞者赏之。"靖康元年(1126年)宋钦宗水利诏书:"命官在任,兴修农田水利,依元丰赏格,千顷以上,该第一等,转一官,下至百顷,皆等第酬奖。绍圣亦如之。缘政和续附常平格,千顷增立转两官,减磨勘三年,实为太优。"

在农田水利建设中,北宋的大放淤政策,对农业的发展起了积极的作用。在黄河下游干流和河北岸的一些支流,以及汴河两岸,进行了较大范围的放淤活动。在颁布《农田水利约束》的当年,秘书丞侯叔献上书说:汴河两岸沃壤千里,公私废田达两万余顷,多用为牧马之地。实际"计马而牧,不过用地之半",下余万顷常为不耕之地。"观其地势,利于行水。欲于汴河两岸置斗门,泄其余水,分为支渠,及引京、索河并三十六陂,以灌溉田"。朝廷立即批准,派侯叔献和著作佐郎杨汲共同主持这一工作。熙宁五年闰七月,"程昉奏引漳、洛河淤地凡二千四百余顷"。六年八月,程昉又欲"引水淤漳旁地,王安石以为长利,须及冬乃可经画";十月"阳武县民邢晏等三百六十四户言:田沙碱瘠薄,乞淤溉,候淤深一尺,计亩输钱,以助兴修"。皇帝下诏同意淤灌，并免予输钱。熙宁八年（1075年）九月，张景温建议“陈留等八县碱地，可引黄、汴河水淤溉”，朝廷也采纳了他的意见，“诏次年差夫”兴办。

元世祖忽必烈对农田水利建设，采取了积极的措施，使黄河流域大型灌溉工程的建设有所发展。元世祖即位时（1260年）就诏告天下：“国以民为本，民以食为本，衣食以农桑为本。”确定了重农国策：“命各路宣抚司择通晓农事者，充随处劝农官。”以后忽必烈又下令设置劝农司、司农司等机构，专门主管农桑水利事业。同时还明确规定：“凡河渠之利，委本处正官一员，以时浚治。或民力不足者，提举河渠官相其轻重，官为导之。地高水不能上者，命造水车。贫不能造者，官具材木给之。俟秋后，验使水之家，俾均输其值。田无水者凿井，井深不能得水者，听种区田。其有水田者，不必区种。仍以区田之法，散诸农民。”（《元史·食货志》）对著名的陕西古老引泾灌渠，元世祖曾“立屯田府督治之”，以后在大德八年（1304年）“复填以草以土为堰”，订立了“岁时葺理”（《元史·河渠志》）的制度。至元五年（1339年），丰利渠（即泾渠）成后，制定了一套管理制度。在渠道的要害处洪口石堰，规定抽调可靠人员，“若有微损，即使补修”。并于渠道立闸门以分水，在各支渠上逐级立斗门以均水。还设置退水槽，凡“遇涨水，泄以还河”，避免泛滥成灾，冲毁渠道，保证了农田的正常供水。为了避免引水灌溉的混乱，制定了“用水则例”，规定了详细条文“如违断罚”（《长安图志》）。同时还设立各级官员分级管理。

元代《通制条格·田令》，对农田水利的规定较为详细。《田令》又分《理民》、《立社巷长》、《农桑》、《司农事例》、《佃种官田》、《妄献田土》、《官田》、《典卖田产事例》、《军马扰民》、《准讼革限》、《逃移财产》、《江南私租》、《拨赐田土》、《影占民田》、《拨赐田土还官》、《召赁官房》、《打量田土》等条律。与农田水利有直接关系的如《农桑》中规定：“一、河渠两岸，急递铺店侧畔，各随地宜，官民栽植榆柳槐树，令本处正官提点本地分人护长成树。系官栽到者，营修堤岸、桥道等用度，百姓自力栽到者，各家使用，似为官民两益。仰随路委自州县正官提点，春首栽植，务要生成。仍禁约蒙古、汉军、探马赤、权势诸色人等，不得恣纵头疋啮咬，亦不得非理砍伐。违者亦仰各路达鲁花赤、管民官依条治罪。本处官司却不得因而搔扰。二、仰堤备天旱，有地主户量种区田，有水则近水种之，无水则凿井。如井深不能，种区田者，听从民便。若有水田之家，不必区种，据区田法度另行发去。三、随路皆有水利，有渠已开而水利未尽其地者，有全未曾开种并创可挑撅者。委本处正官壹员，选知水利人员一同相视，中间别无违碍，许民量力开引。如民力不能者，申覆上司，差提举河渠官相验过，官司添力开挑。处据安置水碾磨去处，如遇浇田时月，停住碾磨，浇溉田禾。若是水田浇毕，方许碾磨依旧引水用度，务要各得其用。虽有河渠泉脉，如是地形高阜不能开引者，仰成造水车，官为应副人匠，验地里远近，人户多寡，分置使用。富家能自置材木者，令自置。如贫无材木，官为买给，已后收成之日，验使水之家均补还官。若有不知造水车去处，仰申覆上司关样成造。四、农桑水利等事，专委府州司县长官，不妨本职提点勾当。若有事故，差出以次官提点。如但有违慢沮坏之人，取问是实，约量断罪。若有恃势不伏或事重者，申覆上司究治。其提点官不得勾集百姓，仍依时月下村提点，止许将引当该司吏壹名，祇候人壹贰名，毋得因而多将人力，搔扰取受。据每县年终比附到各社长农事成否等第，开申本管上司通行考较，其本管上司却行开坐所属州县提点官勾当成否，编类等第，申覆司农司及申户部照验。才候任满，于解由内分开写排年考较到提点农事功勤废惰事迹，赴部照勘呈省。”

明代开始设水司掌管水利政令。明初，朱元璋下诏：“所在有司，民以水利条上者，即陈奏。”洪武二十六年（1393 年）规定：“凡各处闸坝陂池，引水可灌田亩以利农民者，务要时常整理疏浚。如有河水横流泛滥，损坏房屋田地禾稼者，须要设法堤防止遏，或所司呈禀，或人民告诉，即便定夺奏闻。若隶各布政司者，照会各司、直隶者，札对各府州，或差官直抵处所，踏勘丈尺阔狭，度量用工多寡，若本处人民足完其事，就便差遣，倘有不敷，著令邻近县分添助人力，所用木石等项，于官见有去处支用或发遣人夫，于附近山场采取，务在农隙之时兴工，毋防民业，如水患急于害民，其功可卒成者，随时修筑以御其患。”洪武二十七年，朱元璋又指示工部：“陂塘湖堰可潴蓄以备旱涝者，皆因其地势修治之，勿妄兴工役，掊支吾民。”又遣“监生及人材分诣天下”（《明会典》）。

在水事犯罪方面，明代规定有“盗决圩岸陂塘”罪、“不修圩岸及修而失时”罪等条文。

清代黄河流域农田水利法规所见不多，但有的地方也有所发展。如制定的管理制度有浚渠条款、岁修时间及要求以及用水制度等。宁夏灌区为了不使泥沙淤塞渠道，在各段渠底都埋有底面石，上刻“准底”二字，每年春季在渠道清淤时，一定要清除到底为止。每轮水放水时，规定将上中段各陡口封闭，逼水到梢，先灌下游，后灌上游，谓之封水；在封水的同时给上段灌田多和田高灌水难的支架酌留适当水量，使与下游同时浇灌，谓之俵水，实行封俵轮灌，使上中下游均衡受益。这就保证了农田的用水需要，为干旱的宁夏地区夺取丰收创造了条件。

## 第三节　航运法规

原始社会，人们用石器“刳木为舟”(《易传·系辞下》)，创造了最早的水上交通运输工具。大禹治水时，传说就有“陆行载车，水行载舟”之举。

春秋战国时，为通航的需要，在河流两岸曾规定设“表”以示水的深浅。《荀子·富国》中记有“其政令一，其防表明”的文字。《荀子·天论》进一步解释：“水行者表深，表不明则陷。”

北魏元宏之后，为了保持东南的航运，宣武帝元恪接受崔亮的建议，“修汴蔡二渠以通边运，公私赖焉”(《魏书·崔亮传》)。此后，为了“经略江淮”，“转运中州，以实边镇，……有司又请于水运之次，随便置仓，乃于小平、石门、白马津、漳涯、黑水、济州、陈郡、大梁凡八所，各立邸阁，每军国有须，应机漕引”(《魏书·食货志》)。

隋初，十分重视漕运。先后开凿了广通渠、通济渠、永济渠等较大的漕渠。

开皇三年(公元583年)，隋文帝以“京师仓廪尚虚，议为水旱之备”，下诏“于蒲、陕、虢、熊、伊、洛、郑、怀、邵、卫、汴、许、汝等水次十三州，置募运米丁。又于卫州置黎阳仓，洛州置河阳仓，陕州置常平仓，华州置广通仓，转相灌注。漕关东及汾、晋之粟，以给京师”。开皇四年，隋文帝下诏开广通渠。因“渭川水力大小无常，流浅沙深，即成阻阂”，通漕困难，“故东发潼关，西引渭水，因藉人力，开通漕渠，量事程功，易可成就”。广通渠成后“使官及私家，方舟巨舫，晨昏漕运，沿泝不停，旬日之功，堪省亿万”(《隋书·食货志》)。大业四年(公元608年)正月，隋炀帝又“诏发河北诸郡男女百余万，开永济渠，引沁水，南达于河，北通涿郡”(《隋书·炀帝纪》)。

唐代在安史之乱前还针对汴渠易淤的特点，规定了“每年正月，发近县丁男，塞长茭，决沮淤”的制度，及时对汴渠加以整治、疏浚。除了大力整治河、汴运道外，开元年间还在漕运管理方面作了较大改革。以往江南漕船大都是通过汴渠、黄河、洛水直达东都洛阳的。每批船只大抵于二月至扬州入斗门，四月以后渡淮入汴渠。因这时汴渠正值枯水季节水浅。六七月间方能达到河口附近(即汴渠受河水处，又称汴口)。到河口，又恰逢黄河汛期涨水，须等至八九月水落后再进入黄河转往洛水。由于“漕路多梗，船樯阻隘”，“得行日少，阻滞日多”，加以江南水手不熟悉黄河河道，入河后还要“转雇河师水手,重为劳费”。为了加快漕运速度,开元二十一年(公元733年),裴耀卿改任京兆尹后提出:“罢陕西陆运而置仓河口,使江南漕舟至河口者,输粟于仓而去,县官雇舟以分入河、洛。置仓三门东西,漕舟输其东仓,而陆运以输西仓,复以舟漕,以避三门之水险。”玄宗接受了他的建议,于“河阴置河阴仓,河清(今孟县西南)置柏崖仓;三门东置集津仓,西置盐仓;凿山十八里以陆运。自江、淮漕者,皆输河阴仓,自河阴西至太原仓(陕县西南四里),谓之北运。自太原仓浮渭以实关中”。并任命裴耀卿为江淮都转运使。除漕运江南之粟外,还“漕晋、绛、魏、濮、邢、贝、济、博之租输诸仓,转而入渭”。这样施行的结果,“凡三岁,漕七百万石,省陆运佣钱三十万缗”。此后不久即达到“太仓积粟有余”(《新唐书·食货志》),扭转了关中缺粮的局面。

为保证河运交通畅达,也制定有关水上交通的规定。据《唐律疏议》记载,有如“津济之处,应造桥、船及应置船、筏,而不造置及擅移桥济者”,“船人行船、茹船、写(泄)漏、安标宿止不如法”,“行船应各相回避而不回避”等情况造成损失者,分别论罪。

宋王朝在组织好汴河的运输上下了很大的功夫。宋太祖赵匡胤即位后,对汴河航运采取了官办漕运的方式:“诸州岁受税租及筦榷货利,上供物帛,悉官给舟车,输送京师。”太平兴国八年(公元983年),为了加强漕运的管理,选择干练大臣,在京分掌水、陆发运事,并且具体规定:“凡一纲计其舟车役人之直给付,主纲吏雇募舟车到发财货出纳,并关报而催督之。”雍熙四年(公元987年),为统一领导,“并水陆路发运一司”。端拱元年(公元988年),又“罢京城水陆发运,以其事分隶排岸司及下卸司”。在这期间,还在真州(今江苏仪征)、扬州、楚州(今江苏淮安)、泗州(今盱眙县北)等地设置仓库,接纳来自江南、淮南、两浙、荆湖等路的漕米、钱帛、杂物、军器。南来的船只卸货后,“载盐以归,舟还其郡,卒还其家”。然后再由“汴舟诣转般仓运米输京师”。后因“发运使权益重”,船主向主管官吏行贿,“得诣富饶郡市贱贸贵以趋京师”。江船又入汴河,汴河也可出江,以致“江、汴之舟,混转无辨,挽舟卒有终身不还其家,老死河路者”。至此,“漕事大弊”。皇祐年间(1049~1054年),采纳发运使许元的建议,又一度恢复了江船不入汴、汴船不出江的分段运输制度。但这样的结果“汴船既不至江外,江外船不得至京师,失商贩之利;而汴船工卒讫各坐食,恒苦不足,皆盗毁船材,易钱自给,船愈坏,而漕额愈不及”,形成了漕运量的下降。为解决这一问题,治平三年(1066年),又准“出汴船七十纲,未几,皆出江复故”。熙宁二年(1069年)薛向任江、淮等路发运使,鉴于“漕运吏卒,上下共为侵盗贸易,甚则托风水沉没以灭迹。官物陷折，岁不减二十万斛”，决定在官运外兼采商运，“募客舟与官舟分运，互相检察，旧弊乃去”（《宋史·食货志》），保证了漕运的正常进行。

汴河是从黄河引出的主要水道，黄河多沙善淤的特点不可避免地也带到了汴河中来。为确保汴河有适当的水深，维持漕运畅通，宋王朝对汴口的治理、汴堤的维修养护、河道的整治疏浚，都有具体的措施。当时在汴口设有“勾当汴口”的专职官员，“每岁自春及冬，常于河口均调水势，止深六尺，以通行重载为准”。由于“大河向背不常”，“河口岁易”，又经常“度地形，相水势，为口以逆之”。为此，“春首辄调数州之民，劳费不赀”。汴口水门的启闭，汴口附近淤积的疏浚也订立了相应的制度。在长达几百里的汴河沿线，除责成州县地方官员兼管堤防的维护抢修以外，还曾专设过“提举汴河堤岸司”、“都提举汴河堤岸”等官署、官员，负责汴河的修防工作。大中祥符八年（1015年），还明确规定：“自今后汴水添涨及七尺五寸，即遣禁兵三千，沿河防护。”对京师重地更强调：“水增七尺五寸，则京师集禁兵、入作、排岸兵，负土列河上以防河。”（《宋史·河渠志》）

明代漕运有一套颇为严密的管理制度。永乐年间，设漕运总兵官，并以重臣督运。宣德年间（1426～1435年），明宣宗“令运粮总兵官、巡抚、侍郎，每岁八月赴京，会议明年漕运事宜”。景泰二年（1451年），“设漕运总督于淮安，与总兵、参将同理漕事”，并参与八月在京召开的漕运会议。每年正月，“总漕巡扬州，经理瓜、淮过闸。总兵驻徐、邳，督过洪（徐、吕二洪）入闸，同理漕参政管押赴京”。同时，当漕米过淮过洪时，还要按各自的职责范围奏报朝廷。“有司米不备，军卫船不备，过淮误期者，责在巡抚。米具船备，不即验收，非河梗而压帮停泊，过洪误期因而漂冻者，责在漕司。船粮依限，河渠淤浅，疏浚无法，闸坐启闭失时，不得过洪抵湾者，责在河道。”为了不误漕运时间，成化年间规定了运输至京期限，“北直隶、湖广九月初一日”，“违限者，运官降罚”。正德时，制发了“水程图格”，漕船必须“按日次填行止站地”。嘉靖时，“定过淮程限，江北十二月，江南正月，湖广、浙江、江西三月”。万历时，又准湖广、浙江、江西的过淮时间改为二月，“至京限五月者，缩一月，七、八、九月者，递缩两月。后又通缩一月”（《明史·食货志》）。另外，对于漕船用料、大小、运米数量、使用年限，明代也都有具体的规定，是相当完备的。

清代运河管理制度在前代基础上又有发展，《山东全河备考》中所记载的前代旧有制度17条和康熙初年新订制度6条，主要内容有：一、船只过闸有先后次序，除进贡鲜品船只随到随过外，其余船只必须等水积满后整批放行。违者视情节惩处；二、过往漕船携带货物有数量规定，并不许沿途贸易；

三、盗决运河或运河蓄水设施的堤防者处以徒刑，为首者长军（后改为在决堤处斩首）。闸官偷水卖与农民者同罪；四、沿河府州县设专官管理。有违法行为者由巡河御史等官审理，地方政府不得干预；五、运河维修料物不得挪作他用，过往官船不得要求运河工人拉纤；六、运河堤岸修筑定限三年，如三年以内冲决，按使用时间和损失大小定罪并停薪赔修；防守官吏需将决堤情况，十月内申报；逾期降两级调用；七、对于空船或重载，各段运河都有航行时间的限制，过期受罚；八、管河官吏在管辖河堤上负责栽种柳树，每年成活一万株以上者，按数奖励。对运河工程管理另有专门条款。山东运河段规定有：一、运河每年十一月初一日筑坝拦河疏浚，次年正月完工。每年一小浚，隔年一大浚；二、疏浚弃土应于百丈之外，或就近堆在堤上，但须层层夯硪；三、可以在河中筑束水长坝逼溜冲刷，或用刮板、混江龙等工具；两岸济运泉水，每年十月以后，由主管官吏逐一检查疏浚等。

# 第二章　中华民国时期治河法规

民国时期，在“科学救国”思想的影响下，水利界在引进国外的先进科学技术的同时，学习了先进的管理经验，在强烈要求发展水利的同时，也纷纷要求制订水利法规。

民国19年(1930年)1月，行政院公布《河川法》，“凡经内政部认定，关系公共利害之河川”及“海岸线”，“适应本法之规定”。《河川法》凡29条，对河川管理、使用、防卫、工程经费与征地等作了规定。

民国26年(1937年)10月28日，行政院颁布《修正整理江湖沿岸农田水利办法大纲》：规定大江大河和湖泊应按十年一遇洪水的范围划定界限，沿界修堤。堤外(指堤水之间)一律禁止私人耕种，原有土地由政府以地价券收购，居民可凭地价券在政府指定地区购买无主荒地、荒山。堤外耕地在不影响防洪的前提下可由政府主持经营垦殖，所得用于工程经费、兴办水利事业、赈济、地价券偿还基金等。

民国31年(1942年)7月正式实施的《水利法》是中国近代的第一部《水利法》。1931年2月全国内政会议上，导淮委员会代表汪胡桢提出了《编订水利法规，而免阻碍水利发展》的提案。水利立法终于列入了国家立法的议事日程，经过近3年的筹备，1933年12月全国内政会议第一次水利专门会议公布了《水利法草案》，并将《草案》送达各主要流域机构讨论，签注修改意见。1934年，全国水利经济委员会主持全国水利工作，《水利法》的最后修改、审定改由该会的水利委员会主持。1935年7月，李仪祉、陈果夫、傅汝霖、孔祥榕、秦汾、茅以升等6位常务委员组成审定小组。1940年国民政府行政院水利委员会正式将《水利法》提交最高法院审议，完成了最后立法程序。

《水利法》在《草案》的基础上修改为9章71条。第一章总则，共3条；第二章水利区域及水利机关，共9条；第三章水权，共11条；第四章水权之登记，共17条；第五章水利事业，共10条；第六章水之蓄泄，共7条；第七章水道防护，共9条；第八章罚则，共3条；第九章附则，共2条。概括起来，它包括了四方面的内容：一、法定水利各级行政管理机构及其相应的权限范围、职责。二、确认水资源为国家自然资源,规定了必须依法取得水权,方能使用的水源范围及水权登记程序、水权登记项目。三、水利工程设施的修建、改造及管理的申报、批准手续。兴办水利事业中,对名胜古迹的保护、迁移措施。水利工程与土地征用、水运、渔业、交通诸方面矛盾协调及赔偿办法。四、特殊非工程水体湖泊、河道的防护、河道堤防、滩地的修防和防汛非常时期迁移、拆毁、补偿办法。

为了配合《水利法》的实施,1943年3月制定了《水利法施行细则》。《细则》共9章62条,对《水利法》各条款作了具体解释。并在1944年9月16日修正公布。

1942年,黄河水利委员会林垦设计委员会制定《水土保持纲要》:1.林垦设计委员会负责勘查设计工作;2.黄河上游修防林垦工程处负责执行设计;3.各水土保持实验区负责实施。

民国32年(1943年),行政院根据《水利法》第31条和40条制定颁布《水权登记规则》、《水权登记费征收办法》。规定了水权登记的申请程序。申请水权者要对水源所在地、用水目的、用水地点、引用水量等作明确登记。水权登记向县政府申请,如水源流经两县以上,应向省政府申请;流经两省以上,应向行政院水利委员会申请。水权登记时,登记者应交纳登记费。

民国32年(1943年)7月29日,行政院颁布了《兴办水利事业奖励条例》。规定对于在水利事业中有显著成绩者给予表扬、立碑、奖励。

民国33年(1944年)制定了《灌溉事业管理养护规划》,行政院颁布作为灌溉工程管理养护的总则。该规划共6章19条。主要内容:一、灌溉工程由兴办单位负责管理养护,征收的水费优先用于工程养护和偿还投资。二、工程管理机关经费应主要依靠水费来源。三、可由灌溉受益百姓推选德高望重的人员参加管理。四、管理机关的职责是:规定水量分配和用水顺序;规定各处农田的每次用水量和灌溉周期;制定水费征收标准;调解纠纷;管理渠道闸门的启闭;查报用户用水权的注册和转移;测量有关水文数字等。五、工程养护分四种情况,即平时、岁修、防汛、特别修理。六、管理机关要主持奖惩工作。

民国33年(1944年)6月1日,行政院颁布了《奖助民营水力工业办法》。对于民营的水力发电、水力汲水灌溉、水力工业和其他利用水力工程,政府给予奖励。包括:补助工程费1%~10%,给予工程费10%~50%的贷款,协助办理低息贷款,给予技术帮助,协助购运建材。

民国33年(1944年)10月,行政院颁布了《农田水利贷款工程水费收解支付办法》。规定中国农民银行或政府垫款兴修的水利工程，由管理机关同工程所在地的县政府共同办理水费征收。标准由省政府拟定，送水利委员会核定，由管理机关对各户分别造册，按册征收。征收额应提前一个月通知户主，户主应在规定期限内向公库交付现款。

民国37年(1948年)3月16日，由农林部修正颁布《各省小型农田水利工程督导兴修办法》。并规定施行细则由各省政府制订，但未及施行。

此外，各地方也都订立有水利规则。如民国元年的《河套灌区水利章程十条》，民国33年的《陕西省泾惠渠灌溉管理规则》共8章70条，还有沿袭清末规章的《宁夏灌区管理规则》等。

# 第三章　中华人民共和国时期治河法规

中华人民共和国成立以后，黄河的治理与开发进入一个新的时期。中国共产党和中央人民政府对黄河极为重视，先后制定了一系列治黄方针、政策和水利法律、水行政法规、黄河流域地方性水法规和国家有关法规等。内容包括黄河水政水资源管理、黄河水利工程工务管理、黄河防汛管理、黄河水土保持、黄河水资源保护等。仅水利部黄河水利委员会编辑的《水利法规选编》中就有153件，约60万字。这些法规，保证了治黄工作的顺利发展，使治黄工作取得了前所未有的巨大成就。

水利法律：如《中华人民共和国水法》(1988年1月21日第六届全国人民代表大会常务委员会第二十四次会议通过，1988年1月21日中华人民共和国主席令第六十一号公布)；《中华人民共和国水污染防治法》(1984年5月11日第六届全国人民代表大会常务委员会第五次会议通过)；《中华人民共和国水土保持法》(1991年6月29日第七届全国人民代表大会常务委员会第二十次会议通过实施)。

水行政法规：如《水土保持工作条例》(1982年6月30日国务院国发〔1982〕95号发布)；《水利工程水费核定、计收和管理办法》(1985年7月22日国务院国发〔1985〕94号发布)；国务院办公厅关于贯彻执行《水利工程水费核定计收和管理办法》的通知(国办发〔1990〕10号)；《中华人民共和国河道管理条例》(1988年6月3日国务院第七次常务会议通过，1988年6月10日中华人民共和国国务院令第三号发布施行)；《国务院批转水利部关于蓄滞洪区安全与建设指导纲要的通知》(国发〔1988〕74号)；《国务院关于大力开展农田水利基本建设的决定》(国发〔1989〕73号)；《开发建设晋陕蒙接壤地区水土保持规定》(1988年9月1日国务院批准，1988年10月1日国家计划委员会、水利部令第一号发布施行)；《测量标志保护条例》(1984年1月7日国务院〔1984〕6号发布)；《中华人民共和国内河交通安全管理条例》(1986年12月16日国务院发布)；《中华人民共和国水路运输管理条例》(1987年5月12日国务院发布)；《中华人民共和国航道管理条例》(1987年8月22日国务院发布)等。

水行政规章：如《黄河防汛管理工作规定》(1986年5月9日黄河防汛总指挥部黄防办字〔1986〕第7号印发)；《黄河防汛工作正规化、规范化若干规定》(1988年6月9日黄河防汛总指挥部黄防办字〔1988〕第23号印发)；《黄河小北干流河道管理规定》(1987年1月黄河水利委员会颁发)；《水利电力部黄河水利委员会关于加强维护测量标志的通知》(黄办字〔1983〕第5号)；《水利电力部、国家环保局关于进一步贯彻水电部、建设部对流域水资源保护机构实行双重领导的决定的通知》(〔1987〕水电水资字第20号)；《黄河下游工程管理考核标准》(1987年1月黄河水利委员会颁发)；《黄河下游引黄渠首工程水费收支和管理办法(试行)》(1989年2月14日水利部水财〔1989〕1号颁发，1989年3月6日黄河水利委员会黄工〔1989〕13号转发)；《灌区管理暂行办法》(1981年11月7日水利部〔1981〕水农字第83号颁发)；《关于加强水土保持流失重点地区治理工作的暂行规定》(1983年9月3日全国水土保持工作协调小组〔1983〕水保协字第6号颁发)；《流域水政机构基本职责》(1990年4月3日水利部水政司政体〔1990〕2号发送，黄河水利委员会黄水政〔1990〕15号转发)；《河道采砂收费管理办法》(1990年6月20日水利部、财政部、国家物价局水财〔1990〕16号颁发)；中共中央办公厅、国务院办公厅《关于涉及农民负担项目审核处理意见的通知》(1993年7月22日)；《中华人民共和国国务院令》(第119号，1993年8月1日)；《中华人民共和国水利部令》(第4号，1994年6月9日)。

黄河流域地方性水法规：如《山东省水利厅关于认真贯彻执行〈山东省水利工程管理办法〉的通知》(〔1987〕鲁水管字第14号)；《山东省水利工程管理办法》(1987年5月20日山东省人民政府鲁政发〔1987〕44号发布)；《山东省水利工程水费计收和管理办法》(1987年6月15日山东省人民政府鲁政发〔1987〕61号发布)；《山东省黄河工程管理办法》(1987年7月7日山东省人民政府鲁政发〔1987〕71号发布)；《山东省水资源管理条例》(1989年12月29日山东省七届人大常委会第十三次会议通过公布实施)；《河南省黄河工程管理条例》(1982年6月26日河南省第五届人民代表大会常务委员会第十六次会议通过，1982年7月8日公布施行)；《河南省人民政府关于保护水利工程的通告》(1986年3月3日)；《河南省水土保持工作条例实施细则》(1987年7月1日河南省人民政府豫政〔1987〕34号发布)；《河南省〈水利工程水费核订、计收和管理办法〉实施细则》(1987年10月16日河南省人民政府豫政〔1987〕59号颁发)；《河南省行、滞洪区若干问题规定(试行)》(1990年3月10日河南省人民政府发布)；《山西省水资源管理条例》

(1982年10月29日山西省第五届人大常委会第十七次会议批准,1982年11月12日山西省人民政府晋政发〔1982〕145号发布);《山西省地下水资源管理暂行办法》(1982年12月21日山西省人民政府晋政发〔1982〕159号批转);《山西省征收水资源费暂行办法》(1982年山西省人民政府第三十五次常委会议批准,1982年12月28日山西省水资源管理委员会晋水资〔1982〕21号发布);《山西省水利工程管理暂行办法》(1982年山西省人民政府第三十五次常委会议批准,1982年12月28日山西省水资源管理委员会晋水资〔1982〕21号发布);《山西省人民政府关于保护水利工程设施的通告》(1985年9月10日);《山西省防汛管理暂行规定》(1986年6月13日山西省人民政府晋政发〔1986〕36号颁布);《山西省水利工程水费标准和管理办法(试行)》(1989年11月26日山西省人民政府令第14号发布);《陕西省水利管理试行条例》(1980年陕西省人民政府颁发);《陕西省人民政府关于保护水利设施保障防洪安全的布告》(陕政发〔1980〕第116号);《陕西省水利工程供水收费标准和使用管理试行办法》(1983年12月12日陕西省人民政府陕政发〔1983〕239号发布);《关于制止开荒和在采矿、筑路等基本建设中做好水土保持工作的暂行规定》(1985年8月15日陕西省人民政府陕政发〔1985〕135号颁布);《陕西省河道堤防工程管理规定》(1984年9月1日陕西省第六届人民代表大会常务委员会第八次会议批准,1989年9月23日陕西省第七届人民代表大会常务委员会第九次会议修正,1989年11月14日陕西省人民政府陕政发〔1989〕222号印发施行);《内蒙古自治区人民政府关于保护水文测报设施和设备的通告》(1984年9月30日);《内蒙古自治区水利工程水费核订、计收和管理办法》(1988年1月15日内蒙古自治区人民政府内政发〔1988〕4号印发);《关于开发建设晋、陕、蒙接壤地区水土保持规定的实施办法》(1989年10月26日内蒙古自治区人民政府内政发〔1989〕143号印发);《宁夏回族自治区水利管理条例》(1983年2月26日宁夏回族自治区第四届人大常委会第十八次会议通过公布施行);《宁夏回族自治区水利管理办法》(1988年6月18日宁夏回族自治区人民政府宁政发〔1988〕69号发布);《宁夏回族自治区水利工程水费计收、使用和管理办法》(1989年10月23日宁夏回族自治区人民政府宁政发〔1989〕115号发布);《甘肃防汛工作条例》(1984年4月13日甘肃省人民政府甘政发〔1984〕101号颁发);《甘肃省人民政府关于保护水文测报设施和设备的通告》(1984年6月10日);《甘肃省水利工程水费计收和使用管理办法》(1987年1月2日甘肃省人民政府甘政发〔1987〕1号发布);《甘肃省水土保持工作暂行规定》(1987年6月24日甘肃省人民政府甘政发〔1987〕92号印发);《关于农业水费计收标准及水费管理使用办法实施意见的报告》(1987年12月23日甘肃省人民政府办公厅甘政办发〔1987〕170号转发);《甘肃省实施水法办法》(1990年7月2日甘肃省七届人大常委会第十五次会议通过,1990年7月2日甘肃省人大常委会公告第17号公布施行);《青海省人民政府关于保护水文测量标志、测报设施和测验场地的通知》(青政〔1984〕81号);《青海水利工程水费核订、计收办法》(1989年3月24日青海省人民政府青政〔1989〕33号颁发)等。

国家有关法规:如《中华人民共和国森林法》(1984年9月20日第六届全国人民代表大会常务委员会第七次会议通过,1984年9月20日中华人民共和国主席令第十七号公布);《中华人民共和国草原法》(1985年6月18日第六届全国人民代表大会常务委员会第十一次会议通过,1985年6月18日中华人民共和国主席令第二十六号公布);《中华人民共和国渔业法》(1986年1月20日第六届全国人民代表大会常务委员会第十四次会议通过,1986年1月20日中华人民共和国主席令第三十四号公布);《中华人民共和国矿产资源法》(1986年3月19日第六届全国人民代表大会常务委员会第十五次会议通过,1986年3月19日中华人民共和国主席令第三十六号公布);《中华人民共和国土地管理法》(1986年6月25日第六届全国人民代表大会常务委员会第十六次会议通过,根据1988年12月29日第七届全国人民代表大会常务委员会第五次会议《关于修改〈中华人民共和国土地管理办法〉的决定》修正);《中华人民共和国环境保护法》(1989年12月26日中华人民共和国第七届全国人民代表大会常务委员会第十一次会议通过,1989年12月26日中华人民共和国主席令第二十二号公布施行)等。

1988年1月21日第六届全国人民代表大会常务委员会第二十四次会议通过的《中华人民共和国水法》是中国一部水的大法。制定《水法》,依法治水,是人民生活和"四化"建设蓬勃发展的需要,它的颁布,标志着中国在开发利用水资源和防治水害方面走上了依法治水的新阶段。

《水法》共有7章53条。第一章总则,共有9条;第二章开发利用,共有14条;第三章水、水域和水工程的保护,共有6条;第四章用水管理,共8条;第五章防汛与抗洪,共有6条;第六章法律责任,共有7条;第七章附则,共有3条。主要内容有:一、把建国30多年治水管水方面的基本经验和教训,把经过实践检验和行之有效的基本政策和现行行政法规,加以总结,用法律的形式固定下来,使之更加完善,具有更高的权威性和约束力。二、针对当前各项水事活动和其他与水有关的活动中存在的问题，特别是在水、水域和水工程的管理和保护方面存在的问题，规定了一系列的行为规范。禁止什么，允许什么，应当怎么做，必须怎么做，都以明确的法律规范做出规定，并且规定了相应的法律责任。三、根据客观发展的需要，根据加强水管理和深化改革的需要，对于一些应兴应革的重要事项，特别是那些采用一般行政手段难于开拓的事项，通过立法促其实现为改革提供法律依据，保证改革沿着正确的方面发展。

1988年6月，黄河防汛总指挥部颁发的《黄河防汛工作正规化、规范化若干规定》，是根据《水法》而制定的一部具有现实性、全面性和指导性的防洪法规，对进一步确保黄河安全，有着极其重要的意义，也是对历代防洪法规的重大发展。

《黄河防汛工作正规化、规范化若干规定》，共分15个部分：一、防汛指挥机构；二、防洪任务与防汛工作；三、防汛制度；四、防汛队伍；五、防洪与抢险；六、河道清障；七、工程管理；八、穿堤建筑物；九、河势查勘；十、水库、滞洪区的运用；十一、防汛料物；十二、水文测报、预报；十三、通信与交通；十四、宣传、治安；十五、奖励与处罚。主要内容为：一、明确防洪任务，给防洪工作提出总的目标。《规定》指出，黄河下游防洪任务是，确保花园口站发生22000立方米每秒洪水大堤不决口；遇特大洪水，要尽最大努力采取一切办法缩小灾害。必须围绕这个任务，认真做好各项防汛工作。为确保防洪安全，汛前必须认真做好安度凌汛和各项防汛准备工作。二、加强组织领导，上下配合，形成一种防洪的强大力量。《规定》要求沿黄各级政府都必须建立黄河防汛指挥机构，在上级防汛指挥机构和当地人民政府领导下，常年负责黄河防汛工作，处理黄河防汛事宜。当发生洪水时，各级防汛指挥机构成员必须守岗尽责，视洪水发展情况，组织防汛，指挥队伍上堤防守。防汛队伍上堤后，严格执行巡堤查验办法和各项制度，及时报告险情。三、依靠群众扩大防汛队伍和提高防汛技术，使防汛工作有坚实的基础。《规定》指出，黄河防汛队伍按照专业队伍与群众相结合、军民联防的原则，组织建立一支训练有素、技术精良、反应迅速、战斗力强的机动抢险队伍。四、科学的气象、水情预报，是防汛的耳目，要做到准确无误。《规定》提出，要充分发挥现有设备和手段，提高预报精度和增长预见期，各项水文测验设施，汛前要认真检查，保证按时测报。水文、气象预报工作，必须事先编制好预报方案，发布预报要迅速及时，保证质量。五、充足的料物准备，是防汛的重要物质基础。《规定》要求，汛前必须备好各类防汛器材和防汛料物。防汛料物实行国家储备和群众备料相结合的办法。治黄部门储备的常备料物要按照规定的要求进行。每年要进行清仓查库,并根据消耗、报废情况进行补充更新。六、河道清障,保证洪水畅流。《规定》指出,任何单位和个人不得以任何借口设置行洪障碍和修建违章建筑。对现有行洪障碍和违章建筑,必须根据“谁设障,谁清障”的原则,由当地防汛指挥部负责督促设障者认真清除。对于擅自恢复或新设置行洪障碍和违章工程者,要追究当事人的法律责任。七、水库滞洪和堤防相结合形成了上拦下排的防洪体系,这是《规定》的归结点,也是防洪法规所要达到的目的。《规定》要求,水库和分滞工程必须严格按照运用原则和批准权限进行调度,所在地的防汛指挥部必须确保调度方案的顺利实施。搞好工程管理工作是确保工程防洪安全的重要保证。要开展目标管理,搞好经常性的工程管理工作,要对工程安全状况做到心中有数。要以修防段为单位,对黄河堤防上的险点,逐段逐点澄清,作出处理计划,尽快处理。

1991 年 7 月 2 日中华人民共和国国务院令第 86 号发布的《中华人民共和国防汛条例》,是一部全国性的水利法规。共 8 章 48 条。第一章总则 5 条;第二章防汛组织 5 条;第三章防汛准备 11 条;第四章防汛与抢险 13 条;第五章善后工作 3 条;第六章防汛经费 3 条;第七章奖励与处罚 5 条;第八章 3 条。此法规对成立防汛机构、防御洪水方案的报批、水库、水电站等制定汛期调度运用计划的报批、防汛指挥部的任务、河道清障和对影响河流畅通的建筑物拆除、蓄滞洪区安全的问题、防汛与抢险应注意的事项、防汛经费的管理与负担、洪水灾害地区的善后工作以及抗洪抢险有功人员和违反法规人员的奖罚等都制定了较为详细的规定。

在治理江河的工作中,水土保持是一项必不可少的重要措施。黄河流域是全国水土保持工作的重点。地处黄土高原的晋陕蒙三省的水土保持是个关键。党和国家对这个地区的水土保持曾制定了一系列的规定。如 1963 年 4 月 18 日发布的《国务院关于黄河中游地区水土保持工作的决定》10 条、1988 年 9 月 1 日由国务院批准的《开发建设晋陕蒙接壤地区水土保持规定》20 条等。1991 年 6 月 29 日第七届全国人民代表大会常务委员会第 20 次会议通过的《中华人民共和国水土保持法》,共有 6 章 42 条。第一章总则 11 条;第二章预防 9 条;第三章治理 8 条;第四章监督 3 条;第五章法律责任 9 条;第六章附则 2 条。这部法律确立了新的水土保持工作方针,明确将过去的“防治并重”改为“预防为主”,把预防、保持和监督工作提到了首位。它要求坚持谁使用土地谁负责保护、谁造成水土流失谁负责治理的原则,认真做好预防保护工作;同时积极开展治理,并对治理成果切实加以保护,防止再度发生水土流失。

根据《水法》规定，国务院1993年8月1日发布《取水许可制度实施办法》，对实施取水制度的目的、意义、依据，对取水方式、取水工程的解释，对实施取水许可的范围，对地下取水，对取水许可必须遵守的原则、方针，对实施取水许可制度的主管部门，对取水许可的申请、审批，对取水许可证的发放和管理，对违反取水许可规定的法律责任等都作了明确规定。

# 第四章 主要治河法规选辑

## 田 律[①]

雨为澍〈澍〉，及诱（秀）粟，辄以书言澍〈澍〉稼、诱（秀）粟及豤（垦）田暘毋（无）稼者顷数。稼已生后而雨，亦辄言雨少多，所利顷数。早〈旱〉及暴风雨、水潦、蚤（螽）蚰、群它物伤稼者，亦辄言其顷数。近县令轻足行其书，远县令邮行之，尽八月□□之。

春二月，毋敢伐材木山林及雍（壅）提水。不夏月，毋敢夜草为灰，取生荔、麛卵（卵）㲉，毋□□□□□□□毒鱼鳖，置阱罔（网），到七月而纵之。唯不幸死而伐绾（棺）享（椁）者，是不用时，邑之䜣（近）皂及它禁苑者，时毋敢将犬以之田。百姓犬入禁苑中而不追兽及捕兽者，勿敢杀；其追兽及捕兽者，杀之。河（呵）禁所杀犬，皆完入公；其它禁苑杀者，食其肉而入皮。

## 汉武帝减内史稻田租挈诏

（汉武帝元鼎六年，公元前111年）

农，天下之本也。泉流灌浸，所以育五谷也。左右内史地，名山川原甚众，细民未知其利，故为通沟渎，蓄陂泽，所以备旱也。今内史稻田租挈重，不与郡同。其议减。令吏民勉农尽地利，平徭行水，勿使失时。

## 汉明帝巡行汴渠诏

（东汉明帝永平十三年，公元70年）

自汴渠决败六十余岁，加顷年以来，雨水不时，汴流东侵，日月益甚。水门故处，皆在河中，漭瀁广溢，莫测圻岸，荡荡极望，不知纲纪。今兖豫之人，多被水患，乃云县官不先人急，好兴它役。又或以为河流入汴；幽冀蒙利。故

---

① 田律是《秦律十八种》中的一种，是关于秦代农田水利、山林保护的法律，此录其中一部分。

曰左堤疆则右堤伤,左右俱疆则下方伤,宜任水势所之,使人随高而处,公家息壅塞之费,百姓无陷溺之患。议者不同,南北异论,朕不知所从,久而不决。今既筑堤理渠,绝水立门,河、汴分流,复其旧迹,陶丘之北,渐就壤坟,故荐嘉玉洁牲,以礼河神。东过洛汭,叹禹之绩。今五土之宜,反其正色,滨渠下田,赋与贫人,无令豪右得固其利,庶继世宗瓠子之作。

## 隋文帝开凿广通渠诏

(开皇四年,公元584年)

京邑所居,五方幅凑,重关四塞,水陆艰难。大河之流,波澜东注,百川海渎,万里交通。虽三门之下,或有危虑,若发自小平,陆运至陕,还从河水,入于渭川,兼及上流,控引汾晋,舟车来去,为益殊广,而渭川水力大小无常,流浅沙深,即成阻阂。计其途路,数百而已,动移气序,不能往复,泛舟之役,人亦劳止。朕君临区宇,兴利除害,公私之弊,情甚悯之,故东发潼关,西引渭水,因藉人力,开通漕渠,量事程功,易可成就。已令工匠巡历渠道,观地理之宜,审终久之义,一得开凿,万代无毁,可使官及私家方舟巨舫,晨昏漕运,沿溯不停,旬日之功,堪省亿万。诚知时当炎暑,动致殷勤,然不有暂劳,安能永逸。宣告人庶,知朕意焉。

## 杂　　律[①]

诸不修堤防及修而失时者,主司杖七十。毁害人家、漂失财物者,坐赃论,减五等。以故杀伤人者,减斗杀伤罪三等。即水雨过常,非人力所防者勿论。

疏议曰,依营缮令,近河及大水有堤防之处,刺史、县令以时检校。若须修理,每秋收讫量功多少,差人夫修理。若暴水汛溢损坏堤防,交为人患者,先即修缮,不拘时限。若有损坏,当时不即修补,或修而失时者,主司杖七十。毁害人家,谓因不修补及修补而失时,为水毁害人家,漂失财物者,坐赃论,

① 唐代颁布的《营缮令》中对堤防的安全有详细的规定。但全文已失,只散见于《唐律疏议》和《文苑英华》中。

减五等，谓失十匹，杖六十，罪止杖一百。若失众人之物，亦合倍论。以故杀伤人者，减斗杀伤罪三等，谓杀伤者徒二年半，折一支者徒一年半之类。

注云，谓水流漂害于人，谓由不修理堤防而损害人家，及行旅被水漂流而致死伤者。即人自涉而死者，亦所司不坐。即水雨过常非人力所防者无罪……

诸盗决堤防者杖一百，若毁害人家及漂失财物，赃重者，坐赃论。以故杀伤人者，减斗杀伤罪一等。若通水入人家致毁害者亦如之。

疏议曰，有人盗决堤防，取水供用，无问公私，各杖一百。故注云，谓盗水以供私用，若为官检校，虽供官用亦同。水若为官，即是公坐。若毁害人家，谓因盗水汎溢以害人家，漂失财物，计赃罪重于杖一百者，即计所失财物坐赃论，谓十匹徒一年，十匹加一等。以故杀伤人者，谓以决水之故杀伤者，减斗杀伤罪一等，若通水入人家致毁害杀伤者，一同盗决之罪，故云亦如此。

其故决堤防者，徒三年。漂失赃重者准盗论。以故杀伤人者，以故杀伤论。

疏议曰，上文盗水因有杀伤，此云故决堤防者。谓非因盗水，或挟嫌隙，或恐水漂流自损之类，而故决之者徒三年。漂失之赃，重于徒三年，谓漂失人三十匹赃者，准盗论，合流二千里。若失众人之物，亦合倍论。以决堤防之故，而杀伤人者，以故杀伤论。谓杀人者合斩，折人一支流二千里之类。上条杀伤人，减斗杀伤罪一等，有杀伤者畜产，偿减价，余条准此。今以故杀伤论，其杀伤畜产，明偿减价……

## 修堤请种树判[1]

乙修堤毕复请种树功价，有司以为不急之务。乙固请营缮令，诸侯水堤内不得造小堤及人居，其堤内外各五步，井、堤上种榆柳杂树。若堤内窄狭，地种拟允堤堰之用。

## 无夫修堤堰判[2]

河南诸州申无夫修理堤堰，请与之平价仍免外徭。省司以为与平价则官

① 录自《文苑英华》。

② 录自《文苑英华》。

无所供，免外徭则公事废阙，不之许。州诉人实阻，饥恐不及冬成，至春复桃花水为害。

## 水部式（敦煌残卷）

……

泾渭白渠及诸大渠，用水溉灌之处，皆安斗门，并须累石及安木傍壁，仰使牢固。不得当渠造堰。诸溉灌大渠，有水下地高者，不得当渠[造]堰，听于上流势高之处，为斗门引取。其斗门皆须州、县官司检行安置，不得私造。其傍支渠有地高水下，须临时暂堰溉灌者，听之。

凡浇田，皆仰预知须亩，依次取用，水遍即令闭塞，务使均普，不得偏并。

诸渠长及斗门长，至浇田之时，专知节水多少。其州、县每年各差一官检校。长官及都水官司时加巡察。若用水得所，田畴丰殖，及用水不平并虚弃水利者，年终录为功过附考。

京兆府高陵县界，清、白二渠交口，着斗门，堰清水。恒准水为五分，三分入中白渠，二分入清渠。若水雨过多，即与上下用水处相知开放，还入清水。二月一日以前，八月卅日以后，亦任开放。

泾、渭二水大白渠，每年京兆少尹一人检校。其二水口大斗门，至浇田之时，须有开下（闭），放水多少，委当界县官共专当官司相知，量事开闭。

泾水南白渠、中白渠、〔偶〕南渠，水口初分，欲入中白渠、偶南渠处，各着斗门，堰南白渠水一尺以上、二尺以下入中白渠及偶南渠。若水雨过多，放还本渠。其南、北白渠，雨水泛涨，旧有泄水处，令水次州、县相知检校疏决，勿使损田。

龙首、泾堰、五门、六门、升原等堰，令随近县官专知检校。仍堰别各于州、县差中男廿人、匠十二人，分番看守，开闭节水。所有损坏，随即修理。如破多人少，任县申州，差夫相助。

蓝田新开渠，每斗门置长一人，有水槽处置二人，恒令巡行。若渠堰破坏，即用随近人修理。公私材木并听运下。百姓须溉田处，令造斗门节用，勿令废运。其蓝田以东，先有水碨者，仰碨主作节水斗门，使通水过。

合璧宫旧渠，深处量置斗门节水，使得平满，听百姓以次取用。仍量置渠长、斗门长检校。若溉灌周遍，令依旧流，不得回兹弃水。

河西诸州用水溉田，其州、县、府、镇官人公廨田及职田，计营顷亩，共百姓均出人功，同修渠堰。若田多水少，亦准百姓量减少营。

扬州扬子津斗门二所，宜于所管三府兵及轻疾内量差，分番守当，随须开闭。若有毁坏，便令两处并功修理。

从中桥以下洛水内及城外，在侧不得造浮硙及捺堰。

洛水中桥、天津桥等，每令桥南北捉街卫士洒扫，所有穿穴，随即陪(培)填。仍令巡街郎将等检校，勿使非理破损。若水涨，令县家(官)检校。

诸水碾硙若拥水，质泥塞渠，不自疏导，致令水溢渠坏，于公私有妨者，碾硙即令毁破。

同州河西县瀵水，正月一日以后，七月卅日以前，听百姓用水。仍令分水入通灵陂。

诸州运船，向北太仓从子苑内过者，若经宿，船别留一、两人看守，余并辟(避)出。

沙州，用水浇田，令县官检校。仍置前官四人。三月以后，九月以前行水时，前官各借官马一疋(匹)。

会宁关有船五十只，宜令所管差强了(丁)，官检校，着兵防守。勿令北岸停泊。自余缘河堪渡处，亦委所在州、军严加捉搦。

沧、瀛、贝、莫、登、莱、海、泗、魏、德等十州，共差水手五千四百人：三千四百人海运，二千人平河。宜二年与替。不烦更给勋赐，仍折免将役年及正役年课役，兼准毛丁例，每夫一年各帖一丁。其丁取免杂徭人，家道稍殷有者，人出二千五百文资助。

胜州转运水手一百廿人，均出晋、绛两州。取勋官充，不足兼取白丁，并二年与替。其勋官每年赐勋一转，赐绢三疋、布三端，以当州应入京钱物充。其白丁充者，应免课役及资助，并准海运水手例，不愿代者，听之。

河阳桥，置水手二百五十人；陕州大阳桥，置水手二百人。仍各置竹木匠十人，在水手数内。其河阳桥水手，于河阳县取一百人，余出河清、济源、偃师、汜水、巩、温等县。其大阳桥水手出当州，并于八等以下户，取白丁灼然解水者，分为四番，并免课役，不在征防、杂抽使役及简点之限。一补以后，非身死、遭忧，不得辄替。如不存检校，致有损坏，所由官与下考水手决卅(州)。

安东都里镇防人粮，令莱州召取当州经渡海得勋人谙知风水者，置海师二人，拖(舵)师四人，隶蓬莱镇。令候风调海晏，并运镇粮。同京上勋官例，年满听选。

桂、广二府铸钱及岭南诸州庸调，并和市、折租等物，递至扬州，讫令扬州差纲部领送都。应须运脚，于所送物内取充。

诸溉灌小渠上先有碾硙，其水以下即弃者，每年八月卅日以后，正月一日以前,听动用。自余之月,仰所管官司,于用硙斗门下着锁封印,仍去却硙石,先尽百姓溉灌。若天雨水足,不须浇田,任听动用。其傍渠疑有偷水之硙,亦准此断塞。

都水监三津,各配守桥丁卅人,于白丁、中男内取灼然便水者充。分为四番上下,仍不在简点及杂徭之限。五月一日以后,九月半以前,不得去家十里,每水大涨,即追赴桥。如能接得公私材木筏等,依《令》分赏。三津仍各配木匠八人,四番上下。若破坏多,当桥丁、匠不足,三桥通役;如又不足,仰本县长官量差役,事了日停。

都水监渔师,二百五十人。其中,长上十人,随驾京都;短番一百廿人,出虢州;明资一百廿人,出房州。各分为四番上下,每番送卅人。并取白丁及杂色人五等已下户充,并简善采捕者为之,免其课役及杂徭。本司杂户、官户并令教习,年满廿补替渔师,其应上人,限每月卅日,文牒并身到所由。其尚食、典膳、祠祭中书、门下所须鱼,并都水采供。诸陵,各所管县供。余应给鱼处及冬藏,度支每年支钱二百贯,送都水监,量依时价给直。仍随季具破除见在,申比部勾覆,年终具录,申所司计会,如有回残,入来年支数。

(残卷影印本此处明显可见脱行,只行末"运"字的半边尚可辨认)。运已了及水大有余,溉灌须水,亦听兼用。

京兆府灞桥、河南府永济桥,差应上勋官并兵部散官,季别一人,折番检校。仍取当县残疾及中男,分番守当。灞桥番别五人,永济桥番别二人。

诸州贮官船之处,须鱼膏供用者,量须多〔少〕役当处防人采取。无防人之处,通役杂职。

皇城内沟渠拥塞停水之处及道损坏,皆令当处诸司修理。其桥将作修造,十字街侧令当铺卫士修理。其京城内及罗郭墙,各依地分,当坊修理。

河阳桥每年所须竹索,令宣、常、洪三州〔役〕丁匠预造。宣、洪州各大索廿条,常州小索一千二百条,脚以官物充。仍差纲部送,量程发遣,使及期限。大阳、蒲津桥竹索,每三年一度,令司竹监给竹,役津家水手造充。其旧索每委所由检复,如斟量牢好,即且用,不得浪有毁换。其供桥杂匠,料须多少,预申所司量配,先取近桥人充。若无巧手,听以次差配,依番追上。若须并使,亦任津司与管匠州相知,量事折番,随须追役,如当年无役,准《式》徵课。

诸浮桥脚船,皆预备半副,自余调度;预备一副,随阙代换。河阳桥船于潭、洪二州,役丁匠造送。大阳、蒲津桥船,于岚、石、隰、胜、慈等州,折丁采木,浮送桥所,役匠造供。若桥所见匠不充,亦申所司量配,自余供桥调度,并杂物一事以〔充〕。仰以当桥所换不任用物,回易便充。若用不足,即预申省,与桥侧州、县相知，量以官物充。每年出入破用，录申所司勾当。其有侧近可采造者，役水手、镇兵、杂匠等造贮，随须给用，必使预为支拟，不得临时阙事。

诸置浮桥处，每年十月以后淩(凌)牡开解合，〔〕〔〕抽正。解合所须人夫，采运榆条，造石笼及绠索等杂使者，皆先役当津水手及所配兵；若不足，兼以镇兵及桥侧州、县人夫充。即桥在两州、两〔县〕者，亦于两州、两县准户均差，仍与津司相〔知〕，[量]须多少使得济事。役各不得过十日。

蒲津桥，水匠一十五人；虔州大江水赣石险难〔处〕，给水匠十五人，并于本州取白丁便水及解水者充。分为四番上下，免其课役。

孝义桥，所须竹簻，配宣、饶等州造送。应[茹]塞系簻，船别给水手一人，分为四番(□□)。其洛水[中]〔桥〕〔竹〕簻，取河阳桥故退者充。

## 宋仁宗颁《疏决利害八事》

(天圣二年，1024年)

准敕按视开封府界至南京，宿、亳诸州沟河形势，疏决利害八事：

一、商度地形，高下连属开治水势依寻古沟洫浚之，州县计役力均定，置籍以主之。

二、施工开治后，按视不如元计状及水壅不行有害民田者，按官吏之罪，令偿其费。

三、约束官吏，毋敛取夫众财货入已。

四、县令佐、州守卒，有令劝课部民自用工开始不致水害者，叙为劳绩，替日与家便官，功绩尤多，别议旌赏。

五、民或于古河渠中修筑堰堨，截水取鱼，渐至淀淤，水潦暴集，河流不通，则致深害，乞严禁之。

六、开治工毕，按行新旧广深丈尺，以校工力。以所出土，于沟河岸一步外筑为堤埒。

七、凡沟洫上广一丈，则底广八尺，其深四尺，地形高处或至五六尺，以此为率。有广狭不等处，折计之，则毕工之日，易于覆视。

八、若沟洫在民田中，久已淤平，今为赋籍而须开治者，据所占地步，为除其赋。

# 《农田水利约束》

（熙宁二年，1069 年）

十一月十三日，置制三司条例司言，乞降《农田利害条约》付诸路。应官吏、诸色人有能知土地所宜，种植之法，及可以完复陂湖、河港，或不可兴复，只可召人耕佃，或元无陂塘、圩埠、堤堰、沟洫，而即今可以创修，或水利可及众而为之占擅，或田土去众用河港不远，为人地界所隔，可以相度均济疏通者，但干农田水利事件，并许经管勾官或所属州、县陈述。管勾官与本路提刑或转运商量，或委官按视，如是利便，即付州、县施行。有碍条贯及计工浩大，或事关数州，即奏取旨。其言事人，并籍定、姓名、事件，候施行讫，随功利大小酬奖。其兴利至大者，当议量材录用。内有意在利赏人，不希恩泽者，听从其便。

应逐县各令具本管内，有若干荒废田土，仍须体问荒废所因，约度逐段顷亩数目，指说著望去处。仍具今来合如何擘画立法，可以纠合兴修，召募垦辟，各述所见，具为图籍，申送本州。本州看详，如有不尽事理，即别委官覆检，各具利害开说，牒送管沟官。

应逐县并令具管内大川、沟渎行流所归，有无浅塞，合要浚导；及所管陂塘、堰埭之类，可以取水灌溉者，有无废坏，合要兴修；及有无可以增广创兴之处。如有，即计度所用工料多少，合如何出办。若系众户，即官中作何条约与纠率众户，不足，即如何擘画假贷，助其阙乏。所有大川流水，阻节去处，接连别州、县地界，即如何节次寻究施行，各述所见，具为图籍，申送本州。本州看详，如有不尽事理，即别委官覆检，各具利害，牒送勾管官。

应逐县田土边迫大川，数经水害，或地势汙下，所积聚雨潦，须合修筑圩埠、堤防之类，以障水患，或开导沟洫归之大川，通泄积水，并计度阔狭、高厚、深浅，各若干工料，立定期限，令逐年官为提举人户，量力修筑开浚，上下相接。已上亦先具图籍，申送本州。本州看详，如有不尽事〔理〕，即别委官覆检，各具利害，牒送管勾官。所有州、县攒写都大图籍，合用书笔或添雇人书，许于不系省头子钱内支给。诸色公人，如敢缘此起动人户，乞觅钱物，并从违制科罪。其赃重者，自从重法。

应据州、县具到图籍，并所陈事状，并委管勾官与提刑或转运商量，差官覆检。若事体稍大，即管勾官躬亲相度，如委实便民，仍相度其知县、县令实有才能，可使办集，即付与施行。若一县不能独了，即委本州差官，或别选往彼，协力了当。若计工浩大，或事关数州，即奏取旨。其有合兴水利及垦废田用，用工至多县分，若知县、县令不能施行，即许申奏对换，或别举官，或替下官，仍别与合入差遣。若本县事务烦剧，兼所兴功利浩大，合添丞佐去处，即依今年二月中所降指挥添员，别具闻奏。

应有开垦废田，兴修水利，建立堤防，修贴圩埠之类，工段浩大，民力不能给者，许受利人户于常平、广惠仓系官钱斛内，连状借贷支用。仍依青苗钱例，作两限或三限送纳。如是系官钱斛支借不足，亦许州、县劝谕物力人出钱借贷，依例出息，官为置簿及催理。诸色人能出财力，纠率众户，创修兴复农田水利，经久便民，当议随功利多少酬奖。其出财颇多，兴利至大者，即量才录用。

应逐县计度管下合开沟洫工料，及兴修陂塘、圩埠、堤堰、斗门之类，事关众户，却有人户不依元限开修，及出备名下人工物料，有违约束者，并官为催理外，仍许量事理大小，科罚钱斛。其钱斛官为置簿拘管，收充本乡众户工役支用。所有科罚等第，令管勾官与逐路提刑司以逐处众户，见行科罚条约，共同参酌，奏请施行。

应知县、县令能用新法，兴修本县农田水利，已见次第，令管勾官及提刑或转运使，本州长吏，陈明闻奏，乞朝廷量功绩大小，与转官，或升任，减年磨勘循资，或赐金帛，令再任，或选差知自来陂塘、圩埠、堤堰、沟洫田土堙废最多县分，或充知州、通判、令提举部内兴修农田水利。资浅者，且令权入。其非本县令佐，为本路监司管勾官，差委擘画兴修，如能了当，亦量功利大小，比类酬奖。诏并从之。

## 宋神宗分遣诸路常平官专颁农田水利

（熙宁二年，1069年）

分遣诸路常平官，使专颁农田水利。吏民能知土地种植之法，陂塘、圩埠、堤堰、沟洫利害者，皆得自言；行之有效，随功利大小酬赏。民占荒逃田若归业者，责相保任，逃税者保任为输之，已行新法县分，田土顷亩、川港陂塘之类，令、佐受代，具垦辟开修之数授诸代者，令照籍有实乃代。

## 不修堤防、盗决堤防①

诸不修堤防，及修而失时者，主司杖七十。毁害人家，漂失财物者，坐赃论，减五等。以故杀伤人者，减斗杀伤罪三等。即水雨过常，非人力所防者勿论……

【疏】诸不修堤防，及修而失时者，主司杖七十。毁害人家，漂失财物者，坐赃论，减五等。以故杀伤人者，减斗杀伤罪三等。注云，谓水流漂害于人，即人自涉而死者非。又云，即水雨过常，非人力所防者勿论。【议曰】依营缮令，近河及大水有堤防之处，刺史、县令以时检校。若须修理，每秋收讫量功多少，差人夫修理。若暴水汎溢损坏堤防，交为人患者，先即修营，不拘时限。若有损坏，当时不即修补，或修而失时者，主司杖七十。毁害人家，谓因不修补及修而失时，为水毁害人家。漂失财物者，坐赃论，减五等，谓失十匹，杖六十，罪止杖一百。若失众人之物，亦合倍论。以故杀伤人者，减斗杀伤罪三等，谓杀人者徒二年半，折一支者徒一年半之类。注云，谓水流漂害于人，谓由不修理堤防而损害人家，及行旅被水漂流而致死伤者。即人自涉而死者非，所司不坐。即水雨过常非人力所防者无罪……

诸盗决堤防者，杖一百。若毁害人家及漂失财物，赃重者，坐赃论。以故杀伤人者，减斗杀伤罪一等。若通水入人家致毁害者亦如之。其故决堤防者，徒三年。漂失赃重者，准盗论。以故杀伤人者，以故杀伤论。

【疏】诸盗决堤防者，杖一百。注云，谓盗水以供私用，若为官检校，虽供官用亦是。又云，若毁害人家，及漂失财物，赃重者，坐赃论。以故杀伤人者，减斗杀伤罪一等。若通水入人家，致毁害者，亦如之。【议曰】有人盗决堤防取水供用，无问公私，各杖一百。故注云，谓盗水以供私用，若为官检校，虽供官用亦同。水若为官，即是公坐。若毁害人家，谓因盗水汎溢，以害人家，漂失财物，计赃罪重于杖一百者，即计所失财物坐赃论，谓十匹徒一年，十匹加一等。以故杀伤人，谓以决水之故杀伤者，减斗杀伤罪一等。若通水入人家，致毁害杀伤者，一同盗决之罪，故云亦如之。

又云，其故决堤防者，徒三年。漂失赃重者，准盗论。以故杀伤人者，以故杀伤论。【议曰】上文盗水，因有杀伤，此云故决堤防者。谓非因盗水，或挟

① 录自《宋刑统》。

嫌隙，或恐水漂流自损之类，而故决之者，徒三年。漂失之赃，重于徒三年，谓漂失人三十匹赃者，准盗论，合流二千里。若失众人之物，亦合倍论。以决堤防之故，而杀伤人者，以故杀伤论，谓杀人者合斩，折人一支流二千里之类。上例杀伤人减斗杀伤罪一等，有杀伤畜产，偿减价，余条准此。今以故杀伤论，其杀伤畜产，明偿减价。

臣等参详，今后盗决堤防，致漂溺杀人，或冲注却舍屋、田苗、积聚之物，害及一十家以上者，头首处死，从减一等。溺杀三人，或害及百家上者，以元谋人及同行人并处死。如是盗决水小，堤堰不足以害众，及被驱率者，准律处分。

## 金代河防令①

一、每岁选旧部官一员，诣河上下，兼行户工部事，督令分治都水监及京府州县守涨部夫官，从实规措，修固堤岸，如所行事务有可久为例者，即关移本部。仍候安流，就便检覆次年春工物料讫，即行还职。

二、分治都水监道勾当河防事务并驰驿。

三、州县提举管勾河防官每六月一日至八月终，各轮一员守涨，九月一日还职。

四、沿河兼带河防知县官，虽非涨月，亦相轮上提控。

五、应沿河州县官，若规措有方；能御大患，及守护不谨，以致堤岸疏虞者，具以奏闻。

六、河桥埽兵遇天寿圣节及元日、清明、冬至、立春各给假一日，祖父母父母吉凶二事，并自身婚娶，各给假三日，妻子吉凶二事者止给假二日。其河水平安月份，每月朔各给假一日，若河势危急，不用此令。

七、沿河州府遇防危急之际，若兵力不足劝率，于拟水手人户协济救护。至有干济，或难迭办，须合时暂差夫役者，州府提控官与都水监及巡河官同为计度，移下司县，以近远量数差遣。

八、河防军夫疾疫须当医治者，都水监移文近京州县约量差取，所须用药物，并从官给。

九、河埽堤岸遇霖雨涨水作发暴变时，分都水司与都巡河官往来提控，

① 录自《河防通议》。标题“金代”两字及序号是编者加的。

官兵多方用心固护，无致为害，仍每月具河埽平安申覆尚书工部呈省。

十、除滹沱、漳、沁等河其余为害诸河，如有卧著冲刷危急等事，并仰所管官司，约量差夫，作急救护。其芦沟河行流去处，每遇泛涨，当该县官与崇福埽官司一同叶济固护，差官一员系监勾之职，或提控巡检，每岁守涨。

## 《问水集》中有关防汛诸法[①]

### 堤防之制凡四条

贾让云：堤防之制起自战国，然势不能废。盖虽不能御异常之水（河底甚高，水易涨溢，且自三门下视中州如井然，故虽高厚之堤不能御），而寻丈之水，非此即泛滥矣（城郭市镇民居多滨河故也）。但不宜近河而宜远尔。历观宋元迄今，堤防形址断续，横斜曲直，殊可骇笑。盖皆临河为堤，河既改而堤即坏尔，已择属吏之良者，上自河南之原武，下迄曹单沛上，於河北岸七八百里间，择诸堤去河最远且大者（去河四五十里及二三十里者）及去河稍远者（一二十里及数里者）各一道，内缺者补完，薄者帮厚，低者增高，断绝者连接创筑。务俾七八百里间，均有坚厚大堤二重，已经接合创筑蔡家口上下及曹单八里湾侯家林百余里，余当极力完成。虽不恤，自兹苟非异常之水，北岸固可保无虞矣。

凡创筑堤必择坚实好土，毋用浮杂沙泥，必干湿得宜。燥则每层须用水洒润，必於数十步外平取尺许，毋深取成坑，致妨耕种。毋仍近堤成沟，致水浸没，必用新制石夯，每土一层，用夯密筑一遍，次石杵、次铁尖杵、各筑一遍，复用夯筑平。堤根宜阔，堤顶宜狭，俾马可上下，谓之走马堤。毋太峻，水易冲啮。凡帮堤，必止帮堤外一面，毋帮堤内，恐新土水涨易坏。（运河通用）

中州河北岸堤防重复至四五道者，而往往冲决，盖修筑不坚一也。工成报完已矣，管河监司府贰不复省验二也（甲午春所筑堤，余巡行亲验之，盘石口堤已即冲洗无复形迹，原武者面及两傍各止筑尺许，中实以虚浮白沙，余率类此尔）。旧堤日就堋损，车马行人，践踏成路，不复巡视完补禁治三也。千里之堤坏於蚁穴，夫安得而不决哉。自今创筑者，必用新发尺式（度长短不一即生弊矣），必编号，必分定州县工程丈尺及官夫名数，必置籍备纪府贰，必身亲督理指授（筑法器具详见前）。工成监司必亲阅实旧堤，必委属时一巡视，完补车马行人路口之堤，必两箱各筑阔厚斧刃衬堤，俾车可上下。堤面边箱路口，各限以横埋

---

① 《问水集》、《治水筌蹄》及《河防一览》中诸法的标题为编者加的。

丈余圆木，上覆以土。守堤者每遇践踏木露，即仍以土覆之。堤内外柳株稀少者补植之，审如是，夫安得而复决哉。是存乎其人尔。(运河通用)

历年筑堤率以高一丈或一丈二尺为准，但地势不一。如地势原下，堤即卑矣(地势顿下犹可见以渐而下者堤益卑而不觉矣)。凡筑堤以高阜或平地高若干为准，然用逐段用平准法打量(余新制水平稳而不摇颇准)，因地势高下而低昂之，俾堤面远近高下一律(甲午筑南旺湖堤，率高一丈，报完矣，余验而疑之，乃施平准法，其间有地下八尺者，然则堤仅高二尺尔，黄河之堤若是不亦大可畏邪)，否则贻患非小也。但平准极难，须水面浮板，并於上两端小横木，并前木表横板之厚薄长短广狭，皆极其均停端正。而打量之人目力群审，且再三试果无差忒，而后可凭也。(乙未春浚河修闸之役，余甚苦於此，必再三躬为之而始效。运河通用)

## 疏浚之制凡五条

疏浚塞三法欧阳玄之说备矣。疏支河以分水势，治河要法。顾水有向背，地有高下，治水者因其势而利导之斯善矣。然河之所向不可限量，赵皮寨口之开，冀少杀东流尔，不数年而全河从此南徙。苟非运道事重，是移曹单鱼台之患於睢归矣。不可不审也。

开河面宜广。俾伏秋水涨有所容，底宜深而狭，视面仅可四之一，形如锅底。俾冬春水落流迅，可免淤塞，近年率为平底而浅，两失之矣。

浚河宋人铁龙爪，近时滚江龙之法，皆不可用。惟先计浚广若干丈，插标水中，次计所浚若干远，及夫役之数而约计。然后用新制平底方舟，横排河中为一层，船四维各施椿橛，插系水中，用新制长柄铁爬立船中齐浚之。每浚深数尺，即移船少退，以次再浚之。后数丈复为一层，如前法。则虽中与陆地施工略同，若止以船只往来河中，所浚十不及一矣。(运河同)

方舟之制非特便於浚河，且免役夫入水，恤爱之意寓焉。(运河同)

疏浚河泥必远置河岸四十步外，平铺地上，免妨耕种。用堤者即以之成堤，毋仍临河，免致雨水冲洗，仍归河内。(运河同)

## 工役之制凡五条

河道工役，频年繁兴，为费甚钜。在中州者堡夫卒岁用工外，河夫岁用工三月，月给银一两，皆贮於官而计日给之。故工役率妄冒多估，止计所筑所开所浚丈尺及约用夫若干名，用工若干月日而已(往岁开夏邑挑河，初估役夫三万,用工三个月,知府顾铎亲往督夫,先挑一尺为准,即省十之七八,可验矣)。今定与算工之法,皆委属督夫累试,及取土秤斤重度远近而酌为中制也。凡堤岸创筑者,每方广一丈,每夫每日就近取土者高六寸,取土稍远者高五寸,最远者高四寸,为一工(比原行少省以节夫力)。凡帮堤则先计旧堤高厚若干,今帮厚若干,增高若干,亦以前法折算计工。河道创开者,每方广一丈,每夫每日开深一尺为一工。浚河泥水相半者,减十之五。全系水中捞取者减十之七八。取土登岸就筑堤者亦折半算工(比原行亦少省)。然后通计工数,以定夫数,即所费大省,而尤便於稽考。弊亦大省,而岁有余。积每二三岁即可减免夫银一岁,以少苏中州之民困矣(十五年已议减免)。

每役必画地分工,必各州县内仍分各乡各里,俾同聚处,逃者即本乡本里众为代役而倍责偿其值。(运河同)

每役五日即与休息一日,如遇风雨即准休息,毋妨用工。(运河同)

凡验筑堤之工,必逐段横掘至底而后见,旧以锥刺无益也。(运河同)

堤铺夫守堤防河,所系甚重。所历询之,多远地之民赴役,有数十百里外者,有别州县编役者。且岁一更易,以故堤多塌损,柳多砍伐,甚至河水已至或被盗决,而官犹未知,坐失防御,为害匪轻。已经行令将近铺居民编当,如徭役已定,则将别差更换,别州县者亦将别差兑编。以后编役更不必改易,仍将本铺所管堤岸,每夫画地分管,专令修堤植柳,时阅而劝惩之,均为徭役。初无损於公家,而铺夫便於守视,堤自固矣。(运河同,沧德一带尤为切要)

## 植柳六法

余行中州,历观堤岸,绝无极坚者。且附堤少盘结繁密之草,与南方大异,为之忧虞。乃审思备询,而施植柳六法。

**一曰卧柳**

凡春初筑堤,每用土一层,即於堤内外边箱各横铺如钱如指柳枝一层,每一小尺许一枝,毋太稀疏。土内横铺二小尺余,土面止留二小寸,毋过长,自堤根直栽至顶,不许间少。

**二曰低柳**

凡旧堤及新堤,不系栽柳时月修筑者,俱候春初用小引橛,於堤内外自根至顶,俱栽柳如钱如指大者,纵横各一小尺许,即栽一株,亦入土二小尺许,土面亦止留二小寸。

**三曰编柳**

凡近河数里紧要去处，不分新旧堤岸，俱用柳桩。如鸡子大，四小尺长者，用引橛先从堤根密栽一层，六七寸一株，入土三小尺，土面留一尺许。却将小柳卧栽一层，亦内留二尺，外留二三寸。却用柳条将柳桩编高五寸，如编篱法，内用土筑实平满，又卧栽小柳一层，又用柳条编高五寸，於内用土筑实平满。如此二次，即与先栽一尺柳桩平矣。却於上退四五寸，仍用引橛密栽柳桩一层，亦栽卧柳编柳各二次，亦用土筑实平满。如堤高一丈，则依此栽十层即平矣。

以上三法皆专为固护堤岸。盖将来内则根株固结，外则枝叶绸缪，名为活龙尾埽。虽风浪冲激，可保无虞。而枝梢之利，亦不可胜用矣。北方雨少草稀，历阅旧堤，有筑已数年而草犹未茂者，切不可轻忽。（运河黄河通用）

**四曰深柳**

前三法止可护堤以防涨溢之水，如倒岸冲堤之水亦难矣。凡近河及河势将冲之处，堤岸虽远，俱直急栽深柳，将所造长四尺、长八尺、长一丈二尺数等铁裹引橛，自短而长，以次钉穴俾深。然后将劲直带梢柳枝，如根梢俱大者为上，否则不拘大小，惟取长直。但下如鸡子上尽枝梢长如式者，皆可用。连皮栽入，即用稀泥灌满穴道，毋令动摇，上尽枝梢，或数枝全留，切不可单少。其出土长短不拘，然亦须二三尺以上，每纵横五尺，即栽一株，仍视河势缓急，多栽则十余层，少则四五层。数年之后，下则根株固结，入土愈深，上则枝梢长茂，将来河水冲啮，亦可障御。或因之外编巨柳长桩，内实稍草埽土，不犹愈於临水下扫，以绳系岸，以桩钉土，随下随冲，劳费无极者乎。尝於睢州见有临河四方上岸水不能冲者，询之父老，举云农家旧圃，四围柳株伐去，而根犹存，彼不过浅栽一层，况深栽数十层乎。及观洪波急流中，周遭已成深渊，而柳树植立，略不为动，益信前法可行。郡邑治水之官，能视如家事图为子孙之不拔之计，即可望成效，将来卷埽之费可全省矣。但临河积年射利之徒，殊不便此。治水者止知其为父老土著之民，惟言是听，而不知机缄之有为也。卷埽斧刃堤后远近适中之处，尤宜急栽多栽数层，此法黄河用之，运河频年冲决深要去处亦可用。

**五曰漫柳**

凡坡水漫流之处，难以筑堤。惟沿河两岸密栽低小柽柳数十层，俗名随河柳，不畏淹没。每遇水涨既退，则泥沙委积，即可高尺余或数寸许，随淤随长，每年数次。数年之后，不假人力，自成巨堤矣。如沿河居民，各分地界，筑一二尺余缕水小堤，上栽柽柳，尤易淤积成高，一二年间堤内即可种麦，用工甚省，而为效甚大，黄河用之。

### 六曰高柳

照常於堤内外用高大柳桩,成行栽植,不可稀少,黄河用之。运河则於堤面栽植,以便牵挽。

## 《治水筌蹄》中有关防汛、河工诸法

### 豫、鲁、冀、皖、苏预筹修防,有“八埽,四堤”

黄河会计预备河患,皆以十月至来年十月止。在山东,兖州、东昌,在河南,开封、归德,在直隶,大名、凤阳、徐州、邳州、泗州,俱系黄河先年及即今经行正道,皆预料之。

有八埽:曰靠山,曰箱边,曰牛尾,曰鱼鳞,曰龙口,曰土牛,曰截河,曰逼水。

有四堤:曰遥,曰偪,曰曲,曰直。

### 防汛备料

黄河之骤,急如风雨,智者失其谋,勇者失其力,唯有桑土之彻而已!故势亟重也。

语夫,则以千计,语料,则以万计,乃有备无患,与防边同,而防河又腹心,与防边四肢之患异。

今防边,大司农岁发数百万,而防河则否。故堤防稍缓者,一年备一年,可也。

若河南陶家店、铜瓦厢、炼成口、挖泥河、荣花树,山东武家坝,徐州曲头集、房村口,则桩、草、苘、麻、柳梢,宜两年之备,可也。

### 防汛组织制度

守边之法,驻信地者曰正兵,参将、守备掌之;战守无定,随贼向往者曰进兵,游击、将军掌之。

余守河於徐、邳之间,亦按其法。正夫信地之外,各设游夫一枝——五百名。五十名为一伍,有伍长;五百名为一队,有队长;而总管贰府佐,各督其队。无事,则驻定如山,协正夫以修。有警,则巡逻如风,纠正夫以守。每岁五月十五日上堤,九月十五日下堤,以募力充之。著为例。

### 防汛、抢险组织制度

有堤无夫,与无堤同,有夫无铺,与无夫同。邳、徐之堤,为每里三铺,每铺三夫。南岸自徐州青田浅起至宿迁小河口而止,北岸自吕梁洪城起至邳州直河而止。为总管府佐者二，为分管信地州县佐者六。

南铺以千文编号，北铺以百家姓编号，按信地修补堤岸，浇灌树株。遇水发，各守信地；遇水决，则管四铺老人振锣而呼，左老以左夫帅而至，右老以右夫帅而至，筑塞之。不胜，则二总管以游夫五百驰而至，助之。此“常山蛇”势之役也。

**防汛——防风浪的经验**

四防中，风防尤宜慎之！房村决，风涛鼓击不已，黄吕梁以巨舟数十，障於决口，风涛遽净，亦奇事。然河堤千里，舟不及也。

古有黄河风防之法：如遇水涨，涛击下风堤岸，则以秫秸、粟藁及树枝、草蒿之类，束成捆把，遍浮下风之岸，而系以绳，随风高下，巨浪止能排击捆把，且以柔物，坚涛遇之，足杀其势。堤且晏然於内，排击弗及，丁夫却于堤外帮工，此风防之要诀也。捆把仍可贮为卷埽之需，盖有所备而无所费云。

**筑堤三夫**

筑堤三夫：差役编设曰徭夫，库银召雇曰募夫，郡县借派曰白夫。

徭夫出於民，募夫出於官，有名也。白夫，额外之征，不堪命矣！罢之。即有大役，募夫永不可变。宁损上，勿损下也。

**堤、河、湖泊所占田亩，变更征税办法**

滨河之民，敝民也！而以官堤困之。

今占用民地者，履亩与之价，税粮通派州县，名曰“堤米”。

为新河所占者，亦如之，名曰“河米”。

吕、孟诸湖原属膏腴，以运河水不得泄，汇而成者，改鱼课焉，名曰“湖米”。

**改订河工工、料、银、粮等尾数计算方法**

国家造“黄册”之法，苦奇零不可穷诘，且滋弊薮也。为之法曰：“逢三丢，逢七收”。盖如以分计者，如遇三厘，则损之为一分，如遇七厘，则益之亦为一分，善数也。今乃推之以至于不可尽之数，吏缘为奸。

余令估河工——堤：如百丈者止于尺，千丈者止于丈，万丈者止于十丈。银：如百两者止于钱，千两者止于两，万两者止于十两。粮：如百石者止于斗，千石者止于石，万石者止于十石。苘、灰：如百斤者止于两，千斤者止于斤，万斤者止于十斤。假令不尽奇零，则三丢而七收之。分数明，吏弊绝。

**清查河工工款**

清查河道钱粮三事：侵欺、那借、拖欠。

**黄、运河工按年上报**

岁报二：曰黄河，曰漕河。凡一岁中修理闸座、堤岸、空缺、淤浅、泉源，物料、丁夫，并皆书之，疏以闻。

**沿河派差、征税积弊；简化手续**

河民之不安也，其起於征艺之无算，名额之滋繁乎！夫民可使由之，不可使知之。差、税之名，科、派之则，至有萧、曹之所不能计，容、鬼之所不能推，民何可得知也？猾胥轮指而算之，愚民仰面而视之，若陆人之语海，粤人之谈燕。胥左之多则多，左之鲜则鲜，亡谁何者。

余为之条鞭之法——粮：则总本、折之数而轮之官，官析焉，本几何，折几何，而民不知也。命曰“粮条鞭”。差：则总徭役之银而轮之官，官析焉，某给某，某雇某，而民不知也。命曰“差条鞭”。市井：则总门摊之出而输之官，官析焉，某所供亿，某所器皿，而民不知也。命曰“市井条鞭”。”盖民知其一不知其九，官析其九复归於一，易简而民定矣。

**总河常年办公费用及来源**

总理经费，岁约六百余金，并舆皂、门快、金鼓、军民诸役饩食，旧偏累济宁。

万历元年，如各边军门例，派之四省。济宁民力纾矣。

**河工官员津贴**

河工委官：府佐日给银一钱二分，州县佐首领六分，省祭等官四分，属有司者给库银，属杂委者给河银，旧例也。

**总河专用船只**

河臣水行乘舟，顾河道周回五百余里，宜各省悉具一舟，随所往而用之。旧制：一舟敝，则檄有司造一舟。顾无所取直，官民弗便也。

余檄一舟敝，辄纵水手一年，官收之工饩，岁可得百四十金，造一舟裕如矣。舟得常继，且不烦官民，循环无端，斯百年之业也。

**沿河“徒役”改属河工**

徒役在在有之，而各用不同。如：在京则役运灰、炒铁，在边则役开堑、筑城，在腹里则役拽船、抬扛。罪固一也，而莫苦於腹里！驿递鱼烂，多敝缧绁，死者什玖，役者什一。谚云“徒重戍轻”者，此也。

万历元年，乃以沿河无力徒役悉改河工，工之限如其徒之限。若能鸠工并限者，即准日月并论。是役一有罪者以徒，可免一无罪者以夫，全活甚众，三利之策也。

**加强护运，河官与武官合一**

管河道不兼兵备，有司者路人视之耳。法令安得行！故徐州、淮扬以兵备兼管河，而山东、河南宜以管河兼兵备。山东已铸印云。河南亟循此，庶令行禁止，饷道可恃也。

**押运官、夫随船带货及管理**

运官降级尽矣，运卒疾苦至矣，法网至密也。北运，南还，搜刮而夺之私货，而军日困，运日艰，敝舟破舧[1]，殆不可运！

今令：北运者，带酒米竹木弗禁，入茶城，属酒米者自为剥，属竹木者自为筏，浮于舟末。南还，则令易商货，半载[2]之。除搜括之禁，罢入官之罚，是官军以饷舟市也，舟善而卒腾，饷务倍利。

**官员按临视察，沿河办差，骚扰民间**

沿河市民之不安也，由于借办！如按临驻扎宴享，则卮盂、屏几、帐幔、盘杓，高之为金为银，次之为锡[3] 铜，卑之为瓦为木，一物不具，捕地方若星火焉！彼固匮民也，安所得措办而用之？则质诸巨室，巨室持之，往往器之费十倍於供，官勿问也。

余为之官制诸金银锡铜瓦木，无不毕具。官自取诸宫中而用之，民亦勿问也。河市大安。

**火夫、灯夫兼充昼役**

火夫，灯夫，盖夜役也。官故给半值。今官府昼役而值倍之，民与夫两困矣！

**沿运州县缴纳粮税规定**

山东、河南，夏秋税粮岁派皆定仓口，如密云、京、通，道远而费多，天津、德州，道近而费少。旧例：坐派之，吏书得而上下焉。不均甚矣！

余檄有司通融之，如粮一石：本色者，则派密云几斗，京、通几斗，天津几斗，德州几斗；折色者，则派起运几钱，存留几钱。重者皆重，轻则皆轻，沿河之民，始无不均之叹矣。

**训练军队制度**

国朝操军之制，其宽严得中乎！每年二、三、四月为春操，八、九、十月为秋操。而又为操三歇五之法，以年计之，每年止得六月，是为年空；以操三计之，每月止得十日，是为月空；以寅入操、辰散操计之，仍放闲半日，是为日空。通计实操占役一年，止当三十日耳！是恩法并行而不悖矣。

**捕盗奖励制度**

---

① 舧，同帆。

② 半载，每船装载量的一半。

③ 锡后面应补"为"字。

军民赏格：捕官获强盗一名至五名给花红，六名以上者加奖励牌匾，十名以上并获巨盗、窝主者，奖如前，仍纪录超擢；捕役及民间强有力擒真盗一名者，赏银四两，阵上斩获者六两，获巨盗、窝主者八两，俱於盗贼入官数内支给。每招详照出之后，计开：斩罪几名，供明几名，应奖赏官几员，有功人役几名，以风。饷道遂宁。

**祭泰山**

河事毕，八月，禋泰山，报成绩也。

秦碑之北，为泰山之巅，擅东鲁诸山之尊，不知何许年锢玉皇殿压之，山泽不通气矣。

隆庆冬，余乃出石，顶耸三尺，厚十有四尺，博十有六尺，斯上界之绝颇，青帝之玄冠也。易玉皇殿为天宫，退居巅石之后方，秦碑拥正笏前石如插群圭，而泰山始全其尊，返其真。后有刻芜词，戕泰巅者，是辱岱宗也。明神殛之！每岁黄河如带，则泰巅若砺矣。

## 《河防一览》中有关修守事宜

一筑堤　凡黄河堤必远筑，大约离岸须三二里，庶容蓄宽广，可免决啮，切勿逼水，以致易决。堤之高卑，因地势而低昂之，先用水平打量，毋一概以若干丈尺为准。务取真正老土，每高五寸，即夯杵三二遍。若有淤泥与老土同。第须取起晒凉，候稍乾方加夯杵。其取土宜远，切忌傍堤挖取，以致成河积水，刷损堤根。验堤之法，用铁锥筒探之，或间一掘试，堤式贵坡，切忌陡峻，如根六丈，顶止须二丈，俾马可上下，故谓之走马堤。

工费凡创筑者每方广一丈高一尺为一方，计四工。土近者每工银三分，最近者二分，土远者四分。如堤根六丈顶二丈，须通融作四丈折算，此计土论方之法也。如帮堤则先计旧堤若干，今增高阔各若干，亦以前法折算。

一塞决　凡堤初决时，急将两头下埽包裹，官夫昼夜看守。稍待水势平缓，即从两头接筑。如水势汹涌，头裹不住，即於本堤退后数丈，挖槽下埽，如裹头之法，刷至彼必住矣。此谓截头裹也。如又不住，即于上首筑逼水大坝一道，分水势射对岸，使回溜冲刷正河，则塞工可施矣。塞将完时，水口渐窄，水势益涌，又有合口之难，须用头细尾粗之埽，名曰鼠头埽。俾上水口阔，下水口收，庶不致滚失，而塞工易就也。埽以土胜为主，埽台须要卧羊坡，以便推挽。揪头绳须要紧扯，以防下游，又须时时打松，令其深下。仍觅惯会泅水之人，入水探验，底埽着地，方下签桩。签桩须要酌中，埽埽钉着，方为坚固，倘有数寸空悬，无有不败事者。如寒天或水急，不能泅水，即看揪头宽松，便是着地之验，系绳留橛，令人专守。略有走动，便须另下一橛，橛头上填记第几埽揪头滚肚明白，以便点查收放。埽面出水未高，宁加一小埽，不可多用土牛，推埽时易动故也。此等事须要勇往直前，俗谚谓之抢筑，稍稍逼遛，必有后悔。以上数端，苟不详审，劳费罔功，辄疑鬼怪，甚可嗤也。

如用大埽，长五丈高六七尺者，用草六百束，每束重十斤，价银二厘，该银一两二钱。柳稍一百二十束，每束重三十斤，价银一分，该银一两二钱。如无柳稍，以苇代之，草绳六十套，每套四十二条，每条长二丈四尺，价银三分，该银一两八钱。桩木五根，每根银一钱，该银五钱，揪头滚肚绳四条，共用苘二百五十斤，每斤价银五厘，该银一两二钱五分。每大埽一个，约共该料价银五两九钱五分，挑土夫土远近不等，难以预计，中埽并土牛工料，以次递减。

一筑顺水坝　顺水坝俗名鸡嘴，又名马头，专为吃紧迎溜处所。如本堤水刷汹涌，虽有边埽，难以久恃，必须将本堤首筑顺水坝一道，长十数丈或五六丈，一丈之坝可逼水远去数丈，堤根自成淤滩，而下首之堤俱固矣。安埽之法，上水厢边埽宜出，将裹头埽藏入在内，下水埽宜退，藏入裹头埽内，庶水不得揭动埽也。

如筑长六丈阔四丈高一丈，用埽两面厢边，每边用埽二行，裹头二行，中间填土。每行用埽三层，共计用中埽十八个，每个长五丈高三尺。用草四百束，柳稍八十束，草绳四十条。排桩签桩共用桩木四根，人夫二十五工，共用卷埽堤夫四百五十工，远土堤夫二百工，俱不议工食。共有草七千二百束，该银一十四两四钱，柳稍或苇一千四百四十束，该银一十四两四钱，草绳七百二十套，该银二十一两六钱，桩木七十二根，该银七两二钱，行绳十二条，每条重四十斤，共用苘四百八十斤，该银二两四钱，约共该银六十两。如无柳稍，以苇代之。

一下护根乾埽　凡堤系埽湾，须预下乾埽，以卫堤根。此埽须上多料少，签桩必用长壮，入地稍深，庶不坍垫。

如下长三丈高三尺埽一个，用草一百六十束，该银三钱二分。柳稍四十束，该银四钱。草绳十二套，该银六钱。桩木三根，该银三钱。量用苘作行绳，用堤夫二十工，不议工食。每埽一个，约共该料价银一两六钱二分。

一造滚水石坝（即减水坝）　滚水石坝即减水坝也，为伏秋水发盈漕，恐势大漫堤，设此分设水势，稍消即归正漕。故建坝必择要害卑洼去处，坚实地基，先下地钉桩，锯平，下龙骨木，仍用石楂橾铁橾缝，方铺底石垒砌。雁翅宜长宜，坡，跌水宜长，迎水宜短，俱用立石，拦门桩数层。其地钉桩，须劄鹰架，用悬硪钉下，石缝须用糯汁和灰缝，使水不入。

如石坝一座，坝身连雁翅共长三十丈，坝身根阔一丈五尺，收顶一丈二尺，高一尺五寸，迎水阔五尺，跌水石阔二丈四尺四，雁翅各斜长二丈五尺，高九尺。用粗细石计长一千三百九十余丈，并地钉桩、龙骨木、铁锭、铁销、煤炭、木炭、石灰、糯米、苘麻及各匠工食约共该银一千九百余两。其运石抬石搬料夫船并官夫廪粮工食临期酌给。

一建石闸　建闸节水，必择坚地开基。先挖固工塘，有水即车乾，方下地钉桩。将桩头锯平，槿缝，上用龙骨木地平板铺底，用灰麻舱过，方砌底石。仍于迎水用立石一行，拦门桩二行，跌水用立石二行，拦门桩八行。如地平板铺完，工过半矣。自金门起两面垒砌完，方铺海漫雁翅。

金门长二丈七尺，两边转角至雁翅各长五丈。共用石三千一百丈，闸底海漫、拦水、跌水共用石九百丈，二项共用石四千丈。并铁锭、铁销、铁锔、天桥环、地钉桩、龙骨木地平板、万年坊闸板、绞关闸耳绞轴、托桥木石灰、香油、苘麻、柴炭等项，及各匠工食约共该银三千两有奇，其官夫廪粮工食临期酌给。

一建涵洞　建涵洞以泄积水。基址亦择坚实，方可下钉桩砌石。水多则建二孔，少止一孔。

如涵洞一座，口阔一丈五尺，身长二丈，中立石墙一堵，亦长二丈，宽五尺，分为二孔。每孔宽五尺两边四雁翅，各一丈五尺，共用石二百丈。并地钉桩、铁锭、石灰、板木并各匠工食，约该银一百八十余两，其夫役工食临期酌给。

一建车船坝　先筑基坚实，埋大木于下，以草土覆之，时灌水其上，令软滑不伤船。坝东西用将军柱各四，柱上横施天盘木各二，下施石窝各二，中置转轴木各二根，每根为窍二贯以绞关木系蔑缆于船，缚于轴，执绞关木环轴而推之。

一挑河　凡挑河面宜阔，底宜深，如锅底样。庶中流常深，且岸不坍塌。如不用堤，须将土运于百余丈外，以免淋入河内。

凡创开河者，每方广一丈，每夫日开深一尺为一工，挑浚泥水和半者，减十分之五。全系水中捞取者，减十之七八。取土登岸就而筑堤者，亦以半折算焉。

一闸河偶浅急疏之法　凡闸河浅处，如水溜在中，须两岸筑丁头坝以束之。水溜在傍，将浅边顺筑束水长坝以逼之。水由坝中，其势自急，中溜自深。

如浅处不多，或排板插下泥内，逼水涌刷，或排小船，用杏叶杓挖浚。必不得已，则用桩草制活闸节水，亦一策也。

一栽柳护堤　卧柳长柳须相兼栽植。卧柳须用核桃大者，入地二尺余，出地二三寸许，柳去堤址约二三尺，密栽，俾枝叶搪御风浪。长柳须距堤五六尺许，既可捍水。且每岁有大枝，可供埽料，俱宜于冬夏之交，津液含蓄之时栽之。仍须时常浇灌长柳宜用棘刺围护，以防盗拔畜啮。

一栽茭苇草子护堤　凡堤临水者，须于堤下密栽芦苇或茭草，俱掘连根丛株。先用引橛锥窟，深数尺，然后栽入。计阔丈许，将来衍茁愈蕃，即有风不能鼓浪，此护临水堤之要法也。堤根至面再采草子，乘春初稍锄覆密种，俟其畅茂，虽雨淋不能刷土矣。

一伏秋修守

**四防**

一曰昼防。堤岸每遇黄水大发，急溜扫湾处所，未免刷损，若不即行修补，则扫湾之堤，愈渐坍塌，必致溃决。宜督守堤人夫，每日卷土牛小埽听用。但有刷损者，随刷随补，毋使崩卸。少暇则督令取土堆积堤上，若子堤然，以备不时之需，是为昼防。

二曰夜防。守堤人夫，每遇水发之时，修补刷损堤工，尽日无暇，夜则劳倦，未免熟睡，若不设法巡视恐寅夜无防，未免失事。须置立五更牌面，分发南北两岸协守官并管工委官，照更挨发，各铺传递，如天字铺发一更牌，至二更时前牌未到日字铺，即差人挨查，系何铺稽迟，即时拿究。余铺仿此，堤岸不断人行，庶可无误巡守，是为夜防。

三曰风防。水发之时，多有大风猛浪，堤岸难免撞损，若不防之于微，久则坍薄溃决矣。须督堤夫捆扎龙尾小埽，摆列堤面，如遇风浪大作，将前埽用绳桩悬系附堤水面，纵有风浪，随起随落，足以护卫，是为风防。

四曰雨防。守堤人夫每遇骤雨淋漓，若无雨具，必难存立，未免各投人家或铺舍暂避，堤岸倘有刷扫，何人看视，须督各铺夫役，每名各置斗笠簑衣，遇有大雨，各夫穿带，堤面摆立，时时巡视，乃无疏虞，是为雨防。

**二守**

一曰官守。黄河盛涨管河官一人不能周巡两岸，须添委一协守职官，分岸巡督。每堤三里，原设铺一座，每铺夫三十名，计每夫分守堤一十八丈。宜责每夫二名，共一段，於堤面之上共搭一窝铺，仍置灯笼一个，遇夜在彼栖止，以便传递更牌巡视。仍画地分委省义等官，日则督夫修补，夜则稽查更牌。管河官并协守职官，时常催督巡视，庶防守无顷刻懈弛，而堤岸可保无事。

二曰民守。每铺三里,虽已派夫三十名,足以修守。恐各夫调用无常,仍须预备,宜照往年旧规,於附近临堤乡村,每铺各添派乡夫十名,水发上堤,与同铺夫并力协守,水落即省放回家,量时去留,不妨农业,不惟堤岸有赖,而附堤之民亦得各保田庐矣。

一竖立旗竿灯笼以示防守　各铺相离颇远,倘一铺有警,别铺不闻,有误救护。须令堤老每铺竖立旗竿一根,黄旗一面,上书某字铺三字,灯笼一个,昼则悬旗,夜则挂灯,以便瞻望。仍置铜锣一面,以便转报,一铺有警,鸣锣为号,临铺夫老,挨次传报。各铺夫老,并力齐赴有警处所,即时救护,首尾相顾,通力合作,庶保万全。

一防盗决　守堤之法,堤防盗决,最为吃紧。盖盗决有数端。坡水稍积,决而泄之一也。地土硗薄,决而淤之二也。仇家相倾,决而灌之三也。至於伏秋水涨,处处危急,邻堤官老,阴伺便处,盗而泄之,诸堤皆易保守四也。巡警稍怠,或乘风雨之时,或乘酣睡之处,即被下手矣。防御者不可不知。

一议涵洞　涵洞泄水,本是无妨。但须明设石闸,以严启闭。若暗开堤址,草木蒙丛,便难觉察。万历八年奸民私嘱管河主簿,将南岸遥堤,暗开涵洞数座。十七年伏水暴涨,单家口水从涵洞泄出,势甚汹涌,一鼓而开,遂成大决,此可谓明鉴矣。司河者知之。

一岁办物料　河防全在岁修,岁修全在物料。而州县河官视为奇货,岁估既定,冒银入已,括取里递草束,河夫攀折柳稍,遮掩一二,便为了事。近日徐州判官彭鹤,灵璧主簿元仲贤之事可鉴也。今议於十一月间,司道官估计停当,各掌印官邻银收买,法固善矣。又须特委廉能职官一二员,专管收支,工完之日,将卷筑过埽坝,收支过物料数目开报总河衙门查考。庶几事有责成,而钱粮无冒破矣。又冬初修守稍暇,即督夫於漫坡中采取野草,每束十斤者,每夫每日可采四十束,积至百万,可省千金,裨益非小。草料既备,埽护必周,冲决之患可免。即脱有不测,而物料在手,计日可塞,何致延阔糜费。此河道第一吃紧工夫也。

一水汛　立春之后,东风解冻,河边人候水初至,凡一寸则夏秋当至一尺,颇为信验,谓之信水。二月三月桃花始开,冰泮雨积,川流猥集,波澜盛长,谓之桃花水。春末芜菁华开谓之菜花水。四月垅麦结秀,擢芒变色,谓之麦黄水。五月瓜实延蔓,谓之瓜蔓水。朔野之地,深山穷谷,冰坚晚泮,逮乎盛夏,消释方尽。而沃荡山石,水带矾腥,并流于河,故六月中旬之水,谓之矾山水。七月菽豆方秀,谓之豆华水。八月荻蔚华,谓之荻苗水。九月以重阳纪节，谓之登高水。十月水落安流，复其故道，谓之复槽水。十一月十二月断冰杂流，乘寒复结，谓之蹙凌水。此外非时暴涨谓之客水。皆当督夫巡守，而伏秋水势最盛，非他时比，故防者昼夜不可少懈云。

## 康熙年间治河条例①

一堤工之宜坚筑也。取土有远近，故价值有多寡。取土之远者，每土一方，估银二三钱不等。取土之近者，每土一方，亦估银一钱四五分不等。远土或取于百丈之外，或取于里余之外。最近之土，亦应离堤二十丈，及十五丈之外。此定例也。今见现筑各堤，即于堤根取土，且于近堤一带，先挖下一二尺，并将周围铲平，以作假堤，希图虚冒钱粮。又旧例每堆土六寸，谓之一皮，夯杵三遍，以期坚实，行硪一遍，以期平整，虚土一尺，夯硪成堤，仅有六七寸不等，层层夯硪，故坚固而经久。虽雨淋冲刷，不致有水沟浪窝汕损坍塌之虞。今见各堤俱无夯杵，止有石硪。又自底至顶，俱用虚土堆成，惟将顶皮陡坦，微硪一遍，以饰外观。是以堤顶一经雨淋，则水沟浪窝，在在不堪。堤底一经汕刷，则坍塌损坏，崩溃继之。故年来糜费钱粮，迄无成效。自今以后，加帮之堤，俱将原堤重用夯杵，密打数遍，极其坚实，而后于上再加新土。创筑之堤，先将平地夯深数寸，而后于上加土建筑，层层如式夯杵行硪，务期坚固。照依估定远近土方取土加帮，不许近堤取土，亦不许挖伤民间坟墓，该道厅督率该管员弁，不时往来巡查，如有近堤取土，饰作假堤，夯硪不坚，挖伤坟幕者，即将义民人夫，先行惩处。仍将承筑官揭报，以凭参究。如不揭报，经臣察出，定将该道厅一并纠参。

一桩工之宜用整木也。运河中河原因顶冲刷湾之处，水势湍激，恐其汕刷工堤，是以估用整木签钉排桩，估用整柴丁头镶压，以资捍御。今见两河排桩，俱系一木二截，浮签浅土所镶，柴束俱系一柴二截，粉饰外观。及将旧堤老工挖松，一遇雨淋水涨，桩木欹斜胀折，柴草随水漂淌，承筑人员，既图短少物料，侵帑以肥己。该管厅员又冀呈报抢修，膜视而不问，河工竟成漏卮矣。嗣后排桩工程，购木到工，该道厅先赴工围验，是否与原估尺寸相符，勒令承筑人员，桩用整木签钉，入地甚深，埽用整柴镶压，极其坚固。如将木柴截用，修筑不坚，旋修旋坏，该道厅不时指名揭报，以凭参究。如或瞻徇容隐，

① 标题是编者加的，治河条文为清朝河道总督张鹏翮的奏疏。

经臣察出,即一并纠参,该汛员弁咨斥究治。

一龙尾埽之宜停也。臣遍查河工,见工程坚固者,首在石工,次则密钉马牙桩,足资捍御。其顶冲大溜之处,用丁头埽密钉大木排桩,深埋入土,亦属有益。至于平常工程,概用龙尾埽稀钉排桩,浅埋浮土,一遇风浪,即行塌卸,徒饰外观,虚縻帑金,应行停止。

一石工之修砌宜得法也。湖河堤岸,原因长湖巨浪,堤岸卑薄,桩埽板工不足以资捍御。是以估砌石工。以为经久之计,故各估册内,有马牙、梅花等桩,有面裹丁头等石,有铁锭、铁锔、汁、米、炭、柴等料,各匠夫役工食,以及祭祀之类,无一不备。故小黄庄石工,每丈估银八十四两之多,若照数办料,依法修砌,自能坚固永久。安有旋砌旋倒之事。臣遍阅湖河修砌石工之处,不惟石块碎小,不足尺寸,而且錾凿草率,参差不平,虽有石灰而不见过筛捣挑挖深宽,偶致淤垫者,此非人力之罪,应请免其赔修。庶几人无畏缩,我皇上挑直之上谕,可以实见之奉行,而河工有底绩之期矣。丈尺,石灰、米、汁短少,何以合砖石而联成一片?铁锭、铁锔全无,何以扣石缝而使之合笋?再加以减少匠工,潦草修砌,自必旋砌旋坏,安能经久。与其参究于已坏之后,何如严督于修砌之前。嗣后一切石工,无论马牙、梅花等桩,皆用整木深钉,务期极其坚深。无论面里丁头等石,皆照原估置办,錾凿极其平整,石灰须重筛筛过,多用米汁调和捣杵,极其胶粘,满灌而入,使之无缝不到,又用铁锭、铁锔联络上下,合为一片。凡有石工将兴,备料到工,该道厅先验料物,次勘工程。如或料物不堪,短少灰、米,以及修砌草率,有一于斯,立即指名揭报,以凭摘工参究。若徇庇容伪,经臣察出,一并纠究,该汛员弁咨斥究惩。

一埽工之宜核实也。埽个工程大工堵决之外,岁抢各工,用埽最多。柴草苘麻等料,漕规久已核定,无容更张。而虚冒之弊,全在工程以平报险,用料以少报多,本年修理次年估销。埽个新陈相因,其中易于牵混。厅营通同蒙蔽,员弁承其意旨,以险工为奇货,视工帑为固有,虚开冒报,遂成牢不可破之弊。是以大工在在兴举,而岁抢钱粮有增无减,业经谆谆告诫,嗣后报险呈详一到,该道亲行查勘,果系险工,即令动料抢修,一面估计申报,以凭稽查。如系假捏,即以谎报参处。该道徇隐,经臣亲行查出,一并题参。

一挑河之积弊宜除也。挑浚工程,无论大河引河,旧例止挑河而不筑堤者,每土一方,估用银九分。以挑河之土,而复筑成堤者,每方估用银一钱六分。所估原有赢余,若照估挑挖,自然河深堤坚,无淤垫坍塌之患。不谓分工人员,领帑到手,任意花销,河身微微挑挖,不及原估十之三四,堤用虚土堆成,并不肯如式夯硪,且将挑出之土,堆于临河堤上,使堤岸高耸,以作假河之尺寸，甚至工未及半，帑金告匮，自知亏空难掩故将‘临水之处，有意挖开，引水入于河身，报称淹没，及至水退涸出，报称淤垫。是以年来挑浚甚多，成河甚少，侵帑误工，莫此为甚。嗣后挑河工程，挑出之土，尽堆于原估堤上，层层夯硪成堤，使之高宽，以资捍御。不许估计散土，以滋堆高假河之弊。挖河人员，务须照估挑挖宽深，敢复蹈前辙，花费钱粮，潦草工程，以及引水淹漫，虚报淤垫者，除挑过土方，用过钱粮，一概不准销算外，仍以侵冒误工参究。

一黄河淤垫之曲处宜取直也。恭奉上谕，将黄河曲处挑挖使直，水流畅快，则泥沙不淤。仰见我皇上洞悉治河良法，臣查阅河工，见顶冲大溜之处，对岸必有沙嘴挺出，此河曲之故也。从此曲处挑挖引河，以煞水势，则对岸险工可平。诚如圣谕指示，极其精当。因询河官何以不即遵行，据称挑挖引河，需费钱粮甚多，挖后引水大溜，始能成河，若逢缓水必至沙淤，例应追赔，是以人心惧缩，不敢挑挖。臣思河工虚应故事，挑挖不如式者，理应赔修。若实心任事，挑挖深宽，偶致淤垫者，此非人力之罪，应请免其赔修。庶几人无畏缩，我皇上挑直之上谕，可以实见之奉行，而河工有底绩之期矣。

一河工用人宜立劝惩之法也。治河浚筑之功，首在得人，而人才必需鼓舞，方能奋发勉励，以图报效。臣请河工官员，有实心任事，不避劳怨，不侵帑金，修防坚固者，工成之日，请优叙即用。其怠玩推诿，虚冒钱粮，工程不坚固者，一经题参，请严加治罪，将劝惩立而贤者知勉，不肖者知惧，河工之奏效不难也。

一夫役之宜优恤也。河工兴举，须用民力，如挑河筑堤，雇夫动至数千，曝日之下，风雨之时，手操畚锸，不敢自逸，夜则露处沿堤，卷席为棚以藏身，虽有雇值帑金，止可糊口。工成之日，照所给印票，该地方官查验，免其杂项差徭，以酬其劳，则夫役益欢欣鼓舞，而趋事恐后矣。以上各条，俱关治河要务，伏候皇上圣裁允行，敬请天语申饬勒石河工，俾得永远遵守，有裨河道，良非浅鲜。奉旨，览奏。条陈河工弊端，详悉切要，极其周备，著九卿詹事科道，会同速行确议具奏。

议复奉旨依议。

## 道光二十九年的防汛章程[①]

一监河埽坝，应常存料土、钱文以资储备，不可稍有短缺也。查各厅修

① 录自《曹县志》，为当时的河道总督鍾祥制定颁布。

防，以埽工为最要。所需正料、杂料、积土，早则岁前，迟则汛前，无不相机预备。其防险钱文，应遵照章程，如法封存，以防猝险外，至捆厢船只，务于入伏日卸去篷桅捆好，预备。谙练桩埽之弁目，亦于是日全行上坝，分管埽段，如违，一并责革，仍将该营严办不贷。

一埽工淤闭，堤身坐湾等处，应察看河形滩面，妥为预备也。查豫东河面宽阔，流行无定，河势之趋向，滩面之宽窄，时有变迁，不容稍忽。而埽工淤闭之处，生工甚易，每遇河水漫滩之时，堤身坐湾之处，犯风必多。如河势近，而塌滩速，即应由该厅转运料物钱文，堆贮该处，备应用。应责成各武汛，督令住堡之外委，早晚察看。遇有塌滩处所，随时驰报，如敢率忽，并不随时禀报，所有汛弁、外委，应由该厅营禀揭。如汛弁查报，而厅营不为预备，即将该厅营严参。其滩面串水沟槽，先由河宪饬据该道厅等勘查堵截，仍恐尚有未到之处，必须随时填堵，夯硪坚实，或编柳数道拦截，俾涨水漫滩，逐渐淤平，不致行溜生险。每遇长水上滩之时，尤应逐日察看。并将所管大堤，先行按堡逐细确查，以某工某日志桩存水若干作准。计堤高滩面若干，滩高水面若干，滩唇又高堤根若干，滩面宽窄若干，虽据造册呈送，仍应随时勘查报厅，汇折开报，以备防御，断不许畏难惮烦，至误机要，察出定于重究不贷。

一自上年霜后至今，凡有滩面串水最甚之沟槽，具经各厅禀由各道估筑土坝、土格拦截。此项工程应同土工一律保固，倘有办理草率，或有修无守，以至漫滩串水，定追原估银两，并从严参办。

一长堤顶坦，应责成各堡兵夫分段巡查，不许稍有疏懈。查大堤无工之处，距河较远，来往人少，恐至忽略，鼠穴獾洞，由此而多走漏，窨潮由此而起，河防之患，莫此为甚。查獾鼠去来无定，必须时时搜捕，方可放心，非仅于春间签试一次即为了事，应于天晴之日，责令各堡兵夫二名，一走里坦，一走外坦，轮流察看，一有形迹，即行搜捕，毋许一日一人稍有旷误。若遇大雨之日，则堤顶、堤坦分投查看，遇有水沟，即用淤土填筑，夯硪坚实。其浪窝深陷之处，更须刨挖到底，坚筑新土，不得率用沙土，浮松干砻。此系堤根无水，寻常巡防之事；若遇涨水漫滩，则无间风雨，每日每夜，应令兵夫按循环号签，轮流往来。如有堤顶前往者，即由堤后坦坡下面而归；由堤后坦坡而往者，即由堤顶而归。巡堤顶以察勘水势风浪，巡堤后以查獾鼠窨潮，二者不可偏废，一刻不许断人。如有违玩，除将该兵夫及分段防守之外委责革枷示外，该防汛委员一并查究。

一盛涨漫滩，如堤顶出水仅止二三尺，应即抢加子堰也。查大堤每年加高，又经普加子堰，本已足御盛涨，唯河底逐节垫高，漫滩甚易。每遇漫滩一次，即淤高一次。此次涨水漫抵堤根，难保堤顶出水，一律仍高五尺。两岸大堤均有筹办积土鳞存各堡，如有堤高河滩水面只剩二三尺者，应由该堡外委查明，一面驰报汛委厅营各员，一面督率兵夫赶将堤唇土牛粉成子堰，并将堤后之土粉浇堤唇，总以高出水浪五尺度，俾资拦御。其堤后如有窨潮走漏，或用铁锅，或用棉袄，立即如法刨挖堵筑坚固，均无刻延。倘有违玩，至成险工，除将外委兵夫责革枷示外，厅营汛委各员一并严参。

一长堤各堡，防工器具应行酌添，以资应用也。查蓑衣、箬、笠、锨、筐夯杵、榔头、灯笼、雨伞、铁锅、铜锣、棉袄、棉被各器具，各堡例备一分。但思雨伞、灯笼、铁锨、筐担如只各备一分，究属不敷应用，应行量为酌添。每堡每夜应给灯油，点挂壁灯，其巡查堤工则须各给牛烛。所有添备器具若干，需钱若干，每夜牛烛钱若干，均由厅核明，查照从前章程，禀道给发。其中烛钱文，或按五日一发，或十日一发，应令分段防守之外委稽查，如有领钱不买，及领出后不留工用者，唯该外委是问。至添备器具，如尚有不全及不能适用者，唯该厅汛是问。

一长堤各堡兵夫，应添派委员、外委递相稽查，以免偷情也。查兵堡每座有兵二名，夫堡每座有夫二名，本属额定不少。但近来除伺候差事外，大抵归家之时多，而上堤之时少。每交大汛，虽由该厅道送花名册折，亦属有名无实。一经查究，或称下堤吃饭，或称赴坝听差，既不替换巡堤，又不轮流在堡，实堪痛恨。应选派认真防守之外委，分段巡防。其夫堡二座，仍派一委员分段防守，由道开册禀送查核。责令每日递相巡查，毋许一日不周，如有巡堤不力，夜晚灯烛不早预备者，外委报知委员，轻者委员即行惩处，重者禀厅从严责革。

倘知而不报，报而不办，则委员、外委定于严办。

一防险民夫，应循旧例办理，毋许折价累民，亦毋许居奇误工也。查两岸沿河州县，离堤二里以内，有田五十亩之户，出夫一名。伏秋汛内分段驻防。水落霜清，各归其业，名为站堤夫。又险工紧急，在堤兵夫不敷抢护，附近州县添拨民夫，帮同防守，并酌拨车辆，赴工备用，其抬土运料，仍由厅员按数发给身工钱文，名为防险夫车。案查立法之始，以民助官。本期沿河有佃之民，共知保卫河堤，即以自卫田庐，嗣因日久弊生，颇兹民累。近年踮地夫花名，由州县造册申送按期交工，其防险夫车，议准大汛水长，遇有紧急险要，始行调集，水落工平，即令散归，并不责令常川在工。现交大汛，应令一循其旧，毋许河工兵役折价病民，亦毋许该民人遇有险工抗不应调，居奇贻误。应由各道分饬河厅州县一体遵照。

一防堤委员，应酌给薪水，以资住堡巡查也。查两岸各厅，在在紧要。现在厅营汛员，汛地较长，耳目难周，必须派委候补人员，协同防守，以期严密。除所派同知、通判职分较大，毋庸议及薪水外，其州同以下佐杂微员，分堡住防，无店可住，每人所管约二三十里，每日无分晴雨，往返一周，计四五十里，又属非马不行，一仆一马一夫，势不能省。所需日食喂养，自五月二十九入伏日到工起，至霜清日止，计一百另五日，需次微员力难措备，应按每员每日给发薪水钱八百文，俟委员派定后，由道核发，开折报查，仍于霜后筹销。

以上各条，因时捐益，大抵不越旧章，果皆实力奉行，自必有效可验。本部堂现在驻工，时时查防，各厅营汛委员及弁目兵夫，如果尽心出力，大者保荐，小者拔擢，必当分别优奖，以励通工。倘视为具文，稍有违玩，官弁参革，兵夫枷责，断不能稍为姑贷，勿谓言之不预也。禀之慎之。

## 水利建设纲领

民国廿九年一月九日经济部令

### 第一　根本篇

一、水利建设以祛除水患，增进农产，发展航运，促进工业为目标，并力求科学化。

二、为祛除水患，应注重全国各水道根本之治导，并努力于堤岸之巩固，及湖泊之维护。

三、为增进农产，应注重灌溉、排水，及土壤之改良与保护。

四、为发展航运，应注重河道之整理，运河及港湾之开辟，并谋水陆运输之联系。

五、为促进工业，应注意水力之开发。

六、黄河治本计划，应积极准备，限期完成，并应筹储巨款，集中全力从速实施。

七、扬子江及其它重要水道之治本方针，应尽先拟定，并依其利害之轻重，分别缓急，完成治本计划，制定实施程序，分期进行。

八、原有灌溉事业，应设法整理改进，并视农田之需要，积极举办新灌溉工程。

九、原有航道及运河应加整理改进，并参酌水道运输之需要，开辟新航道及新运河。

十、原有港湾，应加改善扩充，其它未辟港湾，应参酌国防及商业之需要，分别开辟之。

十一、水力之开发，应特别注重西南、西北各河系，其与治本计划有关者，应避免抵触，并设法相互利用。

十二、各河上游地带，应注重防止土壤之冲刷。

十三、全国河流，应从速普遍勘查分期实测，并利用航空测量，俾可先得水道概况。

十四、全国各河流域之水文气象测验，应制定整个计划，积极推进。

十五、水利学术之研究，及水工模型之试验，应积极提倡推进。

十六、各级水利技术及管理人才，应积极培储，妥为分配。

十七、水利工程所需机械仪器工具等，应设法大量制造以供需求。

十八、全国各主要水道干支流之治本，运河及港湾之开辟，大规模灌溉与水力发电，及其它有关两省市以上之水利建设，由中央政府主办之。次要航道之开辟，及灌溉、排水等工程由地方政府主办之。小范围之农田水利，及水力发电，由政府奖励人民办理之。

十九、全国水利事业，应按照水道之天然形势分区办理。

## 第二　当前篇

二十、当前水利建设，以适应抗战需要，而无碍于各水道根本治导方针者为原则。

二十一、西南、西北农田灌溉，应力谋发展以足民食。

二十二、航道之开辟与改进，应注重国际运输、军事运输，及资源之开发。

二十三、水力发电，应根据工业都市，及其它生产事业之需要，尽力开发。

二十四、黄河决口及灾区，应尽力防止其扩大，并相机妥为挑引，以免正河断流。

二十五、各河流堤岸，应尽力防护。溃决处所，应尽可能范围内施以堵筑，其在战区者，应从详搜集水灾资料妥筹善后。

二十六、各河流之荒溪，应着手整理，逐渐推进。

二十七、各河流之防洪水库，应进行研究，以为根本治导之准备。

二十八、民营及地方水利建设,亟应提倡推进,为确定权利义务,及免除纠纷起见,应制定水利法以资遵守。

二十九、本国水利文献,应尽量征集整理编印,以资研究。

## 第三 善后篇

三十、善后堵复工程,以恢复原水道为原则。

三十一、堵复工程,应于抗战结束后一年内完成之。

三十二、水道因受溃水侵犯而淤垫壅塞者,应于堵口工程完成后整理之。

三十三、灾区积水,应于堵口工程完竣后排泄之。

三十四、水利建筑物之毁损者,应分别修复或改进之。

三十五、水利建筑物因战事未完成者,除形势变更外,应尽先修复工作。

# 水利法

民国三十一年七月七日国民政府公布
民国三十二年四月一日起始施行

## 第一章 总 则

第一条 水利行政之处理,及水利事业之兴办,悉依本法行之。但地方习惯与本法不相抵触者,得从其习惯。

第二条 本法所称水利事业,谓用人为方法控驭,或利用地面水、或地下水以防洪、排水、备旱、溉田、放淤、保土、洗碱、给水、筑港,便利水运,或发展水力。

第三条 本法所称主管机关在中央为水利委员会,在省为省政府,在市为市政府,在县为县政府。但关于农田水利之凿井挖塘,及以人力兽力或其它简易方法引水溉田,与天然水道及水权登记无关者,其在中央之主管机关为农林部。

## 第二章　水利区及水利机关

第四条　中央主管机关按全国水道之天然形势划分水利区，呈请行政院核定转呈国民政府公布之。

第五条　水利区关涉两省市以上者，其水利事业得由中央主管机关设置水利机关办理之。

第六条　水利区关涉两县市以上者，其水利事业得由省主管机关设置水利机关办理之。

第七条　省、市政府办理水利事业，其利害关系两省市以上者，应经中央主管机关之核准。县、市政府办理水利事业，其利害关系两县市以上者，应经省主管机关之核准。

第八条　凡变更水道，或开凿运河，应经中央主管机关之核准。

第九条　省、市、县各级主管机关为办理水利事业，于不抵触本法范围内得制定单行章则，但应经中央主管机关之核准。

第十条　各级主管机关为办理水利工程，得向受益人民征用工役，其办法应呈经行政院之核准。

第十一条　人民对于兴办水利事业直接负担经费者，得呈经上级主管机关设立水利参事会。

第十二条　人民兴办水利事业经主管机关核准后，得依法组织水利团体或公司。

## 第三章　水　权

第十三条　本法所称水权，谓依法对于地面水或地下水取得使用或收益之权。

第十四条　团体公司或人民，因每一标的取得水权，其用水量应以其事业所必需者以限。

第十五条　用水标的之顺序如下：

一、家用及公共给水。

二、农田用水。

三、工业用水。

四、水运。

五、其它用途。

前项顺序，省市主管机关对于某一水道得酌量地方情形，呈请中央主管机关核准变更之。

第十六条　同时在一水源声请取得水权，应依前条之顺序定之。

第十七条　水源之水量不敷家用及公共给水，并无法另得水源时，主管机关得停止或撤销第一顺序以外之水权，或加以使用上之限制。水权人因前项停止或撤销或限制，受有重大损害时，主管机关得按情形酌予补偿。

第十八条　凡登记之水权因水源之水量不足发生争执时，先取得水权者有优先权。同时取得水权者，按水权状内额定用水量比例分配之，或轮流使用，其办法由主管机关定之。

第十九条　主管机关根据水文测验，认该管区域内某水源之水量，在一定时期内，除供给各水权人之水权标的需要外，尚有剩余时得准其它人民，在此定期内取得临时使用权。如水源水量忽感不足，临时使用权得予停止。

第二十条　水道因自然变更时，原水权人得请求主管机关就新水道指定适当取水地点及引水路线，使用水权状内额定用水量之全部或一部。

第二十一条　水权取得后，继续不使用逾二年者，经主管机关审查决定公告后，即丧失其水权，并撤销其水权状。但经主管机关核准保留者不在此限。

第二十二条　共同取得之水权，因用水量发生争执时，主管机关得依用水现状重行划定之。

第二十三条　主管机关因公共事业之需要，得撤销私人已登记之水权，但应酌予补偿。

## 第四章　水权之登记

第二十四条　水权之取得设定移转变更或消灭，非依本法登记，不生效力。前项规定，于航行天然通航水道者，不适用之。

第二十五条　主管机关应备具水权登记簿。

第二十六条　水权之登记应由权利人及义务人或其代理人提出下列文件，向主管机关声请之：

一、声请书。

二、证明登记原因、文件或水权状。

三、其它依法应提出之书据图式。

由代理人声请登记者，应附具委任书。

第二十七条　前条声请书应记载下列事项：

一、声请人及证明人之姓名、籍贯、年龄、住所、职业。

二、水权来源。

三、登记原因。

四、水权标的。

五、年、月、日。

六、其它应行记载事项。

第二十八条　共有水权之登记，由共有人联名或推代表声请之。

第二十九条　水权登记与第三人有利害关系时，应于声请书外加具第三人承诺书，或其它证明文件。

第三十条　主管机关接受登记声请，应即审查并派员履勘。但如有不合程式或声请登记时，已发生诉讼或已显有争执者，其派员履勘，应饬由声请人补正，或俟诉讼，或争执终了后为之。

第三十一条　登记声请经主管机关审查履勘，认为适当时应即依下列之规定公告之，并同时通知声请人。

一、登载主管机关，及其直接上级主管机关所发行之定期公报。

二、揭示于声请登记之水权所在显著地方。

三、揭示于主管机关门前之公告地方。

前项第二款、第三款之揭示期间不得少于三十日。

第三十二条　前条公告应载明下列事项：

一、登记人之姓名。

二、水权所在地。

三、登记原因。

四、水权标的。

五、声请登记年、月、日。

六、对于该项登记得提出异议之期限项。

七、其它应行公告事项。

第三十三条　依前二条公告后，利害关系人得六十日内附具理由及证据，向主管机关提出异议。

第三十四条　水权经登记公告无人提出异议或异议不成立时，主管机关应即登入水权登记簿，并给予声请人以水权状。

第三十五条　水权状应记载下列事项：

一、登记号数及水权状号数。

二、声请年、月、日及号数。

三、水权人姓名。

四、水权所在地。

五、水权标的。

六、年、月、日。

七、其它应行记载事项。

第三十六条　水权消灭，由权利或义务人缴还水权状，为消灭之登记。

第三十七条　凡登记之水权，主管机关应按年造册，汇报上级主管机关备案。

第三十八条　下列用水免予登记：

一、家用。

二、在私有土地内挖塘，或凿井汲水。

三、用人力兽力或其它简易方法引水。

第三十九条　主管机关办理水权登记，应于水源保留一部分之水量，以供家用及公共给水。

第四十条　主管机关办理登记事宜，得酌收登记费。其标准由省市主管机关拟订，呈请中央主管机关核定公告之。

## 第五章　水利事业

第四十一条　兴办水利事业，关于下列建造物，其建造、改造及拆除，应经主管机关之核准。

一、引水之建造物。

二、蓄水之建造物。

三、泄水之建造物。

四、护岸之建造物。

五、与水运有关之建造物。

六、利用水力之建造物。

七、其它水利建造物。

前项各款建造物之建造或改造，均应由兴办水利事业人，备具详细计划图样及说明书，呈请主管机关核准。如因特殊情形有变更原核准计划之必要时，应由兴办水利事业人声叙理由，并备具变更之计划图样及说明书，呈请核准后为之。但为防止危险及临时救济起见,得先行处置,呈报主管机关备案。

第四十二条　凡兴办水利事业经核准后,发生下列情事之一者,主管机关得撤销其核准,或加限制。于必要时并得令其更改或拆之。

一、设施工程与核定计划不符,或超过原核准范围以外者。

二、施行工程方法不良,致妨害公共利益者。

三、施工程序与法令不符者。

四、在核准限期内未能兴工,或未能依限完成者。但因特殊情形声请主管机关核准,予以展期者不在此限。

第四十三条　凡引水蓄水泄水之建造物,如有水门者,其水门启用之标准时间及方法,应由兴办水利事业人预为订定,呈请主管机关核准并公告之。主管机关认为有变更之必要时,得限期令其变更之。

第四十四条　凡兴办水利事业有影响于水患之防御者,主管机关得令兴办水利事业人,建造适当之防灾建造物。

第四十五条　凡在通航运之水道上,因兴办水利事业必须建造堰、坝、水闸时,应于适当地点建造船闸,其数目大小及启闭之时间,由主管机关依实际之需要规定之。

前项建造船闸之费用,由兴办水利事业人负担,但航道之深度因建造堰坝而增加时,得由主管机关视水道之性质,呈经上级主管机关核准予以补助。

第四十六条　凡在不通航运而有竹木筏运,或产鱼之水道上,因兴办水利事业必须建造堰坝水闸时,应于适当地点建造竹木筏运道或鱼道,其办法由主管机关定之。

前项工程费用,由兴办水利事业人负担之。

第四十七条　凡因兴办水利事业使用土地,妨碍土地所有权人原有交通或阻塞其沟渠水道时,兴办水利事业人应建造桥梁涵洞或渡槽等建造物,并负担其所需养护费用。

第四十八条　凡引水工程经过私人土地致受有损害时,土地所有权人得要求兴办水利事业人赔偿其损失或收买其土地。但能即恢复原状,且恢复后于土地并无损害者不在此限。

第四十九条　凡因兴办水利事业影响于水源之清洁者,主管机关得限制或禁止之。

第五十条　凡有关特殊航运之水道,主管机关得酌量限制开渠及使用吸水机。

## 第六章 水之蓄泄

第五十一条 凡宣泄洪潦，应泄入大水道，或其它河湖海。但经上级主管机关之核准，得泄入其它或新辟水道者不在此限。

第五十二条 由高地自然流至之水，低地所有权人不得妨阻。

第五十三条 高地所有权人，以人为方法宣泄洪潦于低地，应择低地受损害最少之地点及方法为之。

第五十四条 凡实施蓄水或排水，致上下游沿岸土地所有权人发生损害时，由蓄水人或排水人予以相当之赔偿。

第五十五条 水流因事变在低地阻塞时，高地所有权人得自备费用，为必要疏通之工事。

第五十六条 减水闸坝启闭之标准水位或时期，由主管机关呈请上级主管机关核定公告之。

第五十七条 凡跨越水道建造物，均应留水流之通路，其横剖面积由主管机关核定之。

前项水道如系通运之水道，应建造桥梁，其底线之高度及桥孔之跨度，由主管机关规定之。

## 第七章 水道防护

第五十八条 水道建造物岁修工程，主管机关应于防汛期后派员勘估，呈准上级主管机关分别兴修，至翌年防汛期前修理完竣，呈报验收。

第五十九条 主管机关应酌量历年水势，规定设防之水位或日期，由设防日起至撤防日止为防汛期。

第六十条 主管机关得于水道防护范围内，执行警察职权。防汛期间主管机关于必要时，得商调防区内之军警协同防护。

第六十一条 防汛紧急时，主管机关为紧急处置，得就地征用关于抢护必需之物料、人工，并得拆毁妨碍水流之障碍物。

前项征用之物料、人工及拆毁之物，主管机关应于事后酌给相当之补偿。

第六十二条 主管机关为保护水道，得禁止下列各事项：

一、在行水区内建造或堆置足致妨碍水流之物。

二、在距堤脚三十公尺内挖取泥沙、砖石等物。

三、损毁水利建造物。

四、铲伐堤上草皮、树木。

五、在堤上垦种或放牧。

六、在堤上设置有害堤身之建造物。

七、在堤上行驶载重车辆。

八、其它有碍水道防卫之行为。

第六十三条　本法施行前水道沿岸之种植物或建筑物，主管机关认为有碍水利者，得呈经上级主管机关核准，限令当事人修改迁移，或拆毁之。但应酌予补偿。

第六十四条　堤址至河岸区域内栽种之芦苇、茭草、杨柳，或其它灌木，有防止风浪之功效者，无论公有、私有，非在防汛期后，不得任意采伐，但经主管机关核准者，不在此限。

第六十五条　水道沙洲滩地不得围垦，但经主管机关呈准上级主管机关，认为无碍水流及洪水之停潴者，不在此限。

第六十六条　寻常洪水位行水区域之土地，不得私有。其已为私有者，得由主管机关依法征收之。

前项水位，由主管机关呈报上级主管机关核定公告之。

## 第八章　罚　　则

第六十七条　毁坏水利建造物者，除限令修复外，并处五百元以下罚锾。致生公共危险者，依刑法处断。

第六十八条　未得主管机关之许可而私开河道，或私塞河道者，除限令回复或废止外，处五百元以下罚锾。致生公共危险者，依刑法处断。

第六十九条　违反本法，或依本法所发命令规定之义务者，处三百元以下罚锾，并得强制履行其义务。

## 第九章　附　　则

第七十条　本法施行细则由行政院定之。

第七十一条　本法施行日期以命令定之。

# 水权登记规则

民国三十二年六月二十三日行政院核准

行政院水利委员会三十二年七月十九日公布施行

第一条　本规则依水利法施行细则第三十一条之规定制定之。

第二条　水权登记,应向县政府为之。但水源经流在两县以上者,应向省政府为之。在两省以上者,应向行政院水利委员会为之。

第三条　水权人为声请登记时,应提出声请书三份,以一份备登记机关审查,二份由登记机关存转上级机关备案。

前项声请书格式,由行政院水利委员会定之。

第四条　声请登记者有下列情事之一,应令补正。

一、声请书内容填注不明者。

二、证明文件不完备者。

三、与原案及原登记不符者。

四、由代理人声请登记,应附具委任书而未附送者。

五、其它不合法令规定之程式者。

第五条　登记机关接受登记声请,应依声请书到达先后为处理之顺序,其先经依法登记领到水权状者,为先取得水权。

第六条　登记机关为依水利法第三十一条之公告,应于审查履勘完毕后五日内为之,依水利法施行细则第二十六条予以驳回者,应于审查履勘完毕后十日内为之。

第七条　登记机关派员履勘时,应通知声请人及利害关系人到场共同履勘。

第八条　利害关系人依水利法第三十三条之规定提出异议,登记机关认为理由充分时,应派员会同水权登记声请人复勘。

第九条　水权登记簿应记载下列各事项:

一、水权人之姓名、性别、年龄、籍贯、职业及住所。

二、水权所在地。

三、用水标的。

四、引用水量。

五、水权来源。

六、声请登记之年、月、日。

七、水权转移变更,或消灭年、月、日。

八、发给水权状之号数。

九、其它应登记事项。

第十条　在同一水源有两人以上声请登记者,水权登记簿分号之下得立分户。

第十一条　声请人依水利法第三十四条之规定领取水权状时,应缴纳水权状费银元二十元(后改为国币一百元)。

前项水权状由行政院水利委员会制发之。

第十二条　依水利法第三十四条,登记机关发给水权状时,应先送行政院水利委员会复验加印。

第十三条　水权人或利害关系人,申请给予抄录水权登记簿之誊本,或声请阅览正本时,应依下列规定纳费:

一、抄录费每件银元二元(后改为国币拾元)。

二、阅览费每件银元一元(后改为国币伍元)。

第十四条　水利法施行细则第三十条所规定,得征收之审查履勘公告等费依下列之规定:

一、审查暂不收费。

二、履勘人员依修正国内出差旅费规则报支旅费。

三、公告广告费。

第十五条　登记机关依本规则第十一条、第十三条、第十四条所征收之款项,应于每年终汇报行政院水利委员会备案。

第十六条　本规则自公布之日施行。

## 水权登记费征收办法

民国三十二年十一月二日行政院核准

行政院水利委员会卅二年十一月廿二日公布

第一条　本办法依水利法第四十条规定订定之。

第二条　水权登记费之征收,悉依本办法之规定。

第三条　水权之设定,其登记费以每一用水标的为一单位,每一单位征收国币一百元至三百元。

前项所规定征收额之核定，由各级主管机关就范围内斟酌实际情形决定之。

第四条 关于声请水权之移转变更，或消灭登记者，其登记费均依前条规定征收之。

第五条 凡具有水利法施行细则第十九条所规定之情形而补行登记者，其登记费照应征额减半征收之。

第六条 本办法自公布之日施行。

## 水利法施行细则

民国三十二年三月二十二日行政院公布
三十二年四月一日施行
民国三十三年九月十六日行政院修正公布

### 第一章 总 则

第一条 本细则依水利法第七十条规定制定之。

第二条 水利法所称地面水，系指流动或停潴于地面之水。所称地下水，系指流动或停潴于地下之水。

### 第二章 水利区及水利机关

第三条 省市水利机关，关于下列各事项应送请中央主管机关备案：

一、施政方针。

二、工程计划。

三、工程实施。

四、其它重要事项。

第四条 县水利机关之组织，应呈由省主管机关核准，并转请中央主管机关备案。

第五条 水利法第十条所规定之征用工役，经行政院之核准，得适用国民工役法之规定。

第六条 人民依水利法第十一条，设立水利参事会，其组织章程应呈经中央主管机关核定之。

第七条　人民兴办水利事业所组织之水利团体或公司，除法令另有规定外，其章程应经水利主管机关之核准。

## 第三章　水　　权

第八条　非中华民国国籍之人民，除家用外不得取得水权，但经政府特许者不在此限。

第九条　依民法第七百八十一条水源地井、沟、渠及其它水流地所有人，得自由使用其水者，视为取得水权。但除水利法第三十八条免予登记者外，仍应声请登记。

第十条　省市主管机关呈请变更用水标的之顺序，如与该水道有关之其它省市主管机关认为不适当时，中央主管机关应先派员履勘，再行核定。

第十一条　水利法第十四条所称事业所必需之用水量，由主管机关参照兴办事业人之声请，及下列标准审定之：

一、该项事业之最低用水量。

二、该项事业邻近区域之通常用水量。

第十二条　水利法第十七条第二项，及第二十三条之补偿数额，由主管机关核定，但如原水权人有异议时，得组织评议委员会评定之。

前项评议委员会之组织章程，由中央主管机关制定之。

第十三条　凡登记之水权因水源之水量不足发生争执时，其同时取得水权者，如用水标的不同，应依水利法第十五条顺序定其用水之先后。标的相同者，依水利法第十八条后半段之规定办理。

第十四条　主管机关依水利法第十九条核准临时使用权时，并发给临时用水执照。

临时用水执照，应证明使用之起讫日期，但仍得依水利法第十九条后半段之规定，随时停止其使用权。

第十五条　依水利法第二十一条主管机关公告后，水权人得于六十日内提出异议。水权人提出异议时，主管机关应再行审查，异议不成立者，即予撤销水权状。

第十六条　依水利法第二十二条重新划定用水量者，于必要时主管机关得令其为水权变更之登记。

第十七条　凡政府兴办之水利事业，以其主办机关为水权登记申请人。

## 第四章　水权之登记

第十八条　航行天然通航水道，如该水道曾经施以渠化，或其它增加通航便利之工事者，仍应适用水利法第二十四条第一项之规定。

第十九条　凡在水利法施行前已取得之水权，及现办之水利事业尚未为水权之登记者，均应自水利法施行之日起六个月内补行登记，逾期不登记者，主管机关得撤销其水权，或令其停办。

第二十条　水权登记簿及水权状之格式，由中央主管机关制定之。

第二十一条　水权登记簿以每一水源为一总号，每一水权标的为一分号。

第二十二条　水权登记簿每一号，应附具水源形势总图，每一分号，应附具分图。

第二十三条　水权人或利害关系人得缴纳抄录费，申请给与水权登记簿之誊本，或缴纳阅览费，申请阅览水权登记簿之正本。

第二十四条　水道经流两县以上，或水权之利害关系两县以上者，其水权登记由省主管机关办理之，但经中央政府核定由中央主办之水利事业，应由中央主管机关办理之。

水道流经两省市以上，或水权之利害关系两省市以上者，其水权登记由中央主管机关办理之。

第二十五条　依水利法第二十八条由代表为水权登记之声请者，应提出委任书。

第二十六条　声请登记经主管机关审查履勘，认为不适当时，应附具理由驳回声请。

第二十七条　利害关系人依水利法第三十三条提出异议时，主管机关应予审查决定，必要时得组织评议委员会评定之。

前项评议委员会之组织章程，由中央主管机关制定之。

第二十八条　省主管机关除依水利法第三十七条，将该省已登记之水权，每年汇报中央主管机关备案外，并应将所属各县市已登记之水权，造册转报备查。

第二十九条　水利法第三十八条第一项第三款，用人力兽力或其它简易方法引水，应以不妨害他人已登记之水权者为限。

第三十条　因办理水权登记所需之审查、履勘、公告等费，得向声请登记人征收之。

第三十一条　中央主管机关为划一水权登记程序，得制定水权登记规则。

## 第五章　水利事业

第三十二条　竹木筏通过竹木筏运道之标准时间及方法，应由兴办水利事业人预先订定，呈请主管机关核准并公告之。如主管机关认为有变更之必要时得令限期更正。

第三十三条　竹木筏如确有妨害水利建造物之安全者，兴办水利事业人得要求竹木筏所有者除去之，必要时并得先行处理之。

前项处置费用，应由竹木筏所有者负担之。

第三十四条　兴办水利事业如有使用他人土地之必要时，得按照时价，购买土地，倘土地所有人拒绝购买，兴办事业人得依照土地法之规定，声请征收。

第三十五条　兴办水利事业经过区域，遇有名胜古迹，及其它有保留价值之建造物而有迁移或拆除之必要者，兴办事业人得声述理由，呈请主管机关转呈上级主管机关核准后拆移之。其迁移费及补偿，除土地法另有规定外，依民法之规定。

第三十六条　凡已停废之水利事业，新办水利事业人经主管机关之核准，得局部或全部利用之。

第三十七条　凡在水道上建造桥梁或其它建筑物，其跨度及凌空标准，应由中央主管机关订定之。

第三十八条　兴办水利事业，凡未经协助人力财力者，不得于事业完成后请求均沾水利，但与当事人有特约者，不在此限。

第三十九条　政府出资兴办之水利事业，其区域内之土地，因兴办水利而改良者，应依法征收土地增值税。

第四十条　民营水利事业区内之土地，因工程之建造致被割裂，不合经济使用者，土地所有人得呈由主管机关责成兴办事业人收买之，或依土地法重行划分之。

第四十一条　水利事业完成后，得按其使用情形酌收费用。其收费标准由主管机关核定之。

第四十二条　水利事业完成后，应由原兴办人负管理养护之责。其办法由主管机关核定之。

## 第六章　水之蓄泄

第四十三条　低地所有权人对高地自然流至之水，在无碍流水宣泄之原则下，如商经其它所有权人之同意，得改变其途径。

第四十四条　水利法第五十三条所称以人为方法宣泄洪潦，其地点及方法应由主管机关决定之。

第四十五条　凡因蓄水或排水发生损害时，其赔偿额数，应由主管机关查勘双方实际情形决定之。

前项所决定之赔偿额数，如超过五千元以上者，应呈请上级主管机关备案。

第四十六条　水利法第五十五条所称必要疏通之工事，其宽深及坡度，应以恢复未阻塞前之原状为限。

第四十七条　水利法第五十六条所称之公告地点，应在上下游有关区域同时为之。

第四十八条　水利法第五十七条所称之横剖面积，应以宣泄寻常洪水为最低限度。

第四十九条　水利法第五十七条所称底线之高度，应自该水道之中水位面起测，必要时应于桥孔近水之处标明水尺。

## 第七章　水道防护

第五十条　水道建造物之岁修工程，除有特殊情形于事先报请中央主管机关核准者外，凡未能按期竣工者，主管人员应受处分。

第五十一条　水道防护岁修工程，得在受益区域内征用工役。遇必要时并得征购物料，其办法及规则由主管机关拟定，呈请上级主管机关核准后实行。

第五十二条　办理防汛机关，应将设防地点及设防、撤防日期，呈报上级主管机关。

第五十三条　办理防汛机关，于防汛期间，每日应将重要各站之水位、流量电报上级主管机关。洪水盛涨时，并应将水位、流量随时径电有关机关。

第五十四条　办理防汛机关，于防汛期内，应随时将设防河段工情水势，摘要电报主管机关。撤防后并应将防汛经过汇报备查。

第五十五条　水利法第六十三条所规定之补偿，得准用本细则第十二条之规定。

第五十六条　办理防汛机关，于防汛期间，得指挥沿河地方主管机关协助。遇有紧急情形时，地方主管机关应即率同民夫，驻堤协助。

第五十七条　水利法第六十二条所称“行水区”，系指正堤或堤岸以内而言。所称“堤上”系包括堤身全部。

第五十八条　水利法第六十四条所称“堤址至河岸区域内”，系由堤外之堤址线起至河岸近水之边线为止。

堤址至河岸区域内草木之采伐，主管机关得限制之。

第五十九条　水利法第六十六条所称寻常洪水行水区域之土地，其界限由主管机关核定之。

## 第八章　罚　　则

第六十条　依水利法第六十七条、第六十八条及六十九条所规定之罚锾，应于缴纳命令送发十日内清缴。期满而不清缴者强制执行之。其无力清缴者，得送由司法机关易服劳役。

第六十一条　水利建造物或河道，因主管机关或负责人员养护或防守不力，致发生公共危险或损失者，应依法惩处。

## 第九章　附　　则

第六十二条　本细则施行日期与水利法同。

# 管理水利事业办法

民国三十年五月卅一日行政院颁布

民国三十三年十月十九日行政院令准修正

第一条　行政院为节省战时人力、财力起见，参照前全国经济委员会办法，先于院内设置水利委员会管理全国水利事务。

第二条　经济部所管水利事业，移归水利委员会接管，所属各水利机关，一律改归水利委员会监督指挥。

第三条　经济部预算内所列水利经费，移归水利委员会主管，并由财政部径拨水利委员会支配转发。

第四条　水利委员会设主任委员一人，常务委员四人，委员若干人，由行政院聘任之。内政、财政、经济、交通、农林、粮食等六部部长，及赈济委员会委员长为当然委员。

第五条　水利委员会设秘书长一人，由行政院派充之。

第六条　水利委员会主任委员综理会务，秘书长秉承主任委员之命处理会务。

第七条　水利委员会设总务、工务两处，各分设四科。

第八条　水利委员会设秘书二人至四人，参事二人，处长二人，技监一人，技正十二人至十六人，科长八人，由主任委员呈请行政院派充之。科员三十九人至五十一人，技士、技佐各十二人至二十人，由主任委员派充报请行政院备案。

第九条　水利委员会设会计处长一人，统计主任一人，办理本会岁计、会计、统计事项，受水利委员会主任委员之指挥监督，并依国民政府主计处组织法之规定，直接对主计处负责。会计处及统计室需用佐理人员名额，由水利委员会及主计处就本办法所定人员名额中会同决定之。

第十条　水利委员会因事务之必要得设专员视察。

## 河套灌区水利章程十条

民国元年

一、各渠择定正副社长两名，经理挖渠丈收渠租以及浇水等事。而该社不管民社事务，不应地方官差徭以昭特别。

一、各渠正社长一年为度，第二年以副社长提升正社长，副社长另选举。年年照此轮流。其正社长非认领十顷净地公正廉明之人不得举任。

一、各渠遇有大项工程，除收渠租不敷外，应按净地摊派。所收地户粮石、货物按时价合银，其货物、粮石盈余如数归公，社长毋得私吞。倘有私吞私侵者，准其地户禀明，水利局严追究办，以警效尤。

一、各渠每年所收渠租除岁修应用开支外，下存之款归社长储存，毋得动用。所有渠上花费，年初至年终公同清算分款开单粘贴本社，以免含糊而杜私弊。

一、各渠遇有纤小工程渠口淤澄，社长宜随时分派地户及时修洗，如有支吾怠惰之户，准其社长禀明水利局，由局量为责罚，以为不顾公理者戒。

一、各渠浇水，春冬两季均行放稍，只许平口浇灌不准堵闸筑坝。其余各水按照净地每闸定有日期，期满之日此关彼放。如此次由口轮稍，彼次由稍轮口，轮流灌溉，毋得争执。如有私浇堵闸筑坝者，照浇地亩数公同议罚。

一、各渠厘订浇水章程，日后如有高地非作闸不能上水者，准地户禀知该渠社长转禀水利局派员验，然后准其作闸，惟不得任意私作致起争端。

一、各渠浇水日期以水到地起算。譬如此闸应浇五昼夜，至第三昼夜适遇黄河水落渠不进水，下次水涨仍由该闸再浇两昼夜以补不足，别闸不得争夺。

一、各渠各闸浇水日期，各渠社已经立牌额悬挂本社，倘后若有更改，由该社长等临时会议。

一、各渠每顷青苗应收渠租银四两五钱，以三两三钱归社，下余一两二钱归水利局经费。而水利局不丈青苗，按各渠社所丈征收，而银两亦归社长呈交，且各社毋得隐匿亩数，如有隐匿者，倘经查出，以一罚十，决不以宽。

## 宁夏灌区管理规则

民国十二年

黄河自古为中国患，而宁夏开渠溉田独享其利，考渠倡始于秦，盛行于汉。修浚于唐，今汉延唐徕二渠其遗迹也，宋元仍之。及明中叶以套患废弃，以致淤浅，末年始复之，至清初增开大清、惠农、昌润诸渠合为五大渠。由是境内无高下碱卤不毛之地，得水浸灌，悉成腴田，至数万顷，富庶甲于内地，此“塞北江南”之谚所由来也。

五渠次序：唐徕居上游，次大清、汉延、惠农，最下为昌润。各渠口皆与黄河斜交，垂势以引河流。渠口旁各作迎水坝一道，长三五十丈或四百丈不等，以乱石桩柴为之，逼水入渠，距渠口一二十里建正闸一座，是为一渠咽喉要道，旁设水表以五寸为一分，总以十二分为率，正闸以上各建减水闸二、三、四座不等，水小则闭之，使水尽入正闸，水大则启之俾仍入河，设水手以为司理随时报告水势。闸各二空或四五空，空宽各一丈左右，减闸上游有滚水坝一道，或三五十丈，或七八十丈用石堆叠低于堤岸数尺，河水泛涨则从此滚出，入河正闸之水止循分寸入渠。沿岸居民凿小渠以引水入田者曰支渠，大者长百里，小者数里或数十里，各建小闸或木或石以便溉田名曰陡口，其此渠之高田因彼渠隔断而不得水者，则架木笕以渡之名曰飞槽，其渠水灌入稻田，复从稻田澄出之清水则放入各湖，如唐渠东岸之解面、杨家、洛洛，清渠东岸之韦子、张喇，汉渠西岸之平则、老鹤、双塔，东岸之明水、龙太，惠渠西岸之黑渠、塔桥诸湖，坎坎相连，名曰：十二连湖，皆所以蓄水也。湖水既盈则泄入西河而仍归黄河。有被大渠所阻者则于渠底砌石为洞以通之名曰暗洞，旧户田以六十亩为一分，新户田以百亩为一分，每田一分除田赋正供外，例纳束草四十八束，后改二十四束，重十六斤，桩十五根，长各三尺，向由水利同知于十一月间征齐存储以备来春修理闸坝塀岸之用，后改收七本三折。盖以工程用品时需红柳、白茨、芗苫、块石、石灰等物，故于草桩内收折色三分以便采买，总名之曰颜料。每岁河冻之时，用草闭塞渠口名曰卷埽。至清明按田一分拨夫一名，挑浚渠身，加叠塀岸，以一月为期，名曰春工。工作之时，官司亲临董率，委派绅民练达渠务者分段监工，名曰委管。各段渠底，设有底石，上刻“准底”二字，春工挑浚须至底石为止。立夏日掣去所卷之埽，放水入渠，名曰开水。开水之时，先将上段各陡口闭塞，逼水到稍，取稍民浇灌满足甘结，名曰封水。封水之际，将各陡口酌留二三分水，名曰俵水，至是乃开上游陡口，任其浇灌。既已普及，又逼令至稍，封与俵周而复始，上下段皆获及时浇灌。夏至日止名曰头轮水，立秋前后名曰二轮水，至小雪止名曰三轮冬水。其制度如此。

## 陕西省泾惠渠灌溉管理规则

民国三十三年十一月一日行政院核准

### 第一章　总　　则

第一条　泾惠渠关于引水灌溉、排水防汛与建筑物之管理养护等事宜，除法令别有规定外，悉由陕西省泾惠渠管理局(以下简称管理局)，依本规则之规定负责办理。

第二条　泾惠渠之用水权，由管理局以用水标的依《水利法》第二十六条规定，分别向主管机关声请登记。在灌溉区域之农田，非经呈准管理局注册不得引水灌溉。其注册办法另订之。

第三条　泾惠渠渠水，仅供给灌溉旱禾农田，并以夏秋禾各半为原则。

第四条　凡欲引用泾惠渠水力作工业用途者，准用第二条后半段之规定办理。

第五条　凡引用泾惠渠渠水作农林及其他事业者，均照章征收水费。其水费标额及征收方法另订之。

## 第二章　协助行水人员

第六条　管理局就实际情况划分各渠为若干段，每段设水老一人辖斗口若干，每斗设斗长一人辖村庄若干，每村设渠保一人，统受管理局之指挥监督。

第七条　渠保由各该村农民公举或轮充之。斗长由该管渠保公举之。水老由该管段斗长渠保公举定后统由管理局加委。在选举时管理局应派员前往监视，并列表呈报陕西省政府水利局备案。

第八条　水老任期二年，斗长、渠保任期一年。但连选得连任。

第九条　水老之资格如下：

甲、年高有德众望素孚者。

乙、有相当农田以农为业者。

丙、身体强健无不良嗜好者。

丁、非现任官吏及军人者。

戊、未受刑事处分者。

第十条　水老之任务如下：

甲：执行各项章程所规定，及管理局临时饬办事项。

乙、查报该管段内农田用水权之注册及移转，与每年地亩灌溉情形。

丙、协助管理局分配农渠用水，处理用水纠纷及办理各项农渠工程。

丁、监督该管斗长、渠保履行任务，并督催各斗水费。

戊、巡视渠道及建筑物，并监督用水。遇有违反规则情事，随时报告管理局处理。

己、征调农民办理修堤挖淤等工程。

第十一条　斗长之任务如下：

甲、监督斗门，并随同管理局员司，依照规定时间启闭斗门。

乙、督率渠保农民护修及巡视该管渠道及建筑物。

丙、分配各村农田用水时间，并监督农民用水。遇有违反管理规则者，宜随时报告水老转报管理局。

丁、查报该斗农民用水权之注册，及移转与每年地亩灌溉情形。

戊、填报该斗每次用水实况表。

己、监督该管渠保履行任务。

庚、办理管理局临时饬办事项。

第十二条　渠保之任务如下：

甲、监视农民用水时间及其用水量。

乙、督率农民修葺农渠田挡及建筑物。

丙、查报农民一切违反规则行为，于斗长、水老转报管理局。

第十三条　水老、斗长、渠保在任期内如有废弛职务或舞弊情事，经告发或查出时，得由管理局核酌情节轻重予以撤换，或送该管县政府依法惩办并报水利局备案。

第十四条　水老、斗长、渠保均为无给职，但因事务繁重每年得酌支津贴。其数额及领给方法由水利局签请省政府以命令定之。

第十五条　管理局于每年春秋二季召开水老会议各一次，商讨渠务开会日期及地点，于十五日前分别通知各水老暨有关机关参加，并呈请水利局派员指导，遇必要时，得召集临时会议。

第十六条　水老会议之职权如下：

甲、建议修正各项章程。

乙、讨论农业改进与灌溉耕作等技术，建议于管理局采择施行。

丙、建议改善管理局行政方法，及饬办事项。

丁、有向水利局提出管理局失职之权。

戊、有向管理局提出员司失职之权。

己、遇有特殊事项，管理局有认为提交水老会议之必要时，得由水老会议议决处理方案。

第十七条　水老会议议决事项，由管理局呈准水利局后执行。

## 第三章　水　量

第十八条　泾惠渠标准给水量为每秒十九立方公尺。各渠用水量依照各渠应灌农田面积，由管理局规定。如泾河水量微小不能引足标准给水量时，应依照规定比例分配。

总干渠每秒〇．六八立方公尺，南渠每秒四．二九立方公尺。

北干渠每秒一.〇三立方公尺,第一支渠每秒〇.七二立方公尺。

第二支渠每秒〇.八九立方公尺,第三支渠每秒三.二〇立方公尺。

第四支渠每秒二.二四立方公尺,第五支渠每秒二.二〇立方公尺。

第六支渠每秒一.〇五立方公尺,第七支渠每秒〇.三二立方公尺。

第八支渠每秒二.二八立方公尺。

前项规定,如各渠应灌农田面积有增减时,得由管理局另为规定。

第十九条　农田每次灌溉用水量,暂以施灌水深一百公厘(市尺三寸)为标准。非经管理局许可不得增灌水深。

第二十条　各农渠灌溉后,如有剩余水量,应由规定之退水道或排水沟泄入河渠,不得排水于道路或低田。

第二十一条　各斗每次用水实况均应详细记载,于每年度终结时统计各斗全年用水情形,用作厘定水费之依据。

## 第四章　引　　水

第二十二条　依据各渠渠道降度与河水含沙量之大小,规定各渠引水标准如下:

甲、河水含沙量在重量比百分之二以下时,第一支渠引水。

乙、河水含沙量在重量比百分之十以下时,第二、第四、第五、第六各支渠引水。

丙、河水含沙量在重量比百分之十二以下时,第三、第七、第八各支渠引水。

丁、河水含沙量在重量比百分之十五以下时,各干渠引水。

戊、河水含沙量在重量比百分之十五以上时,各渠一律停止引水。

第二十三条　引水期间,如因渠道或建筑物发生危险致各斗不能引灌时,由管理局临时规定移补办法。但因河水含沙量过大或水量不足不能引水时,概不补给。

第二十四条　引水期间,如因雨泽沾足农田不需水,或经各斗农民请求停止引水时,管理局得酌减各渠水量或停止之。

第二十五条　引水时期,进水闸、分水闸如按灌溉面积及用水情形,由管理局规定开度。依限启闭排洪闸及退水闸,则均应严关。但为调节渠水位时得开动退水闸。

第二十六条　各干支渠斗门启闭时间,由管理局分段自下而上随时视各该斗应灌面积，及斗门流量规定公布，并于每次给水前用书面通知。各该斗长仍掣表发给各该水老，无论何人概不得早启延闭或私开斗门。大汛期间之规定不得随意变更。

第二十七条　灌溉农田须由规定之斗门引水，非经管理局许可，不得在干支渠渠岸开引水口。

第二十八条　农渠侵占地亩除地主协意不收地价外，应由各该农渠及受益农渠平均分担地价，并由管理局查明侵用地亩亩数及粮额与户主姓名，造册咨送该管县政府办理免粮。

第二十九条　农渠渠道降度以能防止冲淤渠身为原则，除限于地势外均须沿农田畦畔开修。

第三十条　停水时期除特许者外，所有闸门、斗门均应关闭。但为排洪与退水时期，得动排洪闸与退水闸。

## 第五章　灌　　溉

第三十一条　灌溉农田均用自流灌溉法，非经管理局许可，不得使用汲水机或天车、戽子等机械起水灌溉。

第三十二条　灌溉农田不得在斗渠分渠直接引水，或过畛透水，均应另修引渠开口灌溉。

第三十三条　各段农田灌溉时只准开一水口，灌毕应即堵塞，并须修筑高厚适度田畦，以免跑水。非经管理局许可不得增开水口。

第三十四条　各引渠口及各段农田灌溉水口之开启，均须俟渠水流至该渠渠尾后由下而上依次开启。如引渠口或灌溉水口，在同一地点左右并列不分上下时，应先左后右，农民不得霸截偷用。

第三十五条　农渠流程(流程系水自入渠流至渠尾所需之时间)，由管理局依各农渠之长短与其降度之大小规定之，其有同时分流者，以较长之流程为标准。各订分流流程受益农田，方得分占流程灌溉。

第三十六条　各斗农田每亩用水时间，由该管水老会同斗长，遵照各该斗门启闭时间，并视各斗地势与农田多寡分段规定通知，渠保依据分配各农民用水，以上段用水时略少于下段为原则。

第三十七条　农田用水周期，除汛期因含沙量大，停水得按停水时日延长外，平时暂定为一月，每月给水两次，每次灌溉各一农田之半数。

第三十八条　每次灌溉期内，除因意外事件致应灌农田未能完全受如时至下次轮灌，到期应先接上次界限灌溉，俟轮灌完毕，再放规至渠尾依第三十四条水定轮灌。

第三十九条　每次轮灌期内，应由渠保暂率斗水巡视农渠，注意维护。水老、斗长不时巡查，以免发生漫溢溃决情事。

第四十条　每年春秋二季，管理局派员调查全渠各田灌溉及收获情形。调查表另定之。

## 第六章　防　　汛

第四十一条　每年汛期（六月十五日至九月十五日），管理局应派负责人员驻守张家山管理处，率同工人昼夜巡视导引工程，并将应用材料预筹齐备，如有险象发生应一面抢护，一面报告管理局。

第四十二条　在汛期内不分昼夜，每一小时测记大坝上下游水位与河水含沙量各一次。如含沙量超过百分之十五时，应即关闭进水闸门并报告管理局。

第四十三条　在汛期内，洪水猛至未及关闭进水闸门时，应即开启二龙王庙退水闸闸门，关闭渠闸闸门。必要时更须开启赵家沟退水闸。

第四十四条　汛期农田需水紧急，水老须暂同该管斗长、渠保及受益农民组织巡查队，巡视各渠用水。斗长须指派该斗农民看守斗口，其巡查队之组织及看守办法另定之。

## 第七章　养护及修理

第四十五条　管理局应分段派员经常巡视干支各渠渠道，及其建筑物。水老、斗长应分段指派渠保及农民巡视各渠渠道，及其建筑物。遇有损坏情事，随时报告管理局派工修理。

第四十六条　冬季结冰时期，管理局须随时注意渠水结冰情形，督工打凌，于必要时即行停水。

第四十七条　管理局于平时或每年春秋二季，及汛期前须分段派遣员工巡视干支各渠渠道，及其建筑物。各水老应督同斗长巡视该管段内各农渠渠道，及建筑物。遇有损坏情事，随时报告管理局派工修理，或利用农田不需水之际停水岁修，征派受益农民办理之。

第四十八条　大坝之养护及修理事项：

甲、坝顶、坝坡、坝脚经大流冲毁时，应即修补完整。

乙、活动坝铁架及螺丝，每经洪水后应详加检查，如有损毁应即修理或更换。并须于每年六月加涂黑铅油一次。

丙、活动坝木板如有残缺，应即修补或更换。并须每隔二年加涂柏油一次。

丁、活动坝木板，应于每年五月十五日以前拆卸妥为保存，以免冲毁，至十月上旬再行安装。但如泾河水小，农田需水孔急时，亦可酌情办理之。

第四十九条 闸门斗门之养护及修理事项：

甲、各种闸门机械每日应活动一次，每月应用棉纱拭净另加新油。每年六月涂黑铅油一次。

乙、各种闸门机械之螺丝、油盒、摇把，及他项零件须不时检查以免遗失。

丙、每次启闭闸门斗门，如发现损坏或机件运用不灵时，应即补修完整。

丁、放水时期应使各闸孔平均开启，以免发生激流。

第五十条 梁涵跌水等建筑物之养护及修理事项：

甲、桥孔涵洞及钻水洞，如有草柴冰块壅塞，应即清除之。

乙、桥梁跌水之坡脚、翼墙及其护岸，如有损坏时，应即修补完整。

丙、各桥之桥栏、桥柱、桥板如有裂纹或损坏时，应即修补或更换之。

丁、各项木料建筑物，每隔一年须加涂柏油一次以防腐坏。

戊、每当大雨后，应将各桥桥面加土修整一次，平时如车轨过深亦应随时加土填实。

第五十一条 渠道之养护及修理事项：

甲、渠岸两侧应植树养草，如有枯死应补植之。

乙、渠堤、渠坡如有塌陷，应即填补之。

丙、渠身、渠堤发现坟、井、窑洞，应填土务实。

丁、渠道填方或临沟坑之处，应随时培修，于可能范围内并宜酌情放淤。

戊、渠堤、渠坡被雨水或洪流冲刷，应即填平实，并详查水流来源加修排水沟道。

己、渠身发现钻穴动物，应即设法捕杀，并填实其穴洞。

庚、渠身如有冲刷成坑，或淤塞阻流情事，应即填平或挖除之。

第五十二条 农渠之养护及修理事项：

甲、农渠及其建筑物之修筑改善等工事，由管理局负责设计指导各该渠农民分任材料及土工。

乙、农渠及其建筑物之养护事项，由管理局督导各该渠水老、斗长、渠保，及受益农民任之。

第五十三条　为保护渠道及建筑物之安全，与节省岁修费用，须共同遵守下列禁条：

甲、不准在渠道添任何建筑物。

乙、不准擅动水闸门斗门机械。

丙、不准推车或驱牵牲畜横穿渠道与行经渡槽及跌水。

丁、不准在渠道界桩以内放牧牲畜，搭盖棚屋，掩埋尸体，及种植农作物与私行取土成坑。

戊、不准折伐岸渠树木及芟除岸坡草皮。

己、不准在渠内洗濯、捕鱼，及在未经管理局许可处所汲取渠水。

庚、不准在渠内抛弃砖、石、瓦砾及污土废水。

辛、不准擅毁已成农渠及一切建筑物。

## 第八章　罚　则

第五十四条　无论何人故意或无心损坏渠道及建筑物时，依照《水利法》第六十七条之规定除责令修复外，仍视其情节轻重予以相当处罚。如无法查明损坏人姓名时，即由所在地农民共同负责修复。

第五十五条　违反本规则第二条之规定，依照《水利法》第六十九条之规定处罚，并勒令登记。

第五十六条　违反本规则第三十一条、第三十二条、第三十四条、第三十五条、第三十七条及第三十八条之规定，每次每亩处以二十元以下之罚锾。

第五十七条　违反本规则第十九条、第三十三条及第三十九条之规定，或重复用水者，应依据陕西省水利局管辖各渠用水浪费处罚规则，予以相当处罚。

第五十八条　违反本规则第二十七条之规定，除依本规则第五十四条所规定处理外，并按灌地多寡科以本规则第五十六条所规定之罚锾。

第五十九条　违反本规则第二十六条及第五十三条乙款之规定，每次应科以十元以下之罚锾。如业经私自灌溉，并按灌地多寡科以本规则第五十六条所规定之罚锾。

第六十条　违反本规则第五十三条甲款之规定，除勒令拆除外，并科以十元以上五十元以下罚锾。

第六十一条　违反本规则第二十条、第二十九条之规定，每次科以十元以下之罚锾。

第六十二条　违反本规则第五十三条戊款之规定，应按陕西省水利局管辖各渠保护沿渠树木办法之规定处罚。

第六十三条　违反本规则第五十三条丙款、丁款、己款及庚款之规定，应视其情节轻重随时予以相当处罚。

第六十四条　每年征工修理渠道及建筑物时，如有农民抗不出工或藉故推诿，以及平时蔑视规定旷弃巡视职责者，得由管理局酌予惩处。

第六十五条　水老、斗长、渠保，依照本规则执行职务时，如遇有不聆指挥，不服劝阻，或反施无理之行动者，应即报告管理局酌情议处。

第六十六条　水老、斗长、渠保不切实履行任务或不遵照第三十六条、第四十四条及第四十七条所规定办理，或营私舞弊，徇情偏袒者，得由管理局酌量轻重处罚之。

第六十七条　管理局修理渠道或其建筑物时，事先得规定临时禁条细则，递呈省政府核准后施行，工竣后废除之。如因情势急迫不及呈请时，管理局可权宜决定，仍须递呈省政府备查。

第六十八条　凡违反本规则规定各事件统由管理局查酌处罚。如遇顽抗不服，或涉及刑事范围者，由管理局叙明事由及处罚标准，交所在地司法机关强制执行，或依法处理之。并按月列表呈报水利局转呈省政府备案。

第六十九条　本规则所定罚则，其罚锾最高额均不得超过五百元，并依陕西省水利行政罚款折科工料办法规定办理。

## 第九章　附　　则

第七十条　本规则自公布日施行。

# 黄河水利委员会防护堤坝办法

民国三十四年七月二十二日行政院核准备案

第一条　黄河沿岸堤坝工程，由主管修防机关受黄河水利委员会之指导（以下简称本会），负责办理之。

第二条　主管修防机关，得视工程平险规划段落，督饬主管人员妥慎防护，随时将防护情形呈报本会备查。

第三条　主管修防机关，为增进汛兵技能加强工作效率起见，对于全工工兵，得选择相当时间与地点，分期抽调集中训练，训练课程视工程上之需要酌量订定之。

第四条　关于岁修工程，主管修防机关应于每年霜降后，督饬各主管人员按照汛期时水势工情详细测勘，分别编拟初步计划，于本年十一月呈送本会，核转水利委员会转请拨款施工。

第五条　各工主管人员于每年凌汛后，将管辖工段督饬工兵巡回签试。临背堤坦遇有獾洞鼠穴，立即挖挑填土夯筑坚实以弭隐患。对于平工向不见水处，尤应特别注意。

第六条　沿河堤坝如有水沟浪窝，应随时填垫。顶坦部分，应于适宜地点修筑砖石龙沟，以资宣泄而免冲刷。

第七条　堤坡堤沿应普遍栽柳种草，以资防抵风浪巩固堤身。

第八条　沿河人民对于堤坝应协助修守，更不得有下列之行为：

1. 在堤上垦植。

2. 掘毁堤身。

3. 铲削堤身草皮。

4. 在堤上牧放牛羊。

5. 在堤上行走重载大车。

6. 在堤上建筑房屋。

7. 在堤身埋藏棺木或骸骨。

8. 在行水区内堆积足以阻碍水流之物料。

9. 于堤身及堤之两旁十丈以内挖取泥沙或其他物质。

10. 其他一切损坏堤身之行为。

第九条　凡沿堤必须穿过大堤之道口，应于临背河面另修相当坡度、长度之交通马道，以免载重车辆损伤堤身。

第十条　凡险要工段之坝埽。主管人员应督饬工兵，随时查看有无被水淘刷蛰陷情形。

第十一条　各险要工段，对于坝埽应需各项工料，主管人员应悉心规划，报请主管修防机关预筹堆储，以备险生便于抢护。

第十二条　各险要工段主管人员，应测设水标随时观测，遇有水涨工险发生时，一面电报主管修防机关，一面立即抢护免生巨险。

第十三条　各主管人员应于所辖工段内，每三公里修筑堡房三间，以供工兵看护堤坝栖息之所。

第十四条　大汛期间洪水涨发时，各主管人员应督饬工兵，无分风雨昼夜分班由临背巡回查看，以免生险。如河水漫滩出槽，凡平时不见水之堤段，对于背河堤身，尤应特别注意，以防渗漏而免危险。

第十五条　河工紧急时期沿河各县县长，均应亲莅河干协助抢护。

第十六条　本办法呈准之日施行。

## 国务院关于黄河中游地区水土保持工作的决定

（1963年4月18日发布）

一、水土保持是山区生产的生命线，是山区综合发展农业、林业和牧业生产的根本措施。积极开展水土保持工作，是山区广大人民的迫切要求。

黄河流域是全国水土保持工作的重点。其中，从内蒙古河口镇到山西龙门，这一段黄河两岸约十一万平方公里的地区，包括陕西、山西和内蒙古三省（区）的四十二个县（旗），水土流失尤为严重，三门峡入库泥沙的百分之六十来自这块地区，因此，应该以这块地区作为黄河流域水土保持工作的重点，集中力量把这块地区治理好，就能够在很大程度上减轻泥沙对三门峡水库的威胁。同时，这块地区是光山秃岭、风沙严重、土地瘠薄的低产区，集中力量把这块地区的水土流失治理好，就能够在很大程度上发展农、林、牧业生产，改善人民生活，根本改变这块地区的贫瘠落后面貌。就黄河中上游而言，这块地区是人烟比较稠密的地区，有人，有劳动力，并且已经积累了一些控制水土流失的成功经验，这又为治理这块地区的水土流失提供了便利条件。

二、保持水土，不单纯是点和线上的工作，而主要是面上的工作。点和线的治理，在沟口和支流上修筑水库拦蓄泥沙，只能对泥沙流入干河起一定的控制作用，并没有解决山头山坡广大面上的水土流失，并不能做到土不下山。点线的治理和面的治理必须同时并举，配合进行；并且应该更加强调面的治理的重要作用，治山、治坡，根本控制和阻止水土冲刷，保持广大面积的荒山、荒坡和坡耕地上的水土，不使流失，真正做到土不下山。

三、治理水土流失，必须依靠群众，依靠生产队，以群众集体的力量为主,国家支援为辅。为此,就必须与当地群众的生产、生活相结合,从当地群众的生产、生活着手,调动广大群众的积极性,来开展水土保持工作。只有这样,才能多快好省地兴办起保持水土的工程设施。也只有这样,才能使已经兴办的工程设施得到群众经常的管护维修,免遭破坏。

四、治理水土流失,要以坡耕地为主,把坡耕地的治理提高到水土保持工作的首要地位。逐步改坡耕地为坡式梯田和水平梯田,采取等高种植等耕作措施,保持水土。黄河上中游地区的一些典型调查表明,荒野无人的老山区,水土流失的程度比较轻;居民点附近,山林破坏、水土流失就比较重;坡耕地的水土流失,比同等坡度的荒坡更为严重,一般大百分之六十到一倍。某些新开垦的荒坡地,在开荒的头一年之内,水土流失量合一平方公里三点一八万吨,严重程度,十分惊人。同时,坡耕地越种越瘦,亩产量越来越低。为了增产粮食,群众也迫切要求治理坡耕地。治理坡耕地,同群众当前的生产、生活是密切结合的,更有利于广泛地调动群众开展水土保持工作的积极性。

五、当然,也不能放松荒坡治理、沟壑治理和风沙治理。荒坡、沟壑和风沙的治理,应该以造林种草和封山育林育草为主。在荒山荒坡上种树种草,牧羊人是一支潜在力量,应该很好把他们组织起来,调动他们的积极性,发挥他们的作用。在封山育林育草的时候,也要考虑到牧业的需要,分期分批进行。在荒坡地上,特别是在坡度较大的荒坡地上,种树种草,应该采取挖坑插栽和挖眼点种的办法,不宜翻耕。否则,将造成更大的冲刷,树苗草籽也存不住。

总之,治理的措施必须因地制宜,多种多样,不同地区要采取不同的治理措施,不能千篇一律,工程措施、生物措施和耕作措施结合施行。在一个县、一个社、一个队的范围内,先治理哪一块,后治理哪一块,要根据人力、物力、财力的可能和效益的大小快慢,合理安排,次第进行。

六、现有的各项水土保持工程和设施(包括植的树、种的草在内),应该贯彻"谁治理、谁受益、谁养护"的原则,认真地管理养护起来。山区的人民公社、生产大队和生产队,应该组织有关的干部、有水土保持经验的农民和牧羊人等,成立管理养护组织,制定修理养护的公约,负责督促检查水土保持工程设施的管理养护工作。对用于管理养护水土保持工程设施的劳动,也要象其他农活一样,制定合理的劳动定额,给以应得的劳动报酬;并且要建立一定的责任制度,做到专人负责,经常养护,随坏随修。对于负责管理养护的单位和个人,成绩显著的,还应该给予表扬或者物质奖励。

七、陡坡开荒,毁林开荒,破坏水土极为严重,必须坚决制止。无论是个人、集体，或者是机关生产和国营农场开垦的陡坡荒地，都要严肃处理，停止耕种；毁林开荒的，还要由开荒的单位和个人负责植树造林，并且保证成活。今后，在水土流失严重的地区开垦荒地，一定要按照开垦规模的大小，分别报经各级水土保持委员会批准。

在山区修筑铁路、公路和露天采矿，都要事先规划好相应的水土保持措施，筑路和采矿的弃土也要有妥善的安排，避免水土被冲刷，河道被淤塞，在山区采伐林木的时候也要先做好更新的规划，切实执行“谁采伐、谁更新”的规定，认真做好迹地更新，避免由于采伐林木而招致水土流失。

八、加强水土保持工作的领导。在水土流失严重的地区，各级党政领导，都应该把水土保持工作列入议事日程，放在重要地位，并且要有一位主要干部具体负责水土保持工作。要总结以往的经验，抓住那些保持水土成效显著的典型，加以推广，依靠重点，推动全面工作的开展。要广泛宣传水土流失的严重危害，宣传保持水土的重要作用和经济效益，做到家喻户晓，使广大群众和干部自觉地积极参加水土保持工作。

省、专、县水土保持委员会和他的办事机构，以及水土保持试验站，都要充实和加强，没有建立和没有恢复的要迅速建立和恢复起来。各地的林业工作指导站、农业技术推广站和科学研究机构，应该协同水土保持试验站，加强水土保持的试验研究工作，为发展山区生产和保持水土的措施提供科学依据和技术指导。黄河中游重点治理地区的各县（旗）可以用精简的职工和大中城市下放的人员，建立水土保持站和国营林场，搞水土保持和造林示范，并担负社队水土保持工作的技术指导。建站、设场的具体计划由各省（区）提出，报国务院水土保持委员会审批。

九、黄河中游重点治理地区的四十二个县（旗），都要制定自己的水土保持规划。根据本县（旗）的人口、劳力、水土流失的面积和程度，以及治理的难易等情况，制定长期的（比如二十年的）、近期的（比如五年的、十年的）和今明两年的治理规划。长期的规划可以是纲要式的，近期的规划要详细些，今明两年的规划更要详细些。这块地区的人民公社、生产大队和生产队也要制定自己的水土保持规划。制定规划的时候，首先要安排好现有的水土保持工程设施的加工配套和维修养护工作，使之发挥效益；而后再根据可能的条件，安排新的工程设施的兴修。不要只贪图搞新的，丢了现有的。制定规划的时候，要从下而上，从上而下，上下结合。县（旗）、社、队制定规划的时候，还要照顾到本县（旗）、社、队境内的中小河流的上下游关系。涉及几个生产队的，由大队负责主持平衡；涉及几个大队的，由公社负责主持平衡；涉及几个公社的，由县负责主持平衡；涉及几个县的，由专、省水土保持委员会负责主持平衡。各省（区）的农业、林业、水利等有关业务部门、试验场站和黄河水利委员会都要派出人员，主要是科学技术人员，重点帮助县（旗）、社、队做好规划。一定要实行领导、技术干部和群众三结合的原则，保证水土保持规划做得更好，更有科学根据，更切合实际。要求各县（旗）在今年六月底以前，至迟在第三季度以内，把规划做好，同时报送专、省和国务院水土保持委员会。

十、本决定是为黄河中游水土流失的重点治理地区制定的，其他省（区）也可以根据本决定的精神，选择水土流失严重的地区，做为自己的治理重点，做出规划，加强领导，积极治理，并且坚持不懈，力争在若干年内，制止水土流失，使山区的农业、林业和牧业生产获得更好更快的综合发展。

# 水土保持工作条例

（1982年6月30日国务院国发[1982]95号文发布）

## 第一章　总　　则

第一条　防治水土流失，保护和合理利用水土资源，是改变山区、丘陵区、风沙区面貌，治理江河，减少水、旱、风沙灾害，建立良好生态环境，发展农业生产的一项根本措施，是国土整治的一项重要内容。为了做好水土保持工作，特制定本条例。

第二条　水土保持工作的方针是：防治并重，治管结合，因地制宜，全面规划，综合治理，除害兴利。

第三条　全国水土保持工作由水利电力部主管。并成立以水利电力部为主，有国家计划委员会、国家经济委员会、农牧渔业部、林业部参加的全国水土保持工作协调小组，以加强有关部门之间的联系，定期研究解决水土保持工作中的重大问题，做好水土保持工作。有防治水土流失工作任务的地方各级人民政府，应根据具体情况设立必要的水土保持工作机构。

水土保持工作机构的任务是：贯彻执行国家有关水土保持的方针、政策、法令；进行水土保持查勘，编制水土保持规划，并组织实施；督促检查有关部门的水土保持工作；组织开展有关水土保持的科学研究、人才培养和宣传工作；管好用好水土保持经费和物资。

各江河流域机构应负责本流域的水土保持查勘、规划、科学研究工作，协助和推动流域内各省、自治区、直辖市水土保持工作部门做好水土保持工作。

水土保持站、农业技术推广站、林业站、水利站、农机站、土肥站、草原站等都有责任帮助当地社队做好水土保持工作。

第四条　山区、丘陵区、风沙区的各级人民政府必须把水土保持工作列入计划，加强领导，统一规划，组织协调，进行宣传教育，发动群众做好这项工作。水利、农业、林业、畜牧、农垦、环保、铁道、交通、工矿、电力、科学研究等部门，必须密切协作，分工负责，做好与本部门有关的水土保持工作；宣传、出版部门应有计划地开展水土保持宣传工作，普及水土保持科学知识，提高干部和群众对水土流失危害和水土保持重要性的认识。

第五条　农村社队和国营农、林、牧场，应在当地人民政府制定的水土保持整体规划指导下，根据当地自然条件和群众生产、生活的实际需要，制定具体的水土保持计划，组织实施。

第六条　防治水土流失，要动员社会力量，依靠群众自力更生。国家在经费、物资方面给予必要的扶持，对重点地区应给予较多的援助。

各级计划部门，应将水土保持工作列入国民经济年度计划。国家安排的水土保持经费，应专款专用，不得挪作他用。各级水土保持工作部门和财政部门应加强对经费的管理，注重投资效果。

## 第二章　水土流失的预防

第七条　二十五度以上的陡坡地，禁止开荒种植农作物。省、自治区、直辖市人民政府可以根据当地地形地貌、土壤、耕地和人口密度等情况，规定低于二十五度的禁垦坡度。

第八条　风沙危害严重地区，崩山、滑坡危险区，易产生泥石流地区，铁路、公路、河流、渠道两侧的山坡，水库淹没周围，自然保护区，风景区，名胜古迹和重要历史文化遗产区，禁止开荒、挖沙和开山炸石。

第九条　黄土高原地区的黄土丘陵沟壑区和高原沟壑区，禁止开荒。有关省、自治区应根据具体情况规定禁垦的区域。

第十条　严禁毁林开荒、烧山开荒和在牧坡牧场开荒。

第十一条　任何单位和个人在禁垦坡度以下的坡地上开荒，必须经县级人民政府批准，并须采取水土保持措施。违者，责令退耕造林、种草。

国营农场在禁垦坡度以下的坡地上开荒，必须按国家有关规定报批。在报批的开荒计划中必须包括水土保持实施方案。实施方案应在计划批准前征求水土保持工作部门的意见,批准后由水土保持工作部门监督实施。

第十二条　严禁滥伐林木破坏水土保持。凡按国家规定采伐森林,在报批的采伐计划中必须包括采伐迹地更新和防止水土流失的实施方案,实施方案应在计划批准前征求水土保持工作部门的意见,批准后由水土保持工作部门监督实施。

第十三条　在坡地上整地造林,幼林的中耕除草和油茶、油桐等经济林木的垦复,必须采取水土保持措施,防止造成水土流失。

第十四条　水利、铁道、交通、工矿、电力等部门,在山区、丘陵区、风沙区兴建工程和进行生产时,应尽量减少破坏地貌和植被;开采土、石、沙料,可能导致水土流失的,必须采取水土保持措施;废弃的土、石、沙料和矿渣、尾沙必须妥善处理,不准倒入江河、水库;工程竣工时,取土场、开挖面等范围内的裸露土地,由施工单位负责采取植物措施和必要的工程措施,保护水土资源。

各部门在报批的工程规划设计和生产计划中,必须包括防治水土流失的实施方案,实施方案应在计划批准前征求水土保持工作部门的意见,批准后由水土保持工作部门监督实施。已造成水土流失的,限期治理。治理水土流失所需要的经费,基本建设单位从基本建设投资中列支,生产企业单位从企业更新改造资金或生产发展基金中列支。

第十五条　山区、丘陵区、风沙区县级人民政府应根据当地情况,组织农村社队和国营农、林、牧场有计划地进行封山固沙、育林育草、轮封轮牧,积极发展薪炭林和饲草、绿肥植物,改变铲草皮、挖树兜、滥樵、滥牧等习惯,保护植被。

第十六条　山区、丘陵区、风沙区县级人民政府对于农村社队和国营农、林、牧场等单位以及个人从事的挖种药材、养柞蚕、培育木耳香菇、烧木炭、烧砖瓦、挖矿、开石等副业生产,必须结合生产规划和水土保持要求,制定具体办法,有组织有领导地进行,防止乱挖、乱倒土石和破坏植被,造成水土流失。

## 第三章　水土流失的治理

第十七条　在山区、丘陵区治理水土流失,应按照当地自然条件,以小流域为单元,实行全面规划,综合治理,集中治理,连续治理,植物措施与工程措施相结合，坡面治理与沟道治理相结合，田间工程与蓄水保土耕作措施相结合，治理与生产利用相结合，当前利益与长远利益相结合，讲求实效。

第十八条　现有的坡耕地，在禁垦坡度以上的，应根据不同情况，区别对待：人少地多的社队，应在平地和缓坡地积极建设基本农田、提高单位面积产量，将坡耕地退耕造林种草；人多地少的社队，退耕确有困难的，应按照坡度大小，规定期限，修成梯田或者采取其他水土保持措施。现有的坡耕地，在禁垦坡度以下的，应采取等高耕种、等高沟垄种植、草田轮作、修梯田等水土保持措施，防治水土流失。

第十九条　当地人民政府应结合实行农业生产责任制情况，因地制宜，采取适当形式，组织社队群众力量，落实治理水土流失任务。

水土流失治理任务大的社队，需要协作治理的，应贯彻自愿互利、等价交换、合理负担的原则。治理后的管理任务、收益分配和新增耕地的使用，由参加治理的单位共同商定。原土地所有权不变。

第二十条　为解决治理所需树草苗木种子，农村社队和有关单位应积极建立必要的苗圃、种子基地。

第二十一条　任何单位和个人因开荒、搞副业、挖矿、筑路、兴修水利水电、采伐森林和其他生产建设活动造成水土流失的，应负责治理。当地人民政府有权督促检查，限期治理。

第二十二条　各地对水土保持设施（包括工程和树草）必须落实管理责任，加强管理养护，扩大效益，充分发挥保水保土的作用。

农村社队应根据水土保持设施的情况，落实管理养护责任；对有些水土保持设施还可制订管理养护公约，建立必要的管理养护组织。水利、铁道、交通、工矿等部门和国营农、林、牧场对所属范围以内的水土保持设施，应建立管理养护组织或确定专人管理养护。

第二十三条　对于水土保持设施和水土保持试验场地、仪器设备，任何单位和个人不得侵占和破坏。

第二十四条　东北、华北、西北风沙区，在国家统一规划下，由当地人民政府组织农村社队和国营农、林、牧场营造防护林，集中连片种草，防风固沙。其他风沙区，当地人民政府应有计划地采取有效措施，控制风沙危害。

第二十五条　对沙化、退化的草原和草山、草坡，应根据草场的载畜能力有计划地调整载畜量，轮封轮牧，播种牧草，营造防护林，恢复植被，改良牧场。水土流失严重地区，应积极发展人工种植饲草，提倡圈养，改变野外放牧习惯，以恢复植被。

第二十六条　在有倒山轮种、刀耕火种习惯的地区，当地人民政府应加强宣传教育，帮助建设基本农田，推行农业科学技术，从各方面创造条件，逐步改变耕作习惯，以利保持水土。

对轮歇的坡地，应及时种植牧草或绿肥植物，以增加地面植被。

## 第四章　教育与科学研究

第二十七条　教育、水利、农业、林业等部门应在有关高等院校设置水土保持专业或课程。水土流失严重的省、自治区可设立中等水土保持学校，或在水利、农业、林业等中等专业学校设置水土保持专业或课程，大力培养水土保持科学技术人才。中、小学的有关课程应有水土保持内容。

第二十八条　中国科学院和水利、农业、林业科学研究部门，省、自治区、直辖市水土保持工作部门和流域机构，应对所属与水土保持有关的科学研究单位加强领导，认真开展水土保持科学研究，及时总结推广水土保持科学研究成果。

水土保持科学研究工作必须紧密联系实际，为防治水土流失和发展生产服务。应在重点研究水土保持应用技术的同时，加强基础理论和有关社会经济方面的研究，为防治水土流失提供科学依据。

## 第五章　奖励与惩罚

第二十九条　有下列先进事迹之一的单位和个人，按照成绩大小，由各级人民政府给予表彰和奖励。

一、预防水土流失或管理养护水土保持设施成绩突出的。

二、长期坚持治理水土流失，速度快，质量高，保持水土和经济效益显著的。

三、积极改变广种薄收习惯，保持水土，发展农、林、牧业生产有显著成效的。

四、对水土保持科学技术有较大发明、创造、革新或其他较大贡献的。

五、在水土保持科学研究、教育、宣传推广和管理工作中取得显著成就的。

六、坚决同破坏水土保持的行为作斗争立有新功绩的。

七、在基层从事水土保持工作十五年以上，热爱本职工作，表现突出的。

第三十条 违反本条例规定,有下列行为之一的单位和个人,应负责赔偿损失。对肇事单位的负责人或肇事人应给予行政处分。触犯刑律的,追究刑事责任。

一、违反第七、八、九、十、十一条规定开荒或在允许开垦的坡地上开荒拒不采取水土保持措施,造成严重后果的。

二、违反第十二、十三条规定,拒不进行迹地更新或采取防止水土流失措施,造成严重水土流失的。

三、违反第十四条规定,拒不采取水土保持措施,造成水土流失灾害的。

四、从事副业生产乱挖、乱倒土石或破坏植被,造成水土流失灾害的。

五、违反第二十三条规定,侵占或破坏水土保持设施、水土保持试验场地或仪器设备的。

第三十一条 对违反本条例的行为,任何单位和个人都有权检举、控告。被检举、控告的单位和个人,不得打击报复,违者依法惩处。

## 第六章 附 则

第三十二条 各省、自治区、直辖市人民政府可以根据本条例,制定实施细则。

第三十三条 本条例自发布之日起施行。

# 黄河防汛管理工作规定

（1986年5月9日黄河防汛总指挥部
黄防办字〔1986〕第7号印发）

黄河安危,事关大局。确保黄河防洪安全是沿河党政军民的光荣任务。为了加强防汛纪律,做好防汛管理工作,根据国家防洪的有关政策、规定,结合黄河实际情况,制定本规定。

**一、防汛指挥部**

1.黄河防汛,在国家防汛总指挥部的统一领导下,设立黄河防汛总指挥部。河南省省长担任总指挥,陕、晋、鲁三省主管农业的副省长和黄河水利委员会主任担任副总指挥,办公室设在黄河水利委员会,办理防汛日常工作。

担负黄河防汛任务的省、市(地)、县都要设立防汛指挥部,由当地党政军和治黄机构的主要领导担任正副指挥，黄河防汛办公室相应设在各级治黄单位，办理防汛日常工作。

2.各级防汛指挥部在上级防汛指挥部和当地人民政府领导下，负责处理有关防汛事项，制定和贯彻有关防汛政策法规，制止违犯防洪工程管理规定的行为，制订防汛方案，组织防汛检查，收集、发布洪水预报和汛情警报，组织防汛抢险队伍，筹备防汛抢险料物，指挥防汛抢险，组织迁安救护，确保黄河防洪安全。

3.各级防汛指挥部都要实行岗位责任制。指挥员要明确职责，实行堤段、险工控导、涵闸虹吸、迁安救护、水库、清障等岗位责任制，要熟悉各项工程的历史和现状，做到心中有数。每个工作人员要按照工作性质明确职责，具体分工，履行职守。

**二、防汛队伍**

4.黄河防汛队伍的组织实行专业队伍和群众队伍相结合、军民联防的原则。

5.黄河专业工程队是防汛抢险的技术骨干力量，必须按编制配齐到位。要加强技术学习，达到应知应会。河务局要根据抢险的需要，组织适当数量的机动抢险队，以备抢险急需时调用。

6.沿河都要以青壮年为主，吸收有防汛经验的人员组织防汛队伍。

临堤乡、村组织基干班、抢险队、护闸队为一线防汛队伍；根据各地情况，其它县、乡群众组织防大水抢大险的预备队为二线防汛队伍；滩区、滞洪区、库区亦要组织迁安、救护队伍。

临黄堤分别不同河段每公里组织12～20个基干班，每班12人。每县组织一至几个抢险队，每队30～50人。涵闸虹吸视工程状况，一般组织护闸队30～50人。险闸、分洪闸可适当增加。

一线防汛队伍要组织健全，官兵相识，有严明的组织纪律，明确的防守任务，进行必要的技术培训，做到思想、组织、工具料物和抢险技术“四落实”。其他防汛队伍要了解黄河防洪的重大意义和防汛要求，服从命令听指挥。

7.人民解放军是防汛抢险的突击力量，在大洪水和紧急抢险时，承担防守抢险、救护任务。防汛指挥部要主动与当地驻军联系，明确部队防守堤段和迁安救护任务。

**三、防守与抢护**

8.黄河专业工程队要严格执行班坝责任制，负责工程抢险和养护管理，平时每天要有专人进行工程安全检查，发现问题及时上报处理；对工程维修和料物整理，要做到坝面完整、料物堆放规顺。洪水期加强根石、坝体的检查，发现险情及时报告并组织力量进行抢护，对根石冲蛰要有计划地抛护。

9.当洪水达到警戒水位、漫滩偎堤或河道工程出现较大险情时，县防指主要负责人要亲临第一线部署和指挥防守抢险。

10.临黄堤防守，要根据堤根水深、后续水情、堤防强弱和漫滩行溜等情况，适时组织基干班上堤防守查险。上堤人数按下表灵活掌握，其它堤段参照执行。洪峰过后，视大河水位回落情况逐步撤防。

11.如达到或超过设防水位，沿河党政军民全力以赴，加强防守。

12.防汛队伍上堤后，严格执行巡堤查险办法和各项制度，及时发现和鉴别险情。巡查人员对于查前的准备工作、巡查方法、巡查工作制度、巡查注意事项等，必须了解清楚，严格遵守。

| 堤根水深（米）／每公里上堤班数（个）／河段 | 0.5～2 | 2～3 | ＞3 |
|---|---|---|---|
| 东坝头以上 | 2～4 | 4～10 | 10～20 |
| 东坝头～陶城铺 | 2～3 | 3～8 | 8～14 |
| 陶城铺以下 | 1～2 | 2～6 | 6～12 |

13.险情划分，根据当地出现的状况，陷坑、渗水、裂缝和坝岸根石冲蛰等，可视为一般险情；脱坡、坍岸、管涌（流土）、漏洞、漫溢和坝岸墩蛰等为严重险情或紧急险情。要密切注意险情变化，一般险情如抢护不及时，也可能发展为严重险情。

14.抢险是一项紧张严肃的战斗。险情抢护一般要制订抢护措施，上报批准后加紧抢护。紧急险情要边抢护、边报告，力争做到抢早、抢小，以免险情扩大。

15.抢险用石批准权限，由各局确定（报会备查），基层修防单位要严格执行。

## 四、水情、河势工情测报

16.水文站要按水文测验和水文情报预报规范要求，准确及时测报洪水。洪水时加强上下游（站）的水情联系。

17.洪水预报工作由水文局归口负责，黄河防总办公室发布。同时河南、山东河务局亦应进行对所辖河段洪水预报，并及时会商。预报分区按水文局规定执行。

18.各级防指要根据洪水预报及时作出所辖河段的漫滩预报和可能发生的险情,通知有关乡、村做好群众迁安和抢险准备工作。洪水漫滩后,修防段对漫滩、滩区水尺水位、串沟堤河行洪走溜等情况要及时掌握和上报。

19.汛期各修防段要及时掌握河势变化,一般每月查勘一次,洪水过程中随时查勘,绘出河势图。

20.对险工、控导、涵闸、虹吸要按照规定要求,认真做好测报工作。要指定专人定时测报险工、控导工程水位,详细记录每次洪水的全过程。汛前汛后要进行坝岸根石探摸。汛期靠溜工程要增加探摸次数,注意变化情况。要特别加强涵闸虹吸土石结合部位的检查,做好监测和分析,发现险情和异常情况要及时报告上级。

21.各项观测资料,要及时整理分析,存入工程技术档案。

**五、穿堤建筑物**

22.汛期不准破堤施工,擅自动工者要追究责任。跨汛施工的工程,施工单位应提出可靠的安全渡汛措施,报经河务局(施工在一省范围)或黄委会(在两省范围)批准。跨汛施工场地和料物堆放不得影响巡堤查险和防汛交通。

23.涵闸虹吸、油气管道、通信电缆、交通缺口等穿堤建筑物都是堤防上的薄弱环节。对影响防洪安全的穿堤建筑物,防汛指挥部应责成管理单位制订安全渡汛措施,汛前进行检查,落实防守责任制。不足防洪标准的涵闸虹吸,要掌握好围堵和拆封活节的时机。凡已明确废除的穿堤工程,必须限期废除。今后穿越河道的油气管道、通信电缆等穿堤建筑,原则上应采取架空方式通过。

**六、水库、分滞洪区运用与河道清障**

24.水库和分滞洪工程必须严格按照批准权限和原则进行运用调度。

三门峡水库防洪运用,由黄河防总报国家防总批准后负责调度,三门峡水利枢纽管理局组织实施。

陆浑水库由黄河防总负责防洪调度运用,陆浑水库管理处组织实施。

大功、北金堤滞洪区滞洪运用,由黄河防总报国家防总经国务院批准后负责调度,河南省防指组织实施。

东平湖滞洪水库、齐河北展宽区、垦利南展宽区运用由黄河防总商山东省人民政府确定,山东省防指组织实施。

25.水库和分泄洪闸管理单位要制订闸门操作运用办法并严格执行。汛前进行设备检修和闸门启闭试验。试验结果报告省防指和黄河防总。

有关市(地)、县防指要作好迁安救护方案,落实措施并上报省防指。

26.三门峡大坝和电厂要按规定进行检查观测、养护修理,发现不正常迹象,应及时分析原因,采取措施防止事故发生,保证工程安全。

27.黄河滩区要坚决废除生产堤,不准恢复和新修。现有生产堤废除办法按照规定预先破除口门,口门宽不小于生产堤长度的五分之一,其高程与当地滩面平。

要清除阻水林木。黄河下游河道,除堤河、串沟、柳荫地、河道工程、村庄、路旁外,艾山以下窄河道(不包括河口地区)不准植树造林和种植有碍行洪的作物,艾山以上宽河道,老滩植树不得超过滩面宽度的百分之十,株行距不小于五米。沁河、大清河、渭河清障由省防指作出具体规定。

影响水文测验的障碍物,必须坚决清除。

河道、水库、滞洪区已有行洪障碍,按照“谁设障、谁清障”的原则,由防汛指挥部在同级政府的领导下彻底清除。

**七、物资与财务**

28.防汛物资实行国家储备和群众号料相结合的办法,既要合理储备,又要节约使用。要加强管理,不准借用和挪用,严防贪污盗窃。

29.国家储备的物资由商业、物资和防汛部门按实际需要有计划地储备。

治黄机构常备防汛物资按储备定额储备,储备地点要合理布局,石料储备要先险工后控导。同时要及时补充抢险消耗并实行有计划地更新。

30.柳秸软料和其它群众备料要就地取材,实事求是地估量登记,按备而不集、用后付款的办法,汛期统一调配使用。

31.防汛经费要专款专用,与防汛无关的开支不得列报,不准挪用。要节约开支,防止浪费。各级财会部门要对防汛费开支严格监督,不符合规定的开支,财会人员有权拒绝付款。

32.防汛人员上堤按规定标准发放补助费。全民动员时,上堤防守抢险人员不发补助费。

**八、通信与交通**

33.汛期通信要保证畅通,遇特殊情况要有应急措施。坚持一般服从急需,下级服从上级的原则。

黄河下游以有线通信为主,遇洪水或紧急情况时无线通信也要保证畅通。花园口以上要充分发挥无线通信的作用。同时全河防汛要利用邮电、广播、电视等通信设施。

34.通信部门要严格巡线、维护、值班等制度,发现故障及时排除,倒杆断线要先通后整,汛速恢复。沿堤植树要服从通信,有碍线路的树株要及时清除并且不予赔偿。

35.各级防汛指挥部,对防汛抢险车辆要统一登记检验,发给通行证。防汛抢险期间,准予在所辖范围内的堤顶上行驶,并在其它交通道路上优先通行。

## 九、有关防汛制度

36.黄河汛期一般定为7月1日至"霜降"(水文报汛6～10月),遇特殊情况,由黄河防总通知提前或延期。汛期内各级防汛指挥部办公室实行日夜值班制度。

37.黄河职工汛期一般不允许请假,特殊情况需要请假者,按职工管理权限严格掌握;洪水时期和紧急抢险时,不准请假。

38.各级防汛指挥部要严格执行汛情联系制度,准确及时地汇报防汛情况,加强上下联系。具体要求按有关规定执行。

39.当发生较大险情时,必须及时报告黄河防总。一旦工程出现重大事故或失守垮坝,要查明原因,落实责任,专题上报。

各级防指汛后要对防汛工作和严重险情的抢险技术作出总结,按时上报。

## 十、奖励与处罚

40.凡做出下列成绩和贡献者,给予表扬、记功及其它精神、物质奖励,并作为职工晋级、晋升的依据:

(1)在防汛工作中组织严密,分工合理,指挥得当,措施有力,保证渡汛安全,做出突出成绩的指挥员;

(2)坚守岗位,认真查险,遇到险情时不怕牺牲,勇于抢护,化险为夷,以及在危险关头抢救群众,保护国家财产和人民生命安全有功者;

(3)为防汛调度、抗洪抢险等献计献策而减轻洪水灾害和保证工程安全者;

(4)对抢险查险技术、设备有发明创造或引进新技术、设备有重大效益者;

(5)坚守岗位,尽职尽责,对保证完成防汛任务有显著效果的水文、通信、财务、物资及其它部门的工作人员。

41.凡有下列行为者,根据行为的性质、情节的轻重、损失的大小给予批评教育、纪律处分、行政处罚直至追究法律责任：

(1)擅离职守、消极怠工、不服从命令造成损失者；

(2)不按规章制度办事，违反操作规程，造成事故，贻误防汛时机者；

(3)玩忽职守，指挥不当，造成工程事故、人身伤亡、经济损失者；

(4)贪污、盗窃、挪用防洪经费、物资、设备者；

(5)其他有害防汛工作者。

# 黄河下游工程管理考核标准

(1987年1月黄河水利委员会颁发)

为了更好贯彻“加强经营管理，讲究经济效益”的水利工作方针，全面完成“安全、效益、综合经营”三项管理工作的基本任务，进一步提高工程管理水平，特根据部颁有关通则及黄河下游工程管理工作的有关规定，制定本工程考核标准。

## 第一章 堤防工程

第一条 堤身完整。无水沟浪窝、残缺陷坑。达到标准的淤背区及时用好土包边盖顶，保持完整。规定管护范围内无取土坑及其他违章建筑。

第二条 堤顶饱满平坦，无明显坑凹及波浪状的起伏。堤上无堆垛、脱坯及其他违章活动。

第三条 堤坡平顺、戗顶规整，无遗留的老土牛、废房台等。

第四条 巩固堤防强度。近堤无潭坑，无严重渗水及管涌堤段，当时处理不了的，要有可靠渡汛措施；堤身裂缝、獾狐洞穴随发现随处理；每次复堤后要进行压力灌浆，吃浆量大的，反复进行，直至平均每眼灌入土方量不大于0.05立方米为止。

第五条 堤防绿化。临黄堤身上，除每侧堤肩各保留一排行道林外，临、背坡上一律不种树。临河坡现有树株，一九八八年底以前全部清除，背河坡现有树株，一九九〇年底以前全部清除。堤肩和堤坡全部植草防护，草皮覆盖率不低于96%。临河柳荫地植低、中、高三级柳林防浪。背河柳荫地植柳树或其他乔木。淤背区有计划种植片林或发展其他种植，开发利用率达到90%以上。平均每亩宜树面积的树株存活数不应少于100棵。

第六条　土牛储备。平工堤段平均每米长备土1立方米，险工堤段平均每米长备土2立方米。每个土牛20立方米左右，堆放规整，原则上应备在背河堤肩。

第七条　防暴雨冲刷。要求日降雨量100毫米堤身不出现1立方米以上的水沟浪窝。各地可根据堤身土质情况及当地暴雨强度，因地制宜采取堤身排水防冲措施。一般情况下，堤身土质好的，采用草皮护坡。土质差的，每50～100米增设一道堤坡排水沟。

第八条　各种设施、标志完好。防汛屋齐全完整，电话线、断面桩、测压管、减压井等通讯、测量、观测设施保护良好，公里桩、界桩等工程标志齐全、规格醒目。

第九条　管理责任制。平均每五公里堤防配一名专职护堤职工，每五百米堤防配一名群众护堤员，并保持相对稳定。群众护堤员要责任心强、吃住在堤、年龄适宜、身体健康，能胜任护堤任务。专职护堤职工要有一定的业务知识，熟悉所管辖堤段的情况，其职责是领导群众护堤员搞好经常性的堤防管理，发现问题，及时报告。对于堤身裂缝、獾狐洞穴以及近堤取土、挖洞连窑、开渠打井、埋葬、建房等违章活动，不及时发现报告者，要追究专职护堤人员的责任。业经报告，修防段要及时研究处理，否则，造成严重后果者，要追究主管修防段长的责任。

## 第二章　险　　工

第十条　坦石平整、扣排严紧、无蛰裂、残缺、活石现象。眉子石（土）封口严密，整齐美观，土石结合部无脱缝、钻水现象。

第十一条　土坝基顶平坡顺，无残缺冲沟、獾狐洞穴、裂缝、陷坑和高草乱石。顶、坡全部植草防护，有完好的排水设施。

第十二条　根石坡度、台面规整。根石台高度、宽度符合设计要求。坚持根石探测制度，随时掌握根石动态，及时补充走失根石，保持坝基稳定。

第十三条　备防石归垛存放，位置适宜。块重不得小于15公斤，垛高1～1.2米，每垛10～20立方米，垛位离开迎水面坝肩最少3米，以便抢险交通。

第十四条　险工标牌、坝号桩、根石测量断面标志、工程管理范围界桩等齐全醒目。各种标志以处为单位统一规格。

第十五条　各种工程资料、图表齐全、完整。每次根石探测结果及整修加固、抢险抛根、河势险情等有关资料随时整理归档。

第十六条　管理责任制。每道坝岸的管理都落实到人，并保持相对稳定。管理人员的职责是搞好工程日常养护维修，观察河势，检查工情，以工程外观微小变化中，及时发现工程出现的问题和可能危及工程安全的潜在危险，随时报告，以便及时组织处理，保证工程安全。对于靠河坝岸，每天填写一份观察检查记录；不靠河的坝岸每月填写一次，洪水期间或发现有异常现象时酌情加填。需要向上级报告的问题要同时记录在案。对于玩忽职守，造成工程事故者，要追究责任，严肃处理。

## 第三章　控导护滩工程

第十七条　坦面平整，排整严密。工程上无水沟浪窝、高草、乱石、违章垦植。有通往大堤的运料道路，有守险房屋。坚持根石探摸、河势观测制度。

第十八条　工程绿化。土坝基和连坝的顶、坡全部植草防护，覆盖率不低于98%，工程管护范围内尽量植柳，平均每米工程长度内柳树不少于2棵，并栽植整齐，长势良好。

第十九条　备防石料的存放、工程标志的设置、技术档案的归存、管理责任制的落实，分别按照第二章第十三条至第十六条的要求执行。

## 第四章　涵闸、虹吸工程

第二十条　保持工程完整。工程各部位无失管、失修现象，土工无冲沟、残缺，圬工无塌陷、蛰裂、松动，混凝土无脱皮角掉损伤，止水工程完好无损。

第二十一条　各种设备、设施保护完好。铁件无锈蚀、木件无糟朽、螺丝无松动，电器无损坏。测点、仪表完好，测压管、通气孔妥善保护无堵塞。

第二十二条　确保工程安全。土石结合部进行压力灌浆加固，绝对保证结合密实，不得发生脱缝、陷坑现象。对于涵闸工程的冒水、冒沙，重要部位的裂缝及防渗系统出现的其他问题，必须随发现随处理。对于虹吸工程，每年汛前和每次水前、后都要进行详细检查，严禁在管子出现裂缝或漏气情况下运转，防止管壁周围淘成空洞。

第二十三条　严格按照操作运用规程启闭，作到启闭灵活、开高准确、制动可靠、安全运转。

第二十四条　按有关规定认真进行各项工程观测和水沙测验，不漏测次，资料完整准确，及时分析整理归档，按规定上报。

第二十五条　工程技术档案齐全完整，保管良好。坚持填写工程管理大事记，对工程安全运用和寿命有重大影响的工程破坏，及管理过程中发生的重大事件都应记入大事记。

第二十六条　搞好工程周围及管理单位驻地绿化美化，作到地平物整、环境优美。各种工程标志齐全醒目、美观大方。

第二十七条　按定编定员标准配齐各类管理人员，定岗定责，建立明确的岗位责任制。坚持执行各项规章制度、操作规程，技术管理人员必须熟悉工程情况，有胜任的业务能力，会维修养护、操作运用、检查观测、分析资料。

第二十八条　严格执行放水制度，坚持按签票计划供水，认真按部颁水费标准核收水费。

### 第五章　附　　则

第二十九条　分滞洪区、滩区的台、堰、桥、路，小北干流的堤坝、护岸工程的管理，可参照本考核标准执行。

第三十条　各基层管理单位，应根据本考核标准要求，制订具体检查评比考核细则。

## 黄河小北干流河道管理规定

（1987年1月黄河水利委员会颁发）

### 第一章　总　　则

第一条　为了统一河道管理，保障河道工程安全，充分发挥工程效益，根据国务院(82)国函字229号文《关于解决黄河禹门口至潼关段陕晋两省水利纠纷的报告的批复》精神和部颁《河道堤防工程管理通则》，并参照晋陕两省河道管理有关规定，结合该区域内水利工程具体情况，特制定本管理规定。

第二条　工程管理单位的任务是：在统一规划指导下，统一工程设计标准和设计审查，统一计划和组织施工，对河道及防护工程实行统一管理，处理水利纠纷，确保工程完整安全，充分发挥工程的护村、护岸、护站及护路等作用;因地制宜地开展综合经营。

第三条　各级管理单位,都必须树立全局观点,上下游、左右岸统筹兼顾,团结治河。任何单位和个人都不准在河道和工程管护范围内修建阻水挑流工程和进行危害工程安全的活动。

## 第二章　堤坝、护岸工程管理

第四条　为保护水利工程的完整和安全,各工程管理单位应根据安全需要和具体条件,明确划定工程管护范围。

一、接管的工程,按接交时确定的管护范围进行管理。

二、还未划定工程管护范围的,陕西省按一九八四年第六届人大常委会第八次会议批准的"河道堤防工程管理规定"、山西省按一九七九年晋林字132号、晋水字572号"关于加速黄河滩区防护林带建设有关问题的通知"的规定确定管护范围。

三、今后凡新建、续建工程,都应按上述规定同时划定工程管护范围。

工程管护范围,应由工管单位统一管理,并设桩交界,任何单位和个人不得占用。

第五条　为保护堤坝、护岸工程的完整,发挥设计效益,必须遵守以下规定:

一、严禁在堤(坝)身进行取土、挖洞、打井、开渠、建砖瓦灰窑、非管理用房、埋葬和堆放杂物等有害工程完整和安全的活动。

二、严禁任何单位和个人任意破堤(坝)开口。确因需要必须临时破堤(坝)时,应报经所在工程管理单位批准后,方能动工,并在批准的期限内保质、保量进行堵复,由工程管理单位验收。

三、修建跨越堤(坝)顶道路时,不准挖堤(坝)通过,应在堤(坝)前后另行填筑坡道。

四、禁止履带式拖拉机在堤坝上行驶。雨天为防止堤(坝)顶泥泞,除防汛抢险车辆外,禁止其它车辆通行。

五、沿堤坝或在工程管护范围内兴建涵闸、泵站、水井、码头、管道、电缆等工程时,须事先征得所在工程管理单位同意后,按堤坝的重要性编制设计文件,报三门峡水利枢纽管理局审批,并报会备案。所在工程管理单位有权进行检查,监督施工质量,并参加竣工验收。已经建成的引水建筑物、穿越工程,未进行安全校核的应补做检验。凡不符合安全要求和废弃的,应由原建设单位进行加固处理或清除，并由所在工程管理单位鉴定验收。

第六条　为加强工程管理，工程管理单位要按照任务大小配备专管人员，实行岗位责任制，坚持工程的日常维修养护，保持工程完整和安全。

第七条　工程检查

一、经常性检查。堤身有无冲沟、裂缝、塌坑、塌坡、洞穴；坝垛、护岸有无蛰陷、滑动、块石松动、根石走失；河势变化；工程设施有无损坏；护堤（坝）林木及备防石料有无损失等。

二、汛前、汛后定期组织检查。当发生较大暴雨、洪水（包括凌洪）、地震等随时进行检查，对检查出的问题要及时处理，遇到险情要及时抢护。

第八条　有关设计文件，图表和管理中有关工程技术资料都应及时收集、整理分析，按要求归档存放。

## 第三章　河道管理

第九条　严禁在河道内及其滩地上任意修建拦河坝、码头、提灌站、管道、高渠、高路、生产堤等阻水或挑流工程。确需在管理范围内修筑的工程，在不影响行洪、不危害水利工程安全的前提下，应事先征得所在工程管理单位的同意，做出设计，按规定审批程序报批。

已有的违章建筑，应由原建设单位负责清除。

第十条　在河道内进行航道整治时，应满足河道管理的要求。

第十一条　严禁向河道内排放废渣、煤灰及垃圾等杂物。已排放的，在限期内由原排放单位清除。严禁任何单位将有毒污水排入河道内。需要排放的，必须经过净化处理，达到符合国家规定的排放标准，并经环境保护部门批准，方能排放。

## 第四章　防汛管理

第十二条　按照黄河防汛总指挥部黄防办〔1986〕第7号文《黄河防汛管理工作规定》执行。

## 第五章　绿　　化

第十三条　工程管理单位在管护范围内应根据“临河防浪、背河取材，积极培育料源”的原则，大力进行植树造林。临河一侧应以柳为主，背河一侧应栽植用材林或经济林。林带宽度应以不影响行洪为原则。堤坝、护岸工程上应因地制宜地种植护坡草皮和树木。

第十四条　管护范围内的树草管理及收益分配。凡由工程管理单位投资种植并负责管理的，其收益归工程管理单位所有；由工程管理单位投资种植，群众管理的其收益应采取比例分成的办法。

第十五条　在管护范围内的林木间伐或更新，应由工程管理单位统一安排(防汛抢险例外)。其它单位如因建设需要，在工程管护范围内所损坏的树草应作价赔偿。

## 第六章　综合经营

第十六条　工程管理单位，在保障工程安全的前提下，利用工程管护范围内的水土资源和技术人力、设备的潜力，发展养殖业、种植业，并在这个基础上进行加工。具有特殊条件的，也可因地制宜地开展其它的经营项目，扩大水利工程的综合效益。

第十七条　水管单位兴办综合经营项目时，要进行资源、市场调查和可行性论证。投资较大的项目需经主管部门审查同意。

第十八条　水管单位内部的经营责任制，可采用计件工资制、联产计酬责任制、单项经营承包责任制等多种形式。实行经营承包责任制，必须签订合同，较大经营项目需经公证处签证，明确合同双方的责、权、利。参加经营承包责任制的职工，水管单位应停发其工资和奖金。

对于投资较多，规模较大的生产项目不宜承包给个人经营。

第十九条　水管单位开展综合经营，应按项目进行经济核算，并进行工商登记，领照，按规定享受减免税待遇。采取经营承包责任制的生产经营项目，实行“定额上交”办法。任何单位和个人不得平调综合经营项目的财产、产品和经济收入。

第二十条　水管单位开展的综合经营各项净收入，视为水管单位预算内收入，抵顶预算支出，并应免交能源、交通重点建设基金。为了鼓励基层水管单位开展综合经营，暂不减少对水管单位的事业费拨款。

第二十一条　有条件的水管单位，可与其他单位组织联营企业。联营企业实行税前分利.水管单位所分得的收益，应与自办综合经营项目一样纳入水管单位的总收入。

## 第七章　奖励与惩罚

第二十二条　工程管理单位要加强思想政治工作，通过考核与评比，对完成任务好、成绩显著或有重大贡献的单位、集体和个人，给予荣誉奖励或物质奖励。

第二十三条　凡损害水利工程设施、违章操作、擅离职守、虚报情况、伪造资料、偷盗料物等，使国家财产遭受损失的应根据事故性质，情节轻重，损失大小，给予行政处分，经济处罚。触犯法律的要追究法律责任。

# 中华人民共和国水法

（1988年1月21日第六届全国人民代表大会
常务委员会第二十四次会议通过、中华人民共和国主席令第61号公布）

## 第一章　总　　则

第一条　为合理开发利用和保护水资源，防治水害，充分发挥水资源的综合效益，适应国民经济发展和人民生活的需要，制定本法。

第二条　本法所称水资源，是指地表水和地下水。在中华人民共和国领域内开发、利用、保护、管理水资源，防治水害，必须遵守本法。

海水的开发、利用、保护和管理，另行规定。

第三条　水资源属于国家所有，即全民所有。

农业集体经济组织所有的水塘、水库中的水，属于集体所有。

国家保护依法开发利用水资源的单位和个人的合法权益。

第四条　国家鼓励和支持开发利用水资源和防治水害的各项事业。

开发利用水资源和防治水害，应当全面规划、统筹兼顾、综合利用、讲求效益，发挥水资源的多种功能。

第五条　国家保护水资源，采取有效措施，保护自然植被，种树种草，涵养水源，防治水土流失，改善生态环境。

第六条　各单位应当加强水污染防治工作，保护和改善水质。各级人民政府应当依照水污染防治法的规定，加强对水污染防治的监督管理。

第七条　国家实行计划用水，厉行节约用水。

各级人民政府应当加强对节约用水的管理。各单位应当采用节约用水的先进技术,降低水的消耗量,提高水的重复利用率。

第八条　在开发、利用、保护、管理水资源,防治水害,节约用水和进行有关的科学技术研究等方面成绩显著的单位和个人,由各级人民政府给予奖励。

第九条　国家对水资源实行统一管理与分级、分部门管理相结合的制度。

国务院水行政主管部门负责全国水资源的统一管理工作。

国务院其他有关部门按照国务院规定的职责分工,协同国务院水行政主管部门,负责有关的水资源管理工作。

县级以上地方人民政府水行政主管部门和其他有关部门,按照同级人民政府规定的职责分工,负责有关的水资源管理工作。

## 第二章　开发利用

第十条　开发利用水资源必须进行综合科学考察和调查评价。全国水资源的综合科学考察和调查评价,由国务院水行政主管部门会同有关部门统一进行。

第十一条　开发利用水资源和防治水害,应当按流域或者区域进行统一规划。规划分为综合规划和专业规划。

国家确定的重要江河的流域综合规划,由国务院水行政主管部门会同有关部门和有关省、自治区、直辖市人民政府编制,报国务院批准。其他江河的流域或者区域的综合规划,由县级以上地方人民政府水行政主管部门会同有关部门和有关地区编制,报同级人民政府批准,并报上一级水行政主管部门备案。综合规划应当与国土规划相协调,兼顾各地区、各行业的需要。

防洪、治涝、灌溉、航运、城市和工业供水、水力发电、竹木流放、渔业、水质保护、水文测验、地下水普查、勘探和动态监测等专业规划,由县级以上人民政府有关主管部门编制,报同级人民政府批准。

经批准的规划是开发利用水资源和防治水害活动的基本依据。规划的修改,必须经原批准机关核准。

第十二条　任何单位和个人引水、蓄水、排水,不得损害公共利益和他人的合法权益。

第十三条　开发利用水资源,应当服从防洪的总体安排,实行兴利与除害相结合的原则，兼顾上下游、左右岸和地区之间的利益，充分发挥水资源的综合效益。

第十四条　开发利用水资源，应当首先满足城乡居民生活用水，统筹兼顾农业、工业用水和航运需要。在水源不足地区，应当限制城市规模和耗水量大的工业、农业的发展。

第十五条　各地区应当根据水土资源条件，发展灌溉、排水和水土保持事业，促进农业稳产高产。

在水源不足地区，应当采取节约用水的灌溉方式。

在容易发生盐碱化和渍害的地区，应当采取措施，控制和降低地下水的水位。

第十六条　国家鼓励开发利用水能资源。在水能丰富的河流，应当有计划地进行多目标梯级开发。

建设水力发电站，应当保护生态环境，兼顾防洪、供水、灌溉、航运、竹木流放和渔业等方面的需要。

第十七条　国家保护和鼓励开发水运资源。在通航或者竹木流放的河流上修建永久性拦河闸坝，建设单位必须同时修建过船、过木设施，或者经国务院授权的部门批准采取其他补救措施，并妥善安排施工和蓄水期间的航运和竹木流放，所需费用由建设单位负担。

在不通航的河流或者人工水道上修建闸坝后可以通航的，闸坝建设单位应当同时修建过船设施或者预留过船设施位置，所需费用除国家另有规定外，由交通部门负担。

现有的碍航闸坝，由县级以上人民政府责成原建设单位在规定的期限内采取补救措施。

第十八条　在鱼、虾、蟹洄游通道修建拦河闸坝，对渔业资源有严重影响的，建设单位应当修建过鱼设施或者采取其他补救措施。

第十九条　修建闸坝、桥梁、码头和其他拦河、跨河、临河建筑物，铺设跨河管道、电缆，必须符合国家规定的防洪标准、通航标准和其他有关的技术要求。

因修建前款所列工程设施而扩建、改建、拆除或者损坏原有工程设施的，由后建工程的建设单位负担扩建、改建的费用和补偿损失的费用，但原有工程设施是违章的除外。

第二十条　兴建水工程或者其他建设项目，对原有灌溉用水、供水水源或者航道水量有不利影响的，建设单位应当采取补救措施或者予以补偿。

第二十一条　兴建跨流域引水工程，必须进行全面规划和科学论证，统筹兼顾引出和引入流域的用水需求，防止对生态环境的不利影响。

第二十二条　兴建水工程，必须遵守国家规定的基本建设程序和其他有关规定。凡涉及其他地区和行业利益的，建设单位必须事先向有关地区和部门征求意见，并按照规定报上级人民政府或者有关主管部门审批。

第二十三条　国家兴建水工程需要移民的，由地方人民政府负责妥善安排移民的生活和生产。安置移民所需的经费列入工程建设投资计划，并应当在建设阶段按计划完成移民安置工作。

## 第三章　水、水域和水工程的保护

第二十四条　在江河、湖泊、水库、渠道内，不得弃置、堆放阻碍行洪、航运的物体，不得种植阻碍行洪的林木和高杆作物。

在航道内不得弃置沉船，不得设置碍航渔具，不得种植水生植物。

未经有关主管部门批准，不得在河床、河滩内修建建筑物。

在行洪、排涝河道和航道范围内开采砂石、砂金，必须报经河道主管部门批准，按照批准的范围和作业方式开采；涉及航道的，由河道主管部门会同航道主管部门批准。

第二十五条　开采地下水必须在水资源调查评价的基础上，实行统一规划，加强监督管理。在地下水已经超采的地区，应当严格控制开采，并采取措施，保护地下水资源，防止地面沉降。

第二十六条　开采矿藏或者兴建地下工程，因疏干排水导致地下水水位下降、枯竭或者地面塌陷，对其他单位或者个人的生活和生产造成损失的，采矿单位或者建设单位应当采取补救措施，赔偿损失。

第二十七条　禁止围湖造田。禁止围垦河流，确需围垦的，必须经过科学论证，并经省级以上人民政府批准。

第二十八条　国家保护水工程及堤防、护岸等有关设施，保护防汛设施、水文监测设施、水文地质监测设施和导航、助航设施，任何单位和个人不得侵占、毁坏。

第二十九条　国家所有的水工程，应当按照经批准的设计，由县级以上人民政府依照国家规定，划定管理和保护范围。

集体所有的水工程应当依照省、自治区、直辖市人民政府的规定，划定保护范围。

在水工程保护范围内，禁止进行爆破、打井、采石、取土等危害水工程安全的活动。

## 第四章　用水管理

第三十条　全国和跨省、自治区、直辖市的区域的水长期供求计划，由国务院水行政主管部门会同有关部门制定，报国务院计划主管部门审批。地方的水长期供求计划，由县级以上地方人民政府水行政主管部门会同有关部门，依据上一级人民政府主管部门制定的水长期供求计划和本地区的实际情况制定，报同级人民政府计划主管部门审批。

第三十一条　调蓄径流和分配水量，应当兼顾上下游和左右岸用水、航运、竹木流放、渔业和保护生态环境的需要。

跨行政区域的水量分配方案，由上一级人民政府水行政主管部门征求有关地方人民政府的意见后制定，报同级人民政府批准后执行。

第三十二条　国家对直接从地下或者江河、湖泊取水的，实行取水许可制度。为家庭生活、畜禽饮用取水和其他少量取水的，不需要申请取水许可。

实行取水许可制度的步骤、范围和办法，由国务院规定。

第三十三条　新建、扩建、改建的建设项目，需要申请取水许可的，建设单位在报送设计任务书时，应当附有审批取水申请的机关的书面意见。

第三十四条　使用供水工程供应的水，应当按照规定向供水单位缴纳水费。

对城市中直接从地下取水的单位，征收水资源费；其他直接从地下或者江河、湖泊取水的，可以由省、自治区、直辖市人民政府决定征收水资源费。

水费和水资源费的征收办法，由国务院规定。

第三十五条　地区之间的水事纠纷，应当本着互谅互让、团结协作的精神协商处理；协商不成的，由上一级人民政府处理。在水事纠纷解决之前，未经各方达成协议或者上一级人民政府批准，在国家规定的交界线两侧一定范围内，任何一方不得修建排水、阻水、引水和蓄水工程，不得单方面改变水的现状。

第三十六条　单位之间、个人之间、单位与个人之间发生的水事纠纷，应当通过协商或者调解解决。当事人不愿通过协商、调解解决或者协商、调解不成的，可以请求县级以上地方人民政府或者其授权的主管部门处理，也可以直接向人民法院起诉；当事人对有关人民政府或者其授权的主管部门的处理决定不服的,可以在接到通知之日起十五日内,向人民法院起诉。

在水事纠纷解决之前,当事人不得单方面改变水的现状。

第三十七条　县级以上人民政府或者其授权的主管部门在处理水事纠纷时,有权采取临时处置措施,当事人必须服从。

## 第五章　防汛与抗洪

第三十八条　各级人民政府应当加强领导,采取措施,做好防汛抗洪工作。任何单位和个人,都有参加防汛抗洪的义务。

第三十九条　县级以上人民政府防汛指挥机构统一指挥防汛抗洪工作。

在汛情紧急的情况下,防汛指挥机构有权在其管辖范围内调用所需的物资、设备和人员,事后应当及时归还或者给予适当补偿。

第四十条　县级以上人民政府应当根据流域规划和确保重点、兼顾一般的原则,制定防御洪水方案,确定防洪标准和措施。全国主要江河的防御洪水方案,由中央防汛指挥机构制定,报国务院批准。

防御洪水方案经批准或者制定后,有关地方人民政府必须执行。

第四十一条　在防洪河道和滞洪区、蓄洪区内,土地利用和各项建设必须符合防洪的要求。

第四十二条　按照天然流势或者防洪、排涝工程的设计标准或者经批准的运行方案下泄的洪水、涝水,下游地区不得设障阻水或者缩小河道的过水能力;上游地区不得擅自增大下泄流量。

第四十三条　在汛情紧急的情况下,各级防汛指挥机构可以在其管辖范围内,根据经批准的分洪、滞洪方案,采取分洪、滞洪措施。采取分洪、滞洪措施对毗邻地区有危害的,必须报经上一级防汛指挥机构批准,并事先通知有关地区。

国务院和省、自治区、直辖市人民政府应当分别对所管辖的滞洪区、蓄洪区内有关居民的安全、转移、生活、生产、善后恢复、损失补偿等事项,制定专门的管理办法。

## 第六章　法律责任

第四十四条　违反本法规定取水、截水、阻水、排水,给他人造成妨碍或者损失的，应当停止侵害，排除妨碍，赔偿损失。

第四十五条　违反本法规定，有下列行为之一的，由县级以上地方人民政府水行政主管部门或者有关主管部门责令其停止违法行为，限期清除障碍或者采取其他补救措施，可以并处罚款；对有关责任人员可以由其所在单位或者上级主管机关给予行政处分：

一、在江河、湖泊、水库、渠道内弃置、堆放阻碍行洪、航运的物体的，种植阻碍行洪的林木和高杆作物的，在航道内弃置沉船、设置碍航渔具、种植水生植物的；

二、未经批准在河床、河滩内修建建筑物的；

三、未经批准或者不按照批准的范围和作业方式，在河道、航道内开采砂石、砂金的；

四、违反本法第二十七条的规定，围垦湖泊、河流的。

第四十六条　违反本法规定，有下列行为之一的，由县级以上地方人民政府水行政主管部门或者有关主管部门责令其停止违法行为，采取补救措施，可以并处罚款；对有关责任人员可以由其所在单位或者上级主管机关给予行政处分；构成犯罪的，依照刑法规定追究刑事责任：

一、擅自修建水工程或者整治河道、航道的；

二、违反本法第四十二条的规定，擅自向下游增大排泄洪涝流量或者阻碍上游洪涝下泄的。

第四十七条　违反本法规定，有下列行为之一的，由县级以上地方人民政府水行政主管部门或者有关主管部门责令其停止违法行为，赔偿损失，采取补救措施，可以并处罚款；应当给予治安管理处罚的，依照治安管理处罚条例的规定处罚；构成犯罪的，依照刑法规定追究刑事责任：

一、毁坏水工程及堤防、护岸等有关设施，毁坏防汛设施、水文监测设施、水文地质监测设施和导航、助航设施的；

二、在水工程保护范围内进行爆破、打井、采石、取土等危害水工程安全的活动的。

第四十八条　当事人对行政处罚决定不服的，可以在接到处罚通知之日起十五日内，向作出处罚决定的机关的上一级机关申请复议；对复议决定不服的，可以在接到复议决定之日起十五日内，向人民法院起诉。当事人也可以在接到处罚通知之日起十五日内，直接向人民法院起诉。当事人逾期不申请复议或者不向人民法院起诉又不履行处罚决定的，由作出处罚决定的机关申请人民法院强制执行。

对治安管理处罚不服的，依照治安管理处罚条例的规定办理。

第四十九条　盗窃或者抢夺防汛物资、水工程器材的，贪污或者挪用国家救灾、抢险、防汛、移民安置款物的，依照刑法规定追究刑事责任。

第五十条　水行政主管部门或者其他主管部门以及水工程管理单位的工作人员玩忽职守、滥用职权、徇私舞弊的，由其所在单位或者上级主管机关给予行政处分；对公共财产、国家和人民利益造成重大损失的，依照刑法规定追究刑事责任。

## 第七章　附　　则

第五十一条　中华人民共和国缔结或者参加的，与国际或者国境边界河流、湖泊有关的国际条约、协定，同中华人民共和国法律有不同规定的，适用国际条约、协定的规定。但是，中华人民共和国声明保留的条款除外。

第五十二条　国务院可以依据本法制定实施条例。

省、自治区、直辖市人民代表大会常务委员会可以依据本法，制定实施办法。

第五十三条　本法自1988年7月1日起实施。

# 黄河防汛工作正规化、规范化若干规定

（1988年6月6日黄河防汛总指挥部颁发）

为了更好地贯彻执行《水法》，保证黄河防汛安全，进一步落实各项岗位责任制，使防汛工作达到正规化、规范化的要求，特制定本规定。

## 一、防汛指挥机构

根据《水法》规定，做好防汛抗洪工作是各级人民政府的责任。沿黄各级政府都必须建立黄河防汛指挥机构，在上级防汛指挥机构和当地人民政府领导下，常年负责黄河防汛工作，处理黄河防汛事宜。防汛指挥机构成员要相对稳定，因工作调动或换届时，并要同时对防汛工作进行移交，保持防汛工作的连续性。各级防汛指挥机构在相应的治黄部门设立防汛办公室，负责防汛业务工作。

## 二、防洪任务与防汛工作

黄河下游的防洪任务是:“确保花园口站发生二万二千立方米每秒洪水大堤不决口;遇特大洪水,要尽最大努力,采取一切办法缩小灾害。”必须围绕这个任务,认真做好各项防汛工作。

(一)七至十月份为黄河伏秋大汛时期,为确保防洪安全,汛前必须认真做好以下各项防汛准备:

1.完成当年的渡汛工程;2.搞好各项防洪工程、非工程防洪设施和河道清障检查;3.制定好防洪方案;4.各省防汛指挥部对所辖河段堤防保证水位和警戒水位作出分析,预测各类洪水可能出现的问题,提出防守方案,于四月中旬前报黄河防总;5.作好水库、分滞洪区运用及滩区防洪各项准备工作,落实迁安救护方案与措施;6.组织好各种防汛队伍;7.备好各类防汛料物;8.开好防汛会议,部署好防汛工作。

汛期必须集中力量做好防汛工作。各级防汛指挥机构人员必须坚守岗位,尽职尽责。各防汛业务部门(包括工务、水文、通信、物资等)都要随时掌握防汛动态,认真做好本职工作。水情部门要做好气象、水情预报、测报和传递工作;工务部门要随时了解河势工情,搞好防守调度;通信部门要确保通信畅通;物资部门要保证防汛料物器材供应。发生洪水时各级防指要根据来水情况,修订防守方案,做好滩区群众的迁安救护,按照《黄河防汛管理工作规定》中有关防守与抢险的要求,及时组织防汛队伍上堤防守,一旦出现险情,全力组织救护,确保防洪安全。汛后及时作好防汛总结。

(二)十二月至第二年三月份为黄河凌汛期,凡出现过凌汛的河段,防汛指挥部和黄河业务部门要做好防凌工作。要抓住伏秋大汛和凌汛之间有限的时间,认真搞好工程大检查,对于大汛期间工程出现的问题,要进行抢修。

凌汛期间,要搞好水情、气象和冰情的预报、测报工作;三门峡水库配合黄河下游的防凌需要,搞好调度运用;各大中型引黄涵闸、东平湖水库和南北展工程随时做好应急分水的准备;有防凌任务的河段要组织好防凌爆破队,视时机爆破冰凌;无防凌任务和防凌任务较轻的河段要搞好冬、春修工程,为迎战下年伏秋大汛作准备。

## 三、防汛制度

各级防汛指挥机构要根据《黄河防汛管理工作规定》建立健全各项规章制度，包括值班制度、联系汇报制度、报告制度等，使防汛工作做到事事有法可依，处处有章可循。各级防汛指挥机构都要实行岗位责任制，明确任务，定岗定责，落实到人。各项防洪工程的防守，分滞洪工程运用，群众迁安救护，河道清障等各项工作，都要落实负责人。对防汛技术人员，也要实行技术负责制。

## 四、防汛队伍

黄河防汛队伍按照专业队伍与群众队伍相结合，军民联防的原则组织。各种防汛队伍由各级防指负责于六月底以前全部组织好，并做好思想发动、技术训练和物资准备等方面的工作，常备不懈，随时听命上堤防守。

为提高抢险效能，黄河下游各修防处都应建立一支训练有素、技术精良、反应迅速、战斗力强的机动抢险队。任务是研究提高抢险技术，培训抢险技术人员，承担重大险情紧急抢险。机动抢险队应成为常年建制，人员要相对稳定，实行平战结合的管理、训练方法，除在抢险实战中不断总结提高抢险技术水平外，平时要组织学习黄河传统抢险方法和国内外先进的抢险技术，进行严格的抢险技术培训和实战演习。

## 五、防守与抢险

当发生洪水时，各级防汛指挥机构成员必须守岗尽责，视洪水发展情况，组织防汛队伍上堤防守。防汛队伍上堤后，严格执行巡堤查险办法和各项制度，及时报告险情。险情抢护要及时，紧急险情要边抢护、边报告，力争做到抢早、抢小，避免险情扩大。险工坝岸和控导工程的防护主要由黄河专业工程队负责，必须严格执行岗位责任制，加强根石和坝体的检查，发现险情及时报告并组织抢险。在中、小水时，尤其在出现不利河势的河段，坚持经常性检查，发现问题及时抢护，以保工程安全。抢险用石的审批权限，由河务局确定。

## 六、河道清障

要大力宣传贯彻执行《水法》，任何单位和个人不得以任何借口设置行洪障碍和修建违章建筑。对现有行洪障碍和违章建筑，必须根据“谁设障，谁清障”的原则，由当地防指负责督促设障者认真清除。黄河滩区、湖区生产堤和违章片林，是黄河下游的主要行洪障碍，必须坚决清除。各级防指要固定专人定期检查，巩固清障成果。对于擅自恢复或新设置行洪障碍和违章工程者，要追究主要当事人的法律责任。各修防段必须掌握所辖范围内清除行洪障碍和违章工程的情况。对于新设置或恢复行洪障碍和违章工程的行为，制止不力和不及时报告者，要追究其失职责任。各省防指在每年五月底前要将所辖范围的清障情况上报黄河防总。

## 七、工程管理

搞好工程管理工作是确保工程防洪安全的重要保证。为此，必须重点抓好以下几个环节：

（一）按照《黄河下游工程管理考核标准》的要求，认真落实管理岗位责任制；开展目标管理，搞好经常性的工程管理工作，使工程经常保持良好状态。

（二）按黄河有关观测制度规定，认真进行工程观测及根石探摸，观测资料要及时整理分析，对工程安全状况做到心中有数。

（三）每年汛前三、四月份和汛后十、十一月份要以局为单位，重点组织两次工程大检查，检查的结果，及时报黄河防总。

汛后工程检查要全面查清汛期运用后所出现的问题，以便通过冬、春修处理。汛前检查主要是落实头年汛后检查发现问题的处理情况及渡汛工程的施工情况，发现有碍工程安全渡汛的问题，必须立即组织处理。确有困难一时无法解决的，一定要落实渡汛措施。

（四）以修防段为单位，对黄河堤防上的险点，逐段逐点澄清，作出处理计划，尽快处理。一时处理不了的，要针对险点存在的问题和可能出现的险情，制订临时渡汛方案。每年各单位的险点情况（包括新发现的和消号的险点）要以图表的形式，逐级上报，由河务局负责汇总整理，四月底前报黄河防总。

## 八、穿堤建筑物

所有穿堤建筑物必须严格按照《黄河防汛管理工作规定》等有关规定要求进行设计、施工和管理。对防汛安全有影响的穿堤建筑物，必须抓紧处理，一时处理不了的，要制订安全渡汛措施，落实防守责任制，穿堤建筑物与大堤的结合部是最薄弱的环节，必须特别注意，要经常进行检查和加固。今后修建穿堤建筑物要严格审批手续，确保工程质量。

## 九、河势查勘

汛前和汛末要组织河势查勘。除小北干流、潼关至三门峡河段、东坝头至陶城铺河段的汛末查勘由黄委会组织外，其余的查勘由局、处组织。每次查勘都要绘出河势图，写出查勘报告，并及时上报。汛期各修防段要及时掌握河势变化，一般每月要查勘一次，洪水过程中随时查勘，并绘出河势图。

## 十、水库、滞洪区的运用

水库和分滞洪工程必须严格按照运用原则和批准权限进行调度，所在地防指必须确保调度方案的顺利实施。各分洪、泄流建筑物汛前要进行启闭试验，试验报告于六月底前报黄河防总。闸前有围堤的分洪闸要落实分洪破除方案和措施，保证做到破得开，分得进。要加强避水堰、台和撤退路、桥及各种通信设施的管理，保持各项工程设施的完好，每年汛前要根据当年实际情况做好迁安计划，于六月中旬前报黄河防总。

## 十一、防汛料物

汛前必须备好各类防汛器材和防汛料物。防汛料物实行国家储备和群众备料相结合的办法。治黄部门储备的常备料物要按照规定的要求进行。每年要进行清仓查库，并根据消耗、报废情况进行补充更新。各级防指应掌握防汛物资的储备和布局情况。防汛料物储备情况，每年三至十月及十二月由各省防指办公室每月向黄河防总办公室报告一次，特殊情况按黄河防总办公室的要求报告。由供销部门代储的料物和社会备料六月底以前全部落实。

各类防汛器材于六月中旬以前全部清点备齐，用后及时入库妥善保存，不经批准，不得自行报废。

## 十二、水文测报预报

水文测验工作是防汛工作的耳目，要严格按照有关规范的要求进行工作。充分发挥现有的设备和手段，提高预报精度和增长预见期，各项水文测验设施，汛前要认真检查，保证按时测报。干流控制站的测报是测报工作的重点，要认真落实，在大洪水时必须做到顶得住，测得准，报得出，不误防汛时机。水文气象预报工作，必须事先编制好预报方案，发布预报要迅速及时，保证质量，签名负责。重要预报须由有关负责人签发。

## 十三、通信与交通

黄河各通信部门要严格执行巡线、维护和值班制度，实行岗位责任制。通信线路除搞好经常性维修养护外，每年汛前、汛后也要进行普遍检查。汛期通信一定要保证畅通，在特殊情况下要有应急措施。必须坚持一般服从紧急，下级服从上级，一切服从防汛的原则。所有防汛公路都要落实管理单位，经常维修养护，严禁超重车辆行驶，保持路面完好，汛期畅通。今后凡新修公路和撤退桥梁，必须首先落实管理单位。

汛期防汛抢险车辆须由防指发放通行证，方可在所辖范围内的堤顶行驶。

## 十四、宣传、治安

各级防指要搞好《水法》和有关河道工程管理条例的宣传，动员群众共同维持良好的防汛秩序，保护防洪工程和通信、水文等各项防洪设施的完好。要充分发挥黄河公安组织的作用，与地方公安机关密切配合，维护法律的严肃性。对于违犯《水法》和有关工程管理条例，破坏防洪工程、通信设施和防汛工作的案件，要及时上报，并积极组织侦破，根据《水法》有关规定，严肃处理，直至追究其法律责任。

## 十五、奖励与处罚

按照《黄河防汛管理工作规定》有关奖励与处罚的规定执行。

# 中华人民共和国河道管理条例

（1988年6月10日国务院令第3号发布施行）

## 第一章　总　　则

第一条　为加强河道管理，保障防洪安全，发挥江河湖泊的综合效益，根据《中华人民共和国水法》，制定本条例。

第二条　本条例适用于中华人民共和国领域内的河道（包括湖泊、人工水道、行洪区、蓄洪区、滞洪区）。

河道内的航道，同时适用《中华人民共和国航道管理条例》。

第三条　开发利用江河湖泊水资源和防治水害，应当全面规划、统筹兼顾、综合利用、讲求效益、服从防洪的总体安排，促进各项事业的发展。

第四条　国务院水利行政主管部门是全国河道的主管机关。

各省、自治区、直辖市的水利行政主管部门是该行政区域的河道主管机关。

第五条　国家对河道实行按水系统一管理和分级管理相结合的原则。

长江、黄河、淮河、海河、珠江、松花江、辽河等大江大河的主要河段，跨省、自治区、直辖市的重要河段，省、自治区、直辖市之间的边界河道以及国境边界河道，由国家授权的江河流域管理机构实施管理，或者由上述江河所在省、自治区、直辖市的河道主管机关根据流域统一规划实施管理。其他河道由省、自治区、直辖市或者市、县的河道主管机关实施管理。

第六条　河道划分等级。河道等级标准由国务院水利行政主管部门制定。

第七条　河道防汛和清障工作实行地方人民政府行政首长负责制。

第八条　各级人民政府河道主管机关以及河道监理人员，必须按照国家法律、法规，加强河道管理，执行供水计划和防洪调度命令，维护水工程和人民生命财产安全。

第九条　一切单位和个人都有保护河道堤防安全和参加防汛抢险的义务。

## 第二章　河道整治与建设

第十条　河道的整治与建设，应当服从流域综合规划，符合国家规定的防洪标准、通航标准和其它有关技术要求，维护堤防安全，保持河势稳定和行洪、航运通畅。

第十一条　修建开发水利、防治水害、整治河道的各类工程和跨河、穿河、穿堤、临河的桥梁、码头、道路、渡口、管道、缆线等建筑物及设施，建设单位必须按照河道管理权限，将工程建设方案报送河道主管机关审查同意后，方可按照基本建设程序履行审批手续。

建设项目经批准后，建设单位应当将施工安排告知河道主管机关。

第十二条　修建桥梁、码头和其他设施，必须按照国家规定的防洪标准所确定的河宽进行，不得缩窄行洪通道。

桥梁和栈桥的梁底必须高于设计洪水位，并按照防洪和航运的要求，留有一定的超高。设计洪水位由河道主管机关根据防洪规划确定。

跨越河道的管道、线路的净空高度必须符合防洪和航运的要求。

第十三条　交通部门进行航道整治，应当符合防洪安全要求，并事先征求河道主管机关对有关设计和计划的意见。

水利部门进行河道整治，涉及航道的，应当兼顾航运的需要，并事先征求交通部门对有关设计和计划的意见。

在国家规定可以流放竹、木的河流和重要的渔业水域进行河道、航道整治，建设单位应当兼顾竹木水运和渔业发展的需要，并事先将有关设计和计划送同级林业、渔业主管部门征求意见。

第十四条　堤防上已修建的涵洞、泵站和埋设的穿堤管道、缆线等建筑物及设施，河道主管机关应当按期检查，对不符合工程安全要求的，限期改建。

在堤防上新建前款所指建筑物及设施，必须经河道主管机关验收合格后方可启用，并服从河道主管机关的安全管理。

第十五条　确需利用堤顶或者戗台兼做公路的，须经上级河道主管机关批准。堤身和堤顶公路的管理和维护办法，由河道主管机关商同交通部门制定。

第十六条　城镇建设和发展不得占用河道滩地。城镇规划的临河界限，由河道主管机关会同城镇规划等有关部门确定。沿河城镇在编制和审查城镇规划时，应当事先征求河道主管机关的意见。

第十七条　河道岸线的利用和建设，应当服从河道整治规划和航道整治规划。计划部门在审批利用河道岸线的建设项目时，应当事先征求河道主管机关的意见。

河道岸线的界线，由河道主管机关会同交通等有关部门报县级以上地方人民政府划定。

第十八条　河道清淤和加固堤防取土以及按照防洪规划进行河道整治需要占用的土地，由当地人民政府调剂解决。

因修建水库、整治河道所增加的可利用土地，属于国家所有，可以由县级以上人民政府用于移民安置和河道整治工程。

第十九条　省、自治区、直辖市以河道为边界的，在河道两岸外侧各十公里之内，以及跨省、自治区、直辖市的河道，未经有关各方达成协议或者国务院水利行政主管部门批准，禁止单方面修建排水、阻水、引水、蓄水工程以及河道整治工程。

## 第三章　河道保护

第二十条　有堤防的河道，其管理范围为两岸堤防之间的水域、沙洲、滩地(包括可耕地)、行洪区、两岸堤防及护堤地。

无堤防的河道，其管理范围根据历史最高洪水位或者设计水位确定。

河道的具体管理范围，由县级以上地方人民政府负责划定。

第二十一条　在河道管理范围内，水域和土地的利用应当符合江河行洪、输水和航运的要求；滩地的利用，应当由河道主管机关会同土地管理等有关部门制定规划，报县级以上地方人民政府批准后实施。

第二十二条　禁止损毁堤防、护岸、闸坝等水工程建筑物和防汛设施、水文监测和测量设施、河岸地质监测设施以及通信照明等设施。

在防汛抢险期间，无关人员和车辆不得上堤。因降雨、雪等造成堤顶泥泞期间，禁止车辆通行，但防汛抢险车辆除外。

第二十三条　禁止非管理人员操作河道上的涵闸闸门，禁止任何组织和个人干扰河道管理单位的正常工作。

第二十四条　在河道管理范围内，禁止修建围堤、阻水渠道、阻水道路；

种植高杆农作物、芦苇、杞柳、荻柴和树木(堤防防护林除外);设置拦河渔具;弃置矿渣、石渣、煤灰、泥土、垃圾等。

在堤防和护堤地,禁止建房、放牧、开渠、打井、挖窖、葬坟、晒粮、存放物料、开采地下资源、进行考古发掘以及开展集市贸易活动。

第二十五条　在河道管理范围内进行下列活动,必须报经河道主管机关批准;涉及其他部门的,由河道主管机关会同有关部门批准:

一、采砂、取土、淘金、弃置砂石或者淤泥;

二、爆破、钻探、挖筑鱼塘;

三、在河道滩地存放物料、修建厂房或者其他建筑设施;

四、在河道滩地开采地下资源及进行考古发掘。

第二十六条　根据堤防的重要程度、堤基土质条件,河道主管机关报经县级以上人民政府批准,可以在河道管理范围的相连地域划定堤防安全保护区。在堤防安全保护区内,禁止进行打井、钻探、爆破、挖筑鱼塘、采石、取土等危害堤防安全的活动。

第二十七条　禁止围湖造田。已经围垦的,应当按照国家规定的防洪标准进行治理,逐步退田还湖。湖泊的开发利用规划必须经河道主管机关审查同意。

禁止围垦河流,确需围垦的,必须经过科学论证,并经省级以上人民政府批准。

第二十八条　加强河道滩地、堤防和河岸的水土保持工作,防止水土流失、河道淤积。

第二十九条　江河的故道、旧堤、原有工程设施等,非经河道主管机关批准,不得填堵、占用或者拆毁。

第三十条　护堤护岸林木,由河道管理单位组织营造和管理,其他任何单位和个人不得侵占、砍伐或者破坏。

河道管理单位对护堤、护岸林木进行抚育和更新性质的采伐及用于防汛抢险的采伐,根据国家有关规定免交育林基金。

第三十一条　在为保证堤岸安全需要限制航速的河段,河道主管机关应当会同交通部门设立限制航速的标志,通行的船舶不得超速行驶。

在汛期,船舶的行驶和停靠必须遵守防汛指挥部的规定。

第三十二条　山区河道有山体滑坡、崩岸、泥石流等自然灾害的河段,河道主管机关应当会同地质、交通等部门加强监测。在上述河段,禁止从事开山采石、采矿、开荒等危及山体稳定的活动。

第三十三条　在河道中流放竹木，不得影响行洪、航运和水工程安全，并服从当地河道主管机关的安全管理。

在汛期，河道主管机关有权对河道上的竹木和其他漂流物进行紧急处置。

第三十四条　向河道、湖泊排污的排污口的设置和扩大，排污单位在向环境保护部门申报之前，应当征得河道主管机关的同意。

第三十五条　在河道管理范围内，禁止堆放、倾倒、掩埋、排放污染水体的物体。禁止在河道内清洗装贮过油类或者有毒污染物的车辆、容器。

河道主管机关应当开展河道水质监测工作，协同环境保护部门对水污染防治实施监督管理。

## 第四章　河道清障

第三十六条　对河道管理范围内的阻水障碍物，按照“谁设障，谁清障”的原则，由河道主管机关提出清障计划和实施方案，由防汛指挥部责令设障者在规定的期限内清除。逾期不清除的，由防汛指挥部组织强行清除，并由设障者负担全部清障费用。

第三十七条　对壅水、阻水严重的桥梁、引道、码头和其他跨河工程设施，根据国家规定的防洪标准，由河道主管机关提出意见并报经人民政府批准，责成原建设单位在规定的期限内改建或者拆除。汛期影响防洪安全的，必须服从防汛指挥部的紧急处理决定。

## 第五章　经　　费

第三十八条　河道堤防的防汛岁修费，按照分级管理的原则，分别由中央财政和地方财政负担，列入中央和地方年度财政预算。

第三十九条　受益范围明确的堤防、护岸、水闸、圩垸、海塘和排涝工程设施，河道主管机关可以向受益的工商企业等单位和农户收取河道工程修建维护管理费，其标准应当根据工程修建和维护管理费用确定。收费的具体标准和计收办法由省、自治区、直辖市人民政府制定。

第四十条　在河道管理范围内采砂、取土、淘金，必须按照经批准的范围和作业方式进行，并向河道主管机关缴纳管理费。收费的标准和计收办法由国务院水利行政主管部门会同国务院财政主管部门制定。

第四十一条　任何单位和个人，凡对堤防、护岸和其他水工程设施造成损坏或者造成河道淤积的，由责任者负责修复、清淤或者承担维修费用。

第四十二条　河道主管机关收取的各项费用，用于河道堤防工程的建设、管理、维修和设施的更新改造。结余资金可以连年结转使用，任何部门不得截取或者挪用。

第四十三条　河道两岸的城镇和农村，当地县级以上人民政府可以在汛期组织堤防保护区域内的单位和个人义务出工，对河道堤防工程进行维修和加固。

## 第六章　罚　　则

第四十四条　违反本条例规定，有下列行为之一的，县级以上地方人民政府河道主管机关除责令其纠正违法行为、采取补救措施外，可以并处警告、罚款、没收非法所得；对有关责任人员，由其所在单位或者上级主管机关给予行政处分；构成犯罪的，依法追究刑事责任：

一、在河道管理范围内弃置、堆放阻碍行洪物体的；种植阻碍行洪的林木或者高杆植物的；修建围堤、阻水渠道、阻水道路的；

二、在堤防、护堤地建房、放牧、开渠、打井、挖窖、葬坟、晒粮、存放物料、开采地下资源、进行考古发掘以及开展集市贸易活动的；

三、未经批准或者不按照国家规定的防洪标准、工程安全标准整治河道或者修建水工程建筑物和其他设施的；

四、未经批准或者不按照河道主管机关的规定在河道管理范围内采砂、取土、淘金、弃置砂石或者淤泥、爆破、钻探、挖筑鱼塘的；

五、未经批准在河道滩地存放物料、修建厂房或者其他建筑物设施，以及开采地下资源或者进行考古发掘的；

六、违反本条例第二十七条的规定，围垦湖泊、河流的；

七、擅自砍伐护堤、护岸林木的；

八、汛期违反防汛指挥部的规定或者指令的。

第四十五条　违反本条例规定，有下列行为之一的，县级以上地方人民政府河道主管机关除责令其纠正违法行为、赔偿损失、采取补救措施外，可以并处警告、罚款；应当给予治安管理处罚的，按照《中华人民共和国治安管理处罚条例》的规定处罚；构成犯罪的，依法追究刑事责任：

一、损毁堤防、护岸、闸坝、水工程建筑物，损毁防汛设施、水文监测和测量设施、河岸地质监测设施以及通信照明等设施；

二、在堤防安全保护区内进行打井、钻探、爆破、挖筑鱼塘、采石、取土等危害堤防安全的活动的；

三、非管理人员操作河道上的涵闸闸门或者干扰河道管理单位正常工作的。

第四十六条　当事人对行政处罚决定不服的，可以在接到处罚通知之日起十五日内，向作出处罚决定的机关的上一级机关申请复议，对复议决定不服的，可以在接到复议决定之日起十五日内，向人民法院起诉。当事人也可以在接到处罚通知之日起十五日内，直接向人民法院起诉。当事人逾期不申请复议或者不向人民法院起诉又不履行处罚决定的，由作出处罚决定的机关申请人民法院强制执行。对治安管理处罚不服的，按照《中华人民共和国治安管理处罚条例》的规定办理。

第四十七条　对违反本条例规定，造成国家、集体、个人经济损失的，受害方可以请求县级以上河道主管机关处理。受害方也可以直接向人民法院起诉。

当事人对河道主管机关的处理决定不服的，可以在接到通知之日起，十五日内向人民法院起诉。

第四十八条　河道主管机关的工作人员以及河道监理人员玩忽职守、滥用职权、徇私舞弊的，由其所在单位或者上级主管机关给予行政处分；对公共财产、国家和人民利益造成重大损失的，依法追究刑事责任。

## 第七章　附　　则

第四十九条　各省、自治区、直辖市人民政府，可以根据本条例的规定，结合本地区的实际情况，制定实施办法。

第五十条　本条例由国务院水利行政主管部门负责解释。

第五十一条　本条例自发布之日起施行。

# 开发建设晋陕蒙接壤地区水土保持规定

（1988年9月1日国务院批准，1988年10月1日国家计划委员会、水利部令第1号发布施行）

第一条　为加强山西、陕西、内蒙古（以下简称晋陕蒙）接壤地区开发建设中的水土保持工作，促进该地区经济建设的发展，保护生态环境，制定本规定。

第二条　本规定所称晋陕蒙接壤地区，指山西省河曲县、保德县、偏关县，陕西省神木县、府谷县、榆林县，内蒙古自治区准格尔旗、伊金霍洛旗、达拉特旗和东胜市。

在该地区进行采矿、筑路、修建电厂、烧制砖瓦等生产建设活动的单位和个人，必须遵守本规定。

第三条　资源开发和生产建设必须兼顾国土整治和水土保持，执行“防治并重，治管结合，因地制宜，全面规划，综合治理，除害兴利”的水土保持工作方针。

第四条　防治水土流失，实行“谁开发谁保护”、“谁造成水土流失谁治理”的原则。

第五条　加强晋陕蒙接壤地区的国土规划和水土保持规划工作。国土规划，应当将防治水土流失作为重要内容。水土保持规划，应当以市、县、旗和流域为单位编制，具体规定规划区内水土流失的综合治理措施，确保各个阶段的防治目标和实施步骤，并对各工矿企业（含交通、建设企业，下同）提出防治水土流失的要求。

工矿企业的生产建设总体规划，应当与当地的国土规划和水土保持规划相协调，并有切实可行的防治水土流失的方案和具体措施。

第六条　工矿企业进行基本建设，必须重视水土保持，防治水土流失。建设项目涉及水土保持的，其可行性研究报告、设计任务书、初步设计等文件，应当有水土保持的内容和要求，并附有当地水土保持部门的书面意见。评审上述文件时，应当有水土保持部门参加。凡可行性研究报告中没有水土流失预测、评价的，或者设计任务书、初步设计等文件中没有具体水土流失防治措施的，有关审批部门不得批准。

第七条　工矿企业生产建设总体规划和设计文件确定的各项水土保持

工程和措施,必须纳入工矿企业的生产建设计划,并保证实施。因情况发生变化,水土保持的工程和设施确需改变时,必须事先征得水土保持部门的同意。

建设工程竣工验收时,应当同时验收水土保持工程和设施,并有水土保持部门参加。

第八条　工矿企业在生产建设活动中,应当按照水土保持技术规范的要求,因地制宜,因害设防,采取有效的工程措施和生物措施,防治水土流失。

工矿企业在生产建设中产生的岩土、矸石、废渣等废弃物,应当结合土地复垦加以利用,不得向河道、水库、行洪滩地、道路、农田倾倒;不利用的,应当按照计划和设计文件的要求储放,并相应采取有效的水土流失防治措施。对露天采矿场和土建工程开挖面等无植被地段,应当在生产建设中采取有效的水土流失防治措施。

第九条　为防治水土流失兴建各类工程,由开发建设的单位和个人按照"谁开发谁保护"、"谁造成水土流失谁治理"的原则承担防治费用。有条件的,有关各方可以集资联合兴建,并由联合的各方按照协议合理分担费用。上述工程建成后,投资者享有经营管理权和收益权。

区域性的水土保持综合治理工作,应当与当地工矿企业的生产建设相结合,促进水土保持和生产建设事业共同发展。

第十条　基本建设过程中造成的水土流失,其防治费用由建设单位从基本建设投资中列支。生产过程中造成的水土流失,其防治费用由企业从更新改造资金或者生产发展基金中列支。

第十一条　各类小型矿山企业和个体户采矿应当提高技术水平,提高矿产资源回收率。禁止乱挖滥采,破坏矿产资源和水土保持。有关机关颁发采矿许可证,应当征求当地水土保持部门的意见。

水土保持部门应当会同小型矿山企业的主管部门和其他有关部门,统筹安排、确定小型工矿企业和个体户采矿后排弃岩土、矸石、废渣的场地。所需费用由排弃岩土、矸石、废渣的小型矿山企业和个体户按其排弃数量负担。

第十二条　水土保持部门应当加强对工矿企业水土保持工作的监督检查和技术服务工作。水土保持工作人员可持专门证件进入工矿企业和各采矿点进行现场检查,被检查单位必须如实报告情况,提供必要的工作条件。

工矿企业中负责水土保持工作的机构或者人员,在水土保持业务上受当地水土保持部门的指导，并定期向水土保持部门报告本单位责任区范围内的水土流失情况。

水土保持部门应当及时通报本辖区内的水土流失情况和水土保持工作的开展情况。

第十三条　晋陕蒙三省（区）根据实际需要可以成立水土保持协调机构。协调机构由三省（区）人民政府委派有关部门负责人员组成，定期召开会议，研究、协调晋陕蒙接壤地区水土保持工作中的重大问题。

第十四条　违反本规定，有下列行为之一的，县级以上地方人民政府的水土保持部门除责令其限期纠正、采取补救措施外，可以并处警告、罚款；对有关责任人员，可以由其所在单位或者上级主管机关给予行政处分：

一、不按照国土规划、水土保持规划、设计文件或者水土保持技术规范的要求采取水土流失防治措施的；

二、未经水土保持部门同意或者不在其指定的地点排弃岩土、矸石、废渣，或者排弃岩土、矸石、废渣后不按照规定要求采取水土流失防治措施的；

三、未经水土保持部门同意，擅自拆除水土流失防治工程、设施或者改变其用途的；

四、拒绝水土保持部门的监督检查或者在被检查时弄虚作假的；

五、违反本规定第十一条第二款的规定，拒不负担水土流失防治费用的。

对无证开采矿产资源，或者乱挖滥采、破坏矿产资源的，由有关机关按照《矿产资源法》的规定，给予吊销采矿许可证等行政处罚。

第十五条　罚款的幅度，由晋陕蒙接壤地区水土保持协调机构拟订，报三省（区）人民政府批准。

第十六条　对违反本规定，造成严重的水土流失后果，并在水土保持部门给予本规定第十四条所列的行政处罚后仍拒绝承担治理义务的，由水土保持部门报请该工矿企业主管部门所在的人民政府批准，责令其停业治理。

第十七条　有下列行为之一，尚不够刑事处罚，应当给予治安管理处罚的，依照《治安管理处罚条例》有关规定处罚；构成犯罪的，依照《刑法》有关规定追究刑事责任：

一、破坏水土保持工程或者设施的；

二、拒绝、阻碍水土保持工作人员依法执行职务的。

第十八条　当事人对行政处罚决定不服的，可以在接到处罚通知之日起十五日内，向作出处罚决定的机关的上一级机关申请复议；对复议决定不服的，可以在接到复议决定之日起十五日内向人民法院起诉。当事人在规定的期限内不申请复议或者不向人民法院起诉又不履行处罚决定的，由作出处罚决定的机关申请人民法院强制执行。对治安管理处罚不服的，按照《治安管理处罚条例》的规定办理。

第十九条　违反本规定，造成严重水土流失后果的单位和个人，有责任对直接遭受损失者赔偿损失。

赔偿责任的纠纷，可以根据当事人的请求，由县级以上水土保持部门处理；当事人对处理决定不服的，可以在接到通知之日起十五日内，向人民法院起诉。当事人也可以直接向人民法院起诉。

第二十条　本规定自发布之日起施行。

## 水利部关于蓄滞洪区安全与建设指导纲要

（1988年10月27日国发〔1988〕74号发布）

我国是多暴雨洪水的国家，洪水危害是主要自然灾害之一。历史上洪涝灾害频繁，民不聊生。建国以来，大江大河多次出现特大洪水，造成很大损失，影响社会的安定、经济的发展和人民生命财产的安全。因此，保障防洪安全，是关系国计民生的一件大事。

防御洪水应当采取工程与非工程相结合的综合性防洪措施。在较大洪水和特大洪水情况下，为确保重点，还应当按照“牺牲局部，保护全局”的原则，适时地采取分洪、滞洪措施，尽量减少淹没损失。同时，要对作出牺牲地区的人民生命财产安全和恢复生活、生产等方面进行妥善的安排。

蓄滞洪区主要是指河堤外洪水临时贮存的低洼地区及湖泊等。其中多数历史上就是江河洪水淹没和调蓄的场所。由于人口的增长、蓄洪垦殖，逐渐开发利用成为蓄滞洪区。蓄滞洪区在历次防洪斗争中对保障广大地区的安全和国民经济建设发挥了十分重要的作用。

为了合理和有效地运用蓄滞洪区，使区内居民的生活和经济活动适应防洪要求，并得到安全保障，各级人民政府应对蓄滞洪区的安全与建设进行必要的指导与帮助。为此，对蓄滞洪区的有关政策和管理作如下规定。河堤内行洪区、泛区、滩区除行政法规另有规定外，可参照本纲要的有关规定执行。

## 一、基本工作

为了有效地运用蓄滞洪区，并逐步达到制度化和规范化，应十分重视做好有关基本工作。

（一）七大江河流域机构应掌握本流域蓄滞洪区的数目、名单和区内社会经济基本情况，根据国务院批准的关于黄河、长江、淮河、永定河防御特大洪水方案及其它有关规定，编制本流域典型年蓄滞洪区运用顺序及淹没图，由水利部审定后颁布；松花江、辽河、珠江的防御特大洪水方案分别由有关省人民政府制定，报水利部备案。省级水利部门根据省人民政府制定的防御特大洪水方案编制有关流域典型年蓄滞洪区运用顺序及淹没图。

（二）按河系确定设防的典型年洪水，计算已发生过的代表站水位下最大淹没面积和贮水量，计算最大贮水总量时流域洪水总量（即上游水库、蓄滞洪区及河道蓄泄总量）、河道内与河堤外蓄滞洪区分配率（按洪水总量计算）。

（三）绘制流域各典型年的洪水分配率表及相应的各蓄滞洪区的贮水量、淹没面积、淹没水深和淹没历时图表。在现场设立各典型年淹没水深的高程标桩。

（四）编制各流域典型年洪水蓄滞洪区的运用顺序，标定分洪时代表站的水位以及蓄滞洪区可能达到水位时的贮水量。

## 二、通讯、预报与警报

通讯系统以及准确的洪水预报与警报，是减免蓄滞洪区内人民生命财产损失的重要措施。

（一）通讯系统必须做到任何情况下畅通无阻。经常进洪的蓄滞洪区应该建设有线通讯和无线通讯两套系统。通讯设施的建设由防汛主管部门提出要求。有线通讯应纳入城乡邮电网的建设，无线通讯由各级防汛部门负责实施。

（二）预报、警报内容：洪水预报内容，应根据水文气象部门和防汛指挥部的规定和要求进行。警报内容包括预测的洪水位、洪水量、分洪时间、有关准备工作、紧急避洪和撤退路线及允许撤离的时限等。

（三）警报必须传播到整个地区，包括与外界隔绝的孤立地区。传播的方法可以用电话、广播、电视、汽笛、敲锣、挂旗、报警器、鸣枪或挨户通知等一切可能的形式,使每家每户和外出人员都能及时得到警报信息。

(四)发布警报决策:根据国务院批准和省级人民政府制定的防御大洪水方案的决策程序作出分洪蓄洪决定,警报统一由防汛指挥部门发布。可靠性与时机的决定必须十分慎重,不得误报。警报一经发布,各项避洪工作必须迅速及时。由于延误时机造成损失的,要依法追究责任者的法律责任。

## 三、人口控制

控制人口的适度增长是保持蓄滞洪区安定发展的重要条件,必须实行严格的人口政策。

(一)省级人民政府应组织有关部门制定蓄滞洪区人口控制规划,规定区内人口增长率(自然增长率及机械增长率)必须低于省内其它地区,提出具体控制指标并建立分区人口册。限制人口迁入,明确区外迁入户口的审批机关,严格履行审批制度。

(二)经常进洪的蓄滞洪区应鼓励人口外迁或到其它地区工厂、矿区、油田做工,受保护地区的工厂、矿山和油田应对蓄滞洪区招工予以优先。

(三)宣传蓄滞洪环境对人口容量的制约作用,加强计划生育工作,认真执行政府制定的人口规划。对人口超计划增长的蓄滞洪区,减少或停止国家给予的优惠待遇。

## 四、土地利用和产业活动的限制

蓄滞洪区土地利用、开发和各项建设必须符合防洪的要求,保持蓄洪能力,实现土地的合理利用,减少洪灾损失。

(一)在指定的分洪口门附近和洪水主流区域内,不允许设置有碍行洪的各种建筑物。上述地区的土地,一般只限于农牧业以及其它露天方式的使用,以保持其自然空地状态。

(二)在农村土地利用方面,要按照蓄滞洪区的机遇及其特点,调整农业生产结构,积极开展多种经营。

在种植业方面应努力抓好夏季作物的生产,在蓄滞洪机遇较少的地区,应“保夏夺秋”,秋季种植耐水作物,能收则收;蓄滞洪机遇较多的地区,则应“弃秋夺麦”。

(三)蓄滞洪区内工业生产布局应根据蓄滞洪区的使用机遇进行可行性研究。对使用机遇较多的蓄滞洪区,原则上不应布置大中型项目;使用机遇较少的蓄滞洪区,建设大中型项目必须自行安排可靠的防洪措施。禁止在蓄滞洪区内建设有严重污染物质的工厂和储仓。

(四)在蓄滞洪区内进行油田建设必须符合防洪要求,油田应采取可靠的防洪措施,并建设必要的避洪设施。

(五)蓄滞洪区内新建的永久性房屋(包括学校、商店、机关、企业房屋等),必须采取平顶、能避洪救人的结构形式,并避开洪水流路,否则不准建设。

(六)蓄滞洪区内的高地、旧堤应予保留,以备临时避洪。

## 五、就地避洪措施

因地制宜地采取多种形式的就地避洪措施是蓄滞洪区安全保障的重要内容。

(一)围村埝(安全区):在人口集中、地势较高的村、镇,可采取四周修建圩堤以防御洪水。围村埝要统一规划,并设在静水区内。周围面积不宜过大而增加防守困难以及影响蓄滞洪水的能力。围村埝在迎流顶冲面要做好防浪防冲,埝内要做好排水工程。

(二)庄台:一般适用在蓄滞洪机遇较多,淹没水深较浅的地区,庄台标准按需要与可能相结合的原则确定,庄台填土量大的,应有计划地修建,逐年积累。

(三)避水台:避水台只作临时避洪,上面不盖房屋。

庄台、避水台的顶高程,按蓄滞洪水位加安全超高确定。迎流面要设护坡,并需要设置行人台阶或坡道。

(四)避水楼:在蓄水较深的地区,有计划地指导农民修建避水楼,一旦分蓄洪水时,居民和重要财产可往其中转移。

集体避水楼只作为临时集体避洪,在洪水位以上盖房,平时可考虑作为学校等公用设施。

避水楼房的建筑结构形式、建筑标准和避水防水要求,由省防汛部门会同省建设部门进行技术指导。

(五)城墙:古代建造的城墙一般具有防御战争和洪水的双重功能。对目前保留完好确能起到防洪作用的城墙,应做好防渗防漏和城门的临时堵闭等准备工作,继续发挥其防洪作用。

(六)其它就地避洪措施

1.大堤堤顶避洪:蓄滞洪区四周都有大堤保护,预报要分蓄洪时,低洼地群众可到大堤堤顶暂时避洪,但不得影响防汛和管理工作的正常秩序。洪水过后应立即撤离。

2.利用高杆树木避洪:蓄洪区内村庄宅旁有计划种植高杆树木,一旦分洪时,可就近避险。

(七)公共设施和机关企事业单位的防洪避险要求:

蓄滞洪区内机关、学校、工厂等单位和商店、影院、医院等公共设施,均应选择较高地形,并要有集体避洪安全设施,如利用厂房、仓库、学校、影院的屋顶或集体住宅平台等。新建机关、学校、工厂等单位必须同时建设集体避洪设施,由上级主管部门会同防汛主管部门审批,不具备避洪措施的,不予批准。

## 六、安全撤离措施

蓄滞洪区水位较深,难以就地避洪,或因水情发展,就地避洪难保安全时,应组织居民安全撤离。

(一)基本情况核查:省级人民政府汛前要组织对蓄滞洪区的居民情况进行核查。内容包括蓄滞洪范围内的总人口,居住在围村埝内、避水台(庄台)、避水楼、高地等不需撤离的人数(或户数),计划撤离单位、居民和牲畜、贵重物资的数量等。

(二)撤离道路和对口安置:蓄滞洪区所在地的人民政府,应根据避洪撤离的需要,结合城乡道路建设,有计划地修建公路和道路,按照行政区划、路程、交通条件,指定撤离路线。居民临时住宿点应以村为单元,落实对口安置地点,绘制撤离路线与安置地点详图。

(三)车辆、船只及材料准备:区内各乡、村要有计划地备置必要的船只,汛情紧急时可征用、调度船只或组织群众临时用门板、木板、竹排编成抢救工具以及临时住宿搭棚的材料。除常年储存部分外,在下达分洪指令的同时,各级防汛指挥部应组织抢运到指定的地点。

(四)组织指挥和抢救:蓄滞洪区所在地方人民政府负责组织与指挥撤离。分洪时可宣布紧急状态,公安机关负责维持社会治安。乡村基层干部要在统一指挥下,具体负责居民的撤离与安置工作。

（五）食宿保障：撤离初期，各级人民政府组织非灾区的机关、团体、商店制作熟食，供给受灾人民。安置基本就绪后，有计划地供应粮、菜、煤等，保障灾民生活必需。

（六）防火、防疫：灾民集中地点要组织医疗队进行巡回医疗，要保持卫生，及时处理粪便，进行消毒，以防瘟疫发生。临时棚户要适当留出间隔，以防火灾。

## 七、试行防洪基金或洪水保险制度

（一）省级人民政府可选择受益范围明确、进洪机遇较多的蓄滞洪区，试行防洪基金或洪水保险制度，取得经验后推广，逐步改变过去洪灾损失单纯依靠政府大量救济的办法。

（二）在施行洪水保险的地区，由有关流域机构在水利部的指导下绘制典型年洪水淹没风险边界图，划定使用蓄滞洪区后受益地区的范围；并在保险公司的配合下编制洪水淹没风险边界图及洪水保险率图。在正式制定保险率之前，可先采取“低保额、低保费”的办法，以鼓励更多的居民参加洪水保险。

（三）试行防洪基金或保险的地区，保险公司按规定向蓄滞洪区内投保人收取保费，并赔偿滞洪后的损失；赔付不足部分，可由省级人民政府从受益地区国营工商企业、集体和个体企业以及居民所筹集的防洪基金中解决。

（四）设有蓄滞洪区的省级人民政府，参照上述原则规定，可制订洪水保险及防洪基金筹集、使用和管理的具体办法，报国务院主管部门备案。

## 八、规划与管理

蓄滞洪区的安全建设是涉及千家万户的大事，是一个十分复杂的系统，必须进行合理规划，加强管理。

（一）蓄滞洪区所在地的省级人民政府应组织有关部门和地（市）、县，根据本纲要所指出的原则和方法，结合本地区社会经济发展计划，制订各蓄滞洪区的安全与建设规划，并报国务院主管部门备案。

（二）就地避洪措施与安全撤离措施，应当密切结合居民住宅建设及乡村社会设施统筹安排，做到平战结合，根据居民收入和当地经济发展水平，量力而行，常年安排。

（三）蓄滞洪区所在地的省级人民政府可根据工作需要成立蓄滞洪区管理委员会，作为虚设机构，不设实体办事机构，其日常工作由政府指定的部门承担，蓄滞洪区管理委员会负责规划的实施和区内安全建设的管理，分洪时配合各级防汛指挥部保证各项任务按规划有秩序地完成。

## 九、宣传与通告

（一）蓄滞洪区所在地的省级人民政府在水利部有关流域机构的配合下，制订蓄滞洪区宣传提纲。重点宣传：1.本地区洪水灾害的历史概况；2.根据国家批准的防洪规划，对超过现有河道泄洪能力的洪水，有计划地采取蓄洪、滞洪、分洪措施的必要性；3.蓄滞洪区有关人口控制、土地利用和各项建设的有关法令、政策；4.国家对蓄滞洪区实行的各项政策和扶持措施；5.鼓励参加洪水保险和筹集防洪基金等。

（二）对下列事项向当地人民发布通告：1.本蓄滞洪区的运用标准，洪水重现期，淹没范围和淹没水深、标高；2.就地避洪与撤离措施的安排；3.本单位、本村、本户的撤离转移对口安置计划，交通工具、交通路线，撤离安置地点及其他有关治安等注意事项。

# 黄河下游引黄渠首工程水费收交和管理办法（试行）

（1989年2月14日水利部水财〔1989〕1号颁发）

## 一、总　则

第一条　为管好用好引黄渠首工程，充分发挥工程效益，节约用水，合理利用黄河水资源，根据国务院发布的《水利工程水费核订、计收和管理办法》的原则，特制订本办法。

第二条　本办法适用于三门峡水利枢纽以下黄河上的引黄渠首工程和黄河主管部门管理的黄河支流上的引水渠首工程。无论上述工程是否属黄河主管部门管理，凡经上述工程引水者，用水单位均应按照本办法规定的相应类型水费标准，向黄河主管部门交付水费。

第三条　各种用水均按引水量核收水费，引水量的测定分以下两种情况：

（一）直接由黄河主管部门管理的渠首工程引水或经过黄河主管部门管理的引水工程引水的，引水量以黄河主管部门管理的引水工程测算的结果为准；

（二）由自建自管的引水渠道工程直接引水的以渠首工程的引水量为准。

第四条　水费以粮计价，按当年国家中等小麦合同订购价折算，用人民币交付。

## 二、水费标准

第五条　引黄渠首工程的水费标准：

（一）直接或经由黄河主管部门管理的引黄渠首工程供水的：

1. 农业用水：四、五、六月份枯水季节，每万立方米收中等小麦 44.44 公斤，其它月份每万立方米收中等小麦 33.34 公斤。

2. 工业及城市用水：由引黄渠首工程直接供水的，四、五、六月份枯水季节，每立方米 4.5 厘，其它月份每立方米 2.5 厘。通过灌区供水的，由地方水利部门根据灌区承担的输水任务，核算成本，加收水费，加收部分由灌区留用。在水源紧张，为保工业和城市用水，而限制或停止农业用水时，工业及城市用水加倍收费。

（二）由用水单位自建自管的引黄渠首工程引水，按上述标准减半收费。

第六条　黄河主管部门的黄河支流上的引水渠首工程的水费标准，按第五条相应情况的规定减半收费。

第七条　要严格执行用水计划，对超出批准的用水计划的引水量实行加价收费，超计划 20%以内的加价 50%，超计划 20%以上的加价 100%。

## 三、水费收交

第八条　直接或经由黄河主管部门管理的渠首供水的由用水单位直接向黄河主管部门交付水费；通过灌区向灌区以外送水的，用水单位向灌区管理单位交费，再由灌区管理单位向黄河主管部门交付水费。

用水单位直接由自建自管的渠道工程引水的，由渠首工程管理单位，向工程所在河段的黄河主管部门交付水费。

第九条　农业水费分夏、秋两季收，年终结清，工业及城市用水按月收，年终结清。各用水单位应按期交付，不得拖欠。过期欠交的部分，按月收5%的滞纳金，拒交或拖欠不交的，黄河主管部门有权停止供水，因关闸造成的损失和后果，由用水单位负责。对预交水费的可减收2%。

第十条　计收水费是渠首管理单位的一项重要工作任务，必须严格按规定标准核收。

## 四、水费管理

第十一条　水费收入是引黄渠首工程管理单位的主要经济来源，按《水利工程管理单位财务管理办法》规定进行管理，主要是抵顶供水成本，用于渠首工程的运行管理、养护维修、清淤检查、大修更新和工程改建等方面的费用，视为预算内收入，免交能源交通重点建设基金，结余资金可以连年结转使用，但不得用于工程管理以外的开支。

第十二条　对于水费收交好的渠首管理单位，可以进行提成奖励，提成留用部分按单位的事业收入管理。对于长期水费收交情况差的渠首管理单位，上级主管部门可以令其停用整顿，并对管理人员实行必要的经济制裁。

第十三条　本办法自一九八九年元月一日起试行。一九八二年颁发的《黄河下游渠首工程水费收交管理暂行办法》同时废止。

第十四条　本办法由水利部委托黄河水利委员会负责解释。

# 中华人民共和国水土保持法

（1991年6月29日第七届全国人民代表大会
常委委员会第20次会议通过、中华人民共和国主席令第49号公布）

## 第一章　总　则

第一条　为预防和治理水土流失，保护和合理利用水土资源，减轻水、旱、风沙灾害，改善生态环境，发展生产，制定本法。

第二条　本法所称水土保持，是指对自然因素和人为活动造成水土流失所采取的预防和治理措施。

第三条　一切单位和个人都有保护水土资源、防治水土流失的义务，并有权对破坏水资源、造成水土流失的单位和个人进行检举。

第四条　国家对水土保持工作实行预防为主，全面规划，综合防治，因地制宜，加强管理，注重效益的方针。

第五条　国务院和地方人民政府应当将水土保持工作列为重要职责，采取措施做好水土流失防治工作。

第六条　国务院水行政主管部门主管全国的水土保持工作，县级以上地方人民政府水行政主管部门，主管本辖区的水土保持工作。

第七条　国务院和县级以上地方人民政府的水行政主管部门，应当在调查评价水土资源的基础上，会同有关部门编制水土保持规划，水土保持规划须经同级人民政府批准。县级以上地方人民政府批准的水土保持规划，须报上一级人民政府水行政主管部门备案。水土保持规划的修改，须经原批准机关批准。

县级以上人民政府应当将水土保持规划确定的任务，纳入国民经济和社会发展计划，安排专项资金，并组织实施。

县级以上人民政府应当依据水土流失的具体情况，划定水土流失重点防治区，进行重点防治。

第八条　从事可能引起水土流失的生产建设活动的单位和个人，必须采取措施保护水土资源，并负责治理因生产建设活动造成的水土流失。

第九条　各级人民政府应当加强水土保持的宣传教育工作，普及水土保持科学知识。

第十条　国家鼓励开展水土保持科学技术研究，提高水土保持科学水平，推广水土保持的先进技术，有计划地培养水土保持的科学技术人才。

第十一条　在防治水土流失工作中成绩显著的单位和个人，由人民政府给予奖励。

## 第二章　预　　防

第十二条　各级人民政府应当组织全民植树造林，鼓励种草，扩大森林覆盖面积，增加植被。

第十三条　各级地方人民政府应当根据当地情况，组织农业集体经济组织和国营农、林、牧场，种植薪炭林和饲草、绿肥植物，有计划地进行封山育林育草，轮封轮牧，防风固沙，保护植被。禁止毁林开荒、烧山开荒和在陡坡地、干旱地区铲草皮、挖树兜。

第十四条　禁止在二十五度以上陡坡地开垦种植农作物。

省、自治区、直辖市人民政府可以根据本辖区的实际情况，规定小于二十五度的禁止开垦坡度。

禁止开垦的陡坡地的具体范围由当地县级人民政府划定并公告。

本法施行前已在禁止开垦的陡坡地上开垦种植农作物的，应当在建设基本农田的基础上，根据实际情况，逐步退耕，植树种草，恢复植被，或者修建梯田。

第十五条　开垦禁止开垦坡度以下、五度以上的荒坡地，必须经县级人民政府水行政主管部门批准；开垦国有荒坡地，经县级人民政府水行政主管部门批准后，方可向县级以上人民政府申请办理土地开垦手续。

第十六条　采伐林木必须因地制宜地采用合理采伐方式，严格控制皆伐，对采伐地区和集材道采取防止水土流失的措施，并在采伐后及时完成更新造林任务，对水源涵养林、水土保持林、防风固沙林等防护林只准进行抚育和更新性质的采伐。

在林区采伐林木的，采伐方案中必须有按照前款规定制定的采伐区水土保持措施。采伐方案经林业行政主管部门批准后，采伐区水土保持措施由水行政主管部门和林业行政主管部门监督实施。

第十七条　在五度以上坡地上整地造林，抚育幼林，垦复油茶、油桐等经济林木，必须采取水土保持措施，防止水土流失。

第十八条　修建铁路、公路和水工程，应当尽量减少破坏植被，废弃的砂、石、土必须运至规定的专门存放地堆放，不得向江河、湖泊、水库和专门存放地以外的沟渠倾倒；在铁路、公路两侧地界以内的山坡地，必须修建护坡或者采取其他土地整治措施；工程竣工后，取土场、开挖面和废弃的砂、石、土存放地的裸露土地，必须植树种草，防止水土流失。

开办矿山企业、电力企业和其他大中型工业企业，排弃的剥离表土、矸石、尾矿、废渣等必须堆放在规定的专门存放地，不得向江河、湖泊、水库和专门存放地以外的沟渠倾倒；因采矿和建设使植被受到破坏的，必须采取措施恢复表土层和植被，防止水土流失。

第十九条　在山区、丘陵区、风沙区修建铁路、公路、水工程，开办矿山企业、电力企业和其他大中型工业企业，在建设项目环境影响报告书中，必须有水行政主管部门同意的水土保持方案。水土保持方案应当按照本法第十八条的规定制定。

在山区、丘陵区、风沙区依照矿产资源法的规定开办乡镇集体矿山企业和个体申请采矿，必须持有县级以上地方人民政府水行政主管部门同意的水土保持方案，方可申请办理采矿批准手续。

建设项目中的水土保持设施，必须与主体工程同时设计、同时施工、同时投产使用。建设工程竣工验收时，应当同时验收水土保持设施，并有水行政主管部门参加。

第二十条　各级地方人民政府应当采取措施，加强对采矿、取土、挖砂、采石等生产活动的管理，防止水土流失。

在崩塌滑坡危险区和泥石流易发区禁止取土、挖砂、采石。崩塌滑坡危险区和泥石流易发区的范围，由县级以上地方人民政府划定并公告。

## 第三章　治　理

第二十一条　县级以上人民政府应当根据水土保持规划，组织有关行政主管部门和单位有计划地对水土流失进行治理。

第二十二条　在水力侵蚀地区，应当以天然沟壑及其两侧山坡地形成的小流域为单元，实行全面规划，综合治理，建立水土流失综合防治体系。

在风力侵蚀地区，应当采取开发水源、引水拉沙、植树种草、设置人工沙障和网格林带等措施，建立防风固沙防护体系，控制风沙危害。

第二十三条　国家鼓励水土流失地区的农业集体经济组织和农民对水土流失进行治理，并在资金、能源、粮食、税收等方面实行扶持政策，具体办法由国务院规定。

第二十四条　各级地方人民政府应当组织农业集体经济组织和农民，有计划地对禁止开垦坡度以下、五度以上的耕地进行治理，根据不同情况，采取整治排水系统、修建梯田、蓄水保土耕作等水土保持措施。

第二十五条　水土流失地区的集体所有的土地承包给个人使用的，应当将治理水土流失的责任列入承包合同。

第二十六条　荒山、荒沟、荒丘、荒滩可以由农业集体经济组织、农民个人或者联户承包水土流失的治理。

对荒山、荒沟、荒丘、荒滩水土流失的治理实行承包的，应当按照谁承包治理谁受益的原则，签订水土保持承包治理合同。

承包治理所种植的林木及其果实，归承包者所有，因承包治理而新增加的土地，由承包者使用。

国家保护承包治理合同当事人的合法权益。在承包治理合同有效期内，承包人死亡时,继承人可以依照承包治理合同的约定继续承包。

第二十七条　企业事业单位在建设和生产过程中必须采取水土保持措施,对造成的水土流失负责治理。本单位无力治理的,由水行政主管部门治理,治理费用由造成水土流失的企业事业单位负担。

建设过程中发生的水土流失防治费用,从基本建设投资中列支,生产过程中发生的水土流失防治费用,从生产费用中列支。

第二十八条　在水土流失地区建设的水土保持设施和种植的林草,由县级以上人民政府组织有关部门检查验收。

对水土保持措施、试验场地、种植的林草和其他治理成果,应当加强管理和保护。

## 第四章　监　　督

第二十九条　国务院水行政主管部门建立水土保持监测网络,对全国水土流失动态进行监测预报,并予以公告。

第三十条　县级以上地方人民政府水行政主管部门的水土保持监督人员,有权对本辖区的水土流失及其防治情况进行现场检查。被检查单位和个人必须如实报告情况,提供必要的工作条件。

第三十一条　地区之间发生的水土流失防治的纠纷,应当协商解决;协商不成的,由上一级人民政府处理。

## 第五章　法律责任

第三十二条　违反本法第十四条规定,在禁止开垦的陡坡地开垦种植农作物的,由县级人民政府水行政主管部门责令停止开垦、采取补救措施,可以处以罚款。

第三十三条　企业事业单位、农业集体经济组织未经县级人民政府水行政主管部门批准,擅自开垦禁止开垦坡度以下、五度以上的荒坡地的,由县级人民政府水行政主管部门责令停止开垦、采取补救措施,可以处以罚款。

第三十四条　在县级以上地方人民政府划定的崩塌滑坡危险区、泥石流易发区范围内取土、挖砂或者采石的,由县级以上地方人民政府水行政主管部门责令停止上述违法行为、采取补救措施,处以罚款。

第三十五条　在林区采伐林木，不采取水土保持措施，造成严重水土流失的，由水行政主管部门报请县级以上人民政府决定责令限期改正、采取补救措施，处以罚款。

第三十六条　企业事业单位在建设和生产过程中造成水土流失，不进行治理的，可以根据所造成的危害后果处以罚款，或者责令停业治理；对有关责任人员由其所在单位或者上级主管机关给予行政处分。

罚款由县级人民政府水行政主管部门报请县级人民政府决定。责令停业治理由市、县人民政府决定；中央或者省级人民政府直接管辖的企业事业单位的停业治理，须报请国务院或者省级人民政府批准。

个体采矿造成水土流失，不进行治理的，按照前两款的规定处罚。

第三十七条　以暴力、威胁方法阻碍水土保持监督人员依法执行职务的，依法追究刑事责任；拒绝、阻碍水土保持监督人员执行职务未使用暴力、威胁方法的，由公安机关依照治安管理处罚条例的规定处罚。

第三十八条　当事人对行政处罚决定不服的，可以在接到处罚通知之日起十五日内向作出处罚决定的机关的上一级机关申请复议；当事人也可以在接到处罚通知之日起十五日内直接向人民法院起诉。

复议机关应当在接到复议申请之日起六十日内作出复议决定。当事人对复议决定不服的，可以在接到复议决定之日起十五日内向人民法院起诉。复议机关逾期不作出复议决定的，当事人可以在复议期满之日起十五日内向人民法院起诉。

当事人逾期不申请复议也不向人民法院起诉、又不履行处罚决定的，作出处罚决定的机关可以申请人民法院强制执行。

第三十九条　造成水土流失危害的，有责任排除危害，并对直接受到损害的单位和个人赔偿损失。

赔偿责任和赔偿金额的纠纷，可以根据当事人的请求，由水行政主管部门处理；当事人对处理决定不服的，可以向人民法院起诉。当事人也可以直接向人民法院起诉。

由于不可抗拒的自然灾害，并经及时采取合理措施，仍然不能避免造成水土流失危害的，免予承担责任。

第四十条　水土保持监督人员玩忽职守、滥用职权给公共财产、国家和人民利益造成损失的，由其所在单位或者上级主管机关给予行政处分；构成犯罪的，依法追究刑事责任。

## 第六章 附 则

第四十一条 国务院根据本法制定实施条例。

省、自治区、直辖市人民代表大会常务委员会,可以根据本法和本地区的实际情况制定实施办法。

第四十二条 本法自公布之日起施行。1982年6月30日国务院发布的《水土保持工作条例》同时废止。

# 中华人民共和国防汛条例

(1991年7月2日中华人民共和国国务院令第86号发布)

## 第一章 总 则

第一条 为了做好防汛抗洪工作,保障人民生命财产安全和经济建设的顺利进行,根据《中华人民共和国水法》,制定本条例。

第二条 在中华人民共和国境内进行防汛抗洪活动,适用本条例。

第三条 防汛工作实行“安全第一,常备不懈,以防为主,全力抢险”的方针,遵循团结协作和局部利益服从全局利益的原则。

第四条 防汛工作实行各级人民政府行政首长负责制,实行统一指挥,分级分部门负责,各有关部门实行防汛岗位责任制。

第五条 任何单位和个人都有参加防汛抗洪的义务。

中国人民解放军和武警部队是防汛抗洪的重要力量。

## 第二章 防汛组织

第六条 国务院设立国家防汛总指挥部,负责组织领导全国的防汛抗洪工作,其办事机构设在国务院水行政主管部门。

长江和黄河,可以设立由有关省、自治区、直辖市人民政府和该江河的流域管理机构(以下简称流域机构)负责人等组成的防汛指挥机构,负责指挥所管辖范围的防汛抗洪工作,其办事机构设在流域机构。长江和黄河的重大防汛抗洪事项须经国家防汛总指挥部批准后执行。

国务院水行政主管部门所属的淮河、海河、珠江、松花江、辽河、太湖等流域机构，设立防汛办事机构，负责协调本流域的防汛日常工作。

第七条　有防汛任务的县级以上地方人民政府设立防汛指挥部，由有关部门、当地驻军、人民武装部负责人组成，由各级人民政府首长担任指挥。各级人民政府防汛指挥部在上级人民政府防汛指挥部和同级人民政府的领导下，执行上级防汛指令，制定各项防汛抗洪措施，统一指挥本地区的防汛抗洪工作。

各级人民政府防汛指挥部办事机构设在同级水行政主管部门；城市市区的防汛指挥办事机构也可以设在城建主管部门，负责管理所辖范围的防汛日常工作。

第八条　石油、电力、邮电、铁路、公路、航运、工矿以及商业、物资等有防汛任务的部门和单位，汛期应当设立防汛机构，在有管辖权的人民政府防汛指挥部统一领导下，负责做好本行业和本单位的防汛工作。

第九条　河道管理机构、水利水电工程管理单位和江河沿岸在建工程的建设单位，必须加强对所辖水工程设施的管理维护，保证其安全正常运行，组织和参加防汛抗洪工作。

第十条　有防汛任务的地方人民政府应当组织以民兵为骨干的群众性防汛队伍，并责成有关部门将防汛队伍组成人员登记造册，明确各自的任务和责任。

河道管理机构和其他防洪工程管理单位可以结合平时的管理任务，组织本单位的防汛抢险队伍，作为紧急抢险的骨干力量。

## 第三章　防汛准备

第十一条　有防汛任务的县级以上人民政府，应当根据流域综合规划、防洪工程实际状况和国家规定的防洪标准，制定防御洪水方案（包括对特大洪水的处置措施）。

长江、黄河、淮河、海河的防御洪水方案，由国家防汛总指挥部制定，报国务院批准后施行；跨省、自治区、直辖市的其他江河的防御洪水方案，有关省、自治区、直辖市人民政府制定后，经有管辖权的流域机构审查同意，由省、自治区、直辖市人民政府报国务院或其授权的机构批准后施行。

有防汛抗洪任务的城市人民政府，应当根据流域综合规划和江河的防御洪水方案，制定本城市的防御洪水方案，报上级人民政府或其授权的机构批准后施行。

防御洪水方案批准后，有关地方人民政府必须执行。

第十二条　有防汛抗洪任务的企业应当根据所在流域或者地区的防御洪水方案，规定本企业的防汛抗洪措施，在征得其所在地水行政主管部门同意后，报本企业的上级主管部门批准。

第十三条　水库、水电站、拦河闸坝等工程的管理部门，应当根据工程规划设计、防御洪水方案和工程实际状况，在兴利服从防洪、保证安全的前提下，制定汛期调度运用计划，经上级主管部门审查批准后，报有管辖权的人民政府防汛指挥部备案，并接受其监督。

经国家防汛总指挥部认定的对防汛抗洪关系重大的水电站，其防洪库容的汛期调度运用计划经上级主管部门审查同意后，须经有管辖权的人民政府防汛指挥部批准。

汛期调度运用计划经批准后，由水库、水电站、拦河闸坝等工程的管理部门负责执行。

有防凌任务的江河，其上游水库在凌汛期间的下泄水量，必须征得有管辖权的人民政府防汛指挥部的同意，并接受其监督。

第十四条　各级防汛指挥部应当在汛前对各类防洪设施组织检查，发现影响防洪安全的问题，责成责任单位在规定的期限内处理，不得贻误防汛抗洪工作。

各有关部门和单位按照防汛指挥部的统一部署，对所管辖的防洪工程设施进行汛前检查后，必须将影响防洪安全的问题和处理措施报有管辖权的防汛指挥部和上级主管部门，并按照该防汛指挥部的要求予以处理。

第十五条　关于河道清障和对壅水、阻水严重的桥梁、引道、码头和其他跨河工程设施的改建或者拆除，按照《中华人民共和国河道管理条例》的规定执行。

第十六条　蓄滞洪区所在地的省级人民政府应当按照国务院的有关规定，组织有关部门和市、县，制定所管辖的蓄滞洪区的安全与建设规划，并予实施。

各级地方人民政府必须对所管辖的蓄滞洪区的通信、预报警报、避洪、撤退道路等安全设施，以及紧急撤离和救生的准备工作进行汛前检查，发现影响安全的问题，及时处理。

第十七条　山洪、泥石流易发地区，当地有关部门应当指定预防监测员及时监测。雨季到来之前，当地人民政府防汛指挥部应当组织有关单位进行安全检查。对险情征兆明显的地区,应当及时把群众撤离险区。

风暴潮易发地区,当地有关部门应当加强对水库、海堤、闸坝、高压电线等设施和房屋的安全检查,发现影响安全的问题,及时处理。

第十八条 地区之间在防汛抗洪方面发生的水事纠纷,由发生纠纷地区共同的上一级人民政府或其授权的主管部门处理。

前款所指人民政府或者部门在处理防汛抗洪方面的水事纠纷时,有权采取临时紧急处置措施,有关当事各方必须服从并贯彻执行。

第十九条 有防汛任务的地方人民政府应当建设和完善江河堤防、水库、蓄滞洪区等防洪设施,以及该地区的防汛通信、预报警报系统。

第二十条 各级防汛指挥部应当储备一定数量的防汛抢险物资,由商业、供销、物资部门代储的,可以支付适当的保管费。受洪水威胁的单位和群众应当储备一定的防汛抢险物料。

防汛抢险所需的主要物资,由计划主管部门在年度计划中予以安排。

第二十一条 各级人民政府防汛指挥部汛前应当向有关单位和当地驻军介绍防御洪水方案,组织交流防汛抢险经验,有关方面汛期应当及时通报水情。

## 第四章 防汛与抢险

第二十二条 省级人民政府防汛指挥部,可以根据当地的洪水规律,规定汛期起止日期。当江河、湖泊、水库的水情接近保证水位或者安全流量时,或者防洪工程设施发生重大险情,情况紧急时,县级以上地方人民政府可以宣布进入紧急防汛期,并报告上级人民政府防汛指挥部。

第二十三条 防汛期内,各级防汛指挥部必须有负责人主持工作。有关责任人员必须坚守岗位,及时掌握汛情,并按照防御洪水方案和汛期调度运用计划进行调度。

第二十四条 在汛期,水利、电力、气象、海洋、农林等部门的水文站、雨量站,必须及时准确地向各级防汛指挥部提供实时水文信息;气象部门必须及时向各级防汛指挥部提供有关天气预报和实时气象信息;水文部门必须及时向各级防汛指挥部提供有关水文预报;海洋部门必须及时向沿海地区防汛指挥部提供风暴潮预报。

第二十五条 在汛期,河道、水库、闸坝、水运设施等水工程管理单位及其主管部门在执行汛期调度运用计划时,必须服从有管辖权的人民政府防汛指挥部的统一调度指挥或者监督。

在汛期，以发电为主的水库，其汛期水位以上的防洪库容及洪水调度运用必须服从有管辖权的人民政府防汛指挥部的统一调度指挥。

第二十六条　在汛期，河道、水库、水电站、闸坝等水工程管理单位必须按照规定对水工程进行巡查，发现险情，必须立即采取抢护措施，并及时向防汛指挥部和上级主管部门报告。其他任何单位和个人发现水工程设施出现险情，应当立即向防汛指挥部和水工程管理单位报告。

第二十七条　在汛期，公路、铁路、航运、民航等部门应当及时运送防汛抢险人员和物资，电力部门应当保证防汛用电。

第二十八条　在汛期，电力调度通信设施必须服从防汛工作需要；邮电部门必须保证汛情和防汛指令的及时、准确传递，电视、广播、公路、铁路、航运、民航、公安、林业、石油等部门应当运用本部门的通信工具优先为防汛抗洪服务。

电视、广播、新闻单位应当根据人民政府防汛指挥部提供的汛情，及时向公众发布防汛信息。

第二十九条　在紧急防汛期，地方人民政府防汛指挥部必须由人民政府负责人主持工作，组织动员本地区各有关单位和个人投入抗洪抢险。所有单位和个人必须听从指挥，承担人民政府防汛指挥部分配的抗洪抢险任务。

第三十条　在紧急防汛期，公安部门应当按照人民政府防汛指挥部的要求，加强治安管理和安全保卫工作。必要时须由有关部门依法实行陆地和水面交通管制。

第三十一条　在紧急防汛期，为了防汛抢险需要，防汛指挥部有权在其管辖范围内，调用物资、设备、交通运输工具和人力，事后应当及时归还或者给予适当补偿。因抢险需要取土占地、砍伐林木、清除阻水障碍物的，任何单位和个人不得阻拦。

前款所指取土占地、砍伐林木的，事后应当依法向有关部门补办手续。

第三十二条　当河道水位或者流量达到规定的分洪、滞洪标准时，有管辖权的人民政府防汛指挥部有权根据经批准的分洪、滞洪方案，采取分洪、滞洪措施。采取上述措施对毗邻地区有危害的，须经有管辖权的上级防汛指挥机构批准，并事先通告有关地区。

在非常情况下，为保护国家确定的重点地区和大局安全，必须作出局部牺牲时，在报经有管辖权的上级人民政府防汛指挥部批准后，当地人民政府防汛指挥部可以采取非常紧急措施。

实施上述措施时，任何单位和个人不得阻拦，如遇到阻拦和拖延时，有管辖权的人民政府有权组织强制实施。

第三十三条　当洪水威胁群众安全时，当地人民政府应当及时组织群众撤离至安全地带，并做好生活安排。

第三十四条　按照水的天然流势或者防洪、排涝工程的设计标准，或者经批准的运行方案下泄的洪水，下游地区不得设障阻水或者缩小河道的过水能力；上游地区不得擅自增大下泄流量。

未经有管辖权的人民政府或其授权的部门批准，任何单位和个人不得改变江河河势的自然控制点。

## 第五章　善后工作

第三十五条　在发生洪水灾害的地区，物资、商业、供销、农业、公路、铁路、航运、民航等部门应当做好抢险救灾物资的供应和运输；民政、卫生、教育等部门应当做好灾区群众的生活供给、医疗防疫、学校复课以及恢复生产等救灾工作；水利、电力、邮电、公路等部门应当做好所管辖的水毁工程的修复工作。

第三十六条　地方各级人民政府防汛指挥部，应当按照国家统计部门批准的洪涝灾害统计报表的要求，核实和统计所管辖范围的洪涝灾情，报上级主管部门和同级统计部门，有关单位和个人不得虚报、瞒报、伪造、篡改。

第三十七条　洪水灾害发生后，各级人民政府防汛指挥部应当积极组织和帮助灾区群众恢复和发展生产。修复水毁工程所需费用，应当优先列入有关主管部门年度建设计划。

## 第六章　防汛经费

第三十八条　由财政部门安排的防汛经费，按照分级管理的原则，分别列入中央财政和地方财政预算。

在汛期，有防汛任务的地区的单位和个人应当承担一定的防汛抢险的劳务和费用，具体办法由省、自治区、直辖市人民政府制定。

第三十九条　防御特大洪水的经费管理，按照有关规定执行。

第四十条　对蓄滞洪区，逐步推行洪水保险制度，具体办法另行制定。

## 第七章 奖励与处罚

第四十一条 有下列事迹之一的单位和个人，可以由县级以上人民政府给予表彰或者奖励：

一、在执行抗洪抢险任务时，组织严密，指挥得当，防守得力，奋力抢险，出色完成任务者；

二、坚持巡堤查险，遇到险情及时报告，奋力抗洪抢险，成绩显著者；

三、在危险关头，组织群众保护国家和人民财产，抢救群众有功者；

四、为防汛调度、抗洪抢险献计献策，效益显著者；

五、气象、雨情、水情测报和预报准确及时，情报传递迅速，克服困难，抢测洪水，因而减轻重大洪水灾害者；

六、及时供应防汛物料和工具，爱护防汛器材，节约经费开支，完成防汛抢险任务成绩显著者；

七、有其他特殊贡献，成绩显著者。

第四十二条 有下列行为之一者，视情节和危害后果，由其所在单位或者上级主管机关给予行政处分；应当给予治安管理处罚的，依照《中华人民共和国治安管理条例》的规定处罚；构成犯罪的，依法追究刑事责任：

一、拒不执行经批准的防御洪水方案，或者拒不执行有管辖权的防汛指挥机构的防汛调度方案或者防汛抢险指令的；

二、玩忽职守，或者在防汛抢险的紧要关头临阵脱逃的；

三、非法扒口决堤或者开闸的；

四、挪用、盗窃、贪污防汛或者救灾钱款或者物资的；

五、阻碍防汛指挥机构工作人员依法执行职务的；

六、盗窃、毁损或者破坏堤防、护岸、闸坝等水工程建筑物和防汛工程设施以及水文监测、测量设施、气象测报设施、河岸地质监测设施、通信照明设施的；

七、其他危害防汛抢险工作的。

第四十三条 违反河道和水库大坝的安全管理，依照《中华人民共和国河道管理条例》和《水库大坝安全管理条例》的有关规定处理。

第四十四条 虚报、瞒报洪涝灾情，或者伪造、篡改洪涝灾害统计资料的，依照《中华人民共和国统计法》及其实施细则的有关规定处理。

第四十五条 当事人对行政处罚不服的，可以在接到处罚通知之日起十五日内,向作出处罚决定机关的上一级机关申请复议;对复议决定不服的,可以在接到复议决定之日起十五日内,向人民法院起诉。当事人也可以在接到处罚通知之日起十五日内,直接向人民法院起诉。

当事人逾期不申请复议或者不向人民法院起诉,又不履行处罚决定的,由作出处罚决定的机关申请人民法院强制执行;在汛期,也可以由作出处罚决定的机关强制执行;对治安管理处罚不服的,依照《中华人民共和国治安管理处罚条例》的规定办理。

当事人在申请复议或者诉讼期间,不停止行政处罚决定的执行。

## 第八章 附 则

第四十六条 省、自治区、直辖市人民政府,可以根据本条例的规定,结合本地区的实际情况,制定实施细则。

第四十七条 本条例由国务院水行政主管部门负责解释。

第四十八条 本条例自发布之日起施行。

# 取水许可制度实施办法

(1993年8月1日中华人民共和国国务院令第119号发布)

第一条 为加强水资源管理,节约用水,促进水资源合理开发利用,根据《中华人民共和国水法》,制定本办法。

第二条 本办法所称取水,是指利用水工程或者机械提水设施直接从江河、湖泊或者地下取水。一切取水单位和个人,除本办法第三条、第四条规定的情形外,都应当依照本办法申请取水许可证,并依照规定取水。

前款所称水工程包括闸(不含船闸)、坝、跨河流的引水式水电站、渠道、人工河道、虹吸管等取水、引水工程。

取用自来水厂等供水工程的水,不适用本办法。

第三条 下列少量取水不需要申请取水许可证:

(一)为家庭生活、畜禽饮用取水的;

(二)为农业灌溉少量取水的;

(三)用人力、畜力或者其他方法少量取水的;

少量取水的限额由省级人民政府规定。

第四条　下列取水免予申请取水许可证：

(一)为农业抗旱应急必须取水的；

(二)为保障矿井等地下工程施工安全和生产安全必须取水的；

(三)为防御和消除对公共安全或者公共利益的危害必须取水的。

第五条　取水许可应当首先保证城乡居民生活用水，统筹兼顾农业、工业用水和航运、环境保护需要。

省级人民政府在指定的水域或者区域可以根据实际情况规定具体的取水顺序。

第六条　取水许可必须符合江河流域的综合规划、全国和地方的水长期供求计划，遵守经批准的水量分配方案或者协议。

第七条　地下水取水许可不得超过本行政区域地下水年度计划可采总量，并应当符合井点总体布局和取水层位的要求。

地下水年度计划可采总量、井点总体布局和取水层位，由县级以上地方人民政府水行政主管部门会同地质矿产行政主管部门确定；对城市规划区地下水年度计划可采总量、井点总体布局和取水层位，还应当会同城市建设行政主管部门确定。

第八条　在地下水超采区，应当严格控制开采地下水，不得扩大取水。禁止在没有回灌措施的地下水严重超采区取水。

地下水超采区和禁止取水区，由省级以上人民政府水行政主管部门会同地质矿产行政主管部门划定，报同级人民政府批准；涉及城市规划区和城市供水水源的，由省级以上人民政府水行政主管部门会同同级人民政府地质矿产行政主管部门和城市建设行政主管部门划定，报同级人民政府批准。

第九条　国务院水行政主管部门负责全国取水许可制度的组织实施和监督管理。

第十条　新建、改建、扩建的建设项目，需要申请或者重新申请取水许可的，建设单位应当在报送建设项目设计任务书前，向县级以上人民政府水行政主管部门提出取水许可预申请；需要取用城市规划区内地下水的，在向水行政主管部门提出取水许可预申请前，须经城市建设行政主管部门审核同意并签署意见。

水行政主管部门收到建设单位提出的取水许可预申请后，应当会同有关部门审议，提出书面意见。

建设单位在报送建设项目设计任务书时，应当附具水行政主管部门的书面意见。

第十一条　建设项目经批准后，建设单位应当持设计任务书等有关批准文件向县级以上人民政府水行政主管部门提出取水许可申请；需要取用城市规划区内地下水的，应当经城市建设行政主管部门审核同意并签署意见后由水行政主管部门审批，水行政主管部门可以授权城市建设行政主管部门或者其他有关部门审批，具体办法由省、自治区、直辖市人民政府规定。

第十二条　国家、集体、个人兴办水工程或者机械提水设施的，由其主办者提出取水许可申请；联合兴办的，由其协商推举的代表提出取水许可申请。

申请的取水量不得超过已批准的水工程、机械提水设施设计所规定的取水量。

第十三条　申请取水许可应当提交下列文件：

（一）取水许可申请书；

（二）取水许可申请所依据的有关文件；

（三）取水许可申请与第三者有利害关系时，第三者的承诺书或者其他文件。

第十四条　取水许可申请书应当包括下列事项：

（一）提出取水许可申请的单位或者个人（以下简称申请人）的名称、姓名、地址；

（二）取水起始时间及期限；

（三）取水目的、取水量、年内各月的用水量、保证率等；

（四）申请理由；

（五）水源及取水地点；

（六）取水方式；

（七）节水措施；

（八）退水地点和退水中所含主要污染物以及污水处理措施；

（九）应当具备的其他事项。

第十五条　水行政主管部门在审批大中型建设项目的地下水取水许可申请、供水水源地的地下水取水许可申请时，须经地质矿产行政主管部门审核同意并签署意见后方可审批；水行政主管部门对上述地下水的取水许可申请可以授权地质矿产行政主管部门、城市建设行政主管部门或者其他有关部门审批。

第十六条　水行政主管部门或者其授权发放取水许可证的部门应当自收到取水许可申请之日起六十日内决定批准或者不批准；对急需取水的，应当在三十日内决定批准或者不批准。

需要先经地质矿产行政主管部门、城市建设行政主管部门审核的，地质矿产行政主管部门、城市建设行政主管部门应当自收到取水许可申请之日起三十日内送出审核意见；对急需取水的，应当在十五日内送出审核意见。

取水许可申请引起争议或者诉讼，应当书面通知申请人待争议或者诉讼终止后，重新提出取水许可申请。

第十七条　地下水取水许可申请经水行政主管部门或者其授权的有关部门批准后，取水单位方可凿井，井成后经过测定，核定取水量，由水行政主管部门或者其授权的地质矿产行政主管部门、城市建设行政主管部门或者其他有关部门发给取水许可证。

第十八条　取水许可申请经审查批准并取得取水许可证的，载入取水许可登记簿，定期公告。

第十九条　下列取水由国务院水行政主管部门或者其授权的流域管理机构审批取水许可申请、发放取水许可证：

(一)长江、黄河、淮河、海河、滦河、珠江、松花江、辽河、金沙江、汉江的干流，国际河流，国境边界河流以及其他跨省、自治区、直辖市河流等指定河段限额以上的取水；

(二)省际边界河流、湖泊限额以上的取水；

(三)跨省、自治区、直辖市行政区域限额以上的取水；

(四)由国务院批准的大型建设项目的取水，但国务院水行政主管部门已经授权其他有关部门负责审批取水许可申请、发放取水许可证的除外。

前款所称的指定河段和限额，由国务院水行政主管部门规定

第二十条　对取水许可申请不予批准时，申请人认为取水许可申请符合法定条件的，可以依法申请复议或者向人民法院起诉。

第二十一条　有下列情形之一的，水行政主管部门或者其授权发放取水许可证的部门根据本部门的权限，经县级以上人民政府批准，可以对取水许可证持有人(以下简称持证人)的取水量予以核减或者限制：

(一)由于自然原因等使水源不能满足本地区正常供水的；

(二)地下水严重超采或者因地下水开采引起地面沉降等地质灾害的；

(三)社会总取水量增加而又无法另得水源的；

(四)产品、产量或者生产工艺发生变化使取水量发生变化的；

(五)出现需要核减或者限制取水量的其他特殊情况的。

第二十二条　因自然原因等需要更改取水地点的，须经原批准机关批

准。

第二十三条　对水耗超过规定标准的取水单位，水行政主管部门应当会同有关部门责令其限期改进或者改正。期满无正当理由仍未达到规定要求的，经县级以上人民政府批准，可以根据规定的用水标准核减其取水量。《城市节约用水管理规定》另有规定的，按照该规定办理。

第二十四条　连续停止取水满一年的，由水行政主管部门或者其授权发放取水许可证的行政主管部门核查后，报县级以上人民政府批准，吊销其取水许可证。但是，由于不可抗力或者进行重大技术改造等造成连续停止取水满一年的，经县级以上人民政府批准，不予吊销取水许可证。

第二十五条　依照本办法规定由国务院水行政主管部门或者其授权的流域管理机构批准发放取水许可证的，其取水量的核减、限制，由原批准发放取水许可证的机关批准，需吊销取水许可证的，必须经国务院水行政主管部门批准。

第二十六条　取水许可证不得转让。取水期满，取水许可证自行失效。需要延长取水期限的，应当在距期满九十日前向原批准发放取水许可证的机关提出申请。原批准发放取水许可证的机关应当在接到申请之日起三十日内决定批准或者不批准。

第二十七条　持证人应当依照取水许可证的规定取水。

持证人应当在开始取水前向水行政主管部门报送本年度用水计划，并在下一年度的第一个月份报送用水总结；取用地下水的，应当将年度用水计划和总结抄报地质矿产行政主管部门；在城市规划区内取水的，应当将年度用水计划和总结同时抄报城市建设行政主管部门。

持证人应当装置计量设施，按照规定填报取水报表。

水行政主管部门或者其授权发放取水许可证的部门检查取水情况时，持证人应当予以协助，如实提供取水量测定数据等有关资料。

第二十八条　有下列情形之一的，由水行政主管部门或者其授权发放取水许可证的部门责令限期纠正违法行为，情节严重的，报县级以上人民政府批准，吊销其取水许可证。

（一）未依照规定取水的；

（二）未在规定期限内装置计量设施的；

（三）拒绝提供取水量测定数据等有关资料或者提供假资料的；

（四）拒不执行水行政主管部门或者其授权发放取水许可证的部门作出的取水量核减或者限制决定的；

(五)将依照取水许可证取得的水,非法转售的。

第二十九条　未经批准擅自取水的,由水行政主管部门或者其授权发放取水许可证的部门责令停止取水。

第三十条　转让取水许可证的,由水行政主管部门或者其授权发放取水许可证的部门吊销取水许可证、没收非法所得。

第三十一条　违反本办法的规定取水,给他人造成妨碍或者损失的,应当停止侵害、排除妨碍、赔偿损失。

第三十二条　当事人对行政处罚决定不服的,可以依照《中华人民共和国行政诉讼法》和《行政复议条例》的规定,申请复议或者提起诉讼。当事人逾期不申请复议或者不向人民法院起诉、又不履行处罚决定的,作出处罚决定的机关可以申请人民法院强制执行,或者依法强制执行。

第三十三条　本办法施行前已经取水的单位和个人,除本办法第三条、第四条规定的情形外,应当向县级以上人民政府水行政主管部门办理取水登记,领取取水许可证;在城市规划区内的,取水登记工作应当由县级以上人民政府水行政主管部门会同城市建设行政主管部门进行。取水登记规则分别由省级人民政府和国务院水行政主管部门或者其授权的流域管理机构制定。

第三十四条　取水许可证及取水许可申请书的格式,由国务院水行政主管部门统一制作。

发放取水许可证,只准收取工本费。

第三十五条　水资源丰沛的地区,省级人民政府征得国务院水行政主管部门同意,可以划定暂不实行取水许可制度的范围。

第三十六条　省、自治区、直辖市人民政府可以根据本办法制定实施细则。

第三十七条　本办法由国务院水行政主管部门负责解释。

第三十八条　本办法自一九九三年九月一日起施行。

## 取水许可申请审批程序规定

(1994年6月9日中华人民共和国水利部令第4号发布)

第一条　为全面实施取水许可制度,统一取水许可申请审批程序,根据《取水许可制度实施办法》(以下简称《办法》),制定本规定。

第二条　取水许可实行分级审批。水利部或其授权的流域管理机构审批取水许可申请的权限，按《办法》第十九条规定执行；其它取水许可申请分级审批权限，由省级人民政府水行政主管部门规定。

第三条　利用水工程或者机械提水设施直接从江河、湖泊或者地下取水的单位和个人（以下称申请人），除按《办法》规定不需要申请或者免于申请取水许可的情形外，都应当向取水口所在地的县级以上地方人民政府水行政主管部门或者水利部授权的流域管理机构提出取水许可预申请、取水许可申请。

在水利部授权流域管理机构实施全额管理的河道、湖泊内取水（含在河道管理范围内取地下水），由流域管理机构或其委托的机构受理取水许可预申请、取水许可申请。流域管理机构在审查或者审批时，应征求有关地方人民政府水行政主管部门的意见；在水利部授权流域管理机构实施限额管理的河道、湖泊内限额以上的取水（含在河道管理范围内取地下水），由取水口所在地的县级以上地方人民政府水行政主管部门受理取水许可预申请、取水许可申请，并提出审核意见后报流域管理机构，由流域管理机构审查取水许可预申请或者审批取水许可申请、发放取水许可证；经国务院批准的大型建设项目的取水，由水利部或其授权的流域管理机构受理并审查其取水许可预申请或者审批取水许可申请。

前款以外的取水，由取水口所在地的县级以上地方人民政府水行政主管部门受理取水许可预申请、取水许可申请，审查取水许可预申请和审批取水许可申请、发放取水许可证。

第四条　国家、集体、个人兴办水工程或者利用机械提水设施的，其主办者为提出取水许可预申请或者取水许可申请的申请人；联合兴办的，由其协商推举的代理人为提出取水许可预申请或者取水许可申请的申请人。

第五条　新建、改建、扩建的建设项目，需要申请或者重新申请取水许可的，建设单位应当在报送建设项目设计任务书（即国家现行基本建设管理程序中的“可行性研究报告”，下同）前，向受理机关提出取水许可预申请。

不列入国家基本建设管理程序的取水工程，可直接向受理机关提出取水许可申请。

第六条　申请人提出取水许可预申请，应提交以下文件：

（一）按规定填写的取水许可预申请书；

（二）建设项目项目建议书的简要说明；

（三）取水工程取水量保证程度的分析报告；

(四)取水水源已开发利用状况及水源动态的分析报告;

(五)当取水许可预申请的标的与第三者有利害关系时,第三者的承诺书或者其它文件;

(六)取水和退水对水环境影响的分析报告。

需要取用城市规划区内地下水的,应附具有关主管部门出具的审核意见。

联合兴办取水工程取水的,还应附具由联合兴办人出具的取水申请人委托书。

第七条　有下列情形之一的,受理机关应在接到取水许可预申请之日起 15 天内通知申请人补正:

(一)预申请书内容填注不明的;

(二)应提交的文件不完备的;

(三)不符合法律、法规规定的。

申请人应在接到补正通知之日起 30 天内补正,逾期不补正的,其取水许可预申请无效。

第八条　受理机关受理取水许可预申请后,按规定的审查权限审查;需由上级审批机关审查的,应逐级审核上报,由具有审查权的审批机关审查。

第九条　经审查同意的取水许可预申请,其取水量额度供建设项目立项使用。取水许可预申请自审查同意之日起一年内建设项目未立项的,预申请失效,由原审批机关取消其已审查同意的取水量额度。

第十条　建设项目经批准后,建设单位应当持设计任务书等有关批准文件向受理机关提出取水许可申请。

第十一条　申请人提出取水许可申请,应提交以下文件:

(一)按规定填写的取水许可申请书;

(二)经批准的建设项目的设计任务书的简要说明;

(三)新建、改建、扩建的取水工程的可行性研究报告;

(四)取水工程环境影响报告书(表);

(五)取水许可申请的标的与第三者有利害关系时,第三者的承诺书或者其它文件。

联合兴办取水工程取水的,还应附具由联合兴办人出具的取水申请人委托书。

前款(一)、(二)、(三)、(四)项中的有关文件报告,应经有关主管部门审批并出具审批文件。

不需经过取水许可预申请的取水，申请人可以只提交前款(一)、(三)、(五)项规定的文件。

第十二条　有下列情形之一的，受理机关应在接到取水许可申请之日起15天内，通知申请人补正：

(一)申请书内容填注不明的；

(二)应提交的文件不完备的；

(三)与取水许可预申请取水标的不符的；

(四)不符合法律、法规规定的。

申请人应在接到补正通知之日起30天内补正，逾期不补正的，其取水许可申请无效。

第十三条　受理机关受理取水许可申请书后，按规定的审批权限审批；需要由上级审批机关审批的，应逐级审核上报，由具有审批权限的审批机关审批。

由水利部或者其授权的流域管理机构审批的取水许可申请，受理机关应在收到取水许可申请或者补正的取水许可申请之日起30天内(对急需取水的在15天内)上报水利部或者其授权的流域管理机构审批。

第十四条　利用多种水源的，申请人应向受理机关一并提出取水许可申请。如其各种水源的取水许可申请审批权限不同，审批机关应根据各自的权限进行审批，并由其中最高一级审批机关发放取水许可证。

第十五条　取水许可预申请或者取水许可申请需要由有关部门签署审核意见的，受理机关应告知申请人在规定的时间内持取水许可预申请书或者取水许可申请书到有关部门办理审核手续。

第十六条　取水许可预申请或者取水许可申请与第三者发生争议或者诉讼时，受理机关应当书面通知申请人待争议或者诉讼终止后重新提出取水许可预申请或者取水许可申请。

第十七条　审批机关应在受理取水许可申请或者补正的取水许可申请之日起60天内决定批准或者不批准；对急需取水的，应当在30天内决定批准或者不批准。

审批机关在审查取水许可申请完毕后，应将批准或者不批准决定书面通知申请人。

第十八条　对审批机关不批准取水许可申请的决定，申请人可以向审批机关的上一级机关申请复议，复议机关应当在收到复议申请书之日起60天内作出复议决定。申请人对复议决定不服的，可以在收到复议决定书之日起15天内向人民法院提起诉讼。

第十九条　取用地表水的取水工程经审批机关审查批准后，申请人方可动工兴建；取水工程竣工后，经审批机关核验合格，发给取水许可证。

第二十条　地下水取水许可申请经审批机关审查批准后，申请人方可凿井；井成后，申请人应当向审批机关提交下列资料，经核定取水量后，由审批机关发给取水许可证：

(一)成井地区的平面布置图；

(二)单井的实际井深、井径和剖面图；

(三)单井的测试水量和水质化验报告；

(四)取水设备性能和计量装置情况；

(五)其它有关资料。

第二十一条　经批准的取水许可预申请书、取水许可申请书，取水许可证，审批机关应书面通知申请人到审批机关领取。

第二十二条　取水许可持证人需要调整取水量的，必须按照本规定的审批程序重新办理取水许可申请，经审批机关批准后，在取水许可证变更记录中注明。

第二十三条　取水许可证有效期最长不超过5年。取水许可证期满前90天内，取水许可持证人应持取水许可证等有关文件到原批准发放取水许可证的审批机关办理更换取水许可证手续，否则取水许可证期满后自行失效。

第二十四条　取水许可证分正本和副本各一件。正本由取水申请人持有，副本由审批机关或者其委托的监督管理机关备存。

第二十五条　审批机关应建立取水许可登记簿，并定期公告。

第二十六条　本规定由水利部负责解释。

第二十七条　本规定自发布之日起施行。

# 第 三 篇

# 治河经费

中国治理黄河的活动，先秦时期就已开始，而史书对历代治河经费开支，缺乏系统的记载。诸如堵口、修堤、抢险、疏浚河道等工程经费，有的只显示一方面的经费数字，有的只提组织人工多少或规模大小，不能反映某一朝代治河经费的全貌。但从这些残缺不全的记载中，整理出一些经费数字，大致可看出历代治河投资的梗概。

历代治河经费的来源，不外如下四个方面：一为国家拨款，这是经费的主要来源，国家有时“竭天下之财赋以事河”；二是地方投资，来源主要由沿河有关地方政府摊派；三是征工征料，主要是群众为治河付出的无偿劳动，数量相当庞大；四是私人或慈善团体的捐款以及河产收入，但这一部分数量甚少，多略而不计。

历代的治河经费，主要用于堵口工程的工料费。明代中叶设立总理河道以后，治理黄河有了专职机构，并规定每年岁修经费。岁修经费主要用于堤防埽坝的培修加固、防汛抢险物料的购置储备和河工在职官兵夫役的工资、办公费等，若遇筑堤、堵口、疏浚河道等大型工程，则仍沿旧例另勘估所需的工料费由国家另行拨付专款，不与岁修经费混淆。岁修经费虽有定额，但屡有追加，到了不相适应的时段则进行调整。实际清末、民国年间的岁修经费常常不能如数照拨，反而逐年减少。

1938 年抗日战争时期，国民党军队扒开黄河花园口大堤，黄河南泛八年之久。从 1946 年起，中国共产党领导冀鲁豫和渤海解放区人民，“一手拿枪，一手拿锨”，保卫家乡，修守黄河，当时解放区人力物力十分紧张，人民群众积极献砖献石，筹集秸料，整修残破不堪的险工埽坝，截至 1949 年解放区用于黄河的工款，折合人民币 3400 余万元。

中华人民共和国成立后，黄河进入了新的治理阶段，中国共产党和中央人民政府对治黄工作制定了“除害兴利”方针，一方面以防洪为中心，大力培修堤防，加固改建险工，建立分洪、滞洪区，有计划地整治河道，已初步形成了“上拦下排，两岸分滞”的防洪工程体系；另一方面，在全流域内开展水文、勘测、科学研究及水土保持工作，并在黄河干支流先后兴建三门峡等水利枢纽工程、水库及引黄灌溉工程。

国家对治黄工程的经费，分为以下三个方面：一是黄河水利委员会经费，是国家投入治河的大部分经费，用于防洪、水土保持、水文、勘测、设计、科学研究及办公费，截至1993年共支出71.55亿元，二是干流大中型枢纽工程投资，包括已建成的龙羊峡、刘家峡、盐锅峡、八盘峡、青铜峡、三盛公、天桥、三门峡八座以及修建后又破除的花园口、位山、泺口、王旺庄四座，共投资49.80亿元；三是支流水库及灌溉工程投资81.4亿元。另有各级地方政府投入12.41亿元。以上不完全统计共由国家投入治黄经费215.16亿元。可见国家对治黄事业十分重视，并投入了大量的人力财力，治理黄河取得了举世瞩目的伟大成就，黄河下游防洪已取得连续40多年伏秋大汛不决口的胜利，这是历史上任何一个朝代无法比拟的。

# 第一章　历代治河经费

黄河是一条多泥沙河流，它以善淤、善决、善徙、灾害严重而闻名于世。故在中国远古时代就有大禹治水的传说，有史以来历代史书中有大量的治河记载。

古代治理黄河多在下游，主要是防洪工程，如筑堤、修埽、疏浚河道、堵塞决口等，当然也包括常年岁修。每举办一项工程都要付出巨大的人力和财力。从史书中看，历代为治理黄河付出的资金，往往占去国家年赋税总收入的一部或大部，并曾出现过个别年份付出的治河经费超过国家年赋税总收入的事。为治理黄河国家历次动员的劳动力人数，少者数万、十数万，多者乃至上百万人。历史上曾有“竭天下之力以事河”的记载。

历代治河经费的来源不一，大致可分为国家拨款、地方拨款、群众集资和捐助及河产收入。在古代治河经费中有籍可查的多为国家拨款。国家拨款占治河经费的主要部分，从国家税收中支付；地方拨款主要由沿河省、府、州、县向民间摊派；群众集资大部是沿河人民群众为治河投入的劳动或捐助，史书也有“堤吏告急，命径取豪家仓积以给用”、“给私财以犒民”的记载。

历代治河经费的数额，每因治河工程的多少、工程规模的大小以及国家财政承担能力的强弱而不尽相同。大致说来，河患严重的年代治河投入的经费要多，河患减缓的年代治河投入的经费就相对减少；战争频繁、经济拮据的年代对治河投入的经费要少，社会稳定、经济繁荣的年代对治河投入的经费就相应地增多。

至于治河活动中经常性费用的开支，如堤防工程的维修、汛期险工的抢护、河工人员的工薪开支等岁修经费，年际间支付虽有定额，却也不尽相同。而且岁修经费在治河总投资中所占比例较小，尤其是在举办大型工程的年份中所占治河总投资的比例更小，不足以掣动年际间治河投资的平衡。

历代投入治河的劳动力，大致有三类：一为常年从事治河的固定专职人员，如河工的“埽兵”，他们有一定的工资收入；二为国家军人，如卒或兵士，他们大都在历代抢险过程中参加治河，并有一定的报酬，如北宋的“特支”或“日给钱”。明代徐有贞治理沙湾时，“恐役军费重”，而改用沿河州县民；三为临时征集或雇佣的短期劳动力，称“夫”、“河夫”或“民夫”、“卯夫”等，他们是历代治河大役中的主要劳动力，主要来源于沿河州县的劳动农民，也有征调距河数百里州县的民夫，他们大都是按人口或土地数量被征集来的。北宋虽曾采取“上户出钱免夫，下户出力免役”的变通办法，参加河工劳动的治河民夫，劳动所得往往“不足食”。

明以前的治河经费，散见于各类史籍，在古文献中没有集中、系统的记载。虽然有的工程及其所费钱粮记述较详，有的却只记述了工程规模的大小和用工用料的数量，不记用款的数额，但由此也可推算所花经费的大概。

## 第一节　明代以前

### 一、两汉

西汉初期，国家处于稳定的大一统局面，治河活动逐渐增多，有组织的大规模治河活动，史书上渐渐有了记述。如：元光三年（公元前132年），黄河在濮阳瓠子堤决口，汉武帝派大臣汲黯和郑当时“发卒十万救决河”，因未堵成，元封二年（公元前109年），汉武帝又使汲仁与郭昌“发卒数万人塞瓠子决”，并亲临工地，“令群臣自将军已下皆负薪窴决河”，投入的人力财力都很多。汉成帝建始、河平年间（公元前32～公元前25年），河堤使者王延世两次堵塞东郡和平原决口，两次受到“黄金百斤”的赏赐，可见当时对治河活动的重视。据《汉书·沟洫志》记载，汉哀帝时，黄河的堤防之制已相当完备，沿河各郡都设立了堤防专管人员，每郡“濒河堤吏卒”数千人，“伐买薪石之费岁数千万”，“今濒河十郡治堤岁费且万万”，“吏卒治堤救水岁三万人以上”；又据《桓谭新论》记述，西汉全国赋税收入每年约为40万万钱。仅河防支出即占全国岁入的1/40。

东汉时期，大规模有组织的治河活动主要是在永平十二年（公元69年）王景治河，当时明帝派王景、王吴率卒数十万，自荥阳东至千乘海口修渠筑堤，长达千余里，至次年夏天工成。“景虽简省役费，然犹以百亿计”。超过西汉全国年赋税收入的1.5倍。

## 二、三国至五代十国

东汉王景治河以后，河患较少。从三国、两晋到唐及以后的五代十国时期，社会动荡不安，封建割据，战争频仍，历代王朝顾不上治河，用于治河的人力、财力不多；隋唐时期，社会虽相对稳定，但这一时期的统治者把主要力量用于开凿沟通黄、淮、海流域的通济渠、永济渠和疏通黄河的航道，而对治河活动投入的人力物力却很少。

后唐同光二年（公元924年）八月，黄河决溢，为患曹濮，右监门上将军娄继英督率汴、滑兵士将决口堵塞。

后晋天福七年（公元942年），归德军节度使安彦威“督诸道军民自豕韦之北筑堰数十里”，并堵塞滑州决河；开运元年（公元944年），黄河又在滑州决口，出帝派人“发数道丁夫塞之”。

后周太祖时期，黄河溢灌河阴城（今荥阳北），太祖命韩通为京右厢都巡检，率“广锐卒一千二百人”浚治汴口。到了世宗时期，比较重视治河。曾派遣宣徽南院使吴廷桢督丁夫2万堵塞原武决河。显德元年（公元954年）十一月，黄河在齐、郓等州决口，世宗派遣宰相李谷亲自到澶、郓、齐等州巡视黄河堤防。紧接着，李谷役使丁夫6万，用30天时间修固了河堤，堵塞了决口。显德六年（公元959年），即后周末年，世宗又命韩通发徐、宿、单等州民浚治汴渠数百里。显然，后周虽然处于动荡年代，对治河还是投入相当人力和财力的。

## 三、北宋至元代

北宋时期，黄河决溢频繁，河道变迁剧烈，灾害也大大超过前代；加之北宋的京城正处在黄河下游，黄河河患与统治者的利害紧密相关，所以宋王朝对黄河的治理相当重视，工程投资也见增多。据统计，从建隆元年（公元960年）到北宋末年（1127年），黄河有决溢记载的年份达66年，堵口、开河、改道大工不可胜计。每次大役，少者动员军民数万人，多者甚至动员30万人以上，物料消耗无算。关于北宋治河的经费，史书虽无系统记载，但断断续续也可看出其大概数字：

据《宋史·河渠志》载：乾德四年（公元966年）八月，滑州河决，坏灵河县大堤，太祖派殿前都指挥使韩重赟、马步军都军头王廷义等督率士卒丁夫数万人治之。

据《历代河防统纂》记述：太平兴国三年（公元 978 年），荥阳河决，帝派瞿守素“发郑之丁夫千五百人与卒千人”塞之。太平兴国六年（公元 981 年），滑州治理河防“材苇未具”，宋太宗赵光义命南国作坊副使李神祐，“驰往垣曲伐薪蒸四百万以济其用”。又据《宋史·河渠志》载：太平兴国八年（公元 983 年）五月，黄河在滑州韩村决溢，泛及澶、濮、曹、济诸州，太宗下令发丁夫塞之，结果久塞不成。至次年春又决滑州房村，于是又“发卒五万”治之。淳化四年（公元 993 年），河决澶州，太宗又“诏发卒代民治之”。次年，又派兵夫，自韩村埽凿河开渠，长达 15 余里，“计功十七万”。咸平三年（公元 1000 年）五月，黄河在郓州王陵埽决口，真宗发“诸州丁男二万人塞之”。天禧三年（1019 年），滑州河决，32 个州邑遭受水灾，真宗“遣使赋诸州薪石、楗橛、芟竹之数千六百万，发兵夫九万人治之”。

据《宋史·仁宗本纪》载：天圣五年（1027 年）七月丙辰，为堵塞滑州决口，共“发丁夫三万八千，卒二万一千”，用“缗钱五十万”。

据《宋史·河渠志》中称：元祐元年（1086 年）右司谏苏辙言，当年开自盟河，哲宗下诏“畿县于黄河春夫外，更调夫四万”，当时“民间每夫日雇二百钱，一月之费，计二百四十万贯”；元祐四年（1089 年），为修减水河，“役过兵夫六万三千余人，计五百三十万工，费钱粮三十九万二千九百余贯、石、匹、两，收买物料钱七十五万三百余缗，用过物料二百九十余万条、束”。同年七月，冀州南宫等五埽危急，“诏拨提举修河司物料百万与之”。当时“民间每夫日雇二百钱”，而士兵参加防汛抢险，也有一定酬金，在皇祐三年（1051 年）以前，名曰“特支”。每当水增七尺五寸时，就把京师的修缮、装卸等兵工集中起来，负土列河上以防河，满 5 天，赐钱以劳之；如若数涨数防又不够 5 天而罢，则不给钱或给的很少。至皇祐三年七月，改制成防河兵日给钱，数量很少，只是“特支”的 1/10。由此可见，北宋在防汛抢险、修筑堤防时，除在料物上耗用大量的钱财外，在人力上支付的钱财也必不在少数。

《宋史·河渠志》载，大观元年（1107 年）二月，为分减水势，在阳武上埽第五铺至第十五铺之间开修直河，“计役十万七千余工，用人夫三千五百八十二，凡一月毕”。据工部员外郎赵霆当年十二月言：“南北两丞司合开直河者，凡为里八十有七，用缗钱八九万。”又据《行水金鉴》载，政和五年（1115 年），都水使者孟昌龄奉命凿大伾三山，创天成、圣功二桥，“大兴工役，耗工费四十万两”。

北宋还建立了正常的春修制度。在乾德五年（公元 967 年），太祖即以河堤屡决,“分遣使行视,发畿甸丁夫缮治”,而且从此“岁以为常,皆以正月首事,季春而毕”;至于汛期河工防守,用人更多。靖康元年(1126年),京西转运使曾言:“本路岁科河防夫三万,沟河夫一万八千。”《宋史·河渠志》中有“宋河防一步置一人”的记载,可见宋代河防修守动用民工之多。

由于河工大量征集民夫,造成沿河民力不足,“河防夫工,岁役十万,滨河之民困于调拨”。宋熙宁、元丰年间,便把河工民夫动员范围扩及淮南一带,于“淮南科黄河夫,夫钱十千,富户有及六十夫者”。元丰年间,河决小吴,一次科夫30万。大量征集民夫治河的同时,造成财力、劳力的极度紧张,宋王朝不得不变通办法,于元祐年间规定“京东、河北五百里内差夫,五百里外出钱雇夫”以治河。到了大观二年(1108年),北宋王朝又尝试把免夫的钱用在修固堤防上,“令送免夫之直,用以买土增贴埽岸”,结果“比之调夫反有赢余”。后来徽宗下诏采取“上户出钱免夫,下户出力免役”的办法,这个办法以后历代沿用。

埽工在北宋已相当普遍。天禧五年(1021年)时,上起孟州,下至棣州,已修有四十五埽。其后的横陇河道、二股河以及几次北流河道,也大都修起了新的埽工。这些埽工,类似今天的险工段,当时修埽为卷埽,埽体庞大,“其高至数丈,其长倍之”,常需几百人、上千人才能把它推入水中,其用工用料之多可以想见。北宋的专职治河队伍也逐渐形成,仅埽兵一项即达12000人。当时沿河各州县每年都要会同治河官吏,率领丁夫水工,收集做埽的料物,梢芟、薪柴、楗橛、竹石、茭索,“凡千余万”。元丰元年(1078年)十一月,都水监称,自曹村决溢,诸埽没有储蓄料物,“乞给钱二十万缗”,神宗只拨给10万缗。宋人沈立在《河防通议》中这样记述埽工的规模与投资:“为埽岸以拒水者凡百数,而薪刍之费岁不下数百万缗,兵夫之役岁不下千万工。”

南宋建炎二年(1128年)杜充决河南泛,黄河夺淮入黄海。金人入主中原后,对黄河的治理相当重视。据《金史·河渠志》载:金代黄河沿河设有25埽,“岁用薪百一十一万三千余束,草百八十三万七百余束,桩杙之木不与,此备河之恒制也”。

金代治河所投入的人力、财力数量也相当可观。大定十二年(1172年),为在河阴、广武至原武、东明等县间增筑堤岸,“日役夫万一千,期以六十日毕”。《宋史·河渠志》又载,大定十七年(1177年)秋七月,河决阳武白沟,为修筑河堤,“日役夫一万一千五百,以六十日毕”,仅此一项工程就需用69万工。世宗下令于次年二月兴工,“发六百里内军夫,并取职官人力之半,余听发民夫”。大定二十年(1180年),河决于卫州及延津京东埽,“乃自卫州埽下接归德府南北两岸增筑堤以捍湍怒，计工一百七十九万六千余，日役夫二万四千余，期以七十日毕工”，工竣后，又于归德府创设埽兵200人。大定二十六年(1186年)，金世宗完颜雍想效仿北宋的办法增添河防人员数额，下诏“朕闻亡宋河防一步置一人，可添设河防军数”，由此又添设了大批河防军。大定二十九年(1189年)，黄河在曹州小堤之北漫溢，工部议筑河堤，计划“用工六百八万余”，除“用埽兵军夫外，有四百三十余万工当用民夫”，工地附近民夫不够用，朝廷“命去役所五百里州、府差雇，于不差夫之地均征雇钱，验物力科之”，并规定“每工钱百五十文外，日支官钱五十文，米升半”。

金代治河，除向老百姓差夫、征雇夫钱外，每遇黄河危急，还向老百姓科征刍蒿物料，或云“折税”，或名“和买”，每年不下五六次，而且“未尝还其直”。如泰和五年(1205年)，查出“大名府、郑州等处自承安二年(1197年)以来，所科刍蒿未给价者，计钱二十一万九千余贯”。

值得一提的是，金代治河工程浩大，差役繁重，而且往往事先计算工料不实，如大定二十九年(1189年)春筑堤时，都水监“初料取土甚近，及其兴工乃远数倍，人夫惧不及程，贵价买土，一队之间多至千贯”，造成沿河居民负担过重，多困乏逃移，以至金朝常常派遣军队“往来弹压”，可见当时沿河人民的痛苦程度。

元代黄河决溢更加频繁，从至元九年(1272年)有河患记载起，到至正二十六年(1366年)的95年中，史书记载黄河决溢的年份达40多年。因此元朝堵口修堤工程浩繁，投资甚巨。据《元史·世祖本纪》载：至元二十三年(1286年)，河决“开封、祥符、陈留、杞、太康、通许……”等十五州县，朝廷“调南京兵夫二十万四千三百二十三人分筑堤防”。另据《元史·地理志》记载，皇庆元年(1312年)，汴梁路40多个州县(包括今东至兰考，南至商水、郾城，西至襄城，北至延津广大地区)，统共才只有“户三万一十八，口一十八万四千三百六十七”，人口相当稀少，这次修堤时距元灭宋刚七年，战争创伤未愈，人口更少，竟调用了20万人治河，势必要从更远的地方征调民夫，所花费用更为巨大。

大德二年(1298年)七月，黄河在杞县蒲口决溢，泛及汴梁、归德二郡共96处。成宗派遣尚书那怀、御史刘赓等前往堵塞。次年堵口复决。这次堵口，据《元史·河渠志》载：“合修七堤二十五处，共长三万九千九十二步，总用苇四十万四千束，径尺桩二万四千七百二十株，役夫七千九百二人。”大德十年(1306年)正月，又“发河南民十万筑河防”。据《元史·尚文传》称：“大德年间，塞河之役，无岁无之。”河役如此浩繁，所耗经费正如《元史·河渠志》上所称："每岁泛溢两岸，时有冲决，强为闭塞，科桩梢，发丁夫，动至数万，所费不可胜纪。"

延祐七年(1320年)，河决荥泽、开封等地，为堵塞决口，共"修堤岸四十六处，该役一百二十五万六千四百九十四工，凡用夫三万一千四百一十三人"。《元史·泰定帝本纪》载，泰定二年(1325年)三月，为修曹州济阴县河堤，"役民丁一万八千五百人"；次年十月，修汴梁乐利堤，又"役丁夫六万四千人"。

至正四年(1344年)春正月，河决曹州，"雇夫万五千八百修筑之"；当月，河又决汴梁；五月，又决白茅堤；六月，又北决金堤，"方数千里，民被其害"。同时水势北侵安山，延入会通运河，灾情非常严重。但元统治者以连年饥馑、民不聊生为由，迁延救治，至其泛滥达七年之久。至正九年(1349年)五月，仍因惧怕聚众兴工，会引起农民起义，顺帝只是下诏修黄河金堤，"民夫日给钞三贯"，而不敢彻底治理河患。直到至正十一年(1351年)，在丞相脱脱的一再坚持下，顺帝方"命贾鲁以工部尚书为总治河防使，进秩二品，授以银印。发汴梁、大名十有三路民十五万人，庐州等戍十有八翼军二万人供役"。这是元代规模最大的一次治河大役，据史书记载，这次河役，共用"桩木大者二万七千，榆柳杂梢六十六万六千，带梢连根株者三千六百，藁秸蒲苇杂草以束计者七百三十三万五千有奇，竹竿六十二万五千，苇席十有七万二千，小石二千艘，绳索小大不等五万七千，所沉大船百有二十，铁缆三十有二，铁猫三百三十有四，竹篾以斤计者十有五万，硾石三千块，铁钻万四千三百有奇，大钉三万三千二百三十有二。其余若木龙、蚕椽木、麦秸、扶桩铁叉、铁吊枝、麻搭、火钩、汲水、贮水等具皆有成数，官吏俸给，军民衣粮工钱，医药、祭祀、赈恤、驿置马乘及运竹木、沉船、渡船、下桩等工，铁、石、竹、木、绳索等匠佣资，兼以和买民地为河，并应用杂物等价，通计中统钞百八十四万五千六百三十六锭有奇"。

## 第二节 明代至民国

### 一、明代

明代277年中，黄河决溢达100多年次，河患比较严重。由于明代河道自江苏徐州以南穿越运河，至淮安清江浦汇淮入海，故治河、治运、治淮互相交织，成为明代治理河道的一大特点。又明永乐九年(1411年)由南京迁都北京后，每年要有400万担的粮食从江南通过运河漕运至京都，运河成为明朝经济的大动脉，但运河在徐州北至临清一段常被河水冲淤，而徐州南至清江浦一段黄河又为运道的组成部分，因此，漕运常受河患干扰。为了不使河患影响漕运及保证皇陵的安全，明朝曾动用大量的人力和财力投入治河。虽然治河始终服从于保漕，但保漕却首先要治河。

明初，黄河决溢较频繁，尤其是洪武年间，因国家经济困难，对黄河的治理，只是侧重于小规模的修守或赈灾。如：洪武八年(1375年)，河决开封太黄寺堤，“诏河南参政安然发民夫三万人塞之”。洪武二十四年(1391年)，又“发民丁及安吉等十七卫军士”修筑原武、阳武决河。永乐九年(1411年)，浚河南祥符故道时，“役民丁十一万四百有奇”，“凡民丁皆给米钞”。景泰五至六年(1454～1455年)，徐有贞治理沙湾，“恐役军费重”，而改用沿河州县民夫，据《明史·河渠志》载，这次治理沙湾，“凡费木、铁、竹、石累数万，夫五万八千有奇，工五百五十余日”。

随着国家的安定，社会生产的发展，经济实力的增强，明朝对治河愈来愈重视，投入治河的人力、财力愈来愈多。特别是弘治以后，大规模的治河工程连续举办。

据《行水金鉴》载：弘治二年(1489年)四月，河南修筑黄河决堤，财用浩繁，户部筹银23万两，“给之亦可足用”。同年五月，“河决开封及金龙口，役五万人修筑之”；九月，又命白昂为户部侍郎，会同山东、河南、北直隶三巡抚，相机修筑河道。据《明史·河渠志》称：弘治三年，白昂“役夫二十五万，筑阳武长堤，以防张秋。引中牟决河出荥泽阳桥以达淮，浚宿州古汴河以入泗，又浚睢河自归德饮马池，经符离桥至宿迁以会漕河，上筑长堤，下修减水闸。又疏月河十余以泄水，塞决口三十六，使河流入汴，汴入睢，睢入泗，泗入淮，以达海”。这次河役，虽未知其所耗具体钱粮数额，但依其所筑工程规模来看，耗费必定不少。弘治五年，侍郎陈政又“集河南丁夫八万人，山东丁夫八万人，凤阳、大名府丁夫二万人”治河。

弘治六年(1493年)二月，以刘大夏为副都御史继治张秋决河；次年五月，孝宗派太监李兴和平江伯陈锐往同刘大夏治河。这次河役，于“决口西南开越河三里许”，“浚仪封黄陵冈南贾鲁旧河四十余里”，“浚孙家渡口，别凿新河七十余里”，“浚祥符四府营淤河，由陈留至归德分而为二”，“筑塞黄陵冈及荆隆等口七处”，“起胙城，历滑县、长垣、东明、曹州、曹县抵虞城，修堤凡三百六十里”，筑“荆隆等口新堤起于家店，历铜瓦厢，东抵小宋集，凡百六十里”，使大河“复归兰阳、考城，分流经徐州、归德、宿迁，南入运河，会淮水东流入海”。此次治河，所耗钱粮甚巨，据《行水金鉴》载，除“已将工部原贮抽分银二百万两，运送都御史刘大夏为修河之用”外，“凡河南、山东在官钱粮，除运送外，其存留者，悉听取用，如尚不足，请以浙江、芜湖二抽分厂之银半济之，其山东、河南京班人匠，亦听存留应役，修理闸座石坝堤岸所用砖石，请用粮船民船，带运城砖，量留备用，文武职官人等有智识过人、可备咨询办理者，悉听径自延访取用”。由此可以看出，明朝此时经济力量雄厚，对治河极为重视，一次治河耗资200万两，相当于嘉靖初年太仓一年的收入。嘉靖七年(1528年)四月，总理河道右都御史盛应期称，治河用“丁夫七万，计工六月，约费米十万余石”。嘉靖十四年(1535年)，刘天和治河，计“浚河三万四千七百九十丈，筑长堤、缕水堤一万二千四百丈，修闸座一十有五、顺水坝八，植柳二百八十余万株，役夫一十四万有奇，白金七万八千余缗”。嘉靖三十一年(1552年)，河决徐州房村集至邳州新安，总理河道都御史曾钧，“役夫五万余”治河，共耗用工费“银十一万二千余两有奇”。与此同时，世宗下旨规定：以后河道钱粮，别衙门不许擅自动支，保证河防经费专款专用。

据《历代河防统纂》载：隆庆二年(1568年)十月，曾把“两淮运司挑河银三千两，发徐、吕二洪，协济河夫之费”；隆庆三年八月，为备明年河工及赈济之用，总理河道都御史翁大立奏请拨给河南、山东、淮阳“河夫桩草银一万两”；次年三月，直隶巡按御史张问明又奏准“留苏、松、常、镇四府罚赎银一万两济河工用，兼赈饥民”(《行水金鉴》)。隆庆四年八月，潘季驯二任总理河道后，河复决邳州，十二月，户部“量留漕粮三万石，漕库银一万二千两”，供潘季驯治河。次年四月，潘季驯“役丁夫五万，尽塞灵璧以下十一口，浚匙头湾淤河八十里，筑缕堤三万余丈”。隆庆六年万恭治河时曾奏疏：“管河副使章时鸾筑过南堤，自兰阳县赵皮寨至虞城县凌家庄筑堤，长二百二十九里有奇，用工五十万七千七百四十一工，除调拨徭夫外，仍募夫一十六万七百一工，支河道银四千八百二十一两有奇”。督理河道署郎中事陈应荐挑挖海口新河，“用夫六千四百余人”。同年，又在徐、邳之间设立河防夫，加强了河防力量，“每里十人以防，三里一铺，四铺一老人巡视”。

早在正德十五年(1520年)，武宗曾下诏规定：“自今沿河军卫有司，贮库桩草夫价银，非关河道急务，不得擅用。”可见当时河工银两尚较充足。到了隆庆年间(1567～1572年)，逐渐显露出“雇工费不赀，动以巨万”的窘况。至万历年间，治河经费已明显不足，常需多方设法筹措，甚至有河臣奏请将“部分漕粮改折留发河工支用”，或“请发内帑以治河”。万历年间的治河工程有：

万历二年(1574年)闰十二月，开筑梁山以下河段，“合用银二万四千二百七十余两”。

万历三年(1575年)，河决砀山、崔镇等地，淮决高家堰，“徐、邳、淮南北漂没千里”；万历五年(1577年)，河复决崔镇，宿、沛、清、桃两岸多坏，黄河淤垫，运道梗阻，“连年不治”。神宗以河臣意见不一，动多掣肘，于万历六年正月裁革总理河道一职，将河漕事权归一，命吴桂芳为总理河漕，兴工筑堤，治理河患，并“准发南京户兵二部粮剩马价银二十万两，截留漕米八万石，加耗米二万四千七百四十九石一斗七升三合二勺，每石折银五钱，共折该银五万二千三百七十四两五钱八分六厘六毫”。

万历六年(1578年)二月，潘季驯出任总理河漕，第三次治河。为进一步整治河患，“以图永利”，潘季驯筹措80万两银，大兴工役，筑堤塞决，修闸建坝，综合治理，在万历六年九月至次年十一月的一年多时间里，“总计两河之工，筑过土堤共长一十万二千二百六十八丈三尺一寸，石堤长一千五百七十七丈四尺，塞过大小决口共一百三十九处，建过减水石坝四座，共长一百二十丈，修建过新旧闸三座，车坝三座，筑过拦河顺水等坝十道，建过涵洞二座，减水闸四座，浚过运河淤浅长一万一千五百六十三丈五尺，开过河渠二道，栽过低柳八十三万二千二百株，及原任副使章时鸾，先筑过土堤九百七丈，各工共用银四十九万七千二百七十五两七钱一分七厘九忽，米一十二万六千七百二十三石五斗六升二合，每石原议折银五钱，该折银六万三千三百六十一两七钱八分一厘，通共银五十六万六百三十七两四钱九分一厘七毫九忽”(《明经世文编》)。经过潘季驯这次治理以后，河道数年无大患。

万历二十三年(1595年)，又“留江北凤庐等府漕粮二千四万石”，用于挑浚河道，“仍留太仓助工银十二万两抵折”(《行水金鉴》)。次年，杨一魁主持的分黄导淮工程兴工，因工程较大，钱粮不敷，“准借与盐钱五万两”，并“截留漕米六十万石济用”，这次河役，共“役夫二十五万，开桃源黄河坝新河，起黄家嘴，至安东五港、灌口，长三百余里，分泄黄水入海，以抑黄强。辟清口沙七里，建武家墩、高良涧、周家桥石闸，泄淮水三道入海”(《明史·河渠志》)。

万历三十年(1602年)，河南修筑汴堤，因经费紧张，越权“径留漕折脏罚事例等银”来充添河工费之不足，引起户部的不满和争议，但神宗却同意，“诏是之，曰河工紧急，钱粮令总河及巡抚设处，便宜动用”，也就是说，河工紧急时，准许随时动用钱粮，为治理河患大开方便之门。同年，为堵塞蒙墙寺决口，据总理河道曾如春称：“需备金百万。然河工浩大，资金难筹。”到万历三十一年(1603年)正月,“河工见在银七十万两”,距“备金百万”,尚差30万。工科给事中白瑜等,恐钱粮不继,前工尽弃,奏请补足河工经费,并严核用途。至四月份,又因河工急需,“不得已酌动十五万,先后给发”。据清代河道总督朱之锡称:“前河臣曾如春、曹时聘蒙墙之役,两请帑金至二百万,用夫三十万。”(《行水金鉴》)

到了万历三十二年(1604年)三月,因河工经费紧张,已开始“动支徐州分司库贮商税,并漕米变价银四万四千三百三十八两协济”。

万历三十三年(1605年)十一月至次年四月,曹时聘大挑朱旺口,“自朱旺口达小浮桥,延袤一百七十里”,“用众共五十万,费金钱八十万两”。据《明史·食货志》载,万历六年(1578年)时,“太仓岁入凡四百五十余万两”,曹时聘挑朱旺口耗资80万两,差不多相当于万历初年国家岁入太仓的1/6。

到了天启年间,河工经费严重不足,并出现拖欠河工经费现象。据统计,从天启元年(1621年)至天启六年(1626年)的六年时间里,拖欠河工银两累计达276830两。

崇祯年间,更是内外交困。崇祯四年(1631年)夏秋,“黄淮湖海交涨”,冲决淮安府山阳县新沟、苏家嘴两口,至次年将两决口堵塞,共耗银45530余两。

崇祯末年,国库亏空,河患日棘,国家再也拿不出钱来治理河患。崇祯帝只好令接收私人捐助来治河。如:崇祯十二年(1639年)三月,河道总督周鼎捐助河工,“帝命照数察收”;七月丁巳,大学士薛国观等捐助河工,也都照数验收;八月庚寅,又因河工急需,命将王体乾没籍银两,尽数发与管工侍郎,用于治河。

明代治河,除在堵口、筑堤、挑河、修守河堤等方面耗费了大量钱财外,还有一专项开支,即总理河道的办公经费。成化七年(1471年),明朝开始设置总理河道,专职负责治河。总理河道位高权重,一般以各部侍郎或尚书兼都察院佥都御史等任,属正二品至正一品。隆庆四年(1570年),总理河道又被加之“提督军务”衔,赋予直接调动、指挥军队的权力。总理河道的办公经费,据《行水金鉴》称:“岁用六百余金,并舆皂、门快、金鼓、军民诸役饩食,旧偏累济宁。”到万历元年(1573年),“如各边军门例,派之四省,济民力纾矣”。

关于明代的河道岁修银,据万历八年(1580年)工科给事中尹瑾称:“河道钱粮,山东河南额派原多,南直河道起丰沛,至淮阳,延袤千有余里,葺修防守,费用浩繁,及查岁额桩草银两,仅一千有奇。加以连年灾沴,每岁征收,不满数百”。尹瑾提出，“每年应凑银三千两为定额，解贮淮安府库，专备两河修守之用”。而总理河道潘季驯在议尹瑾的“备积贮以裕经费”时提出“约每岁三万两，积贮淮安以便支费”，一下子比尹瑾提出的“三千两”扩大了十倍。又据万历十六年(1588 年)总督漕运右佥都御史杨一魁称：“处河费以免偏累，谓河上岁修银三万两，内仰给于河南者九千。”说明此时河道岁修银为 3 万两。

据《行水金鉴》第 174 卷载，明代黄河河道钱粮的铺夫、堡夫银分配为：“山东管河道副使所属兖州府属州县堤铺夫银九千八百六十两；河南管河道副使所属开封等八府并汝州，河堡夫银三万二千八百五十三两。”运河河道钱粮与黄河有关的河段有：“淮安府属天妃闸以北，邳州、清、桃、睢、宿五州县，并邳州卫，桩草砖灰银四百六十九两八分；庐、凤二府并滁、和二州，征解邳州河堤防守夫银一万二千九十六两；徐州并属县，桩草砖灰银八百七十九两八分；庐、凤二府并扬州府属州县，征解徐州停役夫协助河工银一千三百九十九两二钱。徐州库收支徐州洪税，协济河工钱粮，岁征无定额，约万余两不等。”

明代还制定了河工工资制度，规定：“堡老月给工食银五钱，各役月给食三钱，俱由河道官银内支付。管河员役各有廪粮，府佐每员日给廪粮银一钱二分，每员各带书办一名，日给口粮四分，州县佐贰首领等官每员日给廪粮银六分。”民工修堤，以土方论酬，“每做长宽各一丈、厚一尺为四工”。但取土有远近，“土近者每工银三分，最近者二分，土远者四分；埽工以日期论酬，计日者每日给银三分，徭夫给银一分，风雨量犒，此历年议工之成规也”。据当时的巡抚直隶御史崔廷在论及经费和工夫时所谈：“各州邑所派之夫，日给三分，而远者一日七八分，次亦不下五六分。”

明朝河政腐败已很严重，特别是中后期，河工舞弊相习成风，民夫治河“所得皆不足食”。为了达到节省治河经费开支，杜绝河工舞弊，明朝曾于万历四年(1576 年)制定了河工经费稽核办法。

## 二、清代

清代黄河在铜瓦厢改道以前仍维持明末的河道，黄、淮并流入海。当时国家每年所需的漕粮，仰给于江南，故清政府对治河保漕的重视程度不亚于明代，每年拨付河工大量的治河经费。除每年的岁修费外，遇有筑堤、河道疏浚、堵口等大型工程则另拨专款。咸丰五年(1855 年)，黄河改道夺大清河入海后，漕运几绝，加之清政府政治腐败、内外交困，治河经费骤减。但黄河下游仍决溢频繁，抢险、堵口工程连年不断，开支仍十分庞大。

## （一）岁修经费

清代初期黄河岁修经费，其支付银两可考者，只有河南佥派民夫工资一项。顺治十六年(1659 年)正月，河道总督朱之锡题为陈明河南夫役事中称："每岁修守，固有成例。""臣檄查该省河属旧籍，皆已散失无考，仅检得前河臣翁大立疏草，内开河南黄河夫役，每年五百里内七十三州县，编做工河夫一万五千七百六十二名半，每名做工三个月，工食银三两，共计工食银四万七千二百八十七两五钱；五百里外三十五州县，编征银河夫一万一千六十一名，每名征银三两，共计银二万三千一百八十三两，听候办料及雇夫支用；若临河二十六州县，又于均徭内编佥堡夫一千一百五十七名看守堤坝船厂等役，每名工食银一十二两，共计银一万三千八十四两。"(《行水金鉴》)

康熙初年停止岁修工程佥派民夫旧例，每年岁修，雇派夫役，工资标准略有变化。河南河夫，每夫月银二两；江南河夫，每夫月银一两二钱。从康熙十六年(1677 年)起，河南河夫照江南例，每夫月银一两二钱。

据《续行水金鉴》记载，雍正四年(1726 年)"通计江南岁修钱粮为数六十六万五千余两。此库经费之定额，储备工用者"。

乾隆以来，河工经费的来源，据《清经世文编》载："江南河库每年部拨两淮盐课并各省运司节省以及直隶、河南、山东拨解河银等项共银四十七万六千两不等，名曰部拨协济，专供黄运湖河岁(修)抢(险)工程之用。如有余剩贮库以资兴举大工之需。每年江(苏)、安(徽)、浙(江)三省各州县编征河银并淮、扬关税以及苇营柴价银二十二万六千六百余两，名曰外解河银。柴价专供河苇两营俸薪兵饷等项。""二共七十万二千六百余两，皆江南每年常额。"

乾隆年间岁修经费虽有定额，实际年年超支。乾隆十一年(1746 年)，江南河道岁修增拨银达 30 万两。乾隆三十三年(1768 年)河东河道河工岁修银支销 11～12 万两。

嘉庆以后，由于物价上涨，黄河河工料物加价成风。嘉庆十一年(1806 年)，河工料价增加幅度一两倍不等，秸柴则增 3 倍，岁修经费也随之增加。嘉庆二十二年河东河道总督叶观潮奏："例拨豫省额征银三万六千两，山东兖沂道岁修料物银一万五千两，山东抢险料物银三万两。河南岁修料物银十万五千两。曹河、粮河二厅岁修料物银三万两。"以上仅河东河道岁修、抢险银21.6万两。据嘉庆二十三年工部奏：十一年未加价前江南河道岁修额定用银50万两，加价后每年几及150万两。

嗣后道光至咸丰初年江南河东两河道岁修经费维持在170～180万两。咸丰四年河东河道额定岁修银达27.6万两。

咸丰五年，黄河在河南兰阳铜瓦厢决口，清廷劝谕各州县自筹经费顺河筑堰、遇湾切滩、堵截支流，后虽筑成堤防，终因国库空虚、河款难筹，所修堤防标准不高，质量不坚，决溢之患尤甚。每年额拨岁修经费居高不下。据《续行水金鉴》称："东河款额，道光时每年例拨防险银三十万两，又照例添拨三十万两，嗣减为添拨二十五万两。同治二年河督谭廷勷奏改新章定额二十万，是后每年于新章二十万两外又再添拨防险银数万两至二十六七万两不等。"光绪二年(1876年)之后，河东河道每年额拨岁修银30万两，再添拨之数例为25万两，并于添拨之外又一再续请添拨，自数万两至十数万两不等。光绪十年(1884年)于额拨30万两内酌减2万8千两。光绪十六年(1890年)河东河道总督许振祎奏改新章，每年以60万两为率，特定名目曰岁修额款，其他名目一概不用。光绪二十七年(1901年)河东河道总督裁撤，河南巡抚兼管河工事务。锡良奏于岁修额60万两内扣新额赔款10万两，即以50万两为河工岁修额款。宣统元年(1909年)河南巡抚吴重熹又奏减为33万3千余两，连同河防局办石银9万两，共为42万3千余两。

黄河自铜瓦厢改道流进山东后，初期河工多由地方自筹经费，数目不详。光绪元年(1875年)奏定山东上游每年岁修防汛款额6万两。光绪十年(1884年)山东下游两岸官堤告成，奏定每年下游岁修防汛额款32万两、上游每年8万两(较光绪元年定例增加2万两)，共40万两。光绪十六年(1890年)，额定山东上、下游河工每年额款为60万两，但请销之数，每逾10万两左右。直隶东明黄河上、下汛，光绪九年(1883年)额定岁修银7.3万两，十二年岁修银实销11.5万两。

### (二)专项经费

清代治河经费中除了岁修经费外，还有为修筑堤防、堵塞决口、疏浚河道等大型工程专案另拨的专项经费。这项经费是每年河工经费中的大项，尤其是堵口工程经费花费最大。

清初，黄河决溢频繁，灾害严重。经朱之锡、靳辅等人修守，河患一度减少。所以，顺治、康熙、雍正年间，专项工程数目相对不多，每案销支银粮也少。其中较大的专案工程有：

顺治九年(1652年),河决封丘大王庙。河道总督杨方兴“发丁夫数万人治之”,至十三年始塞决口,“费银八十万”(《清史稿·河渠志》)。

康熙初年,“清水潭之决,历杨茂勋、罗多、王光裕三河臣经营堵塞十余年,前后费帑金五十万”(《清经世文编·治河之论》)。

康熙十六年(1677年)河道总督靳辅上治河八疏,从八个方面系统提出治理黄、淮、运的全面规划和实施步骤。其工程费用虽为预算,但从工程规模亦可看出其投资大概:第一疏为清江浦以下挑河工程,用土549.5万方,应用夫2198万工,每工银四分,共需银87.9万两。云梯关外堤工,共土69.1万方,用夫276.4万工,需银11.0万两。两者共银98.9万两,共用夫2470万工。第二疏为挑疏清口,掘土14.4万方,用夫43.2万工,银1.7万两。第三疏修高堰坦坡,需银19.3万两。第四疏为堵决口,需银38万两。第五疏为挑运河,需银56万两,以上共计需银213.9万两。第六、七、八疏称:淮扬田及商船货物,酌纳修河银;裁并河员以专责成;按里设兵,画堤分守。朝廷基本同意其计划,十六年起在黄淮下游进行了大规模修堤、筑坝、疏河工程,历时6年,至康熙二十一年(1682年),“修两河堤工竣,费银二百五十万两”(《中国水利史纲要》)。

康熙二十五年(1686年),“浚海口,发帑二十万,命侍郎孙在丰董其役”(《清史稿·靳辅传》)。

雍正二年(1724年)河道总督齐苏勒,大修河南险工,自河南至徐州南岸修76400丈,北岸修48100丈,用银49.8万两(《续行水金鉴》)。

雍正四年(1726年),山东曹县芝麻庄接筑月堤,河南河工险要处埽坝镶做防风、增高培厚险工等,耗银28万两。

雍正七年(1729年)宪皇帝圣训“河工定例岁加五寸”,岁用2.8万两。十二月孔毓珣奏:“蒙皇上发户部帑银一百万两,加修高堰工程。”

雍正九年(1731年),修补江南黄河两岸大堤,自虞、单起,迄安东海口。运河两岸缕堤,自台庄起至瓜州江口,土方银20.3万两。

乾隆以来,河患又见频繁,治河专项工程也渐见增多。

乾隆元年(1736年),江南河道总督高斌奏请:“淮扬运河间段挑修并于运口内天妃闸下添建闸坝,用银五十万两。”

乾隆十六年(1751年),河决阳武、祥符、朱口。七月先筑越石堤民堰,次筑玉皇庙大坝,以塞其倒流,费帑数十万。

乾隆十八年(1753年),河决江南铜山张家马路,当年堵塞,用银30.3万两(《清乾隆黄河决口考》)。

乾隆二十六年(1761年)七月,河南中牟杨桥河决,十一月堵塞,“用银三十万两”。

乾隆三十六年(1771年),江南桃源陈家道口河决,十月初七日堵塞,用银10.7万两。

乾隆三十九年(1774年)八月,河决清江浦老坝口,河道总督吴嗣爵属下工人郭大昌任此役,工期20日,开支“合计十万二千两有奇”。

乾隆四十三年(1778年)闰六月,“河决(河南)仪封十六堡,堵口历时二年,四十五年二月始合龙,费帑五百余万”。

乾隆四十六年(1781年)七月,河“决仪封,漫口二十余”。四十八年三月始塞决口。这次堵口,“自例需工料外,加价至九百四十五万两”(《清史稿·食货志》)。又据魏源在《筹河篇》中称:“青龙冈之决,历时三载,用帑两千万(两)。”

乾隆五十一年(1786年)七月,江南桃源司家庄河决,烟墩、李家庄、汤家庄也决,堵筑各口用银49.7万两。

嘉庆以后河政日益腐败,尤其是从嘉庆十一年(1806年)河工物料加价风起,各专项工程耗费银两剧增。

嘉庆元年(1796年)六月,江苏丰县六堡河决,次年正月二十七日堵塞,用银239.9万两(《清·嘉道两朝河决考》)。

嘉庆二年(1797年)七月,山东曹县第二十五堡决口,次年十一月始堵决口,共用银719.7万两(《续行水金鉴》)。

嘉庆三年(1798年)八月决睢州,次年春始堵决,耗银136万两。

嘉庆八年(1803年)九月十三日封丘衡家楼决口,次年三月堵复,耗银1200万两。

据工部奏称,嘉庆十年,另案工程用银460余万两。嘉庆十一年另案挑培各工用银三百六七十万两。查乾隆末至嘉庆八九年止,最多的320余万,最少的只七八十万。总计从乾隆五十九年至嘉庆十年,用银约2700万两,十一年至二十一年止,另案各工用至4900万。

嘉庆十六年(1811年)七月,江苏邳北绵拐山及萧县李家楼河决,次年二月堵塞,用银116万两(《清·嘉道两朝河决考》)。

嘉庆十八年(1813年)九月,睢州汛决,南入洪湖。以滑县义军起,未堵。二十年二月始堵,用银380万两(《续行水金鉴》)。

嘉庆二十年以后,每年另案销银总在90～100万两。二十四、二十五两年有马营、仪封河工失事,两年用银遂多至120余万两。二十五年到道光二年另案销银250余万两。

嘉庆二十四年(1819年)八月,黄河于河南武陟马营口坝决口,次年三月十四日堵塞,共用秸料2万余垛,耗帑银1200余万两。马营坝合龙河水下泄后,十五日又于仪封三堡冲决大堤,十二月七日堵塞,耗银475.2万两。

道光时代,专项经费继续增加。从道光二十一年(1841年)到清末70年间,黄河决溢达45次之多,堵口工程连续不断,经费开支甚巨。

道光六年(1826年),挑浚清口,开放王营减坝放水入海,正河筑坝大挑,十一月兴工,耗银637万两(《再续行水金鉴》)。

道光八年十月曾谕称:"近年除例拨岁修、抢修银两外,复有另案工程名目,自道光元年以来,每年约共需五六百万两。昨南河请拨修堤、建坝等项工需一百二十九万,又系另案外所添之另案。而前此高堰石工以及黄河挑工,耗费又不下一千余万两之多。"

道光十二年(1832年),江苏桃源十三堡河堤为监生陈端等纠众扒开,次年正月二十四日堵塞,用银40万两(《再续行水金鉴》)。

十五年三月谕称:"东河自道光元年至十年,每年动用正项钱粮多至一百万两以内,其用百万以外者不过三四年,惟十一年抢办险工用银一百十四万。今吴邦庆任内,十二、十三、十四俱用至一百十万两。"

道光十七年(1837年),河东河道总督栗毓美在复工部咨文中述及道光元年至十五年豫省推行砖工、培修埽工共计2957段,共支用银1571余万两。

道光二十一年(1841年)六月十七日,河南祥符上汛三十一堡决口,大溜南下夺淮入海。次年二月十四日堵塞,用银615万两。

道光二十三年(1843年),春挑萧家庄以下河道4万余丈并埽坝抛石用银118.3万两。秋堵萧家庄口,用银89.4万两(《再续行水金鉴》)。是年七月十九日,中牟汛九堡决口,次年二月堵筑,未成,已用正项银644万两。十二月继续堵口,又用银498万两,善后工程用银49.7万两,合计共用银1191.7万两。

咸丰元年(1851年)八月,河决砀山县蟠龙集之丰北厅下汛,下入微山湖、昭阳等湖,又东溢骆马湖出六塘河。次年堵未成用银400万两,三年又堵用银300万两。当年五月又决,遂不堵。

咸丰五年黄河改道以后,漫流于鲁省平原,工程支销顿有减少。

同治七年(1868年)六月,河决荥泽十堡,次年正月堵塞,用银131.3万两。

同治十年(1871年),河决山东郓城侯家林,次年二月合龙,用银32.8万两。

同治十二年(1873年)六、七月间,河北、东明岳新庄、石庄户民埝冲决,因难于施工,十三年改于菏泽贾庄、开州蓝口间筑坝堵合,用银11.3万两。

光绪元年(1875年),堵塞同治十二年决口,用银合计98.8万两。修筑山东谢家庄至东平十里堡闸大堤200余里(即障东堤)。堤、坝工共用银152万两。

光绪八年(1882年)山东历城桃源决口,当年堵合,用银26.7万两。

光绪十年(1884年)山东两岸河堤筑成,由东阿至利津灶坝上修堤共1080余里,工期9个月,用银142万两,冬培修又用银35万两。十三年普修山东大堤,十四年夏竣工,用银96万两。

光绪十一年(1885年)五月,山东历城县溞沟、齐河县赵庄等地决口,十二月堵合,用银46.7万两。

光绪十三年(1887年)八月,郑州下汛十堡决口,十四年十二月堵塞,用银1100万两。其中善后工程用银95万两。

光绪十四年(1888年),购挖泥船两只,每只价值14.5万两。

光绪十六年,山东培堤、筑坝、挑淤用银288万两。

光绪十八年(1892年),山东青城、滨州、蒲台等濒河之民,迁大堤外高阜之处,设立新庄339处,动支银32.6万两。二十年长清、肥城、平阴迁濒河之民,设立新庄218处,支用银29.5万两。

光绪二十七年(1901年),河南境内修建孟县小金堤坝垛工程,共支用银3万两。

光绪二十九年(1903年),堵上年北岸惠民刘旺庄决口,用银68.6万两。六月决利津南岸宁海庄,十二月堵,用银45万两。

## (三)河工弊端

河工舞弊之风古已有之,到了明代渐见剧烈。清代黄河灾害尤甚,漕运受阻,清政府投入巨资治河,这些巨资却成了河工舞弊的渊薮。到了清中叶以后,河工贪污之风弥漫全河,几乎无法收拾。

雍正元年(1723年),河道总督齐苏勒奏疏中称:"历年奏销,不无虚冒,再道库钱粮,收发出入,甚不清楚,而各员所领银两,核对所做工程,每不抵半。"同年七月雍正皇帝诏:"近闻管夫河官,侵蚀河夫工食,每处仅存夫头数名。遇有工役,临时雇募乡民充数塞责,以致修筑不能坚固,损坏不能提防,

冒销误工,莫此为甚。”(《续行水金鉴》)

清政府为控制河工贪污浮冒,制定了一些罚赔制度。规定凡所修河工不坚,一旦从此决口,所用银两,只准报销六成,其余四成由道府以下文武汛员赔偿。这种制度看似严格,但实际上河官们在修工时,即将罚赔之款已预先冒领,反而助长了河官们的贪污之风。嘉庆十三四年间,江南河道修堤堵口等费不下4000余万两,其中开浚海口一项即费银800万两,嘉庆帝于十六年(1811年)下谕说:“河工连年妄用帑银三千余万两,谓无弊窦,其谁信之?”当时贪污的手段甚多,如秸料一项是按垛计算,嘉庆十一年(1806年)每垛5万斤,官家出银200两,市价可买30万斤,这样就虚报了6倍。实际这些秸料都是向沿河农民按田亩摊派,农民无偿上缴或贱价出售。收料后,搭成垛形,往往中空如屋,每垛不过三四万斤。河工上集料常以万垛计,可见河官们每年贪污百万以上银两就不足为奇了。另外在土方方面的弊端也不亚于秸料,“黄河决口,黄金万斗”就是当时人们对河工弊端的辛辣讥讽。

清代河官的奢侈生活骇人听闻,河道总督衙门所在地清江浦特别繁华,终年市面上车水马龙,充满了珠、玉、参、貂商店,官府里歌舞、盛宴昼夜不息。某河督宴客,一盘猪肉要杀50口猪,每猪只割取一块肉;一道菜有的要花几百两白银。一次宴席往往接连吃两三昼夜。河道衙门里宾朋客满,终日坐享豪宴。正如魏源指出:“竭天下之财赋以事河,古今有此漏卮填壑之政乎?”

## 三、中华民国时期

民国初年,全国无统一的治河机构,黄河下游河务分别由河南、山东、河北三省管理。民国22年(1933年)成立黄河水利委员会,下游三省河务到民国25年(1936年)后才改归黄河水利委员会管理。治河经费主要由各省地方财政支拨,中央给以补助。由于政局混乱,经济拮据,治河经费不能保证,以致河政凋弊,河防失修,几乎年年决口,灾害严重。

### (一)河工经常费和岁修费

民国初年各省河务受中央主管水利机关和各省省政府领导,各省经费无一定标准。“河南河北山东三省经费每年总在一百五十万元左右。”(《中国水利史纲要》)

据《豫河续志》载:“河工款项分经常与岁修两类,用之于机关如总、分各局及防汛等应支之俸薪、役食、兵饷、办公费、杂费等项，曰经常费；用之于工程如黄、沁两河应办之石方、秸料、土工等项，曰岁修费。在昔未经区别，岁无定额。自许振祎定每年九四库平银六十万两，嗣又奏裁十万，洎财政局清理后载在河防公所预算册内，年定四十三万两有奇，而厅营汛廉俸、马干、兵饷并五工局岁修等银七万三千余两，另由司库支发尚不在内，总共九四库平银五十万零五千二百九十六两八钱六分九厘，折合洋七十一万二千一百一十三元。民国二年四月河防局成立，暂就原预算支发河工各机关。迨改组已定，编制二年度预算，统计岁修、经常二款年需洋五十三万四千九百二十一元，较之未改编以前预算实已减去四分之一。至办理三年度预算，则减为五十二万六千六百七十元，四年度预算又减为五十一万元，七年度又递减七万元，定为年支四十四万元，而实则近年所领确数每年平均计算不过二三十万元，或竟支发不及一半。”

据《豫河续志》统计，从民国2年至13年(1913～1924年)河南黄河经常费、岁修费为：总局及各分局并各工巡队汛经常费总数为234.1万元，购运石方款总数200.4万元，购办秸料及厢埽夫工款总数为68.5万元，各分局修筑堤坝填垫残缺土方价总数为16.2万元，沁阳、武陟沁工岁修款总数为36.1万元。总计12年用洋555.3万元，平均每年46万元。

从民国14年至19年(1925～1930年)，《豫河三志》记载河南历年预算开支情况如下：

民国14年(1925年)，预算政费列支20.2万元，岁修工款列支23.7万元，总计43.9万元。实支政费20.2万元，岁修工款8.2万元。

民国15年(1926年)，预算与14年同。实支行政费8.6万元，工款0.7万元。总计9.3万元。

民国16年(1927年)，预算仍与上年同。7月份起，行政经费按维持费每月列支1万元，实支岁修工款4.8万元，行政经费不详。

民国17年(1928年)，预算行政经费列支25.9万元，岁修工款23.7万元，总计共49.6万元。岁修工款实支4.8万元，行政经费系按省政府所发文官等表之规定编列，较上年度有所增加，实支数目不详。

民国18年(1929年)，预算行政费共26.9万元，岁修工款共27.5万元，因河务局两次改组，四易长官，交替频繁，款项以任期结算，且10、12等月份政费工款收支均无卷簿可考，故实收实支数目从阙。

民国19年(1930年)，预算行政经费共24.2万元，岁修工款共27.8万元，总计52万元。实支行政经费19.5万元，岁修工款5.3万元。

民国20年(1931年)后，河南治黄经费缺乏统计资料。至民国26年(1937年)抗日军兴，每年河务费30万元上下。

据《山东河务特刊》载，山东黄河修守经费，前清末季每年定库平银60万两，民国纪元改为60万元，民国12年减为54万元，18年新预算又减为48万元，其中24万元为河务局及三游总分段俸薪饷项各费，下余24万元为全河修守工料防汛各费。”民国19年起，防汛岁修经费仍规定为全年30万元。以后略有增加，河务局及所属三游总分段并船只、俸薪饷项、服装等费每年共27.8万元，修守、工料、防汛各费每年30万元。据《山东河务季刊》记载，山东河务局每年修防经费标准为48万元，修守大堤每里平均用款382元。除去员工俸饷等开支外，每年直接用于修防的经费仅23.3万元，每里平均仅有188元。

河北省河工经费每年在20万元上下。

民国22年(1933年)，统管全河事务的黄河水利委员会成立，当时曾决议拨给开办费10万元，每月经费6万元，由于财政困难，实际领到的开办费仅为4万元，每月经费3万元，后经一再请求照拨，并无下文(《中国水利史纲要》)。

河务管理，三省各自为政。民国25年(1936年)黄河水利委员会统一修防时，规定河工经费河南省分担40万元，河北省分担25万元，山东省分担55万元；不够时再统一拨100万元(《中国水利史纲要》)。日本入侵以后，下游两岸地区大部沦陷，工程减缩，历年开支不详。

### (二)专项工程经费

民国年间黄河决溢甚多，和清代一样，决口后大多立即组织力量堵塞。大型工程及堵口经费有数百万、数十万元的，也有几万元的，多由中央筹拨，一些大型的修防工程，也多由中央拨专款。主要的专项工程有：

民国2年(1913年)，黄河于直隶濮阳县双合岭决口，4年(1915年)堵塞。用款321万元。堵后不久复决，再次堵口用款81万元。两者合计402万元。

民国6年(1917年)、民国10年(1921年)黄河在樊庄、黄固决口之后，菏泽等县官绅组织6县修堤协会筹款6万元，于民国11年将堤防加高帮宽。民国13年(1924年)直鲁两省的8县筹款13万元又加修一次。

民国10年(1921年)，黄河于山东利津宫家决口，次年由美商亚洲建业公司(Asia Development Co.)承包堵复工程，12年7月堵塞，用款200万元。

民国14年(1925年)8月,黄河冲决濮阳县李升屯民埝(今属山东鄄城县),9月又决山东寿张黄花寺官堤。次年4月两口先后堵塞,用款68万元。以濮、范、郓、寿等沿河八县丁漕银为基金,不足部分八县均摊。

民国17年(1928年),山东下游堵复利津棘子刘决口,计用费12万元。当年,又整修李升屯、康家屯险工,支付工程费30万元。

民国18年(1929年)2月,黄河凌汛期间,山东利津扈家滩堤防漫溢决口。当年堵塞未成,次年6月10日始完工,两次用款30万元。

民国18年(1929年),山东省府电请中央划拨刘庄等堤工修复款80万元。行政院令山东于地丁附征捐下开支。

民国19年(1930年)8月,山东濮县廖桥、王庄一带民埝决口,次年元月11日堵塞,用款5万元。

民国19年(1930年),山东黄河上游民埝专款保管委员会,每年收埝工圈护土地"民埝专款"21万元,用于濮县、范县、寿张、郓城、阳谷五县临时民埝(今临黄大堤)修守。

民国19年(1930年),陕西开办引泾工程泾惠渠,投资167.5万元,经费由陕西省政府、华洋义赈会投资和部分华侨捐款。

民国20年(1931年),山东朱口、黄花寺、五杨家等险工加筑,拨特别工料费23.5万元。

民国22年(1933年),黄河大水,在河南温县、长垣、兰考等地多处决口成灾,国民政府成立黄河水灾救济委员会,先后收到中央拨款、国内及侨胞等捐助款共318.9万元(其中中央拨款295万元)。大部用于工赈、灾赈。其中131万元用于堵口。

民国23年(1934年),山东补修汶河戴村坝工程。共支用6.2万元。同年,山东修筑利津宁海左庄至大溯矛黄河第一段大堤,经省府呈请行政院拨款83.7万元。同年,黄河水利委员会编报的《豫冀鲁三省黄河大堤培修工程计划》,核准山东培修朱口至临濮集、杨庄至十里堡两段大堤及李升屯、康屯险工,中央补助10万元。同期山东省政府拨款15.5万元,补助各县培修民埝。同年8月,河南省长垣县九股路、东了墙、香李张、步寨决口,于次年4月20日堵筑合龙,共用款105万元。

民国24年(1935年)7月,黄河于山东省鄄城县董庄决口,次年3月27日堵塞,用款263.8万元。

民国24年(1935年),培修北金堤工程,上自河南滑县,下迄山东东阿陶城铺与民埝相接，共用土165万立方米，用款35万元。

民国25年(1936年)，整治河口乱荆子及寿光圩之间河道，全国经济委员会核准，拨款5万元。

民国27、28年(1938、1939年)，黄河水利委员会和河南省政府共同组成“防泛新堤工赈委员会”，以工代赈，两次修筑防泛西堤，共长315公里，国民政府共拨款70万元。

民国28年(1939年)，黄河水利委员会在花园口西修筑核桃园至京水镇小章庄长8公里军工堤一道。共用款9.6万元。

民国29年(1940年)，防泛西堤决口10多处，其中郑县1口、中牟2口、尉氏5口、扶沟2口、西华1口，以尉氏寺前张、十里铺口门最大。9月成立“尉氏抢堵临时工程委员会”，堵口当年完成，用款近100万元。此后防泛西堤东堤决口数十处，均经堵塞，用款不胜累计。

民国30年(1941年)，河南修防处在扶沟等地沿防泛西堤修筑军工坝37道，埽工坝段共投资164.4万元。

民国32年(1943年)，为预防黄泛南移，1月由有关军政当局举行第一次整修黄泛工程会议，拨军工款500万元举办第一期整修工程。5月举行第二次整修黄泛工程会议，拨军工款450万元，抢修贾鲁河、颍河、沙河堤，培修京水镇至尉氏防泛西堤。7月举行第三次整修黄泛工程会议，筹措防汛工程工料费3000万元。

民国36年(1947年)，堵筑花园口工程于3月15日合龙。当时国民政府发行的法币严重贬值，用款总计达390亿元。

# 第二章　中华人民共和国时期治河经费

中华人民共和国成立前，中国共产党领导下的冀鲁豫解放区和渤海解放区已担负起黄河下游的修守工作。从1946年黄河下游复堤开始，到1949年止，解放区用于黄河的工程款折合人民币3400余万元。

中华人民共和国成立后，黄河进入了新的治理阶段。在中国共产党和各级人民政府的领导下，一方面以黄河防洪为中心，对黄河堤防、险工进行了大力培修，建立了分洪、滞洪区，有计划地整治了河道，加强了汛期防守，取得了伏秋大汛年年安澜的胜利；另一方面在黄河干支流上修建一大批水库工程和大批灌区，大规模地开展了水土保持工作，取得了前所未有的成就。据不完全统计，截至1993年，国家为治黄建设投入了215.16亿元的经费，群众也筹集了大量料物，付出了数十亿的劳动工日。治理规模之大，开支之巨，是前代难以比拟的。45年来的治黄建设成就产生了巨大的社会效益和经济效益。

## 第一节　黄河水利委员会经费

黄河水利委员会是治黄的主管部门。国家用于黄河的经费很大一部分，包括用于黄河下游防洪建设、堤防岁修、防汛、勘测设计、水文、水利科学研究、水土保持部分经费和人员经费、教育费等，是由中央财政部拨给水利部，再由水利部转拨给黄河水利委员会的。40多年来，由于党和国家的重视，除个别时期外，治黄经费呈逐渐上升之势，1950～1952年，国家还处在经济恢复时期，拨给黄河水利委员会的治黄经费即达8868万元，平均每年2900万元以上。1953～1957年第一个五年计划时期，国家治黄经费增至1.77亿元，每年在3500万元以上。1958～1962年第二个五年计划时期因遭遇严重的经济困难，治黄经费略有下降，共计1.45亿元。随后国家虽处于国民经济调整时期，但因黄河堤防亟需加强，治黄投资又有上升，1963～1965年共投资2.13亿元，平均每年7000余万元。1966～1970年第三个五年计划时期，国家正处在“文化大革命”中，部分治黄工作陷于停顿，5年投资1.39亿元，年平均降至3000万元以下。1971～1975年，第四个五年计划时期投资2.48亿元，平均每年4900万元以上，较之前一个五年计划期间有大幅度的增长。1976～1979年，治黄投资续有增长，共计达6.83亿元，年平均超过了1.7亿元，基本上满足了下游防洪及其他建设事业的需要。1946～1979年黄河水利委员会财务支出见表3—1。

1980年以后，由于治黄任务加重和物价的上涨，国家用于治黄的投资呈稳步上升趋势:1980年完成治黄投资1.63亿元，1986年上升到2.10亿元，1990年、1991年分别达到5.91亿元、7.18亿元。1980～1993年总计，国家拨款达54.23亿元，其中基本建设投资34.07亿元，事业经费17.54亿元，专项经费2.62亿元。1980～1993年黄河水利委员会财务支出见表3—2。

## 第二节　下游防洪经费

人民治黄工作从1946年起，在冀鲁豫和渤海解放区人民政府领导下就开展起来。中华人民共和国成立后，大力整修加固堤防，并组织了三次大规模的加高培厚，还进行了锥探灌浆、放淤固堤、消灭堤身隐患等工作。与此同时堤防险工也进行了加高改建，新建了大批险工和控导工程，开辟了北金堤、东平湖等滞洪区，同时还在中游兴建了干流三门峡水库，支流伊河陆浑、洛河故县水库，形成了“上拦下排，两岸分滞”的防洪工程体系，强化了人防、通信、预警系统等非工程防洪措施。对防御和战胜历年洪水起到了重大作用。

中华人民共和国成立前，防洪经费由冀鲁豫、渤海两解放区筹措，主要来源于两解放区1850万人民，每人平摊2斤小米。从1946年起至1949年用于黄河的工款折合人民币3400余万元。1950年以后，主要由国家财政拨款给水利部，再由水利部拨款给黄河水利委员会，用于防洪基本建设投资、防汛岁修和防洪工程管理养护的水利事业费。从1950年起至1993年止，包括大堤培修、放淤固堤、险工加高改建、河道整治、滩区避水工程、运石铁路和防汛公路、堤防岁修、分滞洪区开辟与安全建设工程、通信预警系统建设等，国家共投资34.46亿元。其次为群众投工折资，从1950年至1993年沿河人民为复堤、河道整治、防汛抢险完成土石方工程共投入工日2.6亿个，

表 3—1

**黄河水利委员会财务支出表（1946～1979 年）**

单位：万元

| 年度 | 投资总额 | 基建投资支出 | | | 事业经费支出 | | | | | | | | |
|---|---|---|---|---|---|---|---|---|---|---|---|---|---|
| | | 小计 | 下游防洪 | 其他 | 小计 | 堤防岁修 | 防汛 | 勘测设计 | 水文 | 科学研究 | 水土保持 | 教育经费 | 其他水利事业费 |
| 1946～1979 | 173155.29 | 79903.09 | 71874.11 | 8028.98 | 93252.20 | 32881.17 | 22255.64 | 9126.28 | 6562.82 | 1344.17 | 3619.28 | 1298.88 | 16163.96 |
| 1946～1949 | 3404.73 | | | | 3404.73 | 2282.98 | 861.50 | | | | | | 260.25 |
| 1950～1952 | 8867.98 | 2587.20 | 1876.56 | 710.64 | 6280.78 | 4596.57 | 495.71 | 56.02 | 73.83 | 11.34 | 40.68 | 39.38 | 967.55 |
| 1953～1957 | 17764.07 | 2814.31 | 2485.53 | 328.78 | 14949.76 | 5433.64 | 2233.31 | 2395.29 | 674.15 | 145.83 | 1758.01 | 189.69 | 2119.84 |
| 1958～1962 | 14576.83 | 1615.59 | 1225.07 | 390.52 | 12961.24 | 3534.20 | 2864.37 | 1959.88 | 1240.31 | 249.73 | 378.01 | 269.40 | 2465.34 |
| 1963～1965 | 21355.53 | 11636.83 | 8700.50 | 2936.33 | 9718.70 | 4185.36 | 2196.83 | 795.17 | 741.15 | 110.70 | 180.40 | 94.80 | 1414.29 |
| 1966～1970 | 13993.03 | 4418.19 | 2627.39 | 1791.60 | 9574.04 | 2898.31 | 2203.34 | 810.81 | 901.65 | 91.40 | 155.75 | 132.12 | 2380.66 |
| 1971～1975 | 24882.58 | 10390.42 | 10390.42 | | 14492.16 | 4700.65 | 3627.08 | 1292.43 | 1246.49 | 227.40 | 284.27 | 176.06 | 2937.78 |
| 1976～1979 | 68310.54 | 46439.75 | 44568.64 | 1871.11 | 21870.79 | 5249.46 | 7773.50 | 1816.68 | 1685.24 | 507.77 | 822.16 | 397.43 | 3618.55 |

表3—2　**黄河水利委员会财务支出表（1980～1993年）**　单位：万元

| 年份 | 投资总计 | | 基本建设 | | 事业经费 | | 专项经费 | |
|---|---|---|---|---|---|---|---|---|
| | 投资数 | 完成数 | 资金来源 | 完成投资额 | 资金来源 | 经费支出 | 拨款 | 支出 |
| 合计 | 542320.53 | 460261.83 | 340734.25 | 286457.82 | 175379.17 | 150699.56 | 26207.11 | 23104.45 |
| 1980 | 17204.08 | 16301.47 | 9907.90 | 9962.49 | 7050.16 | 6206.60 | 246.02 | 132.38 |
| 1981 | 18107.4 | 17437.52 | 10762.55 | 10796.33 | 7146.79 | 6575.69 | 198.06 | 65.50 |
| 1982 | 21224.23 | 19507.69 | 11123.76 | 10899.80 | 9995.80 | 8446.81 | 104.67 | 161.08 |
| 1983 | 20021.39 | 19563.39 | 11014.50 | 11156.91 | 8725.24 | 8247.49 | 281.65 | 158.99 |
| 1984 | 19295.78 | 18932.15 | 10880.65 | 10788.55 | 8123.02 | 7817.79 | 292.11 | 325.81 |
| 1985 | 20381.96 | 19924.54 | 11146.87 | 11285.14 | 8925.27 | 8281.08 | 309.82 | 358.32 |
| 1986 | 23774.67 | 21032.05 | 12162.09 | 11839.06 | 10840.69 | 8460.32 | 771.89 | 732.67 |
| 1987 | 27444.59 | 24007.08 | 14768.62 | 14970.53 | 11262.86 | 8776.94 | 1413.11 | 259.61 |
| 1988 | 32047.44 | 28876.87 | 16246.94 | 15112.84 | 11868.44 | 10438.47 | 3932.06 | 3325.56 |
| 1989 | 32773.90 | 30391.71 | 16899.46 | 16951.04 | 11768.67 | 9995.95 | 4105.77 | 3444.72 |
| 1990 | 79909.76 | 59101.22 | 60580.42 | 42024.81 | 14970.17 | 12776.97 | 4359.17 | 4299.44 |
| 1991 | 109034.13 | 71789.41 | 88306.49 | 54461.28 | 17265.36 | 14082.11 | 3462.28 | 3246.02 |
| 1992 | 59839.00 | 57062.68 | 36131.00 | 36210.24 | 20748.70 | 18294.00 | 2959.30 | 2558.44 |
| 1993 | 61262.20 | 56334.05 | 30803.00 | 29998.80 | 26688.00 | 22299.34 | 3771.20 | 4035.91 |

折合人民币6.52亿元。总计防洪建设投资为40.98亿元(不包括防洪水库投资)。防洪投资情况见表3—3。

表3—3　**黄河下游防洪建设投资表**

| 项　　目 | 投资(万元) | 项　　目 | 投资(万元) |
|---|---|---|---|
| 堤防培修加固 | 54468.0 | 通信建设 | 4556.70 |
| 放淤固堤 | 45959.0 | 运石铁路 | 7683.68 |
| 险工加高改建 | 26915.04 | 防汛公路 | 2922.0 |
| 河道整治 | 19637.0 | 沁河杨庄改道工程 | 2843.0 |
| 滩区避水工程 | 6104.0 | 防大洪水费用 | 4784.0 |
| 分滞洪区工程 | 74041.17 | 群众投工折资 | 65200.0 |
| 防汛岁修 | 94692.0 | 合计 | 409805.59 |

为掌握运用好国家拨给的防洪资金,黄河水利委员会成立了专门的财务管理机构,在国家财政经济政策方针指导下,各级财务机构配合各项工程计划,建立严格的管理和核算制度。各级河务部门专设计划科,负责各项工程计划的编制、上报和下达,并建立严格的计划编审程序,以保证供给,节约开支。工程施工中开展增产节约运动,不断改进施工工具,优化施工组织,以节约开支,提高工效,保证工程质量。

黄河下游防洪事业除以国家拨款和群众投工折资计算的防洪经费外,在历年防洪斗争中,都要组织数以百万计的人防大军,随时准备参加防汛抢险。这支队伍的付出,一般不计报酬,是社会义务性质的,虽不以投资计算,但黄河防洪保安全是靠堤防加人防取胜的。

## 一、堤防培修加固

中华人民共和国成立后,黄河下游治理采取“宽河固堤”的方针,把巩固堤防作为主要防洪措施,除进行经常性的堤防加固外,还根据不同时期的防洪任务和河道淤积情况,先后进行了三次大规模的复堤工程,以提高防洪标准和堤身强度。

### (一)培修堤防

1950年至1957年第一次大复堤,是在1946年至1949年解放战争时期复堤的基础上，逐年加高加固堤防，提高防洪标准的。复堤标准从1950年的以防御比1949年更大的洪水为目标，到1955年的防御黄河秦厂站25000立方米每秒洪水，各年修堤标准有所不同。施工期间，河南、平原、山东三省沿河各县组织施工指挥部和民工，每年分春、冬两次施工。1950年开始施工时，基本上采取征工的办法，每年组织20～25万民工上堤，施工任务最大的1951年，山东、平原两省参加修堤民工多达45.7万人。1952年以后推行"按方计资、按劳计工、按工分红"的计资办法，按收下方土塘计算土方量，以提高工效。第一次大复堤共完成土方14090万立方米，投资7847.63万元，共投入4936.72万工日。经过这次复堤工程，为战胜1958年黄河花园口站22300立方米每秒大洪水打下了可靠的物质基础，使下游在不分洪的情况下，依靠堤防，加强人防，战胜了洪水。

1960年黄河三门峡水库建成后，初期以"蓄水拦沙"运用，库区淤积严重，故于1962年4月改为"滞洪排沙"运用，从而加重了下游河道淤积。为了恢复河道排洪能力，1962年开始第二次大复堤，至1965年共计完成土方5396万立方米，投资7343万元，投工3197万工日。施工组织普遍由人民公社生产大队成立土工队，实行包工包做，按方计资。土工队内部实行多劳多得的分配政策。

1965年至1973年，三门峡水库两期改建工程投入运用后，泄流能力增大，水库改为"滞洪排沙"运用，下游河道主槽发生严重淤积，河势摆动加剧，严重威胁防洪安全。1973年下游治理工作会议上提出，首先大力加高加固堤防，改建北金堤滞洪区，完成山东窄河段南、北展宽工程，确保防洪防凌安全的治理意见。确定以防御花园口站22000立方米每秒洪水、孙口站洪峰17500立方米每秒，东平湖分洪7500立方米每秒，艾山站以下大堤按11000立方米每秒水位设防的堤防工程标准，从1973年开始进行第三次大复堤。这次河南、山东两省除组织沿黄9个地、市，动员38个县的民工修堤外，又组织非沿黄21个县的民工支援修堤，每年上堤民工20～30万人，最多达80万人。施工任务分配到人民公社、生产大队，工具由民工自带。运土工具以胶轮车为主，配合一部分拖拉机、铲运机，拖拉机碾压。共计培修堤防长1267.3公里，其中黄河大堤1236公里、太行堤22公里、贯孟堤9.3公里。至1993年累计完成土方19842.43万立方米，用工10787.09万工日，投资36098.07万元。

中华人民共和国成立以来培修堤防总计完成土方3.93亿立方米，投工1.89亿工日，投资5.129亿元。

## (二)堤防加固

黄河下游在进行三次大复堤的同时,还对堤防进行了大量的消灭堤身隐患和除险加固工程。

黄河堤防隐患除动物洞穴外,还有抗日战争时期在堤身上挖的军沟、防空洞和历史遗留的宅基、废砖窑、涵洞、废铁路基、井、墓坑、树根、堤身裂缝及老口门等。为消除堤身隐患,1950年黄河水利委员会部署,对全河新、旧堤防一律进行签试。当年,河南、平原、山东三省黄河河务局广泛动员群众,普查堤身隐患,共查出各类隐患7605处。1952年山东河务局组织黄河职工2128人、民工4739人,组成44个锥探大队,1152个小组,共锥探332.35万眼,发现动物洞穴960多处,防空洞、碉堡、军沟382处(条),树坑1398个,完成填土27.5万立方米。1964～1965年堤防普查中,在黄河大堤上查出、处理隐患949处,捕捉害堤动物5万多只。截至1993年,全河共捕捉獾狐等害堤动物96万只。为调动群众保护堤防的积极性,实行对群众举报隐患和捕捉害堤动物者给予奖励的政策。

1950年到1952年,主要采取人工挖填处理的办法消灭堤身隐患。1952年以后,对小隐患采取锥探灌浆填实;对大隐患采取在堤顶开挖纵向沟槽,于槽底锥孔灌水探查,再行人工开挖翻修处理。全河自50年代开展锥探以来,到1993年共锥探灌浆9955万眼,堤防反复锥灌2～3遍,灌入土方196万立方米,处理隐患35.2万处。第一次大复堤过程中,对堤防老口门合龙处及背河渗水、管涌堤段,按照"临河截渗、背河导渗"的原则,采用抽槽换土、粘土斜墙或加帮后戗等工程措施,进行加固。60年代第二次大复堤时,结合复堤修筑了部分前、后戗工程。第三次大复堤期间,山东堤段一般以放淤固堤为主,河南堤段结合抗震要求,对重点堤段加修了前、后戗。河南黄河河务局完成加固堤段长183.3公里,占规划长度的63%,完成土方1229.91万立方米,投资2517万元。山东黄河河务局完成加固堤段长549段,长460公里,占堤线长的57%,完成土方768.3万立方米,投资662.3万元。两省共计完成土方1998.21万立方米,投资3179.3万元。经过锥探灌浆除险加固,大大提高了堤防抗洪强度。如在1949年花园口站发生12300立方米每秒洪水时,两岸堤防发生漏洞806处,堤防加固后的1958年花园口站发生22300立方米每秒大洪水时,堤防只发生19处漏洞。1982年花园口站发生15300立方米每秒洪水,黄河堤防没有发生一处漏洞。

三次大复堤和堤身加固共做土方4.2亿立方米,投资5.447亿元。

### (三)放淤固堤

中华人民共和国成立以来,黄河下游放淤固堤前后曾用自流沉沙、提水淤背、船泵放淤三种办法。

1955年至1969年,为利用引黄涵闸、虹吸和扬水工程进行自流放淤和提水淤背阶段。引黄灌溉则结合堤背沉沙,将沿堤不少洼地、老口门、潭坑一般淤高了0.5～1米。

1969年在陕晋豫鲁四省治黄工作会议上提出:在近三年内,应有计划地加固堤防,并积极进行堤背放淤,以利备战。1971年开始把淤背固堤列入下游防洪基本建设计划。山东黄河河务局规定:引黄淤背结合改土,淤宽100～200米,高度与临河滩地面平,以后再逐年增高,逐步展宽。河南黄河河务局本着平时防洪、战时防炸的目标,规定险工淤背,平工淤临,淤宽200米。自流放淤结合改土,可淤宽200～500米,淤高超过1958年洪水位1米。为了统一全河放淤固堤标准,1978年黄河水利委员会规定,近期放淤固堤标准为:平工堤段淤宽50米,险工堤段和薄弱堤段淤宽100米,背河淤高与1983年设防水位平,临河淤高至1983年设防水位以上0.5米。1981年根据国民经济进一步调整的方针,为了压缩基建投资,充分发挥放淤固堤效果,尽快加固重点堤段和危险堤段,调整放淤固堤标准为:险工堤段淤宽50米,平工堤段可因地制宜淤宽30～50米,自流放淤和扬水站放淤可结合淤改适当放宽。

自1970年正式开展放淤固堤以来至1993年,全河累计完成土方3.6亿立方米,投资45959万元。经过放淤,已有788公里堤段背河淤宽30～50米,淤高1～5米,进一步增强了堤身稳定性。

## 二、整修改建险工

1938年花园口扒口改道后,河南、山东老河道险工多遭破坏。在花园口堵复黄河回归故道之前,为使故道河水安全下泄,自1946年起,冀鲁豫和渤海两解放区人民政府广泛发动沿河群众,在故道复堤的同时,竭力整修险工。当时解放区沿河因受国民党军队封锁、进攻,物资十分匮乏,特别是石料紧缺。为解决石料困难,解放区群众开展了献砖献石活动,不少地方在乡村建立起收集小组,把村内外的废砖乱石收集起来,有的群众将多年积攒的盖房砖石、老太太的捶布石都捐献出来。这样,一年来献砖石15万立方米,筹集各种秸杂料1500多万公斤，利用这些料物，整修了残破不堪的险工埽坝。

1952年至1957年第一次险工整修，主要是将原有的秸料埽全部改建为石工，沁河险工也普遍进行了整修。在此期间，根据河势变化，河南新修了四明堂、小苏庄、青庄、邢庙、影堂、石桥；山东新修了黄寨、霍寨、乔口、伟庄、程那里、义和庄等12处险工。这次整修与新建险工，河南省完成土方30.6万立方米、石方32.3万立方米，耗用柳枝秸料426.32万公斤，投资530.47万元，用工40.47万工日；山东省完成石方153万立方米，砖1.8万立方米，耗用柳枝秸料5324万公斤。

1964年至1966年第二次加高改建险工。河南省加高改建工程主要分布在东坝头以下，一般加高0.5～1米，新建险工坝岸21段，共用石料11.6万立方米；山东省加高改建险工坝岸2600多段，一般加高1～2米，新建险工坝岸300多段，共用石料48万立方米。

1974年开始第三次全面加高改建险工。河南省加高改建坝岸1339段，完成石方80.38万立方米；山东省加高改建坝岸3065段，完成石方182万立方米。

截至1993年，黄河下游共有险工136处，坝垛护岸共5347道(段)，工程长度313公里。总计完成土方3000多万立方米、石方970万立方米，耗用柳枝秸料1.7亿公斤，铅丝1620吨，投资2.7亿元。

## 三、河道整治工程

河道整治是黄河防洪工程体系的重要组成部分。中华人民共和国成立以来，本着因势利导、左右岸兼顾的原则，从控导主流稳定河势出发，有计划地开展了河道整治工作。

### (一)控导护滩工程

山东黄河河务局自1951年至1958年在陶城铺至垦利河段，修建护滩工程54处，防护滩岸长度57公里，各种坝垛819道，投资251.85万元。这些工程经历了1954、1957、1958年大洪水的考验，河势没有发生大的变化。实践证明，修建护滩控导工程与堤防险工相配合，对稳定主溜、控制河势是成功的。

陶城铺以上河道治理，在50年代后期因受“大跃进”的影响走了一段弯路，曾盲目推行“树、泥、草治河”和推广永定河的“柳盘头、雁翅林”等活柳坝经验，试点修筑的树泥草工程不久绝大部分被冲垮，造成了人力物力的浪费，是河道整治工作的一次教训。

1964年以后，河道整治工程在结构上恢复以柳、石为主体的形式，在布局上利用陶城铺以下50年代整治河道的经验，本着以防洪为主，兼顾引黄淤灌、滩区群众生产及安全的原则，采取“控导主溜，护滩保堤”的方针，有计划地开展了河道整治工作。30多年来，以高村至陶城铺河段为重点河段，修建了许多控导护滩工程，河势得到初步控制；对陶城铺以下的弯曲河段整治工程进行补充完善，河势已基本得到控制；在高村以上游荡性河段的重要部位也修建了控导工程。至1993年，孟津至黄河河口共修建控导护滩工程192处，坝垛3615道，工程长度335公里，完成土方2304万立方米、石方476.8万立方米，投资1.66亿元。

### （二）修筑滚河防洪坝

黄河东坝头至高村游荡性河段滩地宽广，为控制河道发生滚河，造成顺堤行洪，危及堤防安全，1987年至1993年在东明和长垣、濮阳境内，沿堤新修46道滚河防洪坝，其中河南省30道、山东省16道。共完成土方389.03万立方米、石方39.53万立方米，总投资3037万元。其中河南省完成土方269.55万立方米、石方34.38万立方米，投资1637.88万元；山东省完成土方119.48万立方米、石方5.15万立方米，投资1399.12万元。

## 四、滩区避水工程

黄河下游河道有广阔的滩地，总面积3155.5平方公里，现有耕地311万亩，村庄2030个，人口138万。为了保护滩区人民的生命财产安全，从1974年开始在滩区修建了避水台。修台标准1974年规定为每人3平方米，1982年改为每人5平方米。1982年大水后东坝头至陶城铺宽河段滩区多发展为修村台，村台标准为每人50平方米。70～80年代国家给予每方土补助性费用0.15～0.5元，1990年以来土方补助标准提高为每方土1.0～1.2元。滩区已修筑村台与避水台总面积2430万平方米，累计完成土方13500万立方米，共投资6104万元。已建的避水工程在洪水漫滩时起到了保护群众安全的作用，1982年花园口站15300立方米每秒洪水漫滩时，上台避水群众达44.77万人。

## 五、堤防岁修

堤防经常性的维修养护由沿堤护堤员承担。护堤员由临堤村庄从农民中选派，每500米配一名护堤员，负责本堤段堤防的管理维护，主要任务是保护堤顶平整，进行辅道和堤身补残，填垫水沟浪窝，备积土牛等。每年从防汛岁修经费中安排专款进行这项工作。对于工程量大的堤身补残或水沟浪窝，护堤员不能承担的，列专项计划，专门组织力量补修。自1950年至1993年，全河堤防岁修共完成土方22146万立方米，投资9.4692亿元。

护堤员的报酬和经济收入，各地不完全统一。50年代初，一般把堤草、堤身树木枝条收益留归个人，也可在柳荫地内种植少量农作物。填垫水沟浪窝工作量大的按天发给生活补助费，汛期国家发给每天1.2元的防汛工资。60～70年代，多实行堤防收益国家与生产队按比例分成，护堤员在生产队记工分，参加生产队分配，国家提成一般在一至四成。80年代以后，随着农村推广联产承包生产责任制，在护堤员中也实行不同形式的堤防管理承包责任制，直接参加河产收入分成。护堤员的合理经济收入，调动了护堤的积极性，稳定了护堤队伍。

## 六、分滞洪工程

### (一)北金堤滞洪区

北金堤滞洪区于1951年开辟，面积2918平方公里。1960年黄河三门峡水库建成投入运用后，工程一度遭到不同程度的破坏。1963年国务院《关于黄河下游防洪问题的几项规定》中规定："当花园口站发生22000立方米每秒的洪峰时，应利用石头庄溢洪堰或河南境内其它地点，向北金堤滞洪区分滞洪水，以控制到孙口的流量最多不超过17000立方米每秒左右。"从此，又修复了北金堤滞洪区工程。1975年淮河特大暴雨洪水后，经国务院批准，改建滞洪设施，提高分洪能力，废除石头庄溢洪堰，新建濮阳渠村分洪闸，并加高加固北金堤。改建后的北金堤滞洪区总面积2316平方公里，据1992年调查，滞洪区内分布着7个市(县)，66个乡镇，2155个自然村，145.78万人，耕地226.5万亩，国家、集体及群众个人固定资产价值61.33亿元。另有中原油田职工及家属6.5万人，固定资产85亿元。

滞洪区工程主要有北金堤、石头庄溢洪堰(已废除)、渠村分洪闸、张庄入黄闸及围村埝、避水台、迁安撤退路桥、通信预警设施等。

北金堤全长123.33公里,中华人民共和国成立后,根据不同时期的防洪任务和标准,也进行了三次大规模的堤防培修和险工埽坝改建加高。累计完成土方3170.21万立方米、石方11.95万立方米,共投资3320.43万元,投工1491.78万工日。

石头庄溢洪堰于1951年建成,1976年废除。1975年在濮阳县渠村建成渠村分洪闸,设计分洪流量10000立方米每秒。1965年在台前县吴坝建成张庄入黄闸,担负滞洪退水入黄、排涝、倒灌和挡黄河水倒灌任务。张庄入黄闸北端临黄堤上预留临时破堤退水口门一处,口门宽325米。全部分洪、退水建筑物共计完成土方290.55万立方米、石方27.54万立方米、混凝土14.46万立方米,用工150万工日,投资10441.24万元。

滞洪区避水、迁安工程包括围村埝、避水台、台前县护城堤和迁安撤退路、桥等。工程修建大体分三个阶段。1953年至1958年以修围村堰为主;1964年至1969年以修避水台为主,并对以前未做够标准和残缺的埝台进行补修,两期共修围村埝360个、避水台1919个,共完成土方5674万立方米,投资2021万元。1978年滞洪区改建后,由于分洪流量增大,设计滞洪水位抬高,主溜区、深水区部位也相应变化,原建埝、台工程绝大部分丧失了防洪能力。改建后的初期,群众避洪贯彻"以外迁为主"的方针,1983年调整为采取"防守和转移并举,以守为主,就近安置"的避洪方针,开始在主溜区和蓄水区加速撤退路、桥建设,其余水区新修围村埝、避水台711个,位于蓄水区的台前县城修筑了护城堤。修筑迁安撤退柏油路32条,计长274公里。建桥11座,其中金堤河上9座,回木沟、孟楼河上各一座。滞洪区改建以来安全建设工程共完成土方1395万立方米,投资3586.85万元。

为滞洪时救护群众兼作交通联络工具,60年代国家投资187.2万元,为滞洪区造木船512只,后多因年久失修而报废。从1978年改建钢丝网水泥船,至1990年完成造船1981只,分送主溜区以外各水区的每个村庄,投资477.6万元。1983年国家一次拨发防御特大洪水经费300万元,为滞洪区群众购置漂浮救生设备及冲锋舟等。以上共计投资964.8万元。

滞洪区的通信预警系统建设也日趋完善,自滞洪区开辟以来,在滞洪指挥部与滞洪区县乡间架设了专用电话线,安设了总机。1984～1985年又建成微波通信网,为分布在主溜区、深水区和蓄水区的36个乡镇安设了电话,在临近主溜区的濮阳、滑县的11个乡镇和68个防汛基点配发了对讲机,共计投资274.78万元。1991年至1993年，由国家防汛总指挥部直接投资在北金堤滞洪区建成单向无线警报通信网。

北金堤滞洪区自1951年开辟建设以来，全部工程总计完成土方1.053亿立方米、石方40.43万立方米、混凝土15.7万立方米，总投资2.061亿元，投工1642万工日。各项工程投资情况见表3—4。

表3—4　**北金堤滞洪区工程投资完成情况表（1951～1993年）**

| 工程项目 | 土方（万立方米） | 石方（万立方米） | 混凝土（万立方米） | 工日（万个） | 投资（万元） |
|---|---|---|---|---|---|
| 北金堤培修加固 | 3170.21 | 11.95 | | 1491.78 | 3320.43 |
| 分洪、退水建筑物 | 290.55 | 27.54 | 14.46 | 150 | 10441.24 |
| 围村埝、避水台、路、桥 | 7069.0 | 0.94 | 1.20 | | 5607.85 |
| 造船、救生器材设备 | | | | | 964.8 |
| 通信建设 | | | | | 274.78 |
| 合计 | 10529.76 | 40.43 | 15.66 | 1641.78 | 20609.10 |

## （二）东平湖分洪工程

东平湖原为黄、汶河洪水自然调蓄区。中华人民共和国成立前后，东平湖地区分属山东、平原两省。湖区原有工程有：运河东堤与西堤、旧临黄堤和湖区内挡汶水的金山坝与黑虎庙围埝。50年代初湖区工程由各地方政府分管，1950年7月黄河防汛总指挥部确定东平湖区为黄河滞洪区，规定了防洪标准、蓄洪任务和运用方式。1952年由黄河水利委员会统一编制了《1952年东平湖防洪工程计划书》，1954年编制了《东平湖蓄洪区加强堤防草案》，开始对湖区堤防工程进行培修加固，于1957年完工，共完成土方1312.85万立方米、石方16.48万立方米，使用工日1089.93万个，共投资1201.95万元。

东平湖水库原是黄河位山枢纽规划中的主要工程项目，1958年黄河大水后根据黄河防洪要求，水库工程提前于当年8月动工兴建，1962年底竣工。共完成土方3010.75万立方米、石方140.32万立方米、混凝土4.57万立方米，实用工日2950.01万个，投资5150.22万元。

由于东平湖水库工程上马仓促，围坝工程未按蓄水要求进行地质勘探、设计和施工，蓄水后出现不少问题。1962年水利电力部派专家组到现场进行调查研究，提出“东平湖近期运用以黄河防洪为主，暂不蓄水兴利”的改建方案，并提出“改建运用使水库蓄水机率大为减少，有条件考虑采取一定的工程措施，降低水库死水位，使部分土地还耕”。1963年国务院确定东平湖水库采取二级运用，当年开始进行围坝重点加固、二级湖堤堵复与培修及流长河泄水闸等工程施工，于1965年完成。1966～1968年又相继建成石洼、林辛进湖闸及清河门出湖闸。为防御黄河特大洪水，1976年国务院批复：东平湖水库考虑超标准运用，按蓄水位46米研究进一步加固措施。1976年至1980年相继完成了石洼、林辛、十里堡进湖闸的改建和湖东坝段基础防渗截渗工程。1988年增建了司垓泄水闸。东平湖水库各阶段完成的工程量及投资情况如表3—5。

东平湖水库兴建时，湖区居住着27.83万人。1960年7月水库蓄水前将区内群众全部迁出，安置到外省26.53万人，自行投亲靠友的1.3万人。外迁移民多因不适应当地气候环境和安置标准低、生产生活困难等原因，先后大部分返回湖区。1963年东平湖水库改为二级防洪运用后，为妥善安置返库移民，由有关地县成立移民安置机构，本着有利于防洪、有利于安全、有利于生产的原则，分期分批修做避水工程。1963年至1967年共建村台185个；完成土方1700万立方米；建房10万余间，安置移民12万人。为巩固外迁移民，防止盲目返迁，山东省及有关地县组织工作队，配合当地政府深入移民村进行安置巩固工作，并补发补偿费，帮助解决住房及生活困难，稳定移民情绪。但由于移民乡土观念重，仍不断自行返迁。据1974年调查又返迁6.7万人，报经国务院批准，又集中进行了一次安置。至1985年国家共拨给移民安置经费1.08亿元，总计修筑村台221个，完成土方2233万立方米，建房121537间，修筑撤退公路干线长126公里。由于移民安置中至今遗留问题很多，1986年上报移民安置规划，由国家补助投资1.26亿元，于1986年实施，计划1995年基本解决移民问题。截至1993年已拨款8500万元，主要用于危房修建，兴办文教卫生事业，扶持发展乡镇企业和地方经济。

东平湖建库前自然调蓄洪水时期，削峰作用不显著。一般中常洪水削减洪峰在7%左右。1958年大洪水时削减洪峰20.8%。东平湖建成为控制蓄泄的滞洪水库后，削峰作用明显。1982年8月2日花园口站发生15300立方米每秒洪水，孙口站洪峰流量10400立方米每秒，运用林辛、十里堡两座进湖闸分洪，最大分洪流量2400立方米每秒，蓄水4亿立方米。分洪后艾山下泄流量7430立方米每秒，削减洪峰流量28.6%。

表 3—5　**东平湖水库各阶段工程量、投资完成情况表**

| 阶　　段 | 土方（万立方米） | 石方（万立方米） | 混凝土（万立方米） | 工日（万个） | 投资（万元） |
| --- | --- | --- | --- | --- | --- |
| 1954年以前 | 595.73 | 6.56 | | 503.46 | 392.78 |
| 建库前(1954～1958年) | 717.12 | 9.92 | | 586.47 | 809.17 |
| 建库和蓄水期(1958～1962年) | 3010.75 | 140.32 | 4.57 | 2950.01 | 5150.22 |
| 水库改建加固期(1963～1975年) | 1221.80 | 65.83 | 4.73 | 1230.44 | 5030.75 |
| 水库超标准运用加固期(1976～1990年) | 1594.06 | 22.27 | 9.18 | 707.0 | 7390.66 |
| 合　计 | 7139.46 | 244.90 | 18.48 | 5977.38 | 18773.58 |

**注**　建库和蓄水期不包括位山枢纽建筑物投资和工程量。

### (三)大功分洪区

为防御秦厂 30000 立方米每秒以上特大洪水，1956 年开辟大功分洪区。分洪区位于新乡地区东南部黄河大堤与北金堤之间，面积 2040 平方公里。大功分洪口门位于封丘县大功村南的黄河大堤上，修有临时溢洪堰工程，堰身长 1500 米，堰顶宽 40 米，为铅丝笼块石砌成，两端筑有抛石护坡裹头，可分流 6000～10500 立方米每秒。工程于 1956 年 4 月开始修筑，7 月完工，共做土方 40.1 万立方米、石方 4.64 万立方米，用铅丝 203.73 吨，投资 208.64 万元。

1975 年 8 月淮河发生特大暴雨洪灾后，经分析计算，黄河花园口站最大洪水仍有 46000 立方米每秒。1985 年国务院明确必要时使用大功分洪区，并以国发(1985)79 号文规定：“花园口站发生三万秒立米以上至四万六千秒立米特大洪水时，除充分运用三门峡、陆浑、北金堤和东平湖拦洪滞洪外，还要努力固守南岸郑州至东坝头和北岸沁河口至原阳堤，要运用黄河北岸封丘大功临时溢洪堰分洪五千秒立米……”

### (四)齐河展宽工程

齐河展宽区工程是为解决济南北店子至泺口间窄河段的凌洪威胁于 1971 年经水利电力部批准兴建的。

展宽区工程包括:修筑展宽新堤37.78公里,标准与临黄堤相同。在临黄堤上建有豆腐窝分洪闸,设计分洪流量2000立方米每秒,李家岸分洪灌溉闸和豆腐窝引黄闸。因李家岸闸防洪标准低,1985年又新建一座李家岸引黄闸。展宽新堤上建有大吴泄洪闸,泄洪流量500立方米每秒,还有王府沟、小八里、齐济河、大吴、赫庄、王窑干等六座排水闸和排灌闸。展宽区面积106平方公里,有效库容3.69亿立方米。

展宽区内有齐河县和济南郊区109个自然村及齐河县城,共有居民43788人。为妥善安置群众生产生活,在临黄堤背河坡和展宽新堤外修筑(淤垫)63个村台,总面积271.9万平方米,迁建房屋48184万间,打井140眼,开挖排水沟278条。齐河县城在展宽区驻有机关、学校、工厂及企事业单位71个,原有建筑面积21.3万平方米,通信、广播、输变电线路149.5公里和3条公路需要迁建,经报国务院批准县城迁往晏城,国家补助迁建费1250万元,1973年至1978年完成迁建任务。

齐河展宽工程自1971年动工,于1982年建成。共完成土方4884.32万立方米、石方15.68万立方米、混凝土4.09万立方米,用工日2671.29万个。包括群众迁安和县城迁建,总投资8824.24万元。

### (五)利津小街子减凌溢洪堰工程

1951年凌汛开河时,垦利县前左卡冰形成冰坝,造成利津王庄黄河大堤溃决。为解除利津以下窄河道的凌洪威胁,经水利部批准,在利津县小街子(今属垦利县)修建减凌溢洪堰工程。于1951年10月开工,至12月5日全部竣工。完成溢洪堰土方19.78万立方米,混凝土2950立方米,砌石1.2万立方米,用石14721立方米;修做溢洪堰南、北顺堤土方,开挖引河,两岸大堤加帮及溢洪区围村埝等,完成土方256.59万立方米。总计完成土方276.4万立方米,投资188.76万元。

1955年1月29日小街子附近开凌涨水,黄河大堤出水0.45米,19时10分爆破堰前围埝,21时10分溢洪堰过水,但分水量不大,23时45分利津五庄黄河堤决,河水回落,滩地塞冰,溢洪堰过水停止。这次减凌溢洪,由于开放时机过晚,未能避免五庄决口,分水后区内卞庄、宋庄围村埝溃决,南顺堤渗水严重,出现漏洞146处。当年10月组织47000人扩建加固溢洪堰,11月中旬完工,修做土方242.75万立方米,整修溢洪堰用石7041立方米,水泥26吨,投资93.72万元,投工102.41万工日。整个分洪工程自1952年至1956年各年凌汛前均做适当土方工程,总计修做土方576.75万立方米、石方 2.18 万立方米，投资 292 万元，投工 334 万工日。

1971 年垦利南展宽工程兴建，将溢洪堰分水区的一部分包括在展宽区内。减凌溢洪堰不再使用，只作为南展宽工程分凌运用时的一个辅助性临时进水口门。

## (六)垦利展宽工程

垦利展宽工程是以防凌为主，结合防洪、放淤和灌溉而兴建的。工程包括：新修展宽堤 38.65 公里，临黄堤上修建麻湾分洪闸，设计分洪流量 1640 立方米每秒；曹店分洪放淤闸，设计分洪流量 1090 立方米每秒；章丘屋子泄水闸，设计分泄流量 1530 立方米每秒。展宽新堤上建有胜干、路干、清户、大孙、王营等 5 座排灌、排水闸。展宽区面积 123.3 平方公里，滞洪库容 3.27 亿立方米。

展宽区内有博兴、垦利县的 80 个自然村，居民 48976 人。为保证分洪时群众安全，在展宽区内、外修筑村台 38 处，总面积 328 万平方米。迁建房屋 80142 间。

垦利展宽工程于 1971 年 10 月动工兴建，1978 年完成主体工程，至 1983 年竣工，累计完成土方 3388.81 万立方米、石方 8.12 万立方米、混凝土 3.88 万立米，用工 1485 万工日，总投资 6033.61 万元。

表 3—6 **黄河下游分滞洪工程投资表**

| 工程名称 | 土方(万立方米) | 石方(万立方米) | 混凝土(万立方米) | 工日(万个) | 投资(万元) |
|---|---|---|---|---|---|
| 北金堤滞洪区 | 10529.76 | 40.43 | 15.66 | 1641.78 | 20609.10 |
| 东平湖水库 | 7139.46 | 244.90 | 18.48 | 5977.38 | 38073.58 |
| 大功分洪区 | 40.10 | 4.64 | | | 208.64 |
| 齐河展宽区 | 4884.32 | 15.68 | 4.09 | 2671.29 | 8824.24 |
| 小街子减凌溢洪堰工程 | 576.75 | 2.18 | 0.30 | 334.0 | 292.0 |
| 垦利展宽区 | 3388.81 | 8.12 | 3.88 | 1485.0 | 6033.61 |
| 合计 | 26559.2 | 315.95 | 42.41 | 12109.45 | 74041.17 |

**注** 东平湖水库投资包括移民安置费。

## 七、通信建设

中华人民共和国成立后，黄河通信设施从有线到无线逐步走向现代化。到1987年，上自河南孟津，下至山东黄河入海口，两岸已架设水泥电杆、铜线及铁线等干、支通信线路2944杆公里，折合12337对公里；长途、市话电缆100余条公里，形成了上至水利部，下至省地市县黄河河务局、涵闸、险工、水文站及各级地方政府、重要乡镇的黄河专用有线通信网络，总投资2856.7万元。1976～1985年又建成了黄河中下游无线电通信网，以郑州～济南和郑州～开封～东坝头～北坝头微波干线为依托，组成联接河南、山东黄河河务局及所属地市县河务局、水文站、东平湖水库、北金堤滞洪区及重要滩区的三级无线通信网；并建立了郑州、洛阳、三门峡通信站，沟通了相互间的通信联络，总投资1700万元。黄河中下游通信建设总计投资4556.7万元。

## 八、石料采运

中华人民共和国成立后，随着治黄事业的发展，石料用量日增。河南黄河河务局相继建设了偃师、九府坟、红石山、辉县、水头等五个石料场；山东黄河河务局建设了黄台山、将山石料场和四宝山、望口山等石料收购站，采取自采石料、外地购石和民间收购相结合的办法采供石料。截至1994年，共采集石料2376万立方米，其中河南采石883万立方米，山东采石1493万立方米。

河南用石主要靠铁路运输。1950年以来先后铺筑9条运石铁路专用线，总长197.33公里，其中标轨铁路4条，共长42.728公里；窄轨铁路5条，共长154.6公里，共投资4086.69万元。山东河段石料运输主要靠黄河航运。为解决菏泽地区石料运输的困难，于1980年建成梁山县银山至东明县霍寨运石窄轨铁路，长度183.6公里，投资3596.99万元。河南、山东两省运石铁路建设投资共计7683.68万元。

## 九、防汛公路

1950年至1990年国家投资2922万元，在黄河下游大堤内外修筑防汛公路 81 条,共长 634.6 公里(不包括北金堤滞洪区和东平湖水库区内迁安撤退道路),其中河南境内 47 条,长 461.4 公里;山东境内 34 条,长 173.2 公里。

## 十、沁河杨庄改道工程

沁河杨庄改道工程在河南省武陟县境内,系在杨庄处修新右堤,再利用老右堤一段上下延长,将老河道封起来作为新左堤,使原河道由原 330 米扩宽至 800 米,并裁弯取顺。为防止改道后河流发生新的摆动,在新左堤上和改道出口处的左岸滩沿上,新布设险工坝岸和护滩工程。由于改道工程将老河道卡口段裁掉而将原武陟公路桥放弃,又在新河道内重建新桥一座。

新堤工程设计按 1983 年水平,防御沁河小董站流量 4000 立方米每秒,左堤堤顶超高设计水位 3.6 米,顶宽 15 米;右岸堤顶超高设计水位 1 米,顶宽 10 米。左堤坝岸工程顶部高程超高设计水位 1.6 米,坝顶宽 10 米,工程长 1642 米;左岸护滩工程长 300 米,顶宽 8 米,超高当地滩面 0.5 米。共计做土方 311.4 万立方米,石方 5.1 万立方米。

新修武陟沁河公路桥系二级公路桥。全长 756.7 米,桥面宽 11.5 米。上部为预应力钢筋混凝土 T 型梁组成,下部为双柱排架灌注桩基。计做土方 36.7 万立方米,石方 0.89 万立方米,钢筋混凝土及混凝土 9600 立方米。其他补偿迁建工程有:布庄提灌站、左堤进水涵洞与排水涵洞各一座,北京至广州穿沁水下电缆迁建 1389 米,武陟广播线迁建 21.65 公里,赵庄引黄闸等。

杨庄改道范围 3 平方公里,搬迁人口 4675 人、房屋 4899 间,占、挖、踏土地 3800 亩,其中永久占地 678.7 亩。群众搬迁由武陟县人民政府妥善安置。

杨庄改道工程自 1981 年 3 月开工,于 1984 年汛前完成。整个工程总计完成土方 354.8 万立方米、石方 6.24 万立方米、混凝土 11258 立方米,用工日 58.9 万个,总投资 2843 万元。

改道工程于 1982 年 7 月 20 日完成防洪主体工程,同年 8 月 2 日经过沁河小董站 4130 立方米每秒超标准洪水的考验,保住沁堤的安全,避免了使用沁南区分洪造成的灾害,估算避免沁南分洪经济损失约 1.5 亿元(按当时国家平均水灾每人损失 1000 元推算),其经济效益相当于工程投资的五倍。

## 十一、组织防汛队伍

黄河下游的防汛队伍是黄河下游防洪的主力军，人员以沿黄县为主，根据堤线防守任务和距黄河远近划分为一、二、三线，组织成基干班、抢险队、护闸队和预备队。滩区和分滞洪区组织迁安救护队、运输队和留守队。50年代河南、山东两省一般每年组织防汛队伍50万人左右，1958年大洪水时，上堤防守抢险队伍达200万人。60年代以来按防御特大洪水要求，每年组织100万至200万人的防汛队伍待命上堤。中国人民解放军是防汛抢险的重要力量，在重大抢险和迁安救护群众时，都有部队参加。群众防汛队伍的主体是沿河乡村的基干民兵，按照生产防汛两不误的原则，平时参加农业生产，洪水上堤防守时，由出工乡村安排好后方生产和生活。防汛队伍平时不计报酬，1978年经水利电力部、财政部批复，汛期基干班上堤巡堤查水防汛抢险时，每人每天发给生活补助费0.8元，1985年提高标准为每日工资1.4元。黄河发生大洪水大规模动员群众上堤防守时，一般根据情况适当给予补助。黄河下游群众防汛队伍历年组织情况如表3—8。

## 十二、储备防汛料物

黄河防汛料物种类多，数量大，又不易集中管理存放和确定使用数量。历年来本着就地取材的原则，分别以国家、社会、群众三结合的方法筹备。石料、铅丝、麻袋、麻绳、部分木桩、燃料、照明机具和运输车辆等主要料物器材，由国家投资，河务部门按计划筹备和保管，为防汛常备料物。有些不宜长期储存的大宗物资，如苇席、竹竿、麻料、电石、布、电线等，由商业供销部门代储，汛期使用由防汛机关付款，汛后不用，按规定支付保管费，由商业供销单位处理。柳枝、麦秸、苇料、木桩、棉被、草捆、提灯等物资，由沿黄一线群众筹备，事先登记号料，议价，备而不集，用后照价付款。

表 3—8　　**黄河下游历年群众防汛队伍组建统计表**　　单位：人

| 年份 | 河南 | 山东 | 合计 | 年份 | 河南 | 山东 | 合计 |
|---|---|---|---|---|---|---|---|
| 1949 | 50000 | 200000 | 400000 | 1970 | | | 缺 |
| 1950 | 35775 | 221991 | 359874 | 1971 | | | 1000000 |
| 1951 | | 183637 | | 1972 | 534000 | 470000 | 1004000 |
| 1952 | | | 579073 | 1973 | 620000 | 557800 | 1177800 |
| 1953 | 241800 | 135584 | 377384 | 1974 | 620000 | 500000 | 1120000 |
| 1954 | 280280 | | | 1975 | 1000000 | 1600000 | 2600000 |
| 1955 | 230460 | 239540 | 470000 | 1976 | 1000000 | 1600000 | 2600000 |
| 1956 | | | 400000 | 1977 | 1023500 | 1391000 | 2414500 |
| 1957 | 166133 | 233867 | 400000 | 1978 | 824700 | 1307000 | 2131700 |
| 1958 | 310000 | 130000 | 440000 | 1979 | 1044758 | 1058000 | 2099758 |
| 1959 | 270000 | 630000 | 900000 | 1980 | 1030000 | 1002000 | 2032000 |
| 1960 | 510000 | 360000 | 870000 | 1981 | 1054931 | 1210768 | 2265699 |
| 1961 | 343500 | 268277 | 611777 | 1982 | 910000 | 837000 | 1747000 |
| 1962 | 309570 | 342000 | 651570 | 1983 | 1015616 | 1179639 | 2195255 |
| 1963 | 290000 | 438374 | 728374 | 1984 | 1029338 | 1159000 | 2188338 |
| 1964 | 340000 | 442000 | 782000 | 1985 | 1049531 | 1135872 | 2185403 |
| 1965 | 370000 | 350000 | 720000 | 1986 | 1111243 | 1091722 | 2202965 |
| 1966 | | 330000 | | 1987 | 1068435 | 1122582 | 2191017 |
| 1967 | 250000 | 300000 | 550000 | 1988 | 895889 | 1134111 | 2030000 |
| 1968 | 220000 | 300000 | 520000 | 1989 | 1217993 | 1107788 | 2325761 |
| 1969 | 413700 | | | 1990 | 1154000 | 1155000 | 2309000 |

**注**　1949、1950 年合计数中包括当年平原省的防汛队伍数。1958 年实际组织 200 万人参加抗洪抢险。

# 第三节　水土保持经费

中华人民共和国成立以来，黄河流域水土流失区的农民群众，在各级党委和人民政府领导下，以自力更生为主，国家支援为辅，多层次、多渠道筹集经费，开展了大规模的治理工作，取得了十分可观的成就。

水土保持经费从1950年起至1993年，总计为107.83亿元，来源由四个方面组成：

一是水土保持业务部门的业务经费，包括各级水土保持部门管理使用的治理经费和科研经费以及加强重点地区治理的重点项目经费，主要为国家拨款，总计13.59亿元。

二是有关部门用于水土保持的经费，主要有："三北"防护林建设经费、"三西"农业建设经费、陕北建设委员会的支农经费及黄土高原综合治理重点科技项目经费等，也主要由国家拨款，总计5.67亿元。

三是群众自筹经费，总计为86.13亿元。其中包括群众投工折款和群众投入的现金及建筑材料、树苗、草籽、施工工具折旧费等。

四是1980年以来的国际援助经费，包括物资折款，共计2.44亿元。

上述经费可参阅已出版的《黄河志》第八卷《黄河水土保持志》第二十三章截至1989年的水土保持经费专章。

黄河中游治理局分析了黄河流域水土保持经济效益。

## 一、治理成就

1949～1993年的45年内，黄河流域8省（区）共完成水土保持治理面积2.36亿亩，折合15.74万平方公里，，占水土流失面积的35.8%。具体见表3—9。

表3—9　**黄河流域8省（区）水土保持措施保存面积**　单位：万亩

| 水土保持措施 | 梯田条田 | 坝地 | 其他基本农田 | 造林 | 种草 | 合计 |
|---|---|---|---|---|---|---|
| 保存面积 | 5638.18 | 506.11 | 249.65 | 13464.77 | 3746.23 | 23604.94 |

## 二、治理效益

### (一)基本效益

1.蓄水能力。截至1987年的防治措施,共可蓄水259.7亿立方米,各项措施蓄水能力见表3—10。

表3—10　**各项措施蓄水能力表**　单位:亿立方米

| 措施 | 梯田 | 条田(埝地) | 治河造地 | 水保林 | 种草 | 坝地 | 合计 |
|---|---|---|---|---|---|---|---|
| 蓄水能力 | 77.89 | 39.39 | 7.57 | 67.35 | 7.76 | 59.70 | 259.70 |

2.减蚀能力。截至1987年治理措施全部生效时的减蚀能力共计70.2亿吨,分项措施减蚀能力见表3—11。

表3—11　**各项措施减蚀量**　单位:万吨

| 措施 | 梯田 | 条田 | 治河造地 | 水保林 | 坝地 | 种草 | 合计 |
|---|---|---|---|---|---|---|---|
| 减蚀能力 | 6780 | 19590 | 17380 | 55830 | 539000 | 4598 | 702200 |

### (二)经济效益

截至1987年各项治理措施全部生效时的实物增产量见表3—12。

表3—12　**各项措施实物增产量**

| 项目 | 粮食(亿公斤) | 枝条(亿公斤) | 果品(亿公斤) | 饲草(亿公斤) | 活立木(亿立方米) |
|---|---|---|---|---|---|
| 增产量 | 329.1 | 255.3 | 67.5 | 201.2 | 0.26 |

上述五项产品按两种价格分别计算出增产效益值见表3—13。

表3—13　**各项产品增产效益值**

| 价格 | 当时价格(亿元) | 1980年不变价格(亿元) |
|---|---|---|
| 水保增效值 | 195.07 | 172.68 |

### (三)产投比

截至1987年完成各项水土保持措施共投资62亿元,其中国家补助投资10.87亿元,群众自筹51.13亿元。运行费63.96亿元。两项合计125.96亿元。按1949～1987年实施水保措施计算,益本比见表3—14。

表 3—14　　**1987 年益本比**

| 总投资(亿元) | | 总运行费 | 当时价 | | 1980 年不变价 | |
|---|---|---|---|---|---|---|
| 总值 | 其中国家投资 | (亿元) | 总效益(亿元) | 益本比 | 总效益(亿元) | 益本比 |
| 62 | 10.87 | 63.96 | 195.07 | 1.55 | 172.63 | 1.37 |

如综合考虑黄河中上游地区粮食调入省份比例、粮食调入年份比例及粮食超购价格,增加效益 32.01 亿元(当时价)、27.64 亿元(1980 年不变价格),如计算水土保持拦泥保土经济效益,又可增加 3.51 亿元(按减少黄河下游河道清淤国家投资经费计算)。则 1987 年益本比可达 1.62～1.83(见表 3—15)。

表 3—15　　**1987 年水平年增产、拦泥综合效益益本比**

| 总投资(亿元) | | 总运行费(亿元) | 当时价 | | | | 1980 年不变价 | | | |
|---|---|---|---|---|---|---|---|---|---|---|
| | | | 总效益(亿元) | | | 益本比 | 总效益(亿元) | | | 益本比 |
| | | | 总值 | 其中 | | | 总值 | 其中 | | |
| 总值 | 其中国家投资 | | | 增产效益 | 拦泥保土效益 | | | 增产效益 | 拦泥保土效益 | |
| 62 | 10.87 | 63.96 | 230.59 | 227.08 | 3.51 | 1.83 | 203.78 | 200.27 | 3.51 | 1.62 |

## 第四节　干流大中型枢纽工程经费

1955 年第一届全国人民代表大会第二次会议听取了邓子恢副总理代表国务院作的《关于根治黄河水害和开发黄河水利的综合规划的报告》(以下简称《黄河综合规划》),并通过了《关于根治黄河水害和开发黄河水利的综合规划的决议》。按照《黄河综合规划》的原则和基本内容,在黄河干流上已建成 8 座大中型水利水电工程,其中位于黄河上游干流的有龙羊峡、刘家峡、盐锅峡、八盘峡、青铜峡、三盛公等 6 座;在中游有天桥、三门峡 2 座。此外在下游曾修建(后已破除)花园口、位山、泺口、王旺庄 4 座枢纽。

在黄河干流上中游先后建成并投入运用的 8 座工程中,既有担负防洪、防凌、灌溉、发电等综合利用任务的工程,也有主要是灌溉或发电的工程;它们的规模除八盘峡、天桥2座为中型工程外，其余6座均为大型工程。这些工程的综合效益是非常显著的，均已超过工程的总投资。

已建的8座工程总投资为47.65亿元。此外尚有三门峡水利枢纽工程的移民安置费16759.6万元和返迁安置费与库区治理等费用。

## 一、龙羊峡水电站

龙羊峡水电站位于青海省共和县境，是《黄河综合规划》拟定的干流梯级工程中，位置在最上游的重要工程。这是一座主坝高为178米的混凝土重力拱坝，它控制了黄河流域的面积近1/6，水量约2/5，其总库容在正常高水位以下为247.0亿立方米，可进行多年调节。发电装机共4台，总容量为128万千瓦。

这座以发电为主，兼顾防洪、灌溉的工程于1978年7月动工兴建，1987年9月第1台机组发电，1989年6月4台机组全部投产，1993年竣工，共浇筑混凝土376.38万立方米，石方666.63万立方米，初步设计概算总投资23.72亿元，总造价22.14亿元。水电站运用以来，效益是多方面的。其中直接发电方面，至1992年底已发电204.38亿千瓦时，创产值16.15亿元(按1990年不变价格计算)；间接发电方面，通过水库的调节作用，可增加龙羊峡以下已建、在建和待建的水电站的保证出力，增加西北电力系统的可用电量，还可与汉江、白龙江上所建电站进行跨流域补偿调节等。此外在防洪效益方面可使兰州市以及刘家峡、盐锅峡和八盘峡三电站的防洪标准得到提高；在向下游供水方面，初期每年可供水108亿立方米，使1700万亩农田的灌溉保证率得到提高；远景可向青、甘、宁、内蒙古四省(区)提供170亿立方米水量，缓解四省(区)的干旱缺水状况；还有养殖、航运及旅游等效益。

## 二、刘家峡水电站

刘家峡水电站位于甘肃省永靖县境，下距兰州市约100公里，上距龙羊峡水电站约330公里。坝址以上流域面积18.18万平方公里，占黄河总面积的近1/4，控制年径流量270多亿立方米，约为全河年水量的60%。工程以发电为主，兼有防洪、灌溉、防凌、供水等任务。水电站的主坝为混凝土重力坝，最大坝高147米，在正常高水位以下总库容57亿立方米。电站装机5台，总容量原为122.5万千瓦，运用后因有2台机组达不到额定出力，经核定目前电站总出力为116万千瓦，设计平均年发电量为57亿千瓦时。

该工程是《黄河综合规划》中的第一期重点工程。1958年9月动工兴建。1961年因国家经济调整停工缓建，1964年复工。1969年3月第1台机组试运行，1974年底5台机组投产发电，水电站全部竣工。这座大型工程共填挖土石方1895万立方米，浇筑混凝土182万立方米。总投资6.38亿元。

水电站的效益是巨大的。仅以发电而言，从1969年至1992年底累计发电量977亿千瓦时，产值（均按当年价格计算）63.58亿元，为水电站投资的9.96倍（按投资不变价格计算）。刘家峡水电站还可使甘肃、宁夏、内蒙古广大引黄灌区春灌期间的灌溉供水保证率得到提高；使兰州、银川、石嘴山、包头等地用水得到保证；兰州市及其下游沿黄工农业生产的防洪标准有所提高；宁夏、内蒙古河段的凌汛威胁有所减轻；还促进了航运、养殖和旅游业等的发展。

## 三、盐锅峡水电站

盐锅峡水电站原是1955年《黄河综合规划》中的远景工程，由于兰州地区工业发展迅速，用电负荷激增，于1958年9月与刘家峡水电站同时开工兴建。

该水电站位于甘肃永靖县境，在刘家峡水电站下游33公里处。工程的主要任务是发电为主，兼顾灌溉。主坝为混凝土宽缝重力坝，最大坝高57.2米，在正常高水位以下总库容2.2亿立方米，为日调节水库。原设计电站装机10台，总容量44万千瓦；1961年11月第1台机组发电，至1975年11月，共有8台机组投入运行，单机容量3台为4.4万千瓦，5台为4.5万千瓦，总装机容量35.7万千瓦。1975年完成工程量土石方108.77万立方米，混凝土53.5万立方米。工程投资1.48亿元。1988年开始扩建第9台机组，装机容量为4.5万千瓦，1990年6月第9台机组建成投产，电站总装机容量达到40.2万千瓦。扩建机组投资3736万元。

这座大型工程发电效益非常显著。自1962年1月13日第1台机组正式并网发电至1992年底共发电475.7亿千瓦时，累计产值375171万元，相当于水电站总投资18536万元的20倍。在水电站发电运行的同时，还可引水4.5立方米每秒，灌溉电站下游4.5万亩耕地。

## 四、八盘峡水电站

八盘峡水电站位于甘肃省兰州市西固区,上距盐锅峡水电站17公里。坝址上游左岸4.5公里处有黄河支流湟水汇入。坝址以上流域面积为215851平方公里,多年平均年径流量315亿立方米。

水电站为河床式电站,主要任务为发电,兼有城市供水和灌溉。坝高33米,总库容0.49亿立方米,为日调节水库,电站装机共5台,总容量为18万千瓦,是一座中型工程。

八盘峡水电站原为黄河干流远景开发工程,后因用电负荷增加很快,急需开发新电源,水电站提前于1969年11月开工,1980年2月全部机组投入运行。整个工程完成土石方172.7万立方米,混凝土38万立方米。工程总投资14936万元。

水电站在1975年8月1日有2台机组发电,1980年5台机组全部运行,至1992年共发电143.5亿千瓦时。

## 五、青铜峡水利枢纽

青铜峡水利枢纽是一座以灌溉、发电为主,结合防凌、防洪、城市供水的大型工程。枢纽位于宁夏回族自治区银川市上游约80公里的黄河干流上。

该枢纽于1958年8月开工,1967年底土建工程完成。主要建筑物有河床闸墩式电站、溢流坝、土坝、重力坝等。最大坝高42.7米,总库容6.06亿立方米(正常高水位以下)。电站装机总容量为27.2万千瓦,年平均发电量为13.5亿千瓦时。1968年2月第1台机组正式发电,1978年12月8台机组全部投产。完成主要工程量土石方692万立方米,混凝土68万立方米。总投资2.56亿元。

枢纽建成后,青铜峡灌区引水量得到保证,灌溉面积得到很大的发展,至1992年底灌溉面积已由150万亩扩大到450万亩,1985年灌区粮食总产达到10亿公斤,是1965年3亿公斤的3倍多;电站发电量,到1992年底累计达204.9亿千瓦时,产值12.7亿元,相当于工程总投资的5倍;此外,枢纽与上游的龙羊峡、刘家峡两水库配合调节,可减轻青铜峡水利枢纽下游河段的洪、凌威胁;同时还兼有养殖、旅游等效益。

## 六、三盛公水利枢纽

三盛公水利枢纽是一座大型灌溉工程。坝址东距内蒙古包头市300余公里，西南距宁夏银川市200余公里，控制流域面积31.4万平方公里。

枢纽建筑物有拦河闸，拦河土坝，北岸、沈乌、南岸等三座进水闸，库区围堤和左右岸导流堤等；渠首电站装机4台，总容量为2000千瓦；坝高最大为10米，总库容0.8亿立方米。

工程于1959年6月开工。除渠首电站外，枢纽主体工程于1961年5月建成放水。共完成混凝土7.92万立方米，土石方439.6万立方米，截至1966年9月，枢纽工程总投资5047.95万元。

该枢纽建成运用以来，效益是多方面的。首先，提高了灌溉用水保证率，扩大了灌溉面积。主要受益的巴彦淖尔盟和伊克昭盟的灌溉面积在1990年已扩大到815万亩，粮、棉、甜菜等产量有大幅度的提高。以巴彦淖尔盟引黄灌区为例，1961年与1990年相比，灌溉面积由537万亩增至788万亩；粮食总产由2.45亿公斤增加到9.6亿公斤，亩产由55公斤提高到296公斤；油料总产由331万公斤增至2.57亿公斤，单产由10公斤提高到284公斤；甜菜总产由779万公斤，增到8.81亿公斤，单产由187公斤提高到2695公斤。另外还为下游包头钢铁稀土公司和包头等城市供水，缓解了工业和城市的缺水状况。

## 七、天桥水电站

天桥水电站位于山西保德县城和陕西府谷县城上游8公里的黄河干流上。为了解决陕北、晋西北地区干旱缺水、居民饮水困难的问题，于1967年提出兴建天桥水电站，扬水供给两岸黄土丘陵沟壑区。

该水电站控制黄河流域面积40.39万平方公里，任务为发电。主坝采用混凝土重力坝，最大坝高42米，总库容0.66亿立方米，发电机组4台，总装机容量为12.8万千瓦，是一座中型工程。

该工程于1970年4月开工，1977年2月第1台机组投入运行，1978年4台机组投产。共完成土石方340万立方米，混凝土38.6万立方米，总投资1.7亿元。水电站从1977年至1992年，累计发电量61.88亿千瓦时。天桥水电站的建成对促进晋西北和陕北地区的经济发展有重要作用。

## 八、三门峡水利枢纽

三门峡水利枢纽是1955年《黄河综合规划》中选定的第一期重点工程。这是在黄河干流上多泥沙河段首先兴建的一座控制性大型水利枢纽工程。

该工程位于河南省三门峡市东北17公里处，控制流域面积68.84万平方公里，占流域总面积的91.5%；坝址处多年平均年径流量422亿立方米，平均年输沙量16亿吨。

枢纽任务是防洪、防凌、灌溉、发电和供水等。1957年4月动工兴建，1960年底基本建成投入运用。水库按正常高水位360米(大沽高程)设计，相应总库容为647亿立方米；按350米蓄水位施工，相应库容为354亿立方米；初期运用水位不超过340米，移民按335米高程线(相应库容96.4亿立方米)迁移。大坝为混凝土重力坝，坝顶高程为353米，最大坝高106米，电站设计装机共8台，容量为116万千瓦。

水库按蓄水拦沙方式运用后，出现库区泥沙淤积严重等一系列问题。为此在1962年3月改为滞洪排沙方式运用，后在1964年12月周恩来总理亲自主持的治黄会议上决定对三门峡水利枢纽进行改建。

第一次改建工程的主要内容是在左岸增建两条泄流排沙隧洞、改建原四条发电钢管为泄流排沙管道。1968年改建工程全部完成。第二次改建于1969年12月开工，改建的工程主要是打开施工导流底孔、降低发电机组进水口底坎、电站改为低水头发电，装机改为5台，容量为25万千瓦。从1973年至1979年，这5台机组已相继并网发电。

三门峡水利枢纽原建和两次改建工程共挖填土石方1871万立方米，浇筑混凝土212万立方米，枢纽投资共94357.3万元(不包括移民和库区治理)，其中原建工程投资75559.6万元，第一次改建工程投资6110.1万元，第二次改建工程为12687.6万元。

在1990年12月水利部同意扩建2台发电机组，每台容量为7.5万千瓦，装机容量共15万千瓦，预计总投资8788万元。1991年4月，扩建的第6号机组开始施工，1994年4月建成并网发电。此时三门峡水电站装机总容量为32.5万千瓦。1994年5月第7号机组开始施工。

三门峡水库库区按335米高程移民，全库区至1982年共迁安403786人，淹没耕地90万亩，实支经费16759.59万元。

由于三门峡水库改变运用方式等多种原因，库区原已迁出的部分移民，陆续返回库区。1985年国务院决定由中央财政部拨款1亿元，连同水利电力部、商业部、人民银行等拨款共2亿元，作为陕西省移民返库安置费用；后来，国家又对陕西省1989年报送的《陕西三门峡库区移民遗留问题处理补充规划报告》进行审查，并批准给予经费34075万元。河南、山西两省返库的移民一般都就地安置在335米高程以上的地段定居，并搞好农田水利和交通设施等建设，开展多种经营，增加返库群众的经济收入。水利部于1989年11月在三门峡市召开河南、山西两省三门峡库区移民遗留问题处理规划审查会，批准1990年给予两省投资11600万元，其中河南6383万元，山西4577万元，黄河水利委员会掌握其他费用640万元。

三门峡水库库区从1960年起就开展了库区治理工作，主要治理335米高程以下的地区，还包括了密切相关的渭河、北洛河下游和禹门口至潼关河段。1986年陕晋两省在禹门口至潼关库段已完成护岸工程96.34公里，保护村庄182个、居民13.22万人、耕地30.59万亩，投资1.04亿元。1971年至1986年陕、晋、豫三省在潼关到大坝的库段修筑了防护工程37.46公里，保护村庄52个、居民3.96万人、耕地4.96万亩，投资2628万元。此外在渭河下游库段也修筑了防护堤、护岸，并开挖了淤塞河段的引河，对仁义湾进行了裁弯取直等工作，改善了渭河下游库段环境。同时还开展了库区滩涂的开发利用和修建扬水灌溉、植树造林等工程。

三门峡水利枢纽经过两次改建，有效地保存了水库的库容，发挥了防洪、防凌、灌溉、发电等综合利用效益。在防洪方面，自1964年以来，三门峡以上地区曾6次出现洪峰流量大于10000立方米每秒的洪水，经三门峡水利枢纽调节，削减了洪峰流量，减轻了黄河下游堤防负担和漫滩淹没损失，经估算枢纽的防洪效益约达200多亿元；在防凌方面，由于三门峡水库在黄河下游凌汛期适时地调度运用，减免了凌汛对黄河下游的威胁，估计防凌效益约18亿元；在灌溉方面，三门峡水库每年利用凌汛和桃汛蓄水14亿立方米，以供下游两岸引黄灌区的春灌用水，对提高灌区引水保证率和改变下游沿黄地区的面貌发挥了重要作用；在发电方面，自1973年第1台机组发电投产，到1978年底第5台机组安装完成，发电装机容量已达25万千瓦，至1992年底累计已发电169.76亿千瓦时；其他还有减轻黄河下游河道的淤积、向沿河城市和油田等地供水等效益。

## 九、下游水利枢纽

1958年至1960年，黄河下游曾兴建花园口、位山、泺口、王旺庄等4座拦河水利枢纽。在1962年至1963年这些枢纽先后停建或破除，已建的工程，部分或全部失去作用。修建这些工程时，曾预计黄河下游洪水将迅速得到控制，泥沙在较短时期内可有效拦截，黄河下游河道将由淤积变为冲刷，河水位将下降，因此需修建一系列拦河壅水枢纽，以确保两岸迅猛发展的灌溉要求。经过实践，发现这种预计过于乐观。随着三门峡水库运用方式的改变，桃花峪水库未按《黄河综合规划》部署修建，再加上国家经济正在调整和某些工程在运用中出现问题，因此国家决定停建或破除这4座工程。这4座枢纽共投资21534.95万元，其中作废不能使用的部分共耗资11094.69万元。

### (一)花园口水利枢纽

该枢纽位于京广铁路桥下游8公里处。枢纽任务为灌溉、防止河床下切、航运和发电。工程于1959年12月动工兴建，主要修建了拦河土坝、溢洪堰、泄洪闸和防护堤等。1960年6月开始运用，1961年至1962年先后发现泄洪闸消能防冲结构损坏严重，泄洪闸遂停止使用。1963年又决定破除拦河坝，同年7月施行爆破；1964年7月溢洪堰被黄河洪水冲毁。至此，工程全部报废。此工程于1960年7月以前共完成土石方895.4万立方米，混凝土11.78万立方米。总投资5915.6万元。

### (二)位山水利枢纽

该枢纽位于山东省东阿县境，距黄河入海口410公里。枢纽的任务是防洪、防凌、灌溉、航运、发电、发展渔业和供水。工程由拦河枢纽、东平湖水库两大部分组成。拦河枢纽主要有北岸引水闸、防沙闸、拦河闸、拦河坝和顺黄船闸、拦河电站、北岸电站等建筑物；东平湖水库主要有一系列的进出湖闸和围坝等工程；拦河枢纽根据需要壅高黄河河道水位，把黄河水通过进湖闸，送入东平湖水库蓄存，以供综合利用。原规划还包括津杭大运河济宁至临清段的运河线路和穿黄船闸等。

1958年5月首先兴建北岸引水闸，以适应灌溉的急切需要；同年汛后动工修建东平湖围坝，11月拦河枢纽及东平湖四座进出湖闸等先后全面施工。1959年12月大河截流,其他工程继续进行。

位山枢纽自1960年开始运用后,回水河段发生严重淤积,河道排洪能力降低,位山以上壅水影响范围的堤防,受洪水的威胁,有所增加。更兼三门峡水库改为低水位滞洪排沙运用。为解决存在的问题和适应新的情况,枢纽需进行改建。

1963年10月经国务院指示位山枢纽采用破除拦河坝方案,东平湖改为二级运用,老湖与新湖之间建隔堤。1963年11月水利电力部正式批准位山枢纽改建破坝方案。1963年12月位山拦河土坝破除,已建成的拦河闸失去作用,顺黄船闸中止施工,两电站不再兴修。东平湖水库可继续使用,但不是原设计的在位山拦河枢纽壅水控制的情况下进出水量,而是在河道天然状态下,经由已建的进出湖闸吞吐、滞蓄洪水,以削减位山以下山东河段的洪峰,减轻洪水对山东河段堤防的威胁,起到滞洪区的作用。随后东平湖进行了改建、加固以及增建进出湖闸等工作,至今仍在发挥综合效益。

从1958年至1962年底位山水利枢纽共完成混凝土方9.72万立方米,土石方5958万立方米,总投资12458.75万元。1963年破坝后,拦河土坝、拦河闸、顺黄船闸、防沙闸、输沙闸基础开挖、引河开挖及截流工程等作废失效,这部分投资为3018.49万元,占总投资的24.23%。

### (三)泺口水利枢纽

该枢纽位于山东省济南市北郊津浦铁路黄河大桥下游7公里处。枢纽任务是灌溉、供水、航运,附带发电。拟建的主要建筑物包括拦河闸、泄洪闸、拦河土坝、电站、鱼道、顺黄船闸、胶济和德济运河穿黄船闸、南岸盖家沟引水闸和北岸大王庄引水闸等,其中盖家沟引黄闸建成较早,至今仍在使用。

枢纽于1960年2月动工,1960年8月停工,1961年未列入国家计划,1962年明确为停建项目。枢纽工程到1960年底停工,被废除不用的部分,其工程量为混凝土4.99万立方米,土石方136.1万立方米;耗资1292.8万元。如包括1962年底全部善后处理工作结束,则共耗资1903.6万元。

## 四、王旺庄水利枢纽

该枢纽位于山东省博兴、滨县境内,上距泺口枢纽147公里,下距黄河入海口128公里。该工程于1960年元旦开工兴建,1962年停建。

原设计枢纽承担灌溉、航运、渔业供水兼顾发电的任务,主要建筑物包括拦河闸、拦河土坝、防沙闸、电站、顺黄船闸、防洪堤以及在1956年、1959

年先后建成至今仍在使用的打渔张、韩家墩两引黄闸等工程。当枢纽建成后，可为两引黄闸各300多万亩的农田提供灌溉用水，沟通黄河干流的航运，保证下泄流量50立方米每秒供海口渔业用水，并结合下泄流量进行发电。

停建后作废的工程主要有拦河闸、拦河土坝、防洪堤以及引河工程、临时壅水坝等，共计土石方313.85万立方米，混凝土3.81万立方米，耗资1257万元。

## 第五节 支流水库和灌区经费

在建设黄河干流大中型水利枢纽工程的同时，还在黄河各支流上兴建了一大批水库工程，并在黄河干支流新建、扩建了大批灌区，为沿河各省(区)的工农业生产服务。

截至1992年，在黄河各支流上共建成大中型水库171座，投资21.0721亿元。

截至1990年，共新建、扩建30万亩以上灌区50处，投资42.039亿元。

截至1985年，共建成1～30万亩灌区550多处，投资18.29亿元。

以上支流水库和灌溉工程，国家共投资81.40亿元。

# 第四篇

# 水资源保护

中华人民共和国成立以前，黄河流域工农业生产水平较低，干支流的水质基本未受污染。1949年后，黄河的水资源被大量地开发和利用，流域内工农业生产迅速发展，黄河水质逐步受到不同程度的污染，有些河段甚至失去应有的使用价值。

黄河流域水污染监测和水资源保护始于1972年，根据1971年4月、1972年2月中华人民共和国卫生部发出的《关于工业“三废”[①]对水源、大气污染程度调查的通知》、《关于转发工业卫生、职业病防治研究协作方案的通知》两个文件的要求，黄河流域的青海、甘肃、宁夏、内蒙古、山西、陕西、河南和山东8省（区）的卫生部门，于1972年3月联合组成了沿黄河8省（区）工业“三废”污染调查协作组，对黄河受工业“三废”污染的状况进行了调查和水质监测，至1976年初步查清了汞、砷化物、挥发酚、氰化物、六价铬等有毒有害物质对黄河干流和主要支流水质的污染程度及污染物的来源。

为了迅速开展黄河水源保护工作，1975年3月国务院环境保护领导小组、水利电力部以水电环字第3号文印发了《关于迅速成立黄河水源保护管理机构的意见》。同年6月20日，水利电力部批准成立黄河水源保护办公室。黄河水源保护办公室是黄河治理领导小组关于水源保护工作的具体办事部门。

黄河水源保护办公室成立不久，就接替了各省（区）卫生部门设在黄河干流和部分支流入黄口河段的水质监测工作；制定了黄河水系水质监测站网和监测工作规划；随后对流域内8个大中城市（地区）324个大中型工矿企业进行了污染情况调查，制定了黄河污染治理长远规划；组建了黄河水源保护科学研究所、黄河水质监测中心站及7个水质监测站。

1980年4月，黄河水源保护办公室与黄河水利委员会水文局合署办公。1983年5月，水利电力部、城乡建设环境保护部为加强全国主要水系水体环境保护的管理工作，决定对长江、黄河、淮河、珠江、海河5个流域的水

① 指废水、废气、废渣。

源保护局(办)实行双重领导,并明确了工作职责。1984 年 3 月,黄河水源保护办公室更名为水利电力部、城乡建设环境保护部黄河水资源保护办公室。1992 年 3 月,根据水利部、国家环境保护局的通知,又将该办公室易名为水利部、国家环境保护局黄河流域水资源保护局。

多年来,黄河流域的水资源保护工作在水质监测、科学研究、水环境规划、监督管理、宣传教育及法制建设等方面都做了大量的工作,逐步加深了对黄河流域水污染状况、污染特点和防治措施等方面的认识,积累了一些经验。但是,黄河流域水质继续恶化的趋势还未得到控制,黄河水资源保护仍将是治黄工作的一项艰巨任务,需要不断地研究、探索,使黄河水资源更好地为社会主义现代化建设和人民生活需要服务。

# 第一章 水质监测

黄河流域从1972年5月起,针对人类活动对水体环境质量的影响,开始在干流及主要支流(湟水、庄浪河、无定河、汾河、渭河、洛河)进行水质污染状况监测工作。1972年至1976年,水质监测工作由青海、甘肃、宁夏、内蒙古、山西、陕西、河南、山东8省(区)的卫生部门承担。1977年以后由黄河水源保护办公室和上述8省(区)的水利、环境保护部门共同承担。

## 第一节 站网与管理

### 一、站网建设

1972年,根据中华人民共和国卫生部《关于工业“三废”对水源、大气污染程度调查的通知》和《关于转发工业卫生、职业病防治研究协作方案的通知》的要求,沿河青海、甘肃、宁夏、内蒙古、山西、陕西、河南、山东8省(区)的卫生部门,联合成立了黄河工业“三废”污染源调查协作组,统一制订了调查方案和《黄河水质检验规程》,开展了全河系统的工业污染源调查和水质监测工作。

1972年在黄河干、支流上共设置58个水质监测断面(干流42个、支流16个);1973年为99个(干流46个、支流53个);1974年为97个(干流47个、支流50个);1975年为75个(干流37个、支流38个);1976年为86个(干流37个、支流49个)。

在卫生部门监测的同时,1974年,宁夏回族自治区水文总站在其辖区内的清水沟、东排水沟、第一至第五排水沟,各设一个控制断面进行水质监测。1976年,甘肃省水文总站在大夏河的双城、折桥,大通河的连城,祖厉河的靖远;山东省泰安环境保护监测站在大汶河的平子庄,分别进行水质监测。

1975年6月,黄河水源保护办公室成立。次年,先后在黄河干流上的循化、小川、兰州、安宁渡、吴堡、三门峡、花园口和支流湟水的民和、大通河的享堂、无定河的白家川、渭河的华县、洛河的白马寺、伊河的龙门镇、沁河的武陟等地设立断面，开展水质监测。从1977年开始，黄河水源保护办公室接替了流域8省（区）卫生部门设在黄河干流及主要支流入黄口处断面的监测工作。各省（区）卫生部门所担负的支流的监测工作，也由各省（区）的水利、环境保护部门接替。

黄河水源保护办公室在筹建本系统各监测站的同时，于1976年会同流域8省（区）的环境保护部门和北京大学等单位，对黄河流域8个重点城市（西宁、兰州、银川、包头、呼和浩特、太原、西安、洛阳）和山东泰安地区的水污染现状及324个重点工矿企业的废污水，进行了详细的调查。并于1978年3月在郑州召开了黄河水系水质监测站网和监测工作规划座谈会。制定了《黄河水系水质监测站网的监测工作规划》（以下简称站网规划），由国务院环境保护领导小组、水利电力部批准并转发黄河流域各省（区）试行。

此次站网规划，布设监测站23个，其中黄河水源保护办公室系统8个，省（区）15个；设监测断面（点）141个，分属三种类型。

第一类是为掌握水系水质状况和水质变化规律而设置的水质监测断面（点）。这类断面具有控制性和代表性，一般布设在河流的源头或基本不受人类活动影响的河段（作为河流的本底值断面或零断面）、河入湖口、河入海口、上中下游分界和省（区）的交界处。

第二类主要是为掌握污染源变化情况而设置的控制断面（点）。主要布设在现有或将要兴建的大、中型厂矿企业排污口所在河段。

第三类是为专门用途（如工、农、渔业及城镇生活用水，科学研究或其他特殊需要等）而设置的专用监测断面。

规划所定监测断面，经流域各省（区）环境保护、水利部门和黄河水源保护办公室的共同努力已全部落实。在实施过程中，各省（区）和黄河水源保护办公室又根据其所辖测区（河段）的具体情况，增设了大量监测断面。至1984年底，全流域开展监测的断面（点）已达262个，超过原规划数（141个）的86%。其中省（区）水利部门209个，环境保护部门20个，属黄河水资源保护办公室系统的监测断面33个（干流22个，支流11个）。初步形成了监测网络。

1983年5月，黄河水源保护办公室实行水利电力部、城乡建设环境保护部双重领导后，对已初步形成的监测网络又进行了全面调整（撤、迁和增设），于1985年9月制定了一个比较完整的《黄河流域水质站网规划方案》。

该规划共布设监测断面445个(包括山东半岛沿海诸河38个断面)。按照规划已施测的黄河流域水质重点断面21个。其中干流9个,即循化、兰州、头道拐、吴堡、潼关、三门峡、花园口、泺口和利津;支流10个,即洮河红旗、湟水民和、银新沟潘昶、无定河白家川、汾河小店桥和河津、渭河耿镇桥和华县、洛河石灰务、东平湖陈山口等,另外还有山东半岛的黄台桥(小清河)和阎家山(李村河)。在这21个重点监测断面中,除红旗、潘昶、小店桥、耿镇桥、黄台桥和阎家山6个断面属所在地的省(区)水利部门外,其余15个均属黄河水资源保护办公室监测系统。

由于水利电力部、城乡建设环境保护部和沿黄8省(区)水利、环境保护部门的通力合作,流域水质监测站网建设发展较快。截至1987年底,全流域开展水质监测的断面已达338个。其中由黄河水资源保护办公室监测的41个(干流25个,支流16个);由各省(区)水利、环境保护部门监测的分别为218个和79个。加上山东半岛沿海诸河39个(资料整编、刊印列入黄河流域),总计为377个。占1985年站网规划数的87.7%,监测网络更加完善。

根据国家环境保护局的要求,在已开展监测的断面中,将下述32个断面,即干流的循化、小川、兰州(中山桥)、包兰桥、安宁渡、青铜峡、石嘴山、三湖河口、昭君坟、画匠营、镫口、头道拐、府谷、吴堡、龙门、潼关、三门峡、孟津、花园口、高村、艾山、泺口、利津,支流洮河上的红旗、湟水民和、无定河白家川、延河甘谷驿、汾河河津、渭河华县、洛河白马寺、石灰务和东平湖陈山口,列为国家一级网河流监测断面(简称国控断面)。并经中国环境监测总站整理,列入《全国环境监测数据软盘传输统一软件填报规划及说明》(1990年10月)技术文件中。

1979年以来,在黄河干流上的部分控制断面和少数支流上,开展了河床底质(底泥)监测。1979年,干流设潼关、花园口、泺口3个断面。1980年,在上、中游分别增设兰州和吴堡断面。由于兰州河段河床组成多为砂砾石,底质采样困难,加之分析化验时不易消解,兰州断面仅监测一年。1980年以来,每年都进行监测的有吴堡、潼关、花园口、泺口4个断面。此外,1983年和1987年在利津断面、1986年在府谷断面,也进行了取样监测。

1979～1982年,支流进行底质监测的仅汾河河津断面。1983～1984年支流未监测。1985年,在汾河河津和沁河武陟各设一个监测断面。1986年,在三川河后大成、清涧河延川、延河甘谷驿、沁河武陟布设断面。1987年,在窟野河神木、三川河后大成、无定河白家川、清涧河延川、延河甘谷驿、汾河河津、沁河武陟、大汶河大汶口和流泽桥、东平湖湖心及陈山口、大汶河(南支)的平子庄、东周水库出口及谷里断面,进行底质取样监测。

## 二、站网管理

黄河干流和主要支流入黄口处各水质监测断面的管理工作,由黄河水资源保护办公室监测中心站及兰州、青铜峡、包头、吴堡、三门峡、郑州、济南7个监测站负责,至1989年,各监测站人员数量、业务经费、测区范围和断面布局见表4—1。支流水质监测网的管理,由其所在省(区)的水利、环境保护部门水质中心分析室(监测站)及地区(市)的水利、环境保护部门或按行

表4—1　**1989年各监测站基本情况**

| 监测站名称 | 职工人数 | 年平均业务费(万元) | 测区范围 | 区间干流长(公里) | 干流布设监测断面 | 支流布设监测断面 |
|---|---|---|---|---|---|---|
| 兰州 | 16 | 2.5 | 循化至安宁渡 | 371 | 循化、小川、钟家河桥、兰州、包兰桥、安宁渡 | 湟水民和、大通河享堂 |
| 青铜峡 | 8 | 1.5 | 安宁渡至石嘴山 | 510 | 下河沿、青铜峡、石嘴山 | |
| 包头 | 14 | 2.0 | 石嘴山至头道拐 | 663 | 三湖河口、昭君坟、画匠营、镫口、头道拐 | |
| 吴堡 | 10 | 2.5 | 头道拐至吴堡 | 458 | 府谷、吴堡 | 窟野河神木、三川河后大成、无定河白家川、清涧河延川、延河甘谷驿 |
| 三门峡 | 12 | 2.5 | 吴堡至三门峡 | 519 | 龙门、潼关、三门峡 | 汾河河津、渭河华县 |
| 郑州 | 10 | 2.5 | 三门峡至花园口 | 257 | 孟津、花园口 | 洛河黑石关、石灰务,伊河陆浑、龙门镇,洛河白马寺,沁河武陟 |
| 济南 | 9 | 2.5 | 花园口至利津 | 664 | 高村、艾山、泺口、利津 | 东平湖陈山口 |
| 合计 | 79 | 16 | | 3442 | 25 | 16 |

**注**　循化断面,即黄河干流上的本底值断面,亦称零断面。

政区划、水系设置的水质分析室(监测站)共同负责。根据1985年9月站网规划方案,全流域拟设水质分析室35个。截至1987年底,包括流域和省(区)中心分析室在内,已有分析室26个。

黄河流域各省(区)水利部门的水文总站,是开展水质监测的主要力量,负责支流218个断面的水质监测任务。

## 第二节 样品采集和分析

黄河水质监测工作的程序,分为4个步骤,即野外样品采集、室内分析化验、监测质量保证和资料整编刊印。

监测工作先后按照黄河工业“三废”污染源调查协作组1973年编制的《黄河水质检验规程》和由黄河水源保护办公室起草,1979年9月在太原召开的黄河水系第二次水质监测工作会议上通过的《黄河水系水质污染测定方法》及城乡建设环境保护部环境保护局1983年8月制定的《环境监测分析方法》和水利电力部1985年颁布的《水质监测规范》、《水质分析方法》等技术文件实施的。

### 一、野外样品采集

野外样品采集,主要包括各水质断面(站)的采样频率、垂线和采样点的布设,水样采集数量、保存、运送以及易变项目的现场测定等。

#### (一)采样频率

1972年全黄河水系均在5月、8月的5、15、25日采样;1973年在2月(或3月)、5月、8月、10月采样;1974至1976年,均在5月、8月的5、15、25日前后采样;1977年至1985年6月,黄河干流主要控制断面和部分支流入黄口断面,在每月的10、25日前后采样,其他断面在各月的10日前后采样;1985年7月起执行水利电力部颁发的《水质监测规范》(SD—127—84),干流各断面和支流主要控制断面改为每月的15日前后采样一次,其他断面一般每两个月采样一次。

### (二)垂线和采样点的布设

1.1972年至1976年由沿河各省(区)卫生部门监测期间,根据各监测断面的水面宽,按四分法在左、中、右3条垂线分别设点采样。黄河干流上的监测断面,3个采样点分别测定;支流断面视水面宽度和流量大小,采取分采分测、分采合测或只采中间点测定的方法。采样深度规定为水面下0.3米。

2.1977年至1985年6月的采样垂线数目:干流水面宽小于50米时1条,50~100米时2条,大于100米时3条;支流水面宽小于10米时1条,10~30米时2条,大于30米时3条。测点数目:干、支流水深大于3米时,分别在水面以下0.5米和河底以上0.5米处采样;水深小于3米时,只在水面以下0.5米处采样。

3.从1985年7月起,按《水质监测规范》规定,干、支流水面宽大于100米时设左、中、右3条垂线;小于100米时设中泓1条垂线。干、支流水深大于5米时分别在水面以下0.5米和河底以上0.5米处采样;水深小于5米时在水面以下0.5米处采样。

### (三)水样的采集

1.采样方法:水深较小,仅采水面以下一个测点水样时,一般用采样桶或采样瓶取水;水深较大,需采两个测点时,在河底以上0.5米处一般用横式采样器取水。

2.采样体积:分析用的水样体积,取决于分析项目及要求的精密度。大多数为2000毫升左右。特殊测定用的水样稍多一些。单项分析水样取100~1000毫升。

3.盛水样的容器用无色硬质玻璃瓶或聚乙烯塑料瓶(桶)。

4.对溶解氧、挥发酚和氰化物等项目,采取单独采样,并加入保存剂进行现场固定。

5.所采样品均在24小时内送到分析室进行分析化验。

## 二、室内分析化验

### (一)样品处理

按现行测定方法,挥发酚、氰化物、砷化物、汞等项用原状水(浑水)测定。六价铬、氟、化学耗氧量(高锰酸盐指数,以下同)、总硬度、氨氮、氯化物等项目,用去除泥沙以后的清水测定。

由于黄河含沙量大,且砷化物的本底值(泥沙中的含量)较高,用原状水测定时又要加强酸经高温消解,其测定结果主要是泥沙的砷化物含量,去除泥沙以后的清水砷化物含量甚微。

### (二)监测项目

1972～1976年,主要监测项目有:水温、PH(酸碱度,以下同)、总固体、溶解性固体、悬浮性固体、总硬度、总碱度、氯化物、化学耗氧量、溶解氧、总氮、丙烯腈、硝基化合物、石油类、氰化物、总铬、挥发酚、汞、砷化物、细菌总数、大肠菌群等,计21项。

1976年以后,由于水资源保护和水文部门所执行的技术规定(规范)不同,有相当长的一段时间,水化学成分与有毒有害物质未能统一组织监测。前者仍由各水文部门负责,后者由黄河水源保护办公室各监测站和流域各省(区)环境保护、水利部门的监测单位承担,而且监测断面、采样频率和时间也不尽相同。直至1985年水利电力部颁布的《水质监测规范》实施后,水化学成分和有毒有害物质的监测才逐步统一起来,监测项目逐渐增多。至1987年监测项目(不含色、嗅、味)已达41项。即水位、流量、气温、水温、PH、氧化还原电位、电导率、悬浮物、游离二氧化碳、侵蚀二氧化碳、钙离子、镁离子、钾、钠离子、氯离子、硫酸根、碳酸根、重碳酸根、离子总量、矿化度、总碱度、总硬度、溶解氧、氨氮、亚硝酸盐氮、硝酸盐氮、化学耗氧量、5日生化需氧量、氰化物、砷化物、挥发酚、六价铬、汞、镉、铅、铜、总铁、锌、石油类、氟、大肠菌群、细菌总数。

### (三)分析方法

1.水化学成分分析,以水利电力部1962年制定的《水文测验暂行规范》第四卷第五册《水化学成分测验》和1975年制定的《水文测验手册》第二册

《水化学分析》规定的分析方法为准。

2. 有毒有害物质的分析方法，1972～1985 年间，先后按《水质检验规范》和《黄河水系水质污染测定方法》进行。1985 年以后，水化学成分和有毒有害物质的分析方法，统一按《水质监测规范》和《环境监测分析方法》进行。各主要监测项目分析方法见表 4—2。

表 4—2 **主要监测项目分析方法**

| 监测项目 | 分析方法 |
| --- | --- |
| 溶解氧 | 碘量法 |
| 化学耗氧量 | 酸性高锰酸钾法 |
| 5 日生化需氧量 | 稀释与接种法 |
| 氨氮 | 纳氏试剂比色法 |
| 亚硝酸盐氮 | α—萘胺比色法、N—(1—萘基)—乙二胺分光光度法 |
| 总铁 | 邻二氮菲比色法 |
| 氯离子 | 硝酸银滴定法 |
| 矿化度 | 阳离子交换树脂法 |
| 挥发酚 | 4—氨基安替比林—分光光度法 |
| 砷化物 | 先后用砷斑法和二乙基二硫代氨基甲酸银比色法 |
| 汞 | 1978 年底以前一般为双硫腙比色法；1979 年开始多为冷原子吸收法和冷原子荧光法 |
| 六价铬 | 二苯碳酰二肼比色法 |
| 氰化物 | 先后用吡啶联苯胺法和异烟酸吡唑铜比色法 |
| 铜、铅、锌、镉 | 原子吸收分光光度法 |
| 大肠菌群 | 发酵法 |
| 细菌总数 | 标准平皿法 |
| 氟化物 | 茜素磺酸锆比色法 |
| 石油类 | 先后用红外测油仪和紫外分光光度法 |
| 电导率 | 电导仪法，换算为 25℃时电导率 |

## 三、底质监测

大量的工业废水和生活污水排入河流后，部分重金属、类金属水溶性化合物和其他有毒有害物质，以其不同形态吸附于水中悬浮物(主要是泥沙)随水迁移。当其负荷超过水流的挟沙能力时，即逐渐沉入河底形成底质。河流底质监测，目的在于通过底质中污染物含量的变化及分布规律，查明污染源，追溯各河段(区域)水环境污染的历史，分析研究底泥污染物积累造成二次污染的可能性，为水资源保护提供依据。

垂线布设：进行底质监测的断面，一般设左、中、右3条垂线，分采分测。

采样频率：1979～1986年，干流断面基本上每两个月一次，支流断面每年一次；1987年后，干流断面基本上每年两次，支流断面仍每年一次。

采样方法：水深较小时一般直接挖取；水深较大时多用河床质采样器或自制的简便器具采取。

监测项目：1979～1986年间，主要监测项目有挥发酚、氰化物、砷化物和汞等项；1986年以后，挥发酚、氰化物停测，同时在干流上的潼关、花园口和沁河的武陟断面，增加了重金属类铜、铅、锌、镉和总铬等项目。

分析方法：底质样品经自然风干后，用玛瑙器皿研磨成粉末状，经高温、加酸消解后，各项目的分析方法基本同水质样品。

从多年测定结果看，黄河干流和部分已测支流的底质，基本未受到挥发酚、氰化物、砷化物、铜、铅、锌、镉、汞和总铬的污染。砷化物和重金属类的含量仍处于自然本底水平。其原因是黄河流域工业生产过程中排入水环境的砷化物和重金属类量不大，再者是黄河含沙量高，河床冲淤多变，底质中的污染物不易积累。

# 第三节 质量保证和资料整编

## 一、水质监测质量保证

水质监测质量保证是一项系统工程，除野外采样过程外，主要还有实验室内部质量控制、实验室之间质量控制、人员培训和技术管理等方面。有步骤地开展水质监测质量保证工作，始于20世纪80年代初期。

## (一)实验室内部质量控制

黄河水源保护办公室于1984年1月编写了《水质分析质量控制》(实验室内部质量控制)试行本,对质量控制的基础工作(分析天平的检定、玻璃容器的检定、测定仪器的检查与校正及实验用水的制取和要求、化学试剂的提纯与精制、标准溶液的配制与标定),质量控制实验的内容(测定空白、控制样品、水样和加标水样)和方法步骤,以及质量控制图的绘制等,提出了具体的要求。并将室内质控结果作为每年考核评比的重要内容。

## (二)实验室之间质量控制

实验室之间质量控制,又称外部质量控制。

1982年,由监测中心站自配质控样品,对下属7个监测站进行了初次考核,取得了较好成绩。

1984年,监测中心站参加了中国环境监测总站组织的全国环保系统统一考核。考核项目为铜、铅、总铬、总硬度和硝酸盐氮,总合格率为60%。

1985年,监测中心站参加了水利电力部和中国环境监测总站共同组织的铅、镉、氟化物、氯化物、砷化物、挥发酚、氨氮、亚硝酸盐氮、生化需氧量、化学耗氧量计10个项目的考核,总合格率为100%。同年,监测中心站组织下属7个监测站,对PH、砷化物、汞3个项目进行了考核,总合格率为71.4%。

1986年,监测中心站再次参加全国环境保护系统统一考核。考核项目为硫酸根离子、总铬、硝酸盐氮和砷化物4项,总合格率为100%;下属7个监测站参加了硫酸根离子和硝酸盐氮的考核,总合格率为92.9%。

1987年,监测中心站参加了水利电力部质控考核。考核项目有钙离子、镁离子、化学耗氧量、生化需氧量4项,合格率为100%,均取得了水利电力部颁发的合格证书。

1988年,监测中心站对下属7个监测站进行了两次(上半年一次,下半年一次)质控考核。考核项目有砷化物、挥发酚、汞、硝酸盐氮、亚硝酸盐氮、氨氮、化学耗氧量7项,9个标样。上半年合格率为85.7%,下半年合格率为70%,全年总合格率为77.9%。

1989年,参加水利部质控考核9次,总计25个项目。在全国水利系统100多个分析室中,监测中心站于6月(项目有化学耗氧量、5日生化需氧量)和8月(项目有铜、铅、锌、镉)两次获得第一名,另有6次列前10名。下属吴堡水质监测站于11月(项目有挥发酚、亚硝酸盐氮)获全国第一名。

1990年,监测中心站及下属各站,参加了水利部水质试验研究中心组织的18个项目的考核。监测中心站及三门峡、吴堡监测站获得优良分析室称号。

### (三)技术培训

1977年,黄河水源保护办公室委托北京大学举办水质监测学习班,所属7个监测站的21名工作人员参加了学习,为黄河系统培训了第一批水质监测人员。

1984年,监测中心站相继派员参加了城乡建设环境保护部环境保护局在烟台、成都、秦皇岛举办的质量保证技术学习班。

1985年,监测中心站在郑州举办了地面水水质监测质量控制研习班。流域8省(区)水利部门的监测单位共40余人参加了学习。

1986年,监测中心站举办北方15省(区)水利部门参加的水质监测技术学习班,参加人员40余人。

1989年12月和1991年4月,由监测中心站两次举办全国部分省(区)监测单位参加的原子吸收分光光度计使用学习班,参加人员分别为35人和40人。

### (四)质量保证技术管理

监测中心站于1986年制定了《黄河水质监测质量保证管理条例》、《水质监测质量保证技术管理规定》、《优质实验室评比制度》和《水质监测资料评比办法》等,分发给所属各监测站执行,取得了较好的效果。

### (五)计量认证

计量认证工作,是提高检测能力和管理水平,保证监测数据的公正性、准确性、可靠性的有力依据,是取得社会上、法律上的公认保证。监测中心站从1991年3月即按国家技术监督局《产品质量检验机构计量认证技术考核规范》进行工作。1992年12月通过了国家技术监督局的考核,颁发了国家级的计量认证合格证书。

## 二、监测资料整编刊印

黄河流域水质监测资料(包括1985年以后的水化学资料)的整编刊印，是由监测中心站负责完成的。整编刊印包括1972～1976年流域8省(区)卫生部门监测的水质资料，监测中心站下属7个监测站的水质、底质资料以及8省(区)水利、环境保护部门的水质、底质资料。整编刊印先后按照黄河水源保护办公室编写的《黄河水系水质监测表填写说明》(1978年)、《黄河水系水质监测资料整编、汇编、刊印暂行办法》(1981年)、《黄河水系水质监测资料整编暂行规定》(1985年)以及水利电力部水文局1986年制定的《水质监测资料整编补充规定》等进行。参加整、汇编的单位有黄河水资源保护办公室系统各监测站、流域8省(区)的水文总站和环境保护部门的监测站(科学研究所)。经整编、汇编、刊布的主要成果有水质监测断面考证资料(含图表)、水质监测成果表、底质监测成果表和水质特征值年统计表。资料刊布按先干流后支流、先上游后下游和先黄河流域后山东半岛诸河顺序排列。截至1988年，先后刊布了1972～1976年(计415个断面年，其中干流209个、支流206个)、1977～1980年(计343个断面年，其中干流64个、支流279个)、1981～1983年(计552个断面年，其中干流82个、支流470个)、1984年(计276个断面年，其中干流31个、支流245个)、1985年(计342个断面年，其中干流33个、支流309个)、1986年(计371个断面年，其中干流36个、支流335个)和1987～1988年(计756个断面年，其中干流63个、支流693个)共7本黄河流域水质监测资料，总计3055个断面年(干流518个、支流2537个)，水质数据120万个。同时还刊布了1979～1988年间69个断面年(干流44个、支流25个)的底质监测资料，以及1985～1988年山东半岛诸河161个断面年的水质资料。

# 第二章　水质污染

## 第一节　污染源

黄河水体中污染物质的来源是多方面的。有来自工矿企业、事业单位排放的废污水和城镇居民的生活污水(点污染源);有随地面径流进入水体的农药、化肥、工业废渣、垃圾及泥沙等(面污染源);还有船舶排放的油污、垃圾、污水和大气降落的污染物(流动性污染源)。在以上三类污染源中,对水体污染影响最大的是点污染源。

### 一、点污染源

随着流域内社会经济的不断发展,废污水排放量在不断增加。1982年全流域295个县级以上城镇,共排放工业废水和生活污水21.7亿吨。其中工业废水17.4亿吨,生活污水4.3亿吨。1990年全流域工业废水和生活污水的排放量达到32.6亿吨。其中工业废水23.3亿吨,生活污水9.3亿吨。从1982年至1990年的9年中,黄河流域的年废污水排放量由21.7亿吨上升到32.6亿吨,净增10.9亿吨,平均每年增加1.21亿吨,递增率为4.6%,增长速度惊人!

黄河流域的废污水主要产生于干流的兰州、银川、包头3个河段及支流湟水、大黑河、汾河、渭河、洛河和大汶河的中下游河段。这些河段1982年排放废污水18.3亿吨,占同年全流域废污水总量的84.3%;1990年排放废污水27.4亿吨,占同年全流域废污水总量的84.0%。若按城市划分,废污水多产生于西宁、兰州、银川、包头、呼和浩特、太原、宝鸡、咸阳、西安、洛阳10个大中城市河段。1982年废污水排放量12.6亿吨,占同年废污水总量的58.1%;1990年废污水排放量12.8亿吨,占同年废污水总量的39.3%。黄河流域废污水排放量、黄河流域10个大中城市河段废污水排放量见表4—3、表4—4。

表 4—3　　　　**黄河流域废污水排放量表**

| 水系(河段) | 年　份 | 生活污水(亿吨) | 工业废水(亿吨) | 废污水总量(亿吨) | 占全流域(%) | 备注 |
|---|---|---|---|---|---|---|
| 湟水 | 1982 年 | 0.322 | 0.651 | 0.97 | 4.5 | |
| | 1990 年 | 0.470 | 0.699 | 1.17 | 3.6 | |
| 大黑河 | 1982 年 | 0.122 | 0.460 | 0.58 | 2.7 | |
| | 1990 年 | | | | | |
| 汾河 | 1982 年 | 0.700 | 2.700 | 3.40 | 16.0 | |
| | 1990 年 | 1.263 | 4.351 | 5.61 | 17.2 | |
| 渭河(含泾河、北洛河) | 1982 年 | 1.149 | 4.377 | 5.53 | 25.4 | |
| | 1990 年 | 3.337 | 5.722 | 9.06 | 27.8 | |
| 洛河 | 1982 年 | 0.453 | 1.253 | 1.71 | 7.9 | |
| | 1990 年 | 0.851 | 2.135 | 2.99 | 9.2 | |
| 大汶河 | 1982 年 | 0.144 | 0.951 | 1.10 | 5.0 | |
| | 1990 年 | 0.315 | 1.461 | 1.78 | 5.5 | |
| 黄河干流(兰州、银川、包头河段) | 1982 年 | 0.781 | 4.174 | 4.96 | 22.8 | |
| | 1990 年 | 1.666 | 5.101 | 6.77 | 20.7 | 含大黑河 |
| 其他河流(段) | 1982 年 | 0.609 | 2.800 | 3.41 | 15.7 | |
| | 1990 年 | 1.390 | 3.830 | 5.22 | 16.0 | |
| 全流域 | 1982 年 | 4.3 | 17.4 | 21.7 | 100 | |
| | 1990 年 | 9.3 | 23.3 | 32.6 | 100 | |

表 4—4　　**黄河流域 10 个大中城市河段废污水排放量表**

| 河段 | 年份 | 生活污水（亿吨） | 工业废水（亿吨） | 废污水总量（亿吨） | 所在河流废污水总量（亿吨） | 城市河段废污水占河流废污水总量（%） | 备　注 |
|---|---|---|---|---|---|---|---|
| 湟水西宁市 | 1982 年 | 0.192 | 0.348 | 0.540 | 0.97 | 55.7 | |
| | 1990 年 | 0.349 | 0.279 | 0.628 | 1.17 | 53.7 | |
| 大黑河呼和浩特市 | 1982 年 | 0.112 | 0.428 | 0.540 | 0.58 | 93.1 | |
| | 1990 年 | 0.216 | 0.224 | 0.440 | | | |
| 汾河太原市 | 1982 年 | 0.605 | 1.402 | 2.007 | 3.40 | 57.8 | |
| | 1990 年 | 0.506 | 1.122 | 1.628 | 5.61 | 29.0 | |
| 渭河宝鸡市 | 1982 年 | 0.150 | 0.808 | 0.958 | 5.53 | 17.3 | |
| | 1990 年 | 0.185 | 0.710 | 0.895 | 9.06 | 9.9 | |
| 渭河咸阳市 | 1982 年 | 0.195 | 0.562 | 0.757 | 5.53 | 13.7 | |
| | 1990 年 | 0.170 | 0.677 | 0.847 | 9.06 | 9.3 | |
| 渭河西安市 | 1982 年 | 0.506 | 1.180 | 1.686 | 5.53 | 30.5 | |
| | 1990 年 | 1.520 | 1.123 | 2.643 | 9.06 | 29.2 | |
| 洛河洛阳市 | 1982 年 | 0.425 | 0.750 | 1.175 | 1.71 | 68.7 | |
| | 1990 年 | 0.449 | 1.333 | 1.782 | 2.99 | 59.6 | |
| 黄河兰州市 | 1982 年 | 0.391 | 2.673 | 3.064 | 4.96 | 61.8 | |
| | 1990 年 | 0.536 | 1.043 | 1.579 | 6.77 | 23.3 | |
| 黄河银川市 | 1982 年 | 0.117 | 0.693 | 0.81 | 4.96 | 16.3 | |
| | 1990 年 | 0.310 | 0.766 | 1.076 | 6.77 | 15.9 | |
| 黄河包头市 | 1982 年 | 0.274 | 0.845 | 1.119 | 4.96 | 22.6 | |
| | 1990 年 | 0.441 | 0.873 | 1.314 | 6.77 | 19.4 | 含大黑河废污水 |
| 合　计 | 1982 年 | 2.97 | 9.69 | 12.6 | 17.2 | 73.3 | |
| | 1990 年 | 4.68 | 8.15 | 12.8 | 25.6 | 50.0 | |
| 占全流域（%） | 1982 年 | 69.1 | 55.7 | 58.1 | 79.3 | | |
| | 1990 年 | 50.3 | 35.0 | 39.3 | 78.5 | | |

## (一)污染物排放量

黄河流域废污水中含有大量的耗氧有机物及其他有毒有害物质。据各大中城市的废污水监测资料,废污水中主要含有化学耗氧量(有机物含量指标)、挥发酚、氰化物、石油类、砷化物、汞、六价铬、铅、镉等10多种污染物。1982年全流域废污水中化学耗氧量为45.1万吨,挥发酚0.241万吨,石油类0.923万吨;1990年全流域排放化学耗氧量118.1万吨,挥发酚0.627万吨,石油类0.884万吨。与1982年相比,化学耗氧量、挥发酚分别增长1.62倍、1.6倍,石油类减少0.039万吨。黄河流域及10个大中城市河段主要污染物排放量见表4—5。

表4—5 **黄河流域及10个大中城市河段主要污染物排放量表** 单位:吨

| 河段 | 年份 | 化学耗氧量 | 挥发酚 | 石油类 | 氰化物 | 砷化物 | 汞 | 六价铬 | 铅 | 镉 |
|---|---|---|---|---|---|---|---|---|---|---|
| 西宁 | 1982年 | 9480 | 12.7 | | 4.91 | 1.72 | 1.40 | 13.7 | | |
| | 1990年 | 12285 | 20.5 | 72 | 0.12 | 0.18 | 0.31 | 6.44 | 1.04 | 0.01 |
| 呼和浩特 | 1982年 | 29800 | 12.4 | | 3.44 | 0.10 | 0.06 | 3.55 | | |
| | 1990年 | 16041 | 12.4 | 3 | 1.97 | 0.01 | | 1.23 | 0.26 | 0.01 |
| 太原 | 1982年 | 88800 | 754 | | 69.5 | 0.39 | 0.36 | 2.38 | 6.14 | 0.28 |
| | 1990年 | 77458 | 174.4 | 555 | 11.5 | 1.04 | 0.08 | 0.54 | 16.73 | 0.66 |
| 宝鸡 | 1982年 | 16400 | 193 | 164 | 6.03 | 0.50 | 0.12 | 5.90 | 0.31 | 0.03 |
| | 1990年 | 24753 | 8.2 | 123 | 3.90 | 0.09 | 0.08 | 2.06 | 3.00 | 0.06 |
| 咸阳 | 1982年 | 20900 | 12.1 | 0.06 | 0.52 | 0.10 | 0.01 | 0.30 | 0.10 | |
| | 1990年 | 19266 | 6.6 | 127 | 2.86 | 0.09 | | 1.86 | 2.24 | 0.10 |
| 西安 | 1982年 | 18700 | 95.5 | 241 | 40.6 | 6.66 | 0.09 | 44.2 | 2.05 | 0.32 |
| | 1990年 | 68676 | 21.0 | 1050 | 12.11 | 0.35 | 0.08 | 4.09 | 1.70 | 0.07 |
| 洛阳 | 1982年 | 11400 | 81.5 | 760 | 4.12 | 1.42 | | 18.2 | 4.40 | 0.08 |
| | 1990年 | 27354 | 39.4 | 559 | 35.49 | 2.17 | 0.05 | 1.21 | 5.22 | 0.12 |
| 兰州 | 1982年 | 38400 | 33.5 | 2810 | 20.9 | 11.4 | 4.05 | 0.38 | 6.02 | |
| | 1990年 | 29801 | 22.0 | 509 | 8.80 | 0.90 | | 1.90 | 0.20 | |

续表 4—5

| 河段 | 年份 | 化学耗氧量 | 挥发酚 | 石油类 | 氰化物 | 砷化物 | 汞 | 六价铬 | 铅 | 镉 |
|---|---|---|---|---|---|---|---|---|---|---|
| 银川 | 1982年 | 9620 | 4.73 | 1.03 | 2.40 | 1.87 | | 4.60 | 0.38 | |
| | 1990年 | 29897 | 18.0 | 142 | 0.71 | 1.20 | 0.04 | 0.70 | 0.64 | 0.02 |
| 包头 | 1982年 | 18500 | 204 | 1390 | 241 | 0.54 | 0.05 | 4.73 | 3.94 | |
| | 1990年 | 31949 | 296 | 186 | 7.23 | 1.16 | 0.17 | 2.20 | 16.95 | |
| 合计 | 1982年 | 262000 | 1400 | 5370 | 394 | 24.7 | 6.14 | 97.9 | 23.3 | 0.71 |
| | 1990年 | 337480 | 618.5 | 3326 | 84.8 | 7.19 | 0.81 | 22.23 | 47.98 | 1.05 |
| 其他 | 1982年 | 189000 | 1010 | 3860 | 284 | 16.70 | 4.26 | 71.10 | 16.90 | 0.51 |
| | 1990年 | 843347 | 5646.5 | 5516 | 352.4 | 93.79 | 1.57 | 45.37 | 60.81 | 21.93 |
| 全流域 | 1982年 | 451000 | 2410 | 9230 | 678 | 41.4 | 10.4 | 169 | 40.20 | 1.22 |
| | 1990年 | 1180827 | 6265 | 8842 | 437.2 | 100.98 | 2.38 | 67.6 | 108.79 | 22.98 |

### (二)污染负荷比

黄河流域各类水污染物的等标污染负荷比不同。1982年各类污染物的等标污染负荷比为:化学耗氧量36.7%,挥发酚39.2%,氰化物11.0%,石油类7.5%,砷化物、汞、六价铬、铅、镉等合计为5.6%。1990年各类污染物的等标污染负荷比为:化学耗氧量41.5%,挥发酚44.1%,氰化物6.2%,石油类3.1%,砷化物、汞、六价铬、铅、镉等合计为5.1%。由此说明黄河流域的水污染物主要为耗氧有机物、挥发酚、石油类和非金属无机物氰等,重金属类污染物相对较少。

在10个大中城市河段,由于工业结构不同等原因,各类污染物的负荷比有一定的差异。从总体上看,化学耗氧量、挥发酚的等标污染负荷比之和都很高。1982年为75.9%,1990年为85.6%。其中呼和浩特市河段最高,为93.1%和95.5%,洛阳、包头市河段最小,分别为60.9%和48.2%。

## 二、面污染源

### (一)水土流失

黄河流域大面积的水土流失，是影响水环境质量的重要污染源。黄河是世界著名的多泥沙河流，浑浊的水流不仅影响水体的色度、感观性状，而且降低水体的透明度和复氧条件。水土流失还大量地带入水体污染物质。据对黄河泥沙的分析，泥沙中含有砷化物、汞、铜、铅、锌、镉等重金属及相当数量的农药、化肥和有机、无机胶体等物质。

砷化物在黄河水体中含量较高，这是因为黄土地层中砷的本底值就高所致。据调查分析，陕北一带黄土地层平均含砷量10.38毫克每公斤，比地壳岩石圈上部或其他土壤中砷化物的平均含量要高1倍左右。但是，泥沙本底所含的砷化物以及汞、铜、铅、锌、镉等重金属，在黄河水体呈微碱性的条件下，是不易释放出来的，只有将黄河水(浑水)经高温、强酸进行消解，才可能释放出来。这说明，黄河水只要除去泥沙，是基本不存在砷化物及汞等重金属类毒性物质的。

### (二)农药、化肥

农田、草场、果园施用的农药、化肥，通过地表径流、坡面漫流和灌溉退水等途径进入河流。据调查，1980年黄河流域有耕地2.3亿亩(含青海省草原面积)，年施用有机磷农药5750吨，有机氯农药30900吨，其他农药800吨，总计37450吨，亩均用量0.16公斤。1989年黄河流域农药施用量为25800吨，其中甘肃、宁夏、陕西3省(区)共施用各类农药13174吨，亩均用量0.11公斤。远低于全国亩均用量0.76公斤的水平。农药施用量各地区不等，施用量比较大的是灌区。

1980年黄河流域化肥施用量为690万吨，亩均用量约30公斤。1989年，在被调查的1.7亿亩耕地中，化肥施用量为674万吨，亩均施用量为39.6公斤，比全国亩均施用量低40%。在施用的化肥中以氮肥为主，磷肥次之，还有钾肥和复合肥。

有机农药残毒高，不易降解，可长期存在于自然界中，并能在生物体内富集，危害很大。化肥的流失，氮、磷元素和无机盐类进入水环境，可促使不易交换水体的富营养化。黄河流域水环境中氨氮类污染物含量高，与流域内大量施用化肥不无关系。

### (三)工业废渣和生活垃圾

1982年黄河流域8省(区)每万元产值工业废渣排放量平均为8.7吨,全流域年排工业废渣约3500万吨。同年,全流域共有城镇人口1551万,年排放生活垃圾570万吨。工业废渣和生活垃圾年排放总量达4070万吨。

1990年沿黄8省(区)工业废渣产生总量为2.79亿吨,排放量5909万吨,其中排入黄河流域3730万吨。同年,流域内共有城镇人口1983万,年排生活垃圾720万吨。两项合计年排入黄河流域总量4450万吨。

工业废渣和生活垃圾废弃物,经过日晒、雨淋,有害成分流入地表水体和渗入地下,污染水体,破坏土壤微生物的生存条件,也影响生态环境。

### (四)废气

1990年黄河流域8省(区)共排放工业废气2.49万亿标准立方米,流域内废气排放量为1.52万亿标准立方米。其中主要污染物二氧化硫316万吨,烟尘324万吨,工业粉尘175万吨。废气主要产生于太原、包头、西安、兰州、银川、石嘴山、宝鸡、咸阳等城市。以太原市最多,包头市次之。

工业废气排放的主要污染物,有的直接进入水体,有的通过降水和地面径流进入水体,污染水源,损害人体健康和恶化生态环境。

## 三、流动性污染源

黄河流域航运事业不甚发达,作为流动性污染源的船只,包括航运、旅游、摆渡以及有关部门的测量船等,全流域机动船只总吨位不超过1万吨,且又较分散,对河流水质影响不大。

# 第二节　水质状况

黄河流域绝大多数地面水体天然水质良好,PH值在8左右,呈微碱性,可满足各种用水要求。但是,随着工业废水、生活污水、农药、化肥及各种废弃物源源不断地进入水体,污染了水质,改变了水的原有化学成分,有的河段使天然水体逐渐失去原有价值和作用。

黄河流域水质污染有明显的季节性差异。汛期,水、沙量大,水温高,污染物入河后易于稀释降解,但由于受泥沙和坡面漫流的影响,河流水质常呈面源型污染。非汛期,水、沙量小,水质主要受城镇废污水的影响,呈点源型污染。农灌季节,引水及灌溉退水量大,对一些河段的水质也有一定影响。一般来说,枯水季节(11月～2月),水质污染较重。

1983年,采用1981～1983年枯水季节水质监测资料对黄河干流和部分主要支流进行了水质评价。在参与水质评价的干、支流13384公里的河长中,属于国家GB3838—83(地面水环境质量标准,下同)第一、二级水质(第一级为水质良好,相当于未受人类活动影响的河流源头水;第二级水质较好,相当于生活饮用水和渔业用水)的河长9509公里,占评价河长的71.1%;属于第三级水质(水质尚可,是防止地面水污染的最低水质要求)的河长为1344公里,占10.0%;属第四级水质(相当于农田灌溉用水)的河长1256公里,占9.4%;第五级水质(次于农田灌溉用水)的河长1275公里,占9.5%。从此可以看出,黄河流域干流和主要支流好于地面水标准第三级(含第三级)的河长达10853公里,占评价河长的81.1%,从总体上说水质基本是好的。1983年黄河及主要支流枯水期水质评价结果见表4—6。

黄河干流水质较好。在5464公里的河长中,属第一级水质的河长3043.3公里,占河长的55.7%;属第二级水质的河长1888.2公里,占河长的34.6%;属第三级水质的河长532.1公里,占9.7%。无第四、五级水质的河段。各段情况是:刘家峡水库以上河长2021.9公里,基本属于未受人类活动影响的河段,水质为一级。刘家峡水库以下至甘肃、宁夏交界的五佛寺,河长358.6公里,水质为三级。五佛寺至昭君坟河长907公里,水质为二级。昭君坟至头道拐河长173.5公里,水质为三级。头道拐至吴堡河长458.8公里,水质为二级。吴堡至汾河口河长287.4公里,水质为一级。汾河口至三门峡河长231.6公里,水质为二级。三门峡至孟津大桥河长154.9公里,水质基本为一级。孟津大桥至高村河长290.8公里,水质为二级。高村至入海口河长579.1公里,水质为一级。

黄河的一些主要支流普遍受到污染,主要是其沿岸的一些大中城市排放废污水造成的。汾河自太原市以下500余公里的河道,基本都是第五级水。太原市河段,化学耗氧量、挥发酚的年均值分别高达300毫克每升、2.0毫克每升,分别超过国家地面水环境质量标准(第三级,以下同)49倍和199倍,汾河成了"酚河"。渭河宝鸡市以下390公里的河道,第四级水质的河长占91%,咸阳市附近第五级水质的河长占38%。宝鸡、咸阳、西安段,化学耗

表 4—6

**1983 年黄河及主要支流枯水期水质评价表**

| 河流名称 | 评价河段 | | 一级水质河段 | | | 二级水质河段 | | | 三级水质河段 | | | 四级水质河段 | | | 五级水质河段 | | |
|---|---|---|---|---|---|---|---|---|---|---|---|---|---|---|---|---|---|
| | 个 | 长度（公里） | 个 | 长度（公里） | 占评价河长（%） | 个 | 长度（公里） | 占评价河长（%） | 个 | 长度（公里） | 占评价河长（%） | 个 | 长度（公里） | 占评价河长（%） | 个 | 长度（公里） | 占评价河长（%） |
| 黄河 | 27 | 5463.6 | 7 | 3043.3 | 55.7 | 16 | 1888.2 | 34.6 | 4 | 532.1 | 9.7 | | | | | | |
| 渭河 | 18 | 388.2 | — | — | — | — | — | — | 3 | 20.2 | 5.2 | 14 | 353.4 | 91.0 | 1 | 14.6 | 3.8 |
| 汾河 | 20 | 675.5 | 2 | 64.4 | 9.5 | — | — | — | 1 | 40.6 | 6.0 | 1 | 44.5 | 6.7 | 16 | 526.0 | 77.9 |
| 北洛河 | 4 | 553.4 | — | — | — | 4 | 553.4 | 100 | — | — | — | | | | | | |
| 泾河 | 3 | 178.5 | — | — | — | 3 | 178.5 | 100 | | | | | | | | | |
| 洛河 | 15 | 663.6 | 2 | 218.2 | 32.9 | 8 | 325.7 | 49.1 | 3 | 95.8 | 14.4 | 1 | 16.3 | 2.6 | 1 | 7.6 | 1.1 |
| 湟水 | 7 | 261.7 | 1 | 82.9 | 31.7 | 2 | 10.5 | 4.0 | 3 | 152.4 | 58.2 | 1 | 15.9 | 6.1 | | | |
| 大汶河 | 5 | 192 | — | — | — | 2 | 16.7 | 8.7 | — | — | — | 2 | 102.7 | 53.5 | 1 | 72.6 | 37.8 |
| 大黑河 | 3 | 115.9 | | | | 1 | 28.7 | 24.8 | | | | 1 | 30.0 | 25.9 | 1 | 57.2 | 49.3 |
| 其他 | 120 | 4891.4 | | | | 34 | 3098.4 | 63.3 | 31 | 502.5 | 10.3 | 30 | 693.2 | 14.2 | 25 | 597.3 | 12.2 |
| 全流域 | 222 | 13383.8 | 12 | 3408.8 | 25.5 | 70 | 6100.1 | 45.6 | 45 | 1343.6 | 10.0 | 50 | 1256 | 9.4 | 45 | 1275.3 | 9.5 |

氧量年均值分别为17.6、20.4、12.1毫克每升，超过国家标准2.8、3.3和1倍，挥发酚的年均值分别为0.062、0.016、0.019毫克每升，分别超标5.2、0.6和0.9倍。大黑河浑津桥断面，挥发酚的年均值0.122毫克每升，超标11.2倍。洛河的洛阳市漫水桥断面，化学耗氧量年均值为21.03毫克每升，超标2.5倍，挥发酚的年均值0.022毫克每升，超标1.23倍。老漭河入黄口西阳召断面，化学耗氧量为274.1毫克每升，超标44.6倍。湟水西宁市以下，大汶河莱芜市以下，水质污染也很严重，第四、五级水质的河长都占有相当比重。

1983年以后，黄河水质发生了急剧变化，水质污染日趋严重。采用1990年水质监测资料进行水质评价，全流域参与评价的河长14326.1公里，属于国家GB3838—88Ⅰ、Ⅱ类水质（Ⅰ类为特殊保护水域，主要适用于源头水、国家自然保护区；Ⅱ类为特殊保护区，水质良好，主要适用于集中式生活饮用水水源地一级保护区、珍贵鱼类保护区、鱼虾产卵场等）的河长为4912.4公里，占评价河长的34.3%；属Ⅲ类水质（Ⅲ类为重点保护水域，水质尚可，主要适用于集中式生活饮用水水源地二级保护区、一般鱼类保护区、重要风景游览区及游泳区）的河长为2309.2公里，占评价河长的16.1%；属Ⅳ类水质（一般保护水域，水质较差，可适用于一般工业用水区及人体非直接接触的娱乐用水区）的河长3901.4公里，占评价河长的27.2%；属Ⅴ类水质（一般保护水域，水质很差，适用于农业用水及一般景观要求）的河长1341.8公里，占评价河长的9.4%；劣于Ⅴ类水质（不适于各类用水要求）的河长1861.3公里，占评价河长的13.0%。由以上可以看出，黄河流域干流和主要支流好于地面水标准Ⅲ类（含Ⅲ类）的河长为7221.6公里，占评价河长的50.4%，水质较差和水质很差的河长达7104.5公里，占评价河长的49.6%。1990年黄河及主要支流水质评价结果见表4—7。

黄河干流Ⅰ、Ⅱ类水质的河长2312公里，占总河长的42.3%，其中绝大部分河段在社会经济不很发达的龙羊峡以上。Ⅲ类水质的河长1273.1公里，占总河长的23.3%。Ⅳ类水质的河长1878.5公里，占总河长的34.4%，主要分布在兰州、包头两个城市河段和龙门至三门峡、孟津至花园口两个中小城镇集中、乡镇企业发展迅速的区段。

黄河一些主要支流水质污染日趋恶化。在参与水质评价的8862.5公里河长中，属Ⅰ、Ⅱ类水质的河长2600.4公里，占29.3%；属Ⅲ类水质的河长1036.1公里，占11.7%；属Ⅳ类水质的河长2022.9公里，占22.9%；属Ⅴ类水质的河长1341.8公里，占15.1%；劣于Ⅴ类水质的河长1861.3公里，

表 4—7　**1990 年黄河及主要支流水质评价表**(按年平均值划分水质类别)

| 河流名称 | 评价河段 | | Ⅰ、Ⅱ类水质河段 | | | Ⅲ类水质河段 | | | Ⅳ类水质河段 | | | Ⅴ类水质河段 | | | 劣于Ⅴ类水质河段 | | |
|---|---|---|---|---|---|---|---|---|---|---|---|---|---|---|---|---|---|
| | 个 | 长度(公里) | 个 | 长度(公里) | 占评价河长(%) | 个 | 长度(公里) | 占评价河长(%) | 个 | 长度(公里) | 占评价河长(%) | 个 | 长度(公里) | 占评价河长(%) | 个 | 长度(公里) | 占评价河长(%) |
| 黄　河 | 25 | 5463.6 | 4 | 2312.0 | 42.3 | 8 | 1273.1 | 23.3 | 13 | 1878.5 | 34.4 | | | | | | |
| 大夏河 | 5 | 202.6 | 1 | 61.3 | 30.3 | 2 | 114.3 | 56.4 | 2 | 27.0 | 13.3 | | | | | | |
| 洮　河 | 4 | 673 | 1 | 144.0 | 21.4 | 2 | 502.0 | 74.6 | 1 | 27.0 | 4.0 | | | | | | |
| 湟　水 | 7 | 374 | 2 | 127.0 | 34.0 | | | | 2 | 119.0 | 31.8 | 3 | 128.0 | 34.2 | | | |
| 大通河 | 5 | 560.7 | 2 | 460.8 | 82.2 | 1 | 1.9 | 0.3 | 2 | 98.0 | 17.5 | | | | | | |
| 无定河 | 5 | 491.7 | 2 | 292 | 59.4 | | | | 3 | 199.7 | 40.6 | | | | | | |
| 汾　河 | 11 | 694 | 1 | 83.0 | 12.0 | | | | 2 | 57.0 | 8.2 | 1 | 95.0 | 13.7 | 7 | 459 | 66.1 |
| 涑水河 | 5 | 200 | 1 | 10 | 5.0 | | | | | | | | | | 4 | 190 | 95.0 |
| 渭　河 | 9 | 818 | 1 | 125.1 | 15.3 | 1 | 324.9 | 39.7 | 1 | 73.0 | 8.9 | 2 | 96.0 | 11.7 | 4 | 199.0 | 24.3 |
| 泾　河 | 4 | 455.3 | 1 | 50.1 | 11.0 | | | | 1 | 58.5 | 2.8 | 2 | 346.7 | 76.1 | | | |
| 北洛河 | 4 | 680.5 | 1 | 98.0 | 14.4 | | | | 2 | 287.5 | 42.3 | 1 | 295.5 | 43.3 | | | |
| 洛　河 | 11 | 748 | 3 | 183.0 | 24.5 | 1 | 41.0 | 5.5 | 4 | 429.0 | 57.4 | 3 | 95.0 | 12.7 | | | |
| 沁　河 | 13 | 759.1 | 4 | 195.1 | 25.7 | | | | 1 | 107 | 14.1 | | | | 8 | 457 | 60.2 |
| 大汶河 | 10 | 325 | 3 | 79.4 | 24.4 | | | | 1 | 33.0 | 10.2 | 1 | 14.1 | 4.3 | 5 | 198.5 | 61.1 |
| 其　他 | 31 | 1880.6 | 10 | 691.6 | 36.8 | 1 | 52.0 | 2.8 | 9 | 507.2 | 27.0 | 3 | 272.0 | 14.5 | 8 | 357.8 | 19.0 |
| 全流域 | 149 | 14326.1 | 37 | 4912.4 | 34.3 | 16 | 2309.2 | 16.1 | 44 | 3901.4 | 27.2 | 16 | 1341.8 | 9.4 | 36 | 1861.3 | 13.0 |

占21.0%。Ⅰ、Ⅱ、Ⅲ类水质(水质良好和水质尚可)的河长3636.5公里,仅占评价河长的41%,而59%的河长其水质较差或很差。

## 第三节 污染危害

### 一、对农业的危害

污水灌溉对农业的危害,主要表现在破坏耕地、降低农作物的产量和质量。

甘肃省兰州市郊区的拱星墩、皋兰山和雁滩,由于污水灌溉,4185亩菜地中有3020亩蔬菜减产计550万公斤。拱星墩东岗的大白菜在兰州享有盛名,灌溉后白菜大面积烂死,西瓜只长秧不结瓜,绿萝卜黑心。1975年检验发现,黄瓜、菠菜中汞的含量分别为1毫克每公斤和0.35毫克每公斤。范家湾的菠菜中挥发酚、汞、砷化物的含量分别为0.017毫克每公斤、1毫克每公斤和0.2毫克每公斤;黄瓜中的氟化物、汞含量分别为0.4毫克每公斤和0.7毫克每公斤。

内蒙古自治区清水河县一化肥厂,日排废污水2000吨,沿途2600亩农田引灌后土地板结、碱化,年平均减产粮食10万公斤。

山西省垣曲县境内的中条山有色金属公司,1982年11月因尾矿坝溃决,污染亳清河10余公里,造成沿岸农业损失10余万元。

洛阳市中州渠所引的涧河水本已污染,加上渠道沿线一些厂矿向渠道排污,该渠灌溉面积7000亩受到污染。据1979年抽样检测,小麦中的铅、砷化物分别超过自然含量参考标准的2.8倍和1.4倍;糙米中的铅超标2.2倍;玉米中的铅、砷化物、铬分别超标1.7、2.2和2.8倍,汞超标5倍。1980年洛阳市一制药厂排放三氯乙醛废水,使市郊及孟津、偃师等县1600亩小麦绝收,6000亩减产,共少收粮食110万公斤。

陕西省华县境内的金堆城钼业公司,1988年4月13日栗西尾矿库的泄洪洞塌陷,约120万立方米挟带有氰化物等多种有害物质的尾矿水泄出。从栗峪河、西麻坪河、洛河、黄河顺流而下,于4月26日在山东省泺口消失,历时13天,流程1000余公里。这次特大污染事故,危及陕西、河南2省8市(县)。除冲毁农田2600亩,树木37万余株,井72眼,公路19公里,河堤29公里外,有7000余村民、3000多头牲畜饮水困难,直接经济损失达3600余万元。并由于尾矿水挟带大量矿砂粉，造成栗峪河、西麻坪河、洛河等河道不同程度的淤积。而且淤积的尾矿粉中含有氰化物、铅、铜、锌等有毒有害物质，对生态环境造成危害。

从郑州铝厂排放出的大量工业赤泥（废渣）的渗水流入汜水河后，加大了河水的碱度。1985 年冬，汜水乡引汜水灌溉，大面积麦苗枯死。1987 年 9 月据实测资料，铝厂日排赤泥渗水 4900 吨，其 PH 值高达 14，使河水变成了乳白色，时值农民抗旱种麦季节，眼望着河水流过不能灌溉。

漭河的水污染也十分严重。济源市（县）轵城镇的河合村、赵礼庄、王驾等村民，引用漭河水灌田，造成上千亩农作物减产甚至绝收。1986 年 12 月 31 日，三村群众 300 余人为抗议漭河水污染举行了游行，最后以造成此次污染的厂家赔偿经济损失 16.15 万元而告终。据不完全统计，仅济源市 1985 年至 1988 年间，因水污染事故的农业赔偿款达 44.22 万元，而实际农业损失远比这个数字要大得多。

1990 年 6 月 19 日，焦作市造纸厂 3 辆卡车拉氯气到温县的温泉镇黄河滩区新漭河桥处排放，造成花生 898 亩、苜蓿 21 亩、大豆 9 亩、蔬菜 5 亩、西瓜 15 亩、桃树 2275 株、苹果树 5525 株、桐树 1500 株等枯萎或死亡，经济损失 26 万元。

## 二、对人体健康的危害

黄河沿岸人民群众的生活用水，有很大一部分直接取自河水和地下水，由于水质受污染，危害人体健康的情况各地屡有反映。

兰州市由于黄河水受污染，1980 年前从黄河取水的 4 个水厂已有两个停止取水。白银市有色金属公司向黄河排放大量含硝基化合物的废污水，沿黄群众饮用河水后出现头晕、腹泻、皮疹等。靖远县北湾乡太安村 3000 余人，1977 年一年内患肠胃病的 250 人，肝炎 52 人，痢疾 467 人，伤寒 42 人，甲状腺肿大 94 人，心脏病 42 人，癌症 2 人。中湾村 3700 余人，患病人数逐年增加，1972 年为 212 人，1976 年为 803 人，1978 年为 1020 人。1973 年至 1978 年间死于肠胃癌者就有 22 人。皋兰县沿黄群众患病者也日益增多，并出现了一些前所未有的疑难症。

黄河下游污染严重的漭河，给病毒传播提供了条件。据卫生部门统计，孟县近几年患乙型脑炎、病毒性肝炎和伤寒等疾病的人数逐年增加，癌症的死亡率也有所上升。

工业废水和生活污水，还通过多种途径污染地下水，其危害尤为深远。

宁夏自治区的银川至大武口等地的深、浅水井，大都检出有砷化物、挥发酚、氰化物和氟化物等有毒物质。

汇集包头市的工业废污水流入昆都仑河后，由于渗漏和农民堵截引灌，使市区和近郊一半以上的地下水受挥发酚、氟化物、氰化物等物质污染。市郊的全巴兔乡有525户群众，因环境严重污染已迁居他地。

太原市化工区24眼水井全部受到污染，挥发酚含量最高超过饮用水标准439倍，汞超标19倍。

洛阳市的地下水也受到了污染，有毒有害物质的含量逐年增高。1977年枯水期监测了156眼井，检出含铬的井133眼，检出率为85.3%；含挥发酚的井100眼，检出率为64.1%；含汞的井90眼，检出率57.7%；含氰化物的井70眼，检出率为45%。检出浓度值中，挥发酚含量超标2.8倍，六价铬超标1.2倍。

巩义市的神北村和石灰务等村地下水受到污染，癌症的发病率和死亡率急剧上升，当地群众向政府直至中央多次反映，要求治理。

其他一些以地下水为主要水源的城市，如太原、西安、银川、呼和浩特等，浅层地下水已普遍受到污染，部分地区的深层地下水也发现了有毒有害物质。

## 三、对水产资源的危害

水污染影响鱼类的繁殖、生长、发育和索饵，使鱼类资源遭到破坏，产量减少，质量下降，甚至失去食用价值。

历史上黄河流域水产资源比较丰富，鱼类区系组成和种群具有特色，品种也较多。进入70年代，由于河水污染，鱼类种群变动较大，种群数量减少，鱼类年龄组降低，渔获量显著下降。据统计，1972年以前黄河鱼类有150余种，主要经济鱼类近百种，现在种群大为减少，有的甚至绝迹。刘家峡、兰州、银川、包头4个河段，1973年的渔获量为35万公斤，到1979年下降为20.1万公斤，下降了42.6%。河南省境内的洛河鲤鱼和伊河鲂鱼，曾有“洛鲤伊鲂贵似牛羊”的美称，这些名贵鱼种也已基本绝迹。山东省大汶河下游的东平湖，是黄河流域主要商品鱼基地。1987年的7、8月间，连续发生3次大的鱼群死亡事故，直接经济损失达1100余万元。

水质污染后，一些可积累性毒物在鱼体内富集残留，人食后影响健康。

据对黄河上、中、下游11个河段的经济鱼类测定，汞、挥发酚、砷化物、铅、六价铬、六六六等有毒物质在鱼体内均有残留。其中汞、挥发酚、砷化物、铅4种，在鱼体中的残留量已接近或超过食用标准。汞在鱼体中的残留量全河检出值平均为0.31毫克每公斤，已超过国家规定的0.30毫克每公斤食用标准。其中上游河段达0.36毫克每公斤，下游河段为0.28毫克每公斤，中游河段为0.24毫克每公斤。挥发酚在鱼体中的残留量全河平均为0.26毫克每公斤，也超过国家规定的0.25毫克每公斤。其中兰州、靖远、银川、包头等河段，平均值达到0.5毫克每公斤，超过国家标准1倍。中游河段为0.084毫克每公斤，下游河段虽有加重的趋势，但检出值尚在标准以内。

## 四、对水电工程的危害

污染水体往往含有酸、碱、石油类等物质和不同化学成分，对水利电力工程设施可造成腐蚀或产生不良影响，甚至使工程报废。

1992年3月，延安行政公署决定把黄河支流杏子河上的王瑶水库作为延安市的唯一饮用水源。同年9月，颁发《延安市饮用水源保护区——王瑶水库环境保护管理办法》，明确规定库区沿岸纵深2公里以内的陆域范围、杏子河干流及其一级支流和沿岸纵深1公里范围为一级保护区。长庆石油勘探局曾在一、二级保护区内钻井205口，其中一级保护区78个井场，164口油井。由于打井、试油和采油污染严重，1992年7月库区降暴雨后，滞留在井场的原油、污水和以黄土渗坑填埋处理的原油被洪水携带进库，严重污染了水库水体。经监测，石油类平均值超标达33.8倍。直接威胁到延安市自来水供水和延安地区3个县、市25万人的用水安全。

1993年入冬以来，黄河水量减少，甘肃靖远河段水质恶化，2月上旬石油类含量高达8.6毫克每升，远远超过电厂工业用水小于0.03毫克每升的标准要求，给甘肃靖远火电厂的安全运行造成威胁，经济上造成损失。

黄河支流枯水河上的唐岗水库，位于郑州市荥阳县境内。80年代以来，由于中国长城铝业公司郑州铝厂将含碱废水和生活污水排入水库，逐渐失去其农灌功能，现已报废，并由此造成其他方面的经济损失达270万元。

# 第三章 水污染研究

水资源保护是一项涉及面广、跨学科、跨部门的复杂系统，很多重大的理论和实践方面的问题需深入探索和研究。10余年来，黄河水资源保护科学研究在流域各省(区)环境保护、水利等部门和有关大专院校、科学研究单位的支持合作下，围绕黄河水资源保护领域中亟待研究的科学技术问题，进行了大量的研究工作，取得重要成果20余项。

## 第一节 水污染物特性研究

### 一、黄河中游泥沙对重金属迁移转化影响的研究

该项研究是针对黄河高含沙量的特点，系统、深入地研究了重金属在黄河天然水体中的总量、形态及分布特征，分析了黄河天然水体的水、沙特性对重金属分布状况的影响；泥沙的物理特性、水体化学特征对重金属吸附、解吸性能的影响；提出了黄河泥沙吸附铜的反应方程式，推导了泥沙吸附铜的模式。

该项研究成果提出的泥沙颗粒级配为本底的主要影响因素；金属基本处于本底水平，主要以稳定形式存在；多沙河流应有不同的监测、评价、管理方法等；有新的创见和理论价值的重要结论，对黄河和其他多沙河流的水质规划管理，提供了重要依据，有很高的实用价值和推广意义。用颗粒级配计算重金属本底含量；建立的泥沙吸附铜的模式；吸附与沉淀确定它们间的定量关系等理论方法性探索研究，有独到见解，开拓了多沙河流水质研究的领域，有重要的学术价值。

该项研究成果在理论与实践、微观与宏观的结合上有特色，居国内同类研究领先水平，对高含沙黄河重金属研究，在国际上也有其特色。

该课题于1984年开题，1988年完成。1990年获水利部科学技术进步二等奖。

## 二、黄河兰州段生化需氧量污染和自净作用的研究

生化需氧量是衡量水污染的一个重要参数，也是反映有机污染的综合指标。水中生化需氧量的数量以及它们的分解特性和水中含氧量有着特殊关系，要保持河水良好的质量就必须控制水中生化需氧量的数量。为了防治黄河兰州河段的水污染，1978 年在黄河水源保护办公室组织领导下，由黄河水源保护办公室、北京大学地理系、甘肃省环境监测站、黄河水利委员会兰州水文总站和甘肃省水文总站参加，深入地研究了兰州段生化需氧量污染和自净作用。该项研究从河道的扩散作用、生化需氧量的分解特性、自净速率和河段的允许负荷等方面进行实验观测，提出了丰、平水期生化需氧量最高允许排放量，为控制生化需氧量的入河量，改善黄河水质提供了科学依据。

## 三、三门峡至花园口河段重金属元素背景值及其分布规律的研究

根据黄河高含沙量的特点，对三门峡至花园口河段中的水、悬移质、底质的重金属元素背景值及其分布规律进行了研究。研究得出了水体中铜、铅、锌、镍、六价铬、镉元素在丰、平、枯 3 个水期的含量和规律及水环境中液相和固相重金属类含量分配的结论。

此外，还进行了黄河花园口断面泥沙对汞的吸附，黄河水中有毒物质与悬浮物关系分析，洛河泥沙悬浮物对铜、铅、锌吸附与解吸作用，洛河水体中铜、铅、锌的污染化学及对水质的影响，黄河孟（津）花（园口）段有机污染自净能力和水环境容量，洛河和黄河孟花段多环芳烃现状评价等项目的研究，揭示了泥沙所含物质的背景状况、泥沙对水体中金属、非金属物质迁移转化过程和基本规律以及有毒有机物的污染现状，为水环境管理提供了科学依据。

## 第二节　水污染对水生生物的毒性影响研究

### 一、黄河干流水质污染对水生生物毒性影响及生物学评价

此项研究工作由黄河水资源保护科学研究所和长江水产研究所沙市分所合作，对黄河干流上、中、下游 11 个河段、33 个断面、99 个采样点进行了全面调查和分析，采集水生生物样品 1000 余号，获得数据 2000 余个。利用水质污染生态学方法和水质污染毒理学分析法，检验了黄河干流水质污染状况，作出了水质污染生物学评价。

该项研究成果的主要结论：水质污染对鱼类区系组成和数量变动影响很大，主要是种群数量减少、鱼类年龄组降低、渔获量下降。如兰州河段 1972 年以前有 18 个种群鱼类，至调查时已有 8 个种群绝迹。水质污染对浮游动物和浮游植物（浮游藻类和固着藻类）的区系组成变动也有影响，在调查发现的 96 种藻类种群中，中污类型占 74%，寡污类型占 17%，多污类型占 9%，说明污水型大于清水型。鱼体中汞、挥发酚、砷化物、铅的残留量已接近或超过食用标准。如鱼体中的汞全河平均值为 0.31 毫克每公斤，已超过 0.3 毫克每公斤的国家食用标准，其中上游兰州河段达 0.36 毫克每公斤。水质污染对鱼体染色体损伤产生微核的研究证明，三门峡、花园口、泺口、利津 4 个河段的鱼体均发现嗜碱性小体和微核。其中泺口河段嗜碱性小体出现率达 7%～13%；微核出现率为 3.5‰～8‰（鲤鱼 8‰、鲫鱼 3.5‰），并在两种鱼类外周血同时发现红细胞的无丝分裂，出现率达 16%～23%，说明泺口河段有诱变性毒物存在。以上结论表明黄河干流大部分河段属中等污染程度，局部采样点已达到严重污染程度。

该项研究从 1979 年开始，1982 年完成。1984 年获水利电力部科学技术成果二等奖。

### 二、利用鱼类微核技术评价黄河重金属污染物致突变性的研究

黄河水体中污染物的种类日益增多。这些污染物除一般的生物效应外，是否产生致突变或引起潜在的遗传危害，是人们关注的问题。本项研究，是

将哺乳动物微核技术应用于水生生物的大胆尝试。它以黄河的主要鱼类为材料,利用微核技术对黄河主要重金属类污染物铜、锌、铅、六价铬、镉、汞及砷化物的致突变效应进行研究。通过诱变实验和致癌性分析,认为砷化物、铅、六价铬、镉具有致突变能力;铜、锌无致突变作用;汞介于二者之间。根据研究结果和毒理学理论,提出了致突变指数,并经过验证是可行的,适用于其他毒理指标的致突变性评价。

研究结果认为,以鱼类微核评价重金属致突变性的结论是正确的,与其它生物实验结论是吻合的,可作为水质评价与水质监测的一种新方法。由于是以鱼类为材料,可以提示由于食物链关系而产生的对人类潜在性危害,同时又由于微核是一项诱变性指标,又具有对人类癌症的预报价值。

研究结果证明,黄河潼关、花园口、泺口河段的鱼类微核率已经达到5‰～10‰,鱼类已受到致癌类污染物的影响,这些致癌类物质主要是有毒有机化合物。

该项研究从 1984 年开始,1986 年完成。

### 三、洛河水质污染的水生生物学影响及评价的研究

该项研究是通过对洛河浮游生物、底栖动物和鱼类的监测和检测,研究水质污染与水生生物的效应关系,并全面地评价洛河洛阳段水质污染现状,为制订洛阳市水质管理规划提供了科学依据。

其他如高氟地区鱼类畸形的原因和机理、氟化物对水生生物的毒性及致畸等研究课题,为高氟地区的鱼类养殖和水生生物提供了安全浓度数据(1.0 毫克每升),并得出氟化物对鱼类有诱发微核的作用及致癌的可能性。

## 第三节 水质评价与规划管理研究

黄河流域有关部门对地表水水质调查和评价,进行了大量工作,如 1979 年陕西省进行的渭河水质评价的研究、1981～1984 年黄河水源保护办公室完成的黄河流域地表水资源水质调查与评价和 1986 年黄河水资源保护科研所完成的 2000 年黄河水质污染预测,都参加了全国总报告的汇总。这些评价和预测成果都以大量的水质数据,论证了水环境特征、污染源分布、水质污染的时空变化、水资源可利用情况及水资源保护措施等。

在识别水质污染状况的基础上,有重点地进行了一些重要河段的污染控制和规划管理方面的研究,为水资源保护的科学管理提供了依据。

## 一、洛河水质评价和管理规划的研究

洛河是对黄河中、下游水质影响最大的支流之一。随着流域内工农业生产和城市建设的发展,工业废水和生活污水的排放量与日俱增,导致洛河下游70余公里河道的水污染日趋严重,尤以洛阳市河段最为突出。为了弄清污染物来源及水质污染状况、类型,提出有效地控制规划,黄河水源保护办公室组织北京大学地理系、洛阳市环境保护局监测站等单位,系统地进行了洛河水质评价和管理规划的研究,并以洛阳市河段为重点研究河段。

该项研究内容分6大部分,即地理环境与水资源特征、洛阳段污染源调查评价、洛阳段有机污染及水质模型、洛河流域重金属背景值与污染、洛河水质污染的生物学影响评价、洛阳段有机污染控制规划。研究工作从查清有机污染状况、建立水质模型着手,在污染源及污水处理费用分析和洛阳市的发展与环境预测及水质目标研究的基础上,研究洛阳段水质控制系统规划,提出水质控制供选方案,以供决策系统选择。

该项研究从1981年4月开始,1984年2月完成。1985年分别获水利电力部、国家环境保护局和河南省科学技术进步三等奖。

## 二、黄河孟津至花园口段水质及污染控制的研究

该项研究的目的在于对此河段,特别是邙山等饮用水水源地的污染防治和水资源保护提供决策依据。通过对汇流区的污染源及水质状况进行现状评价和预测,确定了污染物控制对象。进而研究该河段水体自净规律及水环境容量,污染治理方式及费用系数,运用系统工程的方法确定污染控制模型进行优化。最后分析优化结果,提出污染控制对策。

# 第四节　工程环境影响评价研究

环境影响评价是对建设项目预测其未来的环境影响,即对自然环境的影响和社会环境的影响。这是一项十分重要的环境管理措施。是协助环境

保护主管部门审批水系沿岸修建工业交通以及大中型水利工程对水系环境的影响报告书的需要，是水利部、国家环境保护局赋于水资源保护部门的水行政职能。为了做好这方面的工作，黄河水资源保护科学研究所根据管理工作的需要，10多年来，除对一批新建厂矿企业进行环境影响评价外，还对一些水利工程，如小浪底水利枢纽工程、引黄入淀(白洋淀)工程等进行了环境影响评价。

## 一、小浪底水利枢纽工程环境影响评价

小浪底水利枢纽是黄河上一大型工程，具有防洪、防凌、减淤、发电、灌溉等综合效益。它的建成必将对邻近地区国民经济的发展起着重大作用；同时对库区、库周、下游、河口的环境生态也将产生不同程度的影响。

该项工程的环境影响评价工作由22个专题组成，如水体有机污染预测、重金属污染预测、库周土壤金属元素背景值调查、库区文物古迹调查、库区库周陆生生物调查、蓄水前水体污染现状、水生物、水生微生物、污染源、水温结构变化预测、建库后小气候变化预测、环境医学影响预测、水库塌岸、诱发地震、水库泥沙问题、库区淹没、移民对环境的影响、对下游河道影响以及施工期环境影响等。黄河水资源保护科学研究所受黄河水利委员会勘测规划设计院的委托，并会同黄河中心医院等单位，对水质、水生物、人群健康等方面13个专题进行了现状评价和预测。通过各种本底值的调查，分析预测建库后可能带来的物理、化学、生物、人群健康、社会经济等方面的影响。评价认为，工程兴建后总体上和主导方面是有利的。一些不利影响居从属地位，经采取措施可减轻或消除，有些问题需要继续进行观测研究，才能得出正确的结论。其简要情况是：

(一)库区及周围。小浪底水库是峡谷水库，“湖泊效应”很小，对周围微气候影响不大；小浪底的规划设计，对泥沙问题作了充分研究，不致重蹈三门峡水库泥沙淤积的旧辙；经过长期的地质测绘和调查论证，小浪底库区的塌岸、滑坡、农田浸没等不存在大的影响；在库区水质方面，三门峡年来水量约占小浪底年水量的98%，其水质状况与三门峡水库相似；小浪底库区生态系统比较简单，动植物种类不多，并且是一般常见种类；对人群健康方面，不致因环境的改变而诱发各种疾病；水库移民问题解决起来难度比较大，需要全面规划，认真对待；库区文物古迹，主要是新石器时代仰韶、龙山文化遗址，商、周文化遗址，古墓群和瓷窑等。

（二）下游河道及河口地区。水库对下游有利的影响是多方面的，首先是洪水得到控制，凌汛威胁减轻，河道的淤积速度减缓，下游河道两岸的环境质量有所提高，有利于城乡工农业生产的发展；其次是改善了下游工农业和城市供水水质，为城乡建设提供了无污染的能源，枯水期下游航道水深有所增大；由于水库的拦泥与调沙作用，会引起局部河段的冲刷，尤其是水库运用的初期，其影响程度预计比三门峡水库运用初期要小；下游河道水生生物的生态，估计与三门峡建库后相同，不会发生重大变化；对河口及三角洲的影响，有利的方面也较多。

（三）其他。经过对库区7条断层带的分析研究，小浪底水库蓄水后有产生诱发地震的可能性，但震级不会太大；水库施工期间产生的大量废水、废气、废渣、飞尘、噪声、疾病、植被破坏等，可能对施工现场和居住区产生不利影响，在采取相应措施后，可基本得到控制。

（四）存在的问题。由于评价工作时间短，对一些本底值的调查还不够系统全面。生物、微生物、疫源、病菌的生长，水质的变化等都具有周期性，还需要经历较长的时间才能得出完整、准确的结论。有些问题还需要继续研究，如库水水温结构、水质变化及其下泄后沿程演变和效应等。有些问题需要进一步调查，如自然污染源、人为污染源、土壤农药污染、环境医学、鱼类资源及其发展前景等。对诱发地震问题还要加强观测和分析研究。

该项评价工作从1984年9月开始，1986年3月完成，并通过国家环境保护局主持的评审。

## 二、引黄入淀工程引水对黄河水质影响评价

引黄入淀工程是近期缓和海河流域严重缺水的重要战略措施之一，是由河南省境内黄河北岸引水至河北省白洋淀的一项大型跨流域引水工程。该工程规划在黄河孟津至高村间的白坡、人民胜利渠、红旗渠等三处建新渠首取水，引水时间为每年冬季4个月，即11月、12月及翌年的1月和2月，年引水量约15亿立方米。

评价主要针对由白坡引水后，引水口以下水环境质量可能产生的变化，着重是对郑州、新乡等沿黄城市供水水质的影响。

评价认为：（一）一般情况下，黄河干流符合Ⅲ类水质要求，而且冬4个月的水质好于全年平均水质；（二）随着国民经济的发展和城乡人口的增加，区域内废污水和污染物排放量增加较快，如不加以控制和进行必要的治理，

花园口河段冬 4 个月的水质将下降为Ⅳ类，不能满足生活饮用水的要求；(三)引黄入淀工程在白坡引水 140 立方米每秒流量后，减少了下游河段稀释水量，主要污染物浓度增加。使花园口附近河段水质比不引水时更加下降，但龙羊峡水库投入正常运用后，将增加冬季进入下游的水量，只要在白坡的引水量不超过上游水库调节增加的水量，就不致于恶化花园口附近的水质；(四)为保证郑州等用水户有较好的引用水质，建议引水口最好设在花园口以下。

评价工作于 1990 年 11 月完成，并通过国家环境保护局和水利部的审查。

# 第四章　污染防治

黄河水资源保护办公室为使黄河流域的水污染防治工作在规划指导下进行，1976年和1988年曾先后编制了水污染防治规划。前者因目标太高，未能得到全面实施；后者虽然部分厂矿、企业已按规划要求治理，排污量有所控制，但由于一些主要污水治理工程未能落实，加之乡镇企业的发展，排污量增加，水资源开发利用率高，河流稀释自净能力降低，以及监督管理工作不力等原因，水污染恶化的趋势还未得到有效的控制。

## 第一节　规　　划

### 一、编制

#### (一)1976年编制的《黄河污染治理长远规划》

1975年6月黄河水源保护办公室建立后，根据国务院环境保护领导小组《关于编制环境保护长远规划的通知》的精神，于1976年上半年会同青海、甘肃、宁夏、内蒙古、山西、陕西、河南、山东8个省(区)的环境保护部门及北京大学等单位，对流域内的西宁、兰州、银川、包头、太原、西安、洛阳7个重点城市和山东泰安地区324个大中型工矿企业和污染严重的小企业的废污水量、污染物质进行了调查研究。在调查研究的基础上，于1976年10月在郑州召开了8省(区)和国务院有关部委参加的黄河污染治理规划座谈会，共同编制出《黄河污染治理长远规划》。规划遵照1974年国务院环境保护领导小组第一次会议确定的“五年控制，十年基本解决环境污染问题”的精神，结合黄河水污染状况拟订的目标为：

“五五”(国民经济和社会发展第五个五年计划。以下“六五”、“七五”、“八五”类同)期间，黄河水系的污染得到控制，水质有较大改善。要求到1980年，沿河各大中型工矿企业和严重污染的小企业，废水的排放都要达到国家规定的标准。杜绝向黄河排放废渣。黄河干流水质达到国家规定的地面水水质卫生要求。黄河主要支流湟水、渭河、洛河和大汶河，争取达到地面水水质卫生要求。

10年内(1985年前)，基本解决黄河水系污染问题，水质恢复到良好状态。要求沿河各工矿企业的“三废”排放均符合国家规定标准，都成为不危害人民健康、不污染环境的文明生产单位。

为了实现规划的水质目标，本着自力更生、勤俭建国的精神，经与各省(区)研究确定黄河干流以兰州、包头两河段为治理重点；支流以湟水、汾河、渭河、洛河和大汶河为治理重点。治理经费“五五”期间需投资4.4亿元，其中地方自筹0.9亿元，国家投资3.5亿元，要求从1977年起纳入国民经济的长远规划和年度计划。

在治理方面，要集中力量治理重点污染源，并确定190个工矿企业作为“五五”期间的治理重点。这些企业得到治理后，可减少70%～80%的挥发酚、六价铬、氰化物、石油类和58%的汞排入黄河水系。重点污染源的治理经费需2.4亿元，其中地方自筹0.44亿元，国家投资1.96亿元。经过治理每年可为国家创造财富约0.68亿元。

### (二)1988年编制的《黄河水资源保护规划》

《黄河水资源保护规划》，是国家计划委员会下达的关于《修订黄河治理开发规划任务书》中的一项专业规划。《任务书》对《黄河水资源保护规划》编制的要求是：“调查黄河干支流各区段水质污染现状，查明现有主要污染源，并根据各地区发展规划，预测黄河水质可能发生的变化，研究拟定防治水质污染的措施并制定进一步加强水质监测的计划。对黄河治理开发可能引起的环境影响进行评价，并提出相应的环境保护措施。”

为了便于进行这项新工作，黄河水资源保护办公室进行了调研和大量准备工作，于1984年10月编出了《黄河水资源保护规划工作大纲》。1984年12月，由城乡建设环境保护部环境保护局、黄河水利委员会共同主持，在郑州召开了由青海、甘肃、宁夏、内蒙古、山西、陕西、河南、山东8省(区)的环境保护局、水利厅(局)及沿黄重点城市的环境保护局(办)、水利电力部水资源办公室和黄河水资源保护办公室参加的黄河水资源保护规划工作会议，审议通过了规划工作大纲，明确了任务与分工，提出了进度要求。会议决定组成由城乡建设环境保护部环境保护局、黄河水利委员会牵头，沿黄8省(区)环境保护局、水利厅(局)和黄河水资源保护办公室参加的规划工作领导小组。会后，由城乡建设环境保护部、水利电力部联合签发了《关于组织制订黄河水资源保护规划的通知》，并随文印发了《黄河水资源保护规划工作会议纪要》。

《黄河水资源保护规划》包括干流规划、主要支流规划和流域规划三大部分。干流规划由黄河水资源保护办公室承担；湟水、昆都仑河、大黑河、汾河、渭河、洛河和大汶河等支流的规划，由所在省（区）环境保护、水利部门共同承担；流域规划汇总由黄河水资源保护办公室负责。规划工作历时三年半，于1988年6月完成。1989年5月，水利部、国家环境保护局主持在郑州召开了规划审查会议。与会的中央有关部门和流域各省（区）的领导和专家认为："规划目标明确，技术路线正确，重点突出，治理方案和工程措施可行，符合黄河流域的污染防治情况，对保护黄河水资源，防治水污染具有重要指导作用，可作为流域各省（区）水污染综合防治的依据。"

1.规划的指导思想

规划的指导思想是以黄河水资源开发利用和流域水环境状况为依据，以流经大中城市的干流河段（兰州、银川、包头）和污染较重的湟水、大黑河、汾河、渭河、洛河、大汶河等6条支流为综合防治重点，突出西宁、兰州、银川、包头、呼和浩特、太原、宝鸡、咸阳、西安、洛阳等10个大中城市河段。目的在于控制和改善流域地面水环境状况，保护城市生活饮用水水源地，合理利用黄河水资源，维护生态平衡，促进经济发展，保障流域人民生活和身体健康。

2.规划水质目标

在综合考虑各规划河流（河段）的水体功能、水质现状、社会发展状况、技术经济条件、水污染治理工程措施等因素后，制定出高、中、低3个水质目标。高目标，即"八五"期间和2000年水平，干流兰州、银川、包头3个河段均达到国家地面水环境质量标准第二级；支流大中城市河段分别达到第二级和第三级。中目标，"八五"期间和2000年水平，干流3个河段分别达到好于第三级（低于第二级）和第二级；支流大中城市河段一般达到低于第三级，好于第四级。低目标，"八五"期间和2000年水平，干流3个河段分别达到第三级和第二级；支流大中城市河段基本达到第四级。

3.治理措施与投资

遵照"预防为主，防治结合，综合防治"的方针和"谁污染，谁治理，谁开发，谁保护"的原则，采取治污工程与加强管理相结合的综合治理措施，以求获得最佳的水环境效益。

在制订水污染综合防治对策时，干流的银川、兰州、包头3个河段，分别选用高、中、低水质目标；支流渭河西安、洛河洛阳等河段选用中水质目标，其他河段基本选用低水质目标。

黄河流域水污染治理工程措施，包括重点污染源废污水治理设施和城市废污水集中处理两大部分。

重点污染源多集中于干流的兰州、银川、包头3个河段和6条支流沿岸的大中城市河段，主要是大型骨干企业。对这些重点污染源的治理，一是要求通过节水和废水资源化，减少万元产值工业废水外排量；二是严格控制重金属类和放射性废水；三是积极治理有机废水，减少污染物外排总量，提高工业废水处理率和达标率。

城市废污水集中处理，是在严格控制工矿企业重金属类及有毒有害污染物排放的条件下，对易生化降解的污染物(耗氧有机物)采取集中处理的措施，即兴建污水处理厂、氧化塘和土地生态处理(包括农灌利用)系统等。

根据流域各省(区)提出的治理措施，参照各大中城市建设的总体规划，对城市污水集中处理提出两个方案：一、以二级污水处理厂为主；二、污水经一级处理或氧化塘处理，出水用于农灌或再进行土地处理。从两个方案的优化比较，确定干流的兰州、包头两河段采用方案一，银川河段只需进行污染源治理，不需要进行集中处理；支流沿岸大中城市河段，两个方案都可采用，各地可因地制宜选用。

按照以上治理方案，工矿企业的废水经厂内治理，城市污水集中处理后，黄河干流的兰州、银川、包头3个河段和6条支流的水污染可基本得到控制，水环境质量将有明显好转。其中干流兰州河段“八五”期间的水质将好于地面水环境质量标准第三级，2000年达到第二级；银川河段“八五”期间至2000年可维持地面水环境质量标准第二级；包头河段“八五”和2000年将分别达到地面水环境质量标准第三级和第二级。支流大中城市污水按方案二治理后，2000年水平，渭河西安和洛河洛阳河段的水质，将基本达到地面水环境质量标准第三级；湟水西宁至大通河口、渭河的宝鸡、咸阳及大汶河莱芜以下河段，达到或略好于地面水环境质量标准第四级；大黑河呼和浩特和汾河太原河段的水质，可基本接近地面水环境质量标准第四级。这些支流的大中城市河段都与入黄口有一定的距离，水污染物经沿程稀释自净后，2000年水平，湟水、渭河、洛河的入黄口处水质将好于地面水环境质量标准第三级；大汶河入东平湖的水质可达到地面水环境质量标准第三级；大黑河、汾河入黄口处水质，可好于地面水环境质量标准第四级。可基本不影响黄河干流的水质。

## 二、实施

1976 年编制的《黄河污染治理长远规划》，指导和推动了黄河流域水污染防治工作，取得了一定的成效。但是，由于规划所遵循的“五年控制，十年基本解决环境污染问题”的目标太高，治理水污染的能力有限，致使规划未能得到全面实施。

1988 年的《黄河水资源保护规划》，是在 1983 年第二次全国环境保护工作会议确定把环境保护工作作为一项基本国策，并提出“2000 年全国环境污染基本得到解决，自然生态基本恢复良性循环，城乡生产生活环境清洁、优美、安静，全国环境状况基本能够同国民经济的发展和人民生活的提高相适应”的奋斗目标的要求下进行的，也是依据流域内各大中城市的经济、社会发展战略规划编制的。规划中所列防治水污染的一些工程措施和大型厂矿企业的废污水治理项目，在兰州、包头、西安、太原、洛阳等城市已列入计划开始实施。10 项主要污水集中处理工程也已汇入黄河开发治理总体规划之中，并将列入国家长期计划分期实施。

# 第二节　管　理

## 一、宣传教育

为了提高人们的环境意识，结合黄河水污染的状况和特点，采取灵活多样的形式，开展宣传教育工作，如举办“世界环境日”的宣传展览，编印刊物、简报，摄制录相片，印发国家颁布的法规和文件等。通过宣传活动，交流信息，推广水污染防治经验。

## 二、法制建设

《中华人民共和国环境保护法》、《中华人民共和国水污染防治法》和《中华人民共和国水法》等法颁布以来，黄河水资源保护办公室会同流域各省（区）的环境保护部门、水利部门，结合黄河流域的实际情况，先后制定了《大汶河水系水污染防治暂行办法》(1987年颁布)、《洛河水资源保护条例》(送审稿)、《山西省汾河流域水污染防治条例》(1989年颁布)、《湟水流域水污染防治条例》(1992年颁布)。黄河水资源保护办公室并代水利部、国家环境保护局草拟了《黄河水资源保护条例》(第四稿)。此外,甘肃省环境保护部门制定了地区水污染物排放标准。这些已颁布的管理条例、办法与标准,为防治水污染、依法保护水资源提供了依据。

## 三、监督管理

10多年来,国家制定了一系列符合国情的环境管理办法,如"三同时"制度、征收排污费制度和建设项目环境影响评价制度等。1989年第三次全国环境保护会议,在以上三项老的环境管理制度的基础上,总结全国各地近年来实践经验,又提出了环境保护目标责任制、城市环境综合整治定量考核、排污许可证、限期治理及污染集中控制等5项新的环境管理制度,构成了新时期中国环境管理的基本内容,从而使环境保护工作,尤其是城市环境保护管理工作,更加科学化、定量化、制度化。

根据水利部、城乡建设环境保护部对流域水资源保护机构在监督管理方面所规定的任务,10多年来,黄河流域水资源保护局协助国家或地方环境主管部门,对沿岸新建、扩建、改建的工程项目,如准格尔煤田开发工程、内蒙古达拉特火电厂、山西河津铝厂、三门峡黄金冶炼厂、洛阳炼油厂、河南化工厂、中原(14万吨)乙烯工程,以及黄河干流已建的龙羊峡水库、三门峡水库和洛河上的故县水库;在建的小浪底水利枢纽、万家寨水利枢纽、大峡水电工程;拟建的拉西瓦水电站和洮河上的九甸峡水利枢纽等《环境影响报告书》进行了审查。

在水污染事故处理方面,协助国家环境保护局、水利电力部对1988年4月陕西省华县境内的金堆城钼业公司栗西尾矿库泄洪洞塌陷所造成的重大污染事故进行了现场调查和连续数日的跟踪监测,并将监测结果及时通报有关部门。1987年9月,会同山东省环境主管部门,对东平湖1987年7、8月间连续发生3次大的死鱼事故进行了调查。事故原因主要是大汶河及其支流水污染严重,部分支流积蓄污水和沉积物,在暴雨洪水冲击下,涌入湖中所致。调查结果上报水利电力部和国家环境保护局。1990年8月,兰州某军用仓库受暴雨袭击,库房进水,部分化工原料冲入黄河。事故发生后,黄河流域水资源保护局立即电告下属有关监测站,进行跟踪监测,并及时通报有关部门。

由于乡镇企业的迅猛发展,河南省境内的漭河和洛河下游河段水污染严重,尤其是漭河,已成为当地的排污沟。近几年来黄河花园口段水质明显下降,对新乡、郑州等沿黄城市的供水带来一些问题。新乡市自来水厂由人民胜利渠取用黄河水,常因漭河水窜入渠首,污染物严重超标,而被迫停产;以黄河为水源的郑州市自来水厂,不但处理费用提高,而且冬季自来水中常出现鱼腥味。对此,市民反映强烈,已影响到社会的安定。为解决上述问题,黄河流域水资源保护局曾多次会同当地环境主管部门,进行现场调查和取样分析,并将调查结果和处理意见上报省政府和有关部门。同时,还会同焦作市环境保护局及其所属市、县的环境保护部门,编制了《漭河水污染综合整治规划》,力求根本解决漭河对黄河水质的污染。

多年来,黄河流域水资源保护局在水环境监测管理方面虽然做了一些工作,但由于机构的法律地位和职责范围不明确,在处理流域水环境实质性问题时,往往都是以"会同、协助、参与、配合"等角色出现,既缺法律手段,又无经济手段,这就很难对流域水环境实施强有力的监督管理。《黄河水资源保护条例》虽数易其稿而迟迟不能颁布,原因就在于此。

## 第三节 治　理

水污染治理是一项技术性强、耗资多、难度很大的工作。黄河流域8省(区)的各级人民政府,遵照国家和地方的有关环境保护的方针、政策和法规、标准,对工矿企业和城市的废污水进行了不同程度的治理。

青海省和西宁市环境保护等有关部门在兼顾一般的同时,集中有限的资金,重点抓了西宁地区、湟水两岸的重点污染源治理。安排重点污染治理工程96项,补助治理资金1350余万元,建成各种污染处理设施162套。西宁钢厂是一个"三废"排放的大户,自筹和补助资金共达1000余万元,安排20余项治污工程,厂区内6股废污水已治理4股。1989年又投资135万元,建成年处理酸洗废水1000吨的处理工程。

兰州河段是黄河干流污染较重的河段。1983年第二次全国环境保护工作会议后,特别是1986年甘肃省对环境保护工作实行责、权、利相结合的目标责任制以后,兰州河段两岸有关企业联合起来,先后完成了炭黑废水、酸洗废水、含汞废水治理等项目共28个,总投资5196万元。1986～1988年共减少排放各类污染物折纯量28.3万吨,相当于3年排放量的7.5%。兰州炼油厂含油废水处理工程投资87万元,当年开工,当年完成。兰州化学工业公司投资632万元,建成化学污泥焚烧炉,每年可少排放化学污泥37.2万吨。这两个项目投产后,明显减轻了黄河水质的污染,水质基本达到国家地面水环境质量标准第三级。其中大部分时间,大多数水质参数能达到地面水环境质量标准第二级。

黄河包头段,是干流上又一污染较重的河段。昆都仑河是造成该河段水污染的主要支流。它汇集了包头市排污大户包头钢铁公司和化工一厂等企业的废污水,成为有名的污水沟。包头市环境保护部门根据"谁污染,谁治理"的原则,对包头钢铁公司等污染大户提出了限期治理。"六五"期间,包钢总计投资3200余万元,完成环境治理工程50余项,其中用于废水治理的设施15项,1985年处理废污水1103万吨,占外排废污水总量的18.0%,使该厂废污水总排放口连续3个月达到国家排放标准。"七五"期间,又安排治理投资9628万元。经过治理,向昆都仑河排放的废污水比1984年减少1800万吨,各种污染物也有较大的削减。化工一厂为治理酚污染,"七五"期间安排环境保护投资110万元,采用离心萃取法使挥发酚的去除率达到99%以上,外排废水挥发酚达到了国家排放标准。

汾河流域排放的废污水,绝大部分通过明渠、排洪沟或支流进入汾河。汾河的主要污染区段为太原河段,其次是介休、洪洞和临汾河段。山西省在注重水污染防治管理的同时,重点抓了污染源治理和城市废污水集中处理。太原市已建成工业废水处理设施97套,其中运转率大于80%的71套,运转率小于80%的有9套,未运转的17套。这些设施以不同的处理方法处理的废污水占全市年排废污水总量的30%,但其中达到国家规定排放标准的只占12%。

渭河宝鸡、咸阳、西安等河段污染严重。陕西省及有关市的环境保护和工业主管部门,采取了加强管理、节约用水、改革工艺及废污水处理等综合治理措施,取得了显著成效。据陕西省环境统计资料,1980～1985年全省用于水污染的治理经费为0.71亿元,新增年废污水处理能力0.81亿吨。经过对工业废水的不断治理,废水中的汞、镉、六价铬、砷化物、铅、挥发酚、氰化物和石油类等8种污染物的浓度,除汞略有上升外,其它均有下降。渭河部分河段的水质得到改善。

河南省三门峡市,工业企业比较集中,不少企业的废污水直接排入黄河。据1985年对三门峡市湖滨区77家(占该区企业数的81%)企业的调查,年排放废污水716万吨。三门峡市环境保护及有关部门对废污水治理采取重点整治和普遍治理相结合的措施。1985年减少向黄河排放超标废污水450万吨。

洛阳市工业发展迅速,废污水日益增多。这些废污水直接或通过瀍、涧等河排入洛河,继而流入黄河,对黄河水质有较大的影响。洛阳市对此采取了综合整治的措施。仅1984～1985年的两年中,全市投资1870余万元,完成治理项目215个,新增日处理废污水能力3.2万吨,新增日处理废气能力20万标准立方米,综合利用产值达到1460万元,收到了显著的环境效益和经济效益。洛阳市八一纸袋厂,由于生产工艺落后,每年向瀍河排放废污水40万吨。1985年该厂建了污水处理站,每年节约用水30万吨,节约用电11万千瓦时,经济效益达4万余元。洛阳热电厂,年排放粉煤灰35万吨,对涧河造成了严重污染。该厂先后投资810余万元兴建输灰工程,将粉煤灰送到邙山填沟造田。全市40多家医院,已有20余家的病毒污水得到了治理,达到了国家排放标准。

洛阳市的乡镇企业发展很快,污染也普遍严重。据偃师、孟津、新安3县的统计,先后责令关、停了16个污染严重的企业。如偃师县化工二厂,生产联苯胺系列产品,对周围农村及地下水造成严重污染,令其停产后,受到群众的交口称赞。

黄河流域各省(区)的污染源治理,基本是以厂内治理工业"三废"起始,逐步发展到具有一定数量与规模的城镇集中处理设施和厂内治理设施相结合的废污水治理体系。截至1990年,流域内已拥有各种废污水处理设施3300余套,总投资9.4亿余元。1990年处理废污水9.3亿吨,占同年废污水总量32.6亿吨的28.6%。其中处理工业废水4.8亿吨,占同年工业废水总量23.3亿吨的20.6%。

城镇污水集中处理设施各地都有规划。据不完全统计,流域内已建和在建较大的城镇污水处理厂11个,其中一级污水处理厂3个,二级污水处理厂7个,一二级混合处理厂1个,基建投资1.7亿元。处理规模为每日57.1吨,年处理城市污水1.9亿吨,占流域废污水处理总量9.3亿吨的20.4%。

黄河流域水污染防治工作虽然取得了一定成效,一些排污量大的工矿企业,如西宁钢厂、兰州化学工业公司、包头钢铁公司、太原钢厂、山西河津铝厂、洛阳炼油厂等,其排污量已基本得到控制,有的已明显削减;一些大中城市,如兰州、包头、太原、宝鸡、西安、洛阳、泰安等,对城市废污水的集中治理已初见成效,但黄河流域水污染恶化的趋势还未得到有效控制。其主要原因是：1.规划中拟建的主要污水治理工程未能落实，防治水污染的工程设施与流域内社会经济发展不相适应；2.乡镇企业的发展给水污染防治工作增加了困难和压力，据不完全统计，90年代初流域内乡镇企业已逾130万家，年产值500亿元左右，年排入河道或渗入地下废污水7～8亿吨，对河流水质和环境生态影响继续增大；3.一些大型厂矿的开发和建设，如中原油田、神府煤田、准格尔煤田、长庆油田等，增加了河流的污染负荷；4.黄河流域水资源的开发利用率较高，水利工程调蓄能力不足，且分布不尽合理，降低了河流的稀释自净能力；5.监督管理措施跟不上，在防治水污染方面未形成流域统管的局面等。

# 第五篇

# 用水管理

黄河流域地处干旱、半干旱地区，水资源贫乏，多年平均天然径流量只有580亿立方米，居全国七大江河的第四位。而黄河流域人口众多、地域广阔，每人、每亩年平均占有水量为647和301立方米，仅相当于全国人、亩平均占有水量的25%和17%。而且这些水量的地区分布也很不均匀，兰州以上平均年天然径流量322.6亿立方米，占花园口以上560亿立方米的57.6%，而兰州到河口镇区间(面积为花园口控制面积的22%)的产流量还不到花园口年径流量的1%。不仅如此，年内径流分配也不均匀，汛期水量猛增，常造成洪水灾害；枯水期水源严重短缺，乃至下游河段断流。此外，年际变化也很大，以花园口水文站为例，天然径流量最大年份(1964～1965年)为938.7亿立方米；最小年份(1928～1929年)为273.5亿立方米，最大值为最小值的3.4倍。黄河水资源的这些特点，为流域的水资源开发、工农业生产及人民生活用水带来较大的困难。因此，加强用水管理，合理调配，节约用水，充分发挥黄河有限的水资源的综合利用效益，具有十分重要的意义。

黄河流域用水管理有悠久的历史。春秋战国时期已设置机构管理水利工程和灌溉用水，秦、汉、魏、晋、唐把农田灌溉都视为国家的头等大事，设置专职机构，订立用水法规，宋、元、明、清灌溉用水制度更为完备，民国年间引黄灌溉用水制度进一步健全。但历史上黄河水资源管理均由地方政府负责，未设置全流域的水资源管理机构，用水管理也仅限于农田灌溉方面。

中华人民共和国成立以后，在黄河流域开展了大规模水利建设，在用水、管水、治水方面做了大量工作。黄河水利委员会和沿河各省(区)先后建立了各级水文、水资源机构，对黄河水资源的考察、勘测、评价和开发利用规划、水量的分配、调度和节约用水都做了大量工作，并制定了一些用水、管水的规章和制度。1968年成立的黄河上中游水量调度委员会对黄河上游的水量实行统一的调度。1988年颁布的《中华人民共和国水法》，使全国水资源管理进入了一个新的阶段。1988年黄河水利委员会成立的水政处(后升格为水政水资源局)作为一个职能部门，贯彻水法，实施黄河水资源的统一调配和用水管理。截至 1991 年,黄河水利委员会系统已建副局级水政水资源机构 1 个,处级 29 个,科级 54 个,共配备专职人员 300 余人,沿河 8 省(区)人民政府也都设有水政水资源管理部门,为黄河流域工农业生产、城市用水做出了贡献。

# 第一章 水量分配

1954年编制黄河流域规划时对全河远期水资源利用进行了分配。当时黄河天然年径流量以545亿立方米计，按工业及城市生活用水实际耗水8.5亿立方米，远期规划的46座梯级水库蒸发损失30.0亿立方米，入海水量36.5亿立方米考虑，下余470亿立方米为灌溉用水。各省(区)分配方案是：青海4.0亿立方米，甘肃45.0亿立方米，内蒙古57.3亿立方米，陕西47.0亿立方米，山西26.0亿立方米，河南112.0亿立方米，山东101.0亿立方米，河北77.4亿立方米。

20世纪50年代以来，由于黄河流域各省(区)的工农业迅速发展，沿河修建了很多引水工程，引黄水量大大增加，并出现有些省(区)在关键季节用水难以满足的情况。因此上下游有关省(区)曾就用水问题协商达成协议，原则分配了各省(区)引水比例。自20世纪70年代以来，由于用水量继续增加，黄河下游经常断流，直接影响到生产的发展和人民生活的需要，面对黄河水资源供需矛盾日益尖锐的状况，这就提出了重新统一分配全河水量的问题。1987年国务院办公厅转发了国家计划委员会和水利电力部《关于黄河可供水量分配方案的报告》，批准了南水北调工程生效前黄河可供水量分配方案，对各省(区)耗用水量又进行了分配。

## 第一节 分配方案

### 一、下游段

黄河下游用水主要是河南、河北、山东三省的引黄灌溉和沿河大城市的工业和人民生活用水。为了协调用水问题，1959年3月20日，黄河水利委员会在郑州召开河南、河北、山东三省用水协作会议，对黄河水资源及三省用水进行了分析，并提出了1959年下游枯水季节水量分配初步意见，即以秦厂(相当于现在的花园口)流量2∶2∶1的比例由河南、山东、河北三省分别引用。

1960年2月25日，河南、山东、河北三省代表就1960年黄河下游枯水季节三省用水问题在郑州举行会议，对当时的旱情和黄河水量进行了分析，并就统筹安排当年枯水季节三省用水、水量分配等问题达成如下协议：

1.黄河枯水季节三省水量的分配，一律按2：2：1的比例分给河南、山东、河北三省。

2.黄河海口渔业用水，在2：2：1之外包括输水损失定为60立方米每秒。

1961年1月23日，水利电力部、农业部召集河北、山东、河南三省水利厅和黄河水利委员会、三门峡工程局、漳卫南运河工程管理局等单位在郑州召开了冀、鲁、豫三省引黄春灌会议，对引黄春灌中的放水、分水、协作及管理等问题进行了具体协商，会议决定黄河下游引黄灌区的用水问题由黄河水利委员会负责，冀、鲁、豫三省派代表参加组成配水小组，进行三省的配水工作；配水小组的任务是了解各闸门、各灌区引水灌溉情况，提出三门峡闸门启闭意见，协调三省用水等。用水原则应首先满足农业用水，并以保麦、保棉为主，然后照顾其他用水。用水比例在水源不足时，按秦厂流量由河南、山东、河北按2：2：1引用。

1958年大跃进以后，由于黄河下游引黄灌区大引大灌、有灌无排，致使大面积土地发生次生盐碱化。1962年3月17日，国务院副总理谭震林在河南范县召开会议，确定黄河下游暂停引黄。复灌后，未再进行分水。

## 二、上游段

1961年4月15日，水利电力部召集甘肃省水利厅、宁夏回族自治区水利电力局、内蒙古自治区水利厅、黄河水利委员会，在北京举行了黄河上游水源利用分配座谈会，冶金部钢铁司、包头钢铁公司、农业部农田水利局也参加了座谈会。会议对黄河水资源和甘肃、宁夏、内蒙古三省（区）的用水情况作了分析，认为当时黄河水量还是够用的，只是在五六月份农田灌溉高峰季节水量不够丰富，若遭遇枯水年份，宁夏、内蒙古自治区将会水量不足。因此，两自治区之间对黄河水量的利用应本着下列原则定出一个分水比例：上下游应互相照顾，包头钢铁公司的用水在任何情况下都必须保证；要多做工作，千方百计地改善灌溉用水技术，加强管理，节约用水。根据上述原则并参照宁夏、内蒙古自治区的用水和灌溉面积，一致认为维持宁夏、内蒙古自治区党委1960年所定的4∶6用水比例(即宁夏4成、内蒙古6成)是恰当的。包头钢铁公司的用水仍由内蒙古供给,同时确定以黄河水利委员会所设的青铜峡水文测站为分水点,以石嘴山水文测站作为向内蒙古送水的验证点实行分水、验证。为了上述分水比例的贯彻执行,由黄河水利委员会的两水文测站站长为组长,两自治区各派干部到上述分水点和验证点共同组成小组,进行分水监督。

上述分水原则已经实施了几十年。尤其是龙羊峡、刘家峡等水库建成以后,条件大大改善,直至1990年仍基本维持这一分水原则和比例。

## 三、可供水量的分配

黄河水利委员会自20世纪70年代以来,对黄河水资源及沿河各省(区)的用水进行了多次调查研究,提出了沿黄各省(区、市)用水现状及发展趋势预测。1983年沿黄各省(区、市)向黄河水利委员会提出2000年水平的需水量,总计共需水747亿立方米,超出黄河可供分配水量的一倍以上。

1983年7月,水利电力部和国务院有关部、委召集沿黄各省(区)举行了黄河水资源评价与综合利用审议会,对黄河水量分配提出了初步建议:认为黄河花园口天然年径流量按560亿立方米计,扣除下游排沙入海最少需水量200亿立方米,最多可供利用的只有360亿立方米,再加上花园口以下天然年径流量20多亿立方米,也远不能满足各省(区)的需要。黄河水资源开发利用,要上、下游兼顾,统筹考虑,首先保证人民生活用水和国家重点建设项目的用水,同时要保证下游河道最少200亿立方米的排沙水量。其次是在搞好已有灌区的挖潜配套、节约用水、提高经济效益的基础上,适当扩大高产和缺粮区的灌溉面积,航运和渔业用水采取相机发展的原则,不再单独分配水量。

1984年8月,在全国计划会议上,国家计划委员会就水利电力部报送的《黄河河川径流量的预测和分配的初步意见》,同与黄河水量分配关系密切的省(区、市)计划委员会和水利电力、石油、建设、农业等部进行座谈讨论,并提出了在南水北调工程生效前黄河可供水量分配方案(见表5—1)。

表5—1 **黄河可供水量分配方案**

| 省(自治区、直辖市) | 青海 | 四川 | 甘肃 | 宁夏 | 内蒙古 | 陕西 | 山西 | 河南 | 山东 | 河北天津 | 合计 |
|---|---|---|---|---|---|---|---|---|---|---|---|
| 年耗水量(亿立方米) | 14.1 | 0.4 | 30.4 | 40.0 | 58.6 | 38.0 | 43.1 | 55.4 | 70.0 | 20.0 | 370.0 |

上述分配方案是以1980年实际用水量为基础，认真研究了有关省（区、市）的灌溉发展规模、工业和城市用水增长以及大中型水利工程兴建的可能性等条件提出的。这个方案总引用水量比1980年增加40%。其中：山西省因能源基地发展的需要，增加用水量50%以上；宁夏、内蒙古自治区农业用水较多（但有效利用率不高，要在节水中求发展），增加用水量10%左右；河北省、天津市今后一个时期需从黄河引水接济，分配用水量20亿立方米。其他沿黄各省（区）一般增加用水量约30%～40%。

1987年8月29日，国家计划委员会、水利电力部将《黄河可供水量分配方案》报送国务院，1987年9月11日国务院办公厅以国办发[1987]61号文向青海、四川、甘肃、宁夏、内蒙古、陕西、山西、河南、山东、河北、天津11个省、自治区、直辖市人民政府和国务院有关部门批转了这个报告，并提出：要解决黄河流域用水问题，必须做到统筹兼顾，合理安排，实行计划用水，节约用水。希望各有关省、自治区、直辖市从全局出发，大力推行节水措施，以黄河可供水量分配方案为依据，制订各自的用水规划，并把这项规划与各地的国民经济发展计划紧密联系起来，以取得更好的综合经济效益。

上述分水方案，是按黄河正常年份的来水量制定的，实施中还需要根据不同的来水情况作出合理的调配，尤其是在枯水情况下制定具体的调度方案，并建立约束机制和监督制度，以做到有效的控制和合理的调配。

## 第二节　取水许可制度

取水许可制度在民国时期已有类似规定。例如，在1942年国民政府公布的《水利法》，1943年国民政府行政院公布的《水利法实施细则》以及1943年行政院核准、行政院水利委员会公布的《水权登记规则》、《水权登记费征收办法》中，对“水权登记”均有具体规定。主要内容是：法定各级水利行政主管机关及其相应的权限范围、职责；确认水资源为国家自然资源，规定了依法取得水权的水源范围、用水标的顺序、水权登记项目、水权登记程序；水源工程设施的修建、改造及管理的申报、批准手续，取水、用水中的矛盾协调及赔偿办法；水权登记时，申请人应交纳的水权登记费等。这些规定虽未实施，但对当时水利事业的发展以及此后实施取水许可制度均有积极作用。上述水法规的具体内容，在第二篇《治河法规》中已有专题介绍。兹将现行的取水许可制度记述如下：

## 一、国家的取水许可规定

《水法》第三十二条规定："国家对直接从地下或者江河、湖泊取水的，实行取水许可制度。""实行取水许可制度的步骤、范围和办法，由国务院规定。"

为了贯彻《水法》，实施取水许可制度，水利部于1990年3月9日和12月19日先后发出《关于大力开展取水许可管理工作的通知》和《关于进一步开展和加强取水许可管理工作的通知》，并附发《贵州省取水登记规则》作为经验介绍。《通知》指出：实施取水许可制度是加强水资源统一管理的核心，也是《水法》和各级政府赋予水行政主管部门的主要职责，审批发放取水许可证必须由水行政主管部门统一实施；实施取水许可制度必须加强领导，得到人民代表大会、政府的重视和有关部门的理解和支持，要向全社会作广泛宣传，使社会各界，特别是取水大户，明确认识到实施取水许可制度的重要意义在于合理开发利用和保护水资源，维护用水户的合法权益；取水许可制度实行分级管理，应当属于上级水行政主管部门审批的，由取水工程所在地的县(市)水行政主管部门逐级上报。应当与有关部门协商的事项，则应事先征求有关部门的意见；尽快建立健全水政水资源管理机构，从速制订和完善有关加强取水许可管理工作的实施办法，牢固树立全面服务思想，维护用水户的合法权益，切实做好水资源调查评价、水长期供求计划等基础工作，保证取水许可制度的顺利实施。

为实施取水许可制度创造有利条件，提供科学依据，水利部水资源司于1990年6月8日和12月21日先后发出《关于做好实施取水许可制度基础工作的通知》和《关于开展实施取水许可制度基础工作试点的通知》，对取水许可制度基础工作和基础试点工作，作了具体规定和要求。为了使这项工作顺利进行，随《通知》还印发了《山西省县(区)水资源开发利用现状分析工作提纲》，作为各地参考。《通知》说：实施取水许可制度基础工作，主要包括所辖区内的水资源调查评价、供需平衡及预测和水的长期供求计划等。当前，要组织力量，集中搞好县(区)水资源开发利用现状分析工作。具体任务是：1.摸清可利用水资源及其分布情况；2.查清现状实际用水状况，并对其合理性进行评价；3.分析各类水源的开发利用程度和合理性，并进行分区；4.结合当地国民经济发展规划和流域规划，提出水资源分配及调整意见。《通知》还确定39个县、市(区)为全国首批开展实施取水许可制度基础工作试点单位。其中,黄河流域有:山西省的晋祠泉保护区,内蒙古自治区的土默特左旗,陕西省的泾阳县、凤翔县和宁夏回族自治区的灵武县。

根据《水法》的规定,国务院于 1993 年 8 月 1 日发布了《取水许可制度实施办法》,主要内容如下:

本办法所称取水,是指利用水工程或者机械提水设施直接从江河、湖泊或者地下取水。取用自来水厂等供水工程的水,不适用本办法。

取水许可应当首先保证城乡居民生活用水,统筹兼顾农业、工业用水和航运、环境保护需要。

取水许可必须符合江河流域的综合规划、全国和地方的水长期供求计划,遵守经批准的水量分配方案或者协议。

国务院水行政主管部门负责全国取水许可制度的组织实施和监督管理。

水行政主管部门在审批大中型建设项目的地下水取水许可申请、供水水源地的地下水取水许可申请时,须经地质矿产行政主管部门审核同意并签署意见后方可审批;需要取用城市规划区内地下水的,在向水行政主管部门提出取水许可预申请前,须经城市建设行政主管部门审核同意并签署意见后由水行政主管部门审批。

下列取水由国务院水行政主管部门或者其授权的流域管理机构审批取水许可申请、发放取水许可证:(一)长江、黄河、淮河、海河、滦河、珠江、松花江、辽河、金沙江、汉江的干流,国际河流,国境边界河流以及其他跨省、自治区、直辖市河流等指定河段限额以上的取水;(二)省际边界河流、湖泊限额以上的取水;(三)跨省、自治区、直辖市行政区域限额以上的取水;(四)由国务院批准的大型建设项目的取水。

持证人应当依照取水许可证的规定取水。取水许可证不得转让。取水期满,取水许可证自行失效。

有下列情形之一的,由水行政主管部门或者其授权发放取水许可证的部门责令限期纠正违法行为,情节严重的,报县级以上人民政府批准,吊销其取水许可证。(一)未依照规定取水的;(二)未在规定期限内装置计量设施的;(三)拒绝提供取水量测定数据等有关资料或者提供假资料的;(四)拒不执行水行政主管部门或者其授权发放取水许可证的部门作出的取水量核减或者限制决定的;(五)将依照取水许可证取得的水,非法转售的。

1994 年 6 月 9 日,水利部发布了《取水许可申请审批程序规定》,主要内容如下:

取水许可实行分级审批。在水利部授权流域管理机构实施全额管理的河道、湖泊内取水(含在河道管理范围内取地下水),由流域管理机构或其委托的机构受理取水许可预申请、取水许可申请。流域管理机构在审查或者审批时,应征求有关地方人民政府水行政主管部门的意见;在水利部授权流域管理机构实施限额管理的河道、湖泊内限额以上的取水(含在河道管理范围内取地下水),由取水口所在地的县级以上地方人民政府水行政主管部门受理取水许可预申请、取水许可申请,并提出审核意见后报流域管理机构,由流域管理机构审查取水许可预申请或者审批取水许可申请、发放取水许可证;经国务院批准的大型建设项目的取水,由水利部或其授权的流域管理机构受理并审查其取水许可预申请或者审批取水许可申请。

前款以外的取水,由取水口所在地的县级以上地方人民政府水行政主管部门受理取水许可预申请、取水许可申请,审查取水许可预申请和审批取水许可申请、发放取水许可证。

国家、集体、个人兴办水工程或者利用机械提水设施的,其主办者为提出取水许可预申请或者取水许可申请的申请人;联合兴办的,由其协商推举的代理人为提出取水许可预申请或者取水许可申请的申请人。

新建、改建、扩建的建设项目,需要申请或者重新申请取水许可的,建设单位应当在报送建设项目设计任务书(即国家现行基本建设管理程序中的"可行性研究报告",下同)前,向受理机关提出取水许可预申请。不列入国家基本建设管理程序的取水工程,可直接向受理机关提出取水许可申请。经审查同意的取水许可预申请,其取水量额度供建设项目立项使用。

建设项目经批准后,建设单位应当持设计任务书等有关批准文件向受理机关提出取水许可申请。

受理机关受理取水许可申请书后,按规定的审批权限审批;需要由上级审批机关审批的,应逐级审核上报,由具有审批权限的审批机关审批。

由水利部或者其授权的流域管理机构审批的取水许可申请,受理机关应在收到取水许可申请或者补正的取水许可申请之日起30天内(对急需取水的在15天内)上报水利部或者其授权的流域管理机构审批。

取水工程经审批机关审查批准后,申请人方可动工兴建;取水工程竣工后,经审批机关核验合格,发给取水许可证。取水许可证有效期最长不超过5年。

## 二、黄河取水许可规定

1994年5月，水利部发出《关于授予黄河水利委员会取水许可管理权限的通知》，规定黄河水利委员会在黄河流域实施取水许可管理的权限如下：

(一)根据国务院1994年1月批准的水利部“三定”方案，黄河水利委员会是水利部的派出机构，国家授权其在黄河流域内行使水行政主管部门职责，在水利部授权范围内，负责黄河流域取水许可制度的组织实施和监督管理。

(二)黄河水利委员会对黄河干流及其重要跨省(区)支流的取水许可实行全额管理或限额管理，并按照国务院批准的黄河可供水量分配方案对沿黄各省(区)的黄河取水实行总量控制。

(三)在下列范围内的取水，由黄河水利委员会实行全额管理，受理、审核取水许可预申请，受理、审批取水许可申请、发放取水许可证：

1. 黄河干流托克托(头道拐水文站基本断面)以下到入海口(含河口区)、洛河故县水库库区、沁河紫柏滩以下干流、东平湖滞洪区(含大清河)，以上均包括在河道管理范围内取地下水；

2. 金堤河干流北耿庄以下至张庄闸(包括在河道管理范围内取地下水)；

3. 黄河流域内跨省、自治区行政区域的取水；

4. 黄河流域内由国务院批准的大型建设项目的取水(含取地下水)。

(四)在下列范围内限额以上的取水，由黄河水利委员会审核取水许可预申请、审批取水许可申请、发放取水许可证：

1. 黄河干流托克托(头道拐水文站基本断面)以上至河源河道管理范围内(含水库、湖泊)：地表水取水口设计流量15立方米每秒以上的农业取水或日取水量8万立方米以上的工业与城镇生活取水；地下水取水口(含群井)日取水量2万立方米以上的取水；

2. 渭河干流河道管理范围内：地表水取水口设计流量10立方米每秒以上的农业取水或日取水量8万立方米以上的工业与城镇生活取水；地下水取水口(含群井)日取水量2万立方米以上的取水；

3. 大通河、泾河和沁河紫柏滩以上干流河道管理范围内：地表水取水口设计流量10立方米每秒以上的农业取水或日取水量5万立方米以上的工业与城镇生活取水；地下水取水口(含群井)日取水量2万立方米以上的取水。

(五)在《取水许可制度实施办法》发布前，凡已在水利部授权黄河水利委员会实施取水许可管理范围内已经取水的单位和个人，应当依照水利部《取水许可申请审批程序规定》，在1994年12月1日前到黄河水利委员会进行取水登记，领取取水许可证，其中已由当地水行政主管部门登记过的，应到黄河水利委员会换领取水许可证。

(六)黄河水利委员会可根据国务院《取水许可制度实施办法》和水利部《取水许可申请审批程序规定》的规定，划分内部分级管理权限，制定黄河取水许可实施细则。

根据水利部的规定，1994年10月21日黄河水利委员会颁发了《黄河取水许可实施细则》，共8章38条，对黄河取水许可的管理方式和范围、审批权限和程序、取水许可申请、取水登记和监督管理等，都作了具体规定。尤其在取水许可审批权限方面，对黄委会与地方水行政主管部门的分工，以及黄委会内部分级管理权限的划分，规定的更加明确。例如，在“总则”中规定：

黄河水利委员会按照国家授权在黄河流域内行使水行政主管部门职责。黄河水利委员会水政水资源局负责黄河流域取水许可工作的组织实施和监督管理。

凡是在水利部授权黄河水利委员会实施取水许可管理的范围内利用水工程或者机械设施直接从河道、湖泊(包括水库)或者地下取水的单位和个人，除《取水许可制度实施办法》第三条、第四条规定的情形外，都应依照本细则申请取水许可证，并依照规定取水。

黄河流域其他范围内的取水许可工作由各省(区)水行政主管部门组织实施。黄河水利委员会对各省(区)的黄河取水许可实行总量控制。

少量取水的限额按照取水口所在地省级人民政府的规定执行。

审批取水许可必须符合黄河流域综合规划和水长期供求计划，遵守黄河可供水量分配方案，服从黄河防洪、防凌的总体安排，贯彻计划用水和节约用水，兴利与除害相结合的原则。

任何单位和个人的取水，不得损害公共利益或他人的合法权益。

在“审批权限和程序”中规定：黄河取水许可实行分级审批。

(一)黄河干流河源至托克托河段限额以上的取水许可申请(含预申请，下同)经取水口所在地县、地(市)和省级人民政府水行政主管部门提出初审意见后，由黄河上中游管理局提出审核意见并报黄河水利委员会审批发证；

黄河干流托克托至禹门口(禹门口铁路桥,下同)河段的取水申请由黄河上中游管理局受理。其中地表水取水口设计流量15立方米每秒以上的农业取水和日取水量8万立方米以上的工业与城镇生活用水、地下水取水口日取水量2万立方米以上的取水申请,由黄河上中游管理局提出初审意见后报黄河水利委员会审批发证;上述限额以下的取水,由黄河上中游管理局审批发证;

(二)黄河干流禹门口至潼关(风陵渡铁路桥,下同)河段左岸和右岸的取水申请,分别由黄河小北干流山西管理局和陕西管理局受理。其中取用地表水以及地下水取水口日取水量2万立方米以上的取水申请,分别由黄河小北干流山西管理局和陕西管理局提出初审意见后报黄河水利委员会审批发证;上述限额以下的取水,分别由黄河小北干流山西管理局和陕西管理局审批发证;

(三)黄河干流潼关至三门峡水库坝址河段的取水申请和洛河故县水库库区的取水申请,由黄河水利委员会三门峡水利枢纽管理局受理并提出审核意见后报黄河水利委员会审批发证;

(四)黄河干流三门峡水库坝址以下山西省境内的取水申请,由黄河水利委员会受理并审批发证;

(五)黄河干流三门峡水库坝址以下河南省境内(含沁河干流紫柏滩以下河段)和山东省境内(含东平湖和大清河)的取水申请,分别由河南和山东黄河河务局受理。其中地表水取水口设计流量15立方米每秒以上的农业取水和日取水量8万立方米以上的工业与城镇生活取水、地下水取水口日取水量2万立方米以上的取水申请,由河南和山东黄河河务局提出初审意见后报黄河水利委员会审批发证;上述限额以下的取水,分别由河南和山东黄河河务局审批发证;

(六)金堤河干流北耿庄至张庄闸河段的取水申请由金堤河管理局受理。其中地表水取水口设计流量2立方米每秒以上的农业取水和日取水量2万立方米以上的工业与城镇生活取水、地下水取水口日取水量2万立方米以上的取水申请,由金堤河管理局商河南、山东黄河河务局提出初审意见后报黄河水利委员会审批发证;上述限额以下的取水,由金堤河管理局商河南、山东黄河河务局审批发证;

(七)大通河干流、泾河干流、渭河干流限额以上的取水申请,经取水口所在地县、地(市)和省级人民政府水行政主管部门提出初审意见后,由黄河上中游管理局提出审核意见并报黄河水利委员会审批发证;

沁河紫柏滩以上干流限额以上的取水申请，由取水口所在地县、地（市）和省级人民政府水行政主管部门提出初审意见后报黄河水利委员会审批发证；

（八）其他由国务院批准的大型建设项目的取水申请和跨省、自治区行政区域的取水申请，由取水口所在地省级人民政府水行政主管部门受理并提出初审意见后报黄河水利委员会审批发证。

黄河水利委员会各级管理机构对全额管理范围内的取水申请进行审批时，应征求有管辖权的县级以上地方人民政府水行政主管部门的意见。

黄河水利委员会所属管理机构批准的取水和各省（区）批准的黄河取水，均须报黄河水利委员会备案。

黄河水利委员会实施取水许可管理的河段及限额见表5—2。

## 三、沿河省（区）的取水许可规定

沿河省（区）在制订的地方性水法规中都确定了取水许可制度，其中山西省和陕西省的规定比较具体，有一定代表性，简述如下：

山西省早在《水法》颁布前，在1982年经省人民代表大会常务委员会批准、省人民政府发布的《山西省水资源管理条例》中规定："凡需开发利用水资源的单位，须按其取水量和水源位置，向当地水资源主管部门提出申请。按照国家基本建设程序和有关规定，凡需进行水资源勘探和详查的工程，须先向当地水资源主管部门申请，领取勘探许可证。具有勘探报告、水源工程设计和用水方案后，经本部门主管单位审查，报告当地水资源主管部门批准，领取开发和使用许可证。现有水源工程和用水计划，均须限期履行补批手续。""各用水户必须安装量水设施，实行计划用水。超定额用水，其超出部分，按累进制办法收费。"

1991年1月29日，陕西省人民代表大会常务委员会通过公布的《陕西省水资源管理条例》规定："对直接从地下或者江河、湖泊取水的，实行取水许可制度。制度实施统一由水行政主管部门负责。为家庭生活、家畜、家禽饮用取水和其他少量取水，不需要申请取水许可。""除国家规定由国务院水行政主管部门审批的取水外，本省各级水行政主管部门依据规划和上级规定制定各类取水限额，分级审批。不需要办理许可证的取水，由乡镇人民政府进行管理。""新建、扩建、改建的建设项目，需要取水或者增加取水量的，建设单位在报送设计任务书时，应当附有审批取水申请机关的书面意见。"

表5—2 **黄河水利委员会实施取水许可管理的河段及限额表**

| 类别 | 水系 | 河流 | 指定河段 | 取水限额 | | 审批发放取水许可证部门 | 备注 |
|---|---|---|---|---|---|---|---|
| | | | | 工业与城镇生活（万立方米/日） | 农业（立方米每秒） | | |
| 大江大河 | 黄河 | 黄河 | 干流河源至托克托（头道拐水文站基本断面） | 8.0以上（地下水2.0以上） | 15.0以上 | 黄河水利委员会 | 包括在河道管理范围内取地下水 |
| | 黄河 | 黄河 | 干流托克托（头道拐水文站基本断面）至入海口 | 全额 | 全额 | 黄河水利委员会 | 包括在东平湖（含大清河）的取水和在河道管理范围内取地下水 |
| 跨省、自治区河流 | 黄河 | 大通河 | 干流 | 5.0以上（地下水2.0以上） | 10.0以上 | 黄河水利委员会 | |
| | 黄河 | 渭河 | 干流 | 8.0以上（地下水2.0以上） | 10.0以上 | 黄河水利委员会 | |
| | 黄河 | 泾河 | 干流 | 5.0以上（地下水2.0以上） | 10.0以上 | 黄河水利委员会 | |
| | 黄河 | 沁河 | 干流紫柏滩以上 | 5.0以上（地下水2.0以上） | 10.0以上 | 黄河水利委员会 | |
| | | | 干流紫柏滩以下 | 全额 | 全额 | 黄河水利委员会 | |
| 省际边界河流 | 黄河 | 金堤河 | 干流北耿庄至张庄闸 | 全额 | 全额 | 黄河水利委员会 | |
| 跨省、自治区行政区域的取水 | 黄河 | 干支流 | 全流域 | 全额 | 全额 | 黄河水利委员会 | |
| 由国务院批准的大型建设项目的取水 | 黄河 | 干支流 | 全流域 | 全额 | 全额 | 黄河水利委员会 | 包括地下水 |
| 其他直接管理河段 | 黄河 | 洛河 | 故县水库 | 全额 | 全额 | 黄河水利委员会 | |

"现有取水工程,由取水单位和个人向审批取水的主管机关申请登记。经审查合格后,发给取水许可证,确认取水权。取水单位和个人必须按批准的使用目的和条件取水。取水许可证不得转让。用户停止取水,应向发证机关申请注销取水权,取水连续停止逾一年的,经发证机关核查后,可以撤销其取水许可证。但是,经发证机关核准保留的除外。""有下列情形之一者,水行政主管部门会同有关部门可以对用户的取水量进行限制或者调整:(一)自然原因使水源供水能力减少;(二)社会总的取水量增加,且无法在近期内另得水源;(三)地下水严重超采或者因开采地下水发生地面沉降;(四)用户的产品、产量或者工艺发生变化;(五)其他特殊需要。"

# 第二章 水量调度

黄河是中国西北、华北地区工农业生产和城乡人民生活用水的主要水源。贯彻执行《水法》,统一调配黄河水资源,提高水资源的综合利用效益,妥善处理上中下游和各部门在开发利用水资源中出现的各种问题,更好地为国民经济服务,是一项十分重要的任务。

黄河流域大部分属干旱、半干旱地区,流域年平均降水量478毫米,花园口站平均天然年径流量只有560亿立方米,水资源相当贫乏。黄河径流因受气候、地形和下垫面的影响,其地区分布极不平衡,与人口、耕地的分布也不相适应。黄河在兰州以上的控制面积仅占花园口以上的30.5%,而年径流量则占花园口站径流量的57.6%。兰州至河口镇区间的控制面积为花园口以上的22%,而区间汇流量还不到花园口以上的1.0%,其区间农业灌溉用水绝大部分依赖黄河的过境水。河口镇至三门峡区间干流沿岸的工农业生产用水,尤其是山西能源基地建设所需的水量亦主要依赖兰州以上地区的来水补给。黄河下游两岸近4000万亩引黄灌溉农田所需的水量均来自上、中游。从时间上来看,7～10月份的径流量约占全年的60%,3～6月份只占全年的10%～20%。地区分布的不均衡和时程分配的过于集中给黄河径流的开发带来了不利。因此,必须利用工程对水量进行调节。

黄河干流已建成龙羊峡、刘家峡、盐锅峡、八盘峡、青铜峡、三盛公、天桥、三门峡等8座大型水利枢纽,总库容439.95亿立方米,总装机容量367.2万千瓦,设计年发电量180.8亿千瓦时。其中龙羊峡、刘家峡、盐锅峡、八盘峡、青铜峡、三盛公位于黄河上游,这些水库投入运用使黄河上游水资源开发利用走上了一个新台阶。中游建成的只有天桥水电站和三门峡水利枢纽,但其调节能力有限,每逢灌溉高峰季节用水十分紧张,黄河下游近海河段常出现短时断流,据1972～1992年利津站统计,断流23次共172天。由于没有水库调节,正常年份的同期仍有大量水流入渤海,造成这一河段断流与弃水并存的现象。

表5—3　**黄河干流已建水利工程概况表(截至1992年)**

| 项　目 | 龙羊峡 | 刘家峡 | 盐锅峡 | 八盘峡 | 青铜峡 | 三盛公 | 天桥 | 三门峡 | 合　计 |
|---|---|---|---|---|---|---|---|---|---|
| 控制面积(万平方公里) | 13.14 | 18.18 | 18.27 | 21.58 | 27.50 | 31.40 | 40.39 | 68.8 | |
| 总库容(亿立方米) | 276.3 | 57.0 | 2.20 | 0.49 | 6.06 | 0.8 | 0.7 | 96.4 | 439.95 |
| 调节库容(亿立方米) | 193.5 | 41.7 | 0.07 | 0.09 | 2.05 | 无 | 0.4 | 60.4 | 298.21 |
| 调节性能 | 多年 | 不完全年 | 日 | 日 | 周 | 无 | 日 | 季 | |
| 开工/蓄水年、月 | 1978.7/1986.10 | 1958.9/1968.10 | 1958.9/1961.11 | 1969.11/1975.6 | 1958.8/1967.4 | 1959.6/1961.4 | 1970.4/1976.12 | 1957.4/1960 | |
| 总装机容量/台数(万千瓦) | 128/4 | 116/5 | 40.2/9 | 18/5 | 27.2/8 | | 12.8/4 | 25/5 | 367.2 |
| 设计年发电量(亿千瓦时) | 60.3 | 56.0 | 20.5 | 11.0 | 13.9 | | 6.1 | 13.0 | 180.8 |
| 最大水头(米) | 148.5 | 114.0 | 39.5 | 19.5 | 22.0 | | 20.2 | 46.0 | |

# 第一节　调度机构

## 一、上游段

1968年以前，黄河上游修建了青铜峡、三盛公两座水利枢纽工程。由于这两座工程调节水量的能力较小，对其下游影响不大，其水量调度基本上由各省(区)按照各自的运行方式自行掌握，没有建立统一的水量调度机构。

1968年刘家峡水库投入运用，其调节能力较大，不仅直接关系到西北地区的水力发电和甘肃、宁夏、内蒙古三省(区)的工农业生产，而且与盐锅峡、青铜峡两水库的水量调度和黄河全河段的防汛、防凌密切相关，为此，1968年8月经国务院批准，在兰州成立了黄河上中游水量调度委员会，并在甘肃电力局设立办公室作为其常设办事机关。委员会由下列人员组成：

宁夏回族自治区雷震(宁夏回族自治区革命委员会委员)

内蒙古自治区赵真北(内蒙古自治区革命委员会常务委员)

西北电业管理局孙树芳(西北电业管理局革命委员会常务委员)

黄河水利委员会南书珍(黄河水利委员会兰州水文总站革命委员会副主任)

甘肃省革命委员会窦述(甘肃省革命委员会委员)

办公室主任由委员会委员、甘肃省革命委员会委员窦述兼任,副主任由甘肃电力局革命委员会委员、生产办公室主任樊耀兼任。

委员会的主要任务是:研究、协商、安排刘家峡、盐锅峡、青铜峡三水库非汛期的水量分配方案;分配有关地区的工农业用水量;协调发电用水和农灌用水的关系;检查督促有关委员会决议的执行;向中央及黄河防汛部门提出刘家峡、盐锅峡、青铜峡三水库伏汛和凌汛期联合运用计划;研究协商有关地区之间或部门之间用水上的其他重大问题等。

办公室是黄河上中游水量调度委员会的常设办事机构。办公室的具体任务是:贯彻执行委员会批准的刘家峡、盐锅峡、青铜峡三水库非汛期统一调度方案和有关决议;贯彻执行经水利电力部批准的上述三水库的汛期运用计划;进行日常的水量调度和其他业务工作。办公室向委员会会议汇报工作并应经常向兰州军区、水利电力部、甘肃省革命委员会、黄河防汛部门汇报工作。刘家峡、盐锅峡两库的水量调度工作全部由办公室直接办理。

委员会考虑到当时青铜峡的具体条件,青铜峡水库的水量调度由宁夏电力局水库调度组负责,但在有关三库统一调度方面,该调度组受办公室领导。调度组的具体任务是:贯彻执行委员会的决议和非汛期三库统一调度方案及汛期三库运用计划中的有关部分;灌溉期入库水量的调节分配;执行办公室的其他有关任务;参加有关水量调度方案、计划的编制等。

1974 年八盘峡水库建成后,也归黄河上中游水量调度委员会统一调度。

1986 年 10 月 15 日,龙羊峡水库下闸蓄水,形成黄河上中游梯级水库联合运行的格局,其水量、电量的优化调度、各省(区)之间的协调任务更趋繁重。为此,1987 年 3 月 9 日,经国务院同意,国家计划委员会、国家经济委员会和水利电力部决定加强、充实和调整原有的水量调度机构,决定黄河上中游水量调度委员会由青海省、甘肃省、宁夏回族自治区、内蒙古自治区人民政府和黄河水利委员会、西北电业管理局派代表共同组成。委员会在西北电业管理局设办公室为其常设办事机关。委员会由下列人员组成:

主任委员　　龚时旸　(黄河水利委员会主任)

副主任委员　乐耀曾　(西北电业管理局副局长)

委员　金应全　（青海省电力局副局长）
委员　燕玉樑　（甘肃省电力局副局长）
委员　沈也民　（宁夏回族自治区水利厅厅长）
委员　苏　铎　（内蒙古自治区农村工作委员会副主任、水利局局长）
办公室主任　钱家骥　（西北电业管理局）
副主任　秦云全　（西北电业管理局）
副主任　孙美斋　（西北电业管理局）

委员会的组成人员随其原工作单位的人事变动常有变动，至1991年委员会主任由黄河水利委员会副主任陈先德担任，副主任由西北电业管理局副局长陈彦均担任。调整后的委员会主要任务不变，并规定每年召开一至二次委员会议，讨论研究各项业务工作。1987年8月明确委员会办公室直接对龙羊峡、刘家峡水库进行调度，并通过甘宁两省（区）的二级水调机构对盐锅峡、八盘峡、青铜峡水库进行调度。1989年1月18日，国家防汛总指挥部明确，黄河凌汛期间的全河水量统一由黄河防汛总指挥部调度。至此，黄河凌汛期间（11月～翌年3月）全河由黄河防汛总指挥部进行水量调度。

## 二、中下游段

黄河河口镇以下仅有天桥水电站和三门峡水利枢纽两座工程。天桥水电站以发电为主，对下游水量调度无大影响，调度运行由山西省电力部门管理。三门峡水库1960年投入运用，由于其对下游防洪、防凌、减淤和灌溉供水都有很大影响，故黄河中下游的用水主要依靠三门峡水库调节，其调度运行工作，主要由三门峡水利枢纽管理局管理。

1983年5月9日，水利电力部决定成立黄河三门峡水利枢纽管理局和它的权力机构理事会。理事会的任务主要是：按照防洪、防凌、灌溉、发电的顺序批准水库调度运用方案，在确保防洪安全的情况下，尽可能发挥灌溉、发电的综合效益；对第三期改建工程设计和年度运用计划安排提出审查意见；协调解决施工方案和调度运用矛盾等。1983年7月15日，三门峡水利枢纽管理局正式成立。1986年撤销三门峡水利枢纽管理局理事会，由三门峡水利枢纽管理局统管三门峡水利枢纽工程。

1987年黄河水利委员会成立水量调度筹备小组，负责全河的水量调度，其中三门峡水库的水量调度由工务处负责。

## 第二节　调度原则

由于黄河上、中、下游各段的水资源特点不同，自然条件和经济发展水平各异，因而水量调度的原则、重点和需要解决的问题也不尽一致。三门峡、刘家峡等水库建成之后，针对水库运行情况开展了黄河水量调度工作。根据黄河治理开发情况，水量调度可分为两个阶段：1969年黄河上游成立了黄河上中游水量调度委员会，负责刘家峡、盐锅峡、八盘峡、青铜峡水库的水量调度。而黄河下游的水量调度，则利用三门峡水库由黄河水利委员会进行水量调度。这期间，黄河上下游形成相对独立的调度体系。这是黄河水量调度的第一阶段。第二阶段是1986年龙羊峡水库投入运用以后，由于其库容大，对全河水量分配产生影响，国家有关部门重新调整了黄河上中游水量调度委员会，以统筹全河，对上、中、下游进行水量调度。从1989年起，由黄河防汛总指挥部控制凌汛期间刘家峡水库的下泄流量。至此，黄河凌汛期间基本上达到了全河统一调度。

黄河干流已建的8座大型水利工程，只有龙羊峡、刘家峡、三门峡具有调节能力，因此，这里只列这3座水库的调度原则。

### 一、龙羊峡水库

(一)在确保大坝安全的前提下，充分利用水文、气象预报，统筹兼顾，协调防洪与兴利的矛盾。充分利用库容与水量，合理地蓄水、泄水和用水，尽量减少无益弃水和水头损失，力争在防洪与兴利方面发挥水库的最大效益。

(二)水库在运行全过程中，以发电为主，兼顾其他。当安全与兴利发生矛盾时，兴利服从安全。

(三)保证龙羊峡电站达到设计的发电水平，安全经济地向电网正常供电。

(四)在来水大于80%保证率的年份，要满足下游农田灌溉用水的需要。

## 二、刘家峡水库

（一）保证刘家峡、盐锅峡梯级水电站、水库、大坝工程的安全运行。

（二）保证刘家峡、盐锅峡水电厂达到设计的发电量水平，创造条件配合电力调度，安全经济向陕、甘、青、宁电力系统正常供电。

（三）在来水大于80%保证率的年份，要满足甘、宁、内蒙三省（区）沿黄农业灌溉用水的需要，保证沿黄地区工农业给水的正常引水。

（四）汛期来水小于百年一遇洪水，争取兰州流量不大于6500立方米每秒，以保证兰州市的防洪安全。

（五）黄河凌汛期间，配合宁蒙和黄河下游河段防凌，控制兰州断面流量。

（六）在安全、经济原则下，尽量满足水库下游对水量调度提出的要求。

## 三、三门峡水库

（一）按照防洪、防凌、灌溉、发电的顺序，在确保水库工程和防汛安全的情况下，尽可能发挥灌溉、发电综合效益。

（二）水库调度指挥必须高度统一。水库调度指令，在一般情况下，汛期由黄河防汛总指挥部、非汛期由黄河水利委员会直接下达给三门峡水利枢纽管理局执行，并将与发电有关的调度指令，通知河南省电业局。遇特大洪水或非常运用情况时，由黄河防汛总指挥部报请国家防汛总指挥部或水利部批准后下达调度指令，由三门峡水利枢纽管理局实施。

# 第三节　调度效益

## 一、上游地区

黄河上游地区在1986年龙羊峡水库运用以前的20余年中，以刘家峡水库为中心，定期提出水库运行方式及水量调度方案，进行水量调度，取得了巨大的经济效益和社会效益。

(一)防洪

黄河上游的防洪,主要是利用龙羊峡水库和刘家峡水库来提高防洪标准。龙羊峡水库投入运用前,刘家峡水库防洪调度方案是:当水库入库流量大于4540立方米每秒时,水库按4540立方米每秒下泄,使兰州流量不大于6500立方米每秒;当水库水位超过百年一遇洪水位1733.9米,且入库流量继续上涨时,为保证盐锅峡水电站的安全,控制水库泄流量不大于7500立方米每秒;当水库水位超过1735.0米,开启全部泄洪设备及全部机组过水,以保证大坝安全,使万年一遇洪水位不超过1738.0米。1969年刘家峡水库投入运用后,兰州天然流量大于4000立方米每秒时,经刘家峡水库调蓄,除1981年外都控制在4000立方米每秒以内。1981年9月黄河上游发生了有实测水文资料以来的最大洪水,据推算,兰州断面最大洪峰流量可达7000立方米每秒,超过其安全泄洪量,由于龙羊峡水库围堰和刘家峡水库的调蓄,使兰州最大流量减少至5600立方米每秒,削峰1400立方米每秒,并使最大流量推迟5～6天到达,为防洪抢险赢得了时间,避免了兰州、银川、包头等工业基地及黄河沿岸广大地区遭受洪水袭击,保证了包兰铁路畅通无阻。龙羊峡水库建成后,和刘家峡水库联合调度运行,大大提高了黄河上游的防洪标准,洪水通过龙羊峡水库的调节和控制,使刘家峡水库的防汛标准由5000年一遇洪水校核标准,提高到可能最大洪水校核标准;盐锅峡1000年一遇的洪水校核标准,提高到2000年一遇洪水校核标准;八盘峡的300年一遇洪水校核标准,提高到1000年一遇洪水校核标准。1989年黄河上游发生大洪水时,龙羊峡水库刚刚建成,洪峰到达时入库流量4820立方米每秒,经过水库调蓄,洪峰削减了4065立方米每秒,出库流量仅为755立方米每秒,保证了当时贵德县围滩造田和李家峡水电站施工安全,并将刘家峡的天然洪峰流量由5120立方米每秒减少为1140立方米每秒,大大减轻了刘家峡、盐锅峡、八盘峡及兰州市的防洪压力。龙羊峡、刘家峡水库各年削减洪峰流量见表5—4和表5—5。

(二)防凌

黄河上游宁蒙河段每年都有凌汛。自刘家峡、青铜峡、盐锅峡、八盘峡等水利工程建成后,尤其是1968年刘家峡水库建成后,改变了河道水量和流量的分配规律,兰州河段常年畅流,兰州以下至青铜峡河段也很少封冻;宁蒙河段冰期虽仍封冻,但凌汛灾害也大大减轻。利用刘家峡水库防凌,主要

表 5—4 **龙羊峡水库削减洪峰流量统计表**

| 时　　间 | 洪峰流量(立方米每秒) | | 削峰比(%) |
|---|---|---|---|
| | 入　库 | 出　库 | |
| 1987.6.25 | 2490 | 616 | 75.3 |
| 1988.10.10 | 1490 | 643 | 56.9 |
| 1989.6.23 | 4820 | 755 | 84.3 |
| 1990.9.16 | 1500 | 686 | 54.3 |

表 5—5 **刘家峡水库削减洪峰流量统计表**

| 时　　间 | 洪峰流量(立方米每秒) | | 削峰比(%) |
|---|---|---|---|
| | 入　库 | 出　库 | |
| 1969.7.13 | 1875 | 1010 | 46.1 |
| 1970.8.7 | 2304 | 790 | 65.7 |
| 1971.10.8 | 2848 | 2600 | 8.7 |
| 1972.7.16 | 3138 | 2040 | 35.0 |
| 1973.6.29 | 2217 | 1680 | 24.5 |
| 1975.7.15 | 3125 | 2790 | 16.6 |
| 1976.9.2 | 4082 | 3540 | 13.3 |
| 1977.6.21 | 2019 | 1170 | 42.1 |
| 1978.9.12 | 4274 | 3320 | 22.3 |
| 1979.8.6 | 4394 | 2230 | 49.2 |
| 1980.7.16 | 2126 | 1530 | 28.0 |
| 1982.10.7 | 2560 | 2200 | 14.1 |
| 1983.7.18 | 3677 | 3660 | 0.5 |
| 1984.7.24 | 3935 | 3550 | 9.8 |
| 1985.9.24 | 3753 | 3210 | 14.5 |
| 1986.7.6 | 2965 | 2090 | 29.5 |
| 1987.8.4 | 1158 | 731 | 36.9 |
| 1988.7 | 1620 | 739 | 54.4 |
| 1989.6.25 | 1140 | 923 | 19.0 |
| 1990.8.19 | 1120 | 1040 | 7.7 |

是在开河期(15天左右)控制流量,同时利用青铜峡水库1155米高程以下库容进行调节。近20年来,控制兰州流量已从300立方米每秒,增至500立方米每秒;控制流量日期由巴彦高勒开河后提前到石嘴山预报开河的前4天,对宁蒙河段平稳开河起了很大作用。龙羊峡水库投入运用后,由于冰期流量增加较多,刘家峡水库除在开河期进行控制外还要求在封河期也进行控制,以保证封河流量不超过700立方米每秒,并要求从封河到开河期间的下泄流量平稳。这对宁蒙河段防凌起到了很大作用。但是由于造成凌汛的因素非常复杂,在淌凌封冻期或解冻开河期往往由于水库下泄流量过大所造成的灾害更为严重。为了保证黄河防凌安全,国家防汛总指挥部明确规定了"在保证凌汛安全的前提下,兼顾发电调度刘家峡的下泄流量"的调度原则。为贯彻这项原则,黄河水利委员会和黄河防汛总指挥部于1989年2月中旬派出工作组前往宁蒙实地查勘了解冰凌情况及河道堤防工程状况,广泛听取有关部门的意见。3月22～23日水利部、能源部在北京召开龙羊峡、刘家峡调度运用意见汇报会,经过讨论协商,通过如下运用意见:在一般情况下刘家峡出库流量在凌汛期元月份前后按400～500立方米每秒控制,在调度运用中可根据实际情况适当增减。1989年9月份,在调查研究的基础上黄河防汛总指挥部制定了《黄河刘家峡水库凌期水量调度暂行办法》。上述调度方案实施后,1989～1990年度凌汛期间经过刘家峡水库控制下泄流量,保证了黄河上游凌汛的安全,并且龙羊峡、刘家峡两梯级电站的发电量也突破了历史记录。

### (三)发电

从1961年11月盐锅峡第一台机组发电到1989年4月龙羊峡4台机组全部安装完毕,黄河上游5座梯级电站共装机329.4万千瓦,几十年来,为西北地区经济发展提供了大量的廉价电力,到1990年底,5座电站共发电1765.6967亿千瓦时,总产值达114.80亿元,为总投资的3.2倍。龙羊峡、刘家峡除本身取得的直接发电效益外,还进行联合补偿调节,并与盐锅峡、八盘峡、青铜峡以及西北电网的石泉、碧口进行梯级和跨流域径流电力补偿,增加了这些电站的保证出力和发电量,其经济效益十分显著。黄河上游梯级电站历年发电量见表5—6。

表 5—6　　**黄河上游水电站发电量统计表**　　单位:亿千瓦时

| 年份 | 龙羊峡 | 刘家峡 | 盐锅峡 | 八盘峡 | 青铜峡 | 合计 |
|---|---|---|---|---|---|---|
| 1961 | | | 0.04 | | | 0.04 |
| 1962 | | | 1.88 | | | 1.88 |
| 1963 | | | 2.60 | | | 2.60 |
| 1964 | | | 2.93 | | | 2.93 |
| 1965 | | | 5.44 | | | 5.44 |
| 1966 | | | 10.03 | | | 10.03 |
| 1967 | | | 10.18 | | | 10.18 |
| 1968 | | | 10.89 | | 1.1077 | 11.9977 |
| 1969 | | 2.73 | 11.05 | | 1.8841 | 15.6641 |
| 1970 | | 9.46 | 12.05 | | 2.6241 | 24.1341 |
| 1971 | | 16.27 | 11.99 | | 4.6833 | 32.9433 |
| 1972 | | 16.24 | 15.03 | | 5.3720 | 36.6420 |
| 1973 | | 30.07 | 16.42 | | 6.6603 | 53.1503 |
| 1974 | | 39.61 | 17.63 | | 7.8977 | 65.1377 |
| 1975 | | 46.50 | 19.01 | 1.11 | 7.4573 | 74.0773 |
| 1976 | | 47.90 | 19.31 | 5.66 | 10.0686 | 82.9386 |
| 1977 | | 48.07 | 19.03 | 6.98 | 9.1079 | 83.1879 |
| 1978 | | 42.04 | 17.73 | 6.79 | 9.0527 | 75.6127 |
| 1979 | | 45.35 | 18.59 | 7.29 | 9.7756 | 81.0056 |
| 1980 | | 42.84 | 18.30 | 8.12 | 9.0822 | 78.3422 |
| 1981 | | 46.77 | 19.46 | 8.11 | 9.6318 | 83.9718 |
| 1982 | | 54.92 | 21.68 | 9.01 | 10.5574 | 96.1674 |
| 1983 | | 56.31 | 22.11 | 9.38 | 10.9273 | 98.7273 |
| 1984 | | 55.02 | 21.67 | 9.56 | 10.9984 | 97.2484 |
| 1985 | | 51.88 | 20.80 | 9.60 | 10.6688 | 92.9488 |
| 1986 | | 50.03 | 18.85 | 8.85 | 7.7412 | 85.4712 |
| 1987 | 4.75 | 37.81 | 16.12 | 8.08 | 7.8741 | 74.6341 |
| 1988 | 28.7 | 32.86 | 15.27 | 8.22 | 8.3115 | 93.3615 |
| 1989 | 41.98 | 54.17 | 21.59 | 9.81 | 12.1477 | 139.6977 |
| 1990 | 55.1892 | 55.9975 | 21.5364 | 10.0132 | 10.7987 | 153.5350 |
| 小计 | 130.6192 | 882.8475 | 439.2164 | 126.5832 | 186.4304 | 1765.6967 |

### （四）灌溉

宁夏、内蒙古自治区黄河两岸，年降水量仅200毫米左右，而年蒸发量却在2000毫米以上。因此这些地方没有灌溉就没有农业生产。虽然远在秦汉时代就开始修渠引黄河水灌溉，但水源无保证，灌溉事业发展缓慢。1958年、1959年宁夏、内蒙古先后修建了青铜峡水利枢纽和三盛公水利枢纽，结束了无坝引水的历史，使渠道引水得到了保证，扩大了灌溉面积，粮食单产和总产量大幅度提高。1969年刘家峡水库蓄水运用后，每年预留8～12亿立方米水量为宁夏、内蒙古灌区补水，使兰州5月份平均流量由建库前的922立方米每秒增至建库后的1042立方米每秒，充分、适时地满足了灌溉用水的需要，使宁夏、内蒙古灌区用水保证率大大提高，如青铜峡灌区1959年引水量仅34.5亿立方米，刘家峡、青铜峡水利枢纽建成后引水量稳定在50亿立方米以上。内蒙古河套灌区，年引水量也达到50亿立方米以上（刘家峡水库历年春灌补水情况见表5—7）。此外，沿黄河两岸还修建多处大型电力提水灌区，这些提水灌溉工程的兴建，使粮食产量大幅度提高，昔日不毛之地今日都变成了米粮川，为解决甘、宁、内蒙三省（区）黄河沿岸缺水、粮食增产及农、林、牧、副业全面发展和人民脱贫致富创造了良好的条件。随着龙羊峡水库的运用，这些地区的用水保证率更加提高，按照规划，还可常年保证河口镇的流量不小于250立方米每秒，兼顾下游用水要求，使沿黄工农业用水及城市特别是包钢的供水得到了保证。

表5—7　**刘家峡水库历年春灌期补水情况统计表**

| 年份 | 5月补水量（亿立方米） | | | | 6月补水量（亿立方米） | | | | 合计 |
|---|---|---|---|---|---|---|---|---|---|
| | 上旬 | 中旬 | 下旬 | 月 | 上旬 | 中旬 | 下旬 | 月 | |
| 1969 | 0.1 | 2.52 | / | 2.62 | 2.18 | 0.27 | 0.56 | 3.01 | 5.63 |
| 1970 | / | 1.48 | 4.14 | 5.62 | 0.53 | / | / | 0.53 | 6.15 |
| 1971 | 2.80 | 5.61 | 6.17 | 14.58 | 4.57 | 1.31 | / | 5.88 | 20.46 |
| 1972 | 0.57 | / | 1.06 | 1.63 | / | 2.83 | / | 2.83 | 4.46 |
| 1973 | 1.30 | 1.52 | 0.32 | 3.14 | 0.49 | 1.38 | 0.18 | 2.05 | 5.19 |
| 1974 | 3.07 | 3.05 | / | 6.12 | / | / | / | / | 6.12 |
| 1975 | 0.83 | 1.45 | 1.06 | 3.34 | / | / | / | / | 3.34 |
| 1976 | 1.26 | 3.80 | 2.03 | 7.09 | / | / | / | / | 7.09 |

续表 5—7

| 年 份 | 5月补水量(亿立方米) | | | | 6月补水量(亿立方米) | | | | 合 计 |
|---|---|---|---|---|---|---|---|---|---|
| | 上旬 | 中旬 | 下旬 | 月 | 上旬 | 中旬 | 下旬 | 月 | |
| 1977 | 1.51 | 0.18 | / | 1.69 | 2.89 | 1.73 | / | 4.62 | 6.31 |
| 1978 | 2.52 | 4.14 | 2.50 | 9.16 | / | / | / | / | 9.16 |
| 1979 | 4.34 | 4.62 | 1.88 | 10.84 | / | 0.69 | 0.20 | 0.89 | 11.73 |
| 1980 | 2.38 | 3.34 | 1.63 | 7.35 | 1.82 | 0.92 | / | 2.74 | 10.09 |
| 1981 | 2.20 | 2.79 | 5.04 | 10.03 | 1.01 | / | / | 1.01 | 11.04 |
| 1982 | 1.94 | 1.06 | 0.72 | 3.72 | / | / | / | / | 3.72 |
| 1983 | 3.40 | 0.65 | / | 4.05 | / | / | / | / | 4.05 |
| 1984 | 2.04 | 2.20 | 1.77 | 6.01 | 2.18 | 0.56 | / | 2.74 | 8.75 |
| 1985 | | | | 6.59 | | | | 4.00 | 10.59 |
| 1986 | 2.59 | 1.86 | / | 4.45 | / | / | / | / | 4.45 |
| 1987 | 3.52 | 2.15 | 0.21 | 5.88 | | | | | 5.88 |
| 1988 | 2.39 | 2.61 | 2.96 | 7.96 | | 1.64 | 0.11 | 1.27 | 9.23 |
| 1989 | | | | 3.77 | | | | / | 3.77 |
| 1990 | | | | 2.78 | | | | 6.27 | 9.05 |

## 二、中下游地区

黄河中下游地区的水量调度主要是利用三门峡水库有限的库容进行水量调节。三门峡水库是以防洪、防凌为主,兼有灌溉、发电等综合效益的大型工程,1960年投入运用后,库区淤积严重,经过改建并改变了运用方式,使部分库容得到了恢复,发挥了综合效益。

三门峡水库随着增建与改建,水库经历了三个运用期,即蓄水运用(1960年9月～1962年3月)、滞洪排沙运用(1962年3月～1973年10月)和蓄清排浑调水调沙运用(1973年10月以后)。20年来,三门峡水库的调度运用是按照1969年陕、晋、豫、鲁四省会议确定的原则,结合黄河的水沙实际情况与经济发展对水资源利用日益增长的要求情况进行的。

## (一)防洪

1969 年在三门峡召开四省会议,确定了三门峡水库改建后的防洪运用原则,即当上游发生特大洪水时敞开闸门泄洪,当花园口可能发生超过 22000 立方米每秒洪水时,应根据上下游来水情况,关闭部分或全部闸门,增建的泄水孔原则上应提前关闭,以防增加下游负担。水库防洪运用允许最高水位 335 米,汛期平水期控制在 305～300 米。根据设计洪水确定的三门峡水库防洪运用方案如表 5—8。

表 5—8 **三门峡水库防洪运用方案表**

| 洪水等级 | | 洪水典型 | 入库最大流量(立方米每秒) | 三门峡水库 | | | 出库最大流量(立方米每秒) | 三花间最大流量(立方米每秒) | 花园口洪峰流量(立方米每秒) | |
|---|---|---|---|---|---|---|---|---|---|---|
| | | | | 运用方式 | 最高库水位(米) | 蓄水量(亿立方米) | | | 有三门峡水库 | 无三门峡水库 |
| 上大洪水 | 万年一遇 | 1933 | 52300 | 敞泄 | 334.1 | 52.7 | 14900 | 9300 | 24200 | 55000 |
| | 千年一遇 | 1933 | 40000 | 敞泄 | 330.5 | 33.4 | 14200 | 8110 | 22100 | 42300 |
| | 百年一遇 | 1933 | 27500 | 敞泄 | 324.8 | 16.4 | 13000 | 6170 | 18200 | 29300 |
| 下大洪水 | 最大可能 | 1958 | 13800 | 关门四天 | 333.5 | 47.4 | | 45000 | 45700 | 55400 |
| | 千年一遇 | 1958 | 12600 | 关门三天 | 329.3 | 28.1 | | 28400 | 32800 | 37800 |
| | 百年一遇 | 1958 | 11100 | 关门三天 | 327.8 | 23.0 | | 18800 | 23900 | 27000 |

三门峡水库建成后黄河下游没有发生超过堤防设防标准的大洪水,未曾进行关门拦洪,水库汛期运用比较单一,1980 年以前均在发电水位下敞泄排沙,只是在 1975 年及 1976 年 9～10 月份为保护下游滩区生产承担过短期滞洪任务。除水库因受泄流规模所限,当入库洪水超过控制水位相应泄量时,或因闸门启闭设备限制等原因以外,一般年份三门峡水库汛期平均水位均在 303～304 米之间。只有 1980 年、1986 年、1988 年三年汛期平均水位较低,约为 302 米。1961 年 10 月 2 日水库最高蓄水位为 332.53 米。由于水库常处于滞洪状态,因而削减了出库洪峰流量,在一定程度上缓解了黄河下

游防洪抢险的紧张局面，减少了下游漫滩受淹机率，获得了较为显著的经济效益和社会效益。

### (二)防凌

三门峡水库防凌蓄水运用方式大体上经历了两个时段，即1974年以前的开河期控制运用阶段和1974年以后的凌期全面调节阶段。

开河期控制运用，主要是在预报下游行将开河时，开始控制下泄流量，以减少下游河槽的蓄水量；到开河前，进一步减小出库流量，直至关闭闸门，以减少凌峰流量，为文开河创造条件。防凌运用限制水位为326米，如遇下游凌汛严重，经报请国务院批准后，水位可提高到328米。1968年因刘家峡水库闸门发生故障，使三门峡水库入库水量增加，三门峡水库防凌运用水位曾达到327.91米。在这一阶段中的1967、1969、1970年，三年的凌汛都较严重，冰量0.9～1.4亿立方米，封河上界都到达开封以上，由于运用三门峡控制下泄流量，使黄河下游安全渡过了凌汛。

到1973～1974年度，进入三门峡水库凌期全面调节阶段。即在凌汛前(一般从11月下旬至12月上旬)预蓄一部分水量，用以适当提高下游封冻时流量，增加封冻后冰下过流能力，避免小流量封河。凌前蓄水也经历了两个时段：1979年以前蓄水量较多，库水位在320米左右，最高的1978年达321.07米，蓄水量7亿立方米左右。出库流量600～700立方米每秒。补水时间也较长，有的年份补至元月中旬还未补足，此时正值下游最低气温，一旦大流量封河就容易漫滩，对库区淤积也产生不利影响。自1980年冬开始，改用凌前少蓄水方式，蓄水水位在315米左右，最多不超过317米，下泄流量控制在500立方米每秒左右，一般补水约2亿立方米。下游河道封冻后，水库进入蓄水阶段，多年平均运用50天左右，最长运用达73天。最多1976～1977年度，水库蓄水量达18亿立方米。这一阶段三门峡下泄流量要求均匀下泄，同时根据下游封冻情况，由大到小逐级控制下泄流量，全河开通前10天左右，出库流量逐步加大，尽量压低水库防凌运用水位。历年凌汛期三门峡水库运用情况见表5—9。

黄河下游凌汛在历史上曾多次决口。据不完全统计，自1883年至1936年的54年中，黄河下游就有21年发生凌汛决口，口门多达40多处，平均5年就有2次决口。人民治黄以来，也曾有1951、1955年两次在河口地区的王庄和五庄两处决口成灾。而1960年三门峡水库投入运用后黄河下游未发生一次决口。通过调度减少了河槽蓄水量，保持了封河前后流量稳定和一定的

表 5—9　**三门峡水库历年防凌运用情况表**

| 年度 | 关闸 | | 开闸 | | 控制运用（天） | | 最高蓄水位（米） | 关闸运用后的蓄水量（亿立方米） |
|---|---|---|---|---|---|---|---|---|
| | 月、日 | 蓄水量（亿立方米） | 月、日 | 蓄水量（亿立方米） | 天数 | 其中：全关 | | |
| 1962～1963 | 2、2 | 0.11 | 2、22 | 6.9 | 20 | 16 | 317.15 | 6.8 |
| 1963～1964 | 2、1 | 0.02 | 3、7 | 11.7 | 35 | 19 | 321.93 | 11.7 |
| 1966～1967 | 1、20 | 0 | 2、21 | 11.4 | 32 | 25 | 325.20 | 11.4 |
| 1967～1968 | 1、17 | 0.03 | 3、4 | 17.8 | 47 | 0 | 327.91 | 17.8 |
| 1968～1969 | 1、25 | 0 | 3、18 | 18.0 | 53 | 10 | 327.72 | 18.0 |
| 1969～1970 | 1、24 | 0 | 1、31 | 9.3 | 61 | 7 | 323.31 | 9.3 |
| 1970～1971 | 2、13 | 0 | 3、11 | 10.6 | 31 | 20 | 323.42 | 10.6 |
| 1973～1974 | 1、15 | 1.50 | 2、25 | 16.3 | 41 | 0 | 324.81 | 14.8 |
| 1975～1976 | 12、27 | 1.10 | 2、12 | 3.8 | 47 | 0 | 315.08 | 2.7 |
| 1976～1977 | 1、10 | 1.10 | 3、2 | 18.3 | 51 | 0 | 325.99 | 17.2 |
| 1977～1978 | 1、20 | 1.10 | 2、21 | 8.2 | 33 | 0 | 320.81 | 7.1 |
| 1978～1979 | 1、22 | 1.10 | 2、19 | 11.7 | 29 | 0 | 322.98 | 10.6 |
| 1979～1980 | 1、21 | 1.10 | 2、29 | 9.09 | 39 | 0 | 321.35 | 7.99 |
| 1980～1981 | 1、13 | 1.10 | 2、21 | 10.9 | 40 | 0 | 322.51 | 9.8 |
| 1981～1982 | 1、22 | 1.10 | 2、20 | 11.5 | 29 | 0 | 322.73 | 10.4 |
| 1982～1983 | 2、1 | 2.9 | 2、18 | 7.52 | 18 | 0 | 320.41 | 4.62 |
| 1983～1984 | 1、6 | 1.48 | 3、2 | 15.4 | 55 | 0 | 324.58 | 13.92 |
| 1984～1985 | 1、16 | 1.70 | 3、10 | 16.3 | 53 | 0 | 324.99 | 14.6 |
| 1985～1986 | 12、31 | 1.93 | 2、20 | 11.6 | 51 | 0 | 322.63 | 9.67 |
| 1986～1987 | 1、16 | 1.55 | 2、26 | 6.43 | 36 | 0 | 319.70 | 4.88 |
| 1987～1988 | 2、6 | 3.93 | 2、24 | 6.61 | 19 | 0 | 319.81 | 2.68 |
| 1988～1989 | 12、24 | 0.88 | 1、2 | 1.84 | 10 | 0 | 319.02 | 1.04 |
| 1989～1990 | 1、25 | 2.01 | 2、15 | 8.35 | 21 | 0 | 321.25 | 6.34 |

冰下过流能力，使得多数年份平稳解冻开河，在很大程度上减轻了黄河下游的凌汛威胁，特别是保证了1966～1967、1968～1969、1969～1970和1976～1977年度严重凌汛情况下没有决口，取得了显著的经济效益和社会效益。将自1960年以来有无三门峡水库调蓄运用情况下黄河下游所减免的凌灾损失按社会折现率累计折算至1988年初，当社会折现率为7%时，得到的三门峡水库的防凌经济效益现值为7.39亿元；当社会折现率为10%时，其值为11.23亿元。

## （三）灌溉

1970年三门峡水库开始进行春灌蓄水。三门峡水库灌溉蓄水运用一般与防凌蓄水结合进行，即在下游凌汛结束后，控制库水位保持在317～320米间，存蓄水约5～7亿立方米，3月底4月初再存蓄宁蒙河段开河后的桃汛水量，一般年份蓄到水位324米（约14亿立方米），到5、6月间将这部分水量补给下游豫鲁两省引黄灌区春灌用水和沿黄城市及胜利油田、中原油田的生产、生活用水。对于春灌蓄水运用方式，大致也以1980年为界分两个时期：1980年以前春灌水位较高，一般都超过324米，最高为1977年的325.32米。由于水位高、时间长，致使潼关河床淤积加重。1980年以后对春灌运用方式作了一些调整，确定春灌最高蓄水位一般不超过324米，其中1985年和1986年因底孔改建施工需要，春灌最高水位不超过326米；其次是为了充分发挥桃汛冲刷潼关河床的作用，在防凌结束后，把防凌时的蓄水泄放一部分，使桃汛开始时库区水位下降至318米左右，待桃汛开始冲刷潼关河床后再蓄水至324米，以补给5～6月份下游灌区引水，至6月下旬泄至水位310米左右，以适应汛期调洪。历年春灌蓄水情况见表5—10。

三门峡水库在1973年至1990年的18年春灌蓄水运用期间，水库蓄水总量242.57亿立方米，春灌关键季节5、6两月向河南、山东两省沿黄灌区春灌补水189.41亿立方米，占同期引水的41%，为河南、山东两省粮食丰收起了很大的作用。据估算将自1973年以来各年的灌溉增产效益按社会折现率7%折算至1988年初，可得到三门峡水利枢纽工程春灌补水总的经济效益折现值为6.70亿元；若采用10%的社会折现率，则得到春灌补水总的经济效益折现值为8.55亿元。此外，1972年以来，天津市因用水严重不足，先后5次由黄河引水17.5亿立方米，可增加工业产值500多亿元。

表 5—10 **三门峡水库历年春灌蓄水有效水量统计表**

| 年份 | 水库春灌蓄水 | | 水库补水量（亿立方米） | | 水库泄水量（亿立方米） | | 灌溉引水量（亿立方米） | |
|---|---|---|---|---|---|---|---|---|
| | 水位（米） | 水量（亿立方米） | 5月 | 6月 | 5月 | 6月 | 5月 | 6月 |
| 1973 | 326.03 | 18.8 | 6.28 | 0.62 | 22.29 | 20.42 | 12.179 | 9.945 |
| 1974 | 323.42 | 13.85 | 2.77 | 6.96 | 22.03 | 13.47 | 15.947 | 9.905 |
| 1975 | 323.99 | 12.8 | 6.56 | 5.20 | 22.54 | 14.63 | 12.005 | 8.905 |
| 1976 | 324.50 | 15.8 | —1.75 | 8.63 | 19.80 | 22.55 | 17.177 | 13.784 |
| 1977 | 325.32 | 17.6 | 8.9 | 5.8 | 29.5 | 20.1 | 14.523 | 13.892 |
| 1978 | 324.25 | 13.7 | 5.2 | 3.12 | 22.7 | 10.5 | 18.887 | 9.673 |
| 1979 | 324.55 | 14.7 | 7.0 | 5.85 | 20.6 | 9.64 | 14.912 | 9.468 |
| 1980 | 323.94 | 13.9 | 4.2 | 6.1 | 18.5 | 16.4 | 14.780 | 7.932 |
| 1981 | 323.57 | 12.85 | 9.48 | 0.11 | 18.9 | 7.88 | 17.253 | 9.118 |
| 1982 | 323.94 | 14.0 | 6.9 | 3.8 | 23.2 | 26.8 | 18.331 | 9.647 |
| 1983 | 323.73 | 13.35 | 1.4 | 8.2 | 29.8 | 34.2 | 9.351 | 13.644 |
| 1984 | 323.34 | 12.50 | 8.6 | 2.4 | 27.9 | 25.5 | 17.034 | 8.030 |
| 1985 | 319.90 | 7.05 | 1.9 | 4.2 | 25.5 | 25.4 | 7.874 | 8.883 |
| 1986 | 319.96 | 7.25 | 3.9 | —1.1 | 17.6 | 19.8 | 16.120 | 11.302 |
| 1987 | 323.73 | 13.42 | 7.0 | 5.2 | 17.8 | 25.4 | 16.78 | 10.90 |
| 1988 | 324.03 | 13.32 | 7.1 | 2.9 | 21.5 | 17.2 | 18.003 | 15.087 |
| 1989 | 324.00 | 13.78 | 9.26 | 4.89 | 30.15 | 19.72 | 18.02 | 14.68 |
| 1990 | 323.99 | 13.90 | 8.89 | 3.89 | 35.08 | 29.81 | 15.86 | 13.11 |

## （四）发电

三门峡水利枢纽工程 5 台机组总容量 25 万千瓦，设计年发电量 12 亿千瓦时。自 1973 年底第一台机组投入运用以来到 1990 年共发电 149.43 亿千瓦时，其中 1989 年发电 12.49 亿千瓦时，创历史最高水平。历年发电情况见表 5—11。

表5—11 **三门峡水电站发电量统计表**

| 年　份 | 发电量（亿千瓦时） | 年　份 | 发电量（亿千瓦时） | 年　份 | 发电量（亿千瓦时） |
| --- | --- | --- | --- | --- | --- |
| 1973 | 0.03 | 1979 | 8.38 | 1985 | 10.93 |
| 1974 | 3.23 | 1980 | 8.74 | 1986 | 10.30 |
| 1975 | 3.49 | 1981 | 9.42 | 1987 | 9.60 |
| 1976 | 5.27 | 1982 | 11.07 | 1988 | 9.27 |
| 1977 | 7.13 | 1983 | 11.52 | 1989 | 12.49 |
| 1978 | 7.67 | 1984 | 10.75 | 1990 | 10.14 |

三门峡水电站自1973年12月开始发电经历了两个时段：1980年7月以前为全年发电运行，但由于黄河汛期含沙量大，汛期发电使机组磨损严重，检修工作量大为增加，经济效益也随之降低，并带来了一系列问题。故自1980年后汛期暂停发电，改全年发电为非汛期发电，提高了安全经济发电运行，使三门峡水电厂年发电量稳定在10亿千瓦时的水平，取得了显著的经济效益。

天桥水电站为径流式发电站，自1979年至1990年共发电51.46亿千瓦时。历年发电量见表5—12。

表5—12 **天桥水电站发电量统计表**

| 年　份 | 发电量（亿千瓦时） | 年　份 | 发电量（亿千瓦时） |
| --- | --- | --- | --- |
| 1979 | 3.10 | 1985 | 5.50 |
| 1980 | 3.30 | 1986 | 5.01 |
| 1981 | 3.40 | 1987 | 3.57 |
| 1982 | 3.67 | 1988 | 4.28 |
| 1983 | 4.23 | 1989 | 6.15 |
| 1984 | 4.45 | 1990 | 4.80 |

# 第三章　节约用水

节约用水是社会经济发展的客观需要，是中国长期应坚持的一项基本国策。黄河流域由于水资源紧张，供需矛盾尖锐，更应树立节水观念，节约用水。在农业用水上，建设节水型农业，调整农业生产布局，完善工程配套，建立合理的灌溉制度，巧浇"关键水"；在工业用水上，减少单位产品耗水量，提高水的重复利用率等都是节约用水的重要措施。同时实行计划用水、征收水费和水资源费是节约用水的重要管理手段。

## 第一节　计划用水

黄河用水可分为河道外用水和河道内用水。河道外用水为消耗水，包括工业、农业、农村人畜和城镇生活用水；河道内用水一般不消耗水，主要是水力发电、航运、冲淤、渔业用水和水上娱乐等。

黄河上主要是河道外用水。河道外用水中工业和城市人民生活用水量在全部用水中所占的比例很小，农业用水量在全部用水中所占的比例最大。据统计，1980 年农业用水占总用水量的 96%，1988 年占 93.4%。因此，以下所述的节约用水，主要是指农业灌溉的用水。

在中国古代史书中很早就有对黄河流域农业灌溉实行计划用水的记载。北魏时，刁雍主持开凿艾山渠后，规定灌溉用水制度："一旬之间，则水一遍，水凡四溉，谷得成实。"使当时青铜峡以上的黄河两岸地区出现了万顷良田。到了唐代，为了保证适时灌溉，节约用水，也制定了一套比较具体的用水制度："用水灌溉之处，皆安斗门。""凡浇田皆仰预知顷亩，依次取用。"并对灌溉与碾硙（水力机具，用以碾粮）的关系订出了"先尽百姓灌溉"的管水规定。对地方官吏和渠长、斗门长等管水专职人员的职责也作了具体规定："每渠及斗门置长各一人，至溉田时，乃令节其用水之多少，均其溉焉。每岁府县差官一人，以督察之，岁终录其功以为考课。"清代汾河灌区用水的规章制度中规定："凡筑堰者必须呈请官厅批准，方可兴筑，按该年筑堰数目，分配一百三十五日之用水日程。"到了民国年间，对计划用水比以往的规定更为具体、更为明确，如民国元年的《河套灌区章程》有："各渠浇水，春冬两季均行放稍，祗许平口浇灌不准堵闸筑坝。其余各水按照净地每闸定有日期，期满之日此关彼放。如此次由口轮稍，彼次由稍轮口，轮流灌溉，弗得争执。"民国19年(1930年)1月，行政院公布的《河川法》对河川管理、使用、防卫、水费征收等作了规定。民国31年(1942年)正式公布了《水利法》，对水权、水权登记、水利事业、水之蓄泄等管理工作都作了详细规定。民国33年(1944年)制定的《灌溉事业管理养护规划》中，规定管理机关的职责是："规定水量分配和用水次序，规定各处农田的每次用水量和灌溉周期，制定水费征收标准"等。

中华人民共和国成立以后，黄河治理开发进入了一个新时期，计划用水制度也逐步完善。沿黄各省(区)在科学试验的基础上摸索经验，积累资料，对旧的给水制度不断进行改革，改变了落后的大水漫灌方式，由粗放形逐步向科学化发展。内蒙古河套灌区1950年开始提出"浅浇快轮，八成关口；平地打堰，集中用水"的用水原则，提高了灌溉管理水平。汾河灌区1958年就提出"灌水定额，以亩分水，以水计时，洪水季节水大分散，水小集中"的配水制度，实行水权下放，以亩分水，扭转了大水漫灌。1963年又实行水量统一管理，统一调配，提出了用水前30天向灌区交呈用水计划，灌区根据各用水计划，制定总配水计划方案。关中灌区从1953年起就对小麦、玉米等主要农作物按照不同年份分别拟定了不同的灌溉制度，用水计划执行的原则是"水权集中，统一调配，分级管理，斗为基础"，在执行用水计划过程中，坚持浪费不补、节约归已。进入80年代以后，沿黄各省(区)计划用水都初步形成了详细的规章制度。内蒙古河套灌区1982年开始推行"定时间，定水量，定灌溉面积"的配水制度；宁夏回族自治区的《水利管理办法》规定："引黄灌区各大干渠及固海扬水渠系，开停时间必须水利厅审批；各大干渠的引水量，由自治区水利厅调节。"山西省1982年制定的《水利工程管理办法》规定"各工程管理单位，要执行水权集中，调度统一"的原则，农业灌溉用水"要根据各种作物种植面积，合理调配水量，对浪费水的要采取限供、停供办法"，"所有用水单位实行预购水票、凭票供水的办法，建立健全用水单耗考核制度"等。1980年陕西省人民政府颁发的《陕西省水利管理试行条例》规定："所有灌区都要实行计划用水，坚持'水权集中，统一调配，分级管理'的原则，水量调配统一由管理单位或专管人员负责，其他任何单位或个人不得随意调配指挥。"甘肃、青海两省也对计划用水制定了大致相同的规定。

黄河下游两岸灌区在大跃进时期破坏了用水管理制度，大引大灌，造成土地盐碱化的严重后果。复灌后，各灌区都加强了用水管理、计划用水。

1981年8月26日，黄河水利委员会转发了水利部《关于加强黄河下游引黄灌溉管理工作的通知》，要求"河南山东两省引黄灌区从试行按已定的用水计划由灌区负责人签票开闸放水责任制"。使用用水签票具体办法是："引黄涵闸、虹吸管由黄河水利委员会所属的相关河务局负责管理。灌区用水由灌区管理单位签票申请，其他任何单位、任何人都不得直接指挥开闸放水；用水签票是黄河涵闸和虹吸放水的凭证，由各用水单位指定专人负责掌管签票、联系放水；在放水前两天将用水签票送到相关的黄河河务局；黄河河务局依据经过批准的用水计划和签票的用水量放水并进行记录，以备结算，水量放够即关闸(停水前1～2天要通知用水单位)；在引水过程中，如果需要调整流量或临时停水、提前停水，用水单位可用电话直接与放水单位联系调整。"

上述办法的颁布实施，推动了黄河下游引黄灌区计划用水的全面开展，但在实施过程中，涵闸启闭运用，经常受地方政府行政干预，加之涵闸管理部门执行不力，致使计划用水与实际引水不相符，大旱之年引水更无法控制。而凌汛期为了保证有足够的流量封河，要求涵闸控制引水时，往往出现大量引水，造成小流量封河的被动局面。

## 第二节　用水统计

用水统计包括用水调查和资料整理、分析。中华人民共和国成立以后为开展黄河水资源利用规划，进行黄河流域水资源评价，曾多次对黄河用水情况进行调查，如1954、1962、1969、1982、1985年的用水调查。1985年在进行黄河流域片水资源评价时，曾由沿河各省(区)分别进行统计并由黄河水利委员会汇总。20世纪80年代后期，沿黄各省(区)水利部门都统计了各自的工农业等用水情况，并发布了水资源公报，但由于工业及城市人民生活用水由城市建设部门管理，因而有些省(区)的水资源公报中对工业及城市人民生活用水统计不全。

为了使用水统计工作制度化、规范化，1991年5月上旬，黄河水利委员会在郑州召开了黄河用水统计工作会议，同沿河各省(区)水利厅商讨了黄河用水统计工作方法、内容。同月，黄河水利委员会向沿河各省(区)颁发了

《黄河用水统计暂行规定》,明确了黄河用水统计的范围、内容和形式。规定黄河用水统计的范围包括沿河各省(区)引用黄河干支流的河川水和从黄河流域抽取地下水的取水量和耗水量。按用途分农业、工业、城市人民生活、农村人畜及水力发电等5项用水。用水量按取用水量和耗用水量分别统计。

根据沿黄各省(区)提供的用水统计资料及其他有关资料进行综合分析,黄河水利委员会水政水资源局于1991年提出了1988年黄河用水公报,首次向沿黄各省(区)和有关部门发布。随又发布了1989、1990年的黄河用水公报。兹将1989年、1990年的黄河用水统计表摘要列举如下(见表5—13～表5—16)。

表5—13　**1989、1990年黄河用水情况表**　单位:亿立方米

| 年份 | 项目 | 合计 | | 农业 | | 工业 | | 城市生活 | | 农村生活及其他 | |
|---|---|---|---|---|---|---|---|---|---|---|---|
| | | 取水量 | 耗水量 | 取水量 | 耗水量 | 取水量 | 耗水量 | 取水量 | 耗水量 | 取水量 | 耗水量 |
| 一九八九 | 地表水 | 426.39 | 333.76 | 391.62 | 310.70 | 24.76 | 13.70 | 3.72 | 3.23 | 6.29 | 6.13 |
| | 地下水 | 110.18 | 93.01 | 60.78 | 58.00 | 31.00 | 20.45 | 9.41 | 5.84 | 8.99 | 8.72 |
| | 合计 | 536.57 | 426.77 | 452.40 | 368.70 | 55.76 | 34.15 | 13.13 | 9.07 | 15.28 | 14.85 |
| 一九九〇 | 地表水 | 363.97 | 278.35 | 334.19 | 255.65 | 19.51 | 13.35 | 4.28 | 3.62 | 5.99 | 5.73 |
| | 地下水 | 105.87 | 90.14 | 55.05 | 52.71 | 32.06 | 21.98 | 8.98 | 5.94 | 9.78 | 9.51 |
| | 合计 | 469.84 | 368.49 | 389.24 | 308.36 | 51.57 | 35.33 | 13.26 | 9.56 | 15.77 | 15.24 |

表5—14

**1989、1990年沿黄省(区)用水情况表**

单位:亿立方米

| 年份 | 项目 | | 全河 | | 青海 | | 甘肃 | | 宁夏 | | 内蒙古 | | 陕西 | | 山西 | | 河南 | | 山东 | |
|---|---|---|---|---|---|---|---|---|---|---|---|---|---|---|---|---|---|---|---|---|
| | | | 取水量 | 耗水量 | 取水量 | 耗水量 | 取水量 | 耗水量 | 取水量 | 耗水量 | 取水量 | 耗水量 | 取水量 | 耗水量 | 取水量 | 耗水量 | 取水量 | 耗水量 | 取水量 | 耗水量 |
| 一九八九 | 地表水 | 干流 | 336.75 | 264.79 | 0.88 | 0.62 | 13.08 | 10.94 | 80.70 | 32.30 | 70.16 | 58.69 | 0.48 | 0.48 | 1.62 | 1.62 | 37.80 | 28.11 | 132.03 | 132.03 |
| | | 支流 | 89.64 | 68.97 | 12.84 | 9.21 | 13.95 | 12.32 | 1.92 | 1.81 | 1.87 | 1.87 | 24.46 | 19.10 | 12.78 | 12.78 | 19.06 | 9.12 | 2.76 | 2.76 |
| | | 小计 | 426.39 | 333.76 | 13.72 | 9.83 | 27.03 | 23.26 | 82.62 | 34.11 | 72.03 | 60.56 | 24.94 | 19.58 | 14.40 | 14.40 | 56.86 | 37.23 | 134.79 | 134.79 |
| | 地下水 | | 110.18 | 93.01 | 3.08 | 2.54 | 10.50 | 8.22 | 5.73 | 3.81 | 10.71 | 10.70 | 22.09 | 17.53 | 19.56 | 19.56 | 26.98 | 19.12 | 11.53 | 11.53 |
| | 合计 | | 536.57 | 426.77 | 16.80 | 12.37 | 37.53 | 31.48 | 88.35 | 37.92 | 82.74 | 71.26 | 47.03 | 37.11 | 33.96 | 33.96 | 83.84 | 56.35 | 146.32 | 146.32 |
| 一九九〇 | 地表水 | 干流 | 281.73 | 212.87 | 0.88 | 0.62 | 13.25 | 11.08 | 79.00 | 33.56 | 74.56 | 62.45 | 0.70 | 0.70 | 1.71 | 1.71 | 32.86 | 23.98 | 78.77 | 78.77 |
| | | 支流 | 82.24 | 65.48 | 13.04 | 9.37 | 14.25 | 12.54 | 1.97 | 1.86 | 2.19 | 2.19 | 22.86 | 17.81 | 10.59 | 10.59 | 15.19 | 8.97 | 2.15 | 2.15 |
| | | 小计 | 363.97 | 278.35 | 13.92 | 9.99 | 27.50 | 23.62 | 80.97 | 35.42 | 76.75 | 64.64 | 23.56 | 18.51 | 12.30 | 12.30 | 48.05 | 32.95 | 80.92 | 80.92 |
| | 地下水 | | 105.87 | 90.14 | 3.24 | 2.67 | 10.82 | 8.49 | 5.94 | 3.97 | 12.03 | 11.93 | 21.67 | 17.49 | 20.71 | 20.71 | 21.14 | 14.56 | 10.32 | 10.32 |
| | 合计 | | 469.84 | 368.49 | 17.16 | 12.66 | 38.32 | 32.11 | 86.91 | 39.39 | 88.78 | 76.57 | 45.23 | 36.00 | 33.01 | 33.01 | 69.19 | 47.51 | 91.24 | 91.24 |

表5—15　**1989、1990年各分区地表水利用情况表**　单位：亿立方米

| 年份 | 分区 | 合计 | | 农业 | | 工业 | | 城市生活 | | 农村生活及其他 | |
|---|---|---|---|---|---|---|---|---|---|---|---|
| | | 取水量 | 耗水量 | 取水量 | 耗水量 | 取水量 | 耗水量 | 取水量 | 耗水量 | 取水量 | 耗水量 |
| 一九八九 | 河源～龙羊峡 | 1.73 | 1.29 | 1.47 | 1.03 | 0.01 | 0.01 | | | 0.25 | 0.25 |
| | 龙羊峡～兰州 | 22.49 | 17.30 | 17.77 | 13.88 | 3.60 | 2.44 | 0.28 | 0.19 | 0.84 | 0.79 |
| | 兰州～河口镇 | 163.47 | 102.27 | 159.54 | 99.25 | 3.29 | 2.43 | 0.38 | 0.34 | 0.26 | 0.25 |
| | 河口镇～龙门 | 5.61 | 4.56 | 4.56 | 3.83 | 0.49 | 0.30 | 0.25 | 0.12 | 0.31 | 0.31 |
| | 龙门～三门峡 | 42.18 | 36.46 | 36.75 | 31.94 | 3.26 | 2.62 | 0.35 | 0.18 | 1.82 | 1.72 |
| | 三门峡～花园口 | 23.27 | 10.03 | 12.76 | 7.77 | 10.35 | 2.14 | 0.07 | 0.03 | 0.09 | 0.09 |
| | 花园口～河口 | 167.59 | 161.81 | 158.72 | 152.96 | 3.76 | 3.76 | 2.39 | 2.37 | 2.72 | 2.72 |
| | 闭流区 | 0.05 | 0.04 | 0.05 | 0.04 | | | | | | |
| | 全河 | 426.39 | 333.76 | 391.62 | 310.70 | 24.76 | 13.70 | 3.72 | 3.23 | 6.29 | 6.13 |
| 一九九〇 | 河源～龙羊峡 | 1.75 | 1.31 | 1.48 | 1.04 | 0.01 | 0.01 | | | 0.26 | 0.26 |
| | 龙羊峡～兰州 | 22.78 | 17.52 | 17.95 | 14.01 | 3.64 | 2.47 | 0.30 | 0.20 | 0.89 | 0.84 |
| | 兰州～河口镇 | 166.77 | 107.85 | 162.26 | 104.38 | 3.58 | 2.59 | 0.44 | 0.40 | 0.49 | 0.48 |
| | 河口镇～龙门 | 6.02 | 4.94 | 5.00 | 4.19 | 0.52 | 0.33 | 0.19 | 0.11 | 0.31 | 0.31 |
| | 龙门～三门峡 | 38.36 | 32.94 | 33.49 | 29.23 | 2.46 | 1.69 | 0.66 | 0.37 | 1.75 | 1.65 |
| | 三门峡～花园口 | 18.56 | 9.88 | 14.45 | 8.96 | 3.83 | 0.79 | 0.22 | 0.07 | 0.06 | 0.06 |
| | 花园口～河口 | 109.67 | 103.86 | 99.50 | 93.79 | 5.47 | 5.47 | 2.47 | 2.47 | 2.23 | 2.13 |
| | 闭流区 | 0.06 | 0.05 | 0.06 | 0.05 | | | | | | |
| | 全河 | 363.97 | 278.35 | 334.19 | 255.65 | 19.51 | 13.35 | 4.28 | 3.62 | 5.99 | 5.73 |

**注**　花园口至河口区间的地表水用量中含外流域引黄水量。

表 5—16　**1989、1990 年黄河干流水电站情况表**

| 年份 | 水电站名称 | 装机容量（万千瓦） | 发电量（亿千瓦时） | 用水率（立方米/千瓦时） | 入库水量（亿立方米） | 发电用水量（亿立方米） |
|---|---|---|---|---|---|---|
| 一九八九 | 龙羊峡 | 128.0 | 42.0 | 4.2 | 324.1 | 175.0 |
| | 刘家峡 | 116.0 | 54.2 | 4.2 | 300.8 | 225.9 |
| | 盐锅峡 | 35.7 | 21.6 | 11.7 | 308.2 | 253.1 |
| | 八盘峡 | 18.0 | 9.8 | 27.9 | 352.5 | 273.8 |
| | 青铜峡 | 27.2 | 12.1 | 22.7 | 334.5 | 274.9 |
| | 天　桥 | 12.8 | 6.2 | 23.9 | 250.8 | 148.3 |
| | 三门峡 | 25.0 | 12.5 | 11.9 | 400.5 | 149.3 |
| | 合　计 | 362.7 | 158.4 | 9.5 | 2271.4 | 1500.3 |
| 一九九〇 | 龙羊峡 | 128.0 | 55.2 | 3.9 | 179.4 | 215.2 |
| | 刘家峡 | 116.0 | 56.0 | 4.1 | 262.6 | 231.5 |
| | 盐锅峡 | 40.2 | 21.5 | 11.7 | 266.9 | 252.3 |
| | 八盘峡 | 18.0 | 10.0 | 27.1 | 284.9 | 270.6 |
| | 青铜峡 | 27.2 | 10.8 | 21.9 | 265.6 | 236.6 |
| | 天　桥 | 12.8 | 4.8 | 23.8 | 184.7 | 114.1 |
| | 三门峡 | 25.0 | 10.1 | 12.9 | 334.3 | 130.5 |
| | 合　计 | 367.2 | 168.4 | 8.6 | 1778.4 | 1450.8 |

## 第三节　水资源费和水费征收

### 一、水资源费

《水法》第三条规定："水资源属于国家所有,即全民所有。"第三十四条规定："对城市中直接从地下取水的单位,征收水资源费;其他直接从地下或者江河、湖泊取水的,可以由省、自治区、直辖市人民政府决定征收水资源费。"并明确"水资源费的征收办法,由国务院规定"。

征收水资源费的目的,是为了促进节约用水,调节水资源供需矛盾,对国家投入进行适当补偿,也体现国家对水资源的所有权和管理权。

根据《水法》规定,由水利部会同有关部门拟定了全国《水资源费征收管理办法》,黄河水利委员会也拟定出《黄河水资源费征收管理办法》报送水利部审查。1992 年国家物价局和财政部在《关于发布中央管理的水利系统行政事业性收费项目及标准的通知》中规定："水资源费,在国家未作出统一规定之前,暂按省级人民政府规定执行。"

黄河流域内各省(区)对水资源费征收工作都正在抓紧进行,已经正式作出规定的有山西省、陕西省和内蒙古自治区。在各省(区)制定的水资源费征收管理办法中,对征收范围、主管机关、征收标准、收交管理和使用原则等,都作了明确规定。

山西省早在 1982 年经省人民代表大会常务委员会批准,省人民政府发布了《山西省水资源管理条例》。随后,省人民政府和省级有关行政主管部门,根据《条例》对水资源费征收工作作了一系列规定。例如:1982 年发布的《山西省征收水资源费暂行办法》,1983 年发布的《关于水资源费征收、上交、使用管理的几项规定》,1984 年发布的《关于加强水资源费财务管理的通知》,1985 年发布的《关于水资源费征收、上交、使用、管理的几项补充修改规定》以及 1988 年颁发的《山西省水资源收费标准》和 1992 年发布的《关于调整我省水资源费收费标准的通知》等。

《山西省征收水资源费暂行办法》对水资源费征收的范围规定:"凡在我省管辖地区内的一切企事业单位、机关、团体、部队自行修建、自行管理或几个单位联合兴建、共同管理的水源工程,包括生活和生产供水的水井、机电灌站(从河道、泉源提水)、引水工程(从河道、泉源引水)、蓄水工程,都要按取水量多少征收水资源费。凡为农田灌溉和农村人畜吃水自行兴建的工程，暂不征收水资源费。按章向管理部门交纳水费者，不再征收水资源费。”对水资源费征收标准规定：“根据当地水资源条件和供需状况，对缺水地区和不缺水地区以及不同水源，分别制定不同的收费标准：(1)缺水地区(7市17县8泉)兴建自备水源工程提取地下水，供工业生产用水的每立米收取水资源费6分；供生活用水的每立米收取水资源费5分。兴建自备水源工程，引用地面水，供工业用水的每立米收水资源费4分，供生活用水的每立米收水资源费3分。(2)在其他地区兴建自备水源工程，引用地面水或提取地下水的，按缺水地区收费标准减半征收水资源费。(3)凡兴建自备水源工程提用地热水用于医疗、旅游等用途的，引用地热水每立米收取水资源费3分。(4)凡引用矿泉水的，每立米征收水资源费3分。”

《关于水资源费征收、上交、使用管理的几项规定》中规定：“水资源费的征收，由各级水资源主管部门委托当地银行代收，采用托收无承付结算方式办理。手续费按银行结算收费规定，每笔业务收取手续费二角或按收费总数提取千分之三做为手续费。”“水资源费实行分级管理：地县企事业单位交纳的水资源费全部交当地财政；中央和省管企事业单位交纳的水资源费百分之二十交当地财政，百分之八十上交省财政。”

1985年，山西省又公布《关于水资源费征收、上交、使用管理的几项补充修改规定》，对1983年的规定作补充修改：一是改过去按企业隶属关系分别规定分成比例的办法为总额分成的办法，即各地收入的水资源费不分企业隶属关系，按收入的水资源费总额进行分成：20%上交省水资源管理委员会，20%上交各地(市)水资源管理委员会，60%留县水资源管理委员会。全年水资源费收入不足10000元的县(区)，不再上交，全部留当地水资源主管机关使用。二是将过去由县(区)水资源主管部门按分成比例交县银行，分别计入省、地、县财政的办法改为：按上述分成比例留县的交县财政，上交省、地部分由县水资源管理委员会统一上交地(市)水资源管理委员会。留地(市)部分交地(市)财政，上交省的部分由地(市)水资源管理委员会集中上交省水资源费管理委员会，统一上交省财政。这样有利于水资源主管部门及时掌握情况，检查工作。

1992年，山西省发布的《关于调整我省水资源费收费标准的通知》，主要是对全省水资源费的征收标准作了新的规定(见表5—17)。

山西省在水资源管理工作上重视法制建设和机构、职工队伍建设，在省、地、县层层建立水资源管理机构，各级专职人员达1200人，为水资源管

表 5—17 **山西省水资源费征收标准**

<table>
<tr><td colspan="2" rowspan="2">收费项目</td><td rowspan="2">单位</td><td colspan="2">收费标准(元)</td><td rowspan="2">收费范围</td></tr>
<tr><td>工业用水</td><td>生活用水</td></tr>
<tr><td rowspan="4">一<br>兴建自备水源工程</td><td>1.提取地下水</td><td>吨</td><td>0.12</td><td>0.10</td><td rowspan="2">一、规划区(缺水地区)<br>太原市、大同市、阳泉市等三个省辖市为全部;长治市、晋城市、朔州市等三个省辖市均包括城区、郊区;晋中盆地(榆次市、太谷、平遥、祁县、介休、孝义、汾阳、文水、交城九县);运城盆地(闻喜、夏县、运城、临猗、永济、绛县六县);芮城、万荣、新绛、稷山、河津、平陆、垣曲、临汾市、侯马市;泽州盆地(高平)<br>二、泉域范围<br>朔州神头泉,平定娘子关泉,霍州郭庄泉、临汾龙子祠泉、洪洞霍泉、潞城辛安泉、太原晋祠泉、太原兰村泉</td></tr>
<tr><td>2.引用地面水(指河水、泉水)</td><td>吨</td><td>0.08</td><td>0.06</td></tr>
<tr><td>3.提取地下水</td><td>吨</td><td>0.06</td><td>0.05</td><td rowspan="2">除上述地区外的其他地区按此项标准执行</td></tr>
<tr><td>4.引用地面水(指河水、泉水)</td><td>吨</td><td>0.04</td><td>0.03</td></tr>
<tr><td>二</td><td>提取地热水用于医疗、旅游的</td><td>吨</td><td colspan="2">0.06</td><td>全省范围</td></tr>
<tr><td>三</td><td>引用矿泉水</td><td>吨</td><td colspan="2">0.06</td><td>全省范围</td></tr>
</table>

**注** 凡兴建自备水源工程用来从事果园、苗圃、农场及渔牧等经营性的企事业单位和部队,可参照缺水和非缺水地区的工业用水标准减半征收水资源费。

理和水资源费征收起了组织保证作用。自1983年开始征收水资源费，当年实收850万元。1990年全省实收水资源费达1500万元。其中，400万元用于全省水资源专职人员的人员费用，600万元用于搞水资源基础工作，300万元用于搞水资源机构的自身建设（车辆、建房等），200万元用于搞节水及其他有关开支。通过征收水资源费及其他一些节水措施，不仅加强了水资源的管理，而且促进了节约用水，压缩了需水量的过快增长。如1949～1980年全省工业产值年均增长率为11.42%，同期工业用水年增长率为14.36%；1984～1989年年平均工业产值增长率达到15.9%，而工业用水年增长率仅为4.9%。1980年工业万元产值取水量为833立方米，1989年已降至363立方米，节水56.4%。

1992年3月24日，内蒙古自治区水利局、财政厅、物价局联合发布的

表5—18 **内蒙古自治区水资源费征收标准**

<table>
<tr><th>收费项目</th><th>工　业<br>（元/吨）</th><th>生　活<br>（元/吨）</th><th>农牧业<br>（元/吨）</th><th>其　他<br>（元/吨）</th><th>适用范围</th></tr>
<tr><td rowspan="5">兴建自备水源工程提取地下水</td><td>日取水量3000吨以上：0.12</td><td rowspan="3">0.05</td><td rowspan="3">0.02</td><td rowspan="3">0.06</td><td rowspan="3">呼和浩特市、包头市、赤峰市、乌海市、海拉尔市、通辽市（不含市管旗、县）</td></tr>
<tr><td>日取水量1500～3000吨0.10</td></tr>
<tr><td>日取水量1500吨以下0.08</td></tr>
<tr><td>日取水量1500吨以上0.08</td><td rowspan="2">0.05</td><td rowspan="2">0.02</td><td rowspan="2">0.06</td><td rowspan="2">上述范围以外的地区均按此执行</td></tr>
<tr><td>日取水量1500吨以下0.07</td></tr>
<tr><td>兴建水源工程引用地表水（指江河、湖泊、泉水等）</td><td>0.05</td><td>0.02</td><td>0.005</td><td>0.03</td><td>全自治区</td></tr>
<tr><td>兴建水源工程取地热水用于医疗、旅游等</td><td colspan="4">0.20</td><td>全自治区</td></tr>
<tr><td>引用矿泉水</td><td colspan="4">0.15</td><td>全自治区</td></tr>
<tr><td>不进行利用或无利用价值的矿井疏干水</td><td colspan="4">0.02</td><td>全自治区</td></tr>
</table>

《内蒙古自治区水资源费征收标准、管理和使用的暂行规定》中规定:“凡在自治区行政区域内利用水工程或机械提水设施,直接从地下或者江河、湖泊取水的机关、团体、部队、企事业单位和个人,都必须遵守本规定。自治区规定不申请取水许可的和经自治区水行政主管部门划定的地下水鼓励开发区范围内的农业灌溉用水,暂缓征收水资源费。”“自治区水行政主管部门负责组织实施全区水资源费的统一征收和使用管理。盟、设区的市、旗县(市)水行政主管部门按照分级管理的原则,负责本行政区域内水资源费的统一征收和使用管理。”“自治区直属水利工程及自治区水行政主管部门负责审批水资源评价的大中型建设项目,其水资源费由自治区水行政主管部门直接征收,或委托当地银行代收。”对水资源费征收标准的规定见表5—18。

经陕西省人民政府同意,由陕西省物价局、财政厅、水利水土保持厅1992年10月10日印发的《陕西省水资源费征收、管理和使用暂行办法》规定:“凡在本省境内直接从地下或者江河、湖泊取水的单位和个人,均应向水行政主管部门提出取水申请,依法取得水的使用权,并按规定交纳水资源费;农业灌溉用水、农村人畜饮水、城市公用设施供给的居民生活用水,以及党政机关、中小学校和社会福利单位取水(不含地热水、矿泉水),暂不征收水资源费;为家庭生活、家畜家禽饮用取水和其他少量取水,不需要进行取水许可,并免征水资源费。”“县级以上各级水行政主管部门是征收水资源费

表5—19 **陕西省水资源费征收标准**

<table>
<tr><th colspan="2" rowspan="2">取水用途及水源类型</th><th colspan="4">征收标准(分/立方米)</th><th rowspan="2">备　　注</th></tr>
<tr><th>关中地区</th><th>榆林地区北6县</th><th>陕北其他地区</th><th>陕南地区</th></tr>
<tr><td rowspan="2">生产经营用水</td><td>地下水</td><td>3~8</td><td>5~10</td><td>3~6</td><td>2~5</td><td rowspan="6">1.榆林地区北6县(市)指榆林、神木、府谷、横山、靖边、定边<br>2.大中型水力发电站指总装机2.5万千瓦以上的水电站,小型指总装机为500千瓦~2.5万千瓦的水电站;水电站结合灌溉发电的,减半征收<br>3.取用渭北380岩溶水,每立方米5~10分</td></tr>
<tr><td>地表水</td><td>2~5</td><td>4~8</td><td>2~5</td><td>1~4</td></tr>
<tr><td rowspan="2">水力发电用水</td><td>大中型</td><td colspan="4">以发电量计,每千瓦小时0.3~0.5分</td></tr>
<tr><td>小型</td><td colspan="4">以发电量计,每千瓦小时0.1~0.3分</td></tr>
<tr><td colspan="2">取用地热水、矿泉水</td><td colspan="4">9~20分/立方米</td></tr>
<tr><td colspan="2">医院、大专院校及其他取水</td><td colspan="4">按生产经营用水征收标准的50%征收</td></tr>
</table>

的主管机关，负责水资源费的征收与管理工作。”水资源费的征收标准见表5—19。

## 二、水费

征收水费是保证水利工程必须的运行管理、大修和改造费用，是运用经济手段，按照经济原则，促使节约用水和水资源的开发、利用、保护等活动更加趋于合理化，促进水资源社会、经济效益更好地发挥的必要手段。

征收水费在中国古已有之，那时主要是从河渠引水灌溉农田和河道航运两方面征收。农田引水灌溉水费都是按灌地面积计收水费，收费标准因地、因时多有差别，亦多为按粮折款。航运均按船只大小计费，标准不一。古代的水费收入多数用于渠道工程的维修、疏浚、航道改善、上缴国库及办公经费开支等。对水费的征收、管理没有规定统一的章则。民国元年《河套灌区水利章程》规定：“各渠每顷青苗应收渠租银四两五钱，以三两三钱归社，下余一两二钱归水利渠经费。”说明那时征收水费，已实行“以渠养渠”的制度，但还没有同供水成本联系起来。

中华人民共和国成立以后，沿黄各省（区）逐渐改革了水费标准，但在1985年以前，多数省（区）仍是以亩计征，即使有的地区实行以水计征，所定的水费标准，远远低于供水成本。如宁夏引黄灌区1983年以前农业水费标准，旱作物每亩0.5元，水稻地每亩0.7元，另外每亩征工日1个。从1983年开始按方收费，标准为每立方米收水费1厘。到1989年制定的新标准，农业用水为每立方米2厘。1985年国务院颁布《水利工程水费核订、计收和管理办法》以后，各省（区）都普遍实行了新的水费标准（见表5—20）。

各省（区）水费征收的方式是：1.以水计收，按方收费。多数灌区采用这种方式，用水户按年或季提出计划，计量点设在斗渠口，供水单位按计划供水，水费征收按月或每次供水后结算，这种方式可避免用水无计划和拖欠水费现象；2.预交水费，预购水票，凭票供水，按方统一结算。这种形式可避免抢水现象；3.基本水费与计量水费相结合，每年不论供水与否，均征收基本水费，有的灌区每亩1元，这样可以保证每年都能征收到一部分水费，作为管理经费。同时与计量水费相结合，使供水、用水两者的利益紧密联系；4.不同季节采用浮动水费，根据不同灌水季节及水源，实行浮动水费，一般情况下春浇向上浮动，夏、秋浇向下浮动，丰水年份向下浮动，枯水年份则可突破原定水价标准，但要求年、季与原定水价平衡，浮动幅度由各供水单位确

表 5—20　　**沿黄省(区)现行水费标准**　　单位:厘/立方米

| 省(区) | 农业 | | 工业 | | 城镇生活用水 | 实行年月 |
|---|---|---|---|---|---|---|
| | 自流 | 提水 | 消耗水 | 贯流或循环水 | | |
| 青海 | 11.2～44.8 | 5.6～12.32 | 67.2 | 22.4 | | 1989.3 |
| 甘肃 | 10 | 30～50 | 50 | 30 | 50 | 1987.1 |
| 宁夏 | 2～5 | | 8 | | 150 | 1989.10 |
| 内蒙古 | 9～24 | 2～6元/千吨米 | 30～50 | 7.5～25 | 50 | 1988.1 |
| 陕西 | 46 | 8～13 | 100～150 | | | 1983.12 |
| 山西 | ＞40 | ＞40 | ＞150 | ＞20 | ＞100 | 1989.11 |
| 河南 | 8～11 | 6～8 | 40～45 | 8～10 | 15～20 | 1987.10 |
| 山东 | 25～30 | | 60～100 | 15～25 | | 1987.6 |

定;5.以亩计收水费,为鼓励农民多用洪水,在洪水灌区和清洪两用灌区内实行以亩计征,以充分利用洪水,并达到回灌补充地下水的目的,洪浇收费标准,一般每亩浇一次水收费1元,另外有些不具备计量条件的灌区,也实行按亩收费;6.以实物计价征收水费,为方便群众,解决交现款难的问题和避免物价上涨,可按国家所订购粮价为依据征收小麦。

一般省(区)每年都能按计划完成水费征收数额,但也有个别省(区)不能按计划完成,如青海省仅完成75%,河南省1988和1989年年收水费仅占计划水费的55%和67%。

水费征收存在问题是:1.水费标准偏低,有的省(区)水费标准仅占测算成本水费的50%左右;2.有些省(区)的水费标准按人民币计算,不能适应价格变化;3.由城市建设部门收取一部分水费,不利于水费的统一管理。

黄河下游引黄渠首水费征收曾经历了几次改革。1980年以前引黄灌区不直接向渠首管理单位交纳水费。1980年水利电力部规定引黄灌区管理单位将所收水费的5%交渠首管理单位。这是渠首供水单位征收水费的开端。

1982年6月26日，水利电力部颁发了《黄河下游引黄渠首工程水费收交和管理暂行办法》，规定引黄渠首供水水费标准：灌溉用水4、5、6月份枯水季节每立方米1.0厘，其余时间每立方米0.3厘。工业及城市人民生活用水，由引黄渠首工程直接供水的，4、5、6月份枯水季节每立方米4.0厘，其余时间每立方米2.5厘；通过灌区供水的，由地方水利部门根据灌区承担的输水任务核算成本，加收水费，加收部分由灌区留用。在水源紧张为保工业和城市人民生活用水而停止或限制农业用水时，工业及城市人民生活用水加倍收费。用水单位自建自管的引黄渠首工程，按上述标准减半收费。黄河河务部门管理的其他堤防上的引水渠首工程水费，每立方米0.2厘，由地方管理的减半收费。同时规定了超计划水量加价收费、拖欠水费征收滞纳金等。

1989年2月14日，水利部颁发了《黄河下游引黄渠首工程水费收交和管理办法(试行)》，规定水费以粮计价，按当年国家中等小麦合同订购价折算，用人民币支付。水费标准是：直接或经由黄河主管部门管理的引黄渠首工程供水的农业用水，4、5、6月份枯水季节，每万立方米收中等小麦44.44公斤，其他月份每万立方米收中等小麦33.33公斤；工业及城市人民生活用水仍以人民币计收水费：由引黄渠首工程直接供水的，4、5、6月份枯水季节，每立方米收4.5厘，其余月份收2.5厘；通过灌区供水的，由地方水利部门核算加收水费，加收部分由灌区留用……；由用水单位自建自管的引黄渠首工程引水的，按上述标准减半收费。黄河主管部门管理的黄河支流上的引水渠首工程的水费标准也按上述标准减半收费。同时也规定了超计划加价收费、拖欠水费收滞纳金等。

按照水利部的规定，黄河下游引黄供水由用水单位直接向黄河主管部门交付水费。并规定：农业水费分夏、秋两季收交，年终结清；工业及城市人民生活用水水费按月收交，年终结清。各用水单位应按期支付，不得拖欠。经过各级管理部门的积极努力，通过广泛宣传，搞好服务，协调关系，黄河下游的渠首水费征收额逐年有所上升，1980年以来黄河下游引黄水量和水费征收率见表5—21。

黄河下游渠首水费征收存在的问题是：1.水费标准偏低，没有达到供水成本；2.混用水(通过灌区供工业及城市人民生活用水)水费征收，渠首管理部门无法管理；3.工业及城市人民生活用水水费未实行以实物计价，不能适应价格变化；4.征收率低，据调查农民没有少交，而地方水利部门不按标准

表 5—21 **1980～1991 年黄河下游引黄水量与水费征收情况表**

| 年份 | 引水量（亿立方米） | 应收水费（万元） | 实收水费（万元） | 征收率（%） | 备　注 |
| --- | --- | --- | --- | --- | --- |
| 1980 | 93 | | 12.09 | | 1980 年标准 |
| 1981 | 104.4 | | 31.64 | | 同上 |
| 1982 | 109.6 | 716.9 | 102.12 | 14.2 | 1982 年标准 |
| 1983 | 100.7 | 722.8 | 142.01 | 19.6 | 同上 |
| 1984 | 89.5 | 732.2 | 259.95 | 35.5 | 同上 |
| 1985 | 77.4 | 625.5 | 292.70 | 46.8 | 同上 |
| 1986 | 111.2 | 723.6 | 342.49 | 47.3 | 同上 |
| 1987 | 109.0 | 693.8 | 377.03 | 54.3 | 同上 |
| 1988 | 124.0 | 817.8 | 522.96 | 63.9 | 同上 |
| 1989 | 155.0 | 2841.2 | 842.76 | 29.7 | 1989 年标准 |
| 1990 | 100.4 | 1959.9 | 870.98 | 44.4 | 同上 |
| 1991 | 101.4 | 1906.6 | 1190.00 | 62.4 | 同上 |

交足；5. 征收难度大，如 1990 年黄河下游水费征收率仅 44.4%，河南省更低，仅 30%。

# 第六篇

# 水事纠纷

水事纠纷是指地区之间、部门之间和单位之间在分享水利、防治水害等水事活动中发生的权益争端和矛盾纠葛。积极而稳妥地做好水事纠纷的预防和调处工作是水行政主管部门的一项重要任务。

黄河水事纠纷古已有之。据历史记载,春秋战国时期,黄河中下游堤防增多,诸侯各国之间互避水害、互争水利,发生纠纷。鲁鳌公九年(公元前651年)葵丘之会的"毋曲防",主要是指沿河筑堤,不能只顾各自的利益,而不顾全局;为了不许沿河筑坝堵塞河道,鲁襄公十一年(公元前562年)亳城之盟的"毋雍利",都是为解决水事纠纷的会商协约。

宁蒙黄河灌区争水争地的纠纷历史上连绵不断,有的甚至发展到械斗格杀。至于黄河中下游因河道摆动,滩区群众隔河种地引起的争地纠纷更是此起彼伏,至今仍时有发生,严重的酿成群众性械斗。

近代黄河水事纠纷种类繁多。大多属省(区)间及上下游、左右岸的纠纷,有的则涉及行业间的纠纷。水事活动的规划、设计、施工及运用管理阶段都可能发生水事纠纷。如按水事活动的目的又可分为水资源利用纠纷、水资源污染纠纷、防洪排涝纠纷、河道工程纠纷以及枢纽工程规划设计纠纷等。

黄河地处干旱半干旱地区,水资源比较贫乏,随着沿黄经济发展和人民生活提高,水资源供需矛盾日趋尖锐,水资源利用和保护的矛盾和纠纷较多。水资源利用方面如:沁河水量分配方案,引泾河水入清水河规划,大通河水量分配方案,山西沁河拴驴泉水电站与河南引沁济漭灌区用水纠纷等。水资源保护方面的纠纷,随着经济发展尤其是乡镇企业的崛起,也越来越多。如:1988年4月陕西省华县境内的金堆城钼业公司将多种有害物质泄入洛河、黄河,危及陕西、河南两省八市(县),经济损失近百万元;漭河水污染,造成济源市三个村千亩农作物减产甚至绝收等。防洪排涝纠纷主要发生在跨行政区划的上下游之间,如河南、山东两省关于金堤河排涝问题引起的纠纷。河道工程的纠纷则主要发生在以河道作为行政区划边界的河段。如晋陕两省黄河小北干流河道工程的纠纷和黄河下游豫鲁两省关于密城湾工程的纠纷等。

在枢纽工程的规划、设计方案比选中，上下游和部门之间有不同的认识，或者工程运用后由于原先没有预料的利害转移所产生矛盾引起的纠纷。如黄河上游黑山峡河段的开发方案的争论，以致影响了这一河段开发的进程和该地区经济的发展。又如三门峡水库因原设计高坝大库、蓄水拦沙方案，造成水库严重淤积，严重威胁关中地区的防洪安全的尖锐矛盾等。

纵观古今，流域内各种规模和不同类型的水事纠纷起伏不断。本篇仅选取四个影响较大的水事纠纷案例加以记述。必须指出，它远不能概括黄河流域纷繁的水事纠纷。

由于产生纠纷的原因错综复杂，因而调处纠纷的难度很大。中华人民共和国成立以来，在共产党和人民政府的统一领导下，发扬了团结治水精神，遵循统筹兼顾、有利共享、有害同当的原则，通过各方调查研究，充分协商，共同努力或修建工程，已经解决了不少水事纠纷。《水法》及有关的配套法规颁布后又积累了不少经验。只要依法调处，发扬团结治水的优良传统，一定能逐步解决各类水事纠纷，为黄河的除害兴利、为维护社会安定团结局面做出贡献。

# 第一章　禹门口至潼关段水事纠纷

黄河禹门口至潼关间称为小北干流，全长132.5公里。左岸属山西省运城地区，沿河有河津、万荣、临猗、永济、芮城五县(市)；右岸属陕西省渭南地区，沿河有韩城、合阳、大荔、潼关四县(市)。沿河工农业发展迅速，铁路、公路交通便利，河道内有滩地百万亩左右。

这段河道自禹门口以下，河面宽阔，溜势游荡不定，过去有“三十年河东，三十年河西”之说。河道两岸滩地及沿黄多级台塬，是晋陕两省的粮棉基地。惟以河势多变，常常引起两岸滩地此消彼长，导致两岸群众争地不断发生，历史上曾有群众械斗，乃至造成人身伤亡，矛盾十分尖锐。

中华人民共和国成立后，各级政府对这一河段的水事纠纷十分重视，曾多次派员实地踏勘，召开会议协商，采取各种措施，协调纠纷，为两岸的工农业生产的发展创造条件，群众得以安居乐业。

## 第一节　地理环境

### 一、地形地貌

小北干流穿行于汾、渭塬阶地区，塬台高出河床50～200米，为切入黄土台塬的谷内式河流。

河道两岸的地形地貌，是在不同地质条件下，经过水流的长期作用形成的。河岸抗冲能力强的地段，岸边突出，形成河道节点，以此为依托，有利于修建防护工程；河岸抗冲能力弱的地段，岸边后退，形成弯道，有利于修建引水工程。左岸的大小石嘴、庙前、北赵、夹马口、独头、凤凰嘴，右岸的桥南、东雷、东王、潼关等地，土质好，耐冲刷，形成天然节点；左岸的清涧湾、汾河口、北赵湾、小樊湾、蒲州，右岸的韩城、芝川、太里湾、朝邑等，抗冲能力低，成为弯道。从总体看，河段中部庙前至夹马口比较狭窄，上下河段开阔。

本河段两岸有黄土发育的一、二、三级阶地。一级阶地标高在370米至

330米高程之间，分布有广阔的河漫滩地。这些滩地，由于河道主流经常变动，不同时期的面积也大不相同。两岸滩地总面积，1959年为82.3万亩，1968年为115.88万亩，1971年为122.76万亩，1986年为103.84万亩。

## 二、河道特性

本河段的河道有三个明显的特点：滞洪滞沙、游荡摆动和揭河底冲刷。

滞洪滞沙，是指每年汛期，洪水在此段滞留，并有部分泥沙在河床沉积的现象。这是由于洪水从禹门口出峡谷进入本河段以后，河道纵向、横向的形态发生了较大变化所造成的。纵向坡降由陡变缓，禹门口以上（吴堡至船窝）的比降为9.91‱，本河段则为3‱～6‱；横断面宽窄沿程不一，禹门口河宽只有94米，禹门口以下，河面突然展宽，汾河口附近宽13公里，老朝邑一带河宽达到18公里，平均河宽为8.5公里，到潼关，河宽又束窄为850米。所以，洪水泥沙进入本河段以后，洪峰坦化，水流变缓，滞沙落淤。年长日久，行洪一岸的滩地与河床淤高，对岸则相对降低，为河道横向摆动创造了条件。

游荡摆动是本河段的又一特性。据清咸丰《朝邑县志·河防志》记载："河流蒲坂朝坡之间，东西无定，倏忽顿改，往时不过河者，不复过；已过河者，乃又过。"这说明了黄河摆动之迅速。河势大摆动的周期为几年或几十年不等，当地也有"三十年河东，三十年河西"之说。《永济县志》记载："黄河旧在西城蒲津门外，五代、宋时，距城止一里，后西徙，远去五里余。明初复渐东移近城下。明隆庆四年，河大涨，溢入城，是岁徙道穿朝邑而南，移大庆关于东岸。万历八年，复决而东啮，自后又西移十余里。康熙三十四年复东徙，距城五里，迨乾隆、嘉庆间，迭经西徙，渐徙渐远。"《临晋县志》卷十四中旧闻记也记载有："光绪十九年夹马口河岸移西十余里。"本河段沿岸其他诸县志对此也都有记载。据1988年6月《黄河禹门口至潼关河道治理规划报告》，1921年至1984年历年河道主流摆动5～11公里，遍及全河宽。

在河道摆动中，常常出现揭河底冲刷现象。据1986年11月黄河水利委员会水利科学研究所《黄河禹门口至潼关河段河道冲淤特性及历史河势变化规律分析》报告，1933年和1942年曾发生揭河底冲刷。中华人民共和国成立以后，据实测1951、1954、1964、1966、1969、1970、1977（两次）年先后出现8次揭河底现象。所谓揭河底，是指黄河河床在洪水期间，集中冲刷的一种突变过程。其特点是大片的淤积物从河床上掀起，有的露出水面数米之高,然后坍落、破碎,被水流冲散、带走。这样强烈的冲刷,在一场洪水的几个小时到几十小时内,一般冲刷深度2～4米,最深达9米,冲刷长度49～130公里不等。揭河底过程中,常造成塌滩塌岸,破坏河道整治工程。但揭河底冲刷以后,形成的高滩深槽,有利于河势的暂时稳定。

上述河道的三种特性,均不利于两岸的工农业生产,也不利于群众安居乐业。

## 第二节 纠纷缘由

小北干流的水事纠纷原因是多方面的。晋陕两省以河相邻,河势经常变化,两岸滩地此增彼减,两岸群众争种滩地,是引起水事纠纷的主要原因;两岸修建的河道工程缺乏统一规划,以致影响河势变化,造成塌滩,引起纠纷,实质上还是为了争夺滩地。随着生产的发展,互相争夺水土资源,更加重了水事纠纷。

### 一、争种滩地

河势变化,滩地随之变化,两岸群众争种滩地,纠纷时起。据清光绪年间《永济县志》记载:"河壖久淤为陆。""鸡心滩在永济县西南黄河中,初河决朝邑,移陕之大庆关于东岸。由是朝邑与蒲州界接,而河壖水涸,河滩可田者,秦晋人杂耕其间。久之,相争至于斗杀。""雍正七年(1729年),复以河滩大讧。""至乾隆三年(1738年),河中复涨一滩长十五里,其广五六里。秦人呼曰'夹沙',晋人名以'鸡心'。方滩之生,永济、朝邑、华阴之人,并就盗垦而私为之界。及十二年(1747年),永济民欲得全滩种之,扬言:昔本大河为界,今秦人实据我耕地。朝邑、华阴人则谓:分耕滩地已久,安得独归晋?且界故不以大河也。于是复斗如初。"

### 二、争水资源

小北干流两岸均为高塬台地,地表水和地下水都很缺乏。如山西省运城地区,年平均降雨量为580毫米,人均占有水量380立方米,仅为全国人均占有量的13.3%。为了解决工农业生产用水,两岸竞相开发黄河水利资源。

中华人民共和国成立后，至1987年底，晋陕两省在该河段已修建大中型提水工程12处，设计引水流量135立方米每秒，灌溉面积396万亩。根据晋陕两省引水要求，为了避免矛盾，水利电力部1975年批准陕西省合阳县境内建东雷提灌站，引水40立方米每秒，1976年批准山西省永济县境内修建尊村提灌站，引水46.5立方米每秒。1984年，水利电力部分别以水电水规字第81号和82号文，批准山西省黄河禹门口提水工程初步设计和陕西省黄河禹门口抽黄工程初步设计，引水流量都是26立方米每秒，以示对等。

本河段有些护岸工程，一方面是为了护岸、护滩，另一方面也是为了保护引水工程。这类为保护引水工程而修建的防护工程，也曾引起水事纠纷。如左岸尊村提灌站，1971年以来，引水口以上修有6860米长的小樊湾护岸工程，河出小樊湾后，直入对岸的朝邑滩，造成该滩坍塌。右岸的东雷提灌站，为保护一级干渠，1972年以后，在站下游沿河修建了6500米长的太里护岸工程，造成对岸提灌站引水不利。

## 三、修建工程

中华人民共和国成立后，小北干流沿岸修建了一些工程，其中以修建的河道工程所引起的水事纠纷最为突出。

1960年，铁道部修建西安至侯马铁路时，在禹门口建黄河铁路大桥，带来了问题。一是禹门口西侧有一山口，名为骆驼巷子，上口宽80米，下口宽50米，当黄河流量在2000立方米每秒时，可分流1/10以上。修桥时，为了减少桥梁跨度，将此山口堵截断流，堵合部分修有土坝一段，坝顶大沽高程391.5米，顶宽4.5米，并有片石护坡，与禹门口右岸石岛相连，形成一道长约200余米的挑水坝形式；二是修建桥台时，在右岸石岛上开挖了一部分石头，形成缺口，左岸石嘴下端的部分石头突出，亦削去一部分，长约3米。因此改变了禹门口河道出流条件，从而引起两省矛盾。

1966年开始修建的潼关黄河铁桥，也引起了两岸水事纠纷。潼关是三门峡库区的最窄处，宽仅850米，也是黄渭两河汇流后的控制河段。潼关河段高程的变化，直接影响其以上库区与河道的冲淤。三门峡建库以后，库区累积最高淤积泥沙59.38亿吨（1970年），其中潼关以上库区淤积量为33.33亿吨，占总淤积量的56.13%。所以，降低潼关高程，减少库区淤积，以缩小渭河下游洪涝灾害，一直是水利部门努力的方向。基于这种情况，潼关河段即不宜修建任何阻水工程。而潼关铁桥正好修建在这一河段。铁桥有

17个直径4米的桥墩，采用直径10米的沉井基础，沉井顶面大沽高程328米，与左岸枯水期滩地大体持平，比建库前平均河床高出5.5米，桥墩及沉井占据河床约1/5，形成抬高潼关水位的一个直接因素，修建时铁道部已对沉井顶面标高作了降低处理。但在施工期间，左岸修建了临时施工设施，并在桥墩抛块石约36000立方米，使低水河床缩窄到350米左右，壅水显著增加，库区淤积加重，需要清除施工的临时设施及抛石。

晋陕两省修建的河道工程，由于缺乏统一规划，以致部分工程挑流，影响对岸，是引起两岸矛盾的主要原因。从已经修建的30处河道工程来看，凡是经过水利部或黄河水利委员会审查批准的工程，如禹门口、东王护岸工程，两省都没有意见；凡是未经上级批准，两省自行修建有阻水挑流影响的工程，如太里、城西工程下首，问题就多，矛盾也大。

## 第三节　纠纷演变

小北干流的水事纠纷由来已久。据史料记载，近三四百年来，晋陕两省水事纠纷时起时伏，终未得到妥善解决。

中华人民共和国成立以前，群众隔河种地，引起两岸纠纷。中华人民共和国成立以后，先是过河种地引起纠纷，以后争水利资源，争修河道护滩工程，主要还是争滩地。

### 一、滩地纠纷

夹马口以下河段，晋陕两省水事纠纷，历史上早有记载。据《永济县志》记载，明隆庆四年(1570年)、清康熙十三年(1674年)、清乾隆十二年至十三年(1747年至1748年)，均因黄河摆动，先后出现有隔河种地纠纷。

庙前以上河段的水事纠纷，据民国年间《韩城县志·滩地记事·奕乐山》记载："黄河滩地，言阔不言长，土人因地有肥硗，以杆记之。""当嘉、道间，临河各村，每村滩地，或二三百顷者，或数十顷者不等。时因河东人争讼控于京都。"

中华人民共和国成立不久，1951年至1953年，山西省的荣河(属今万荣县)与陕西省的韩城，为争种黄河滩地，两岸发生纠纷。

1960年，三门峡水库建成蓄水，库区发生严重淤积。为了确保西安市和黄河下游的安全,改变了三门峡水库的运用方式,降低了正常运用水位。这样,黄河、渭河、北洛河汇流区的部分滩地又露出水面,可以耕种。部队、厂矿企事业单位、库区移民先后进入库区种地、办农场,管理混乱。1962 年,山西省的永济、芮城和陕西省的大荔、潼关等县的群众,由于争种黄河滩地再次发生纠纷。

## 二、工程纠纷

晋陕两省的工程纠纷,是从铁道部修建禹门口黄河铁桥开始的。其后,两岸矛盾愈演愈烈。

禹门口黄河铁路桥修建时,堵塞了右岸骆驼巷子口,炸掉了左岸部分石嘴,这样,缩窄过水断面,造成壅水现象,并有集中溜势使大流趋向清涧湾以上的作用,同时也由于骆驼巷子断流后,清涧湾对岸滩地逐年淤高,亦促使主流趋向左岸。修桥时造成的人为河势变化,引起了两岸纠纷。1964 年在治黄会议上向周总理反映了这个问题。1965 年、1966 年,国务院分别以国农办字第 230 号和 131 号文,就禹门口问题的处理作了批复。批复中,提到需要对小北干流河道进行规划。1967 年,黄河水利委员会组织晋陕两省人员,进行河道查勘。1968 年,编出了该河段规划。同年,水利电力部以水电军规水字第 75 号《关于黄河禹门口至潼关段河道整治规划及今年汛前工程的意见》一文,批复晋陕两省及黄河水利委员会:"这一河段的规划与三门峡库区规划有关,而三门峡库区现在还没有一个全面的规划。因此,对黄委提出的黄河禹门口至潼关段河道整治规划,留待以后继续研究,这次暂不审批。""考虑两省及黄委的意见,我部同意规划中提出的今年汛前计划的七项工程。"这七项工程即山西省的禹门口、汾河口及蒲州工程和陕西省的芝川、夏阳村、朝邑赵渡和潼关工程。

随后,1968 年至 1969 年,山西省修有禹门口、汾河口护岸工程;陕西省修有桥南、东王、七里护岸工程。1970 年至 1979 年,陕西省修有芝川、太里、华原、下峪口护岸工程;山西省修有北赵、屈村、清涧湾、庙前、小樊湾、尊村、城南、浪店、凤凰嘴、方池、城西等护岸工程。1980 年,山西省又修有夹马口护岸工程;陕西省又修有新兴护岸工程。随着护岸工程的增加,两岸矛盾也日趋尖锐化。在这种情况下,国务院责成水利电力部,采取措施,进行处理。

1982 年,黄河水利委员会根据水利电力部的指示,对小北干流进行全面调查。调查后,向水利电力部写了报告,提出了成立机构、实行统一管理的意见。据此,水利电力部报告国务院。同年,国务院以国函字第229号文批复,同意成立机构,进行统一管理。按照国务院的批复,1985年黄河水利委员会正式从两省接收机构、人员和工程,开始统一管理。

统一管理后,由于没有统一的治理规划,黄河水利委员会在工程经费上,只安排少量的基本建设经费和防汛岁修经费,以维持现状,缓和矛盾。同时,着手该河段整治规划工作。1988年,规划出来以后,黄河水利委员会将规划报水利电力部。水利电力部随即转报国务院。1990年,国务院以国函26号文对规划治导线作了批示。要落实国务院26号文的精神,黄河水利委员会还需要给晋陕两省做大量的协调工作。

## 第四节　纠纷协调

### 一、滩地纠纷协调

历史上由官府出面协调该河段水事纠纷的记述始于清代。据《永济县志》记载:"清康熙十三年(1674年),始令山陕巡抚会勘,于大庆关东立碑,界分秦晋。筑墙植树,限制其人,定山陕刁民例,示以严诛。"清乾隆十二年(1747年)"两省大吏,各遣官会视,将平其争。然会者议各以私,久不决。时今河东道乔方知同州府,奉檄与蒲州知府李及永济、朝邑、华阴三县令再勘焉。议分已定,上之两巡抚并是其议,即以奏于朝。章下户部,户部请下山陕巡抚,再委官吏详按审核之,必使均平,不致复争。于是晋抚委雁平道葛、归绥道卓;秦抚委榆葭道礼、潼商道李,以乾隆十三年(1748年)四月十五日期会河上。雁平、潼商道等公勘得滩属河中,介在秦晋之间,唯晋之濒河村民种滩者数多,而秦民濒河种滩者少,应将此滩除去四围嫩沙不可田者外,其滩中已熟之地,并未种老滩,均以六分给晋民,四分给秦民。其应分界限,请起自原筑界墙之南,就其地势,眼弓之形,湾环对照,滩之东头凤凰嘴,一并照前筑墙立界。至其地之顷亩,应令各知府、县令及蒲州、永乐、潼关抚民二同知,公同丈明分给。即于乾隆十四年(1749年)起租,并以滩地及佃种者授之抚民。永乐同知使主收其租课,而于耕获之时,会同营汛,前往巡查弹压,倘有侵占争斗等,即以山陕刁民例罪之。先是山西巡抚奉旨与陕巡抚面加商度,乃于十四年二月,两巡抚亦偕会滩中,及得雁平道等议,并以为允。即采其言,入告报可。于是以四月十五日原勘诸道府县令,共丈滩地计二百二十二顷九十九亩有奇。永济分得地一百三十六顷四十六亩余。其在秦者，朝邑分得五十三顷二十余亩；华阴分地得三十三顷三十二亩余。滩地之势，西厚而东薄，方丈量时，除去东滩瘠土阔三百步许不在分列，则同州府之意，以晋民所得地薄，用折而补之，俾无偏私。初户部以滩地利多税轻，故民争无已，将重为之赋”。

据《韩城县志》记载：黄河滩地时因河东人争讼控于京都，嘉庆十年(1805年)，钦差刑部侍郎准以壕埂为界。

中华人民共和国成立以后，为了解决两岸争地纠纷，1952年9月23日，政务院作出以“黄河主流为界”的指示，群众过河种地的矛盾，基本得到了解决。

1953年3月3日，陕西省代表吕向晨、山西省代表杨自秀，按照政务院的批示就解决黄河滩地问题，双方达成协议。协议规定：

“(一)两省为了坚决执行政务院1952年9月23日以黄河主流为界的指示，各特派代表，共同达成以下协议。

(二)两省为了沿黄河居民安心生产，团结友好，永息纠纷起见，如本政务院指示决定：北自禹门口，南至风陵渡间，以黄河主流为界。主流以东地权属于山西，滩地归山西农民耕种；主流以西地权属陕西，滩地归陕西农民耕种。

(三)此后主流无论黄河主流有何变动，偏东偏西，均以主流为界，不得以任何借口越过主流争地。

(四)主流变动后，原主流与新主流之间应随之而转移地权之滩地，如一方农民在主流变动前有耕种之农作物时，为照顾耕方农民生活，即本谁种谁收的原则，将由耕方农民收获；收获后，耕方应即将耕地交与对方，不得再在原地继续耕种。

(五)主流有变化，其确认主流的方法，普通即以河身之宽深大认定之。如河流分支，其流量相差不大为常识不易确定时，即由两岸政府务于立冬前约请专家确定之。

(六)双方在沿河两岸不得修筑堤坝，致使主流受其影响。

(七)为彻底实现上列规定，两省各县政府，除妥善安置所在地群众外，必须经常各自认真教育双方群众，本‘天下农民是一家’的精神励行规定，和睦团结，互助友爱，以利生产。

(八)今后无论河东或河西，倘有越过主流争地或不遵守上则规定而滋生事端者，肇事一方自省人民政府起各级政府，均应连带责任。

(九)根据政务院指示,本协议达成后,政务院 1951 年 8 月 8 日关于荣韩滩地解决方案,1952 年 7 月 9 日关于永韩争地处理方案,两省 1952 年 2 月 27 日关于荣韩黄河滩地划分方案决定的协定,以及两省过去关于沿河滩地之一切旧办法旧传统,均作为无效。

(十)本协议同样印制 14 份,两省各 7 份,以便两省省府所在专署、县府分存,并分呈政务院。

(十一)本协议经双方代表签字,分报两省省府批准并相互通知,转报政务院备案后生效。"

按照两省达成的协议,双方争种滩地的矛盾基本得到解决。到了 1962 年,由于三门峡水库改变运用方式后,潼关以上汇流区的土地又可以耕种了。这部分土地一时无人管理,晋陕两省群众纷纷进住滩区耕种滩地。山西省农民并过河到西岸种地,于是又引起纠纷。为此,1963 年 4 月 6 日,国务院批示:"根据本政务院指示和两省已有协议,并根据当前具体情况,就地勘查,共同协商,本着有利团结、有利生产的原则,坚决制止群众纠纷,严禁斗殴事件发生。"根据国务院的指示,两省互派代表,于 1963 年 4 月 29 日就解决黄河滩地问题,共同作出了决定。决定指出:"遵照国务院一九六三年四月六日批示,为合理的彻底解决山西省永济、芮城和陕西省大荔、潼关等县群众由于争种黄河西岸滩地,以及双方在黄河两岸修筑工程的问题,双方于一九六三年四月二十四日至二十九日,在陕西渭南专署进行了商谈。山西方面参加的有:中共山西省委委员、山西省副省长刘开基,山西省民政厅厅长杨自秀,晋南专署副专员王沁声及县、社干部等十六人;陕西方面参加的有:中共陕西省委书记处书记、陕西省副省长谢怀德,陕西省民政厅副厅长何侠,渭南专署副专员冯光辉及县干部等十七人;并邀请水利电力部黄河水利委员会规划设计处处长王锐夫参加。经过充分协商,对当前问题作出如下决定:

(一)坚决地、毫不动摇地继续贯彻执行一九五二年九月二十三日原政务院以黄河主流为界的指示和一九五三年三月三日陕西山西两省解决黄河滩地问题的协议,作为此次解决问题的依据。

(二)目前两省在沿黄河两岸,为发展生产,兴修水利,护村护田,均筑有工程。现本着有利团结,有利生产的原则,一律予以保留维修。唯西岸华原至南靖安之间的护田工程,在一定的流量下,起阻漫滩水的作用,故作废埝,不得维修,自行消除。东岸永济旧城至西门郭之间的工程,维持现有标准,不再加固扩大。

以上两处工程，每年汛期，由双方互派工程技术人员共同检查测定。

(三)两省为了保护生产，保障人民生命财产的安全，在不影响黄河主流的前提下，今后仍允许自行修筑护村、护田、撤退道路等滩面土方工程。其标准请水利电力部规定。但在修筑护岸、护滩等工程时，必须经双方协商决定；如有不同意见，报请中央水电部审批。

(四)山西永济、芮城县群众越过黄河主流现种陕西大荔、潼关县约一万一千四百七十亩滩地，应全部退还。其中秋田作物约二千二百亩，应即随地退还。小麦和小夏田约九千二百七十亩(大荔约三千零七十亩，潼关约六千二百亩)，收割后退还给大荔、潼关县生产队耕种。

(五)为确保夏收的良好秩序，按照以下办法处理：

第一，在大荔、潼关县人委统一领导下，组织夏收指挥部，永济、芮城县派人参加，负责领导夏收工作。

第二，属于永济、芮城县的生产队，在西岸靠河边集中连片播种的，收割前进行标界自行收割。

第三，属于永济、芮城县生产队在大荔、潼关县生产队现种小麦和小夏田范围内播种的飞田、插花田，进行标界后，由大荔、潼关县的生产队收打。收后山西、陕西各半(包括麦秸)。

第四，晋南、渭南两专署，在夏收期间，派专人依照以上办法进行检查帮助，保证夏收秩序的良好。

(六)双方有关各级政府，应本着有利团结，有利生产，互助友爱的精神，认真做好干部和群众的思想教育工作，保证履行规定，以利于社会主义建设事业。

(七)本决定一式二份，经双方代表签字后立即生效，分存两省，并报请国务院和两省人民委员会备案，同时立即印发两省各级有关政府贯彻执行。”

从1963年决定实行以后，两省群众再没有发生过河耕种滩地的纠纷。

## 二、工程纠纷协调

修建工程引起两岸纠纷，是从1960年建禹门口黄河铁路大桥开始的。到1966年至1970年又修建潼关黄河铁路大桥，再次引起两岸矛盾；后来两岸因修工程引起的矛盾，主要集中在修建河道整治工程上。每次大的纠纷，都进行了协调和处理。

## （一）禹门口工程纠纷协调

禹门口黄河铁路大桥修建引起水事纠纷以后，1965 年 6 月 7 日，铁道部和水利电力部联合进行调查，向国务院写出调查报告。调查报告提出的处理意见是：

“1. 在汛前扒开禹门口右岸的骆驼巷子缺口，大水时分流，减轻洪水对清涧湾的压力，对山西省有利，对陕西省影响不大。现山西省来电表示同意，经我们两部研究，拟积极实施，争取在今年汛期解决一部分实际问题。施工由铁道部和水利电力部派处级干部主持，经费由铁道部出，民工、带工干部及施工工具，请陕西省韩城县出，由山西省河津县协助。骆驼巷子扒的标准以恢复原来形状为准，并在上下游挖一条小引河。时间要求在大汛到来以前完成。

2. 黄河这一段河道既有从禹门口向下的淤积，也有从三门峡向上的淤积。不但禹门口需要研究整治，整个这一段河道也需要研究整治。目前三门峡库区已有两个规划小组：一是西安组，一是渭、洛河组。我们打算再增加一个黄河北干流（潼关至禹门口）规划小组，对这段河道进行统一规划工作。一方面调查研究三门峡水库修建以后对这段河道淤积的影响，另一方面也调查研究这段河道冲滩塌岸，特别是塌高岸对三门峡水库淤积的影响，并提出对这段河道的整治意见或方案。参加人选，除水利电力部派人参加外，并请山西、陕西两省派人参加。参加人员的行政和党的领导关系，均请交水利电力部黄河水利委员会领导。规划工作以治理这段黄河为目标，该治哪里治哪里。蒲州城以下的滩岸冲刷，关系到同蒲路的安全，应列为今后规划整治工作的重点。”

同年 6 月 11 日，国务院在国农办字 230 号文中批复，将两部调查处理意见转发两省，并指出：“希即按照执行，力争汛前完工。”

国务院文件下达后，水利电力部、铁道部即派人到西安，与陕西省人民委员会商洽具体施工事宜，并以〔1965〕水电管字第 152 号、〔1965〕铁基施字第 2014 号《关于扒除黄河禹门口骆驼巷子堵坝问题处理情况的报告》上报国务院和谭震林副总理。报告中指出：陕西省表示原则同意，但又提出，这件工作牵涉到两岸群众历史纠纷问题，堵口前没有小引河，挖小引河必须计算堵口前和扒除后的过流情况，维持原来分水比例；山西省则表示，骆驼巷子堵口是次要的，而禹门口石嘴的开挖是主要的，要求迅速恢复禹门口原来的流势。

针对两省这种情况，1966年5月11日，国务院以国农办字第131号文批示：彻底清除骆驼巷子堵坝，于当年6月底完成；开挖小引河，由水利电力部和铁道部组成联合工作组，与山西、陕西两省共同研究，尽快提出具体方案，争取尽早实施。

遵照国务院的这一批示，水利电力部和铁道部立即派人组成工作组，开展工作，并向水利电力部、铁道部、国务院农办以及陕西、山西两省人民委员会写了《关于禹门口问题处理结果的报告》。报告中指出，工作组先后到两省传达国务院批示和国务院农林办公室的指示，汇报清除堵坝和开挖小引河的原则，并分别会同两省有关人员到现场勘测研究，征求意见，提出处理方案。两省都表示同意，坚决按国务院的批示贯彻执行。按照国务院农林办公室的指示："不能使灾害搬家，即不扩大西岸灾害，尽量减轻东岸灾害"的原则，确定清除土坝和开挖小引河，维持原来过水流量。清除骆驼巷子堵坝工程，于1966年6月8日开工，6月27日清理完毕。开挖小引河工程，于7月17日全部完成。

## （二）修建潼关黄河铁路大桥引起水事纠纷的协调

潼关黄河铁路大桥开始修建以后，首先是引起水利部门和交通部门的矛盾。由此，也引起山西陕西两省纠纷，需要进行协调。

1968年，水利电力部向国务院写了《关于潼关黄河铁路桥影响三门峡库区淤积问题的报告》。同年7月7日，国务院李富春副总理作了批示。随后，水利电力部、铁道部会同黄河水利委员会和陕西省组成工作组对潼关铁路桥进行了现场调查，并于1968年9月26日，以〔1968〕水电军规水字第106号文，向国务院写了《关于黄河潼关铁路桥影响三门峡库区淤积问题现场调查情况和处理意见的报告》。报告中提出：鉴于潼关河段的特殊性和施工设施（主要是抛石）的严重阻水作用，在大桥竣工前，施工部门必须对临时设施彻底清除。两岸桥台上下游护岸应尽量平直，避免产生挑流作用。

水利电力部在〔1968〕水电军规水字第75号文中批复，同意陕西省修建潼关护岸工程。随后，陕西省在潼关黄河铁路桥以下，修建了七里村护岸工程。同批文相比，工程部位下移了。1974年4月，山西省未经上级业务主管部门批准，芮城县在潼关黄河铁路桥以上，修建了凤凰嘴护岸工程；以后，又将护岸工程下延到铁路桥的8号桥墩。由于这两处工程有部分阻水，需要拆除，加上潼关黄河铁路桥残存施工临时设施需要清除，两对矛盾纠缠，需要统一协调处理。

1974年2月27日，交通部以〔1974〕交铁基字176号文，向国务院余秋里副总理写了《关于处理潼关黄河铁路大桥残存施工临时设施问题的报告》，提出："关于潼关黄河铁路大桥残存施工临时设施的清除问题，我部已于1973年11月安排由第三铁路工程局负责进行，并于12月上旬由水电部和我部请陕西省、山西省及有关单位在风陵渡现场开会商量清除范围。由于两省看法不同，虽经再三协商未能取得一致意见，……山西省对此问题尚未落实，也未向下布置……因此，清除工作，至今无法进行。我们意见，请水电部与两省确定顺桥方向的起止点和北岸老岸上残存施工临时设施的详细具体清除范围，用正式文件通知两省，以便早日动工。"同年2月28日，国务院余秋里副总理批示给水利电力部钱正英副部长："关于处理潼关黄河铁路大桥残存施工中的问题，我们曾批过一个文件，请交通部办。现交通部经同两省协商，迟至未落实，他们建议请你们商定，以便早日动工，并请你们两部商定如何解决为好。"

1974年5月4日，水利电力部向交通部写了〔1974〕水电水字第37号《关于清除潼关黄河铁路大桥残存施工临时设施的函》，指出："为利于潼关以上库区排沙，我部意见，在6号至22号23号桥墩之间，正桥抛石上游边缘，至便桥抛石下游边缘之间，大沽高程322米以上的范围内和北岸滩地上的残存施工设施一律清除。清除的残余物，移运到大沽高程335米以上地区，以免造成新的阻水。"

1975年1月12日，山西省以〔1975〕晋革水河字第20号文，向水利电力部、交通部、黄河水利委员会，写了《关于清理潼关铁桥残存的施工临时设施所引起的库区河势变化和严重灾害的报告》。该报告提出："潼关铁桥残存的施工临时设施，南北两岸都有，尤其是桥中心的12至16号桥墩间，残存的施工临时设施数量最多，……清理应先清这个部位，然后由河中心按照统一高程向两侧进行清理，这样有利于排洪排沙和稳定库区河势。但是大桥局在清理过程中不是这样做的，自去年进行清理工作以来，不清南岸及中间，先在北岸挖老岸，把7至12号桥墩间挖了一条长达200多米、深2～3米垂直于河道的大缺口，人为地将主流由南岸引到了北岸，改变了历史主流位置。改变后的主流加以潼关县七里村工程的阻水挑流作用，破坏并影响到整个库区河势上提下挫等一系列变化。新河势最近在我省芮城县境内，形成5个新的大湾，塌岸崩塬长达8000多米……4个村庄(3600多人)的生命财产安全受到塌岸的严重威胁，四处提灌站遭受主流的严重顶冲和淘刷，一处提灌站脱流不能上水……为此，我们要求两部和黄委会立即派人到现场查勘，……迅速改变目前的清理工作，恢复历史河势。对已造成的灾害立即采取紧急防护措施，补偿群众的损失。”

1975年4月3日，水利电力部以〔1975〕水电计字第98号文，给山西、河南两省水利局及陕西省水电局发了《请抓紧编制潼关铁桥以下黄河防护工程计划及拆除阻水挑流工程的通知》，通知说：“目前黄河潼关铁桥以下河势，因铁桥残存施工临时设施的清除（今后还要进行），发生一些新的变化，影响部分高岸的坍塌和沿岸村庄、扬水站的安全，根据各省反映的情况，需要采取必要的防护措施，希望你们仍本着自力更生的精神编制计划和急需兴建工程设计，报我部审批。同时阻水挑流、影响行洪排沙的芮城县凤凰嘴下首至8号桥墩工程和潼关县七里村工程超出批准设计的部分以及上首部分工程，应立即拆除。”

1975年4月10日，水利电力部以〔1975〕水电水字第35号文，向国家计委写了《关于潼关黄河大桥残存施工临时设施清除情况的报告》。报告指出：“铁路部门于1974年开始进行清除工作，并取得一定进展，截至今年1月底，已清除片石、混凝土、土夹石等共10000多立方米；高程清到326～327米，距要求清除到322米高程尚差4～5米，仍较严重的影响行洪排沙。……我部意见……应继续抓紧时间……彻底清除。”“对两省修的阻水挑流工程，应立即拆除。”

1976年，陕西省对潼关县七里村护岸工程的第12号坝超出批准设计部分进行了拆除；山西省对芮城县凤凰嘴下首至8号桥墩护岸工程做了部分拆除。1977年，潼关出现15400立方米每秒的洪水后，该段护岸工程被冲毁。

1977年6月11日，铁道部以〔1977〕铁基字第554号文，向国家计委写了《关于结束潼关黄河铁路大桥残存施工临时设施清除工作的报告》。报告指出：“经反复研究，认为已达到了我部提出的清残要求，并已做到了目前我部施工水平的最大可能，清残工作已经结束。”

### （三）修建护岸工程引起纠纷的协调

晋陕两省因修建护岸工程而引起的纠纷，是从60年代后期开始的。

1968年，水利电力部以〔1968〕水电军规水字第75号文，同意修建山西省禹门口、陕西省芝川等护岸工程；1969年水利电力部又以〔1969〕水电军生水字第141号文，同意修建陕西朝邑滩、山西永济老城防护工程；1971年，国务院以〔1971〕国发文53号文，同意对黄河新民与永济两滩进行围垦。

山西、陕西两省在修建工程过程中，有的工程长度和方位没有按照批准的设计施工。同时，两省未经上级批准，开始自行修建工程，这又引起纠纷。

为了协调两省纠纷，1972年9月19日，水利电力部邀请山西、陕西两省和黄河水利委员会的代表，座谈讨论，经协商，形成了《关于黄河北干流治理的座谈纪要》。该“纪要”内容如下：

“一九七二年九月十九日，水利电力部邀请山西省刘开基、刘锡田同志和陕西省胡棣同志、黄河水利委员会王生源同志，座谈讨论了黄河北干流的治理问题，经协商后，一致同意下列几项原则：

1.黄河北干流的治理，应坚决贯彻国务院关于黄河治理的指示和有关规定，充分协商，团结治水，坚决不做阻水挑流工程。未经批准，不得再行围垦。

2.黄河水利委员会应主动会同晋陕两省做好北干流的整治规划，近期应首先安排保护塬阶地、村庄和河道控制节点的防护性工程。河道工程均应由黄河水利委员会会同两省逐年进行现场查勘定线，上报审批后，按轻重缓急，分期实施。在研究一岸工程时，对岸应派有关同志参加。

3.根据因势利导、因地制宜的原则，现有河道的阻水挑流工程应予废弃。其中韩城县桥南工程，河津县大、小石嘴工程，保德县东关坝和府谷县城关新坝的严重阻水挑流部分，由黄河水利委员会会同两省，现场查勘，协商定线，在一九七三年五月底前由两省分别拆除。新民、朝邑两滩围堤应留口门，引洪放淤。其余河道工程在统一治理规划前，暂维持现状，进一步观察研究。

4.晋陕两省保证按照上述原则贯彻执行，并各自做好群众思想工作。”

1972年以后，虽然经水利电力部和黄河水利委员会的批准又修建了一些工程，但是两省确定的《座谈纪要》多未很好地贯彻执行，因而两省不经水利电力部或黄河水利委员会批准，又各自修建了一些工程，以致两岸矛盾复起，并不断反映到水利电力部和国务院。

1982年5至6月，黄河水利委员会根据水利电力部的指示，派人对黄河禹门口至潼关河段水利纠纷进行了调查，并向水利电力部写出了调查报告。同年7月22日，水利电力部向国务院写了《关于解决黄河禹门口至潼关段陕晋两省水利纠纷的报告》。其主要内容如下：

“黄河禹门口至潼关段，晋陕两省由于争种滩地和修建水利工程，历来矛盾很大。据我部最近派人调查，近几年两岸都花了大量投资修建挑溜工程，互相抵消力量，并使矛盾更加尖锐。为妥善解决这一问题，现将有关情况和处理意见，报告如下：

这段黄河，由于主流经常摆动，冲滩塌岸，有‘三十年河东，三十年河西’之说。同时河道不断淤积抬高，使滩地碱化和汾河、涑水河、芝川、濛水等支流入黄困难，这些是造成两岸矛盾的重要因素。

解放后，为了解决两岸纠纷，国务院曾有过多次指示，我部也曾会同晋陕两省进行过研究处理。第一次，一九五二年政务院作出了以黄河主流为界，两岸不准过河种地的指示。据此，一九五三年两省达成了解决黄河滩地问题的协议。第二次，一九六一年，修建禹门口铁路桥时，由于破坏了当时河道边界现状，河势出现新的变化，加剧了两省矛盾。一九六五年铁道部、水电部派人联合调查，提出了扒开修桥时堵塞的骆驼巷子及制订该河段治理规划的意见。同年，国务院以国农办字230号文批准了两部报告。第三次，一九六三年据国务院电示，两省在渭南专署商谈，为解决永济、芮城、大荔、潼关县争种滩地问题，作出了继续执行一九五二年政务院指示及一九五三年两省协议等七项决定。一九七二年我部邀请晋陕两省座谈讨论该河段治理问题，并达成了五项协议。但由于各方面的原因，协议多未很好贯彻执行，不断出现新的矛盾。

从六十年代后期以来，两岸已修河道及护岸工程三十三处，总长九十六公里，修生产围堤五十一公里，地方已投资六千一百多万元。同时修建了大小抽水站十个，实灌耕地一百一十二万亩，投资二亿六千四百多万元。尽管这些工程对稳定河势，保护村庄、抽水站，发展农业生产，起了一些积极作用。但由于两岸不遵守协议，修工程互不通气，致使有些工程互相挑溜，危害对岸。如山西省的大石嘴、尊村等工程挑溜，造成陕西省韩城、朝邑滩地严重坍塌，陕西省的赤壁嘴、华原工程挑溜，造成山西韩阳滩地严重坍塌，影响十多个村的安全及夹马口抽水站的引水，并威胁到同蒲铁路的安全(独头附近，铁路距河只一百多米)。仅华原工程，就耗资一千二百一十五万元。现在双方互不相让，都有进一步修做工程的打算，矛盾愈演愈烈，发展下去，必将浪费大量资金和劳力。目前，双方都要求尽早解决这一问题，以利安定团结，稳定群众生产生活。

鉴于上述情况，我部认为，两岸已建矛盾工程，后果严重，对财力民力是很大浪费，为避免矛盾进一步激化，急迫需要解决：

1.重申过去国务院的有关指示和双方协议有效，必须严格执行。凡是违反协议的工程必须坚决处理或拆除。

2.根据多年来的实践证明，对这类水利矛盾尖锐的地方，仅靠统一规划和双方协议不行，还必须进行统一管理，才能较好地解决矛盾，维持这个地区的安定，并使有限的水利资金发挥应有的经济效益。为此，建议成立黄河北干流（禹门口至潼关段）河务局，隶属我部黄河水利委员会领导。河务局设在河南省三门峡市，两岸分设河务处，有关各县设立河务段，总编制二百五十人。其任务是：①制订河道的治理规划，统一工程设计标准和设计审查；②在统一规划指导下，统一计划和组织施工；③对河道及控导工程实行统一管理，处理水利纠纷。晋陕两省现有的管理机构，按建制划归北干流河务局，由河务局调整安排所需人员。有关防汛岁修和管理经费也相应地划归河务局。

关于该段河道治理经费，过去均由两省自行安排，中央没有单独列过专款。因此建议按照近十年两省平均投资水平，将指标划归我部统一用于北干流治理。”

1982年10月22日，国务院以〔1982〕国函字229号文，向陕西山西两省人民政府及水利电力部作了《国务院关于解决黄河禹门口至潼关段陕晋两省水利纠纷的报告的批复》。文中指出：“国务院原则同意水利电力部《关于解决黄河禹门口至潼关段陕晋两省水利纠纷的报告》。现转发给你们，请贯彻执行。关于管理机构的设置、经费等具体问题，由水利电力部同陕晋两省商定。”

1983年4月12日，水利电力部以〔1983〕水电计字第172号文，向中国人民建设银行、中国人民银行、中国农业银行，写了《关于加强黄河北干流治理工程经费管理问题的函》。文中指出：“目前黄河北干流河务局正在积极筹备。我部意见：在该机构未建立行使职权以前，这段河道上未经黄河水利委员会批准的工程，不得兴建，以免加剧水利纠纷。为此，请建设银行、人民银行、农业银行协助加强监督，不管那条渠道来的资金一律停止拨款。”

1984年，水利电力部以水电水规字第113号文，向国务院请示关于黄河小北干流的治理意见：“为了解决小北干流的矛盾，我们提出以下处理意见：1. 抓紧处理两岸阻水挑流工程。据查勘，有数处石坝阻水挑流，危害对岸，成为当前两省矛盾的焦点。我们认为，为了缓和两省矛盾，逐步改善小北干流河势，也为了严肃治河法纪，这些阻水挑流工程应该拆除。2. 新建工程一定要经过批准。为了吸取过去的经验教训，防止增加新的纠纷工程，造成更大浪费，应明确规定：今后任何单位在这段河道上修建工程，都必须服从统一治理规划，提出设计文件，经主管机构审查同意，报我部审批，由专管机构负责监督施工，统一管理（抽水站由地方施工与管理）；如果违反，应追究经济与行政责任。”同年，国家计划委员会以计农〔1984〕2466号文，给水利电力部的复函中指出："为了缓和山西、陕西两省在黄河小北干流河段交界处发生的纠纷，逐步改善小北干流的河势，防止增加新的纠纷工程，同意你部加强对黄河小北干流治理的领导，统一规划，统一治理，统一管理。今后任何单位在这段河道上修建工程，需经你部审批。"

1985年，黄河水利委员会根据国务院和水利电力部的批文精神，对黄河禹门口至潼关段山西、陕西两省的管理机构人员及护岸工程，进行了接管，实行统一管理。统一管理以后，双方矛盾又转移到对制订规划的认识和贯彻执行上。

1987年1月15日，黄河水利委员会根据水利电力部〔1985〕水电水建字第7号文通知，编制报送了《黄河禹门口至潼关段河道整治规划》。

为了使规划符合自然规律和经济规律，又尽可能满足两省的要求，水利电力部组织查勘组，现场查勘，征求两省意见，召开座谈会，听取各方意见。1987年4月29日至5月7日，水利电力部组织有计划司、水利水电规划设计院、水利科学研究院泥沙研究所、国家计划委员会国土局和农田水利局、黄河水利委员会等单位参加的查勘组，在山西、陕西两省水利厅及有关地、县和有关单位的配合下，进行现场查勘，听取两省意见。1988年11月12日至14日，又在北京召开黄河禹门口至潼关段河道整治规划讨论会，听取各方对规划的意见。

在水利部审查该河段规划的过程中，两省对规划提出了不同意见。山西省提出："1.关于规划治导线的问题：合理的治导线应是河道中点的连线。这样对两岸才是平等的。目前的规划治导线偏东岸一些，对山西不利。从大局出发，对335米高程以上部分的治导线可以表示基本同意，对335米高程以下的治导线则不同意。建议调整为以山西省城西工程和陕西省朝邑围堤间河道的中点与牛毛湾1987年前的工程上游部分的凸点的连线作为治导线中线。2.对两岸各支流入黄口的问题，应同等对待，统一规划治理。1968年虽然作过一次规划，但因该规划未讨论通过，实际上此规划不复存在。我们对那次规划不能承认，也不同意以此规划为基础进行新的规划。3.为保证小樊、夹马口等电灌站引水，希望河道规划中考虑在东岸布设引渠，以利取水。4.对现有工程设计的问题，两岸计算方法应统一统计标准。1985年移交黄河水利委员会管理以后所修筑的工程，一律拆除。"

陕西省提出："1.禹门口至潼关河段，黄委会1968年曾规划过治导线，但因人为影响，未能实施。我们认为黄河干流禹门口至潼关段的治理仍应以1968年规划的治导线为基础进行修订比较合理，也比较妥当。2.在这一段黄河干流两岸，凡是未经国务院、水利部、黄河水利委员会批准的工程以及水利部已确定为违章的工程，均应以违章工程论处，进行清理，提出处理决策，付诸实施。否则，再好的规划也难以实施。3.陕晋两省在黄河上的纠纷已延续多年，分歧甚深，建议贵部在协调处理此事时严格依照《水法》，主持公道，澄清是非，在实事求是地总结经验的基础上，经过充分平等协商，解决好遗留问题，以便合理地修订规划。”

1989年12月4日至5日，水利部召集晋陕两省负责人在京开会，协调解决黄河禹门口至潼关段水事纠纷问题。会议由钮茂生副部长主持。参加会议的主要人员有：水利部徐乾清副总工程师，黄河水利委员会庄景林副主任，山西省郭裕怀副省长及省水利厅姜凯副厅长，陕西省王双锡副省长及省水利水保厅焦居仁副厅长。会上，庄景林副主任介绍了该河段水事纠纷情况，晋陕两省发表了意见，徐乾清副总工程师作了讲话，钮茂生副部长作了总结。钮部长指出：这次会议是一次高级会谈，对解决小北干流水事纠纷起了促进作用。徐副总工程师的讲话是水利部的原则意见。下一步：一是水利部立即拟文，年内上报国务院；二是为慎重起见，建议两省在近期内提出书面意见；三是在国务院未作出决定之前，凡是未经黄河水利委员会批准的工程，一律停止施工，事态不能再发展下去；四是水利部、黄河水利委员会准备加强这方面的工作，黄河水利委员会负责监督检查，今后谁的问题谁负责。希望以后不要再修建有损对岸的工程，要修工程，须经过黄河水利委员会批准，减少不必要的损失。

水利部根据两省的意见及黄河水利委员会修改后的规划，于1990年1月，以《关于黄河禹门口至潼关河段河道治导控制线规划意见》上报国务院。规划意见指出：“河势变化使两岸滩地互有增减，争取扩大各自一侧的滩地是造成两岸矛盾的根本原因。关于双方在沿河两岸不得修筑堤坝，致使主流受其影响的协议，未能完全贯彻执行。1968年水利电力部开始批准修建工程以后，其中有些工程未按批文的规定修建。70年代以来，未经上级批准，两岸竞相新建、续建了大量河道工程，有些工程严重挑流，给对岸造成危害。这样不仅造成财力、人力的不必要投入，而且不利于河势的改善，使两岸矛盾加剧，这是目前存在的主要问题。为了团结治河，更好地开发利用滩区，减少和避免国家及人民的财产的浪费，现提出河道治导控制线规划意见。规划的原则是：(1)统一规划，统筹兼顾，团结治水。(2)遵循规律，因势利导。(3)充分利用天然节点及已建工程。”规划意见还提出了规划治导控制线的基本流路、整治流量、整治河宽等。

国务院以国函〔1990〕26 号文批复山西、陕西两省及水利部。批文指出："国务院同意水利部关于黄河禹门口至潼关河段河道治导控制线的规划意见……(1)两岸凡未经水利部、黄委会批准的工程,应立即停止施工。(2)两岸严重阻水挑流的工程必须拆除。山西省一侧有汾河口的小石嘴工程和屈村、城西两处工程的下段;陕西省一侧有太里、华原、牛毛湾三处工程的下段。对 1985 年黄河水利委员会统一管理后,未经批准的已建工程,凡在治导线以内的一律拆除,在治导线以外的等候鉴定和处理。(3)以后新建、续建工程,包括滩区防洪、开发和居民点的设置,必须以'河道治导控制线规划意见'为依据,并经黄河水利委员会批准。(4)为切实落实规划意见,需要拆除的工程由晋陕两省及黄河水利委员会派有关负责同志组成协调领导小组负责监督实施。今后要加强黄河水利委员会小北干流管理机构的作用,切实发挥其河道管理的职责。(5)治导控制线将是治理黄河河道的依据,也是划分两省边界的依据。"

国务院国函〔1990〕26 号文件下达后,晋陕两省都表示要坚决贯彻执行。在此基础上,黄河水利委员会即按文件精神积极开展协调工作。首先成立了由黄河水利委员会和晋陕两省三方负责人共同组成的 9 人协调领导小组,尔后开始同晋陕两省协调。第一次协调会,于 1990 年 6 月 21 日至 22 日在山西省永济县召开。参加人员有协调领导小组全体成员。协调内容主要是共同查勘国函〔1990〕26 号文中点名的六处工程和讨论如何拆除问题。由于两省对拆除工程及拆除问题认识不一,几次交换意见后,仍不能统一思想,协调没有取得成功,未去工地查勘即散会。第二次协调,于 1991 年 5 月 26 日至 6 月 2 日,历时 8 天。这次协调,参加人员有协调领导小组大部分成员,协调内容是共同查勘与国函〔1990〕26 号文有关的部分工程,并商讨拆除意见。在查勘过程中两省又出现分歧,意见仍未统一,协调工作中途停止。到 1994 年 6 月,黄河水利委员会集中技术力量,进一步分析、整理小北干流资料,在反复征求晋陕两省意见的基础上,按照国函〔1990〕26 号文件精神,着手编制该河段的近期治理意见。

1994 年 6 月 21 日至 22 日水利部钮茂生部长到黄河小北干流检查防汛工作,提出国函〔1990〕26 号文点名的六处工程要限期拆除。同年 7 月 16 日至 19 日,水利部周文智副部长提出要在 1994 年 7 月 25 日前拆完。随即于 7 月 21 日以国汛办电〔1994〕14 号传真电报,向晋陕两省防汛抗旱指挥部、黄河水利委员会发出了《关于抓紧黄河小北干流清障的紧急通知》,指出:"7 月 16 日和 19 日,国家防汛抗旱总指挥部工作组在晋陕两省检查防汛工作时确定，黄河小北干流治导线以内的挑流工程务于7月25日前拆除。请晋陕两省立即组织力量实施，由黄委会三门峡水利枢纽管理局局长杨庆安、黄委会河务局副局长罗启民、计财局副局长刘进海组成的前线领导小组进行检查督促，并将进展情况及时上报国家防汛抗旱总指挥部。晋陕两省要顾全大局、团结治水、坚决清除。”

1994年7月22日，前线领导小组在三门峡水利枢纽管理局开会研究贯彻落实《紧急通知》。会后，向晋陕两省防汛抗旱指挥部发出了《黄河小北干流清障前线领导小组通知》，指出了山西侧汾河口的小石嘴工程和屈村、城西两处工程的下段及陕西侧的太里、华原、牛毛湾三处工程的下段，每处需拆除的长度、高度，拆除方法，验收时间等。7月23日，前线领导小组即往工地，现场督促检查拆除情况。7月25日，屈村工程下段450米按当时要求破除了两个口门，其他五处工程按拆除一半长度仍在破口。

7月的下半月与8月的上半月，是黄河的大汛期。在这个时候拆除阻水工程，地方干部和群众顾虑很大：一怕工程拆除后河势发生变化；二怕淹了当年的秋庄稼。8月5日，龙门水文站出现10600立方米每秒的洪水，屈村工程破除的两个口门过水，坝后的秋作物被淹，这就为大汛期拆坝增加了困难。县、乡干部和群众提出秋收后退建工程修好后再拆。

针对上述情况，前线领导小组提出，秋收前先清除8月5日大水水位以上部分土石方，秋收后全部拆除完工。与此同时，批复了拆除工程完成后需要后退修建的河道防护工程的设计，并着手边拆边建。

在六处工程拆除的整个过程中，各级领导做了大量的工作。晋陕两省分管水利的王文学、王双锡副省长对小北干流的清障工作亲自过问，多次批示要按照国函〔1990〕26号文件要求，坚决清除六处工程阻水挑流部分的土石方，并召集省防汛抗旱指挥部、水利厅，地区防汛抗旱指挥部、水利局多次开会，亲临现场，做好县(市)、乡及群众、返库移民的思想工作，督促拆除工作的进行。黄河防汛总指挥部、黄河水利委员会在组织上，除前线领导小组3人外，还抽出了5名技术人员专门集中精力搞好清障工作，并于1994年9月7日至8日在郑州召集晋陕两省水利厅及运城、渭南地区行署等负责人开会，统一思想，解决清障工作中存在的具体问题，促进小北干流的清障工作的进行。在物质上，特别是在修做退建工程经费上，不断向水利部反映，落实中央匹配的部分资金，仅1994年安排了500万元，加快了拆除工作的进度。前线领导小组的成员，在近半年的时间内，经常在工地指导、检查、督促清障工作，做好县(市)、乡干部及当地群众、返库移民的思想工作。在此期间，黄河小北干流山西、陕西两管理局及陕西省三门峡库区管理局的工作人员，不畏酷暑严寒，排除各种困难和干扰，在清障关键时期，夜以继日地工作，为小北干流清障工作做出了突出贡献。

黄河小北干流清障工作，从1994年7月21日至12月22日，将国函〔1990〕26号文件中点名的六处工程需要拆除的部分全部完成了拆除工作。据统计，共拆除阻水工程长8070米，拆除、转运的土、石方，分别为54.55万立方米和14.49万立方米。1994年12月25日至28日，由黄河水利委员会、黄河防汛总指挥部办公室主持，国家防总办公室、水利部水政水资源司派员参加，分别会同晋陕两省水利厅、省防汛办公室及运城、渭南地区行署、防汛指挥部等有关单位，对六处工程的拆除部分进行了验收。验收委员会认为，六处工程拆除的长度符合国函〔1990〕26号文件要求，拆除高度符合前线领导小组的要求，均为拆除合格工程，同意验收。并在共同签署的《黄河小北干流六处清障拆除工程山西岸三处拆除工程竣工验收意见》和《黄河小北干流六处清障拆除工程陕西岸三处拆除工程竣工验收意见》两个文件中，分别提出如下内容相同的三点建议："1.拆除后的三处工程今后不论河势如何变化，一律不准修复；今后凡需修建的工程必须严格按照国函〔1990〕26号文件执行。2.拆除后的退建工程修做是必要的。建议按照黄委已批复的设计和已确定的投资分摊比例，请水利部和（山西、陕西）省落实好资金，应于一九九五年汛前完成，并加强防守，以利工程安全渡汛。对整个小北干流的治理，建议按照批准的统一规划，加大投资力度，加快治理速度。3.按照国函〔1990〕26号文件批复，'对一九八五年黄委会统一管理后，未经批准的已建工程，凡在治导线以内的一律拆除，在治导线以外的等候鉴定和处理。'建议继续搞好清障工作。"

黄河小北干流六处工程的阻水排流部分拆除完成以后，晋陕两省在该河段的水事纠纷基本得到解决，为两岸团结治水打下了基础，为这段河道进一步治理创造了条件。今后的主要任务是加大投资力度，加快治理步伐，完善河道防护工程，为两岸群众安居乐业，为沿河工农业生产做出新贡献。

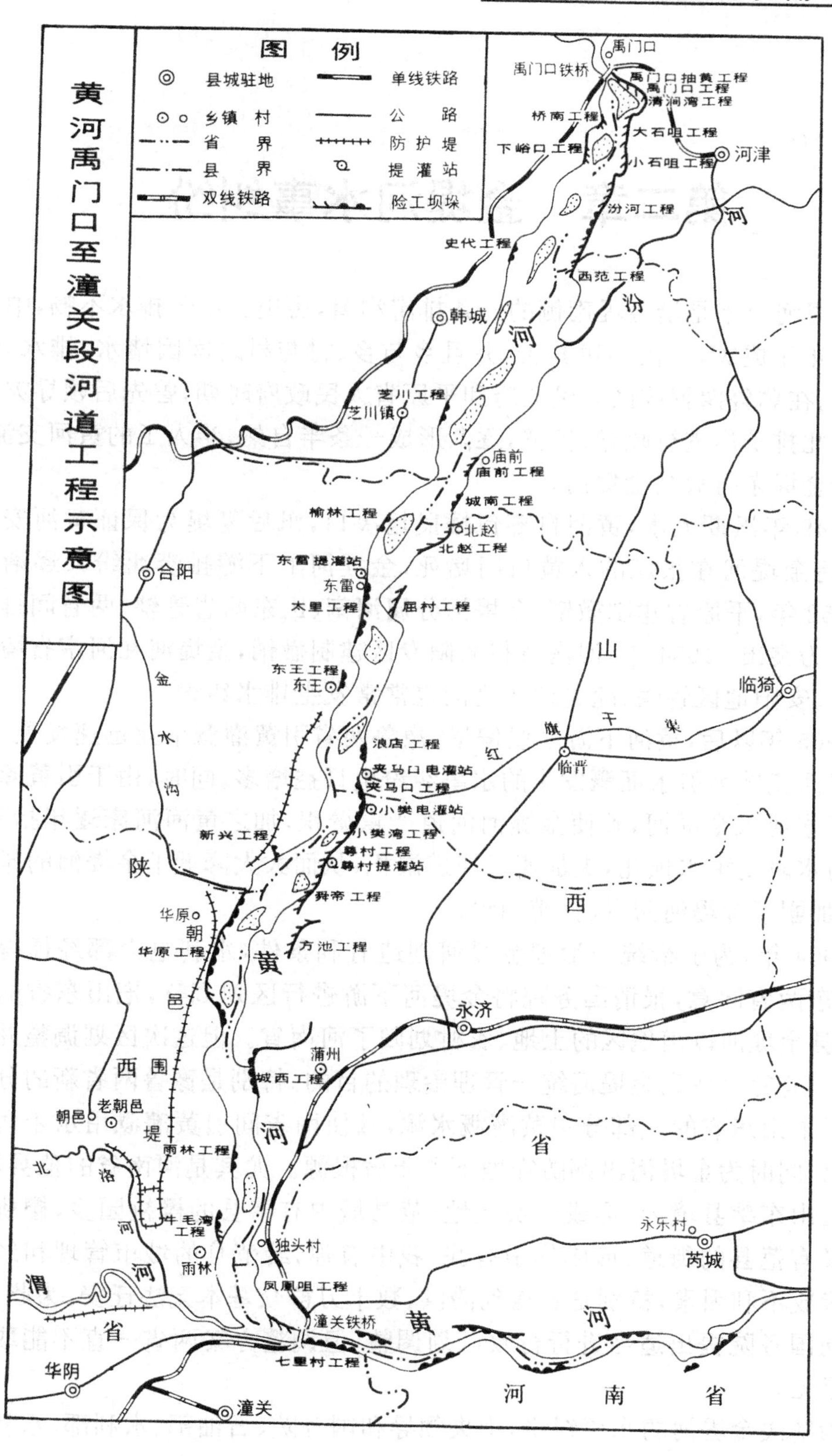
黄河禹门口至潼关段河道工程示意图
图例
县城驻地
乡镇 村
省界
县界
双线铁路
单线铁路
公路
防护堤
提灌站
险工坝垛
禹门口
禹门口铁桥
禹门口抽黄工程
禹门口工程
清涧湾工程
桥南工程
大石咀工程
下峪口工程
小石咀工程
河津
汾河工程
史代工程
西范工程
韩城
芝川工程
芝川镇
庙前
庙前工程
城南工程
榆林工程
北赵
北赵工程
东雷提灌站
东雷
太里工程
屈村工程
合阳
东王工程
东王
临猗
浪店工程
夹马口电灌站
夹马口工程
临晋
小樊电灌站
新兴工程
小樊湾工程
尊村工程
尊村提灌站
舜帝工程
华原
华原工程
方池工程
永济
蒲州
城西工程
老朝邑
朝邑
雨林工程
牛毛湾工程
雨林
独头村
永乐村
芮城
凤凰咀工程
潼关铁桥
七里村工程
华阴
潼关
陕西省
山西省
河南省
黄河
汾河
渭河
北洛河
金水沟
红旗干渠
朝邑西围堤

# 第二章　金堤河水事纠纷

金堤河原来是沿金堤南侧的一条排涝沟道，历史上由于排水不畅，中下游几乎年年成灾，人民不堪其苦，并且乡与乡、村与村之间因堵水、排水，时有械斗。在冀鲁豫解放区人民政府和平原省人民政府时期，曾先后领导灾区人民对此排涝沟进行疏导、扩宽，逐渐形成一条半自然、半人工的黄河支流。因河沿金堤东行故名金堤河。

1949年汛期大水，黄河自枣包楼民埝决口，汛后复堤为保证黄河安全渡汛，将金堤河在张庄的入黄口门堵死，金堤河上下游排涝纠纷又逐渐增多。1952年，平原省建制撤销，金堤河分属河南、山东两省管辖，两省间排水矛盾尤为突出。1954年，河南省将濮阳专区建制撤销，金堤河在河南省境分属新乡、安阳地区管辖，随之地区之间也常常发生排水纠纷。

1965年以后，黄河下游气候偏旱，豫鲁两省引黄灌溉事业迅速发展，因而金堤河流域为引水灌溉发生的水事纠纷也日益增多。同时，由于引黄灌溉大量退水泄入金堤河，致使金堤河河道严重淤积，加之黄河河床逐年抬高，金堤河水时受黄水顶托，更加速了河道淤积，从而大大降低了金堤河的排涝能力，加剧了金堤河防洪、排涝纠纷。

1964年，为了给统一治理金堤河创造有利条件，水利电力部经征得河南、山东两省同意，报请国务院将金堤河下游进行区划调整，把山东省的寿张、范县金堤河以南地区的土地、农村划归了河南省。但这次区划调整并不彻底，没有完全达到金堤河统一管理治理的目的。特别是豫鲁两省新的分界线切断了山东省的一部分引黄灌溉水源，致使两省间引黄灌溉用水矛盾更加突出，同时为金堤河汛期防守埋下了矛盾根源。尤其是河南省的范县城，座落在山东莘县境内，形成一块飞地；范县城内有莘县的樱桃园乡，樱桃园乡内又有范县的街道，形成你中有我、我中有你，给范县的城市管理和经济发展造成不利因素，特别是若遇到滞洪，数十万群众基本无法迁安。为此，河南省向国务院提出适当进行行政区划调整，但调整方案两省一直不能取得一致意见。

为解决金堤河的水事纠纷，中央领导和国务院、石油部、水利部、水利水电规划设计院、黄河水利委员会等部门作了大量协调工作。豫鲁两省本着“团结治水、互利互让”的原则进行了多次协商、研究，于1994年11月基本同意了《金堤河干流近期治理和彭楼引黄入鲁灌溉工程可行性研究报告》。至此，金堤河水事纠纷协调工作告一段落，金堤河流域洪涝灾害和有关地区的引黄灌溉事业都将在近期治理中得到妥善解决。

## 第一节 金堤河沿革

金堤河是黄河下游的一条支流。其上游称大沙河，发源于新乡县境。自滑县耿庄以下为金堤河干流，经濮阳、范县、莘县、阳谷，于台前县张庄流入黄河，干流长158.6公里。主要支流有柳青河、贾公河分洪道、贾公河、黄庄河、回木沟、三里店沟、五星沟、胡状沟、顾头沟、青碱沟、濮城干沟、孟楼河、梁庙沟等。金堤河流域呈狭长三角形，上宽下窄，集水面积5047平方公里，人口288万，耕地528万亩。地跨河南省的新乡、卫辉、延津、封丘、长垣、浚县、滑县、濮阳、范县、台前十县(市)和山东省的莘县、阳谷两县。

历史上并无金堤河。因金堤南侧地势低洼，每到雨季，常常酿成严重的内涝；若遇黄河决溢泛滥，洪水漫流，金堤以南往往形成巨大的洪灾。为了排除洪涝，1929年，濮阳群众沿金堤挖一引水沟，深仅及膝，宽不逾丈，名为“引河”，即金堤河的前身。后经多次兴修，逐步加深加宽。久而久之，逐渐形成了这条半自然半人工的河流。

1948～1949年秋，冀鲁豫解放区人民政府曾组织民工4万余人，从三里营到子路堤的一段进行首次清淤，当时金堤河宽仅5.0米，深1.0～1.5米。

1949年汛期，黄河大水，9月16日寿张枣包楼(在今台前县境内)民埝决口，金堤与临黄民埝之间受灾面积130平方公里，金堤河槽几被淤平。

1949年8月建立平原省。金堤河流域全属平原省管辖。

1951年4月，中央人民政府政务院决定将金堤河流域大部辟为北金堤滞洪区。

1951年9月下旬至10月中旬，濮阳专署组织长垣、滑县、濮阳、濮县、范县31000余名民工，疏浚金堤河，排除积水。

1952年5月，再次开挖濮阳至张秋间金堤河，底宽2米，加深0.7米，同时修建金堤河桥梁和涵闸，并在五爷庙建节制闸，利用卫南坡滞洪，控制下泄流量不大于25立方米每秒；在濮阳县南关修建金堤闸，向马颊河排水15立方米每秒，向东入金堤河10立方米每秒，至张秋闸入小运河。

1952年底，撤销平原省，将聊城专区划归山东省；濮阳、安阳、新乡专区划归河南省。金堤河流域分属两省。

1953年3月，濮阳县组织10万民工再次疏浚金堤河及马颊河、潴龙河；范县疏浚金堤河各支流。6月，滑县疏浚白道口以西金堤河19.8公里。

1953年汛期，金堤河流域大水，金堤河漫流成灾，淹没宽300～2000米。次年3月下旬至4月下旬，濮阳县组织民工8400余人，对濮阳至开封公路以下29.85公里河段进行清淤疏浚。

1955年，水利部指示北京勘测设计院进行金堤河排水规划。7月，山东黄河河务局修建北金堤张秋涵闸，以排除金堤河涝水，设计排水流量15立方米每秒。

1958年在“以蓄为主”的方针指引下，大搞引黄蓄灌工程，金堤河干流上筑起数道拦河大坝，节节拦蓄。在滑县修建了金堤一节(白马坡)水库、金堤二节水库；在濮阳县修建了姚庄水库；在范县上起高堤口，下至古城长31.86公里的河段上修筑了4道高7米的拦河坝。并修筑了高1.5～3.0米，顶宽6.0米，边坡1∶6的南围堤，以北金堤为北围堤形成了葛楼、十字坡、姬楼、古城4座水库，总蓄水库容1亿立方米。另外还修建了节制闸4座，出水闸9座，水电站4座；在寿张县兴建了斗虎店、明堤、台前3道高5米的拦河坝，形成了明堤、台前、张秋3座水库及台前水电站(装机75千瓦)，总蓄水库容2500万立方米。由于长期蓄水，北金堤坍塌十分严重。而且堵塞了排水出路，引发了严重的涝碱灾害。

1962年6月，中央防汛总指挥部规定，金堤河上的五爷庙闸、濮阳南关金堤闸、十字坡闸、古城闸，由河南、山东两省水利厅移交给黄河水利委员会管理。

是年，金堤河发生较大洪水。根据中央防汛总指挥部的指示扒开了葛楼、姬楼拦河大坝，并采取挖引渠和机械扬水排涝。于9月13日在张庄临黄堤破堤放水，至23日基本排完。是年，张庄机排站建成，可提排流量12.5立方米每秒。次年4月又于张秋原闸右侧兴建张秋新闸，设计引水流量15立方米每秒，加大为20立方米每秒。

1963年3月，动工兴建金堤河张庄入黄闸，至1964年5月竣工验收。该闸具有排涝、泄洪、挡黄、倒灌分洪四项功能，设计泄洪和倒灌分洪流量均为1000立方米每秒，排涝流量10年一遇为270立方米每秒，20年一遇为

360立方米每秒。该闸北端在1962年复堤时就预留了泄洪口门,宽325米,低于黄河大堤顶1米多,以补助该闸泄洪之不足。为加强金堤河工程管理,黄河水利委员会成立了金堤河工程管理局。是年8月上旬,金堤河发生大洪水。濮阳站洪峰流量483立方米每秒,高堤口站608立方米每秒,十字坡水位49.89米,超过保证水位1.39米,十字坡拦河大坝冲决,古城拦河大坝被迫扒开,洪水下泄后,南小堤多处决口,金堤以南一片汪洋,损失严重。16日,将金堤河张庄入黄口门处大堤扒开,加大了入黄流量,水位开始回落,河水归槽。

1963年12月,为便于金堤河统一治理,国务院决定将山东省的范县、寿张金堤以南和范县城附近的土地划归河南省,并明确:金堤河恢复入黄出路。从濮阳到陶城铺的金堤段及张庄闸、张秋闸归黄河水利委员会管理;张秋闸也恢复1949年以前的使用惯例,不泄汛期涝水,白露以后,排泄金堤河积水,最大流量不超过20立方米每秒。自1964年起,金堤河治理工程不再做为中央直属项目,改列为河南省的大型工程项目。其勘测、规划、设计、施工、管理均由河南省负责,黄河水利委员会金堤河工程管理局即行撤销。成立张庄闸管理所,归黄河水利委员会直接领导,同时也管理张秋闸。

1964年4月,遵照国务院关于金堤河地区划界问题的两次指示,山东省人民委员会和河南省人民委员会进行交接工作,4月3日交接完毕,4月4日两省联合向国务院报告范县、寿张两县金堤以南地区划归河南的交接工作情况。8月,金堤河涨水,南小堤出现险工23处,支流倒灌漫溢,淹地70万亩。

1965年水利电力部批复河南省水利厅编制的《金堤河排涝治碱规划报告》:“金堤河近期治理标准按三年一遇除涝、二十年一遇防洪进行设计。红旗渠以西涝水尽量排入卫河,今后不再自濮阳南关分水入马颊河;张秋闸在白露以后排金堤河积水,最大不超过20立方米每秒。”同年11月6日,水利电力部批准河南省水利厅编制的《金堤河排涝治碱工程设计》,同意疏浚金堤河,疏浚工程分冬、春两期,由长垣、滑县、濮阳、范县四县完成,除涝能力达240～280立方米每秒。随后,金堤河支流也进行了不同程度的扩挖和疏浚,废弃了平原水库,破除了阻水建筑物,排水系统基本形成。黄河流量8000立方米每秒时,金堤河自流入黄,每逢春季干旱,莘县、阳谷还可引大量金堤河水抗旱。

1974年8月,金堤河发生洪水,十字坡出现洪峰流量452立方米每秒。

1976年汛期,因受黄河高水位顶托,金堤河刘垓以下假堤水深4～6

米,渗水、坍塌等险情相继发生。

1980年,张庄电力提排站建成,设计提排能力64立方米每秒。可解决孟楼河以下293平方公里的排涝并可用作金堤河干流排水。

1989年3月,黄河水利委员会成立了金堤河管理局筹备组,1990年12月,正式成立金堤河管理局,负责金堤河地区水事纠纷的协调工作,金堤河交金堤河管理局管理。

## 第二节 纠纷缘由

金堤河地区的水事纠纷,错综复杂,既有防洪的矛盾,又有除涝的纠纷,既有灌溉用水之求,又有区划土地之争。

1855年,铜瓦厢决口改道后,黄河在北金堤以南漫流20多年。后来虽曾修筑临河堤埝,决溢泛滥仍十分频繁。群众为保护田园,乡与乡之间、村与村之间,因堵水、排水之争,时有械斗发生。

1949年以前,金堤以南涝水尚可顺金堤下泄从陶城铺、张庄间自流入黄。1949年汛期黄河大水,枣包楼民埝决口,汛后复堤将张庄入黄口门堵死,只能依历史惯例,每年白露后从张秋闸向北排泄一部分金堤河积水入小运河。但由于连年涝灾严重,上下游排水纠纷逐渐增多。

在冀鲁豫解放区人民政府和平原省人民政府领导时期,这一地区水事纠纷还不很突出,主要是统一规划,统一治理,防洪、除涝都能顺利进行。到了1952年11月,平原省建制撤销,将聊城专区划归山东省;将濮阳、安阳、新乡专区划归河南省。从此,豫鲁两省间金堤河排水矛盾日益突出。于1954年10月,河南省撤销濮阳专区,将封丘、长垣两县并入新乡专区;滑县、濮阳并入安阳专区。这样一来,在河南省内,新乡与安阳两地区之间也常发生排水纠纷。

1957年8月,滑县五爷庙闸南黄庄河堤决口,淹没了濮阳、范县、寿张三县的大片土地,更加剧了上下游的排水矛盾。

1958年,在金堤河干流上修筑了数条拦河大土坝,形成了十余座平原围堤水库。因水库水位高出地面,长期蓄水引起两岸土地盐碱化,庄稼减收,房屋倒塌,金堤多处塌陷,加以排水孔道被截断,雨后大面积水涝成灾。1960年,彭楼引黄闸建成后,彭楼引黄干渠和金堤河水库联合运用,水量增大,水位增高,干渠堤和水库围堤多次决口,范县、濮阳、寿张、清丰、南乐、莘县多次发生水事纠纷。

1961年汛期,金堤河上游水位陡涨,河水漫溢,淹地甚多,边界水利纠纷增加。仅范县一县就发生纠纷41起。

1962年2月,河南省对平原地区实行以除涝治碱为中心的排、灌、泄兼施的方针,扒除阻水工程,恢复自然流势。而山东省决定保留金堤河水库用于滞洪,两省矛盾随之又起。

1962年3月,由国务院副总理谭震林主持,在范县召开的研究引黄会议上,决定停止引黄灌溉,废除金堤河水库,并采取措施为金堤河排水找出路,经河南省分期对金堤河进行了全面治理,水事纠纷一度得到缓和。

1965年以后,气候偏旱,为抗旱灌溉,河南省于1966年将范县彭楼引黄涵闸恢复放水,1967年建成长垣石头庄引黄涵闸,1969年建成濮阳董楼引黄涵闸,1972年相继建成范县邢庙、影堂两处引黄虹吸工程和濮阳县北坝头引黄虹吸工程。1975年又将范县邢庙和影堂虹吸工程进行扩建,濮阳县又建成王称堌引黄涵闸。与此同时,山东省于1966年建成莘县道口涵闸,1972年改建阳谷县明堤涵闸,兴建成莘县东池涵闸,重建莘县仲子庙涵闸。引黄灌溉事业的发展,使大量退水、退沙排入金堤河,造成了金堤河严重淤积,加以黄河河床逐年抬高,金堤河水时受顶托,因而加速了金堤河的严重淤积,排涝能力大大丧失。金堤河南北两小堤也因年久失修,防洪能力下降了60%以上。于是排水矛盾又上升为金堤河的主要矛盾。

1964年,为了治理金堤河,进行了区划调整。但这次区划调整并不彻底。高堤口以下跨金堤的村庄划归了山东省,当时规定地随人走,而这些村庄的土地大部分在金堤以南,共约10余万亩。另外,范县、莘县、台前、阳谷县界犬牙交错。这一段金堤河河身、河滩、南小堤及各支流入口处,大部分在山东界内。这种格局对金堤河的防汛及管理工作极为不利,并为后来排水矛盾的再度突出埋下隐患。同时,区划调整将划归河南省的范县县城座落在山东省的莘县境内,成为一块飞地。范县城内,有莘县的樱桃园乡,在樱桃园乡的范围内,又有范县的街,范县的街上又有莘县的商店和居民,形成了你中有我、我中有你的格局,给范县城的管理造成了很多不便。改革开放以来,城市工商业的蓬勃发展和人口的增加,范县城的发展受到了抑制,区划矛盾也日益突出。

## 第三节　防洪排涝的纠纷

### 一、排水方案的分歧

1980年黄河水利委员会在编制《金堤河流域综合治理规划》时，对东排方案、北排方案、分排方案和张庄强迫入黄、张庄抽排入黄方案等都进行了分析比较。认为：东排入黄方案，因无足够的落差，不能自流入黄，仍需设抽排站，又影响防洪安全，并无优点；分排方案，既增加工程量及滞排面积，又不利于滞洪运用；强迫入黄方案，水位高，底水排不出，分洪后余水也无出路；北排方案以入位（山）临（清）运河方案较优，排水顺畅，金堤河段沿程水位降低，年费用比较少，缺点是投资及工程量很大，治理时间长；唯有张庄抽排方案为最好，最明显的优点是工程量小，投资省、工期短，见效快，而且迁移赔偿少，不牵涉外流域，但机组利用率较低，年运转费用较大。因此，推荐张庄抽排方案，新建抽排站能力为200立方米每秒。

同年12月3日山东省水利厅也提出："我们同意抽排入黄方案。唯古城以下标准偏低。我们意见：上下应统一标准。考虑到流域治理后涝水排出，汇流加快，洪峰、洪量都将加大，下游地区洪水位高，持续时间长。为减轻对农业生产的影响，我们的意见：抽排规模以不小于300立方米每秒为宜。关于抽排方式，分散抽排较优。"

1988年，金堤河治理列入黄淮海平原综合治理开发项目后，河南省水利厅于次年3月向省政府提出：由于金堤河排水入黄越来越困难，建议请黄河水利委员会就金堤河的根治途径进行补充研究，论证金堤河北排入卫河、徒骇河、马颊河的可能性。在近期治理中，应将利用现有北金堤上的涵闸口门跨流域排水纳入实施计划中。并提出：当金堤河涝水入黄困难时，山东应允许接受金堤河涝水北排。拟先利用北金堤上现有7处涵闸（即张秋、八里庙、赵升白、明堤、仲子庙、马陵道口、东池闸）北排金堤河涝水，近期北排流量100立方米每秒，远期请黄河水利委员会进一步研究规划。山东省认为，徒骇河、马颊河年久失修，淤积严重，不能承受金堤河涝水，不同意北排。

1989年8月19日，山东省人民政府在致水利部《关于对金堤河干流近期治理工程意见》的函中提到："任务书中未彻底解决金堤河的排水出路问题。我们要求干流近期工程应首先安排好排水出路，并应自下而上实施。"

1990年6月7日,山东省人民政府《关于金堤河干流治理和彭楼引黄入鲁工程意见》的函中提出:金堤河干流近期治理方案,放弃了河南省境内的四个滞洪坡洼,但未解决好下游的排水出路问题,致使5000平方公里的洪、涝客水将在金堤河下游积蓄,我省聊城地区,特别是阳谷县将作出重大牺牲。

1990年6月7日,河南省濮阳市人民政府关于对《金堤河干流治理和彭楼引黄入鲁工程协调会议纪要》的意见的报告中谈到:鉴于金堤河汛期涝水不能自然排入黄河的现状,解决其排水出路是治理金堤河的根本问题。我们建议:一是在颜营修一个排水闸向北顺老金堤下泄到蛤蟆山处入黄河;二是利用张庄闸下界的位山引黄闸干渠下泄;三是充分利用北金堤现有的引水闸门向北排泄,这样既解决了金堤河洪涝水的出路问题,也解决了金堤以北地区的补源灌溉问题,使山东、河南利弊均衡。

1991年7月17日,山东省人民政府《关于金堤河干流近期治理和恢复彭楼引黄灌区向山东送水工程意见》的函中再次提出:在治理金堤河时,建议同时解决金堤河下游的排水出路,以确保全河流域的行洪畅通。1992年8月28日,山东省人民政府在回答金堤河管理局协调意见时,仍建议及早考虑解决下游的排水出路问题,黄河河道逐年抬高,排水日益困难,遇较大洪水,下游势必形成滞洪区,从而给当地群众带来灾害,这是当地干部群众反映较大的问题。

1992年10月9日,金堤河管理局在解答山东省关于金堤河排水出路问题时指出:金堤河排水出路有三条:1.张庄闸自流入黄河。据资料分析,金堤河20年一遇涝水,张庄闸上设计水位为45.3米,到2000年张庄闸下黄河水位为43.3米,相应于孙口站流量为2000立方米每秒,因此有入黄条件;2.张庄电排站抽排入黄。据计算金堤河三年一遇涝水滞涝底水为4000万立方米,须抽排7天;3.张秋闸自流入运河。张秋闸设计流量为15立方米每秒,加大流量20立方米每秒,白露开闸可以全部排除金堤河滞涝底水,不会影响种麦。因此,近期基本满足排水要求,今后逐步解决排水出路,提高排水标准。

1993年2月16日,山东省人民政府对《报送两项工程项目建议书的函》中提到:如何解决金堤河的排水出路,如何确保金堤防洪安全,是金堤河干流治理的前提。这次项目建议书未能涉及,要求进一步充分论证,合理解决。1993年5月5日,山东省人民政府在会签《报送两项工程项目建议书的函》时,备忘录中再次反映了上述意见并建议建设相当规模的抽排站。

1993 年 10 月 25 日，山东省人民政府在致水利部的函中对金堤河排水出路提了三个方案：一是压排入黄，二是提排入黄，三是分排入黄。认为第一方案比较好，采取强排和现有抽排站相结合的办法，并按同样标准修筑南北小堤，压排入黄。可以解决近期金堤河排水出路。

1994 年 1 月 10 日，水利部复函山东省人民政府，金堤河治理后的排水出路问题，在治理规划中将作为一个很重要的问题加以研究解决。以充分利用现有的排水闸、站，争取做到“高水高排，低水抽排”，以减轻排涝负担。

1994 年 2 月 18 日，黄河水利委员会在报送《金堤河干流近期治理和彭楼引黄入鲁灌溉工程可行性研究报告》(以下简称《可研报告》)的函中提到：“为部分解决金堤河下游的排水出路和适当满足山东引水的要求，建议下阶段研究在北金堤建张秋等闸的引(排)水规模，以创造相机北引(排)的条件。”

1994 年 3 月 12～17 日，在河南省濮阳市召开的《可研报告》审查会议上，山东省代表提出：解决金堤河排水出路，确保北金堤安全，是金堤河干流治理的前提，但《可研报告》中对排水出路这一关键问题并没有解决，这势必造成水灾搬家，下游形成滞蓄水库。3 月 25 日，山东省人民政府关于对《可研报告》及其初审意见的函中，认为《可研报告》没有解决金堤河干流排水出路，北金堤安全受到严重威胁。要求进一步论证合理解决。因此，解决金堤河的排水出路，应兴建相当规模的抽水泵站，抽排入黄。

1994 年 5 月 20～21 日，水利部规划计划司、水政水资源司、水利管理司、国家防总办公室、水利水电规划设计总院、黄河水利委员会等单位的代表，认真讨论研究了山东省人民政府的意见，关于干流排水出路问题，讨论认为，目前增建 200 立方米每秒的张庄抽排站不现实，也不经济合理。现应充分利用已建成的闸、站排水设施以及利用河道滞蓄。《可研报告》提出的对张庄闸出口进行清淤，为自流入黄创造条件，对张庄 64 立方米每秒抽排站进行检修维护后便可能按设计能力抽排入黄，是可行的。同时，对该站的排水能力的潜力还应进一步研究。向北排涝水入张秋闸，仍需坚持每年白露开闸，自流排水入运河，目前暂不考虑扩大张秋闸的排水规模。6 月 6 日，黄河水利委员会庄景林副主任受水利部领导委托，带领规划计划司、水利水电规划设计总院、黄河水利委员会等部门的有关人员去济南，与山东省进一步交换意见时阐述了上述观点。山东省人民政府于 7 月 4 日再次对《可研报告》提出修改意见。关于金堤河干流排水出路，认为兴建相当规模的抽水泵站，抽排入黄，是解决金堤河排水最可靠的工程措施。如果当前限于经济能力，不能安排，应列入计划，分期实施。11 月 1～3 日，在北京召开的《可研报告》（修改稿）审查会议上，山东省代表再一次阐述了关于金堤河干流排水出路问题的意见："如何解决金堤河的排水出路问题，是金堤河干流近期治理的前提和关键。这次会议上提出的金堤河干流治理方案，在解决排水出路问题上提出，近期不增设泵站，小水靠现有 64 立方米每秒的泵站抽排，大水靠压排和现有泵站抽排。我省认为此方案限于目前经济能力，是可行的，但没有彻底解决排水出路问题。兴建相当规模的抽水泵站，抽排入黄是解决金堤排水出路最可靠的工程措施。建议尽早列入计划，分期实施。"

## 二、河线方案的分歧

1965 年，河南省水利厅在《金堤河排涝治碱规划报告》中提出：干流的治理，基本上沿现有河线。除濮阳至道期段走 1964 年春新开挖的河线外，其他都沿老河线走。为保护北金堤的安全，开挖河道时，如岸边线距离金堤脚小于 100 米，可往南扩宽。新挖河边线距离金堤脚底应不少于 100 米，以顺直河边，一般不裁弯取直。

1980 年，黄河水利委员会编制的《金堤河流域综合治理规划》中对干流的治理，基本上是按 1965 年开挖的老河道进行规划的。规划公布后，山东省聊城地区水利局提出：建议金堤河干流贾海以下离开北金堤，改走南小堤以南两省边界附近。这样既避免了金堤常年受水，有利于金堤安全，也减少纠纷便于管理和方便生产。接着山东省水利厅也提出："关于干流下游段路线，为保金堤安全，利于防汛管理，减少纠纷，我们建议贾海以下，改走南小堤以南两省边界附近。"

1987 年 7 月，水利电力部钱正英部长视察北金堤滞洪区时提出：适当调整金堤河治理近期工程项目，减少工程量和投资，并要求研究比较南小堤南移。根据现状适当调整河线及省区界限，水从边界走，减少纠纷，方便管理，以促其实现。

1989 年 4 月中旬，水利部计划司规划处徐世钧副处长等查勘金堤河时，山东省仍提出要求按上下游南小堤与北金堤之间的设计滩地宽度统一进行缩滩，重新修筑南小堤，以解救农田，稳定群众生产情绪；对阳谷境内河段，同意新河线向南移到两省边界"水从边界走"的治理方案。

1989 年 4 月，黄河水利委员会勘测规划设计院在《金堤河干流近期治理工程设计任务书》中阐述了方案比较结果，认为："干流河道仍以采用原设计方案，河线维持现状较为切实可行。该方案仅将现有的南、北小堤局部加培，充分利用已有桥梁和护岸工程，减少开挖，节省工程量和投资。而水从边界走，调整河线和堤线南移的方案，主要优点是把河线和南小堤局部或全部调到河南境内，有利于统一管理、守护和修建，但需重新挖河修堤，不仅工程量大，挖压地多，还要增建交叉建筑，多占耕地，拆迁民房和村庄，投资较大。且把南小堤以南山东耕地调为河滩地，又不能完全解决两省灌、排矛盾。”

1991 年 7 月 17 日，山东省人民政府在《关于金堤河干流近期治理和恢复彭楼引黄灌区向山东送水工程意见》的函中提出：“坚持金堤河干流自贾海以下改走两省边界，两省按统一标准各自设防修堤。”到 1992 年 8 月，山东省仍坚持上述意见。

1992 年 8 月，金堤河管理局在《关于金堤河干流治理和彭楼引黄入鲁工程的协调意见》中提到：“根据设计任务书方案比较，金堤河干流河道仍以采用原设计方案，河线维持现状，较为切实可行。”山东省同意了这一意见，同时提出：“北金堤除险、加固及背河防渗工程，建议列入国家计划与金堤河干流治理工程同时进行。”

1994 年 2 月 18 日，黄河水利委员会在报送《金堤河干流近期治理工程可行性研究报告》的函中指出：在工程设计中，采用的干流河道轴线走向和南、北小堤位置，基本维持现状是合理可行的，下阶段施工图设计中，应结合实际作进一步调整优化。

## 三、南、北小堤标准的分歧

1963 年 3 月，在金堤河南岸从古城到张庄闸，新修了南小堤，长 46 公里；古城以上，在平原水库南围堤的基础上，整修了南小堤长 34 公里；总长 80 公里；在金堤河北岸一些围村堰的基础上修筑了两段北小堤，子路堤至金斗营长 3 公里，莲花池至刘海长 20 公里，共计 23 公里。设计防洪水位 42.68 米。

1965 年 3 月，河南省水利厅对南、北小堤标准，考虑了黄河水利委员会和山东省水利厅的意见，按黄河陶城铺站流量 10000 立方米每秒，相应水位 43.58 米和金堤河按 20 年一遇洪水 800 立方米每秒时，推算行洪水位；加超高 1 米来定堤顶高程。在实施过程中是按黄河陶城铺站流量 8000 立方米每秒和金堤河 20 年一遇洪水 800 立方米每秒实施的。堤顶比金堤及临黄大堤一般低 2 米左右。南小堤结合交通需要顶宽采用 6 米，北小堤采用 3 米。

如遇金堤河超标准洪水,向南漫溢三角地区,可以保证金堤的安全。滞洪必要时也可以临时破除南小堤。

1980年8月,黄河水利委员会在《金堤河流域综合治理规划》中提出:"南小堤自张庄至高堤口长80公里,按金堤河20年一遇洪水和黄、金组合频率20年一遇的最高水位设防,超高按1米,顶宽6米,边坡1:3,在原南小堤基础上加高培厚、培修长度51公里。在计算5年一遇涝水时,考虑了目前已建的(明堤至贾海)北小堤的作用;20年一遇洪水时,则不考虑北小堤的作用,后者的库容大于前者。"

接着,山东省水利厅提出:"金堤内南北小堤是同时修建的。南小堤在规划中按20年一遇标准加高培厚。北小堤则5年一遇考虑其作用;20年一遇洪水则不考虑其作用。而我省在北小堤与金堤间有耕地2.9万亩,8个村庄,房屋7833间。这些村庄人民生命财产的安全仅防5年一遇洪水,标准太低。我们要求北小堤亦按20年一遇洪水标准设防。"

金堤河南、北小堤总长103公里,堤线交错穿越豫鲁两省边界,对工程管理和维修诸多不利,加之群众在南、北小堤上扒口排水、引水、过路、临堤建窑、破堤取土、切割还耕等致使堤防遭到严重破坏。据实地查看统计,南、北小堤有各种口门1125处,薄弱堤段26处,破堤种植达70公里,有些堤段已被夷为平地,防洪能力丧失殆尽,如遇大水,三角地带的洪涝灾害将大为增加。

黄河水利委员会勘测规划设计院于1989年4月提交的《金堤河干流近期治理工程设计任务书》中写道:南小堤从高堤口至张庄闸长80公里,年久失修,堤身单薄,缺口较多,残破严重。当干流行洪、滞洪时,难以保证下游南小堤与临黄大堤间三角地带(约25万人、30万亩地)人民的生产和安全。南小堤治理按金堤河20年一遇洪水设防,并考虑下游黄河水位顶托影响,超高1米,顶宽6米,边坡1:3;北小堤治理按金堤河5年一遇水位44.30米设计,超高1米,超过45.30米破堤滞洪,确保南小堤防洪安全,北小堤断面同南小堤,顶宽6米,边坡1:3。

1989年8月19日,山东省人民政府致函水利部,阐述金堤河干流近期治理工程意见时,提到"南小堤的标准必须以确保北金堤安全为前提"。同年11月中旬,水利部在北京召开金堤河干流近期治理和彭楼引黄入鲁输水工程协调会议时,山东省代表在会上坚持南、北小堤同一标准,会议因此没有达成协议。会后,山东省人民政府又于12月1日,向水利部拍发了加急传真电报,再一次阐述对金堤河南、北小堤标准的意见:"均应按20年一遇设计,近期工程,也可酌情降低标准,两堤标准要统一,绝不能破北小堤运用,以免危及北金堤安全,造成重大损失。”

针对这一分歧,金堤河管理局筹备组多次与两省领导磋商,最后根据水利部计划司的指示,提出了“北小堤设计水位由5年一遇,提高到10年一遇,南小堤维持原设计不变”的协调意见。1990年4月中旬,水利部在北京召开了第二次金堤河干流治理和彭楼引黄入鲁工程协调会议,会议纪要中记述了三方对南、北小堤标准的态度:“金堤河干流台前河段南北两侧布设有顺河小堤,南小堤保护河南、山东农田约30万亩,北小堤保护河南、山东农田约2.6万亩。山东省代表提出南、北小堤设防标准一致,河南省代表提出南、北小堤设防标准要遵重1980年总体规划方案。水利部与黄河水利委员会代表认为:考虑到流域规划已定的标准和洪、涝治理整体利益,并照顾北小堤保护区的利益,建议将北小堤的设防标准由5年一遇提高到10年一遇,南小堤维持20年一遇。”

1990年6月7日,山东省人民政府向水利部阐述了对金堤河干流治理和彭楼引黄入鲁工程意见:“……我们一直坚持南、北小堤同一标准设防。请你部予以慎重考虑。若一定要坚持南小堤20年一遇标准,而将北小堤设防标准降为10年一遇,我们将顾全大局,尽量做好工作。但要求你部考虑北金堤与北小堤之间,山东的8个自然村12450人的生命财产安全。在治河的同时,对群众避水设施应作出安排,同时对这一地区未来的洪涝损失亦应有个交待。”同年8月25日,河南省人民政府向水利部复函关于金堤河治理意见时也表示:“关于金堤河干流下游南、北小堤设防标准,我们认为原则上应维持水利部批准的1980年总体规划方案意见。为照顾北小堤保护区局部利益,对北小堤设防标准可由5年一遇调整到10年一遇,但南小堤的设防标准相应不能低于20年一遇。南、北小堤应统一由黄委会监督施工,严格按标准验收。”

1991年7月17日,山东省人民政府《关于金堤河干流近期治理和恢复彭楼引黄灌区向山东送水工程意见》的函中提到:“将北小堤按统一标准加固并延至张庄入黄处,以确保20年一遇洪水不偎北金堤,保证其安全。”

1992年8月,金堤河管理局提出《关于金堤河干流治理和彭楼引黄入鲁工程的协调意见》,在征求山东省意见时,山东省表示:“为顾全大局,同意北小堤设防标准由5年一遇提高到10年一遇,南小堤维持20年一遇。”同时要求:“对金堤与北小堤之间,山东8个自然村,12450人的生命、财产安全,在治河同时应对群众避水设施作出安排。”1993年2月26日,山东省人民政府在致水利部的函中，再一次表示了这一意见。1993年5月5日，山东省人民政府在会签报送《两项工程项目建议书》的函时，在备忘录中又一次表示同意设防标准北小堤10年一遇，南小堤20年一遇，但仍坚持必须对金堤与北小堤之间，山东省8个自然村，12450人的生命、财产安全，在治河同时对群众避水设施作出安排。同年10月25日，山东省人民政府在致水利部的函中，认为压排入黄方案比较好，采取强排和现有抽排站相结合的办法，并按同样标准修筑南、北小堤，压排入黄。1994年1月10日，水利部复函山东省人民政府时指出：关于南北小堤按同样标准设防问题，目前以暂不变化为宜。我部将请设计单位对这一问题在编制可研报告中进一步研究，在总投资不变的情况下，比较加高堤防和河道疏浚的工程量和投资，以推荐合理的治理方案。

1994年3月12至17日，在河南省濮阳市召开了两项工程可行性研究报告审查会议，《审查意见》提出南小堤在现有堤防的基础上，按防20年一遇洪水的标准加培，北小堤在现有堤防的基础上，按防10年一遇洪水的标准加培。山东省代表在会上坚决不同意《可研报告》中提出的破北小堤方案，认为这种提法无法向阳谷县群众交待。由于北小堤设防标准低于南小堤，应对北小堤至金堤间阳谷县区域作出相应的保护和赔偿措施，如修筑围村堰、避水台等。同年3月25日，山东省人民政府致函国家农业综合开发办公室和水利部，对《可研报告》及其初审意见提出了不同的意见，认为压排入黄是当前解决金堤河排水入黄的办法之一，而要实施压排入黄，南、北小堤设防标准必须一致。为此要求北小堤按统一标准进行治理，或对北小堤与金堤间的村庄提出相应保护和赔偿措施。对《可研报告》中提出的破北小堤滞蓄方案是不能接受的。同年5月，水利部认真研究了山东省的意见，但山东省多次要求北小堤的设防标准也按20年一遇设计，同南小堤标准一致，以保护北小堤与北金堤之间的村庄。考虑到山东省阳谷县为承纳金堤河上游来水，作出了贡献，为利于工程实施和做好地方的工作，拟同意山东省的要求。对这一问题尚需向河南省作好说服解释工作，希能适当让步。6月上旬，黄河水利委员会金堤河管理局和水利部规划计划司先后做了河南省水利厅的工作，马德全厅长表示：顾全大局，同意再作一次让步，南北小堤均按20年一遇设防。

## 四、坡洼滞洪的分歧

金堤河在五爷庙以上多坡洼，主要有大沙河、道滑坡、宋庄坡、白马坡、金堤二节及卫南坡等。1952年首次治理金堤河时，由平原省水利局统一规划，经山东省同意，在五爷庙建节制闸，利用坡洼滞洪。1962、1963年大水，五爷庙滞洪区围堤被冲决，涝水淹了滑县、濮阳、范县，最后又淹了寿张。连续两年的大水教训，使人们认识到，在没有较大库容调蓄时，搞人工滞蓄，结果必然是使洪涝一坡倒一坡，排水没出路，不能解决问题。1963年9月，黄河水利委员会党组建议治理金堤河"应以排为主，自然滞蓄，恢复历史上的自然情况，上边不再搞滞涝工程，使雨水随下随排，由张庄一带泄入黄河"。

1965年5月，河南省水利厅在《金堤河排涝治碱规划报告》中提出："红旗渠以西地区汛期涝水不再排入卫河，重新排入金堤河，但汛后保麦仍尽量排入卫河，这样既可减轻金堤河排水负担，也能补给卫河航运用水。"红旗渠以西地区涝水，除利用已有的大沙河有控制的滞洪区外，并利用红旗渠和北干河现有泄水能力，北排经宋庄坡、白马坡及金堤二节三个坡洼自然滞涝，削减洪峰后，下泄入干流。

1980年9月，黄河水利委员会在编制《金堤河流域综合治理规划》时，分析计算了滞涝区上游来水为主和下游来水为主的两种滞涝作用，认为金堤河上游的宋庄坡、白马坡、金堤二节三个滞涝区，对下游河道治理、断面开挖及排水措施毫无减轻的作用，建议"滞涝区不修工程，维持现状"。

接着，山东省水利厅于12月3日向水利部反映："上游三个滞涝区，对干流削峰蓄涝作用显著，效益明显，应落实完善滞涝工程，做好迁安工作，充分发挥滞涝区的工程效益。《规划报告》中建议'滞涝区不修工程，维持现状'，而'河道按规划要求进行治理'是不合理的，这样将造成水灾搬家。同时也加大了干流和下游治理的工程量，建议进一步研究滞涝区在本流域的作用和工程效益。"

1989年4月中旬，水利部计划司派人查勘金堤河时，山东省仍提出："为了确保下游北金堤安全，金堤河上游大沙河、宋庄坡、白马坡和金堤二节四个滞洪区应按1965年设计，完善工程配套，充分发挥滞洪作用。"

1994年3月25日，山东省人民政府在致国家农业综合开发办公室和水利部的函中，认为《可研报告》和《初步审查意见》没有体现上下游兼顾的治水原则，水利部曾明确批示，在金堤河目前尚无更好排水出路的情况下，应充分利用上游滞洪区进行调洪滞蓄，以减轻下游负担。而《可研报告》没有考虑上游滞蓄。

同年5月20～21日，水利部有关部门对山东省的意见进行了认真的研究，认为金堤河干流治理范围在五爷庙以下河道，对于上游坡洼滞洪问题，鉴于1962年、1963年大水的教训，应按1980年《金堤河流域综合治理规划》以自然滞蓄为宜，不宜再搞人工措施滞蓄。此后山东省没有再提坡洼滞洪问题。

## 五、五爷庙闸的分歧

五爷庙节制闸始建于1952年5月，控制流域面积2960平方公里，控制下泄流量不大于25立方米每秒。1952年11月底，平原省撤销，行政区划变更，上下游对五爷庙闸的管理运用及放水大小，屡有争议，多次协商没有结果。

1957年8月，滑县五爷庙闸南黄庄河堤决口，淹没了濮阳、范县、寿张三县大片土地，加剧了上下游排水矛盾。

1962年，根据中央范县会议精神，拆除平原阻水工程，恢复自然流势，五爷庙闸被拆除。

## 六、古张排涝沟渠线的分歧

1965年河南省水利厅在《金堤河排涝治碱规划报告》中提出：古城以下三角地区流域面积293平方公里，地面高程在40.0～44.0米之间，黄河流量超过2000～3000立方米每秒时金堤河就不能排涝入黄，故须沿南小堤开挖自古城（孟楼河口）至张庄48公里长的古张排涝沟，从张庄抽排入黄。

1980年黄河水利委员会在编制《金堤河流域综合治理规划》时，也考虑了开挖一条从古城到张庄的排水沟，将三角地区的涝水输送到电排站排涝的方案。古张排水沟西起四合村沟，沿南小堤南侧向东行，沿途有苗口沟、梁庙沟等6条支沟汇入，至张庄与电排站的引水渠相接，全长43.12公里。最大排涝流量为81立方米每秒。

1980年12月，山东省水利厅在向水利部反映意见时认为："规划的古张排水沟渠线将使南小堤临、背河两面受水，增加了防汛困难。我省南小堤以南有耕地7万亩，群众隔河种田十分不便。另外，古张排水沟若按5年一遇81立方米每秒开挖占用我省大量耕地。我们认为古张排水沟渠线走省界以南问题较少。”

1989年12月1日,山东省人民政府在给水利部的加急传真电报中,再次提出:“为解决南小堤以南阳谷县40000亩耕地的排水问题,应在梁庙以下至张庄闸沿两省边界开挖排水沟,以便对这一地区的积水实行高水高排。”同年12月7日,阳谷县人民政府也提出:切实解决内涝问题,要求在梁庙以下沿两省边界开挖排水沟(即原设计的古张排水沟下段),以承接本地涝水,通过张庄抽排入黄。

金堤河干流近期治理工程中,没有考虑古张排水沟的建设,待将来建设时,渠线如何走,还需进一步协商。

## 第四节 灌溉用水的矛盾

### 一、金堤河行政区划调整前(1957～1963年)

自1957年以来,金堤河流域临黄各县修筑了很多引黄灌溉工程:山东省寿张县于1958年12月,在刘楼临黄堤上建成了引黄涵闸,设计引水流量28.5立方米每秒,加大为40立方米每秒,设计灌溉面积92万亩,包括金堤以北的部分土地。次年3月,在明堤金堤上建成了刘楼引黄灌区的配套工程箱式涵闸,设计引水流量30立方米每秒。1960年8月,寿张县水利局又在赵升白金堤上建成了刘楼引黄二干渠的配套工程拱式涵闸,设计引水流量22.53立方米每秒,加大为26.84立方米每秒,设计灌溉面积50万亩。1960年3月,寿张县又在王集临黄堤上建成了箱式引黄涵闸,设计引水流量30立方米每秒,设计灌溉面积为70万亩。1959年12月,寿张县水利局已在八里庙金堤上建成王集引黄灌区的配套建筑物箱式涵闸,设计引水流量15立方米每秒,设计灌溉面积10万亩。

山东省范县,也于1960年3月在彭楼临黄堤上建成了引黄涵闸,设计引水流量为50立方米每秒,加大为100立方米每秒,原引水规划(草案)彭楼引黄闸拟建三联,每联5孔,共15孔,设计灌溉面积140万亩,实际仅建了一联5孔。同年7月,范县在仲子庙北金堤上建成彭楼引黄灌区的配套工程引黄涵闸,设计引水流量为30立方米每秒。

河南省濮阳县1957年在习城乡南小堤建成了引黄灌溉虹吸管道4条,

设计引水流量10立方米每秒，浇地20万亩，1958年6月，濮阳县在渠村建成了引黄涵闸，设计引水流量30立方米每秒，加大为36立方米每秒，设计灌溉面积60万亩。1960年9月，又在习城公社南小堤建成引黄涵闸，设计引水流量80立方米每秒，核实灌溉面积53万亩。

河南省于1958年9月建成了大功引黄蓄灌工程，开挖输水总干渠161公里，下分12条干渠，蓄水库60余座，利用渠槽蓄水19～24万立方米，设计灌溉豫鲁两省11县农田1010万亩。

1964年以前，寿张、范县、濮阳等县均自成灌溉体系，彼此没有什么灌溉上的矛盾。

## 二、金堤河行政区划调整后(1964～1979年)

1964年4月，河南、山东两省根据国务院关于以金堤为界的指示，进行区划调整，将山东省寿张县、范县金堤以南的大片土地划归河南省管辖。经两省协商，为有利于金堤的修守，将跨堤和紧靠金堤南根的斗虎店等13个村庄仍归山东省领导。为确保金堤的安全，堤上的涵闸，除张秋闸外，其余涵闸一律废除、堵塞。山东省聊城专区水利建设指挥部和河南省安阳专区水利建设指挥部《关于寿、范两县金堤以南地区划归河南省有关水利工作几个具体问题的协议》中规定：金堤以南的水利工程及附属设备(包括房屋、启闭机)归河南省所有，金堤北及金堤上的建筑物及附属设备，除张秋闸由黄河水利委员会直接管理外，一律归山东省所有。王集、刘楼两处引黄涵闸，原属山东省寿张县所有，彭楼引黄涵闸原属山东省范县所有，区划调整后，三处涵闸全划归河南省所有。这样，金堤以北原属王集、刘楼、彭楼三引黄灌区的山东省部分土地，切断了灌溉水源。1962～1964年间，突出问题是涝碱灾害，上下游都怕水，排水是主要矛盾，加上范县会议决定停止引黄灌溉，因而在当时灌溉用水矛盾尚未反映出来。

1965年以后，金堤河流域及其邻区，气候偏旱，降雨量偏少，为发展农业生产，不得不恢复引黄灌溉和打井抗旱。

河南省于1965年冬决定恢复范县彭楼引黄灌区，进行引黄种稻和放淤改土试验，规划控制面积27万亩，引黄种稻5万亩；次年4月开始放水，同年又开挖了濮西干渠。1971年对彭楼引黄灌区又进行了扩建配套。1967年9月，长垣县在石头庄临黄堤上建成了引黄涵闸，设计引水流量20立方米每秒，加大为25立方米每秒，设计灌溉面积22万亩。1969年1月，濮阳县在董楼临黄堤上建成了引黄涵闸，设计引水流量4.5立方米每秒，加大为6.0立方米每秒，设计灌溉面积7.2万亩。1972年，濮阳县又在北坝头建成了虹吸引黄工程，铺设虹吸管2条，设计引水流量1.5立方米每秒，设计灌溉面积1.0万亩。同年，范县也建成邢庙、影堂两处虹吸引黄工程，共铺设虹吸管4条，设计引水流量3.42立方米每秒，设计灌溉面积9.3万亩；1975年，邢庙、影堂两处虹吸引黄工程又进行了扩建，各增两条虹吸管道，增加引水流量3.42立方米每秒。同年8月，濮阳县又在王称堌临黄堤上建成引黄涵闸，设计引水流量6.6立方米每秒，加大为10立方米每秒，设计灌溉面积9.5万亩。1979年8月，范县在于庄建成引黄涵闸，设计引水流量5.5立方米每秒，加大为11.8立方米每秒，设计灌溉面积8万亩。自1965年以来，河南省不仅恢复了原有引黄灌区，而且增建引黄涵闸，开辟新的引黄灌区，大力发展引黄灌溉事业。

与此同时，山东省一方面积极发展井灌，另一方面，不仅没有废除、堵塞北金堤上的涵闸，且增建新闸，改建老闸，尽量引河南省引黄灌溉退入金堤河的尾水，积极发展引金灌溉。1966年10月，莘县在道口北金堤上建成了引金涵闸，设计引水流量7立方米每秒，加大为10立方米每秒，设计灌溉面积20.87万亩；1979年11月，为解决卫河导流并结合灌溉，另建道口新闸，设计引水流量增加到20立方米每秒，设计灌溉面积增加到30万亩。1972年8月，莘县在东池北金堤上又建成了引金涵闸，设计引水流量5立方米每秒，加大为7立方米每秒，设计灌溉面积12.8万亩；1979年10月，为解决卫河导流和发展灌溉，另建东池新闸，设计引水流量增加到10立方米每秒，1972年5月，阳谷县为了保证北金堤防洪安全和满足灌溉用水，改建了金堤明堤涵闸，设计引水流量10立方米每秒，加大为20立方米每秒，设计灌溉面积14.81万亩。9月，莘县重建了金堤仲子庙涵闸，设计引水流量7立方米每秒，加大为10立方米每秒，设计灌溉面积13.5万亩。

每到抗旱灌溉季节，山东省莘县、阳谷县的领导人，便亲赴河南范县、台前县，要求多引黄河水，退入金堤河，以满足金堤以北引金灌溉的需要。

## 三、金堤河进行流域综合规划阶段（1980～1987年）

1980年进行金堤河流域综合治理规划时，聊城地区提出：要为尽量多地引用金堤河水创造条件。山东省水利厅向水利部、黄河水利委员会报送《聊城地区金堤河流域综合治理规划》时，也提出了灌溉用水问题，要求上下游兼顾，统一规划，涝旱碱综合治理。金堤以南山东省有耕地13.5万亩，无排水条件，灌溉水源不足，要求建排灌站，对金堤河流域灌区两省用水分配问题，希望以不同年份用水按比例分水及引水建筑物管理等应在规划中统一研究解决。

1980年9月，黄河水利委员会向水利部报送《金堤河流域综合治理规划》后，山东聊城地区于10月16日对《规划》向山东省水利厅提出了意见：对彭楼、刘楼、王集引黄灌区的复灌问题认为："应本着统一规划，洪、涝、旱、碱、淤综合治理的精神，统一规划，同时安排。这三个灌区的渠首和干渠均在金堤河流域内，理应属于流域综合治理的主要内容之一，必须详细研究，具体规划，落实工程措施。挂起来今后再定是不适宜的，也不是解决问题的办法。"12月3日，山东省水利厅也向水利部反映了对《金堤河流域综合治理规划》的意见："我省道口、明堤、赵升白灌区，由于行政区划调整，现水源无保证。要求仍纳入引黄灌区统一规划。金堤河干流引水灌溉亦请在规划上落实水源和工程措施，真正做到除害兴利，综合治理。"

1980年12月18日，水利部发出《关于金堤河流域综合治理规划的意见》，认为："金堤河治理要服从黄河下游防洪全局，区内灌溉以井灌为主，引黄补源等原则是正确的，采取的措施，基本可行，我部原则可同意。"关于灌溉问题，《意见》指出："已有的引黄灌溉工程，问题很多，今后应慎重从事。金堤河地区尽量发展井灌，真正做到，'井灌为主，引黄补源'。引黄一定要有沉沙设施，要灌排配套。在没有解决沉沙配套和管理问题之前，宁可不引，以防止泥沙淤积排水河道和灌区次生盐碱化。引黄问题将进行专题研究。"由于国家财力等方面原因，金堤河流域综合治理规划一直未能实施。

1983年，河南黄河河务局报送了《范县彭楼引黄闸改建工程计划》。11月16日，黄河水利委员会批复同意彭楼引黄闸废旧建新，新闸设计引水流量由50立方米每秒改为30立方米每秒，闸下防冲消能设施仍按过流50立方米每秒核算。1984年，河南黄河河务局又报送了《范县彭楼引黄闸改建工程初步设计》，3月8日，黄河水利委员会批复"同意所选定的闸型和总体布置"。此时，山东省莘县人民政府向黄河水利委员会提出彭楼引黄闸仍按原设计引水向莘县供水的要求，并编制了《山东省莘县全面恢复彭楼引黄灌区的规划〈提要〉》。接着，山东省水利厅也向黄河水利委员会提出彭楼引黄闸仍应维持原设计引水流量的要求。8月9日，范县人民政府也同意莘县的要求。在这种情况下，黄河水利委员会于8月15日，通知河南黄河河务局，将范县彭楼引黄闸设计引水流量50立方米每秒加大为75立方米每秒，并指出："在引水时要避免淤积金堤河，并保证不影响北金堤滞洪区的运用和防洪安全；彭楼引黄闸改建后，在实际运用中有关引水、分水、水费征收等具体问题，由两县协商解决。"同年11月5日彭楼引黄闸改建工程正式动工，至1986年4月竣工，但由于输水工程不配套，向莘县送水一直未能实现。

1964年豫鲁两省行政区划调整后，山东省阳谷县境内金堤以北的大片农田，主要靠北金堤上的明堤、赵升白、八里庙和张秋4座涵闸，利用河南省引黄灌溉尾水和部分金堤河水进行灌溉。因金堤河水源受河南省台前县、范县、濮阳县引黄灌溉的制约，所以阳谷县的灌溉用水仍然没有保证。为了发展农业生产，阳谷县于1971年12月在东南仅3公里长的临黄堤上，建成了陶城铺虹吸引黄工程，铺设虹吸管道3条，设计引水流量2.31立方米每秒，最大可达6.0立方米每秒，设计灌溉面积3.47万亩，实际可灌4.2万亩。到1985年，共引水2.793亿立方米，对发展灌溉、淤背和淤地改土均发挥了很大作用。山东省应聊城地区的要求，为解决阳谷县南部和莘县东部的灌溉用水，计划将陶城铺虹吸引黄工程，改建为引黄闸，以扩大引水流量。山东黄河河务局于1986年报送了《阳谷县陶城铺引黄闸初步设计》，12月20日，黄河水利委员会批复同意："为结合向天津送水的任务，新建陶城铺引黄闸工程引水规划改按50立方米每秒设计，70立方米每秒校核。"并提出："为确保北金堤的防洪安全，对阳谷堤段内防洪标准不够的3座涵闸的堵复问题，请你局与地方政府磋商落实。"1987年6月，陶城铺引黄闸建成，设计灌溉面积114.3万亩，其中阳谷可灌70万亩，尽管灌溉用水条件已经得到改善，阳谷县对堵复北金堤上的明堤、赵升白、八里庙3座涵闸的问题仍不赞成并希望进行改建。理由是引金堤河水系自流灌溉，比从陶城铺灌区提水灌溉节省能源，投资少；另一方面，金堤河水是引黄灌溉的尾水，含沙量小。

## 四、金堤河治理列入黄淮海平原综合治理开发项目阶段（1988～1994年）

1988年3月，金堤河治理被列入黄淮海平原综合治理开发项目。8月，水利部责成黄河水利委员会勘测规划设计院编制《金堤河干流近期治理工程设计任务书》。9月，山东省聊城专区向水利部提出《关于要求恢复原彭楼引黄灌区解决西部贫水区缺水问题的报告》。11月2日，水利部发出《关于恢复原彭楼引黄灌区进行协商工作的通知》："请黄委会本着'统一规划、统筹兼顾、团结治水、互利互让和更好的发挥已成工程效益'的原则，与豫鲁两省进行协商,争取尽快达成协议。”12月28日,在河南省农村工作会议期间,黄河水利委员会邀请河南省水利厅、濮阳市及濮阳县、范县、台前县的领导人就“金堤河治理及彭楼闸引黄向山东送水”二事交换意见。次年1月,又同河南、山东两省协商,研究由彭楼闸向山东莘县送水的方案。最后河南省同意由彭楼引黄闸向山东省送水。3月24日,河南省水利厅在向省政府的请示报告中表示:“我厅意见,在基本不影响彭楼灌区用水的情况下,尽量给山东省送水。送水流量最大为30立方米每秒。供水时间主要在冬季四个月(11、12、1、2月)。”同时又提出:“当金堤河涝水入黄困难时,山东应允许接受金堤河涝水北排。近期北排流量100立方米每秒,远期请黄委进一步研究规划。”

1989年8月19日,山东省人民政府向水利部提出明确要求“将恢复彭楼引黄灌区向金堤以北我省送水,作为金堤河近期治理的组成部分予以同步实施”;并要求“金堤以南部分国家投资,金堤以北部分由国家和地方共同负担”。8月31日,河南省人民政府向水利部明确表示:“关于山东省要求从我省范县彭楼闸引黄灌溉问题,本着互利互让、团结治水精神,我们同意送水,支持山东发展引黄灌溉。但应将此作为一个独立的问题来考虑,不能作为金堤河治理的一个部分来研究。由彭楼给山东送水,需要做好工程设计,送水渠道不应成为新的阻水工程。关于沉沙等问题,可请黄委会与两省协调解决。”根据山东、河南省政府的意见,黄河水利委员会于9月2日向水利部提交了书面报告,主张:“金堤河干流治理与彭楼引黄灌溉两工程同时考虑,统筹安排。实施步骤视准备工作情况,可分先后。”“金堤河干流治理与彭楼引黄干渠(金堤以南包括穿金堤建筑物)两工程,国家投资与地方配套投资比例同为2∶1。”10月22日,黄河水利委员会向水利部计划司报送了《彭楼引黄入鲁输水工程规划提要》,输水路线两种方案:一是利用范县现有濮西干渠进行扩建,二是紧靠濮西干渠西侧新建一条输水渠道(三堤两渠形式)。从有利施工、有利管理考虑,推荐新建渠道方案。输水渠由彭楼总干渠上段取水,在总干渠上增建节制闸及分水闸。输水规模、输水渠设计流量按过金堤20立方米每秒考虑,加大流量30立方米每秒。引黄补水范围暂按60万亩考虑。根据豫鲁两省共同意见,决定将浑水送到北金堤以北,在莘县境内沉沙。输水干渠全部衬砌,干渠比降拟定1/5000,与金堤河交叉建筑物拟采用倒虹吸方案。

11月6~10日,水利部在北京召开金堤河干流近期治理工程和彭楼引黄入鲁输水工程协调会议,会议为协调两省水事纠纷做了不少工作,终因南、北小堤标准等问题存在分歧，没有达成协议。会后，山东省人民政府就金堤河治理和彭楼闸送水问题向水利部发了加急传真电报，提出了7条要求，其中有关灌溉用水的有："金堤河治理与彭楼引黄闸向我省送水工程，要同时进行，同时发挥效益。输水渠道应从彭楼引黄闸开始分流（分三孔闸给山东），以便管理。为确保输水，输水渠的权属和管理应归山东聊城地区，由山东负责施工。""彭楼灌区，金堤河以南输水工程及金堤河以北沉沙池工程投资由国家负担，灌区开发由我省负担。""阳谷县在北金堤以南的耕地和以北的十五万亩耕地，原属刘楼、王集灌区范围，解决这一地区灌溉问题，应由刘楼、王集两干渠送水，或在金堤河上的明堤、葛堤口两处建橡胶坝，以利用金堤河水灌溉。"

1990年4月17至18日，水利部在北京召开了金堤河干流治理和彭楼引黄入鲁工程第二次协调会议，《会议纪要》中提出："穿越河南境内的彭楼引黄输水工程，同意设计单位推荐的三堤两渠布置方案，沿濮西干渠西侧修一条新渠，以利于管理和减少淤积。""关于彭楼引黄进水闸，保持原状不变，仍由原单位管理，并在闸下游附近增建一座分水枢纽，由金堤河管理局统一管理。同意引黄入鲁输水干渠按设计流量20立方米每秒，加大流量30立方米每秒考虑。""关于彭楼引黄入鲁输水渠穿越金堤河建筑物型式，建议在初步设计中进一步比较选定。"同年6月7日，山东省人民政府致函水利部，基本上同意了《纪要》中引黄入鲁工程的协调意见，但河南省濮阳市和范县人民政府，对《纪要》有不同意见，他们同意扩大濮西干渠向山东送水，而不同意三堤两渠专线送水。因此，河南省人民政府在8月25日复函水利部时，对彭楼引黄入鲁输水工程没有表态。

1990年12月17日，水利部致函豫鲁两省，再次征求对彭楼引黄入鲁输水工程的意见。次年3月，河南省复函水利部，同意扩建原灌区引水渠、总干渠和濮西干渠方案，这样占压耕地少，节约投资；建议输水渠纵坡改为1/4000，以增大渠道挟沙能力；同意穿越金堤河工程采用倒虹吸方案。而山东在复函中要求采用三堤两渠高线布置方案；过金堤河建筑物采用底板固定、侧墙提升式渡槽。

1991年5月29至31日，水利部组织有关单位对彭楼引黄入鲁输水工程设计任务书进行了审查，审查意见认为：进水闸和输水干渠由黄河水利委员会统一管理，统一调度，并考虑可节省土地和投资，渠线采用扩大原有濮西干渠方案。输水干渠比降采用1/5000为宜。为了有利于金堤河排涝行洪和考虑投资省、管理方便，跨金堤河交叉建筑物采用倒虹吸方案。同年7月

17日,山东省复函水利部,认为采用三堤两渠向山东专线送水方案是切实可行的。

1992年8月,金堤河管理局提出协调意见:扩大原有濮西干渠作为引黄入鲁专线输水渠道,主要向山东送水,豫鲁两省签订供水协议,减少纠纷;输水渠正常设计流量按25立方米每秒,加大流量为30立方米每秒;输水渠两侧各留10米宽度,作为渠道清淤和护渠用地;跨金堤河交叉建筑物采用倒虹吸型式,有利排涝行洪,方便管理。山东省基本上同意了协调意见,但对跨金堤河交叉建筑物仍坚持采用活动渡槽,认为这样有利于输送浑水至金堤北沉沙。

同年12月,水利部计划司会同金堤河管理局起草了《金堤河干流近期治理工程和彭楼引黄入鲁灌溉工程项目建议书》(以下简称《项目建议书》),《项目建议书》中明确:"利用改建后的彭楼引黄闸,扩大原有濮西干渠作为引黄入鲁专线输水渠道,主要给山东送水。"彭楼引黄入鲁灌溉工程南起彭楼引黄闸北至莘县高堤口穿金堤涵洞出口,在河南境内全长17.3公里,由五部分组成:1.彭楼总干渠渠首段1.4公里长渠道的扩建及濮西干渠的扩建和延伸;2.总干渠上建分水枢纽;3.新建过金堤河交叉建筑物;4.建穿北金堤涵闸;5.跨输水渠公路桥和生产桥等。濮西干渠现过水能力5立方米每秒,灌溉河南部分耕地2.8万亩,在保证原灌溉效益的基础上,引黄入鲁输水工程拟扩大濮西干渠的输水能力,设计流量25立方米每秒,加大流量30立方米每秒,比降1/5000,输水渠全部混凝土衬砌,输送浑水到北金堤以北莘县境内沉沙。在输水渠两侧各留10米宽土地,作为渠道清淤的护渠用地。过金堤河采取立交办法,采用渡槽或倒虹吸方案,待可研阶段比较论证。在会签报送《项目建议书》的函时,河南省人民政府于1993年2月11日签字盖章表示同意,12日水利厅对《项目建议书》中关于引黄入鲁输水渠道"专线"供水,认为含义不清楚,建议改为"扩大濮西干渠,主要为引黄入鲁输水",并提出为保证金堤河行洪安全,濮西干渠过金堤河交叉建筑物宜采用倒虹吸。山东省人民政府没有签字盖章,在1993年2月16日致水利部的函中提出:《项目建议书》在一些主要问题上未能采纳山东意见,有的与金堤河管理局提出的协调意见也不一致。关于彭楼引黄入鲁专线输水渠道问题,协调意见与我省意见一致,同意扩大原有的濮西干渠作为彭楼引黄入鲁专线输水渠道,但《项目建议书》只提"濮西干渠现过水能力5立方米每秒,灌溉河南部分耕地2.8万亩。在保证原灌溉效益的基础上,引黄入鲁输水工程拟扩大濮西干渠的输水能力……"按《项目建议书》扩大后的濮西干渠显然不是引黄入鲁专线输水渠道。经过协调，山东省于同年5月5日在会签件上签字盖章，但在备忘录中再次提出上述意见。在正式文件盖章时，河南省水利厅再次建议将“扩大原有濮西干渠作为引黄入鲁专线输水渠道”改成“引黄入鲁灌溉工程输水渠道”。在管理问题上，认为既然北段由山东省管理，南段则应由河南省管理，或者由金堤河管理局统管。

在编制《彭楼引黄入鲁灌溉工程可行性研究报告》期间，山东省人民政府于1993年10月25日致函水利部，请求扩大彭楼引黄入鲁工程规模。认为目前规划的30立方米每秒的流量，年引水量最大只有2亿立方米，无法解决莘县和冠县西部严重缺水问题。要求将莘县、冠县的灌溉用水和人畜饮水在这次复灌中予以解决。要求过北金堤的流量扩大到80～100立方米每秒，对渠首和北金堤以南输水渠道相应加大。对加大输水流量后增加的投资，请国家一并安排。并要求跨金堤河工程应按“高线布置、渡槽过河”专线送水的方案进行实施，北金堤涵洞出口水位不低于48.09米，以便于金堤北沉沙。建议由水利部和黄委会主持两省签订供水协议，并由金堤河管理局具体负责工程的管理和供水。

对山东省人民政府要求扩大彭楼引黄入鲁工程规模问题，黄河水利委员会遵照水利部周文智副部长指示，进行了认真研究，并于同年12月10日向水利部报告，认为主要牵涉到两个问题：一是扩大输水规模，将占压河南省更多的土地，需征得河南省的同意；二是目前引黄入鲁金堤以南投资仅4000万元，尚且不能满足，若扩大工程规模，增加的投资还要进一步落实。根据近几年彭楼引黄入鲁工程两省协调情况，上述两个问题短期内难以落实。主张现阶段仍维持两省一部达成的协议，按国家农业综合开发办公室批复意见执行。1994年1月10日，水利部复函山东省人民政府，认为现在最紧迫的任务是，要根据国家农业综合开发办公室〔1993〕国农综字第146号文的批复精神，以豫鲁两省和水利部共同上报的项目建议书为基本依据，本着团结治水、互利互让的原则，抓紧开展可研报告等前期工作，促使金堤河干流近期治理和彭楼引黄入鲁灌溉工程能够顺利实施，早日发挥效益。关于彭楼引黄入鲁工程扩大引水规模问题，现在推荐的建设方案可向鲁西北的莘县等严重缺水区补充灌溉水源，缓解这一地区的严重缺水问题，也考虑了聊城地区对扩大引黄规模的要求，并同意将穿北金堤建筑物的输水能力由20立方米每秒扩大至30立方米每秒。目前应以此开展前期工作和组织项目实施。关于引黄入鲁跨金堤河立交工程和供水工程的管理问题，立交工程采取何种建筑物型式，将由设计单位在可研报告中专题研究后由水利部审定。彭楼引黄入鲁工程为跨省灌溉补水工程，需要按照有关规定征收水费。水利部已责成黄河水利委员会和金堤河管理局在调研工作的基础上，在《可行性研究报告》中提出工程管理办法并在可研报告审定前提出供水协议。该引水工程河南境内输水渠道的管理，拟请金堤河管理局负责。

1994年2月18日，黄河水利委员会在向水利部和国家农业综合开发办公室报送《可研报告》的函中，对彭楼引黄入鲁灌溉工程的具体意见是：1.输水线路同意采用濮西干渠扩建方案；2.输水规模同意北金堤以南的干渠输水能力按30立方米每秒设计；3.跨金堤河立交建筑物，根据工程实践经验，采用倒虹吸或渡槽，在技术上都是可行的。如从有利于沉沙，防止淤堵，采用渡槽方案为好；如从节省工程量和投资，采用倒虹吸方案为好。但如从输送浑水到山东沉沙处理的地形条件和自流灌溉的要求综合考虑，以采用渡槽方案稍优。唯采用渡槽方案要防止对金堤河行洪时的阻水；4.彭楼引黄入鲁为跨省灌溉补水工程，北金堤以南部分，由金堤河管理局统一管理调配。按照有关规定征收水费，签订协议执行。基建施工成立临时指挥机构，负责组织施工，实行投资包干。

与此同时，山东省水利厅致函黄河水利委员会，就输水干渠与金堤河立交工程方案问题重申了山东省的意见，要求采用渡槽方案，建议采用侧槽提升式渡槽，其整体工程经济，输水运用安全可靠，便于管理，对金堤河排洪影响甚小。

2月21日，山东省人民政府致函水利部，再次请求扩大彭楼引黄入鲁工程引水规模，要求将彭楼引黄入鲁工程穿北金堤河建筑物的正常输水能力增加到50立方米每秒，加大到80立方米每秒。

3月12～17日，国家农业综合开发办公室、水利部规划计划司和水利水电规划设计总院在河南省濮阳市召开会议，对《可研报告》进行了审查，对彭楼引黄入鲁灌溉工程的主要审查意见是：同意扩建现有河南范县濮西干渠，输送浑水，在北金堤以北莘县境内沉沙，然后通过配套工程进行灌溉的工程总体布局方案；同意引黄入鲁北金堤以南输水工程设计规模为彭楼闸至辛杨干渠段设计流量50立方米每秒，加大流量75立方米每秒，辛杨干渠至濮东干渠段设计流量38立方米每秒，濮东干渠以下至沉沙地，按正常输水30立方米每秒设计。金堤河以北莘、冠县发展灌溉面积63万亩，补源改善灌溉面积50万亩左右，灌溉面积应根据供水量进一步核定。同意灌溉保证率为50%，在不影响黄河下游用水及河南彭楼灌区灌溉要求的前提下，相机增引水量补源。基本同意输水干渠比降采用1/5000，单一梯形断面形式。同意采用土工膜结合预制混凝土板进行防护。对穿金堤河建筑物，设计的活动渡槽和倒虹吸两种方案在技术上都是可行的。权衡两种型式的优缺点，从有利于管理和实施考虑，经研究宜采用倒虹吸方案。

山东省代表在审查会上对《可研报告及其初审意见》提了五个方面意见："1.关于输水规模问题。山东省人民政府为解决莘县、冠县200万亩高亢贫水区的严重缺水问题，两位省长向周文智副部长提出加大规模的要求，又先后两次向水利部要求入鲁输水规模80～100立方米每秒，考虑投资和现有引黄闸的引水能力，要求过金堤流量正常50立方米每秒，加大80立方米每秒，《可研报告》30立方米每秒的方案不能满足金堤北灌区的供水要求。2.过金堤河建筑物形式，同意《可研报告》中提出的渡槽方案，只有这样，才有利于金堤北沉沙，防止淤堵，确保输水安全和工程效益。3.关于金堤以南输水渠工程投资，应进一步核算，超出部分由国家解决。我省主要解决金堤北沉沙池和输水干渠工程的投资。4.关于水价问题，《可研报告》提出过金堤浑水水费价格每立方米0.04～0.096元，莘、冠两县贫困，群众负担不起，应参照临近引黄灌区的水价确定。5.关于工程管理。为管好用好工程，做好配供水工作，协调金堤南北工程管理问题，建议成立在金堤河管理局领导下的彭楼引黄灌溉工程管理处，并设聊城地区彭楼金堤北灌区管理处，下设莘县、冠县管理段。"接着，山东省人民政府又于同年3月25日致函国家农业综合开发办公室和水利部，对《可研报告及其初审意见》提了两个方面意见："一、彭楼引黄入鲁灌溉工程输水规模按30立方米每秒设计不能解决莘县、冠县极度缺水的问题。我省莘县、冠县地势高亢贫水，临黄而不能引黄，水资源严重匮乏，生态环境恶化，群众生活困难，至今仍未解决温饱问题。为解决这一带200万亩耕地、125.8万人的生产生活用水问题，我省曾先后两次要求，过北金堤的输水流量设计50立方米每秒，加大80立方米每秒。为了方便管理，运用安全可靠，我省仍要求"专线送水，高线布置，渡槽过河"的方案。由于该项工程是浑水过河，金堤北沉沙，而金堤北地势高亢沉沙条件不好，因此我们不同意《初步审查意见》中提出的倒虹吸过河方案，仍应维持可研报告中推荐的渡槽过河方案。二、彭楼引黄入鲁灌溉工程金堤以南工程超批复数额大，且由贷款解决，致使水价高达每立方米0.04～0.096元，莘、冠两县都是贫困县，群众无力承担。要求金堤南输水工程的投资由国家支持，水价应参照临近引黄灌区的水价确定。"

为答复山东省所提出的问题，水利部规划计划司、水利水电规划设计总院、水政水资源司、水利管理司、国家防总办公室、黄河水利委员会等单位于

5月20～21日进行了认真的讨论研究，并形成了会议纪要，关于对彭楼引黄入鲁输水规模问题，彭楼引黄闸现设计流量为50立方米每秒，规划灌区包括河南范县25.78万亩和山东莘县63万亩耕地。山东冠县为新要求扩增的灌区。根据《项目建议书》和《可研报告》提出的过金堤河设计流量30立方米每秒的工程规模，灌溉期除满足河南现有灌区灌溉用水外，向山东莘县可送水1.10～1.35亿立方米，能满足63万亩农田灌溉要求，并有一定的多余水量可用于冠县部分农田抗旱补源。扣除不可引水时间外，非灌溉季节向山东尽可能多供水用于补源，充分利用山东境内的河道、洼地等调蓄，可进一步扩大抗旱补源效益，预计年引黄总水量可达到3.45～4.22亿立方米，基本满足山东的用水要求。在彭楼引黄闸不改扩建的情况下，通过对濮西干渠的改扩建，按30立方米每秒向山东送水规模是适宜的，不需再扩大。关于输水线路问题可研报告采用项目建议书确定的扩建濮西干渠为山东送水方案，比另修专用渠道的"三堤两渠"方案具有占地少、工程量省、交叉建筑物改扩建少、投资节省等优点。认为，原方案是合理可行的，不宜再作变动。关于跨金堤河建筑物的形式问题，两省认识不一致。《可研报告》所研究的渡槽方案和倒虹吸方案，从技术上看，都是可行的。但倒虹吸方案更具有结构简单、施工方便、易于运行管理、无碍金堤河行洪排涝、工程造价较低等优点，经水规院初审同意采用倒虹吸方案。只要采用合理的运用方式和有效的技术措施，山东省担心送浑水过河倒虹吸洞内可能会出现的淤积问题是可以避免的。河南省已在金堤河上修建了两座同样规模的倒虹涵洞。6月6日，黄河水利委员会庄景林副主任，受水利部领导委托，带领水利部规划计划司、水利水电规划设计总院、黄河水利委员会等部门的有关人员到济南，向山东省阐述了上述意见。

7月4日，山东省人民政府又致函国家农业综合开发办公室和水利部，对《可研报告》再次提出修改意见：莘县、冠县已列入全国"八七"扶贫县，为解决莘县、冠县高亢缺水问题，恳请扩大彭楼引黄入鲁输水规模，过北金堤设计流量加大到50立方米每秒，供水量按75%保证率每年4亿立方米。彭楼引黄入鲁工程系浑水过金堤河，金堤北沉沙。为了有利沉沙，防止淤堵，同意渡槽过河方案，不同意倒虹吸过河方案，并请求将输水干渠比降调整为1/6000，维持年内冲淤平衡，提高过金堤后的水位，便于安排沉沙工程，莘、冠两县都是贫困县，群众负担能力低，请求金堤南输水工程投资由国家支付。

11月1～3日，水利水电规划设计总院在北京召开金堤河干流近期治理工程和彭楼引黄入鲁灌溉工程可行性研究报告审查会，对《可研报告》(修改稿)再次进行审查，会上，山东省代表仍提出："1. 我们原则同意《可研报告》中提出的按设计流量 30 立方米每秒入鲁，以解决该区域的严重缺水问题，但要求设计中的加大流量为 50 立方米每秒，同意年入鲁水量为 4.17 亿立方米，要求灌溉期供水量不少于 3 亿立方米；2. 我们仍推荐渡槽方案，如按倒虹吸方案实施，我们要求将金堤南输水干渠比降调整为1/6000，以弥补因倒虹吸而增加的水头损失，按倒虹吸方案实施时，如发生淤堵，应承担改建责任，以确保送水入鲁畅通；3. 莘冠两县都是贫困县，群众负担能力低，我们同意金堤南输水工程投资全部由国家解决的建议。"

经专家审查，并经国家农业综合开发办公室和水利部审批，同意扩建现有河南省范县濮西干渠，输送浑水，在北金堤以北莘县境内沉沙，然后利用现引金道口干渠向北送水，通过配套工程进行灌溉的工程总体布局方案；同意引黄入鲁北金堤以南输水工程设计规模为彭楼闸至辛杨干渠段设计流量 50 立方米每秒，加大流量 75 立方米每秒，辛杨干渠至濮东干渠段设计流量 38 立方米每秒，濮东干渠以下至沉沙地，按正常输水 30 立方米每秒设计。基本同意金堤北灌区发展灌溉面积 63 万亩，相机补源灌溉面积 137 万亩的灌区规划。同意灌溉保证率为 50%，原则同意灌溉期入鲁水量 1.28 亿立方米，扣除汛期、封冻期及检修期后，尽量送水入鲁，总水量 3.0～4.0 亿立方米。同意在不影响黄河下游用水和河南省彭楼现有灌区灌溉要求的前提下，相机增引水量补源。黄河水资源并不丰富。引黄入鲁水量应计入国家分配山东引黄水量的指标。同意本工程为二等工程，穿北金堤的涵洞按一级建筑物设计；穿金堤河建筑物按二级建筑物设计，采用 20 年一遇防洪标准；金堤南输水干渠及其他建筑物按三级建筑物设计。基本同意输水干渠比降采用 1/5000，单一梯形断面形式。原则同意采用土工膜结合预制混凝土进行防护，下阶段应进一步优化设计，节省投资。穿金堤河建筑物，同意《可研报告》推荐的倒虹吸方案。

山东、河南省代表同意按审批意见执行。

## 第五节　行政区划的争议

1952 年 11 月，平原省建制撤销。聊城专区划归山东省；濮阳、安阳、新乡专区划归河南省。范县划属山东省聊城专区。嗣后的 10 多年中，不存在区划争议。

1963年12月17日，水利电力部向国务院《关于金堤河问题的请示报告》提出："为了便于金堤河统一治理，经过反复考虑，并于9月23日征得山东省谭启龙同志、河南省刘建勋同志的同意，建议把金堤以南的山东省范县、寿张一部分地区的1000余平方公里（包括黄河滩区）划归河南省。11月间，河南省提出为了便于领导，准备在这里设县，要求将金堤以北的范县县城（即樱桃园）划归河南省，作为县党、政领导机关的驻地。这一问题已征得山东省委同意，具体划界问题请两省另行商定。这样划界后，不仅有利于解决金堤河问题，对黄河特大洪水的处理也有好处。"12月26日，国务院同意水利电力部关于金堤河问题的报告，将原属山东省范县、寿张金堤以南和范县县城附近的土地划归河南省。划界后，地在河南、人在山东的居民的负担、征购、救灾等具体问题，由两省人民委员会共同协商处理。

1964年4月1～3日，两省进行交接工作，4日，山东、河南两省人民委员会联合向国务院报告了关于将范县、寿张两县金堤以南地区划归河南省的交接工作情况。同年9月9日，国务院对山东、河南两省金堤河地区调整省界问题批复同意：一、将山东省范县、寿张两县金堤以南和范县县城附近地区划归河南省领导，具体省界线划法：即山东省寿张县所属跨金堤两侧的斗虎店、子路堤、侯李庄、明堤、临河、大寺、关门口、赵台、李堤、孟楼、同堤、南台、刘海等13个村庄仍留归山东省领导；范县所属金堤以北的范县县城及金村、张夫两个村庄划归河南省领导。二、将山东省范县的建制划归河南省领导。范县所属金堤以北除范县县城及金村、张夫两个村庄以外的地区划归山东省莘县。

由于行政区划调整不彻底，没有达到使金堤河归一省统一管理方便治理的目的。由于沿河豫鲁两省耕地插花交叉，下游40余公里河段在山东境内，这样一来，便埋下了水利矛盾和区划争议的根源。区划调整后，金堤河得到了较好的治理。此后的10多年中，气候偏旱，金堤河流域径流较少，水事纠纷不多，区划争议亦不突出。随着黄河河床逐年抬高，金堤河因引黄灌溉退水退沙淤积严重，加之堤防工程年久失修，水利矛盾加剧，区划争议也随之越来越多。

1978年，豫鲁两省为解决金堤河地区的水事纠纷，曾协商同意，对行政区划作适当调整：将台前、范县仍回归山东。但在征求聊城地区意见时，遭到聊城地区反对。因而，区划调整未能实现。

1987年12月3日，河南省人民政府向国务院报送《关于调整我省范县行政区划的请示》,请示报告说:"范县县城设在金堤以北的莘县境内,面积只有 1.3 平方公里,除县直机关和金村、张夫村外,周围其他村庄和土地全属山东省管辖,而山东省莘县樱桃园乡政府和部分乡直单位又设在范县城区内,犬齿交错,互相掣肘。这种状况是很不合理的,一方面严重限制着范县城镇建设和经济发展;另一方面两省都无法实施有效的行政管理,给社会治安、交通运输、环境卫生、县城绿化、税收及市场管理等造成很大困难。特别是遇到滞洪,数十万群众基本无法迁安。我们认为,解决这个问题的根本出路在于适当调整行政区划,现考虑出四个方案:一、恢复原范县行政区域,全部划归河南省管辖;二、将山东省莘县沿金堤河以北的古云、大张、樱桃园、古城四个乡划归河南范县;三、将沿金堤以及在金堤以南有耕地的山东村划归范县管辖;四、最低限度也应将范县县城周围的山东省莘县樱桃园乡划归河南范县管辖。同时,河南省将继续保证山东省用水和排水,进一步密切边界关系。如采取三、四方案,水电部黄委会必须建立金堤河管理局,统一指导,协调处理有关问题。"

1987 年 12 月 14～16 日,水利电力部受国务院委托,在北京召开了金堤河行政区划和金堤河管理座谈会,参加会议的有山东、河南两省及民政部、石油部、黄河水利委员会等有关单位。会议就行政区划调整和金堤河治理提出了原则意见,待豫鲁两省代表向省政府汇报后进一步商定。至此,区划问题没有实质性进展。

1989 年 3 月 24 日,河南省水利厅向河南省政府报送了《关于金堤河治理有关问题的请示》,根据近几年来省、市、县反复酝酿的意见,归纳如下三个调整方案:一、按 1964 年调整的原则,进一步调整完善,即以北金堤为界,北金堤以南的土地全部划归河南省管辖,人随地走。山东省的 94 个村,10.5 万人,11.5万亩耕地划归河南省。调整后,可使金堤河干流全部归河南修守、管理,北金堤仍归山东修守。本方案对金堤河来说,解决了跨省矛盾问题。但是,在划归河南的 94 个村中,有的村可能会一部分属河南,一部分仍属山东;其次,为了保证北金堤修守及渡汛安全,在北金堤南侧尚需划出一定范围的护堤地。二、两省按大致等量调换的原则调整部分辖区,即将现属河南省的台前县辖区 338 个村庄,28.02 万田耕地,28.69 万人,全部划归山东省;将山东省莘县(老范县)的原古云、范镇、古城、王庄台、观城等 5 个乡所辖的 353 个村庄,39 万亩耕地,24.7 万人划归河南省。这方案可使两省交接的河段大为缩短,金堤河南小堤防守,北金堤防守,北金堤滞洪区群众转移及引黄向金堤北输水等水利问题均可由各省自己解决,但金堤河仍属跨省河道，上下游排水，还有一定矛盾，有关治理、管理工作需要黄河水利委员会继续统一管理、协调。三、维持原有行政建制不变，将金堤河以南的南小堤全部退建到河南省境内，修新堤结合开挖古（城）张（庄）排涝沟。这样南小堤可由范县、台前两县防守管理，南小堤以南的涝水也可以排入提排站。但南小堤48公里退建及37公里老堤加培共需做土方650万立方米，永久占地8225亩，临时占地6712亩，投资约5270万元，与黄河水利委员会推荐的就现有南小堤加高培厚方案比较，需多做土方470万立方米，多占地2300亩，多投资3170万元。此方案濮阳市表示难于实施。

区划问题是一个历史遗留下来的复杂问题，不是水利部门所能解决的。遵照水利部、黄河水利委员会指示，协调金堤河地区水事纠纷暂时避开区划问题，先就“治河”和“送水”两项工程进行调解，促使两省早日达成协议。经多方面工作，河南省人民政府在1989年8月31日致函水利部阐述关于金堤河治理意见时，没有再提区划问题。但在第一次和第二次金堤河干流治理和彭楼引黄入鲁工程协调会议期间，河南省濮阳市的代表仍希望考虑范县的区划问题。

## 第六节　纠纷协调

数十年来，为解决金堤河地区的水事纠纷，中央有关领导和水利部、民政部、石油部、黄河水利委员会等部门，曾作过不少协调工作。

1961年7月22日，水电部派黄河水利委员会王云亭、新乡专署代表郭延庆和聊城专署代表申怡之组成金堤河三人执行小组，专往范县解决金堤河排水及水利纠纷问题。

次年3月，国务院副总理谭震林在范县召开会议，参加的人员有水利电力部副部长钱正英以及中共河南省委书记刘建勋、副省长王维群、水利厅厅长刘一凡，中共山东省委副书记周兴、山东省副省长陈雷、水利厅厅长江国栋，河北省省长刘子厚以及安阳、聊城两专区负责人吕克明、段俊卿、夏子凡等。会议决定：1.废除金堤河水库；2.停止引黄灌溉；3.采取措施为金堤河排水找出路。以解决冀、鲁、豫三省水利纠纷。当年6月13日中央防汛总指挥部就相邻省边界水利问题电告黄河水利委员会。电文指出，凡平原地区关系到两省边界的引水涵闸，应按照中央批示的《水利电力部关于五省一市平原地区水利问题的处理原则的报告》和1962年春双方达成的协议，认真地检查处理。电文对黄河流域内边界地区涵闸的归属作如下规定:金堤河上的五爷庙闸、濮阳金堤闸、樱桃园闸、古城闸,应由河南、山东两省水利厅移交给黄河水利委员会管理。

1963年2月,黄河水利委员会提出《金堤河排水出路方案报告》,根据这个报告,于3月份动工兴建金堤河张庄入黄闸,修筑南、北小堤,并成立金堤河工程管理局,以解决这一地区的水事纠纷。

9月,国务院副总理谭震林和水利电力部副部长钱正英又来濮阳视察引黄灌溉和金堤河排水工程。12月17日,水利电力部向国务院提出《关于金堤河问题的请示报告》。报告提出,建议把金堤以南山东省的范县、寿张一部分地区约1000余平方公里(包括黄河滩区)划归河南省。将金堤以北的范县县城(即樱桃园)划归河南省,作为县党、政领导机关的驻地。这样不仅有利于解决金堤河问题,对黄河特大洪水的处理也有好处。12月26日,国务院立即批转同意这个报告,将山东省的范县、寿张金堤以南和范县城附近的土地划归河南省。1964年金堤河流域大水,11月19日,水利电力部规划局批文:"现金堤河下游大量积水,我部意见请山东省水利厅,按照国务院去年12月26日的批示,白露后打开张秋闸放水的规定,立即开闸放水排水,流量以不超过原规定20立方米每秒为限。徒骇河施工应根据这个情况加以安排,不能因徒骇河施工而关张秋闸,不要再拖延下去。"

1965年,水利电力部批示:红旗渠以西涝水尽量排入卫河,今后不再自濮阳南关分水入马颊河;张秋闸在白露以后排除金堤河积水,最大不超过20立方米每秒。

但是,上下游排水的矛盾始终未得到解决。

1979年12月,水利部钱正英部长召集黄河水利委员会和豫鲁两省水利厅,研究决定进行金堤河流域综合治理规划,并明确分工,干流治理规划由黄河水利委员会勘测规划设计院负责;流域灌溉、支流治理规划由两省水利厅负责;滞洪区规划由河南、山东两黄河河务局负责。规划的指导思想是"统一规划,洪、涝、旱、碱、淤综合治理"。干、支流治理的原则是"以排为主,兼顾其他"。干流治理的关键是寻找金堤河洪、涝水的出路。1980年9月,黄河水利委员会协调汇总了河南、山东两省对金堤河流域洪、涝、旱、碱、淤综合治理的意见,提交了《金堤河流域综合治理规划》。10月16日,山东省聊城地区水利局随即向山东省水利厅提出对《金堤河流域综合治理规划》的意见,接着,山东省水利厅也于12月3日向水利部反映了对《金堤河流域综合治理规划》的意见。水利部于12月18日,批复关于金堤河流域综合治理规划的意见,从规划上进一步协调了两省认识上的分歧。

1987年6月28日,水利电力部杨振怀副部长电话要求黄河水利委员会召集河南、山东两省水利厅,对金堤河的行洪障碍及南、北小堤的残破情况进行检查。7月3日,黄河水利委员会和河南、山东两省水利厅组成12人联合检查组,检查组于7月4～7日对金堤河进行了现场检查,并写了《检查纪要》上报。

7月22日,水利电力部钱正英部长,按照李鹏副总理的指示,会同河南省政府和石油部的领导,对黄河北金堤滞洪区的防汛问题进行现场调查研究。当濮阳市副市长提到金堤河防汛问题时,钱正英部长当场提出,要适当调整金堤河治理的近期工程项目,减少工程量和投资,要促其实现,并要求研究南小堤南移,根据现状适当调整河线及省区界限,水从边界走,减少纠纷,方便管理。同时指示金堤河归属黄河水利委员会管理,成立金堤河管理局。12月14～16日,钱正英部长受国务院委托,在北京主持召开了金堤河行政区划和金堤河管理座谈会。参加会议的有山东、河南两省及民政部、石油部、黄河水利委员会等有关单位的领导。会议设想适当调整金堤河地区行政区划,以促使金堤河治理早日实现。但会议没有取得理想的结果。

1988年3月,金堤河治理被列入黄淮海平原综合治理开发项目后,山东省聊城地区于9月向水利部提出要求恢复原彭楼引黄灌区解决鲁西贫水区缺水问题。11月2日,水利部通知黄河水利委员会:"本着统一规划、统筹兼顾、团结治水、互利互让和更好地发挥已成工程效益的原则,请豫鲁两省进行协商,尽快达成协议。"12月28日,在河南省农村工作会议期间,黄河水利委员会副主任杨庆安邀请河南省水利厅厅长亢崇仁、濮阳市市长周沛以及濮阳县、范县、台前县的领导人就"金堤河治理及彭楼闸引黄向山东送水"二事交换意见,并说明水利部已初步研究了金堤河的《设计任务书》,表示基本同意,要求黄河水利委员会就金堤河治理及彭楼引水问题一并和河南、山东两省协商,待两省达成协议后再批《设计任务书》。1989年1月,黄河水利委员会副总经济师宋建洲和工务处副处长宋玉山、工程师宋玉杰分别同河南、山东两省协商研究由彭楼闸向山东莘县送水方案,初步商定了9条意见。

为协调豫鲁两省水事纠纷,黄河水利委员会遵照水利部的指示,于1989年3月成立金堤河管理局筹备组,筹备建立金堤河管理局,开展协调水利纠纷工作。6月12日,金堤河管理局筹备组和濮阳市有关领导座谈,就金堤河治理和彭楼闸向山东送水广泛交换了意见。14日,金堤河管理局筹备组又和聊城地区有关领导就金堤河治理问题进行座谈，筹备组听取了他们对金堤河治理的意见和对彭楼闸向山东送水的要求。8月12日，黄河水利委员会副主任黄自强和筹备组组长王福林、成员乔新智和山东省副省长王乐泉、水利厅厅长马麟、主任工程师郝效文、山东黄河河务局局长齐兆庆、副局长陈效国、副总工程师张明德等进行了座谈。山东省领导阐述了山东省对金堤河治理的意见和从彭楼闸向聊城西部送水的要求。座谈后山东省人民政府于8月19日向水利部提出了山东省对金堤河干流近期治理工程的书面意见。8月23日，金堤河管理局筹备组组长王福林、成员乔新智又和河南省水利厅厅长马德全、总工程师吴天镛等进行座谈、协调。随后河南省水利厅组织有关人员进行了认真的研究，拿出了初步意见，并向程维高省长、宋照肃副省长等作了汇报。8月31日，程维高省长签发河南省人民政府《关于金堤河治理意见》报送水利部。

11月6～10日，水利部在北京召开了第一次金堤河干流近期治理工程和彭楼引黄入鲁输水工程协调会议。参加会议的有：河南省水利厅副厅长舒嘉明、副总工程师赵南松、主任工程师刘吉庆，濮阳市水利局副局长刘新华，濮阳市金堤河管理处副处长刘俊杰；中共山东省海河流域治理指挥部委员会书记楚焕章，设计院高级工程师宋正国、工程师张振东，聊城地区水利局总工程师陈元丰；黄河水利委员会副主任庄景林及金堤河管理局筹备组组长王福林、成员乔新智；黄河水利委员会勘测规划设计院规划处总工程师王国安、设计处总工程师李世同等。水利部计划司副司长赵广和主持会议，何璟总工程师作了重要讲话。计划司规划处副处长徐世钧、高级工程师贺尚德等也参加了会议。会议为协调两省水事纠纷做了不少工作，但终因南、北小堤标准等问题存在分歧，没有达成协议。

豫鲁两省第一次协调会议后，山东省人民政府就金堤河治理和彭楼闸送水问题于12月1日向水利部发了加急传真电报，提出了7条要求。黄河水利委员会收到电报后，黄自强副主任立即召集工务处、水政处、计划处、勘测规划设计院、金堤河管理局筹备组等单位对7条要求进行了研究。随后，又带领筹备组王福林、乔新智去济南与山东省政府王乐泉副省长就传真电报交换了意见。

1990年3月，根据豫鲁两省意见，为尽早达成协议，金堤河管理局筹备组按水利部领导指示，对金堤河治理和彭楼引黄入鲁两项工程的有关问题，拟定了9条原则意见，并于4月上旬，先后和河南省水利厅厅长马德全、副总工程师司马寿龙、赵南松及山东省水利厅厅长马麟、中共山东海河流域治理指挥部委员会书记楚焕章交换了看法，取得了比较一致的意见。在此基础上，水利部于4月17日在北京召开了第二次金堤河干流近期治理工程和彭楼引黄入鲁输水工程协调会议，会议由计划司司长陆孝平和黄河水利委员会副主任庄景林主持，参加会议的有：河南省水利厅副厅长舒嘉明、计建处工程师刘吉庆，中共山东省海河流域治理指挥部委员会书记楚焕章、水利厅边界科长张振东、设计院高级工程师宋正国，黄河水利委员会勘测规划设计院李世同、王国安，金堤河管理局筹备组组长王福林、成员乔新智。水利部计划司规划处副处长徐世钧、高级工程师贺尚德、水管司工程师盛骏飞等也参加了会议。会上王福林、李世同分别做了关于两项工程协调工作情况和彭楼引黄入鲁工程设计任务书的介绍，河南省水利厅副厅长舒嘉明、中共山东省海河流域治理指挥部委员会书记楚焕章分别代表两省阐明了对该两项工程的意见。经广泛的协商，对有关问题本着上下游兼顾、互谅互让、团结治水的精神，达成了一致意见，通过了《会议纪要》。《纪要》指出："金堤河干流近期治理和彭楼引黄入鲁输水工程，是黄淮海地区农业开发的重要工程，实现该两项工程是河南省濮阳市和山东省聊城地区人民多年的夙愿，希望两省共同努力，团结协作，做好地方群众工作，不失时机地促使其早日实现。"会后山东省人民政府复函水利部，原则同意协调会议上取得的一致意见。并表示将以积极的态度，促使这两项工程早日实施。

河南省濮阳市人民政府和范县人民政府对北京第二次协调会议《纪要》则有不同的意见。范县人民政府对《纪要》提出4个方面的建议，濮阳市人民政府向河南省人民政府递交了4条意见。这4个方面的建议和意见是：1.金堤河治理和彭楼闸向山东送水是两项独立的工程，不应该捆到一起考虑，后者不应该成为前者的制约因素；2.金堤河治理应该考虑排水出路问题，应考虑利用北金堤上的现有涵闸相机向北排水；3.如果现在只考虑金堤河干流治理，要求适当调整金堤河下游行政区划，至少应考虑将莘县樱桃园乡划归范县管辖；4.从彭楼闸向山东送水，不同意"三堤两渠"，因占地太多，群众工作不好做，同意扩大濮西干渠，相机向莘县供水。对此，金堤河管理局筹备组于7月中旬赴郑州和河南省水利厅厅长马德全、总工程师吴天镛交换了意见，统一了认识，并提出了协调设想。8月1日，金堤河管理局筹备组组长王福林，成员张凌汉、乔新智、工作人员王志坤与濮阳市有关领导座谈了对《纪要》的意见。王福林阐述了水利部和黄河水利委员会对金堤河治理和彭楼送水的主导意见，介绍了第二次协调会议情况和《纪要》产生的背景。筹备组详细听取了濮阳市对两项工程同时施工、涝水北排、"三堤两渠"输水、范县区划等4个方面的意见，筹备组成员根据《纪要》原则，广泛地进行了协调。8月2日，筹备组又深入范县，听取县人民代表大会、县人民政府对金堤河干流治理和彭楼引黄入鲁工程的意见。他们总的看法是：金堤河流域豫鲁两省的水利纠纷在于行政区划，区划问题不解决，工程也难以实施。河南省水利厅厅长马德全、副总工程师胡逵吉等也于8月15日深入濮阳市和市长周沛、副市长孔德钦、副秘书长陈彦省等座谈对《纪要》的意见；16日马厅长等又深入范县，听取范县政府的意见；17日，马厅长等和濮阳市领导进一步交换意见，共同起草了向省政府的《汇报提纲》。8月21～23日，筹备组又两次赴郑州和河南省水利厅领导交换反馈意见。8月25日，河南省人民政府复函水利部关于金堤河治理的意见，认为：治理金堤河的条件已经成熟，望尽快审批实施。彭楼送水问题不应同治理金堤河一起处理。为照顾北小堤保护区局部利益，对北小堤设防标准可由5年一遇调整到10年一遇，但南小堤的设防标准相应不能低于20年一遇。南、北小堤应统一由黄河水利委员会监督施工，严格按标准验收。复函中对彭楼送水工程没有表态。为了促使两省尽快达成协议，水利部又于12月15日向河南、山东两省发送了《关于征求对彭楼引黄入鲁输水工程设计任务书意见》的函，1991年金堤河管理局正式成立后，遵照水利部、黄河水利委员会的指示，继续深入进行协调工作。

1991年3月，豫鲁两省先后复函水利部对彭楼引黄入鲁输水工程设计任务书提出了意见和要求。同年5月底，水利部组织有关单位对《彭楼引黄入鲁输水工程设计任务书》进行了审查，审查会议由陆孝平司长和黄河水利委员会庄景林副主任主持，参加会议的有河南省水利厅、濮阳市水利局、山东省水利厅、聊城地区水利局，水利部水利水电规划设计总院、水政司，海河水利委员会等有关部门，水利部何璟总工程师也参加了会议。会议对引黄入鲁输水线路布置、输水规模、干渠断面和比降设计、跨金堤河交叉建筑物型式、渠道两侧清淤和护堤用地、工程管理、工程投资等提出了审查意见。7月17日，山东省人民政府致函水利部，对金堤河干流近期治理和恢复彭楼引黄灌区向山东送水提出较大的意见和要求。

1992年，金堤河管理局8次到山东、5次到河南，耐心细致地进行协调工作。8月，金堤河管理局提出《关于金堤河干流治理和彭楼引黄入鲁工程的协调意见》，征得河南、山东两省原则同意后，11月下旬，向水利部汇报了协调工作进展情况。遵照水利部领导指示，计划司编制了《两工程项目建议书》和草拟了《两省一部关于报送两工程项目建议书》的函。

1993年2月11日，河南省李成玉副省长在《关于报送金堤河干流近期治理工程和彭楼引黄入鲁灌溉工程项目建议书的函》(会签件)上签字“同意”，河南省人民政府盖章，2月12日，河南省水利厅对项目建议书提出了三条意见。2月15日，山东省没有在会签件上签字盖章，16日，山东省人民政府致函水利部，对两工程项目建议书提出了四个方面意见，金堤河管理局及时向部作了汇报，遵照部领导指示，修改了项目建议书，彭楼引黄入鲁灌溉工程金堤以南不再让山东省投资。5月3日，金堤河管理局的同志再返济南，经过座谈协调，王建功副省长于5月5日在两省一部会签件上签字：“原则同意，另附几点意见。”山东省人民政府盖章。5月17日，两省一部会签后的正式文件盖章后报送国家农业综合开发办公室。

9月20日，国家农业综合开发办公室对《两工程项目建议书》进行了批复。这样，金堤河水事纠纷协调工作取得了突破性进展。

1993年10月25日，山东省人民政府又致函水利部，请求扩大彭楼引黄入鲁工程规模，要求过北金堤的流量扩大到80～100立方米每秒，跨金堤河工程应按“高线布置、渡槽过河”专线送水的方案进行实施……并派人向黄河水利委员会和水利部作了汇报。在中央农村工作会议上，赵志浩省长又找水利部周文智副部长谈了关于彭楼引黄入鲁要加大引水量问题。遵照周副部长的指示，黄河水利委员会对山东省的要求进行了认真的研究，并向水利部作了汇报，认为主要牵涉两个问题：一是扩大输水规模，将占压河南省更多的土地，需征得河南省同意；二是目前引黄入鲁金堤以南投资仅4000万元，尚且不能满足，若扩大工程规模，增加的投资还要进一步落实。根据近几年两省协调情况，上述两问题短期内难以落实。黄河水利委员会意见，现阶段仍维持两省一部达成的协议，按国家农业综合开发办公室批复意见执行。1994年1月10日，水利部复函山东省人民政府，对扩大彭楼引黄入鲁引水规模、引黄入鲁跨金堤河立交工程、金堤河排水出路、南北小堤标准等意见进行了解释。并指出：现在最紧迫的任务是，要根据国家农业综合开发办公室[1993]国农综字第146号文的批复精神，以豫鲁两省和水利部共同上报的项目建议书为基本依据，本着团结治水、互利互让的原则，抓紧开展《可研报告》等前期工作，促使金堤河干流治理和彭楼引黄入鲁工程能顺利实施，早日发挥效益。

1994年2月21日，山东省人民政府又致函水利部，再次请求扩大彭楼引黄入鲁工程引水规模，希望穿北金堤建筑物的正常输水能力增加到50立方米每秒，加大到80立方米每秒。

1994年3月12～17日，水利水电规划设计总院和部计划司组织有关单位在河南省濮阳市对黄河水利委员会勘测规划设计院编制的《可研报告》进行了初步审查。山东省代表在会上对《可研报告》提出了重大修改意见。接着，山东省人民政府又于3月25日致函国家农业综合开发办公室和水利部，对《可研报告及其初审意见》提了五个方面不同意见和要求。

黄河水利委员会、金堤河管理局对山东省的意见和要求进行了认真地研究并向水利部报告，水利部又于5月20～21日组织有关单位，对山东省的意见和要求又进行了认真讨论研究，并形成了《讨论纪要》。6月6日，黄河水利委员会庄景林副主任受水利部领导委托，带领规划计划司刘斌副处长、贺尚德高级工程师，水利水电规划设计总院陈清廉副总工程师，黄河水利委员会宋建洲副总经济师、勘测规划设计院陈效国院长、教授级高工李世同、王国安，金堤河管理局王福林副局长等去济南，与山东省进一步交换意见，对山东省提出的意见和要求一一作了解释和解答。7月4日，山东省人民政府又致函国家农业综合开发办公室和水利部，对两工程可行性研究报告再次提出八个方面意见。

同年11月1～3日，在北京水利水电规划设计总院召开了《可研报告》审查会议，对黄河水利委员会勘测规划设计院修改后的《可研报告》进行了认真的审查，山东、河南两省代表都在会上发表了一些意见和要求，尽管在某些方面还存在分歧，但大家都本着团结治水、互利互让的原则，基本同意了《可研报告》。至此，金堤河水事纠纷协调工作胜利告一段落。金堤河干流近期治理工程和彭楼引黄入鲁灌溉工程即将实施。减免金堤河流域洪涝灾害和山东莘县、冠县旱灾，实现人民多年的夙愿已为期不远。

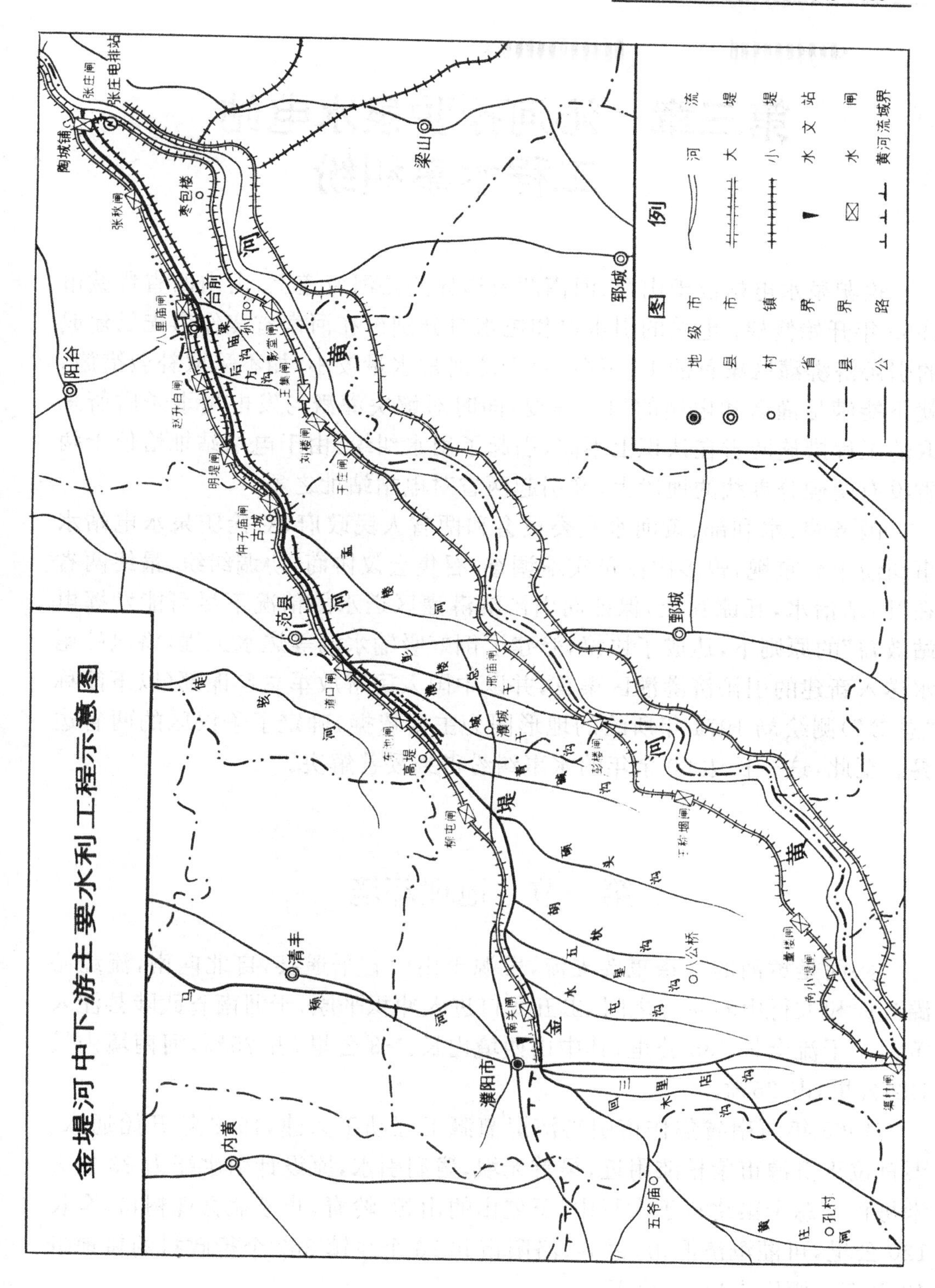
金堤河中下游主要水利工程示意图
图例
地级市
县市
村镇
省界
县界
公路
河流
大堤
小堤
水文站
水闸
黄河流域界
黄河
金堤河
濮阳市
范县
台前
阳谷
梁山
郓城
鄄城
清丰
内黄
张庄电排站
陶城铺

# 第三章　沁河拴驴泉水电站工程水事纠纷

拴驴泉水电站位于山西、河南两省边界的沁河弯道上，由山西省晋城市1969年开始修建。电站的引水口和尾水口分别设在河南省焦作市先已建成的引沁济漭灌区渠首的上、下游。由于沁河常水量较小，如不采取补救措施，就不能满足灌区和电站的用水需要，同时对解决灌溉与发电用水矛盾所采取的工程措施两省在认识上不同，引起了用水纠纷。由于电站站址恰位于两省没有明确分界线的地段上，又引起两省对电站站址之争。

国务院、水利部、黄河水利委员会和两省人民政府，对拴驴泉水电站水事纠纷十分重视，曾多次派员实地调查，召集会议协商，协调纠纷。最终两省在“团结治水，互谅互让，保证向引沁济漭灌区送水的情况下尽可能发挥电站效益”的原则下，达成了协议，修建了倒虹吸输水洞等送水工程，将电站尾水送入新建的引沁济漭灌区渠首，并以中国人民解放军总参谋部（以下简称“总参”）测绘局1974年所绘的地形图为主要依据，确定了争议区的两省边界。至此，这一长达20余年的水事纠纷得到妥善解决。

## 第一节　地理环境

沁河是黄河的一条重要支流，发源于山西省平遥县，自北向南，流经沁潞高原和太行山的峡谷之间，出五龙口进入冲积平原，于河南省武陟县注入黄河。干流全长485公里，其中山西境内长363公里，占75％，河南境内长122公里，占25％。

1965年河南省焦作市引沁济漭灌溉工程动工兴建，1968年开始通水。渠首位于济源市紫柏滩附近，渠首无坝，凿洞引水，原设计引水能力23立方米每秒。总干渠绕行于太行山、王屋山的山腰、岭脊，止于孟县槐树口，全长120公里，可灌溉济源市、孟县、洛阳市共16个乡镇367个行政村的耕地近40万亩。灌区人口40余万。

1969年山西省晋城市在太行山南麓晋豫两省边界沁河弯道上开工修

建拴驴泉水电站。电站引水口位于引沁济漭渠渠首上游12.3公里处,尾水口位于引沁济漭渠渠首下游2.7公里处。电站北距晋城市50公里,南距济源市近40公里,均有简易公路相通。拴驴泉水电站在沁河峡谷中,利用河流弯道落差筑低坝凿洞引水发电。设计水头59.5米,最大引水流量72立方米每秒,装机4台,总装机容量3.5万千瓦,年发电量1.5亿千瓦时。第一期建成径流电站,设计引用流量32.8立方米每秒,装机2台,装机容量1.75万千瓦,年发电量9460万千瓦时,于1990年基本建成,1992年3月并网发电。

电站给灌区送水的倒虹吸、输水洞工程于1991年底基本建成,1992年4月通水,将电站尾水送入引沁济漭灌区。

## 第二节 纠纷缘由

1969年拴驴泉水电站工程开工以后,产生了晋豫两省发电与灌溉用水矛盾和电站厂房附近的边界争议。

### 一、用水矛盾

由于拴驴泉水电站建成后,将发电尾水退至引沁济漭渠渠首以下,而且沁河常水流量小,发电和灌溉水量不足,加之对解决发电和灌溉用水矛盾所采取的工程措施认识上有差异,便引发了用水纠纷。

### 二、边界争议

拴驴泉水电站厂房位于山西、河南两省边界处,河南称这里为杨树沟,山西称这里为阳虎沟,厂房修建于沟口处,附近村庄的归属,历史上几经变迁,没有明确的省际分界线。土地改革时期,两省都给这里颁发了土地证,双方都持有证据证明这片土地归自己所有。因此,拴驴泉水电站动工以后,除用水纠纷外又产生了两省在这一地段的边界争议。

## 第三节 纠纷演变及调处

晋豫两省拴驴泉水电站工程水事纠纷，主要表现在电站建设、送水工程方案、送水工程施工中用水和边界争议等问题上。

### 一、电站建设的纠纷

拴驴泉水电站于1969年由山西晋城开工兴建。1972年5月，黄河水利委员会组织晋豫两省水利部门进行沁河干流工程选点查勘时，河南方面对山西兴建拴驴泉水电站未经协商就动工提出意见。以后，电站停建。

1977年电站引水隧洞工程动工掘进。1978年10月，黄河水利委员会根据水利电力部指示精神，分别在郑州、晋城邀请两省水利部门审查电站的初步设计，并对共同关心的问题进行协商。在会议上，河南方面提出：应当先解决河南在丹河修建的后寨水电站的发电问题和拴驴泉水电站厂房占用土地归属问题；在上述两个问题未达成协议前，对拴驴泉水电站初步设计不发表意见，并要求电站立即停工。山西方面表示：会议通知，研究拴驴泉电站工程问题，不能以解决后寨电站问题为先决条件，后寨电站问题可另行研究；拴驴泉水电站的厂房和反调节闸的所在地属山西晋城县的管辖范围内，山西在这里修建电站是无可争议的，并希望初步设计审查顺利通过，使电站建设早上快上，早日建成发挥效益。经过黄河水利委员会调解，两省分歧仍然很大，没有达成协议。电站随之停建。

1982年4月，电站再次复工，争执又起。同年6月，水利电力部致电山西省人民政府："在设计批准前即暂停施工，以免引起纠纷和浪费。"7月，山西省派员向水利电力部汇报，陈述不同意停工的理由，部领导表示："还是暂停施工，有利于两省协议。"

山西、河南两省人民政府先后以晋政发〔1982〕161号和豫政文〔1983〕48号文报请国务院解决两省的争议问题。1983年3月，黄河水利委员会将拴驴泉水电站工程修改补充设计的审查意见报水利电力部。

自70年代初至1983年，黄河水利委员会为解决发电、灌溉用水矛盾，提出在电站尾水下游抬高水位、保证灌区引水的方案，并对工程设计和边界争议等问题，进行过多次协调，但两省未能达成协议。因此，水利电力部对电站的设计和修改补充设计一直未予正式审批。

1983 年 9 月，国务院以〔1983〕国函字 205 号文批转水利电力部《关于处理修建沁河拴驴泉水电站问题的意见》给山西、河南省人民政府和民政部、水利电力部。主要处理意见是："沁河拴驴泉水电站，在工程布局上是合理的，技术经济指标也是比较优越的，但必须采取可靠的工程措施，保证引沁济漭灌区引水。……鉴于工程补充设计尚待确定，现在施工不符合基建程序。为避免损失、浪费和引起边界地区群众纠纷，拟请山西省暂停主体工程施工。停工后由水利电力部召集两省立即协商确定设计方案，尽快提出补充修改设计，经审批后再行复工。河南省协助山西省进行设计补充修改工作，并说服群众不得阻挠工作开展。"10 月 20 日，电站主体工程再次暂停施工。12 月 3 日晚，晋城市通向拴驴泉水电站工地约 2 公里处的一座公路石拱桥遭到破坏。

1984 年 7 月初，在电站补充修改设计上报 9 个月没有审批的情况下电站引水隧洞复工。9 月，济源市以山西复工为理由，数十名社队干部、群众进入电站工地阻止施工。为此，水利电力部、国务院办公厅多次通知两省，要求电站停工，要求济源驻电站人员撤出。电站于当月停工，而后济源驻电站人员撤离。

1985 年 4 月，国务院为进一步解决争议，以〔1985〕国函字 56 号文批转了水利电力部、民政部《关于解决沁河拴驴泉水电站河段争议问题的报告》。报告指出："为尽快发挥电站效益，保证灌区用水，拟采用分期实施方案。第一期，建成拴驴泉径流电站，在其尾水部位修建 30 立方米每秒过沁河的倒虹吸和输水洞工程，电站发电尾水利用倒虹吸和输水隧洞送水至引沁济漭渠。第二期，建成反调节及调节工程，完成全部装机容量，电站运行方式由径流变为调峰运行……第一期工程初步设计批准后，电站主体工程可以复工。倒虹吸及输水隧洞建成保证能向引沁济漭灌区送水时，电站方可发电。在反调节工程建成前，为协调灌溉、发电用水，电站引水隧洞进口闸门与电站尾水渠退水闸门由两省共管。"

12 月中旬，电站引水隧洞再次复工。此后，边界地带各自聚集数十人至数百人之众，并且出现了破坏山间小道、拆除季节性过河便桥事件，双方矛盾进一步激化。

12 月下旬，水利电力部、民政部受国务院委托，在北京召集晋豫两省水利厅副厅长及有关地、市负责人和黄河水利委员会的人员，就拴驴泉水电站的建设问题进行了协商，并将协商结果电告两省政府和有关地、市及黄河水利委员会。主要精神:1.两省集结在边界的人员除施工者外均应回到各自的村庄或住所,并修复施工前存在的季节性便桥及山间小道;2.由黄河水利委员会及晋豫两省各派一人组成驻工地协调联络小组,组长由黄河水利委员会派人担任。该小组的任务是宣传贯彻〔1985〕国函字56号文及两省协议的实施安排;3.暂缓掘进电站引水隧洞剩余的六七十米岩体,其他单项工程或工程部位均可安排施工。

根据水利电力部、民政部上述电报精神,驻工地协调联络小组于1986年1月6日成立。通过该小组的工作和两省的共同努力,双方集结在边界地区的非施工人员,分别于1月中、下旬撤回各自的村庄或住所。电站引水隧洞也于当月停止掘进。同年,除引水隧洞工程外,其他主体工程全面复工。

1989年12月,水利部以水计字〔1989〕107号文《关于沁河拴驴泉水电站工程施工问题的函》致山西、河南省人民政府。函文指出:第一期径流电站工程抓紧施工,同意打通电站引水隧洞,在保证向引沁济蟒渠送水的情况下电站可以发电,早日发挥效益。

1990年1月,电站引水隧洞挖通,12月电站通水试机。

1991年4月20日,山西省举行了拴驴泉水电站通水发电剪彩仪式。后因天气干旱,灌区不宜停水等多种原因,电站停机。1992年3月电站正式并网发电。

## 二、送水工程方案的反复

送水工程是将拴驴泉水电站尾水送至已建的引沁济蟒灌区的工程。电站采取什么送水工程方案保证灌区用水,是有关各方尤其是晋豫两省特别关注的问题。

1973年7月,黄河水利委员会上报水利电力部《沁河干流工程选点报告》中指出:"电站尾水应保证自流送水至引沁济蟒总干渠,以免造成灌溉引水困难。"

1983年9月,国务院〔1983〕国函字205号批文指出:"引沁济蟒灌区对当地群众生活和经济发展关系密切,这是在修建电站时必须妥善解决的问题。现在的设计补充文件,对保证灌区的措施还不够落实,应尽快补充研究,提出多种方案进行比较,并对施工做出具体安排。"为落实保证灌区引水的送水工程方案,水利电力部于同年12月在晋城召开了两省和黄河水利委员会有关负责人参加的协调会,经过充分协商,提出了送水工程的倾向性方案

——修建反调节闸。

1984年1月4日，黄河水利委员会收到山西省晋城市编制的《沁河拴驴泉水电站给引沁济漭渠送水工程方案》，于1月5日以黄设字〔1984〕第01号文将该方案发送河南省水利厅，并提出："请组织有关地、县抓紧研究并提出意见，拟于本月内邀集两省在郑州协商并提出审查意见。"河南省有关负责人表示："必须全面落实国务院文件，过境地区归属问题必须同时协商解决，不同意单由业务部门协商解决。"因此，会议未能举行，送水工程方案也无法审查。同年4月，山西省人民政府再次备文报请水利电力部和国务院，请求尽快审批拴驴泉水电站给引沁济漭渠送水工程方案。在此期间，水利电力部以〔1984〕水电计字第150号文《关于征求尽早协商研究沁河拴驴泉水电站设计方案（指送水工程方案）意见的函》致河南省人民政府。函文指出："送水枢纽设计方案与地权归属两个问题可以分头解决。我部意见，可以早日研究设计方案。"同年5月底至6月初，黄河水利委员会遵照水利电力部指示，邀请两省在郑州召开了沁河拴驴泉水电站保证引沁济漭渠引水措施方案技术审查会。6月底，黄河水利委员会以黄设字〔1984〕第11号文将初步审查意见报送水利电力部审批，指出："从本河段水能开发及协调发电、灌溉用水矛盾统筹考虑，……采取修建反调节闸的方案，保证引沁济漭渠引水是较为适宜的。"8月，水利电力部以〔1984〕水电水规字第71号文急件批复："同意拴驴泉水电站采用反调节闸方案。请山西省抓紧完成反调节闸的初步设计。"10月，山西省晋城市提出的《晋城市沁河拴驴泉水电站给引沁济漭渠送水枢纽工程初步设计书》中，除了提出反调节闸的设计方案外，还提出了作为分期实施的第一期工程——倒虹吸设计方案。11月，河南省水利厅以豫水农字〔1984〕126号文《关于报送对山西省水电站给引沁济漭渠送水枢纽工程初步设计书的意见》上报水利电力部指出："5月协商会的结论是'拴驴泉电站采用反调节闸方案，是较适宜的'。8月水利电力部批复文件中也明确肯定'同意拴驴泉水电站采用反调节闸方案'。但这次初步设计以反调节工程分期实施为由，推出倒虹吸方案作为第一期工程，这与以上文件精神是相违背的。"

1985年4月国务院〔1985〕国函字56号文《关于解决拴驴泉水电站河段争议问题报告的批复》和9月水利电力部〔1985〕水电水规字第39号文《关于对拴驴泉水电站给引沁济漭渠送水工程初步设计报告审查意见的批复》两文的主要精神为：鉴于反调节工程投资大，工期长，在短期内难于实现，为尽快发挥电站效益，保证灌区用水拟采用分期实施方案。第一期，建成拴驴泉径流电站，在其尾水部位修建30立方米每秒穿过沁河的倒虹吸和输水洞工程，电站尾水利用倒虹吸、输水洞送水至引沁济漭渠。第二期建成反调节工程。

黄河水利委员会受水利电力部委托，于1987年4月开始对输水洞工程进行招标，后因河南方面对送水工程方案仍有异议，招标工作遂告停止。

1987年5月，河南省人民政府负责人在郑州向水利电力部负责人提出：为了长治久安，应将送水工程的倒虹吸方案改为反调节闸方案。水利电力部负责人表示：两省在北京谈判后，国务院已有批复，要改变送水工程方案，建反调节闸，需经山西同意。从一劳永逸出发，最好修反调节闸。如果你省能说服济源按56号文件办也可以。此后，河南省又派人前往山西协商，要求舍弃倒虹吸方案，把原定第二期兴建的反调节闸方案，改为一期实施。

1988年6月，山西省水利厅致电黄河水利委员会："关于送水工程更改方案问题，经请示领导，由于财政上无法再增加投资，而且电站工程已全面开工，再修改送水工程设计，将影响工期，所以我省意见，仍执行国函56号文，发电尾水利用倒虹吸和输水隧洞送水的方案。"

由于送水工程方案的反复和修建反调节闸经费负担问题未能落实，致使送水工程不能与电站工程同步兴建。

1989年5月至7月，山西省水利厅和山西省人民政府分别以晋水基字〔1989〕18号文和〔1989〕晋政函56号文致函黄河水利委员会和河南省人民政府：要求抓紧落实送水工程的施工事宜，务于1990年与电站同步建成，以实现发电、灌溉两不误。9月，河南省人民政府以豫政文〔1989〕167号文就送水工程施工问题，函复山西省人民政府："同意给引沁济漭渠送水工程分两期施工，即第一期先修建30立方米每秒的倒虹吸、输水洞工程。"12月，水利部以〔1989〕107号文《关于沁河拴驴泉水电站工程施工问题的函》致山西河南两省人民政府："第一期径流电站、倒虹吸、输水洞工程要抓紧施工。……黄委尽快组织输水隧洞招标，争取早日完成倒虹吸、输水洞工程。"

1990年2月，黄河水利委员会邀请晋豫两省水利厅及有关方面的负责人，在郑州召开了协调会。会议遵照《中华人民共和国水法》有关规定，本着互谅互让、团结协作精神，经过充分协商、反复调解，就送水工程施工问题和电站通水试机问题达成了如下协议：1.输水洞尽早开工，确保1991年汛前完成；2.倒虹吸工程山西于1990年汛后开工，1991年汛前完成；3.送水工程施工期间，灌溉与发电用水问题，先由河南提出引沁济漭渠旬用水计划。4月黄河水利委员会以黄设字〔1990〕第4号文《关于报送拴驴泉水电站给引沁济漭渠输水隧洞概算的函》报送水利部。1986年审批的输水洞总概算为349.47万元(资金由山西支付),由于工期推迟近3年受物价影响,总投资需增加150万元。由水利部批准,增拨150万元,弥补投资缺口,为输水洞的施工创造了有利条件。倒虹吸和输水洞工程,由水利部第十一工程局承包,两座工程均于1990年6月动工,1991年底基本建成。

1992年1月,由黄河水利委员会和晋豫两省有关部门组成的送水工程验收委员会,对送水工程进行了验收,验收结果认为:倒虹吸工程施工符合设计要求,施工质量优秀,同意交付使用;输水洞施工质量良好,符合设计要求,待通水试验后,再正式移交引沁管理局管理使用。

为保证第一期工程正常运行,1992年1月黄河水利委员会在晋城召开了两省水利厅负责人协调会,就水电站和灌区用水管理问题达成了协议。主要内容:1.在反调节工程建成前,为协调灌溉、发电用水,加强用水管理,两省派人组成用水共管小组,共同管理电站引水隧洞进口闸门与水电站尾水渠退水闸门,并各派一名首席代表负责,具体管理办法,由黄河水利委员会会同双方首席代表共同商定;2.在反调节工程建成前,拴驴泉水电站坝前运用水位暂定为357米,发电水位的变幅通过运用总结确定;3.当水电站或灌区出现突发性事故,都应立即通知对方首席代表,采取应急措施;4.当水电站或灌区因故需要正常停水时,停水方应提前通知对方首席代表作好安排。根据这次协调会纪要精神,黄河水利委员会水政部门同两省用水管理首席代表认真交换了意见,经反复协商建立了用水共管小组(其中河南8人,山西4人),并制订了《沁河拴驴泉水电站与引沁灌区用水管理办法》。该《办法》1992年3月20日签字生效。送水工程于4月23日通水,将水电站尾水送至引沁济漭渠。至此,沁河拴驴泉水电站河段水事纠纷基本解决。

## 三、送水工程施工中的用水矛盾

送水工程施工中的用水矛盾,是指在第一期送水工程施工期间发电与灌溉用水的矛盾。由于送水工程方案的反复,造成送水工程比水电站工程晚竣工一年多。水电站建成后,山西方面希望早引水发电,早发挥效益,而此时正遇沁河流域干旱,河南灌区需要连续引水灌溉。有限的水量不可能同时满足需要,要引水发电,必须停止灌溉;要引水灌溉,必须停止发电。山西方面认为:按国函字56号文规定"要尽快发挥电站效益",电站既然建成应该尽早发挥效益,除规定的"三至四月,九至十月的灌溉季节",其他月份都是发电用水时间；河南方面坚持56号文规定"倒虹吸、输水洞工程建成后能保证向引沁济漭灌区送水时，电站方可发电"，当时送水工程还未建成，不能保证向灌区送水，所以电站建成也不能发电，原规定的灌溉季节与灌区的实际情况不符。针对上述争执，黄河水利委员会本着全面理解上级文件精神，从实际出发，对两省做了大量的协调工作。

1991年1月，黄河水利委员会副主任陈先德，邀请山西、河南两省水利厅副厅长李建国、冯长海等，在郑州召开了协调会。就送水工程施工期间引水时段和引水流量两个问题，进行协商，并达成协议。

由于两省基本上能够遵守协议，顾全大局，相互配合。虽然中间发生过摩擦和争执，但通过协调会议和协调联络小组的调解，矛盾得到缓解。

## 四、边界争议

遵照水利电力部〔1978〕水电计字第268号文通知精神，黄河水利委员会召集山西省电业管理局、水利局和河南省水利局及两省有关地、县负责人，于1978年10月，先后在郑州、晋城举行了拴驴泉水电站初步设计审查会，并就两省共同关心的问题进行了协商。会议期间河南方面提出：沁河水电站的厂房位于河南省济源县克井公社翁河大队杨树沟，未与河南协商即动工兴建，不符合桃源会议拟定的《水利法》规定。山西方面认为：沁河拴驴泉水电站的厂房和反调节闸的所在地，解放以来一直属山西省晋城县的管理范围，山西省在这里修建电站是无可争议的，对河南所提省界问题，山西不能考虑。双方各持己见。会后，黄河水利委员会，将会议情况呈报水利电力部。

1983年9月，国务院以〔1983〕国函字205号文批复《关于水利电力部处理修建沁河拴驴泉水电站问题的报告》指出：关于电站厂房地权行政区域归属问题，由民政部组织两省协商解决。

1984年1月，济源县人民政府以济政〔1984〕4号文呈报河南省人民政府和有关部门，陈述电站厂房附近地权归自己所有的理由。5月，晋城市人民政府以晋政发〔1984〕第59号文呈报山西省人民政府，陈述电站厂房附近地权归自己所有的理由。1984年12月，水利电力部副部长杨振怀、民政部副部长邹恩同，邀请河南省副省长胡悌云、山西省副省长郭裕怀及两省有关负责人，在北京就这一问题进行协商，基本上取得了一致意见。水利电力部、民政部于1985年1月以《关于解决沁河拴驴泉水电站河段争议问题的报告》报请国务院，报告指出："沁河拴驴泉附近村庄，从抗日战争时期至解放初，其归属几经变迁。1942 年抗日战争时期，晋城的山区先解放，拴驴泉附近村庄划归山西省晋城县管；当平原省成立时，部分村庄又划归平原省的济源县管。土地改革时期，两省都给杨树沟（山西称阳虎沟）颁发了土地证，双方都持有证据证明归自己所有。鉴于过去没有明确省际分界线，双方群众在杨树沟一带（约 900 多亩）历来都有生产活动，两省均认为属于争议区。"经双方反复协商，调处意见如下：

（一）拴驴泉地段行政区划界线，按 1974 年总参测绘局所绘两省分界线，西起紫柏滩以北 617 米高程处，顺分水岭往北至引沁济漭渠首下游 1.4 公里处，沿山脊入河（以河中为界）顺流而下，东端接两省分界线处为界。

（二）拴驴泉水电站站址及其为电站服务的公路归山西省晋城市管辖，其余地方仍尊重群众的历史习惯经营。

（三）拴驴泉水电站建成后，向济源县翁河、紫柏滩、大坡和滩村供电。供电办法由电站同四个村具体商定。

1985 年 4 月，国务院以〔1985〕国函字 56 号文批复同意这个报告。文件下达之后一直到送水工程施工期间，两省关于电站站址地权归属问题的争议，基本平息。但在 1992 年 1 月的晋城协调会议期间，由于晋豫两省对国函字 56 号文划界后的土地权属问题和由电站向济源市四个村供电是否收费等问题理解不一，争议又起。山西方面认为：对有争议的地区，由国函字 56 号文划定以后，不存在土地权属问题；河南方面认为：电站站址及为电站服务的公路等占杨树沟一带 680 多亩土地，在国务院 56 号文件下达前这块土地一直属济源市克井镇翁河、大坡等几村集体所有，56 号文件重新划定省界时，只明确了电站及为电站服务的公路属山西方面管辖，根据国家土地管理局〔1989〕国土（籍）字第 73 号文件第二款第九、十条规定："行政区划变动后未变更土地权属的，原土地权属不变。"因此，这 680 多亩土地权属仍为济源市克井镇翁河、大坡等村集体所有。关于电站向济源市四村供电问题，山西方面同意按全国农村电气化试点县的用电标准向四村供电，河南农民用电与电站附近山西农民用电执行统一电价。河南方面认为：电站建设给当地群众的生产生活经营造成损失，电站建成后应按全国电气化试点县用电标准向四村无偿供电。会后，黄河水利委员会以黄水政〔1992〕2 号文《关于沁河拴驴泉水电站与引沁济漭灌区用水管理协调会议情况的报告》呈报水利部。请求水利部同民政部尽快召集有关单位协商解决上述两个问题。

# 沁河拴驴泉电站及其送水工程位置图

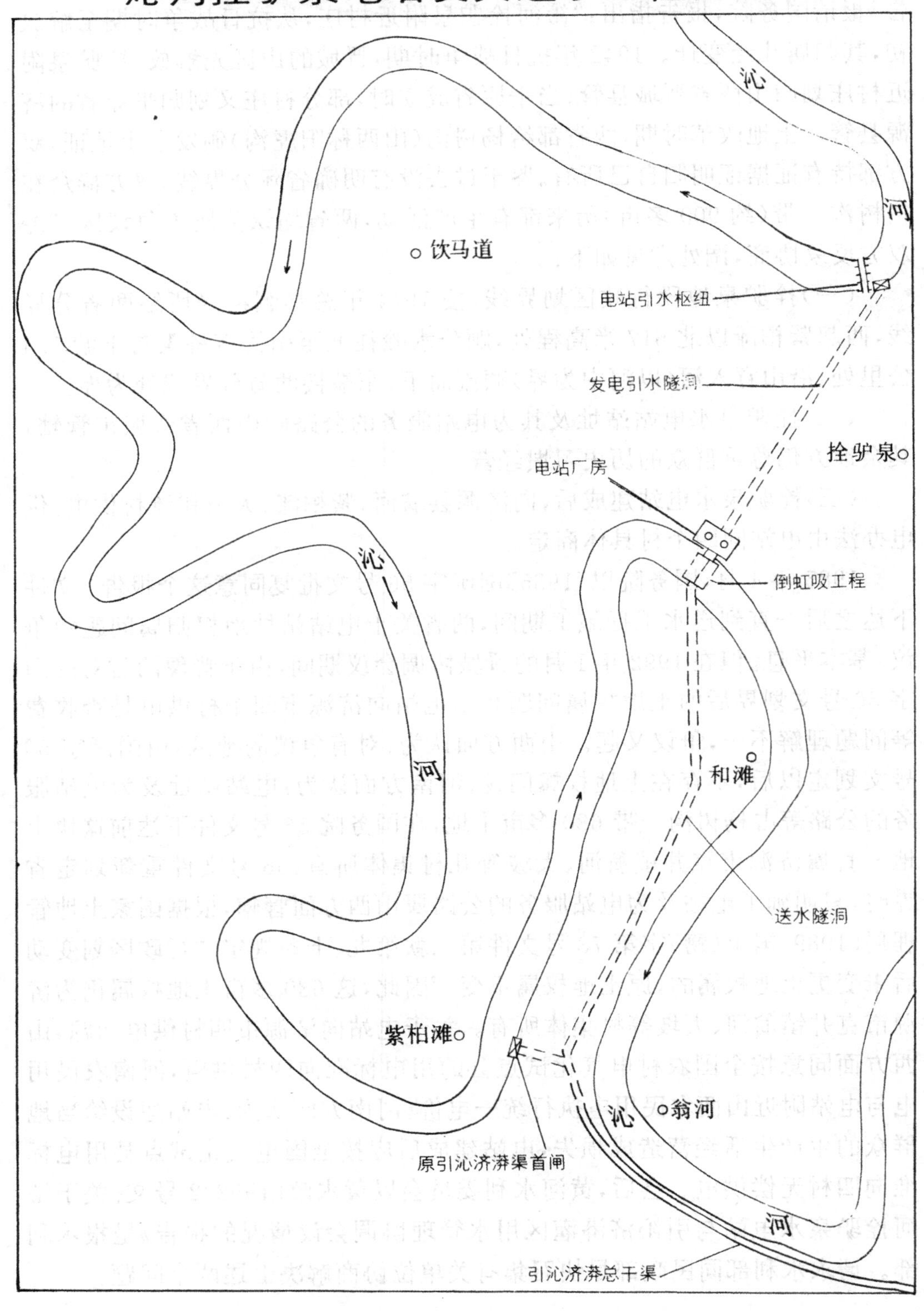

# 第四章 黄河密城湾水事纠纷

黄河自山东省鄄城县苏泗庄险工至营房险工的一段河道，在左岸河南省濮阳县的王密城、胡密城、张密城、孙密城、耿密城一带形成一畸形弯道，称之为“密城湾”。这段河道，在1947～1948年时还比较轨顺。1949年大水期间，苏泗庄险工着溜，河势突变，左岸发生大规模塌滩，逐渐形成密城湾。在50年代至70年代治理河道的过程中，两岸水事纠纷迭起。经过水利电力部、黄河水利委员会多次调处，在统筹兼顾、团结治水的原则下，修建了大量的河道整治工程，密城湾裁弯取顺成功，河势逐步稳定，水事纠纷获得圆满解决。

## 第一节 河道概况

### 一、河道特性

黄河下游高村以上为游荡性河道，高村至陶城铺间为由游荡向弯曲性过渡河道。密城湾正处于过渡性河段之中。

从河床演变的形势来看，密城湾的进口为刘庄至苏泗庄间的顺直河段，其出口为营房至彭楼间的顺直河段，密城湾为其间的一道畸形大湾。

密城湾自1949年大水时开始塌滩坐湾，至1959年达到坐湾入袖，湾顶由南向北推进约6公里，与此同时凸岸亦随之推进，而与一般弯曲性河道不同的是，经常出现汊流、心滩。伴随湾顶向纵深发展的同时，湾顶亦向下蠕动。塌滩的地点由上而下，从龙长治、石寨、宋河渠、王密城而到宋集、范屯。密城湾向纵深发展，在湾顶孟楼、宋集一带，形成了多条串沟，在弯道下首的马张庄串沟又深又大，大有引流改河的可能。

形成密城湾的条件，从洪峰水势和泥沙冲淤情况来看，猛涨猛落之洪水，经过高村以上宽河道调蓄，峰顶有所削平。高村以上粗沙落淤较多，高村以下，主槽及滩地上，无论深层及表面均有亚粘土及粘土分布，刘庄至苏泗庄河段，正处于亚粘土和粘土沉积土，河道长期保持顺直。而密城湾的聂堌堆、张村和马张庄三处胶泥嘴对密城湾的形成和发展起到重要作用。

## 二、河床演变

黄河河道在东坝头以下，系清咸丰五年(1855 年)铜瓦厢改道以后形成的。改道之初的 20 年内，水流在以东坝头为顶点的冲积扇上自由漫流。光绪元年(1875 年)四月始修南岸新堤(障东堤)，次年群众修筑南岸民埝，左岸民埝始修于光绪三年(1877 年)，现在的临黄大堤是在民埝基础上加培而成的。1925 年右岸李升屯决口，1935 年董庄又决口，苏泗庄险工系 1925 年堵口时修建的。1887 年左岸前辛庄决口，是年大堤后退，至 1909 年马刘庄又决口，大堤二度后退。

自 1887 年至 1992 年，密城湾河段具有代表性的河势有下列六种：

(一)1887 年至 1910 年间，河由右岸双合岭险工(原有 25 道坝)挑流向左岸，中经连山寺、王柳村、王密城北，在马刘庄坐成死湾，然后折而南流，在南鱼骨坐湾复折而北流，经武祥屯下行。于 1887 年左岸前辛庄决口，1909 年马刘庄又决口，后辛庄和马刘庄形成险工。此后河势下挫，又逢 1910 年大水，河势外移。

(二)1910 年至 1925 年间，右岸大刘屯坐湾，北冲聂堌堆，转趋西北，至王柳村折向东南，经南鱼骨下行，1925 年李升屯决口后，这种河势才有改变。

(三)1926 年至 1937 年间，右岸河势下延至江苏坝险工。1926 年至 1935 年间该段河道曾一度顺直，河由江苏坝前，经张村、南鱼骨而下。1935 年右岸董庄决口，1936 年堵复。此时江苏坝和苏泗庄同时着溜，大溜直趋西北，顶冲左岸大堤，董楼出险(曾抢修坝 12 道)，河又折而东流，经西张桥、南鱼骨下行。

(四)1937 年至 1949 年间(实际只行河 4 年，其余 8 年河走花园口泛道)，董庄 1936 年堵口时，于姜庄、张村间挖引河一道，当年未形成大河，1937 年河于马堂坐湾，经聂堌堆入引河，过张村、许楼，亦经南鱼骨下行，直至 1949 年大洪水，苏泗庄险工靠河，主流北滚。

(五)1949 年至 1971 年间，系密城湾的形成和发展阶段。1949 年黄河汛期出现 5 次大水，其中两次大于 10000 立方米每秒，7 月 27 日花园口出现 11700 立方米每秒洪峰，9 月 14 日花园口又出现 12300 立方米每秒的洪峰。

江苏坝险工脱河，河势下挫到苏泗庄险工。由于该险工与来流略相垂直，又加对岸聂堌堆胶泥嘴嵌制水流，使原来东西水流，急转西北，大量滩地坍塌，房长治、胡桥、杨庄、代堂、户寨、东石寨等村庄相继落河。

1950年至1952年，由于水小，该湾没有向纵深发展。

1953年至1955年，为密城湾变化最为剧烈的三年，基本上塑就了密城湾畸形外貌。1953年汛期大量耕地掉河，潘寨、忠寨掉入河中，并在此处形成陡湾；1954年汛初，在石寨处形成突出湾嘴，汛期石寨、夏河渠、王河渠等7村继又落河，湾顶继续向东北深入。1955年汛初，王密城、孟楼、宋集、范屯处坍塌严重，长河渠村掉河，湾顶塌到李寺楼、马张庄，由于该处土质好，冲刷困难，故而密城形成“秤勾”湾，至此密城湾入袖形势已经形成。

1956年至1957年，无论大水小水皆不入湾顶，且多分为两股，湾顶淤出一些嫩滩，弯道没有发展。

1958年至1959年，弯道又继续向纵深发展。1958年王密城村掉入河中。1959年王称堌前生产堤塌约1500米，是密城湾入湾最甚的一年。

1960年至1972年，密城湾没有继续发展，主要原因是尹庄工程有逼流外移作用，再加弯道已基本形成。

(六)1972年至1992年，在此20年期间修建了龙长治、马张庄工程，密城湾裁弯取顺成功，湾顶外移2.7公里。与此同时，密城湾的上游新建了连山寺工程，改建了苏泗庄险工，下游新建了营房险工，至此密城湾河势趋于稳定。

## 第二节　纠纷缘由

密城湾的水事纠纷主要是防洪和争滩地问题。

密城湾的畸形弯道，若任其发展，则有自然裁弯改河的可能，将严重威胁堤防安全。该湾的弯曲系数已大于黄河下游几个曾经裁弯的弯道。密城湾湾顶共有串沟15条，多数直通堤脚，其中马张庄串沟最大，平滩水位时可通过流量400立方米每秒。右岸张村南系1948年的老河身。密城湾改河估计有三种可能：一是从湾顶宋集附近改道，顺王称堌、武祥屯入大河；二是从马张庄串沟，冲对岸杨庄、安庄一带；三是从张村、张桥老河身裁弯取顺。无论那种方式改道，都直接威胁大堤安全，造成下游河势重大变化。

密城湾河段，堤距宽6～10公里，主槽宽1～1.5公里。河道总面积80

平方公里，主槽面积约20平方公里，滩地60平方公里。据濮阳县统计，密城湾形成后共塌滩10.7万亩(包括部分重复塌滩)，掉河村庄30个，鄄城县鱼骨至营房也大量塌滩，鱼骨护滩工程和鱼骨村亦落河。因此，两岸争种滩地形成纠纷。纠纷的焦点是河势流路，也就是南、北、中三方案之争。

南方案：河走鄄城县张村右、许楼右、马张庄胶泥嘴右。大体是1948年河道形势。

北方案：河仍走密城湾，在湾顶范屯至胡楼开挖引河，于武祥屯复归大河。

中方案：修建工程，逼溜出湾，顺张村、夏庄左、马张庄右，导流到南鱼骨、营房一带。

河南省濮阳县力争实现南方案，而山东省鄄城县力争实现北方案。经多次协商调解，大家都同意了中方案，但在工程实施中，两岸围绕着河势流路这个焦点，矛盾重重，纠纷不断。

## 第三节　纠纷演变

密城湾水事纠纷比较激烈的时期是1956～1963年。主要纠纷事件有截短苏泗庄险工第28号坝、挖聂堌堆胶泥嘴、治理于林湾、开挖引河、修建尹庄和马张庄工程、马张庄堵串和新建范屯、宋集工程、尹庄河势上提等。兹按顺序分述于下。

### 一、截短苏泗庄险工第28号坝

苏泗庄险工系1925年李升屯决口后修建的。1935年又在此处决口(即董庄决口)。苏泗庄险工和上游来流几乎垂直，所以苏泗庄险工突出挑流是形成密城湾畸形弯道的主要原因，也是引起两岸纠纷的根源。苏泗庄险工的28号坝特别突出，挑流能力极强。为了解除纠纷，经过河南、山东黄河河务局协商一致，同意于1956年将此坝截短51米。截短第28号坝，对改善苏泗庄险工形势，减缓第28号坝以上(老龙门口)陡湾，防止河势上提是有利的。但是，苏泗庄险工处是一个急湾，且以坝护湾，以湾导流，截短单坝后的效果却不明显，所以密城湾1956年后继续向纵深发展，纠纷未能解除。

## 二、挖聂堌堆胶泥嘴

聂堌堆胶泥嘴位于苏泗庄险工对岸，和苏泗庄险工形成嵌制河势的节点，对稳定苏泗庄险工流势有重要作用，如果被冲掉，苏泗庄险工有脱流的可能，下游河势将发生重大变化，对防洪不利。

1959 年 8 月山东黄河河务局反映，濮阳县出动数百人在挖除聂堌堆胶泥嘴，要求黄河水利委员会予以处理。黄河水利委员会立即通知河南黄河河务局说服群众停工，并于 8 月 6 日会同两局及有关处、段现场查勘。发现濮阳县两次数百名民工开挖聂堌堆胶泥嘴，长约 200 米，宽 20～30 米，深约 1～1.5 米。濮阳方面称是为生产堤包淤取土，并且认为把聂堌堆尖打掉一部分，使苏泗庄险工河势下移，固定在第 32 号坝以下，对治理密城湾有利。鄄城方面认为，聂堌堆胶泥嘴对控制苏泗庄险工不脱流和对下游不出新险极为密切，不同意开挖。双方意见极不一致。黄河水利委员会最后提出，聂堌堆胶泥嘴暂不开挖，对密城湾治理，双方可以充分提出意见。

实际上，若聂堌堆胶泥嘴被挖，苏泗庄险工将下滑，在苏泗庄至张村一带坐湾，若右岸固守滩岸，密城湾将会更进一步向纵深发展；若不能守住滩岸，下游河势将大变。故于 1968 年以后修建了连山寺工程，将聂堌堆胶泥嘴加以保护。

## 三、治理于林湾

于林湾和密城湾位于河南的濮阳和山东的菏泽两地区境内。两地区同时提出对两湾的治理，并多次进行协商。但是河南急于治理密城湾，山东更迫切要求治理于林湾，所以在密城湾水事纠纷中于林湾的治理也成了重要组成部分。

于林湾自 1949 年大水之后，河势发生变化，高村、南小堤险工河势逐年下挫，刘庄险工河势相对上提，改变了高村、南小堤和刘庄三处险工多年互相制约控制河势的局面。1958 年特大洪水时，滩面串沟冲刷扩大，过水增多，已有裁弯取直之势，汛后水落，在封寨与胡寨间发展成为“乙”形陡湾，形势日趋恶化。终于 1959 年 8 月下旬，花园口流量 9050 立方米每秒时，大河由胡寨老串沟冲开，故道淤塞，刘庄险工脱河，在刘庄险工下端郝寨形成新险。正当抗旱需水的紧要关头，刘庄新修的大型灌溉引水闸(引水 280 立方米每秒)不能引水,致使鲁西南灌区760万亩土地得不到灌溉;濮阳南小堤和东明高村虹吸引水亦受很大影响。同时改河以后,老险工脱河,新险工未固,对大堤防护带来了困难,山东、河南两省特别是山东积极要求治理于林湾。

1959年10月,黄河水利委员会召集山东、河南黄河河务局和有关修防处、段,以及有关专、县的负责人讨论研究对于林湾、密城湾的治理。研究的结果意见是一致的,即治理于林湾必须从高村上游的青庄着手,在青庄接修挑水坝5道,将溜挑向高村险工,在高村险工下首接修挑水坝两道,挑向南小堤险工;再于南小堤险工下首接修挑水坝,并在故道开挖引河,相机堵塞现行河道,将水流导向刘庄险工。对于密城湾河道流路的南、北、中三个方案,经过讨论,大家意见采用中线方案。1959年12月将两个湾治理意见报水利电力部。

虽然密城湾治理中纠纷迭起,而于林湾治理则比较顺利。于林湾于1960年春在南小堤险工下首修筑截流坝。第一次拦河截流,因引河开挖深度不够,合龙以后引河不通,大坝壅水过高,终于冲决,大坝截流失败。第二次截流时首先挖好引河(6000多米长,平均挖深3.5米,最大挖深5米),以秸柳淤泥埽进占合龙成功。刘庄险工重新靠溜,刘庄闸顺利引水。

## 四、开挖引河

1960年2月下旬在黄河下游治理工作会议上,山东、河南黄河河务局及有关修防处、段负责人,就密城湾的治理问题及具体实施方案进行了协商,一致同意按中线方案执行,原则上以张村和马张庄胶泥嘴为界开挖引河,并且明确会议结束后向当地党政领导汇报。下游工作会议结束后,安阳修防处3月5日到达密城湾工地,研究施工问题,而菏泽修防处负责人去三门峡工地参观,尚未向地方党政领导汇报,3月8日濮阳派民工1000多人过河到鄄城境开挖引河,双方发生纠纷,下午5时左右,群众发生斗殴,狂言诈语,双方基层干部立即制止,各自报告上级,要求处理。当时,河南省派新乡专区李副专员,山东省派菏泽专区程副专员于3月10日赶赴现场,11日黄河水利委员会工务处处长田浮萍在现场召集新乡、菏泽专区及有关处、段负责人会议,12日下午双方协商共同达成开挖引河的三项协议:第一,按照治理密城湾中线方案,右岸以张村胶泥嘴为界,左岸以马张庄淤泥嘴为界,对淤泥嘴均不能动;第二,引河线参照黄河水利委员会李赋都副主任制定的河道治导线勘定；第三，治导线河宽，应能通过花园口10000立方米每秒的相应流量，具体宽度由黄河水利科学研究所计算后确定。

施工前共同先在右岸张村淤泥嘴边及夏庄生产堤突出点按治导线图向西北400米各钉一桩，此两桩为右岸防守边界。关于引河线，在夏庄生产堤突出点外500米处钉一桩，作为新挖引河中心线，然后依此点平行于治导线，确定引河位置。左岸边界以距右岸治导线能通过花园口流量10000立方米每秒相应河宽（约700～800米）为准，惟必须在马张庄淤泥嘴的右方。经过协商后，引河开挖工程随即施工。

开挖引河长约4000米，底宽15米，边坡1∶2，挖深2米左右。夏庄北有一淤泥潜层厚1.2～2米，横跨引河，放水后十分耐冲，过水几天后，7月8日全部淤塞断流。濮阳县7月10日又组织民工60人，对引河底部的胶泥采取人工开挖和爆破相结合的方法，进行开挖。7月18日和7月19日山东鄄城方面出面阻止。7月20日濮阳县继续开挖、爆破，鄄城群众认为引河距他们岸边太近，遂将爆破工人1名、干部1名和木船1只扣留、绑打。问题发生后，黄河水利委员会又派工务处长田浮萍前往工地，会同山东、河南黄河河务局及有关处、段协商。形成《第二次开挖引河协商纪要》：1.本河段的治导线是正确的；2.关于开挖引河的扩宽、挖深问题，右岸以现有滩岸为界，不再用人工开挖扩大，对卡水的胶泥嘴，可待落水出露地面后由鄄城予以挖除；3.鄄城张村至夏庄一带，需作防护准备；4.今后两岸修作工程时，要兼顾对岸，互相协商，取得一致意见后方可进行，如意见不一致，可请上级解决。

开挖引河的纠纷自3月至8月达5个月之久，花费了大量劳力和资金。但引水不久引河即又淤废。可见单靠开挖引河是不行的，只有修建龙长治逼溜出湾工程，密城湾裁弯取顺才能成功。

## 五、修建尹庄、马张庄工程

1960年初，濮阳修建尹庄工程，适逢花园口枢纽截流，大河流量很小，6月顺利完成了3道丁坝。

当时山东黄河河务局和菏泽修防处相继反映尹庄3坝超过了治导线，不符合协议，右岸受到威胁，应迅速研究解决。黄河水利委员会7月18日批复山东黄河河务局并抄送河南黄河河务局：1.河南濮阳尹庄工程不符合协议规定之工程部分，与治导线有碍，应自动改正；2.同意夏庄西及营房维护工程及张村堵串工程。1960年6月18日黄河水利委员会江衍坤副主任召集河南、山东黄河河务局开会,会议《协商纪要》中亦重申了上述意见。

直至1961年4月尹庄工程进入治导线部分不但没有拆除,濮阳又在尹庄3坝以下接修了丁坝一道。5月又在马张庄修建一道长1700米的大坝,坝根生在生产堤上,坝头与马张庄胶泥嘴相连。

鄄城县对此有意见,要求黄河水利委员会迅速处理,并聚集群众准备去对岸拆除工程,密城湾矛盾日趋激化。6月16日黄河水利委员会派办公室主任仪顺江会同两岸修防处、段赶赴现场勘查处理。当晚鄄城群众准备渡河拆除工程,眼看两岸群众就要动武。仪顺江立即请示黄河水利委员会主任王化云,要求马张庄工程立即停工。王化云立即向中共河南省委员会书记吴芝圃作了报告,吴立即通知新乡专署下令濮阳停止施工。6月17日至20日,黄河水利委员会和双方代表在苏泗庄协商。协商时双方在工程性质和工程标准上存在着根本分歧,决定马张庄工程暂时停工。

6月30日新乡第二修防处来电要求马张庄工程复工。7月3日黄河水利委员会批复河南黄河河务局:"马张庄工程根据目前情况可按堵串工程进行修筑,具体位置为自原修工程与生产堤相接处的生产堤中心线算起1050米至1450米,计长400米,修筑高程57.00米(大沽标高)。该工程只准守护不准加高,堵串范围以外的已修工程不修不守也不破除。"新乡第二修防处7月17日又来电要求:"高程修到58.00米,长度与苇坑连接起来。"因事关两省,黄河水利委员会7月22日向中共河南省委员会写了《关于濮阳马张庄工程的报告》,重申按7月3日黄河水利委员会的批复意见执行。

在尹庄和马张庄工程没有得到处理的情况下,1961年6月密城湾河势发生较大变化。右岸鄄城南鱼骨以下滩岸严重坍塌,营房土坝基靠河,鄄城县调集民工2500人日夜抢护。7月10日山东黄河河务局向黄河水利委员会及水利电力部反映,必须拆除尹庄4号坝和马张庄工程,以保堤防安全。

1961年7月12日山东省人民委员会向水利电力部和黄河水利委员会发出电报:"关于黄河濮阳密城湾治理问题,前由黄委主持两省达成协议,规定两岸修工必须经双方协商同意,否则任何一方不准随意修工。但河南濮阳于今年4月在尹庄挑水坝上又接长第三坝并新修第四坝超出治导线50米,5月又在尹庄以下4公里马张庄修做长1700米、顶宽10米、高程58.4米的拦河坝,将该段河宽4000米缩窄为2300米,并将泄洪三分之一的串沟堵截,以上两工程均未经协调,擅自动工,直接威胁鄄城堤防。鄄城县曾多次要求停工调处。6月16日黄委会派员前往调处,因濮阳坚持继续施工,未获解决。我省水利厅曾专电请示水电部及黄委,按部电批示由黄委组织查勘解决。但7月3日按黄委批复河南黄河河务局同意马张庄工程按堵串修做长400米、高程57米，该工程只准守护，不准加高，堵串以外的工程不修、不守、不破除。但实际上马张庄大坝已基本完成。该两工程修做后，将这段河道整个河势逼向右岸，6月25日鄄城鱼骨河势急剧下延，滩岸坍塌严重，营房已发生新险。7月9日营房滩岸已坍到土坝基，险情日益恶化。现鄄城已调集民工2500人正在抢护。据此，濮阳尹庄和马张庄两工修做后直接威胁鄄城堤防安全，一旦洪水到来其恶果很难设想，为确保堤防安全，要求立即撤除尹庄四坝及马张庄大坝。请中央或黄委迅速派人赴现场监督拆除并请会同两省再次进行查勘研究，提出今后治理规划。”水利电力部接到山东省人民委员会的电报后，派出以黄河水利委员会副主任韩培诚为领导，水利电力部卞文庄处长参加组成的查勘小组，于8月13～19日到现场查勘。8月20～25日会同河南、山东黄河河务局及有关处、段的代表赴京汇报。水利电力部副部长钱正英、张含英，办公室主任李伯宁出席了汇报会。参加汇报的有黄河水利委员会副主任韩培诚，办公室主任仪顺江，河南黄河河务局副局长田绍松，山东黄河河务局副局长赵登勋等。经8月22～25日汇报协商，8月25日下午李伯宁作了总结，钱正英讲了话。

李伯宁的总结发言要点：“1.引起纠纷原因，我看责任在河南，以往协调明确规定在这个地区修工程要互相协商，要征求对方意见，河南没有这样做。如果征求了对方意见，就不会闹得这样热闹。因为没有征求意见，没有协商，使纠纷扩大了。在这个问题上黄委本身也有责任，黄委和部里有官僚主义。2.这些工程对防洪有没有影响？对防洪是有影响的，为了保护生产堤，使人家大堤出险，这是不应该的。现在流量小有影响，流量大时影响更大，这两处工程对排洪确有不利影响。3.这些工程究竟如何处理？既然这些工程对防洪不利，我基本同意按河宽750米，进入治导线部分全部拆除，其余部分由黄委会提出处理意见，两省执行。马张庄工程应该废除，裹头拆除，缺口不堵，而且在坝上再扒几个口。4.今后如何办？今后在黄河上作任何工程，都要经黄委批准，重大的工程还要报部审批。”

根据北京会议精神，黄河水利委员会1961年9月19日颁发了《密城湾治导线图》作为拆除尹庄工程进入治导线部分的依据。并于9月30日对尹庄工程提出了处理意见：

1.尹庄工程，根据治导线套绘结果，第4坝及其联坝已全部进入治导线，应全部拆除，第三坝进入一部分，除从联坝与第3坝坝顶中心线交点起至治导线长440米不动外，其余进入治导线部分，应予拆除；拆除深度可先拆至当时水面以下0.5米，以后随着水位降落，应继续拆除，直至底基。3坝所剩部分及第1、2号二坝不修不守，留待今后观测处理。

2.马张庄工程裹头拆除（拆除高程与上述相同）。原有串沟及缺口不堵，并在距生产堤中心600米及1000米处各扒一口，口底宽15米，口底高程扒至56米。

意见下达后，河南省人民委员会、中共濮阳县委员会、县人民委员会、河南黄河河务局、新乡第二修防处及濮阳修防段提出不同意见，要求对尹庄工程拆除后所留部分进行守护，1962年1月12日水利电力部批复四项原则：

1.进入治导线部分，按你会确定的长度拆除。

2.没有进入治导线部分，可以守护。

3.坝顶高程暂时不动，将来切削高度由你会确定。

4.今后不经你会批准不得再设新坝。

河南黄河河务局1962年3月22日反映，马张庄堵串工程扒口地点直冲村庄。黄河水利委员会3月23日复文："可由原规定600米及1000米改为450米及1000米处。"

自1961年8月北京会议决定拆除尹庄及马张庄工程，经过多次协调催促，至1962年8月尹庄、马张庄工程才按规定基本拆除，三年纠纷至此解决。

## 六、马张庄堵串和范屯、宋集工程

在拆除尹庄和马张庄工程的同时，菏泽修防处1962年1月14日反映濮阳又在马张庄坝下游200米处自串沟向西至南鱼骨修筑副坝。鄄城修防段3月24日又反映濮阳在宋集、范屯修筑工程。山东黄河河务局及鄄城修防段也多次反映此事，黄河水利委员会4月9日派人会同河南黄河河务局及安阳修防处、濮阳修防段进行调查。三项工程情况如下：

1.马张庄堵串：堵截串沟宽141米，堵串土路与串沟两沿相平，顶宽一般5～6米，最宽处8.4米，两边坡不足1∶1，一般高出串沟沟底1.9～2.7米，中间部分略高。

2.范屯工程：长441米，顶宽一般3～4米，两边坡不足1∶1，高出滩面1～1.5米。

3.宋集工程：坝长50米，宽7.5米，高出滩地2米左右。

黄河水利委员会提出如下处理意见并报水利电力部：

马张庄堵串基本与两岸滩地平，未超出黄河堵串标准，为了照顾群众农业生产和交通问题，应予保留。宋集土坝，属于修复工程，由于坝身不长，与行洪无碍，亦应保留。唯范屯工程，已超出堵串标准，俟麦后濮阳县应坚决拆除。若为堵串，高程不应超出滩面平均高程56.5米。以上三处工程，事前未经修防部门批准，擅自修工，修防处、段有失检查之责。今后密城湾整治方案未确定前，未经批准，均不得在滩区进行任何工程。

以上三项工程纠纷，按照黄河水利委员会的处理意见，顺利得到解决。

### 七、尹庄河势上提

1963年5月，苏泗庄河势上提到龙门口，挑流到尹庄1号坝以上，因河势突变及尹庄工程抢护问题，使平静了半年的密城湾纠纷再次兴起。

5月4日，河南黄河河务局紧急向黄河水利委员会报告：因河势上提，尹庄1号坝受大溜顶冲，需紧急抢修两个垛。黄河水利委员会5月6日批复同意尹庄工程在出险部分进行抢护，但不得在坝上加修小坝或小垛。山东黄河河务局5月9日转菏泽修防处电：濮阳尹庄工程在原1号坝上首加修第6垛，此工程挑溜冲张村一带，滩岸急剧坍塌，群众恐慌，情绪极为愤慨，要求立即制止。5月10日菏泽修防处向黄河水利委员会又反映情况，要求上级迅速派员现场解决。黄河水利委员会决定5月13日在鄄城苏泗庄召开会议。鉴于密城湾矛盾激化，黄河水利委员会主任王化云率有关处、院、所的负责人及河南黄河河务局局长刘希骞、山东黄河河务局局长刘传鹏和有关修防处、段的负责人都参加了这次会议。

会议期间，山东方面要求拆除尹庄1号坝及聂堌堆生产堤。由于意见分歧甚大，会议没有达成协议，不欢而散。这次纠纷是因河势上提引起的，不久进入汛期后，大河流量增加，苏泗庄和尹庄河势下移，两岸纠纷随之消除。

## 第四节　纠纷协调

密城湾的水事纠纷围绕着修建工程而展开，同时也随着连山寺、苏泗庄、龙长治、马张庄、营房等处河道治理工程的修建发挥作用，裁弯取顺成功而得到解决。在新建、改建各工程中，做了大量协调工作，双方在顾全大局情况下，都作了让步。

1962年10月，黄河水利委员会召开了“黄河下游河道治理学术讨论会”，密城湾河道治理问题作为一个专题进行了学术讨论。会上收到郭体英、罗常五、赵聚星、马增禄及菏泽修防处的数篇论文。经过讨论，多数代表对于密城湾的河床演变，整治的必要性和整治方案，取得了共同认识：1.苏泗庄险工的不利形势和聂堌堆、张村、马张庄三处胶泥嘴对河势的嵌制作用以及刘庄至苏泗庄顺直河段长期维持是密城湾形成和长期存在的原因。2.密城湾河势变化规律是，无论小水大水都入湾，而且大水入湾更甚；随着坍塌，湾顶逐年下移，河面扩宽，河道淤浅，水流分散。3.从防洪和保护滩地、村庄等方面考虑都需要对密城湾进行整治。4.南、北、中三个方案中，以中方案为优，并建议先修龙长治工程，分期施工。

这次讨论会为治理密城湾奠定了理论基础，提出了切实可行的中线方案。

1963年10月，黄河水利委员会秘书长陈东明组织有河南、山东黄河河务局的负责人参加的黄河下游河势查勘队，对密城湾作了重点查勘研究。他们在1962年10月黄河下游河道治理学术讨论会的基础上，经过实地查勘，对密城湾治理意见更趋一致。第一，密城湾从防洪和治河观点出发，是需要治理的；第二，尹庄工程对改善密城湾起到一定积极作用；第三，尹庄工程本身尚有不合理地方，需要改造。一种意见将坝顶削与滩面平，坝身适当截短。另一种意见，坝顶削低，不用截短；第四，聂堌堆、张村、马张庄3个胶泥嘴有自然控制河势作用，应加保护，马张庄滩嘴现在坍塌严重，应适当加修工程，用以控制营房以下河势不发生大的变化。

密城湾的水事纠纷通过协调，修建河道工程得到了解决，现将各项工程的修建、改建过程以及协调分述于后。

## 一、苏泗庄险工

该险工始建于1925年。1956年经黄河水利委员会与河南、山东黄河河务局协商，将苏泗庄第28号坝截短51米。

1950～1960年期间，因主溜下滑，相应下延修建33～35坝。

1963年5月曾因河势上提到苏泗庄险工上首老龙门口(23号坝附近)，使尹庄一坝靠溜，引起河势突变，两岸矛盾一度激化。1969年又因连山寺下首陡湾挑流，使苏泗庄河势又上提到龙门口，经黄委会协调苏泗庄险工进行改建修建导流坝。1973～1976年又调整了导流坝与原第26号坝之间的弯道，增修坝垛5段，改善了苏泗庄险工河势。

1977年苏泗庄河势下挫，1978年下延第36～38号坝，1979年又续建第39、40及41号坝（压管坝），1980年续建第42号坝（压管坝），1985年，第41、42号两道压管坝被冲垮。

苏泗庄险工经多次协调、续建工程，防止了河势上提及顶冲尹庄1号坝的不利河势；保证苏泗庄险工靠河，防止苏泗庄至张村间再生新湾，从而稳定了入密城湾的流势。

## 二、尹庄工程

该工程始修于1960年，先修建了3道坝，1961年又修第4坝。后经水利部批准，1962年拆除第4坝并截短第3坝。对于改善密城湾的入湾形势，起到很好的作用。

## 三、营房险工

随着密城湾的形成和发展，南鱼骨至营房一带连续塌滩，威胁大堤，山东省各级政府和治黄机构纷纷反映，要求处理和修建营房险工，经黄河水利委员会同意，于1961年建营房险工，上首与鱼骨护滩工程相接。1964年中水持续时间长，河道发生冲刷，鱼骨护滩工程难以防守，被迫放弃，致使营房险工河势上提，1965年营房险工上提24道坝。汛期许楼与营房险工之间塌滩，汛末又抢修坝10道。1965～1967年期间，马张庄滩岸塌退约700米，营房河势下移，1970年下延3道坝。至此营房险工形成。

营房险工是密城湾河势发展的产物，它迎托密城湾的来流，送流至彭楼险工，稳定营房至彭楼段直河段。

## 四、连山寺工程

1962年以来，南小堤和刘庄险工河势逐年下挫，引起右岸兰庄、左岸连山寺、聂堌堆坐湾顶冲，1964年连山寺村落河，1968年连山寺发生大规模塌滩。为了稳定河势，防止冲掉聂堌堆和苏泗庄河势上提，避免出现1963年初的恶劣河势，1967年10月14日黄河水利委员会批准兴建连山寺工程。1968年修工程长1900米，27个垛。1972年建联坝2350米，丁坝5道。

## 五、马张庄控导工程

1961 年河南濮阳曾修建马张庄大坝和堵串工程，引起纠纷。经长期观察，认识到马张庄原有胶泥嘴，土质较好，对于控制密城湾出流方向十分重要。1960 年修建尹庄工程后，密城湾停止向纵深方向发展，塌滩的重点移到范屯、宋集和马张庄一带，1965～1967 年马张庄滩岸塌退 700 米左右，造成营房险工河势下滑，两岸都要求修建工程保护马张庄胶泥嘴，稳定营房险工河势。经协调，于 1969 年一次修成坝 23 道。

马张庄工程的作用，一是保护胶泥嘴，控制了密城湾的出流方向，稳定了营房河势；二是为修建龙长治工程提供了条件。只有先修马张庄工程，保护住马张庄胶泥嘴，再修龙长治工程，裁弯取顺，送流于马张庄工程，才不会使营房河势下滑，发生重大变化。

## 六、龙长治工程

该工程始建于 1971 年，现有坝 23 道，工程长 2627 米。

龙长治是治理密城湾的关键工程。经过 10 多年的争论，1971 年黄河水利委员会与河南、山东黄河河务局，终于在认识上完全同意密城湾中线方案，并且一致同意兴建龙长治工程。黄河水利委员会于是年 10 月 23 日批准该项工程，修建了第 1～5 号坝，1972 年修建第 6～17 号坝，1973 年修建第 18～19 号坝，1983 年修建第 20～22 号坝，1986 年修建第 23 号坝。

龙长治工程，依靠尹庄工程掩护，上迎苏泗庄险工来流，送流于马张庄控导工程，导流至营房险工。修建之初 1972 年就发挥出了重要作用，使密城湾主流外移 2.5 公里。20 余年来，上自连山寺下至营房险工，河势稳定。实践证明密城湾中线方案合理，密城湾治理是成功的。

综览密城湾河道整治的成效，在防洪方面，防止了主流顶冲后辛庄至王称堌一带堤防，解除了范屯、宋集、马张庄串沟引流改河的威胁，基本稳定了苏泗庄、营房和彭楼三处险工的河势，使防汛抢险更加主动；从滩区来说，淤出了大片土地，滩区村庄不再掉河；从航道来说，缩短了航程，使河道更加规顺；从灌溉来说，苏泗庄、王称堌和彭楼三闸引水更加有利；密城湾河道治理成功也使水事纠纷得到了圆满解决。

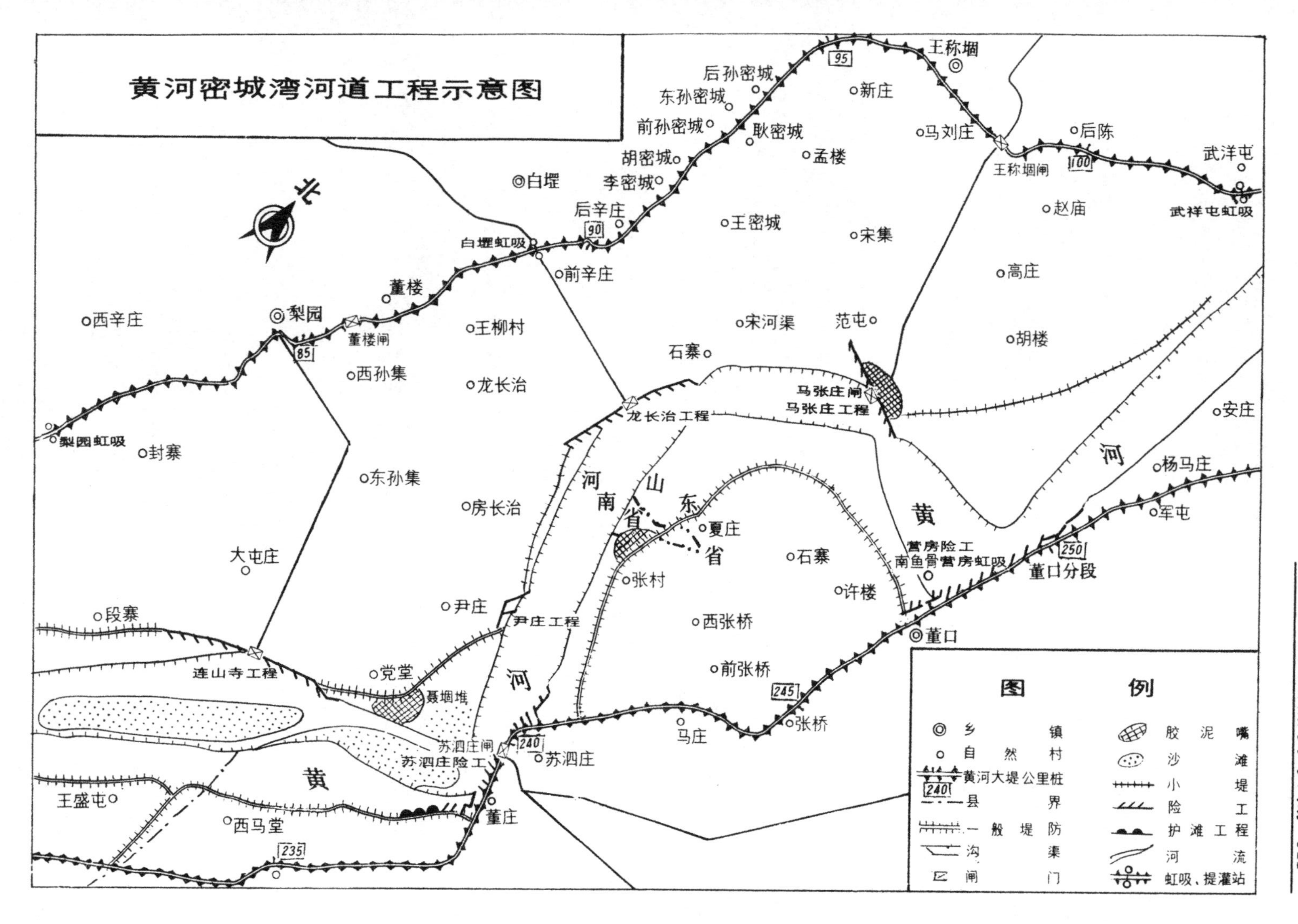


黄河密城湾河道工程示意图

# 第七篇

# 黄河档案

中国人民在几千年治河活动中所形成的档案，由于历代战争和管理不善，大部分都已散佚。特别是明代以前的原始档案，保存至今的已很稀少。但在历代史志和治河专著中都有大量的治河记载。此外，散存于其他各类古书中的治河史料更是浩如烟海。为了便于研究治河历史，黄河水利委员会的档案部门从社会各方面收集治河古籍和沿河地方志书，共 14400 多册。并专设历史资料阅览室，接待读者查阅。

明清以来，治河档案保存下来的数量逐渐增多。1977～1981 年黄河水利委员会从北京故宫博物院复印清代宫廷治黄档案 23000 件。

民国初期，形成的档案不多，因管理不善绝大部分受到损失。1933 年国民政府建立黄河水利委员会以后，治黄档案渐多。“七七”事变后，大部分档案被运至抗战后方。国民政府为了防止日本侵略军西犯，派军队扒开了黄河花园口大堤，造成黄泛区，敌我双方以水为界，修筑军工坝及防泛堤，当时也形成不少档案。抗日战争胜利后，这些档案运回开封，在解放战争中又有部分被焚。所剩档案又先后辗转被运到南京、桂林、重庆等地，途中部分受到损失。另外，抗日战争期间，在沦陷区，日本帝国主义在其东亚研究所内成立第二调查（黄河）委员会，从事调查研究黄河问题，形成 1400 多万字的档案（大都是日文）分散在南京、沈阳等地，黄河档案馆只收存其中的一部分。

1946 年建立了冀鲁豫解放区黄河水利委员会和渤海解放区山东省河务局。当时正处于解放战争时期，机关迁徙不定，所形成的治黄档案幸有工作人员忠于职守，不顾个人安危，保护转移，将这部分珍贵的档案基本上都保存下来。

中华人民共和国成立后，在对黄河进行有计划地全面治理和开发中，形成了大量系统完整的档案，其中包括黄河流域规划、工程设计、地质勘探、测绘、下游修防、水文、水源保护、水土保持及科学研究等科学技术档案及文书、会计等档案。这些档案、材料开始由黄河水利委员会各部门分散管理，1956 年以后根据国务院公布的《关于加强国家档案工作的决定》逐步走向统一管理。1964 年进行了“大整档”之后，机关的档案管理全面步入正轨。

“文化大革命”期间，黄河水利委员会及各下属机关瘫痪，大部分人员被下放，有的档案库房被占。治黄档案因有工作人员忠心守护，而未遭大的损失。但由于长期被存放于简陋的房间里，使部分档案的保存寿命受到影响。尤其在备战当中，黄河水利委员会革命委员会把4万多卷治黄档案突击转移到山区，其保管条件更差，致使部分测绘(原图)档案受潮变质，是一严重损失。

1976年之后，黄河水利委员会下属各单位档案机构和管理工作逐步得到恢复整顿。中国共产党第十一届中央委员会第三次全体会议以后，黄河档案工作得到了迅速发展，特别是1980年在郑州召开第二次全河档案工作会议以后，黄河水利委员会所属系统逐步统一了档案的分类和管理，1981年3月举办了首届档案干部专业培训班，并于9月新建起一座3500平方米的档案专用大楼。

1983年经水利电力部批准，1985年正式建立“水利电力部黄河水利委员会治理黄河档案馆”(以下简称“黄河档案馆”)，从此治黄档案的管理进入了新的阶段。黄河档案馆成立后，一方面开始接收黄河水利委员会所属单位的具有永久和长期保存价值的治黄档案和资料，一方面征集民国期间的治黄史料。截至1990年底，共计馆藏档案164512卷、图纸281036张，资料77338本、图纸121034张。从此黄河档案馆发展成为黄河流域乃至全国储存治黄档案、资料的具有权威性基地。黄河档案的收集和服务，在面向全河和馆藏档案应能全面反映治河历史的指导方针指引下，在根治黄河水害和开发黄河水利水电资源等方面已经和正在发挥巨大的作用。

此外，水利部所属设计院、工程局及黄河流域各省(区)在治黄工作中所形成的档案，系由这些单位自行管理，本篇未作全面记述。

# 第一章 行政管理

民国时期,国民政府黄河水利委员会1933年制订的《黄委会管理档案暨调卷规则草案》第一条规定:“本会所有档案概归总务处第一科负责保管。”其所属单位的档案仍由各单位自行管理,直到1949年9月未见变化。

中华人民共和国成立后,黄河水利委员会及所属各级机关逐步设置专职档案人员,由秘书部门负责管理档案工作。干部、工人档案由人事部门单独管理。

从50年代末开始,黄河水利委员会档案科负责管理会机关的档案,并兼管会图书馆。黄河水利委员会所属各单位的档案室,受各单位的办公室或秘书室领导,在业务上受会档案科指导。1959年12月15日,黄河水利委员会在向水利电力部上报的《关于治黄档案资料管理问题的请示》中提出了三个方案:第一方案:会直各单位统一制度,按规定向国家档案馆移交档案。驻各地方治黄单位的档案,按当地有关规定分别向各省、专、县的档案馆移交档案。第二方案:建立统一的管理机构——治黄档案馆,统一管理会直各单位和山东、河南黄河河务局、西北黄河工程局、省一级防汛机构以及黄河干支流重要工程的成套档案资料。第三方案:集中管理所有治黄活动中形成的档案资料。当时黄河水利委员会推荐实行第二方案。

1960年1月9日,水利电力部批复:经请示国家档案局,同意黄河水利委员会所提第二方案。由于受当时出现的国民经济暂时困难及“文化大革命”的影响,未能实施这个方案。

1965年1月,黄河水利委员会发出《关于加强档案工作的几点意见》规定:治黄档案的统一管理以垂直系统为主,同时受各所在地方各级档案管理部门的指导和监督。黄河水利委员会所属局、处等单位均负责对其下属单位的档案工作进行指导。

“文化大革命”期间,黄河水利委员会撤销档案科,黄河水利委员会所属系统的档案管理体制遭到破坏。黄河水利委员会革命委员会机关档案资料组,只履行机关档案室的职能,负责本机关的档案管理。

1980年黄河水利委员会颁发的《治黄档案管理办法》规定:黄河水利委

员会所属系统各级档案科、室受本单位办公室或秘书部门领导;技术档案工作由总工程师或技术负责人分工领导。业务上实行以上级机关档案管理部门指导、监督和检查为主,所在当地省、市(地)、县档案管理机关指导为辅的领导管理体制。

黄河档案馆于1985年成立,属黄河水利委员会的职能部门,除负责收集管理需要永久、长期保管的治黄档案之外,同时还履行对全河档案工作的指导、监督和检查的职责。

1989年黄河档案馆与科技情报站合并,成立黄河档案情报中心,仍保留黄河档案馆名义。

1989年5月,黄河水利委员会颁发的《黄委会及所属各级机关档案工作等级标准》中有关管理体制方面规定:黄河水利委员会下属系统各级机关档案工作均实行统一领导,分级管理,把档案工作纳入机关工作计划和机关目标管理责任制,列入分管、主管档案工作的领导及部门的职责之内。

## 第一节 组织领导

1946年冀鲁豫解放区黄河水利委员会和渤海解放区山东省河务局所形成的档案较少,均由秘书科的工作人员兼管。50年代初,黄河水利委员会机关各部门多以文书收发员兼档案管理员,每年各处、室向秘书科移交一次档案。

1956年6月,黄河水利委员会成立档案室,受办公室领导。

1959年4月,黄河水利委员会办公室下设立档案科。同时勘测设计院、工程局(河南黄河河务局与原会工务处合并而成)、水利科学研究所分别设立档案室。1963年1月,因勘测设计院撤销,勘测设计院档案资料室与会档案科合并。“文化大革命”初期,黄河水利委员会档案科被撤销。

1969年10月,黄河水利委员会革命委员会生产组下设档案资料组。1978年3月,恢复黄河水利委员会办公室档案资料科。

1983年4月19日,水利电力部批准建立黄河档案馆(副处级)。黄河档案馆于1985年6月正式成立,下设档案管理科及征集编研、利用保护、图书馆三个组。

1989年4月20日,黄河档案馆与科技情报站合并,成立“黄河档案情报中心”(处级,仍保留黄河档案馆)。黄河档案情报中心为独立的二级机构,

表7—1　黄河水利委员会系统档案机构设置及管理人员统计表

| 单位名称 | 机构设置 | 管理人员 | 1990年 | | | | 备注 |
|---|---|---|---|---|---|---|---|
| | | | 档案馆 | 档案科 | 档案室 | 管理人员 | |
| 黄河水利委员会 | 1956年成立档案室<br>1959年成立档案科<br>1985年成立档案馆 | 1956年3人<br>1959年6人<br>1985年35人 | 1 | | | 35 | |
| 山东黄河河务局 | 1950年成立档案室<br>1981年成立档案科 | 1950年1人<br>1981年3人<br>1990年5人 | | 1 | 50 | 64 | 包括所属单位 |
| 河南黄河河务局 | 1959年11月成立档案室<br>1978年4月成立档案科 | 1959年1人<br>1978年5人<br>1990年4人 | | 1 | 57 | 63 | 同上 |
| 勘测规划设计院 | 1959年4月成立档案室<br>1985年1月成立档案科 | 1963年17人<br>1990年13人 | | 1 | | 13 | |
| 水文局 | 1953年成立资料室<br>1986年成立档案资料室 | 1953年2人<br>1990年4人 | | | 7 | 17 | 包括所属单位 |
| 黄河中游治理局 | 1982年成立档案室 | 1982～1990年1人 | | | 1 | 7 | 同上 |
| 金堤河管理局 | | 1990年1人 | | | | 2 | 同上 |
| 三门峡水利枢纽管理局 | 1984年春成立技术资料室<br>1988年成立综合档案室 | 1984年2人<br>1990年5人 | | 3 | 1 | 18 | 同上 |
| 故县水利枢纽管理局 | | | | | | 3 | |

续表 7—1

| 单位名称 | 机构设置 | 管理人员 | 1990年 | | | | 备　注 |
|---|---|---|---|---|---|---|---|
| | | | 档案馆 | 档案科 | 档案室 | 管理人员 | |
| 黄河水利科学研究院 | 1960年成立档案资料室<br>1985年成立情报资料室(含档案) | 1960年3人<br>1990年1人 | | | 1 | 1 | |
| 黄河小北干流山西管理局 | 1989年5月成立档案室 | 1 | | | 1 | 6 | 包括所属单位 |
| 黄河小北干流陕西管理局 | 1988年10月成立档案室 | 1988年1人 | | | 1 | 5 | 同上 |
| 引黄灌溉局 | | 1987年2人 | | | | 2 | |
| 黄河水利学校 | 1961年成立文书档案室<br>1982年成立综合档案室 | 1961年1人<br>1990年2人 | | | 1 | 2 | |
| 黄河水利技工学校 | 1982年7月成立档案室 | 1982～1990年1人 | | | 1 | 1 | |
| 黄河水利委员会中学 | 1990年成立档案室 | | | | 1 | 1 | |
| 防汛自动化测报中心 | 1986年成立档案室 | | | | 1 | 1 | |
| 通信总站 | 1989年成立档案室 | | | | 1 | 1 | |
| 黄河水利水电开发总公司 | 1989年成立档案室 | | | | 1 | 1 | |
| 中原黄河水利实业开发公司 | | | | | | 1 | |
| 合　计 | | | 1 | 6 | 125 | 244 | |

下设档案管理、征集编研、利用保护及图书馆、科技情报站五个科级单位。

## 第二节 监督指导

黄河水利委员会档案科(馆)对黄河水利委员会所属各单位档案工作实行如下监督指导:一、根据上级主管机关的法规、条例,结合治黄工作的实际情况,转发和制定档案管理方面的指导性文件;二、召开全河档案工作会议和派专人到所属局、院及会直基层单位指导档案工作,监督检查档案法规、条例落实执行情况,征求意见,解决工作中存在的问题等。

1959年以前,黄河水利委员会秘书科及档案室,根据《黄委会机关档案管理办法》对会机关各处、室的档案工作进行指导。每年召集文书及档案人员开会,学习文书和档案业务知识,指导和解决立卷工作中存在的问题等。

黄河水利委员会成立档案科后,由档案科对各单位的档案工作进行指导。

1964年2月,召开全河第一次档案工作会议,传达1963年水利电力部档案工作会议精神,并举办档案展览,学习业务,提出了当时的档案工作方针、任务,对全河档案工作作如下布置:

1.统一管理党、政档案;

2.继续加强档案工作机构建设与调整档案管理人员;

3.开展各项档案资料的收集、整理和核对;

4.对会属和会直单位的档案工作进行指导、监督和检查;

5.加强档案的安全和保密工作。

在60年代初黄河水利委员会机关整理档案时,档案科除对各处、室的整档工作分别进行指导外,并在验收档案时,由档案科邀请有关人员参加组成"会诊"小组共同对档案进行全面审查(主要审查分类、标题及保管期限的确定及加工整理等),发现问题及时纠正。

"文化大革命"期间,黄河水利委员会档案资料组派员到天桥水电站设计组、无定河工作队(后改为王圪堵水库设计组)、各规划分队及规划大队、小浪底工地、地质勘探二队等,指导检查档案管理及保密等工作。

1980年黄河水利委员会召开全河第二次档案工作会议,传达国家档案局关于全国档案工作会议和全国水电系统档案会议精神,布置治黄档案工作的恢复、整顿任务,要求各单位把档案机构建立健全起来,尽快开展档案工作，并讨论制定第一个法规性文件《黄河水利委员会治黄档案管理办法》和征求对黄河下游治理、黄河水文两个科技档案分类办法的修订、补充意见。

1982年上半年，黄河水利委员会档案科派员对河南、山东黄河河务局及所属10个修防处、20个修防段和黄河水利学校、济南水文总站等34个单位的档案工作恢复整顿情况进行检查，经检查有80%以上达到国家档案局恢复、整顿档案工作的5条标准。在检查中对存在的问题，经帮助分析研究，也都得到解决。

1986年召开全河第三次档案工作会议，征求对《治黄档案工作的基本情况和今后意见》、《黄委会治黄档案管理办法》、《黄河档案馆的性质、任务及接收、征集档案范围的规定》修改、补充意见及交流经验等。

1987年9月，《中华人民共和国档案法》公布之后，黄河水利委员会系统各档案管理部门进行学习、贯彻和宣传。次年2月4日，黄河水利委员会转发国家档案局、国务院法制局《关于实施中华人民共和国档案法的通知》。为做好《档案法》执行情况的检查工作，1988年4月20日，黄河水利委员会又转发国家档案局、国务院法制局《关于对〈档案法〉贯彻执行情况检查的通知》。并责成各单位主管档案工作的领导，组织档案部门和有关部门共同成立检查组，进行自查、互查，接着黄河水利委员会又进行抽查。黄河档案馆在1988年又指定一名有档案专业学历的人员，负责对黄河水利委员会所属单位进行业务指导。

此外，黄河档案馆自建馆以来先后派出50多人次到下属系统各单位检查档案工作，仅1986年就检查了会属系统43个单位的档案工作。并帮助故县水利枢纽管理局、黄河水利水电开发总公司、临潼疗养院和黄河中心医院等单位建立起档案工作；帮助通信总站和黄河防汛自动化测报中心等单位整理多年积存的文件材料，使其档案工作走上轨道；帮助三门峡水利枢纽管理局建立健全工程档案管理制度和分类办法。

1987年10月，水文局办公室和黄河档案馆共同组成档案检查评比小组，由水文局办公室主任率领对所属5个水文总站和黄河水资源保护科学研究所的档案资料工作进行检查评比，表彰先进，帮助解决档案工作中存在的问题。

1988年10月，黄河档案馆会同黄河中游治理局及绥德、天水、西峰三个水土保持科学试验站，共同修订《黄河水土保持科学技术档案分类办法及保管期限表》，统一黄河水利委员会下属系统水土保持科技档案的分类。

1989年2月，黄河档案馆向会机关各处、室编制印发《关于填写卷内文件目录、备考表、案卷封面的说明》，使各部门的案卷更加规范和统一。还为黄河小北干流山西、陕西两管理局及所属修防段的16名档案人员分别举办了短期培训班。1990年上半年对黄河水利委员会所属系统个别单位的机关档案工作定级、升级准备试点情况及面上的准备情况，进行了调查。同年年底，档案情报中心组织4个小组对黄河水利委员会下属各单位的档案情报工作进行抽查指导。

1990年春，山东黄河河务局及所属各修防处共同组成联合检查小组，对所属单位的档案工作进行全面检查评比和表彰先进。至1990年底，山东黄河河务局及所属4个修防处、段被评为省、地、县档案管理先进单位。

1980年以来，河南黄河河务局曾两次组织各修防处对所属单位的档案工作进行检查评比表彰。到1990年底，河南黄河河务局有4个修防处的档案室被评为省、地、市档案管理先进单位，三分之二的修防段档案室进入先进行列。

# 第二章　业务管理

档案业务管理工作的重点是对档案、资料的收集、整理、鉴定和保管。

黄河水利委员会自建立档案管理机构以来，把档案收集放在重要地位，投入了大量的人力物力。在收集的同时，各级档案管理部门实行边收集、边整理、边鉴定、边归档的办法，并制定一系列档案管理、借阅制度，采取多种技术制度措施，确保档案、资料的安全。

## 第一节　收　集

治黄档案资料的收集是在国家规定的档案管理基本原则指导下进行的。为了满足治黄事业及流域各省(区)经济建设的需要，制定了“两个面向全河”和“一个全面地反映黄河历史”的业务指导方针。即：治黄档案资料的收集和服务两个方面都要树立面向全河(上中下游、左右岸)的基本观点；要求馆藏档案资料能较全面地反映有史以来治理、开发黄河发展变化的历史面貌。

### 一、解放战争期间治黄档案的收集

在解放战争年代，冀鲁豫解放区黄河水利委员会和渤海解放区山东省河务局，就非常重视对自身形成档案的收集管理。冀鲁豫解放区黄河水利委员会到1949年8月，把机关形成的所有档案运到了开封，共计204卷。冀鲁豫解放区黄河水利委员会和渤海解放区山东省河务局下属机构所形成的档案，分别保存在山东、平原、河南黄河河务局及所属修防处、段。1988年后，黄河档案馆又将这部分档案逐步接收进馆，总计720卷。冀鲁豫解放区黄河水利委员会所形成的各种档案已基本收集齐全。

## 二、黄河水利委员会机关档案的收集

50年代初期，黄河水利委员会的各类档案分别由各处、室自行管理。1955年集中整理立卷后，文书档案由档案室集中管理。从1959年起技术档案也由档案室集中管理。到1964年初除干部、工人档案外，其他各种档案已基本集中于档案科。

"文化大革命"期间，在黄河水利委员会革命委员会精简机构、下放人员时，部分职工提出要把原有的治黄档案全部分散到各部门管理，被档案部门拒绝了。但1969年以后新形成的档案却未能及时收集起来集中管理。到1974年收集工作又逐步开展起来。1978年以后，经过恢复整顿，档案的收集和管理步入正轨。

80年代初期，出现科学技术档案归档难的新问题。即有些技术部门把在纵向或横向任务中形成的各种科技成果，留作有偿转让之用，迟迟不送交档案部门归档。为此，1986年黄河水利委员会发出《加强治黄科研档案管理的几项规定》和《治黄科研档案的归档范围》两个文件，规定：各单位在科学研究活动中所形成的各种文件材料及成果等，都应全部及时归档，由档案部门集中管理。为了保护各单位的技术经济权益，还规定：各单位归档的国家级重大成果，如有其他单位要求了解、使用，须先征得原单位同意。

## 三、黄河水利委员会所属单位档案的收集

50年代初期，黄河水利委员会所属单位的治黄档案由各单位自行收集、自行管理。

1960年1月9日，水利电力部在批复黄河水利委员会《关于治黄档案资料管理问题的请示》中指出：基本同意建立统一的治黄档案管理机构——治黄档案馆，并提出须注意以下几点：

1.治黄档案馆在性质上应该是一个专门收集与保管治黄工作中所形成的具有永久或长期保存价值的技术档案材料的专业性技术档案馆，必要时可以兼管一部分价值较大的资料。

2.在集中下一级治黄单位的技术档案材料时，不应集中技术资料(少数珍贵资料除外)，至于行政档案(指文书档案)是否集中，因牵涉到全宗等几个尚未解决的问题，可留待进一步研究。

3.在集中下一级治黄单位和同一级防汛机构档案时，还应适当考虑和照顾产生档案机关的利用。

由于治黄档案馆未能及时建立，因此对黄河水利委员所属单位档案的收集也未进行。

1980年，水利电力部颁发的《水利专业技术档案管理试行办法》，在第一章总则中明确指出：流域机构在可能的条件下，要逐步建立技术档案馆。1983年3月，黄河水利委员会向水利电力部提出《关于建立治黄专业档案馆的报告》；同年4月经水利电力部批准，黄河档案馆于1985年6月正式成立。

黄河档案馆成立后，黄河水利委员会1986年在《黄河档案馆的性质任务及接收征集档案范围的规定》中进一步明确：黄河档案馆是治黄档案的最终归宿地，是全河治黄科技资源的储备中心，馆藏必须有能反映治黄历史面貌的、系统的、准确的治黄档案及有关资料。因此，凡具有永久和长期保存价值的有关治理黄河、研究黄河的档案资料，不论是现行的或历史的、国内的或国外的都要接收、征集进馆。具体规定共14条，分为三个方面：第一，按时接收黄河水利委员会机关及所属系统各级单位的永久和长期档案进馆；第二，征集水利电力部所属单位及地方各部门在黄河干支流上兴建大中型水利工程、开展治黄科学研究、进行水土保持、引黄灌溉、放淤改土等活动中形成的主要档案的副本；第三，征集社会各有关方面及个人保存的治黄档案资料及史料，如个人研究黄河的论述材料较多且内容丰富，还可以建立治黄名人全宗。这一规定是根据党的工作重点转向以经济建设为中心之后，各项工作经常全面系统地利用治黄档案资料及各种史料的新情况下制定的。在接收档案资料的范围方面超出了1959年黄河水利委员会推荐的方案。但在执行过程中也出现一些新问题。如1988年3月，山东黄河河务局提出济南郑州相距千里，如把山东黄河河务局及所属各单位的永久、长期档案都集中于郑州黄河档案馆统一管理，则为山东治黄带来不便，建议在山东建立分馆有利于各项工作。黄河横跨流域9个省(区)，相距均很遥远，山东黄河河务局提出的问题很有代表性，后经请示水利部办公厅，根据国家建立档案馆网络的整体规划及从整个治黄事业的需要出发，不同意建立分馆。1988年8月，黄河水利委员会为解决这一矛盾，对山东黄河河务局作了如下批复：不同意建立黄河档案馆山东分馆，但考虑到山东黄河河务局所属单位的独份档案进馆后利用困难，同意所属部分单位的档案“七五”期间暂缓进馆(暂缓进馆的档案要保证安全与完整)，待到“八五”期间再分期进馆。利用率高的独份档案,可以进行缩微复制。新形成的永久、长期卷实行两套制(进馆一套,单位保留一套),以解决进馆与利用的矛盾。使黄河档案馆接收工作得以顺利进行。截至1990年底,共接收黄河水利委员会所属单位22个全宗,其中包括9个撤销单位的档案。

## 四、历史档案资料的征集

中华人民共和国成立初期,黄河水利委员会分别从开封、南京、重庆接收了部分民国期间的治黄档案。并零星征集、购置了一些治黄史料,但未进行广泛的征集工作。

1975年8月,淮河发生特大洪水,为吸取淮河的经验教训,黄河水利委员会拟对黄河历史特大洪水作进一步考证。黄河历史特大洪水的频率系以千、百年计,会机关当时保存的黄河水文记载,仅有几十年的系列,显然太短,于是会档案资料组于1975年底,开始调查、了解国内黄河历史档案资料的收藏信息,并利用各种机会收购有关黄河历史书籍及资料。次年5月又派人员赴水利电力部、交通部、南京水利科学研究所等单位收集了部分历史资料,还抄录复制了上述单位的有关黄河历史档案资料全部目录。

1977年至1981年,黄河水利委员会抽调9名工程师组成征集组,到北京以中国第一历史档案馆(原故宫博物院明清档案部)为重点,以及水利科学研究院、北京图书馆、北京大学图书馆、中国科学院图书馆等单位开展了黄河历史资料的收集工作,共遴选复印回清代治黄档案23000件。征集组在北京连续4年工作中,付出了辛勤艰苦的劳动,特别是征集组的负责人、在黄河上工作40多年的老专家朱守谦,不顾年老体弱,日以继夜地工作,过于劳累,1980年4月在北京病倒住院后才放下工作。

80年代初开始编纂水利志及黄河志以来,各地来查阅民国期间治黄档案的日益增多。黄河档案馆立即征集整理汇编这一时期的档案资料。1985年10月派员到北京市档案馆,复制了该馆民国时期的治黄档案目录。1986年8月档案馆又派出4名工作人员赴南京第二历史档案馆,征集选印了几百件治黄历史文件材料,经过整理共组成58卷,并抄录了该馆民国时期的黄河档案目录。接着又在上海、南京市图书馆、南京大学图书馆、河南省图书馆以及辽宁省档案馆等单位进行了同样的调查征集和抄录复制工作。黄河档案馆已把国内主要档案、图书部门所保存的民国期间的治黄档案资料目录基本上搜集全了。

黄河档案馆于1986年11月派出两名拓裱人员，赴沿河有关省（区）45个市、县，调查拓制黄河碑碣拓片，到1989年10月外业工作基本结束，共拓裱石刻228幅，并编写出《黄河金石录》初稿。

### 五、其他档案的收集

50年代以来在黄河上兴建的大型水利工程，大都由水利电力部直接组织领导，部属各工程局负责施工。沿河各级地方政府也在黄河上兴建很多水利工程，并开展了大规模的水土保持工作等，都形成大量治黄科技档案。从50年代末黄河水利委员会就开始从有关部门收集这些治黄档案的副本及各种资料，但到1990年底仅收集到各种档案副本及资料4152份、4632本、10480张，总的数量不大，其中属于大中型工程方面的736份、794本、1648张，其余都是流域地区水土保持、农田水利建设、地质、水文以及各种统计资料等。在60年代还分别接收了原国务院黄河中游水土保持委员会及黄河规划委员会两个撤销单位的档案资料。1970年11月，又接收了原水电部北京勘测设计院在黄河北干流河段进行勘测活动中形成的档案资料。

## 第二节　整　　理

### 一、历史治黄档案的整理

#### （一）明代

馆藏的明代治黄档案数量较少，没有编制分类表，只按治黄专业整理、按年份先后排列组卷、编目。

#### （二）清代

清代的治黄档案是从清代各个档案全宗中选印的，比较零散。黄河水利委员会档案科于1981年春制定了《清代宫廷黄河档案分类办法》，按专业分类，按年代先后排列，根据专业文件材料的多少决定卷数，不受具体年度的限制。这样既保持了原文件材料的有机联系，又便于查阅。

### (三)民国

民国期间的治黄档案材料在接收初期成箱成捆地存放在各部门。1957年5月,会机关抽调13名干部,在档案室集中进行整理。文书档案和技术档案均按组织机构分类、组卷,整理工作比较粗,仅立3221卷。后来发现在这次整档中剔除拟销毁的档案材料,还有很大一部分具有不同程度的保存价值,甚至有的还比较珍贵。另外,还有分散在各部门的800多卷民国期间的技术档案和各种科学技术成果,到1963年集中到档案科作资料保存。1985年底黄河档案馆又聘请几位在黄河上工作多年的老工程师对1957年剔除拟销毁的档案材料重新进行整理。至1990年底,整理完毕,共立2151卷。

## 二、人民治黄档案的整理

### (一)1946年至1949年9月

解放区治黄所形成的档案材料未能及时进行整理。到1949年4月冀鲁豫解放区黄河水利委员会制定了《机关档案管理制度》,这是人民治黄以来第一个档案管理制度。同年8月会机关迁到开封后,才按门、类、项、目分类,对前几年形成的文件材料进行粗略的整理。60年代初,对这部分档案重新进行了整理。

1989年黄河档案馆把冀鲁豫解放区黄河水利委员会所属机构形成的档案接收进馆后,根据档案的种类、数量和特点,制定了《治黄革命历史档案分类办法》,统一整理上述全部档案,整理工作仍在进行中。

### (二)1949年10月至1966年

中华人民共和国成立初期,没有及时进行档案整理。1954年参照苏联经验,结合治黄档案的实际情况,制定了一个整理档案办法,每年年初以处(室)为单位编制案卷目录(即分类表),当时分类很粗,整理只是把部门的零散文件装订一下,所以形成许多概念抽象的“杂卷”,标题反映不出卷的内容。对接收撤销单位的档案也未进行整理。1955年3月,黄河水利委员会机关抽调14名工作人员成立档案整编组,参照中国人民大学整理零散文件的经验,结合治黄档案的实际情况,规定按机构分类,运用6个特征(作者、时间、问题、地区、名称、收发文机关)立卷。案卷质量要求:1.要符合立卷原则,突出特征,一卷要有2～3个特征,其中有一个基本特征;2."杂卷"不超过3%,每卷不超过100张;3.标题要揭示案卷的主要内容,反映特征和名称。经过准备,开始把会机关(除会党委、党组积存的文件)1955年元月以前积存的文书档案材料集中分类、系统整理。同时还对不合要求的卷,进行了调整。1956年4月整理工作结束,共整理出文书档案6301卷。这次整理基本消灭了没有任何特征的"稀饭卷",但到1957年又发现这次归档的文件仍有不齐全、不完整的现象。

1959年底,大连全国技术档案现场会议后,黄河水利委员会机关开始整理技术档案。1960年和1962年又先后两次组织各专业技术人员,按照《黄河规划工程设计档案分类(大纲)编号办法》及《测绘档案分类办法》等,把历年积存的规划、工程设计、地质、测绘等零散科技文件材料收集起来,经过鉴定、分类、组合配套、装订加工、拟写归档说明书、编制索引图及各种卡片等系统整理,共整理出技术档案29098件,鉴定蓝图15.5万张、底图8218张。

黄河水文原始档案在50年代初就进行过整编。从1960年下半年开始,档案科又先后用近三年时间对以往接收的原始档案材料进行了全面整理,在整理中首先对部分站名、年代不详的材料进行考证,然后采用按区域、专业、测站结合年代分类的办法,进行分类整理。共整理出各种原始记录、成果表、月报等61394件(册)。

在此期间的整档有些过分追求形式,如认为原始稿件不整齐、不美观,即不让归档。只收集刊印成册、复制成套的技术材料归档,有的还把一些需要归档的文件材料当成资料保存在原部门,致使归档的材料不齐全、不准确;而在水文等专业档案的整理中,归档面又过宽,把应作资料的月报也全部整理归档,而且数量很大,造成玉石不分的现象,影响了档案的精度。为了适应全面整档工作的需要,1964年上半年黄河水利委员会档案科除对《黄河规划、设计、地质技术档案资料分类编号办法》进行修改补充外,又制定了工务、水文、水土保持三项专业技术档案分类办法。印发了《黄委会关于区分技术档案与文书档案的通知》及《档案清理鉴定工作方案》,规定:凡在修防、水文、水土保持、勘测设计、科学研究等治黄业务活动中形成的档案材料,均划为技术档案;凡在政治运动、行政管理活动中形成的档案材料,均划为文书档案。在整档中首先要根据文件材料的价值,准确划分保管期限,作到归档的案卷"少而精,精而全"。文书档案实行两套制,技术档案实行三套制。关于案卷质量方面的规定:要求在整档中首先注意保持文件材料之间的历史联系,按六个特征组卷。技术档案必须保持其完整性、成套性,报告与附图不能分开,卷内材料按问题结合自然形成过程排列。凡须归档的文件材料必须去掉金属物,所有档案一律用棉线绳三孔装订等。

按照上述整理规定和要求,1964 年 6 月以后,机关各部门都组织力量,全面开展了整档工作,到 1967 年初全部完成了任务。通过这次整档,一方面各部门彻底清理了历年积存的文件材料,一一整理立卷;另一方面把以前归档的文书、技术档案也全部按新规定重新进行了审查,结果有 90%以上的卷又进行了调整、加工和整理。在这次整档过程中修订和制定的一套主要治黄档案分类办法一直被沿用下来。由于此次整档规模大、时间长、效果好,后来习惯称这次整理档案叫“大整档”。

### (三)1966 年至 1976 年

“文化大革命”期间档案工作受到了干扰,新形成的档案材料无人整理归档,一直在各部门积压着。1971 年 9 月,黄河水利委员会革命委员会印发《关于作好技术文件材料归档工作的通知》,要求各部门把几年来形成的文件材料进行整理归档。到 1972 年大多数部门开始清理积压文件,整理归档。

### (四)1977 年至 1990 年

1977 年以后,逐步恢复并进一步完善了治黄档案管理制度和整理分类办法,又修订了《治黄档案加工简则》,对档案的编号方法、封面格式、书写、图纸折叠等整理装帧要求作出了统一规定。档案科把 1970～1975 年接收的小浪底工程地形图、三门峡库区图等测绘档案,退回测绘总队重新整理。1980 年下半年至 1985 年测绘总队整编组,对 1958 年至 1961 年南水北调查勘时所形成的 2 万余件测绘科技文件材料再次进行整理,立 294 卷,蓝图 3374 张,底图 407 张。档案科还组织力量将 1959～1977 年的会计档案进行了清理。

进入 80 年代以后,机关各部门均能按年度、规划或工程设计阶段等及时对自己所形成的文件材料按要求立卷归档,从未形成过新的积压。因此,黄河水利委员会档案科 1983 年开始集中力量落实各项整理档案制度和办法。

1. 抓归档文件材料的齐全完整。除经常督促各业务部门及时收集积累归档文件材料之外,还利用收发文本检查所归文件材料是否齐全。

2. 抓归档案卷书写材料的质量。对不符合规定的文件材料随时退回原形成部门或个人，让其重新抄写、裱修加固或复印。

3. 要求归档的案卷标题拟写规范，书写工整，加工整洁，牢固美观。每年归档时让各部门把文件材料收集起来后，参照档案科整理出的示范样本，统一按规格整理立卷。

4. 业务指导人员按照分工指导各部门整理好的案卷，在入库前库房管理人员再进行一次全面质量检查及数量核对。

为了保证进馆档案的质量，黄河水利委员会1988年印发了《黄河档案馆关于进馆档案工作的规定》，转发了国家档案局《机关档案工作业务建设规范》，1989年又印发了《黄河水利委员会及所属各级机关档案工作等级标准》，对档案整理作出更全面的规定，从而使几年来进馆的档案均能达到质量标准，治黄档案的整理工作进入规范化的新阶段。1987、1988两年河南省档案局及水利部分别对会机关的档案进行检查，认为会机关几年来整理的档案规范、完整，质量较高。

《黄河档案馆关于进馆档案工作的规定》中的案卷质量标准如下：

1. 按全宗进馆档案，系统准确、齐全完整。

2. 分类清楚，前后一致。

3. 正确鉴定档案价值，准确划分保管期限及密级。

4. 对变质及破损的档案材料进行修裱加固；对用红墨水、复写纸、圆珠笔、铅笔（允许用指定铅笔记载的野外观测记录除外）书写的文件材料用抄写、打字或静电复印等方法进行复制。

对一些没有责任者及年、月、日的文件、图表、记录等要考证清楚，写出说明。

对音像档案（录音、录相带、影片、照片等）注明作者、时间、地点、内容。

5. 文电合一立卷。同一问题（含工程项目、科研课题等）或一个会议的文件材料应组在一起，根据数量多少分别组成保管单位。

正件和附件（包括附图、附表等）、请示与批复不得分开。

6. 卷内文件，遵循其形成规律，排列有序。正件在前，附件在后；批复在前，请示在后（科技档案请示在前，批复在后）；印件在前，定稿在后（科技档案定稿较厚可与印件分别组成保管单位），具有重要内容的多次修改稿依次排在定稿之后；

单一作者、单一问题的案卷，按时间排列；

单一作者、几个问题的案卷，按问题结合时间排列；

几个作者、几个问题的案卷，按问题结合作者、时间排列；

图纸按原目录编号为序排列；

字迹褪变的复制件与原件，先排复制件后排原件。

7.编页号或件号：卷内文件排列后，视其左侧或右侧装订的案卷，对有文字的每页材料，在正面的右或左上角，背面的左或右上角用阿拉伯字编写页号。有不装订的附图时（每张图纸均盖档案章），卷与图纸在卷后以分数形式统一编顺序号，不装订的案卷，在其每件材料的右或左上方加盖档案章以分数形式编件号。图表和音像材料在装具上或背后逐件编号。

8.填写卷内文件目录及备考表

填写卷内文件目录：以每份文件为单位，按已排好的顺序，用钢笔进行登记，文件标题不得更改或简化。

文件份数的计算：(1)印件和定稿及多次修改稿分别计算份数；(2)正件与附图作一份计算；(3)转发文件与原件作一份计算；(4)来文与复文，请示与批复一般作两份计算，在请示上或来文上直接批复的，作一份计算。

填写备考表：把案卷材料的数量及需要说明的情况、立卷人、检查人姓名在备考表上写清。

9.案卷装订结实、整齐美观、不掉页、不倒页、不压字、不损坏文件、不妨碍阅读。装订前去掉文件材料上的金属物，宽大的纸页要折叠整齐。

10.填写案卷封面：用钢笔或毛笔正楷书写，字迹工整，案卷标题要简明概括，确切反映案卷的主要内容。同一类的案卷号在一个全宗不重号。

11.案卷排列：以全宗为单位按不同门类档案自然形成过程排列及编写案卷目录，在一个全宗内案卷目录号不重复。

12.编机关历史考证，准确记载机关建立及发展过程。所写全宗介绍反映主要档案的内容及齐全完整程度。

1959年10月，黄河水利委员会拟定了治黄档案的分类总方案，此后逐步形成了以下几种分类方法：

## 第一，按时代分类

1. 清代治黄档案分类办法详见表7—10《清代治黄档案资料分类统计表》

2. 民国治黄档案分类办法

| 类号 | 条款名称 |
|---|---|
| MG1 | 综合<br>1.1 治黄概况、综合报告 1.2 规划、计划 1.3 治黄论述、建议 1.4 基本资料 1.5 水利法规 |
| MG2 | 下游治理<br>2.1 会议记录、规划 2.2 总结报告、堤防春修 2.3 河道、河势工情 2.4 防汛、抢险 2.5 引黄淤灌虹吸工程 2.6 堵口工程 2.7 沁河治理 2.8 伊河、洛河、大汶河等支流治理 |
| MG3 | 花园口决口及堵复<br>3.1 花园口扒口经过、口门查勘、河势水情等<br>3.2 国共关于花园口堵口及复堤谈判文件 3.3 花园口堵口工程 |
| MG4 | 泛区治理及善后工程<br>4.1 泛区概况及治理情况 4.2 泛区堵口工程及其他各种工程<br>4.3 泛区治理经费、善后救济及全国各界人士为泛区灾民捐款 |
| MG5 | 水文、勘测及科研<br>5.1 水文工作计划、总结、水文水情记录、曲线图等 5.2 测绘、勘探工作计划、总结及成果等 5.3 治黄科研记录、图表、成果报告、论文等 |
| MG6 | 中上游治理(包括原来的察哈尔、绥远省)<br>6.1 中上游综合治理、勘察计划、报告及水土保持<br>6.2 兰州、潼关等护岸工程 6.3 中上游各支流的治理规划、计划及总结 6.4 中上游各渠系灌溉工程 6.5 航运、灾赈 |
| MG7 | 经费支出及财务、会计制度 |
| MG8 | 治黄机构设置、人事管理及教育(包括治黄名人的生平事迹) |
| MG9 | 编写黄河志的有关文献及对黄河史料的研究、黄河要事录 |
| MG10 | 东亚研究所形成的文件材料 |
| MG11 | 其他 |

## 第二，按河流结合专业分类

3. 黄河流域（包括干流及一级支流）规划档案分类表

| 河流代号 | 专业代号 | 内容提要 |
| --- | --- | --- |
| $A_0$<br>$A_1$<br>$A_2$<br>$A_3$<br>$A_4$<br>$A_5$<br>\|<br>$A_{51}$ | （1） | 综合<br>任务书、技术性函件、规划报告及附件<br>计划、总结及会议、上级审批意见、综合性查勘报告 |
| | （2） | 水文气象<br>水文气象基本资料（包括洪水、泥沙、年径流、降水）、水文分析计算书及成果（如计算洪水资料插补推算等）、洪水调查报告 |
| | （3） | 水利计算<br>规划中径流调节、洪水调节演算、水库河道冲淤演变分析、水利计算成果 |
| | （4） | 枢纽工程<br>库区社经调查、查勘报告、水工布置及计算 |
| | （5） | 施工<br>施工安排及工程估价基本资料、施工计算及成果报告 |
| | （6） | 灌溉<br>基本资料及查勘报告、社经及农业土壤资料、灌溉规划及分析计算成果 |
| | （7） | 水土保持<br>有关基本资料及查勘报告、各项规划计算成果等 |
| | （8） | 河道堤防工程 |
| | （9） | 航运 |
| | （10） | 其他 |

# 第三，按工程项目结合专业分类

4.黄河水利枢纽工程档案分类表

| 工程代号 | 阶段代号 | 名称 |
| --- | --- | --- |
| $B_0$<br>$B_1$<br>$B_2$<br>$B_3$<br>$B_4$<br>$B_5$<br>—<br>$B_{150}$ | 1 | 技术综合性函件 |
| | 2 | 规划选点任务书(初步设计要点) |
| | 3 | 初步设计 |
| | 4 | 技术设计(扩大初步设计) |
| | 5 | 施工详图(技术设计) |
| | 6 | 竣工及管理 |
| | 专业代号 | 内容提要 |
| | (1) | 综合<br>设计任务书、设计依据性材料(如试验材料)、综合报告总结、审批文件、会议文件 |
| | (2) | 水文水利<br>水文计算(设计洪水、年径流及年内分配、水位流量补插延长等) 水利计算(防洪、水能调配计算、其他洪水和专门问题的研究计算等) 冲淤计算表等 |
| | (3) | 经济<br>综合经济、动能和水库经济、水产等 |
| | (4) | 水利机械<br>金属结构(闸门、启闭机、拦污栅) 航运建筑(升船机、船闸、航运方案) 水力机械(主要设备、油、水、汽系统、修配等) 电工(电气主结线及主要设备、户内厂房布置、户外开关站、照明、防雷保护及接地) 二次回路 |
| | (5) | 交通运输<br>航道、航运经济、港埠、船舶、施工运输、施工通航等 |
| | (6) | 水工<br>坝工(溢洪道)、厂房(输水道)、建筑艺术及通风采暖、供排水及防空等 |
| | (7) | 施工<br>施工进度及总平面布置图、施工导流截流及围堰、土石方混凝土工程、附属企业、造价预算、结构等 |
| | (8) | 备用 |
| | (9) | 其他 |

## 第四，按专业分类

5.黄河下游治理科学技术档案分类表详见《黄河下游治理科技档案分类数量表》

6.黄河水土保持科学技术档案分类表

| 代　号 | 专　业　内　容　提　要 |
|---|---|
| $T_1$ | 综合类　1.水土保持法规、条例、规范、办法、决定、指示等　2.调查、考察　3.请示、报告及批复　4.音像材料　5.人员培训 |
| $T_2$ | 水土保持工作区划、规划、计划及总结　1.流域区划、规划、计划及总结　2.地区区划、规划、计划及总结　3.以户、集体承包治理小流域的文件材料 |
| $T_3$ | 水土保持措施及效益　1.综合性措施效益文件材料　2.工程措施计划效益及总结　3.林草措施计划、效益及总结　4.农业措施规划、效益及总结 |
| $T_4$ | 科学研究　1.水土保持科研规划及管理　2.科研项目任务书、可行性研究、实施报告、试验记录、数据、成果报告、论文鉴定书、获奖书、项目决算等全部材料　3.科研仪器、设备的说明书及图表 |
| $T_5$ | 推广应用　1.综合性措施推广应用　2.单项措施推广应用　3.新理论、新技术推广应用　4.其他推广应用的科研成果 |
| $T_6$ | 水土保持会议　1.本机关召开的会议　2.上级机关召开的会议　3.黄河流域各省(区)、市、县召开的会议 |

7.黄河水文科学技术档案资料分类表

| 代　号 | 专　业　内　容　提　要 |
|---|---|
| $S_1$ | 综合类　1.规划、计划　2.总结　3.综合性文件 |
| $S_2$ | 测站站网建设　1.站网规划　2.水文测站基本设施　3.测站考证　4.测站调整　5.测站管理 |
| $S_3$ | 基本站的资料整编　1.任务书　2.测验规范　3.测验仪器　4.整编规范　5.整编专题研究成果　6.资料分析 |
| $S_4$ | 实验站的资料整编　专业分项内容同 $S_3$ 基本站。 |
| $S_5$ | 水文、气象情报及水文、气象预报　1.计划、任务书、规范　2.总结报告　3.预报方案　4.预报方法研究 |
| $S_6$ | 基本站原始记载　水位、流量、水样、单沙、比降、冰凌、水准、断面及各种整编成果 |
| $S_7$ | 气象原始记载　降水、蒸发 |
| $S_8$ | 实验站原始记载　水位、流量、含沙量、断面、淤积、地下水 |

续表

| 代　号 | 专　业　内　容　提　要 |
| --- | --- |
| $S_9$ | 泥沙颗粒分析　泥沙分析记录 |
| $S_{10}$ | 水质分析 |
| $S_{11}$ | 基本站资料整编成果　1.水文年鉴及刊印底稿　2.不刊印站底稿　3.推流本　4.小河站刊印底稿 |
| $S_{12}$ | 实验站资料整编成果　1.水文年鉴及刊印底稿　2.不刊印资料底稿　3.推流本　4.在站整理成果图表及说明 |
| $S_{13}$ | 水文调查、水文计算、水文分析研究及流域特征值计算 |
| $S_{14}$ | 小河站的文件材料　1.规范、办法及指导性文件　2.站网规划、测站调整、任务书、考证等　3.资料分析成果及总结　4.水文调查　5.测验设施及仪器　6.水文、气象原始记录　7.整编说明书、推流本及整编成果　8.水文年鉴 |

## 第五，按问题结合机构分类

8.治黄文书档案分类表详见《治黄文书档案分类数量统计表》

## 第六，按工种分类

9.治黄测绘档案资料分类表

| 工　种 | 本会档案资料代号 | 外来资料代号 | 旧代号 | |
| --- | --- | --- | --- | --- |
| | 010—050 | | 本会的 | 外来的 |
| 天文 | 110—150 | 160—190 | 天 | 文 |
| 基线 | 210—250 | 260—290 | 基 | 线 |
| 三角 | 310—350 | 360—390 | 三 | 角 |
| 水准 | 410—450 | 460—490 | 水 | 准 |
| 地形 | 510—550 | 560—590 | 地 | 形 |
| 工测 | 610—650 | 660—690 | 专 | 业 |
| 断面 | 710—750 | 760—790 | 断 | 面 |
| 航测 | 810—850 | 860—890 | 航 | 空 |
| 综合 | 910—950 | 960—990 | 综 | 合 |

# 第三节　鉴　　定

## 一、民国期间治黄档案的鉴定

### (一)对接收国民政府黄河水利工程总局留渝档案的鉴定

1950年3月,黄河水利委员会派赵迎春等前往重庆接收黄河水利工程总局留渝人员时,带回一部分民国时期的治黄档案材料。其余未带回部分,交长江水利委员会上游工程局代管。1953年3月,该局致函黄河水利委员会,要求派员前往处理代管的41箱旧档案。是年4月22日,黄河水利委员会派办公室秘书刘海通赴重庆处理上述档案。经清点、检查和鉴定后,提出鉴定报告称:兹将有存查价值的工程、人事档案189册带回,其余都是1937年以前的财务支付单据与帐目,并且头绪紊乱、虫蛀鼠咬、潮湿霉烂,不仅整理不易,而且失去存查价值。据此报告,黄河水利委员会于是年5月与12月两次向水利部报送留渝档案目录和鉴定情况,请准就地销毁。1954年2月15日,水利部直接通知长江上游工程局称:"经请示政务院批准同意销毁。"6月29日,长江上游工程局抄函黄河水利委员会称:"黄河水利委员会未带回之档案资料,已按水利部厅秘字第65248号文的精神,派员监督销毁,特此报请备查。"

### (二)对会机关接收民国档案的鉴定

1957年黄河水利委员会对50年代初期接收民国时期的治黄档案进行了一次鉴定。剔除拟销毁的档案100多捆。并于1962年5月4日,向水利电力部办公厅、河南省档案局备案销毁。是年5月18日,水利电力部办公厅在给黄河水利委员会的批复中指出:"为了慎重,希开列详细目录,征求南京史料处和河南省档案馆的意见后再作处理。"此后黄河水利委员会即把这批档案封存起来未再处理。直到1985年对这部分档案再次进行鉴定,认为大部均有不同价值,又重新组2151卷。

## 二、中华人民共和国治黄档案的鉴定

### (一)1950～1966年

1.对撤销单位及会机关档案的鉴定

根据国家档案局《关于销毁几项文件的暂行规定》和《国家机关档案材料鉴定和销毁办法》等规定，1955年、1956年黄河水利委员会档案整编组对本机关及平原黄河河务局、宁绥灌溉工程筹备处等6个撤销单位的档案进行鉴定，剔除拟销毁的重份文件和旬、月报表及超过保管期限的会计档案等6190卷。

到60年代，会档案科根据黄河水利委员会制订的《关于机关文书档案不归档及销毁文件的暂行办法》和《鉴定工作方案》及各种《保管期限表》，先后进行三次档案鉴定：第一次是1960年组成鉴定小组，用半年的时间，对8个撤销单位2098卷档案的全面鉴定；第二次是1962年夏组织鉴定小组，用近一年时间，对会机关7615卷档案的鉴定；第三次是1963年1～6月，对会机关处室保存的档案及文件的鉴定。以上三次共剔除无保存价值拟销毁的档案11657卷，图纸3594张。

上述拟销毁档案，曾经黄河水利委员会领导及会办公室批准，销毁平原黄河河务局及下属修防处段、引黄工程处、石头庄溢洪堰工程处等撤销单位1950～1952年的会计档案208包(捆)、249件、222337张；销毁黄河水利委员会机关的文书档案5657卷(本)、9507张。1966年3月又对接收黄河规划委员会的档案进行鉴定，剔除销毁无保存价值的水文水利计算文件材料1091本、4337张，综合文件材料1693本、4770张。

2.对黄河规划、工程设计、地质、测绘档案的鉴定

1960年和1962年先后两次组织各专业的技术人员参加，对积存的规划、工程设计、地质等科技档案进行鉴定，第一批剔除无保留价值的规划、设计档案717本、4961张(包括黄河干流、7个支流和3个枢纽)。第二批剔除无保存价值的规划、设计档案11218本、20746张(包括黄河干流、8个支流、15个水利枢纽和南水北调的材料及部分参考资料)。两次鉴定剔除无保存价值的测绘档案10802本、47935张。

上述拟销毁档案因未经领导审批，至1969年底才由会档案资料组再次写出报告，1970年1月3日，经黄河水利委员会革命委员会常务委员会研

究批准，于1月22日由贾国选、刘春萱监运至河南省保密造纸厂销毁。

1965年10月28日，黄河水利委员会办公室发出《关于下放审批销毁档案权限的通知》。通知要求各部门在清理鉴定档案中，对拟销毁的档案改由部门领导负责审批销毁。根据通知规定，黄河水利委员会工务处对在“大整档”中鉴定剔除拟销毁的文件、材料2873本及时进行了销毁。黄河水利委员会测绘处1965年11月鉴定销毁1950～1964年测绘档案7972张。12月又鉴定销毁黄河干流石渠以下及无定、延、渭、沁、伊、洛、大汶等河库坝址资料和三门峡库区坍岸测量资料2813本，图纸1045张，图板31块。其他处(室)鉴定工作开始较晚，接着“文化大革命”开始，未再进行鉴定、销毁工作。

### (二)“文化大革命”期间

70年代初期，黄河水利委员会革命委员会档案资料组多次组织有关方面人员成立档案鉴定小组，审查鉴定档案，并写出鉴定报告。经黄河水利委员会革命委员会常务委员会研究决定及革命委员会办公室审查批准，销毁的档案、资料有：

1. 黄河水利委员会机关及部分撤销单位1959年以前的会计档案15310本、22919张。

2. 1966年以前的雨量原始记载5248站年。

3. 旧军用图及严重破损的地形图3895张。

4. 1963～1970年之间剔除的规划、设计及地质档案3137本、3416张。同一时期剔除的设计、地质、房建方面的透明底图1790张。

5. 失去参考价值的H类科技资料2969本、3476张。

### (三)1978～1990年

1. 1980年黄河水利委员会档案科把1970～1975年“文化大革命”期间接收入库而不符合要求的小浪底工程地形图、三门峡1/万库区图，退测绘总队重新审查，经鉴定剔除2/3无保存价值的科技文件材料。

2. 1980年下半年，测绘总队组织几位老工程师成立整编组，对1958～1961年黄河水利委员会在南水北调期间形成的2万余件测绘科技文件材料，再次进行鉴定整理，剔除无保存价值的测绘文件3710本、28655张。于1986年6月19日经测绘总队队长批准，送保密造纸厂销毁。

3. 黄河档案馆于1986年组织有关档案人员对60年代“大整档”时剔除待销毁的部分文件材料又进行审查鉴定，仅从潼孟段办事处和测验处两个撤销单位待销材料中,又挑出有归档价值的文件组成 10 卷。

4. 80 年代鉴定剔除并经黄河水利委员会领导及档案馆批准销毁的档案、资料有:黄河水利委员会测绘处 1958～1965 年施测的黄土高原 1/5 万铝板原图 395 张;易燃测绘硝酸胶片 280 张;接收水电部原北京勘测设计院黄河北干流科技档案 36 卷(本),图纸 5 张。以往积存的多余图纸及图名、比例尺、编制时间等不详的图纸 3058 张;因破损无法继续提供利用的国家1/5 万地形图 213 张。

从 1950～1990 年,共销毁:治黄文书档案 5657 卷、9507 张;科技档案 38090 卷(本),图 132114 张、透明底图 1790 张,雨量原始记载 5248 站年;会计档案 15559 卷(本)、245256 张。总计销毁 59306 卷(本)、386877 张,占黄河档案馆 1990 年馆藏档案的 36%。销毁参考资料 2969 本、3476 张。

## 第四节　移　交

根据国家有关档案管理的规定和治黄事业及黄河工程管理体制发展变化的需要,从 50 年代后期开始,黄河水利委员会向中央档案馆及黄河流域有关单位移交部分治黄档案,详见表 7—2。

表 7—2　**黄河水利委员会移交档案数量统计表**

| | 交出时间 | 接收单位 | 档案内容 | 件 | 张 | 移交原因 |
|---|---|---|---|---|---|---|
| 一 历史档案 | 1985.9.5 | 中央档案馆 | 冀鲁豫解放区黄河水利委员会治黄档案中有关周恩来手稿的原件 | 230 | 736 | 根据中共中央办公厅中办发〔1979〕12号文关于《收集周恩来同志著作原件的通知》 |
| | 1985.10.3 | 河南省档案馆 | 冀鲁豫解放区黄河水利委员会治黄档案中有关周恩来手稿的复制件 | 230 | 736 | 根据河南省档案馆的要求并经会领导批准 |

续表 7—2

| | 交出时间 | 接收单位 | 档案内容 | 件 | 张 | 移交原因 |
|---|---|---|---|---|---|---|
| 二 工程档案 | 1958.10.30 | 内蒙古水利厅设计院 | 内蒙古灌区工程设计档案 | 730 | 167 | 根据水电部勘测设计总局[1958]水勘字第110号文件的要求 |
| | 1975.2.6 | 河南省洛阳地区水利局 | 陆浑水利枢纽工程技术资料透明底图<br>文书档案 | 1531<br>71 | 373 | 因该水利枢纽移交地方管理 |
| | 1978.10.24 | 河南省水利局设计院 | 沁河河口村水库档案资料 | 55 | 84 | 该工程由河南省水利局设计院负责设计 |
| | 1971.3 | 陕西省宝鸡地区冯家山工程指挥部 | 冯家山工程技术档案 | 217 | 210 | 因当地拟修建该工程 |
| | 1971.4.8 | 陕西省水电勘测设计院地质勘探队 | 党家湾水库地质技术档案 | 128 | 292 | 因当地拟修建该工程 |
| | 1978.10.3 | 水利电力部十一工程局设计院 | 黄河龙门水利枢纽工程选坝报告等档案材料 | 7 | 71 | 根据1978年8月15日水利电力部通知 |
| | 1984.3.2 | 水利电力部天津设计院 | 北干流规划地质档案<br>透明底图 | 823 | 1682<br>1251 | 同上 |
| 三 测绘档案 | 1962.8.14 | 国家测绘总局西安分局 | 黄土高原区一等天文中间点技术档案 | 31 | 269 | |
| | 1962.6.6 | 国家测绘总局资料处 | 定边测区二、三、四等水平角观测技术档案 | 212 | | |
| | 1962.12.5 | 国家测绘总局西安分局 | 韩城测区大地测量技术档案 | 3133 | 2952 | |
| | 1962.12.7 | 国家测绘总局西安分局 | 静宁测区大地测量技术档案 | 430 | 116 | |

续表 7—2

| | 交出时间 | 接收单位 | 档案内容 | 件 | 张 | 移交原因 |
|---|---|---|---|---|---|---|
| 三<br>测绘档案 | 1963.2.28 | 国家测绘总局西安分局 | 宁县测区大地测量技术档案 | 386 | 2728 | 根据国家测绘总局、中国人民解放军总参谋部测绘局、水利电力部黄河水利委员会1962年9月13日联合签订的“关于归还完成黄土高原地区五万分之一航测图的若干问题的协议”，黄河水利委员会在黄土高原测区所形成的各种测量手簿及成果等测绘档案资料，均交国家测绘总局进行统一平差。 |
| | 1963.9.26 | 同上 | 黄土高原航测<br>1/5万底片<br>图表<br>记录<br>手簿 | 54<br>316 | 24237<br>1000 | |
| | 1963.12.21 | 同上 | 宁县测区三角高程内外业技术档案 | | 113 | |
| | 1963 | 国家测绘总局 | 海南测区1/万地形图<br>图板<br>图历表<br>计算手簿 | 46<br>41 | 50 | |
| | 1965.11.8 | 国家测绘总局西安分局 | 天文技术档案 | 26 | 4 | |
| | 1966.3.8 | 同上 | 黄土高原测区几何水准联测三角成果 | 746 | 164 | |
| | 1967.2.2 | 同上 | 黄土高原航测底片<br>航空摄像片<br>各种手簿 | 20<br>82 | 11<br>773 | |
| | 1969.9.1 | 同上 | 航空摄影底片<br>原图<br>各种手簿图历表 | 812 | 6300<br>393 | |
| | 1967.3.1 | 国家测绘总局第三分局 | 南水北调一线航摄技术档案 | 29 | 1261 | |
| | 1962.10.17 | 中国人民解放军总参谋部测绘局 | 河曲测区二、三、四等水平角观测手簿<br>高山测区二、三、四等水平角观测手簿 | 216<br>454 | 967 | |

续表 7—2

| | 交出时间 | 接收单位 | 档案内容 | 件 | 张 | 移交原因 |
|---|---|---|---|---|---|---|
| 三 测绘档案 | 1963.3.6 | 中国人民解放军总参谋部测绘局 | 黄土高原1/5万航测底片<br>手簿图历表 | 711 | 12693<br>17 | |
| | 1964.12.10 | 同上 | 黄土高原1/5万航测底片<br>各种手簿 | 190 | 3099<br>13 | |
| | 1969.9.19 | 中国人民解放军总字710部队 | 黄土高原航测技术档案<br>原图板 | 19 | 126<br>2 | |
| | 1970.1.7 | 中国人民解放军总参谋部测绘局 | 黄土高原静宁区航空底片 | | 36 | |
| | 1965.8 | 河南省水利厅 | 金堤河测绘档案 | 427 | 788 | 金堤河工程局撤销后，该河工程划归地方管理 |
| | 1983.9.26 | 陕西省测绘局 | 南水北调尕海—阿坝—甘孜—石渠二等三角基本锁外业成果<br>透明底图 | 7 | 9<br>108 | |
| 四 水文档案 | 1972.1.13 | 陕西省水利厅水文总站 | 陕西省境内61个水文站1931～1958、1960、1962年的水文原始记录和整编成果 | 1118 | 321 | |
| | 1972.2.19 | 同上 | 该省境内36个水文站1919、1931～1963、1965年的水文原始记录 | 412 | | |
| | 1980.1 | 同上 | 该省境内3个水文站1934～1937、1944～1959、1961年的水文原始记录和整编成果 | 23 | 29 | |

续表 7—2

| | 交出时间 | 接收单位 | 档案内容 | 本 | 张 | 移交原因 |
|---|---|---|---|---|---|---|
| 四 水文档案 | 1980.4.17 | 青海省水利厅水文总站 | 青海省境内10个水文站1951～1960、1962、1963年的水文原始记录和整编成果 | 190 | | 黄河水利委员会在1965年之前陆续接收了沿黄省(区)少数地方水文站施测的部分记录。但大部分记录仍保存在地方站。为了使这部分水文原始档案保存完整，把上述水文原始档案分别移交给各有关省(区)的水文总站保存 |
| | 1980.4.29 | 山西省水利厅水文总站 | 山西省境内36个水文站1951～1960年的水文原始记录和整编成果 | 787 | 266 | |
| | 1975.6.12 | 甘肃省水利厅水文总站 | 甘肃省境内15个水文站1939～1943、1949～1958年的水文原始记录 | 176 | | |
| | 1975.11.15 | 宁夏回族自治区水利厅水文总站 | 自治区境内5个水文站1945～1949、1954～1958年的水文原始记录 | 114 | | |
| | 1980.5 | 同上 | 自治区境内4个水文站1945～1947、1952～1956年的水文整编成果 | 18 | 40 | |
| | 1975.12.8 | 内蒙古自治区水利厅水文总站 | 自治区境内40个水文站1942～1949、1951～1960年的水文原始记录 | 929 | | |
| | 1980.1 | 同上 | 18个水文站1952～1955年的水文整编成果 | 60 | 108 | |
| | 1980.5 | 同上 | 5个水文站1952～1955年的水文整编成果 | 20 | 75 | |
| | 1982.1.3 | 同上 | 1个水文站1957～1963年的水文原始记录 | 38 | | |
| | 1976.5.24 | 山东省水利厅水文总站 | 山东省境内6个水文站1941～1945、1950～1957年的水文原始记录 | 177 | | |
| | 1982.2.17 | 同上 | 该省境内6个水文站1954～1957、1959、1962年的水文整编成果 | 25 | 129 | |

到1990年底，黄河水利委员会先后向有关单位共移交出治黄历史档案460件、1472张。工程档案3562卷(其中含文书档案71卷)、4130张。测绘档案8388卷、58229张。水文原始档案4087本、968张。总计16497卷(本)、64799张。占黄河档案馆1990年馆藏档案的10%。

## 第五节 设 施

### 一、库 房

1980年以前，黄河水利委员会及所属多数单位以办公室作档案库房。设备也较简陋，不适于保存档案。至1981年专用库房建成前，会机关档案库房曾6次搬迁。

冀鲁豫解放区黄河水利委员会时期，没有固定的办公地址。1949年8月，会机关由菏泽迁开封城隍庙街办公，把3间旧平房作为档案库房兼办公室。1954年12月，黄河水利委员会迁郑州市，从机关1号办公楼调出4间房作档案库房兼办公室。1957年机关档案室迁至3号办公楼2楼，库房面积由40平方米增至915.1平方米。1959年将3号办公楼上下两层全部划归档案科，使用面积增加了一倍。黄河勘测规划设计院的档案原存放在院办公楼西头，1963年1月院档案室与会档案科合并后把院档案室迁到黄河展览馆展厅，使用面积1193.61平方米，并有12间平房约180平方米作办公室。1970年会档案资料组也迁至黄河展览馆。因展厅窗户多，防光、防尘性能差，不宜保存档案，档案库房于1972年又迁到黄河勘测规划设计院地质试验楼，共占用1682.16平方米。地质试验楼属专用建筑，虽经改造，仍达不到保存档案的要求。1979年黄河水利委员会动工兴建一座建筑面积为3500平方米的档案资料楼(库房面积1826平方米，阅览、借阅及办公等使用面积1674平方米)。1981年9月竣工投入使用。库房为钢筋混凝土框架结构，基础耐压力每平方米15吨，载重负荷每平方米500公斤，铁门、钢窗、双层玻璃，每层均设有防火铁门、消防栓、排气孔等，库房内不设水管，暗管照明线路，库房顶层铺设有隔热层，防火、防水、防尘、防鼠、防盗、防潮等性能较好，基本符合档案库房设计规定和长期安全保存档案的要求。但设计时为照顾采光，库房窗户较多，防光性能较差；且库房较低，夏天室内温度较高。

表7—3　1990年黄河水利委员会及所属部分单位档案库房面积统计表

| 序号 | 单　　位 | 库房面积(平方米) | 序号 | 单　　位 | 库房面积(平方米) |
| --- | --- | --- | --- | --- | --- |
| 1 | 黄河档案馆 | 1826 | 11 | 黄河中游治理局 | 40 |
| 2 | 山东黄河河务局 | 130 | 12 | 黄河中游治理局下属单位 | 157 |
| 3 | 山东局下属单位 | 1004.4 | 13 | 黄河水利科学研究院 | 300 |
| 4 | 河南黄河河务局 | 180 | 14 | 通信总站 | 42 |
| 5 | 河南局下属单位 | 1090.4 | 15 | 黄河水利学校 | 110 |
| 6 | 勘测规划设计院 | 114 | 16 | 黄河水利技工学校 | 16 |
| 7 | 水文局 | 200 | 17 | 黄河小北干流山西管理局 | 20 |
| 8 | 水文局下属单位 | 215.2 | 18 | 黄河小北干流陕西管理局 | 18 |
| 9 | 三门峡水利枢纽管理局 | 300 | 19 | 黄委会中学 | 16 |
| 10 | 三门峡水利枢纽管理局下属单位 | 200 | 合　计 | | 5979 |

## 二、设备

建档初期多用旧木箱保存档案，后逐步换为质量较好的专用柜橱，各种保管设备也逐步增加。到1990年底，黄河档案馆共有档案柜568个（铁质145个，木质355个，底图柜68个），档案架1780米（可排放档案长度），通风设备1套，除湿机5台，相对湿度自动控制记录仪1台，温湿度观测计7个，组合式借阅台一套，阅览桌23张，卡片柜10个，空调机3台，照相机2架，录音机3部，四通打字机1台，小型切纸机4台，档案装订机1台，装裱台1个，复印机1台，松下G25录相机1台，长城0520C—H微型电子计算机1台。

# 第六节　保　　护

黄河水利委员会及所属各单位对治黄档案的保护一向比较重视，到90年代档案保护设施已初具规模。黄河档案馆的档案保护工作在“以防为主，防治结合”的方针指引下，其具体做法为：

## 一、制定制度

黄河水利委员会为保证档案的安全,1960年1月9日制定了《黄河水利委员会档案资料保管与保卫办法》,1962年12月25日,制定了《水利电力部黄河水利委员会档案库房管理办法草案》,1981年底制定了《档案资料大楼安全制度》,1985年1月又进行了修订。

## 二、分库保管

黄河水利委员会从60年代初就开始筹备备战库房,以备将重要治黄档案转入,与一般档案分库保存。后因"文化大革命"开始,筹备工作一度中断。

1969年备战期间,黄河水利委员会革命委员会仓促决定,把机关的主要治黄档案40000卷,在几天之内转移到某山区,因保管条件差,致使一部分档案严重受潮,有些铝板原图发霉起泡。1971年4月,又在原地动工新建473平方米钢筋混凝土砖石混合结构库房,通称"后库",尚能达到坚固耐用、防潮、防光、防鼠、防水、防盗、防火的要求。后库投入使用之后,机关每年形成的需要永久或长期保存档案的副本继续运往后库。后库地处山区,交通不便,生活条件差,但为保证档案安全,后库档案工作人员,克服困难,认真负责地坚守在工作岗位上,从未发生过任何事故。周东台同志在后库工作20多年,守护档案,一丝不苟,直到退休还在那里坚持工作。

1970年黄河水利委员会革命委员会将档案资料组迁至原黄河展览馆,展览馆南靠金水河、北邻紫荆山公园,且院落大,人员少,以展厅作库房,门窗多而不牢,很不安全。为此,管理人员以馆为家,不论昼夜或节假日都有人守护库房,那时正值"文化大革命"期间,在无政府状态下,他们始终坚守岗位,保证了档案的安全。

## 三、保护措施

(一)档案馆在库房顶层铺设有隔热层,并在窗户上安装双层玻璃及活动窗帘以隔热、防尘、防强光。

(二)1983年以来,黄河档案馆为了掌握库房内、外温湿度变化,分别在库外和1~6层库房内共设了7个温湿度观测点,定时观测。截至1990年底，已积累 2 万多个数据，为适时调节与控制各层库房内的温湿度变化提供依据。

（三）据观测资料显示，每年 7～9 月，一层库房（半地下室）平均相对湿度为 80%，为改善此状况，于 1983～1984 年，修建了除湿通风工程，并购置四台上海产 KOF-5A 型除湿机，建起封闭式机房，使一层库房的平均相对湿度下降到 65%。1987 年又购置相对湿度自动控制记录装置，代替人工测量和计算，并能自动控制两台除湿机工作，准确控制了库房温湿度的变化，使库房温湿度保持在规定要求范围之内。

（四）为了防虫、防霉，每年定时在库房内放置防霉驱虫灵。

（五）复制与修复　1.复制。过去有些档案，是用复写纸复写的，有的已模糊不清。70 年代曾组织人工抄写。80 年代购置静电复印机后，将部分贵重档案及目录，进行复印，共复制档案 21 卷，1864 张，559200 字。2.修复。1981 年调配了专职修裱人员，几年来已修裱民国时期和冀鲁豫解放区黄河水利委员会的治黄档案 66 卷，装裱档案 180 卷。

# 第三章　馆　　藏

截至1990年底，黄河档案馆馆藏档案总计164512卷(排架总长1965米)，图纸281036张。1949年10月以前的治黄档案7221卷，占总卷数的4.4%；中华人民共和国成立以后形成的治黄档案157291卷，图纸281036张，占总卷数的95.6%(其中包括接收黄河水利委员会勘测规划设计院1981年以前的档案、撤销单位的档案和部分单位进馆的档案)，其中科学技术档案116988卷，图纸275484张，占建国后档案卷数的74.3%；文书档案11747卷5552张，占建国后档案卷数的7.5%。会计档案28457卷，占建国后档案卷数的18.1%，审计档案99卷，占建国后档案卷数0.1%。馆藏资料77338本。总计馆藏档案、资料共241850卷(本)。黄河水利委员会所属各单位档案数量及中央、地方部分单位治黄档案数量见表7—4、表7—5。

## 第一节　历代档案

### 一、历代治黄石刻拓片档案

黄河档案馆从黄河流域各地区收集拓裱的历代黄河碑碣拓片是馆藏治黄历史档案的重要组成部分，它从不同侧面记载了黄河的历史面貌和治理概况，其中包含着值得后人汲取的历史经验、教训。这些石刻文字材料与其他治黄历史档案资料很有互为印证或补充的价值。其主要内容有：1.治河法规、条例；2.朝廷重臣、河道总督的治河记事及皇帝御笔；3.各个不同历史时期开渠引黄灌溉农田情况及经验、效益；4.堤防培修，决溢泛滥灾情、赈济、河臣受惩，以及堵塞决口技术措施所用时间、银两，对堵口有功官员晋级增俸的奖赏等；5.功德碑，记叙治黄有贡献者的功绩及治河名人，如刘大夏、潘季驯、白鍾山、吴大澂、李仪祉等人物的事迹；6.对各种水事纠纷的协调、处理；7.沿黄水旱灾害和各种疾病灾害的流行等。见表7—6、表7—7。

表 7—4　　1990 年黄河水利委员会所属单位治黄档案数量统计表

| 单位 | 文书档案 | | 科学技术档案 | | | 会计审计档案(本) | 声像档案 | | 合计 |
|---|---|---|---|---|---|---|---|---|---|
| | 卷 | 张 | 卷 | 张 | 底图 | | 照片(张) | 录像(盘) | 卷(本) |
| 山东黄河河务局 | 3300 | | 4744 | | 4335 | 4831 | 5549 | 70 | 12875 |
| 山东局下属单位 | 21038 | | 27088 | | | 22197 | | | 70323 |
| 河南黄河河务局 | 8501 | | 8934 | | | 2023 | | | 19458 |
| 河南局下属单位 | 20965 | | 23662 | | | 49344 | | | 93971 |
| 勘测规划设计院 | 2599 | | 7200 | 21000 | 10700 | 3252 | | | 13051 |
| 水文局 | 1110 | | 735 | | | 787 | | | 2632 |
| 水文局下属单位 | 4400 | | 27694 | | | 8812 | | | 40906 |
| 三门峡水利枢纽管理局 | 1204 | | 4093 | | | 563 | | 53 | 5860 |
| 三管局下属单位 | 625 | | 794 | | | 1244 | | | 2663 |
| 黄河中游治理局 | 426 | | 463 | | 54 | 271 | 254 | | 1160 |
| 中游局下属单位 | 1267 | | 3230 | | | 257 | | | 4754 |
| 黄河水利科学研究院 | 1415 | | 4082 | | | 1219 | 806 | | 6716 |
| 故县水利枢纽管理局 | 18 | | | 352 | | 191 | | | 209 |
| 黄河水利学校 | 2384 | | 1972 | | 1692 | 1977 | 287 | | 6333 |
| 黄河水利技校 | | | | | | | | | 1183 |
| 黄河小北干流山西局 | 113 | | 55 | | | | | | 168 |
| 黄河小北干流陕西局 | 200 | | 40 | | | | | | 240 |
| 总　计 | 69565 | | 114786 | | | 96968 | | | 282502 |

表 7—5

## 中央及地方部分单位治黄档案数量统计表

| 单位 | 文书档案 | | 科学技术档案 | | | 会计审计档案(本) | 声像档案 | | 合计(卷、本) | 备注 |
|---|---|---|---|---|---|---|---|---|---|---|
| | 卷 | 张 | 卷 | 张 | 底图 | | 照片(张) | 录像(盘) | | |
| 西北水利科学研究所 | | | 2045 | | | | | | 2045 | 截至 1991 年 |
| 西北勘测设计院 | | | 11900 | 31500 | | | | | 11900 | 截至 1991 年 |
| 水利水电第四工程局 | 1662 | | 3050 | | 3964 | 5063 | 258 | | 9775 | 截至 1991 年 |
| 刘家峡水电厂 | 2272 | | 1935 | | 2982 | 2679 | | 26 | 6886 | 截至 1989 年 |
| 盐锅峡水电厂 | 1030 | | 2702 | | | 1466 | | | 5198 | 截至 1990 年 |
| 三盛公枢纽工程局 | 676 | | 103 | 3378 | | 2852 | | | 3631 | 截至 1991 年 |
| 天桥水力发电厂 | 708 | | 2834 | | | 900 | | | 4442 | 截至 1991 年 |
| 龙羊峡水电厂 | 908 | | 2506 | | 716 | 571 | 2185 | 422 | 3985 | 截至 1991 年 |
| 李家峡水电站 | 45 | | 644 | | | 330 | 226 | 26 | 1019 | 截至 1991 年 |
| 洛惠渠管理局 | 2406(含照片 7 册) | | 1048 | 4000 | | 1420 | | | 4874 | 截至 1991 年 |
| 泾惠渠管理局 | 2127(含照片 5 册) | | 1386 | 9038 | | 889 | | | 4402 | 截至 1991 年 |
| 王瑶水库管理处 | 680 | 29000 | 395 | 17600 | | 920 | 80 | 2 | 1995 | 截至 1990 年 |
| 石砭峪水库 | 270 | | 962 | | | 810 | 768 | 4 | 2042 | 截至 1991 年 |
| 总计 | 12784 | | 31510 | | | 17900 | | | 62194 | |

表7—6　馆藏治黄石刻拓片档案数量统计表

| 年代 | 数量（通） | 年代 | 数量（通） |
| --- | --- | --- | --- |
| 宋 | 2 | 崇祯五年（1632） | 1 |
| 熙宁十年（1077） | 1 | 年份不详 | 1 |
| 政和二年（1112） | 1 | 清 | 86 |
| 金 | 2 | 顺治十四年（1657） | 1 |
| 天眷二年（1139） | 1 | 康熙元年至六十一年（1662～1722） | 14 |
| 泰和四年（1204） | 1 | 雍正元年至九年（1723～1731） | 5 |
| 元 | 1 | 乾隆元年至三十九年（1736～1774） | 12 |
| 至元二十年（1283） | 1 | 嘉庆五年至二十四年（1800～1819） | 13 |
| 明 | 32 | 道光元年至二十六年（1821～1846） | 11 |
| 洪武九年（1376） | 1 | 咸丰元年至六年（1851～1856） | 3 |
| 成化四年至十九年（1468～1483） | 5 | 同治五年至十三年（1866～1874） | 3 |
| 弘治七年（1494） | 1 | 光绪三年至三十二年（1877～1906） | 19 |
| 正德十二年（1517） | 2 | 宣统元年至三年（1909～1911） | 4 |
|  |  | 年份不详 | 1 |
| 嘉靖二年至三十五年（1523～1556） | 8 | 民国9年至30年（1920～1941） | 33 |
| 万历十六年至三十六年（1588～1608） | 10 | 中华人民共和国（1951～1956） | 2 |
| 天启二年至四年（1622～1624） | 3 | 年代不详 | 34 |
|  |  | 总计 | 192 |

表 7—7　馆藏治黄石刻拓片档案要目表

| 碑　　名 | 年　　代 | 石刻存放地点 |
| --- | --- | --- |
| 都总管镇国定两县水碑 | 金天眷二年(1139) | 山西赵城县、洪洞县分水渠上 |
| 铁犀铭 | 明正统十一年(1446) | 河南开封铁犀庙村 |
| 黄河图说碑 | 明嘉靖十四年(1535) | 陕西西安 |
| 水利禁令公文 | 明万历十七年(1589) | 山西太原晋祠 |
| 治河条例碑记 | 清康熙四十年(1701) | 安徽砀山城东故黄河大堤 |
| 通济渠记 | 明正德十二年(1517) | 陕西泾阳 |
| 重修泾州五渠记 | 明嘉靖十五年(1536) | 陕西泾阳 |
| 疏凿吕梁洪记 | 明嘉靖二十四年(1545) | 徐州吕梁洪 |
| 介休县水利碑记 | 明万历十六年(1588) | 山西介休 |
| 黄楼赋 | 宋熙宁十年(1077) | 江苏徐州 |
| 重修高家堰汉寿亭 | 清康熙三十二年(1693) | 江苏洪汉蒋坝 |
| 修唐徕渠碑记 | 清雍正九年(1731) | 宁夏青铜峡 |
| 中牟杨桥河神祠碑 | 清乾隆二十六年(1761) | 河南郑州黄河博物馆 |
| 浚惠济河碑记 | 清同治九年(1870) | 河南开封禹王台 |
| 龙洞渠记 | 清光绪二十五年(1899) | 陕西泾阳 |
| 乾隆谕河南总河白鍾山 | 清乾隆元年(1736) | 河南武陟 |
| 重修永利河序 | 清嘉庆十六年(1811) | 河南济源五龙口 |
| 黄陵岗塞河功完之碑 | 明弘治十年(1497) | 河南兰考 |
| 高村合龙处碑 | 清光绪六年(1880) | 山东东明高村 |
| 郑州合龙处碑 | 清光绪十四年(1888) | 河南郑州花园口石桥西村 |

续表 7—7

| 碑　名 | 年　代 | 石刻存放地点 |
| --- | --- | --- |
| 董庄堵口合龙碑 | 民国 25 年(1936) | 山东鄄城苏泗庄闸 |
| 花园口合龙纪念碑 | 民国 36 年(1947) | 河南郑州 |
| 重修东平戴村坝碑 | 清光绪六年(1880) | 山东东平 |
| 创建兰州黄河铁桥碑 | 清光绪三十二年(1906) | 甘肃兰州 |
| 光绪初年荒旱暨瘟疫狼鼠灾伤记 | 清光绪十年(1884) | 山西芮城大禹渡 |
| 禹王碑 | 清光绪十九年(1893) | 山东菏泽黄河修防段 |
| 仪师事迹记 | 民国 30 年(1941) | 陕西泾阳李仪址墓园 |
| 柳园口吸水机记 | 民国 18 年(1929) | 河南开封 |
| 山东黄河上游南岸民埝纪念碑 | 民国 22 年(1933) | 山东鄄城康巴村 |
| 培修金堤纪念碑 | 民国 24 年(1935) | 山东莘县与河南濮阳金堤交界 |

## 二、明代档案

明王朝对治河投入了比以往大得多的人力、物力，形成的治黄历史档案资料相当广泛、丰富，但保存下来的却很少。截至 1990 年黄河档案馆收集保存有明代治黄历史档案 311 件，都是从北京中国科学院图书馆《明实录》中选出的复制件。这些治黄档案都是明代后期的，大部记载比较简单，不系统，只是一些文摘。

表 7—8　**明代治黄档案资料分年统计表**

| 年　代 | 嘉　靖 | 隆　庆 | 万　历 | 泰　昌 | 天　启 | 崇　祯 | 合　计 |
| --- | --- | --- | --- | --- | --- | --- | --- |
| 统治时间 | 45 | 6 | 47 | 1 | 7 | 17 | 123 年 |
| 档案件数 | 7 | 54 | 243 | 2 | 1 | 4 | 311 件 |

表7—9　　明代治黄档案资料分类统计表

| 分　类 | 件　数 | 分　类 | 件　数 |
|---|---|---|---|
| 堤防工程 | 10 | 防汛抢险 | 3 |
| 决口 | 38 | 淤积、疏浚 | 10 |
| 海口治理 | 2 | 治河奏议 | 84 |
| 灾情、赈济 | 3 | 管理体制 | 68 |
| 规章制度 | 3 | 奖惩 | 27 |
| 雨雪 | 6 | 运河及泇河工程 | 31 |
| 河道钱粮 | 3 | 交汇区工程 | 21 |
| 挑浚及沁河工程 | 2 | 合计 | 311 |

## 三、清代档案

清代河务形成的大量档案多数保存在北京故宫博物院。黄河水利委员会从故宫博物院明清档案部的案卷中逐件挑选复印出治黄档案2.3万件，约1700万字。并经分类汇编装订成626册。这些治黄档案的特点是：大部分是河道总督、沿黄各省巡抚及治河重臣的奏报和清帝的朱(硃)批真迹件，且涉及专业多，内容广泛。主要有：

(一)记载治河方略及河政方面的档案1000多件，都是河道总督、沿河各省巡抚等对黄河下游河道治理、防洪防凌措施、堵口工程等治河策略的奏折及对清廷治河官员的奖惩及制定河工规章制度的奏折和清帝或军机大臣、内务府的批示等。清帝圣祖、高宗都很重视治河，他们在多次南巡中均到黄河工地视察，亲授修防机宜，对河工中重大问题详加咨询，所形成的档案都已成为清代治河方略及河政建设的重要史料。例如清圣祖康熙四十九年十二月二十日上谕："治水如治天下，得其道则治，不可用巧妄行。"清高宗乾隆曾谕两河道总督："治河之道，在因势而利导之。""河防关系重大，兹值秋汛长发之际，一切修防，抢护机宜，事存呼吸，其应行办理之务，督、河诸臣，自可相机速办。"清仁宗嘉庆谕江南河道总督："治河之法，以蓄清敌黄为上策，减黄助清为中策。"这部分档案能较完整地反映清代各朝的治河方略及河政建设。

(二)水文档案近5000件,连续性强,系列长达200多年。其中有沿黄各地方报奏的雨雪,积累了大量的降水数据,是研究清代黄河流域水文气象和黄河洪水来源的主要依据,也是研究黄河流域社会经济的重要史料。

康熙四十八年(1709年)在河南陕州设立水志并建立报汛制度,进行黄河水文观测和报汛,清档中多有实录。从乾隆朝开始对历年水情和几次特大洪水的奏报材料保存比较完整。道光二十三年(1843年)黄河特大洪水的记载多达2万多字。其中《中牟大工奏稿》中对陕县万锦滩水情的记载:"黄河万锦滩于七月十三日巳时报长水七尺五寸,至十五日寅刻,复长水一丈三尺三寸。前水尚未见消,后水踵至,计一日十时之间,长水二丈八寸之多,浪若排山,历考成案,未有长水如此猛骤者。"按照50年代调查的洪水痕迹推算,这次洪水陕县洪峰流量约为36000立方米每秒。依据档案记载分析,又推得了涨水过程,并估算出了洪水总量。此外对1761年特大洪水、1662年、1841年及1842年黄河及泾河的大洪水也都根据档案推算出洪峰流量及洪水总量。

清代黄河水文档案中除有大量雨雪降水记载外,还有很多黄河含沙量变化资料。对研究黄河水沙丰枯变化和调节合理利用水沙资源,提供了基础资料。

(三)黄河下游修防档案近万件,数量最大,占总件数40%以上,都是清代各朝的堤防培修、险工修筑及河道疏浚、开挖引河、裁弯取直和防汛抢险的奏报和批复。可以从中查出每年培修堤防工程的情况及工程规模、数量、投资和技术措施等,并有清代各朝皇帝的有关御旨、朱(硃)批与内务府的批复(大部都是真迹复印件),总计100万字。

(四)反映海口演变过程和整治方略的档案共135件。记载黄河自安东县云梯关以下海口变迁及海口淤沙、海岸延伸情况,并有一些有关海口治理的议论、奏疏及经验教训奏报。另外还有一部分有关引黄灌溉和航运方面的档案,兹按年代、类别统计如表7—10、表7—11。

表7—10 **清代档案资料分年统计表**

| 年代 | 顺治 | 康熙 | 雍正 | 乾隆 | 嘉庆 | 道光 | 咸丰 | 同治 | 光绪 | 宣统 | 合计 |
|---|---|---|---|---|---|---|---|---|---|---|---|
| 统治时间 | 18年 | 61年 | 13年 | 60年 | 25年 | 30年 | 11年 | 13年 | 34年 | 3年 | 268年 |
| 档案卷数 | 12 | 14 | 11 | 174 | 163 | 124 | 20 | 23 | 75 | 10 | 626 |

表 7—11　清代治黄档案资料分类统计表

| 序号 | 内　容 | 卷数 |
|---|---|---|
| 1 | 河源调查 | 3 |
| 2 | 水文:水情、雨雪、河湖水势、河清献瑞 | 102 |
| 3 | 下游修防:堤防、岁修工程、防汛、抢险、河势工情、堤防决溢及堵复工程、分洪工程、河床淤积与疏浚、河道裁弯取直工程、滩区工程、海口变迁及治理工程、铜瓦厢改道后兰考以下堤防工程、治河奏议、木龙工程、埽坝结构与料物 | 310 |
| 4 | 铜瓦厢改道后对恢复南河的议论 | 2 |
| 5 | 凌汛:防凌措施、决溢及堵复工程 | 8 |
| 6 | 灾赈:黄水泛滥灾情、沿黄各省自然灾情 | 49 |
| 7 | 黄运交汇工程(运河穿黄):交汇区工程、蓄清刷黄工程 | 36 |
| 8 | 水利:放淤、灌溉工程、航运 | 7 |
| 9 | 河政:管理体制、规章制度、奖惩、河工弊端 | 34 |
| 10 | 粮价、河道钱粮 | 28 |
| 11 | 附图:河源图、河道图、工程布置图、黄运交汇图、漫口水患图、黄沁交汇图、运河图、江南省河湖水系图、其他河系图、徐州水位志桩图 | 20 袋 |
| 12 | 附图片(原始拍照):漫口、河道、河工、海口、分洪工程、交汇区工程、漫水范围图片 | 18 袋 |
| 13 | 补充资料:黄河考、黄运两河修防章程、谕旨奏疏 | 4 |
| 14 | 沁河档案资料:堤防、岁修、防汛、抢险工程、决溢及堵复工程、灾赈 | 13 |
| 15 | 其他:运河工程、海河工程、戴村坝工程、其他河道工程、地震 | 30 |
| 总　计 | | 626 卷<br>38 袋 |

## 四、民国档案

馆藏民国时期的治黄档案、资料,总计 5372 卷,其中有:

(一)民国元年至 21 年(1912～1932 年)没有成立统一的治河机构之前,沿河各省河务机关所形成的档案,数量不多,仅 98 卷。

(二)民国22年(1933年)国民政府成立了黄河水利委员会,除进行堵口及部分培修大堤工程外,并开始引用西方技术,在黄河上开展了勘测设计及科学研究、水土保持工作,至民国26年(1937年)共形成档案1262卷。

上述档案的内容主要是:

1.国民政府及各部委机关形成的有关水利建设计划、水利法规条例汇编、用水执照核发规则、实施水利法规办法、水利工程计划编制办法、历年水利事业统计辑要、黄河河务会议会刊、冀鲁豫三省各种黄河图、1919年平汉铁路黄河桥附近平面图及桥底形势图、黄河水灾救济委员会章程等。

2.黄河水利委员会及各省河务局的历次会务、局务会议的议程、提案、决议案、记录、工作报告、会议特刊、修防会议及黄河治本座谈会纪要、黄河防汛会议汇编、抢险述要、各年度工作计划大纲;1933年制定的《黄河水利委员会组织法》及历次修正本、报汛办法、黄河民工防汛规则、黄河电报管理规则、黄河防护堤坝规则、黄河察勘修防设计团组织规则、防凌办法、各省黄河防汛组织办法及抢险方法图解、丁坝、挑水坝、护岸工程等标准图,1933~1937年黄河地形图图志;历年培修大堤计划图表及春厢工程计划与图表、大堤造林、对下游三省黄河各种勘查报告;黑岗口等多处虹吸工程的计划、施工、竣工材料、引水组织规程及各种工程验收与竣工报告;历年河患、灾情调查、水灾救济及灾民代表请愿书、民埝工程计划及竣工图表;1895~1919年山东黄河河防沿革图等。

3.黄河治本研究团编制的《黄河水利发电计划报告书》、各种考察报告及调查资料、治黄规划方案。

4.在这一时期国民政府曾任用留学归国的水利专家参与治河工作并聘请外国专家为治黄服务。这一时期的档案中有不少国内外著名水利专家学者的治河论著、考察报告、研究成果。其中有:李仪祉的《黄河概况及治本探讨》、《固定河床应以何水位为标准》、《巩固堤防策》、《免除大河以北豫、冀、鲁九县水患第一、二、三减河初步计划书》及《泾惠渠》等。沈怡的《黄河年表》及《黄河治理研究之目的及范围》。张含英的《黄河治理纲要》及《治河稿选辑》等。从事河工30余年的潘镒芬遗著及有关治河资料,已由他的儿子潘伯棠于1961年全部捐献给国家,后转交给黄河档案馆,经整理共56卷,内有《黄河堵口工程之研讨及堵口抢险表式说明》、《黄河决口修堵概要》、《黄河下游历年决口时间、处所、口门堵合情况统计表》、《山东境内黄河历史决口一览表》、《1919~1931年山东黄河水利记录》、《利津宫家及扈家滩、李升屯、黄花寺、长垣小龙庄等决口的口门情形》、《口门形势图》、《决口说明书》、

《堵口计划》、《开挖引河》、《工员组织施工程序》、《堵口形势图》、《工程进度图》及堵口照片、土工照片、全坝照片、合龙照片、《堵口落成碑记》、《堵口工程所需银洋清册》及《口门决堵始末记》等。另外，还有部分国内专家及社会各界人士提出的各种治河意见书与治河论著等。

国外专家：有首创河工模型试验的德国德累诗顿大学教授恩格思(H·Engels)的《治导黄河试验书》及《有关黄河治导试验质疑之点》。还有挪威水利专家安立森(S·Eliassen)的《1933年黄河之洪水量》、《绥远民生灌溉渠之现状及其整理法》、《黄河流域土壤冲刷之制止》及《渭河调查报告》等。美国水利专家费礼门(J·R·Freeman)的《黄河洪水问题》，塔德(O·J·Todd)的《黄河问题》等。

5. 民国25～26年(1936～1937年)，《黄河志》编委会编辑、国立编译馆出版的第一篇气象、第二篇地质志略、第三篇水文工程，共三册。

(三)民国27年至中华人民共和国成立(1938～1949年9月)，形成的档案共4012卷，主要内容是：

1. 花园口决堵情况：主要有《花园口决堤经过》、《花园口之水文》、《花园口口门之变迁及上下游河床之淤刷、决口查勘报告书》、《口门附近地形图》、《口门下游地形图》、《花园口河势情形及流凌状况》、《堵口计划》、《堵口模型试验纲要》、《堵口工程位置、平面、施工布置图》、《堵口工程进展状况》、《堵口工程新、旧线进行办法》、《堵口工程竣工图》、《黄河花园口合龙纪念册》等。

2. 黄泛区的形成及治理主要有：《黄泛区范围及概况》、《泛滥形势图》、《泛区变迁图》、《泛区地形图》、《黄泛区域黄水深浅大溜趋势图说》、《泛区视察、调查、查勘报告》、《鲁苏豫皖黄泛区视察团总报告书》；历次整修泛区会议记录、《泛区复兴计划》、《泛区水道及土地整理计划》、《排积水工程计划》、《泛区水利工程计划》、《培修军工堤坝工程计划书》、《军工堤坝竣工验收及移交报告书》、《整理防泛新堤(指防泛西堤以下同)查勘设计团总报告书》、《防泛新堤接管防守办法》、《修培防泛新堤土工办法及堤上造林计划》、《防泛新堤决溃状况侦察报告及决口抢护情况》、《堵口计划及预算》、《堵口竣工报告及验收书》；《泛区赈济、水灾救济计划、概算》、《救济灾民报告及救济基金决算》。

3. 抗日战争期间，日本帝国主义为掠夺中国水利资源，对黄河进行调查研究，其中东亚研究所第二调查(黄河)委员会形成的档案主要有：《黄河调查委员会构成(案)》、《黄河调查委员会内地委员会发会式经过概要》、《黄河调查委员会北支委员会概要》、《黄土调查委员会北支委员会研究细目》、《黄河之水利》、《治理黄河的经济意义》、《关于治理措施的论述》、《黄河水力的初步考察》(日文)、《黄河水力发电现场考察报告》、《黄河治理现场考察报告》、《黄河水力发电调查及计划报告书》、《黄河水量的研究》(日文);《从防洪与水源利用方面论述三门峡水库》、《用滞洪区调节黄河洪水的研究》、《河南孟津至陕州间洪水调节堰堤位置调查报告》、《关于黄河应急处理对策的调查报告及其综合调查报告书》、《黄河下游的现状》、《支那主要河川的水系及流域面积》、《山东省的地下水》、《陕县～郑州间黄河沿岸地下资源》、黄河调查委员会的各项计划纲要、历次会议的记录、黄河资料研究汇编第11～13种、《北支事务所调查部所藏黄河关系文献目录》、《满铁所藏黄河关系文献目录》、《黄河上游水运与水文调查报告》及《运河改修计划》等。

1939～1942年汪伪政权在泛区东岸曾修筑防泛东堤工程,并建立了中牟赵口筹堵委员会和筹堵花园口口门委员会,形成的档案有:《黄河中牟决口缔切(堵复)委员会组织会议议事记录及暂行组织条例》、《筹堵黄河中牟决口委员会技术工作报告及工程计划草案》、《黄河御水减洪初步计划草案》、《豫、冀、鲁三省黄河御水工程估计表》、《筹委会第一、三两测量队工作总报告》、《花园口缔切工程计划》、《黄河京水镇堵口工程概要》、《京水镇口门测量队组织大纲及报告书》等。

## 五、解放区的治河档案

解放区的治黄档案,主要是冀鲁豫解放区黄河水利委员会及所属机构在1946年2月至1949年9月形成的档案。1946年初,国民政府决定堵复花园口使黄河回归故道。当时黄河南流已近8年,故道断流,两岸堤防已残破不堪。为了保护人民利益及适应治黄的需要,1946～1949年冀鲁豫解放区和渤海解放区先后在沿河建立了各级治河机构,在中国共产党领导下,一方面与国民党进行谈判,一方面领导解放区人民修堤防汛,在此期间共形成720卷治黄档案,主要是堵口复堤谈判的历次协议、谈判记录、来往函电、防洪、抢险等文件材料,并有周恩来、董必武的部分手稿。

## 第二节 当代档案

当代治黄档案占馆藏档案总量的95%以上,而且这部分档案比较系统完整,全面地记载了40多年来中共中央、国务院关于人民治黄事业的一系列重要方针、政策及黄河水利委员会与所属机构的主要治黄业务技术活动。它是黄河档案馆馆藏档案的主要组成部分。

### 一、科学技术档案

中华人民共和国成立后形成的各类科技档案数量见表7—12。

表7—12 **科学技术档案数量统计表**

| 名　　称 | 卷 | 张 | 名　　称 | 卷 | 张 |
|---|---|---|---|---|---|
| 黄河流域规划 | 6486 | 4965 | 水土保持 | 1269 | 707 |
| 工程设计及地质 | 14032 | 45439 | 水资源保护 | 156 | |
| 测　绘 | 13450 | 74911 | 科学技术管理 | 861 | |
| 南水北调 | 584 | 1469 | 房屋建筑 | 190 | 6856 |
| 下游治理 | 7406 | 17440 | 合　计 | 107206 | 171059 |
| 黄河水文 | 62772 | 19272 | | | |

#### (一)规划档案

中华人民共和国成立以来进行过多次黄河治理开发综合规划、专项规划、支流规划,并对规划进行过多次修改补充,共形成档案6486卷,图纸4965张,底图5152张。内容有规划任务书、查勘报告、社经调查、水文气象、泥沙资料、水文分析成果、历史洪水考证、最大洪水估算、水资源利用、工程地质、规划报告及各种附件、河道整治、防洪防凌、灌溉、放淤、滞洪、分洪、水土保持、施工计算及成果报告、科学试验、经验汇编等。

第一次流域规划是1954年底在国务院直接领导下,由苏联专家组帮助完成的《黄河综合利用规划技术经济报告》。这也是中国第一部大江大河综合治理开发的规划。1955 年 7 月 30 日,第一届全国人民代表大会第二次会议通过了《关于根治黄河水害和开发黄河水利综合利用规划的决议》。这次规划形成档案 1968 卷,图纸 2924 张(其中 28 卷 6 张编入测绘档案)。《黄河综合利用规划技术经济报告》共分总述、灌溉、动能、水土保持、水工、航运、关于今后勘测设计和科学研究工作方向的意见及结论等八卷,全文 20 万字,附图 112 幅。黄河规划委员会苏联专家组在《黄河综合利用规划技术经济报告》的结论中分章提出的今后工作意见、评价和希望,约 10 万字。

第二次是 1958 年编制的黄河综合治理规划,主要档案是:《黄河下游综合治理规划》、《黄河三门峡以上干支流水库规划》和《黄河流域水土保持规划》及各种附件。

第三次是 1965 年编制的上拦下排、除害兴利,逐步变害河为利河的规划(这一规划,因"文化大革命"而中途夭折),形成的档案数量不多。

第四次是 1975 年编制的 3 项规划:一、解决黄河下游防洪、防凌和泥沙淤积问题。二、龙门以上干支流工程的开发方案和建设程序。三、全流域水土保持、水利、水电建设的轮廓。

第五次规划档案尚未归档。

## (二)工程设计及地质档案

黄河流域干支流部分水利工程设计及地质档案大部分是 1958 年以来黄河水利委员会勘测规划设计院在进行勘探、设计工作中形成的。共有 29 项工程技术档案。其中有三门峡、三盛公、陆浑、故县水利枢纽工程和巴家嘴拦泥试验坝、张庄入黄闸、天桥水电站、渠村分洪闸等已建工程及小浪底前期开工工程,上述各项工程形成的档案较多,各项文件材料也较齐全。

表 7—13　**工程设计及地质档案分阶段数量统计**

| 档案内容 | 1966 年以前 | | 1967～1978 年 | | 1979～1990 年 | | 合计 | |
|---|---|---|---|---|---|---|---|---|
| | 卷 | 张 | 卷 | 张 | 卷 | 张 | 卷 | 张 |
| 工程设计及地质 | 9378 | 24790 | 3187 | 15478 | 1467 | 5171 | 14032 | 45439 |

## (三)测绘档案

测绘档案共有 13450 卷,74911 张,分两部分:一是 1933～1937 年形成的,数量不多(1938～1949 年形成的测绘档案,均编在 MG5 类中)。二是 1950～1990 年形成的,数量较大。内容是:天文观测计算手簿、天文改正计算、天文成果表、天文站说明图、天文墩图、基线端点暗标图、基线路线地形及断面图、基线测量手簿、基线外业计算、三角选点图、三角网图、三角点环视图、归心元素图、埋石图、觇标类型图、度盘位置图、三角成果表、水平方向观测手簿、天顶距观测手簿、水准路线图、水准观测手簿、水准高差高程表、三角点水准联测、水文站基点水准联测、涵闸基点水准联测、黄河水准测量高程系统考证、各种比例尺地形图、库区图、坝址图、河道图、河势图、铝板图、透明图、黄河干支流纵横断面图、大堤断面图、任务书、协议书、技术设计书、检查验收报告、技术总结、三角点点之记、水准点点之记、占地证明书、委托保管书等。其中主要的有地形与工程测图,见表7—14、表7—15。

表7—14 **黄河流域地形测量档案数量表**

| 名称 | $\frac{1}{万}$图(幅) | $\frac{1}{2.5万}$图(幅) | $\frac{1}{5万}$图(幅) | $\frac{1}{10万}$图(幅) | 合计(幅) | 作业时间 |
|---|---|---|---|---|---|---|
| 京广铁路桥至来童寨地形图 | 20 | | | | 20 | 1957 |
| 来童寨至柳园口区地形图 | 40 | | | | 40 | 1957 |
| 海口至孟津段河道地形图 | | 236 | 188 | | 424 | 1957～1960 |
| 位山至东坝头河道地形图 | 99 | | | | 99 | 1969 |
| 黄河下游河道地形图 | | | 27 | | 27 | 1972 |
| 黄河海口区地形图 | 36 | | | 4 | 40 | 1974～1986 |
| 黄河下游河道地形图 | | | 33 | | 33 | 1982～1986 |
| 黄河下游河道水下地形图 | | 18 | | | 18 | 1959 |
| 三门峡至温县测区地形图 | 173 | | | | 173 | 1966～1970 |

续表 7—14

| 名　称 | $\frac{1}{万}$图（幅） | $\frac{1}{2.5万}$图（幅） | $\frac{1}{5万}$图（幅） | $\frac{1}{10万}$图（幅） | 合计（幅） | 作业时间 |
|---|---|---|---|---|---|---|
| 黄河北干流地形图 | 280 | | | | 280 | 1976 |
| 黄河中游河道地形图 | 241 | 74 | 11 | 16 | 342 | 1951～1967 |
| 黄河沿至吉迈河道查勘地形图 | | | 9 | | 9 | 1960 |
| 吉迈至贾曲河口黄河河道地形图 | | | 17 | | 17 | 1960 |
| 宁托段黄河河道地形图 | 337 | 185 | | | 522 | 1953～1960 |
| 黄河源及通天河河道形势图 | | 31 | | | 31 | 1952 |
| 沁河河道地形图 | 49 | | | | 49 | 1949 |
| 伊、洛河河道地形图 | 17 | 17 | | | 34 | 1951 |
| 泾河地形图 | 181 | | 15 | | 196 | 1953 |
| 董志塬地形图 | 213 | | | | 213 | 1952～1956 |
| 无定河河道地形图 | 60 | | | | 60 | 1953 |
| 黄河河口改道区地形图 | | 11 | | | 11 | 1968 |
| 沁河润城至五龙口区地形图 | 21 | | | | 21 | |
| 原阳区地形图 | 140 | | | | 140 | |
| 汜水流域地形图 | 14 | | | | 14 | |
| 合计 | 1921 | 572 | 300 | 20 | 2813 | |

表 7—15

## 黄河流域工程测量档案数量表

| 名称 | 坝闸（个） | $\frac{1}{5百}$图（幅） | $\frac{1}{千}$图（幅） | $\frac{1}{2千}$图（幅） | $\frac{1}{5千}$图（幅） | $\frac{1}{万}$图（幅） | $\frac{1}{2.5万}$图（幅） | $\frac{1}{5万}$图（幅） | 合计（幅） |
|---|---|---|---|---|---|---|---|---|---|
| 王旺庄枢纽地形图 | 1 | | 6 | | | 9 | | | 15 |
| 位山枢纽地形图 | 1 | 5 | | 52 | 6 | 30 | | | 93 |
| 石头庄溢洪堰地形图 | 1 | | | 16 | 8 | | 7 | | 31 |
| 封丘、孟清、兰东滞洪区地形图 | 3 | | | | | | 22 | | 22 |
| 北金堤分洪口门地形图 | 1 | | | | | 8 | | | 8 |
| 邙山枢纽地形图 | 1 | | | 26 | 97 | | | | 123 |
| 柳园口枢纽地形图 | 1 | | | 12 | | 11 | | | 23 |
| 黑岗口虹吸工程地形图 | 1 | 2 | | 7 | | | | | 9 |
| 小浪底枢纽地形图 | 1 | | 31 | 157 | | | | | 188 |
| 八里胡同坝区料场图 | 1 | | | 40 | | | | | 40 |

续表 7—15

| 名　　称 | 坝　闸（个） | $\frac{1}{5百}$图（幅） | $\frac{1}{千}$图（幅） | $\frac{1}{2千}$图（幅） | $\frac{1}{5千}$图（幅） | $\frac{1}{万}$图（幅） | $\frac{1}{2.5万}$图（幅） | $\frac{1}{5万}$图（幅） | 合　计（幅） |
|---|---|---|---|---|---|---|---|---|---|
| 三门峡水利枢纽地形图 | 1 |  | 16 | 89 |  | 596 |  |  | 701 |
| 龙门坝址地形图 | 1 |  | 29 | 24 |  |  |  |  | 53 |
| 青铜峡坝段地形图 | 1 |  |  |  |  | 6 |  |  | 6 |
| 天桥坝段地形图 | 1 | 17 | 15 |  | 11 |  |  |  | 43 |
| 渠村闸地形图 | 1 |  |  | 37 |  |  |  |  | 37 |
| 碛口坝址地形图 | 1 |  |  | 3 | 3 |  |  |  | 6 |
| 张庄闸地形图 | 1 |  |  | 9 |  |  |  |  | 9 |
| 黄河干流其他水利枢纽地形图 | 27 | 9 | 12 | 242 | 30 | 70 |  | 1 | 364 |
| 沁河库坝址地形图 | 15 |  | 14 | 56 | 26 | 10 | 17 | 1 | 124 |
| 伊、洛河库坝址地形图 | 18 | 82 | 51 | 59 | 68 | 18 | 39 |  | 317 |

续表 7—15

| 名　称 | 坝　闸（个） | $\frac{1}{5百}$图（幅） | $\frac{1}{千}$图（幅） | $\frac{1}{2千}$图（幅） | $\frac{1}{5千}$图（幅） | $\frac{1}{万}$图（幅） | $\frac{1}{2.5万}$图（幅） | $\frac{1}{5万}$图（幅） | 合　计（幅） |
|---|---|---|---|---|---|---|---|---|---|
| 北洛河库坝址地形图 | 13 | 16 | | 10 | 19 | 258 | 12 | | 315 |
| 泾河库坝址地形图 | 54 | 15 | 29 | 57 | 81 | 93 | 10 | | 285 |
| 渭河库坝址地形图 | 44 | 6 | 1 | 81 | 104 | 67 | 42 | 1 | 302 |
| 无定河库坝址地形图 | 25 | 33 | 20 | 30 | 94 | 96 | 10 | 13 | 296 |
| 其他支流库坝址地形图 | 22 | 4 | 8 | 70 | 19 | 55 | 15 | 5 | 176 |
| 水土保持典型区地型图 | | | | 3 | 70 | 27 | | | 100 |
| 灌区地形图 | 8 | | | 42 | | 121 | | | 163 |
| 合计 | 245 | 172 | 234 | 1137 | 625 | 1486 | 174 | 21 | 3849 |

### （四）南水北调档案

南水北调是跨流域的调水工程，主要是解决黄河水资源不足和西北地区干旱及黄淮海平原缺水问题的战略措施。它与黄河的治理和流域内水土资源的开发利用关系十分密切。整个南水北调工程包括西、中、东三条调水线路。黄河水利委员会参加了东线一期工程线路的查勘和规划研究及中线部分工作，西线全部由黄河水利委员会负责查勘和规划。

从50年代初至80年代末，黄河水利委员会先后多次组成南水北调查勘队，进行南水北调查勘。形成档案584卷，蓝图1469张，底图2024张。主要内容有查勘报告、引水线路、输水线路、引水坝址、引水隧洞、水工计算、水量计算、交叉工程、穿黄工程、航运规划、地质报告、物探测深记录及曲线、地质钻探成果、模型试验、水准点成果表、三角点成果表、线路地形图、坝址地形图、断面图、水文流量成果、社经调查、环境影响、气候分析、资料汇编等。其中主要成果档案有：

1.1952年黄河水利委员会黄河河源查勘队编写的《黄河源及通天河引水入黄调查报告》。

2.50年代末至60年代初，黄河水利委员会抽调400多人，组成3个查勘队（第一、四、七队），进行南水北调西线查勘时形成的：《南水北调查勘报告》、《南水北调综合考查与科学研究专题初步意见》、《中国西部地区南水北调怒定、怒洮引水线路查勘报告》、《通柴引水线路查勘报告》、《金沙江线路的查勘报告》、《金沙江、澜沧江、怒江三江查勘报告》及《南水北调资料汇编》等。

与此同时，中国科学院西部地区南水北调综合考察队，在中国西部南水北调引水区综合考察后编写的：《中国西部南水北调引水区综合考察报告》及该引水区《水文特性初步研究简要报告》、《水利影响初步研究简要报告》、《气候分析简要报告》、《经济调查简要报告》、《地质概况》、《地貌考察报告》、《森林考察报告》、《植被考察报告》等。

另外，还有《苏联专家对编制南水北调运河规划的意见》。

3.70年代末至80年代末，黄河水利委员会又组织三次南水北调西线查勘，对通天河、雅砻江、大渡河地区南水北调进行详细查勘，形成有《通天河至黄河源地区引水线路及鄂陵湖、扎陵湖查勘报告》及附图、《通天河、雅砻江、大渡河至黄河上游地区引水线路查勘报告》、《南水北调西线引水工程规划研究报告》及《南水北调西线工程初步研究报告》等。

4.1958年黄河水利委员会组织查勘工作组，第一次查勘从丹江口引汉济黄线路之后编写的《引汉济黄线路查勘报告》、《引汉济黄线路方案意见(初稿)》、《引汉济黄规划报告及附图》。是年又进行了京广运河郑州至北京段的查勘，编写有《京广运河郑州至北京段查勘简要报告》。

1959年黄河水利委员会又派出第五勘测设计工作队，对引汉线路进行重点查勘，编写有《引汉济黄沙河至郑州地区第二次查勘报告》、《引汉济黄近期引水量方案估算》。

1959年由水利电力部、交通部、铁道部、国家计划委员会、北京市水利局、河北省水利电力厅和交通厅、河南省水利厅和交通厅及黄河水利委员会等单位还进行了南北大运河(即京广大运河)的查勘，提出引水过北京至秦皇岛入海的意见，编写有《南北大运河京郑、京秦等查勘报告》、《京广大运河京郑段航道水力要素初步计算》、《京广运河京郑段路线方案情况介绍》等。

5.1962年黄河水利委员会规划处编写的《中国中部、东部地区南水北调资料情况说明》。

## (五)下游治理档案

黄河下游治理档案，主要是黄河下游治理工程的计划、堤防管理、堤防加固、整险、防洪、防凌、抢险、堵口、滞洪、引黄淤灌、河道清障及各项工程竣工验收等，共有7406卷(本)，图纸17440张。其分类数量见表7—16。

表7—16　**黄河下游治理科学技术档案分类数量表**

| 类别 | 卷 | 张 | 类别 | 卷 | 张 |
|---|---|---|---|---|---|
| 综合类 | 653 | 1670 | 科学研究、技术革新类 | 19 | 38 |
| 堤防类 | 439 | 268 | 机械设备、仪器类 | 3 | |
| 河道治理类 | 1538 | 1866 | 计划统计类 | 3 | |
| 涵闸、虹吸、扬水站工程类 | 2050 | 12922 | 通信类 | 1 | |
| 引黄淤灌类 | 234 | 14 | 房屋建设类 | 2 | |
| 防洪、防凌类 | 2045 | 283 | 其他类 | 90 | 115 |
| 水利枢纽工程类 | 326 | 264 | 合　计 | 7406 | 17440 |
| 水文、水情类 | 3 | | | | |

1.堤防类档案:黄河下游堤防建设、管理,三次大规模的加高培修、组织领导、施工管理、工程标准、质量要求、堤防加固、处理堤身隐患、锥探灌浆、抽水洇堤、放淤固堤、堤防管理制度、护堤政策、堤身维修、整修改建险工埽坝修筑技术、堤身绿化、林木管理、综合经营等。

2.堤防工程类档案:主要是各次重大险工的抢护过程和技术措施、参加人员、用工、用料、经费及对黄河下游防洪抢险专业技术队伍和沿黄地方群众抢险队员的组织领导、技术培训教材、巡堤查险方法、制度等。

3.河道治理类档案:历年河势查勘报告、河势图、洪水及塌滩河势图、河道观测图及河道纵横剖面图等,这部分档案对黄河下游几十年来游荡性河段、过渡性河段、弯曲性河段的河势演变以及各项控导工程修建后使河势得到基本控制,河槽得到固定之后,对险工在防洪固堤、引水、护滩、航运等方面所起的作用等记载都十分详细。

4.黄河河口类档案:对河口的查勘、调查、规划、计划、治理措施及河口流路变迁、河口三角洲岸线的变迁、河口变迁对河道的影响及对黄河三角洲的资源开发影响等。

5.涵闸虹吸扬水站工程及引黄淤灌类档案:从1950年政务院批准《引黄灌溉济卫工程计划书》之后逐步动工兴建的100多处引黄涵闸、虹吸及扬水站工程的设计、施工、竣工、管理、观测和40多年来引黄灌溉、放淤改土的效益及各阶段的实践经验与教训等。

6.防洪、防凌类档案:历年防御各类洪水的方案、措施、组织领导、水情预报,安排洪水的方案、分洪措施及实施方法和黄河安全度汛,减免决溢所取得的社会效益与经济效益。并有防御1949年、1958年大洪水的原始记录。黄河凌汛方面的档案,主要是历年防凌计划、方案、调查、查勘及组织群众防守、破冰、分水及运用水库调蓄等措施战胜凌汛的系统材料。还有防凌溢水堰工程建设、爆破技术和克凌措施、决溢口门堵筑工程、凌情预报等。

### (六)水文档案

黄河水文档案分两部分,一是黄河水利委员会原水文处1982年以前在水文业务技术管理工作中形成的档案。共2714卷,图纸2046张(从1982年以后所形成的水文档案已交水文局档案室);二是黄河系统各测站建站后历年施测的各种原始记录及整编成果等60058本,图纸17226张。上述两部分档案的内容是:水文测验规范、计划、工作总结及水文专业工作会议文件材料,水文站网规划、站网调整,水文测站基本设施,水文情报与水文预报规范、水文预报方案、水文预报方法研究，水文调查、水文计算、水文分析研究，流域水文特性及流域特征值计算，基本测站及试验站的测验技术规定、测验工作的布置、总结，水文测验方法和仪器工具、试验研究成果，水文测站考证及各种原始记录，资料整编规范、技术规定及整编工作总结、整编技术专题研究成果等。兹将其中的流域特征值计算和控制站的原始记录两项分别记述如下：

1.流域特征值的重新量测

1970年以前的《黄河水文年鉴》中刊布的黄河干支流特征值，多系用旧图量得，精度较差。从1972年3月开始，黄河水利委员会与流域内各省(区)水文总站协作，用国家最新出版的1/5万及1/10万地形图1886张，量算了黄河干、支流339条河，2536个水文站、水位站和雨量站的经纬度、控制断面和集水面积、河流长度、河道纵比降以及各支流至河口之间的距离等。形成档案71卷，重要数据有：(1)黄河干流全长为5463.6公里；(2)黄河流域集水面积752443平方公里；(3)黄河流经四川省(1970年前刊布的黄河干、支流特征值中漏掉了流经四川省)境内142.3公里，四川省汇入黄河的积水面积为17000平方公里。

这部分水文档案中还有水利电力部1973年底审查批准的成果及黄河水利委员会向国家机关、新华社等公布应使用黄河流域面积和干流长度的文件材料，以及量测黄河流域特征值的试行技术规定，高斯——克吕格地形图图幅面积表，黄河流域面积量测记录，黄河流域分省面积量测记录表，黄河干流分段河道长度及河道比降量算记录，支流流域面积统计表，黄河流域划有流域分水线的国家版地形图，黄河流域特征值量算工作总结及黄河流域特征值成果刊印本等。

2.黄河干、支流控制站的水文原始记录

黄河干、支流历年施测的各种水文原始记录共20996站年，其中贵德、兰州、青铜峡、吴堡、龙门、三门峡、花园口、高村、利津、享堂、黄甫川、黑石关等67个控制站(有22个是1949年以前设的站)，共积累了8118站年的原始记录，占总站年的38%以上，因这些站地理位置重要，档案完整，系列长，利用率高，比较珍贵。

黄河水文原始记录站年统计、黄河水文原始记录及成果分阶段数量统计见表7—17、表7—18。

表 7—17　　**黄河水文原始记录站年统计表**

| 区　域 | 水位 | 水温 | 比降 | 流量 | 冰凌 | 单沙 | 水样 | 同位素 | 水准 | 断面 | 平板图 | 自记水位 | 总站年 |
|---|---|---|---|---|---|---|---|---|---|---|---|---|---|
| 上游区 | 782 | 40 | 231 | 712 | 147 | 655 | 510 | | 550 | 185 | 1 | 16 | 3829 |
| 中游区 | 1012 | 12 | 242 | 918 | 113 | 905 | 779 | | 873 | 370 | 2 | 3 | 5229 |
| 下游区 | 1972 | 161 | 446 | 1080 | 400 | 986 | 781 | 20 | 1349 | 488 | | 115 | 7798 |
| 泾洛渭区 | 788 | 5 | 216 | 756 | 49 | 703 | 625 | | 645 | 353 | | | 4140 |
| 合　计 | 4554 | 218 | 1135 | 3466 | 709 | 3249 | 2695 | 20 | 3417 | 1396 | 3 | 134 | 20996 |

表 7—18　　**黄河水文原始记录及成果分阶段数量统计表**

| 类　别 | 1966 年以前 | | 1967～1978 年 | | 1979～1990 年 | | 总累计 | |
|---|---|---|---|---|---|---|---|---|
| | 卷 | 张 | 卷 | 张 | 卷 | 张 | 卷 | 张 |
| 任务书 | 350 | | | | | | 350 | |
| 水文原始记录 | 22564 | | 11196 | | 3426 | | 37186 | |
| 降雨、气象原始记录 | 3021 | 70 | 1330 | 67 | 1146 | 12 | 5497 | 149 |
| 颗分原始记录 | 2176 | 3717 | 1875 | 4448 | 1004 | 2111 | 5055 | 10276 |
| 水化、地下水位记录 | 275 | 76 | 17 | 13 | | | 292 | 89 |
| 大断面图 | 1118 | 2 | | | | | 1118 | 2 |
| 整编成果 | 5237 | 4720 | 3462 | 1476 | 1263 | 498 | 9962 | 6694 |
| 水文年鉴 | | | | | 598 | 16 | 598 | 16 |
| 合　计 | 34741 | 8585 | 17880 | 6004 | 7437 | 2637 | 60058 | 17226 |

## （七）水土保持档案

黄河水土保持档案，主要是由黄河水利委员会原水土保持处形成的，共有 1269 卷，图纸 707 张，幻灯片 159 张。内容包括：

1. 水土保持指导性文件及规范，如 1952 年政务院发布的《关于发动群众继续开展防旱、抗旱运动及大力推行水土保持工作的指示》及 60 年代颁发的《国务院关于黄河中游地区水土保持工作决定》，80 年代黄河水利委员会编制经水利电力部批准的SD175—86《水土保持治沟骨干工程暂行技术规范》、《水土保持技术规范》、《水土保持试验规范》及以后编发的《黄河流域水土保持小流域综合治理试点管理实施办法》等。

2.几十年来黄河流域水土保持调查、考察档案材料。主要有:(1)50年代初的黄河水土保持查勘成果及黄河水利委员会与中国科学院合作进行的黄河水土保持查勘资料和植物标本。(2)60年代几次大规模水土保持调查所形成的基础资料。(3)1982年组织的无定河调查队所收集的资料及编写的《无定河流域综合治理调查报告》及《无定河流域综合治理调查成果资料汇编》。

3.在历次黄河水土保持规划中形成的档案有:(1)50年代初黄河水土保持规划,这次规划奠定了黄河水土保持规划的模式;(2)70年代后期开始编制的《黄土高原水土保持专项规划》;(3)80年代初出现的以户承包治理小流域的各次专业会议文件。

4.多年来各方面进行的水土保持科学研究。在径流小区观测及研究水土流失规律方面形成的成果档案,主要有《黄河中游径流泥沙资料》,其中包含着大量进一步分析研究的科学数据。还有水土保持技术措施及其他施工技术研究方面的成果及80年代中期天水、西峰、绥德三个水土保持科学试验站分别刊印的历年试验成果汇编等。

5.黄河流域水土保持推广工作方面形成的档案,主要是水土保持的典型材料,如武山的邓家堡、绥德的韭园沟、庆阳的南小河沟、河曲的曲峪、泾川的二郎沟等水土保持样板。此外还有推广定向爆破筑坝、水力冲填筑坝、推土机修梯田和飞机播种、造林种草等方面的档案。进入80年代之后,在黄河水土保持工作中应用系统工程的方法、应用遥感技术及电子计算机等新技术方面所形成的档案。

### (八)水资源保护档案

水资源保护档案是由原黄河水资源保护办公室形成的。自1976年立卷至1990年共有156卷。主要内容有水资源保护、水质监测、水资源保护科学研究等。

### (九)科学技术管理档案

黄河水利委员会自1979年建立科学技术管理档案,至1990年共有861卷,713份。主要内容有科学技术管理、外事活动、学会学术活动等。

### (十)房屋建筑档案

房屋建筑档案是黄河水利委员会从1951年至1990年新建、改建办公室、宿舍、医院、子弟学校、档案资料楼、黄河博物馆、礼堂、二里岗仓库等建筑从设计到竣工形成的档案。共有190卷,蓝图6856张,底图2360张。主要内容有:征用土地、批准文件及红线图、建筑许可证、建筑投资计划、平面图、规划图、各种建筑物的设计图、计算书、竣工图、质量评定表等。另外,还有1986年进行房屋普查形成的档案。

## 二、文书、会计、审计档案

### (一)文书档案

文书档案主要是由黄河水利委员会机关的行政、财务、计划、统计、劳动人事、综合经营、党群组织等管理部门以及书刊编写等部门形成的。共有档案9279卷,录音磁带23盒,影片1部及电视片7部,照片143张。主要包括:历次治黄工作会议及机关各管理部门召开会议的文件;工作计划、总结;各项管理工作的规定、办法、条例;机构设置、人员编制、干部任免、聘用、离休退休、人员录用、转正、定级、调资、人员调动、评定职称、军人复员、转业安置、奖惩、死亡抚恤等文件材料;党政工团会议记录、组织关系、财务、物资、档案交接、编写书刊报章的底稿;机关成立、合并、撤销、更改名称、启用印信、停止使用印章、各种综合统计年报、基层单位的报表以及多种经营等方面的材料。

另外,由劳动人事部门单独管理的会直机关干部、工人档案,主要是干部、工人的学历、履历、自传、政治审查、党团员资料、考核、考绩、奖惩、专业技术职务评聘、职务任免等。截至1990年共有1596人,2403册档案,其中干部1230名,档案2037册;工人366名,档案366册。

表7—19 **治黄文书分类档案数量统计表**

| 类别 | 综合类 | 人事劳动 | 计划 | 财务物资 | 党务 | 团务 | 工会 | 综合经营 | 死亡干部 | 合计 |
|---|---|---|---|---|---|---|---|---|---|---|
| 卷数 | 2098 | 1409 | 1389 | 2032 | 1273 | 328 | 614 | 27 | 109 | 9279 |

### （二）会计档案

会计档案主要是黄河水利委员会原财务处、原行政处机关会计室、基本建设办公室形成的。主要包括财务、器材帐本、凭证、决算、会计档案交接手册等。对1959年以前（含1959年）超过保管期限的会计档案均已经过鉴定销毁，至1990年共有会计档案28247卷（本）。

### （三）审计档案

黄河水利委员会的审计档案，从1986年起开始单独立卷。至1990年馆藏审计档案共99卷。主要是上级机关对黄河水利委员会审计立案的请示批复文件，审计通知书、报告、会议记录、证明材料、被审计单位对审计报告的意见；有关审计处理的请示、报告及批复、审计结论和决定等。

## 三、接收进馆档案

1986年以来，根据《黄河档案馆关于进馆档案的规定》。陆续接收了黄河水利委员会所属部分单位形成的长期和永久保存的档案，其种类数量见表7—20。

表7—20 **接收进馆档案数量统计表**

| 单位名称 | 文书档案（卷） | 会计档案（卷） | 科技档案 | | 形成时间（年） | 进馆时间（年.月） |
|---|---|---|---|---|---|---|
| | | | （卷） | （张） | | |
| 中牟黄河修防段 | 102 | 26 | 125 | | 1949～1966 | 1988.6 |
| 开封市修防处 | 84 | 13 | 105 | | 1954～1966 | 1988.8 |
| 花园口枢纽工程处 | 17 | 3 | 246 | 92 | 1958～1969 | 1989.8 |
| 新乡市修防处 | 106 | 17 | 155 | 29 | 1949～1966 | 1989.4 |
| 郑州市修防处 | 241 | 27 | 511 | 414 | 1949～1983 | 1989.11 |
| 原阳修防段 | 53 | 16 | 158 | | 1950～1966 | 1989.7 |
| 开封郊区修防段 | 99 | 16 | 134 | | 1950～1966 | 1989.9 |
| 封丘修防段 | 86 | 17 | 132 | | 1948～1966 | 1989.12 |
| 长垣修防段 | 35 | 2 | 96 | | 1949～1966 | 1989. |

续表 7—20

| 单位名称 | 文书档案（卷） | 会计档案（卷） | 科技档案 | | 形成时间（年） | 进馆时间（年.月） |
| --- | --- | --- | --- | --- | --- | --- |
| | | | （卷） | （张） | | |
| 濮阳修防段 | 39 | 13 | 151 | | 1950～1966 | 1989.11 |
| 开封修防处航运队 | 36 | 5 | | | 1952～1966 | 1990.10 |
| 濮阳市修防处 | 99 | 16 | 181 | | 1950～1966 | 1990.10 |
| 范县修防段 | 60 | 16 | 139 | | 1950～1966 | 1990.10 |
| 台前修防段 | 63 | 15 | 179 | | 1947～1966 | 1990.10 |
| 濮阳修防段 | 17 | 5 | 38 | | 1951～1958 | 1990.10 |
| 东平湖修防处 | 79 | | 59 | | 1952～1963 | 1990.12 |
| 合　　计 | 1216 | 207 | 2409 | 535 | | |

表中所列馆藏各修防处、段的档案内容大体相同。科学技术档案主要包括：黄河下游堤防、涵闸虹吸、引黄灌溉、防洪防凌、水情冰情、治黄科学研究方面的材料。文书档案主要包括：单位治黄工作总结、劳动人事、财务、物资、党、政、工、团的活动等。

## 四、撤销单位档案

1946年以来，治黄机构经常进行调整。对有关撤销单位的档案，根据国家规定，由黄河水利委员会接收保管。其中分两部分：

### （一）国家及部属撤销单位的档案

1.黄河规划委员会的档案

1953年成立的黄河研究组，至1954年4月改为黄河规划委员会。1956年2月4日，黄河规划委员会又改为黄河流域规划委员会。1958年底撤销，所交档案中除科技档案数量内容在规划档案中已作记述之外，还有文书档案10卷、会计档案3卷。

2.水利电力部北京勘测设计院的档案

根据水利电力部的指示，黄河水利委员会于1970年1月从三门峡工程局接收水利电力部北京勘测设计院交来的黄河北干流规划及地质档案728

卷3080张;测绘档案420卷、5078张。共计1148卷、8158张(另有底图1424张)。

1984年3月2日,黄河水利委员会交给水利电力部天津勘测设计院黄河北干流清水河至禹门口段规划、地质档案101卷、670张,地质透明底图471张,测绘档案122卷、1012张,底图780张。1984年5月,经黄河水利委员会批准,销毁了黄河北干流无保存价值的档案材料43卷、32张。除去以上所交出和销毁的以外,还有黄河北干流规划、地质档案773卷、5399张,测绘档案646卷、8377张,共计1419卷、13776张。

3. 黄河中游水土保持委员会的档案

黄河中游水土保持委员会于1964年8月在西安正式成立。1969年9月20日撤销。黄河水利委员会接收黄河中游水土保持委员会技术档案76卷,技术资料936件。

## (二)黄河水利委员会所属撤销单位的档案

表7—21 **黄河水利委员会所属撤销单位档案数量表**

| 序号 | 单位名称 | 建立时间(年.月) | 撤销时间(年.月) | 文书档案 | | 技术档案 | |
|---|---|---|---|---|---|---|---|
| | | | | 卷 | 张 | 卷 | 张 |
| 1 | 平原黄河河务局 | 1949.8 | 1952.12 | 96 | | 96 | |
| 2 | 引黄灌溉济卫工程处 | 1950.1 | 1953 | 38 | | 86 | |
| 3 | 西北黄河工程局 | 1950.2 | 1961.7 | 817 | | 266 | 663 |
| 4 | 测验处 | 1950.6 | 1956 | 89 | 5552 | | |
| 5 | 宁绥灌溉工程筹备处 | 1951.4 | 1952.8 | 22 | | 19 | |
| 6 | 石头庄溢洪堰工程处 | 1951 | 1951.8 | | | 34 | |
| 7 | 潼关水文总站 | 1956.6 | 1959.1 | 45 | | | |
| 8 | 黄河潼孟段勘测工作办事处 | 1954.6 | 1955.12 | 14 | | 4 | |
| 9 | 花园口河床演变测验队 | 1957.7 | 1969.12 | | | 2923 | |
| 10 | 位山库区水文实验总站 | 1959.4 | 1963. | | | 2441 | 89986 |
| 11 | 巴家嘴拦泥试验坝工程处 | 1965.1 | 1966.12 | 13 | | 9 | |
| 12 | 金堤河治理工程局 | 1963.6 | 1964.3 | 50 | | | |

续表 7—21

| 序号 | 单位名称 | 建立时间（年.月） | 撤销时间（年.月） | 文书档案 | | 技术档案 | |
|---|---|---|---|---|---|---|---|
| | | | | 卷 | 张 | 卷 | 张 |
| 13 | 干部学校 | 1956.10 | 1962 | 28 | | | |
| 14 | 钢铁厂筹备处 | 1958 | 1962 | 20 捆 | | | |
| 15 | 黄河造船厂 | 1958.8 | 1958.10 | 10 | | | |
| 合计 | | | | 1242 | 5552 | 5878 | 90649 |

## 第三节 资 料

从 20 世纪 50 年代以来，黄河水利委员会档案部门收集和整编了大量的治黄资料，内容丰富，种类多样，有黄河干流规划资料、下游治理资料、黄河干支流枢纽工程资料、南水北调资料、全国大中型水电站资料、全国各省（自治区、直辖市）地方资料、全国各大水系资料、水利水电科学技术参考资料、外文资料、专业会议资料、古迹资料等。到 1990 年底共有各种科学技术资料 58195 份，62882 本，120930 张；历史资料 14456 本，104 张。历史资料大都是治河著述，有治河论著、黄河志书、治河工程专著、黄河水利专刊、沿河地方志书、地理、地图、河道图、历史以及各种工具书等。当代科学技术资料分类详见表 7—22。

表 7—22 **当代资料分类统计表**

| 类别 | 数量 | |
|---|---|---|
| | 本 | 张 |
| 黄河干流及主要一级支流水利工程及南水北调 | 16738 | 58724 |
| 非黄河流域大型水利工程 | 3386 | 23150 |
| 各省（自治区、直辖市）水利 | 6778 | 16550 |
| 全国各水系 | 669 | 1232 |
| 水利会议文件 | 10561 | 653 |
| 下游治理工程 | 267 | 252 |
| 外文资料 | 388 | 1755 |

续表 7—22

| 类别 | 数量 | |
| --- | --- | --- |
| | 本 | 张 |
| 水土保持 | 1605 | 44 |
| 水资源和水利经济 | 342 | |
| 水力学 | 427 | |
| 水文和气象 | 1833 | 160 |
| 地质 | 2809 | 617 |
| 泥沙和河床动力学 | 581 | 200 |
| 交通航运 | 1636 | 801 |
| 结构、结构力学 | 594 | |
| 建筑材料及试验 | 1049 | 236 |
| 试验、研究 | 1302 | |
| 水力机械 | 220 | 1514 |
| 电技术 | 865 | 2250 |
| 水力发电站 | 486 | 2563 |
| 金属结构 | 268 | 2220 |
| 水利枢纽、水工建筑物 | 1979 | 2410 |
| 防洪除涝、河道整治 | 119 | 358 |
| 定额、预算 | 240 | 560 |
| 运行管理 | 288 | 365 |
| 农田水利 | 917 | 896 |
| 电子、自动化、计算机技术 | 131 | |
| 施工 | 1209 | 2580 |
| 土力学、地基、基础 | 2058 | |
| 产品目录及样本 | 260 | |
| 建筑工程、市政、卫生工程 | 882 | 578 |
| 环境科学 | 206 | |
| 其他 | 1789 | 262 |
| 合计 | 62882 | 120930 |

# 第四章 服 务

为黄河的治理与开发服务，为社会主义建设各项事业服务，是治河档案管理工作的根本目的。

档案管理工作人员的直接服务对象主要是来自治河各部门的借阅者。管理人员对借阅者除了热情接待、耐心服务外，更重要的是主动地向借阅者提供所需要查阅的有关馆藏档案和资料，为此，黄河档案馆相应地开展有多种服务方式，并结合档案、资料的保管、保密，制定了一套较为完备的借阅制度和检索设备。

从50年代起，黄河档案管理工作人员就开始对馆藏档案、资料进行系统地分析研究，并编成各项专题汇编，借阅人可以系统地一次查阅到分散在各个卷宗中的资料。

由于档案部门提供档案、资料，使治河业务部门和社会上有关部门受到一定的经济效益和社会效益。如1983年9月15日中央人民广播电台和《人民日报》播发和刊载的一则消息：1981年前后山西、陕西省为整治三门峡水库，利用了黄河档案部门提供的“三门峡库区1/万地形图”，仅测绘费一项就节约了314万元。

## 第一节 借 阅

黄河档案馆的工作人员，除对借阅人主动、热情、耐心服务外，一方面设置意见簿，来检验改进借阅工作；另一方面，进行档案、资料借阅的流通统计和分析。通过借阅的人次、本(张)、服务对象、档案、资料的详细统计和对统计数据进行定量、定性分析，从中了解档案、资料的利用规律，用来指导有关档案、资料的征集、整编等工作，以合理更新、充实和组织馆藏，提高档案、资料的利用效益。

据不完全统计从1965～1990年共接待档案、资料借阅者30万人次，提供档案、资料101818卷(册)，480096张，复印档案、资料950卷(册)，113241张。

为满足多方面查阅档案、资料的需要，黄河档案馆相应地开展有多种服务形式：

1.咨询服务：解答提问，介绍馆藏档案、资料的内容、分类以及检索工具的使用方法，并根据其需要，辅导和帮助检索。

2.查询阅览：为借阅人在馆内查找所借阅的档案、资料。

3.提供需要：供应借阅者需要购买的库存资料和复印件。

4.电话调阅及信函解答：如借阅人受地域、时间等条件限制不能来馆查阅者可以通过电话、信函等进行档案调阅或委托档案馆代查函复。

5.预约借阅：借阅者可事先向档案馆预约在一定时间内来馆查阅档案、资料，档案馆则如时保证提供。

6.现场服务：档案馆的工作人员主动了解治黄中心工作及重点课题所需要的档案、资料，送上门去，现场服务。

黄河档案、资料的借阅，结合保密工作，制定了一套借阅制度，其要点为：

1.治黄职工凡来馆借阅档案、资料者，须持本部门介绍信，办理借阅卡，凭卡借阅。

外单位人员来馆查阅档案、资料者，须持正式介绍信，并写明查阅档案资料的内容、用途，经办公室或档案馆领导批准，方可查阅。

2.借出档案只提供复制件。必须使用原件者，须持单位证明方得借出。使用期间不得转借，并按期归还。

3.职工摘抄一般资料，须进行登记；外单位摘抄资料须经会办公室或档案馆批准。摘抄机密或测绘档案、资料，除经领导批准外，必须使用保密本或专用纸。

4.复印一般资料，须经管理人员同意。

5.各部门需要晒印蓝图时，须经本部门领导同意。需要拍照档案、资料时，须经会办公室或档案馆领导批准。

6.对所借档案、资料要珍惜爱护，不得涂改、损坏。如有丢失损坏，要追究责任。

7.对机密档案、资料须严守机密，如有失密者除及时向黄河档案馆说明情况外，并要依章追究，严肃处理。

借阅或索取1/5000以上图纸，三角、水准成果等测绘档案资料时，除进行数量登记之外，还应将比例尺、图幅号、打印号填写清楚，便于检查核对。

8.为提高档案资料的利用率，规定借期不超过3个月，借阅者必须按期归还。确因工作需要暂时不能归还者，应及时办理续借手续。逾期不还，又没办续借手续者，按规定罚款。

9.职工调离，必须先到档案部门清还所借档案、资料，然后由档案部门签字确认已还清所借档案资料后，方可办理调离手续。

10.如各部门因工作急需借阅档案、资料，不论上、下班或节假日，档案管理人员随叫随到，及时提供。

## 第二节 检 索

检索工具是揭示档案内容，提供档案存放线索，便于查找档案。1960年以前，治黄档案的检索工具仅有一本案卷目录。随着治黄档案资料的数量增多，检索工具不断地充实和完善，初步形成了一套较完整的治黄档案、资料检索体系。检索体系包括手工检索和电子计算机检索两种方式，其中手工检索又可按载体形式分为书本式、卡片式和索引图式三种类型。

### 一、手工检索

#### （一）书本式

书本式检索就是使用档案目录检索。它主要用于文书档案检索。档案目录的排列是以档案的入藏时间先后顺序排列的。使用该种检索工具可以直接按类别查找所需要的档案。文书档案目录系统中包括案卷目录、案卷文件目录、文号对照表三种。其中案卷文件目录提供了按问题（主题）检索档案资料的渠道，文号对照表提供了按文号检索的渠道。

#### （二）卡片式

卡片式检索以一张卡片为一个编制单位，一张卡片上著录一卷档案的题名，又是查阅档案的检索单位。这种检索工具用于治黄规划、工程设计档案检索中，是在60年代初期投入使用的。起初，这种检索工具只有科学技术档案分类卡、专业卡两种；后来，又相继编制补充了单位卡、作者卡及文号卡。这种检索工具已成为治黄科学技术档案检索中使用最多的检索工具，它可以为利用者提供多种检索途径。这种不同途径交叉的卡片式检索，可提高查全率、查准率及检索效率。文书档案的文号卡片式检索工具是1986年投入使用的。卡片只收录黄河水利委员会以外包括中国共产党中央委员会、国务院、水利电力部及河南省有关厅、局1984年以后的文件材料，是查找外单位文件的一种工具。

### （三）索引图式

索引图式档案检索，是在60年代初整理测绘档案时编制的。其形式类似书本式检索。它包括各种比例尺的国测图索引、外流域地形图索引及黄河水利委员会系统所测绘的地形图索引等。外流域索引图是按地区编制分类，黄河测绘档案资料的索引图是按河流、工程、测区编制分类。索引图中图幅按顺序连续编号。索引图除查找所需图幅及拼接图应用外，还显示出测图范围、图幅多少、水系和主要村镇、库坝址名称等。该检索工具可用于查阅馆藏科学技术档案中的国家1/5万、1/10万等基本图幅地形图、工程测量地形图、历年航空摄影等测绘档案、资料。利用者可以按国测图统一国际分幅图号在索引图上进行查找，也可按工程测区或河流、地区在索引图上进行查找。

## 二、电子计算机检索

黄河档案馆所藏的档案门类繁多，长期以来，一直使用手工检索方式，查阅档案常常需大量的时间和精力。1986年河南黄河河务局开始使用电子计算机检索技术档案，同年12月，黄河档案馆也购进了一台长城0520C—H微型计算机。次年，又引进了河南黄河河务局电算科研制的档案管理系统软件。该软件具有档案的输入、调阅、借阅、管理、统计、分类等10多个功能。

从1987年7月起，开始着手建立馆藏档案数据库，建库工作分两步：第一步，档案、资料的前期处理——著录标引；第二步，上机输入处理完毕的档案、资料的二次文献。经过三年多的工作，已录入2500余条二次文献。

电子计算机系统可提供主题词、题名、责任者、文件编号等10余种检索功能，检索时可以采用其中任意渠道检索。如：要查“黄工字（88）第23号文”，可通过文件编号项字段，键入“黄工字（88）第23号”，只需几十秒钟便可查到，查准率100%；又如要查1985年工程管理方面的所有文献，可通过主题检索渠道，键入主题词“工程管理”、“1985年”，计算机便将命中的文献，显示于屏幕并可随时打印，十分简便。1986年12月一位读者要查阅渠村闸爆破试验报告，他在卡片柜中翻了几个小时也没查到。后来，工作人员用电子计算机帮他查找，键入主题词“渠村”、“爆破”后，仅30秒钟便显示出满足条件的记录3条，其中两条为读者所需，充分显示了电子计算机检索的方便、快速、可靠性能。

## 第三节　编　研

黄河水利委员会自50年代开始对档案、资料进行系统地分析研究，并编辑成实用成果。开展的编研工作分为四个方面。

### 一、专题目录汇编

50年代初，为了满足编制第一次黄河流域规划的需要，黄河资料研究组于1953年汇编了《黄河资料目录》。不仅包括黄河水利委员会的档案、资料目录，还包括有中国科学院、地质部、农业部、林业部、水利部、燃料工业部、水土利用局等部门的有关治黄档案、资料目录，共14大类600多条。

黄河水利委员会档案室于1957年和1958年还汇编了水土保持、防洪、统计、决算及黄河口等5个专题档案资料目录。

80年代初黄河水利委员会档案科汇编了《国家领导人有关治黄工作的指示、讲话及重要治黄档案文件目录》，包括190多份文件。与此同时还汇编了《黄河流域枢纽工程闸门底图专题目录》，包括人民胜利渠、三盛公、天桥、渠村等十几个工程的1718张闸门的底图。

1987年，黄河档案馆汇编了《民国期间治黄档案、资料联合目录》。联合目录统一按治黄专业编排为8个分册，其中反映本馆馆藏的7册，覆盖3800多卷（本）民国期间的治黄档案、资料；反映外馆馆藏的一册，收录了上海、南京图书馆、辽宁档案馆馆藏的民国期间有关治黄图书及档案、资料目录。此外，还为第二历史档案馆馆藏民国期间治黄档案文件的目录卡设立了专柜。

1989年根据水利部关于总结三门峡水利枢纽运用经验的指示精神，黄河水利科学研究所与黄河档案馆共同承担了建立“黄河三门峡工程文献题录库”的任务。黄河档案馆对馆藏三门峡工程的档案、资料进行了全面清理，共著录卡片1280张，并已输入微机。

## 二、档案材料汇编及编制参考资料

1981年3月，黄河水利委员会档案科将征集来的23000件清代治黄档案复制件按治黄工作进行分类整理汇编，到1983年底共汇编成626册，并编写出如下几种参考资料：1.《清代黄河下游修防工程摘要》，共3万字；2.《清代黄河堤防决口堵筑工程概况表》，显示清代723处决口的时间、地点、原因、口门宽度、堵合时间及主持官员等；3.《清代黄河历史档案、资料部分名词、术语涵义简释》，注释清代档案中的专用术语、河官职称及黄河特有的河上用语等。该汇编1985年获黄河水利委员会重大科学技术成果四等奖。

1984年，黄河水利委员会档案科还编写了《黄河水准测量高程系统的考证》，用可靠的数据澄清了黄河水准高程测量工作中的重要遗留问题，纠正了在黄河水准测量工作中大沽高程系统上存在的错误，摸清了1933年至1937年间黄河水利委员会在济南泺口至寿张之间没有联测过精密水准线的问题。

黄河档案馆从1989年开始对馆藏的192件治黄石刻拓片进行整理注释汇编，到1990年底已整理注释100多件，汇编出两册征求意见稿。

## 三、基础数字汇集

1978年底至1982年初，黄河水利委员会档案科组织编制了《人民治黄财务档案汇编》。汇编中的总表简明扼要地反映解放战争时期、经济恢复时期、三年调整时期及国家“一五”至“五五”期间几个阶段治黄的投资总额和全河财务决算支出。单位明细表，反映了黄河水利委员会所属单位1946～1980年治黄财务实际支出总额。《汇编》以下游修防、勘测设计、治黄科学研究、水土保持、水文工作等为主要项目，从基础资料开始，层层汇编，环环扣紧每个数据，最后汇总成为治黄财务投资一个指标。附表一按治黄事业工程项目反映各项成果；附表二按组织机构、地区划分，反映34年来的治黄经济指标。《汇编》科目齐全，数据准确，已为编写《黄河治理统计资料汇编》和《河南黄河志》引用，并为黄河水利委员会所属各单位和社会有关部门广泛查阅应用。该财务档案汇编于1986年获得了黄河水利委员会治黄科学研究、科学技术进步成果三等奖。

同时，会档案科还汇编了《清代黄河岁修、抢险、另案工程部分年度用银统计表》、《清代重大决口堵筑用银及金门宽、深统计表》。前者按年份、工程分别统计用银数;后者选出清代20次重大决口按年份统计决口地点、时间、口门宽、口门水深、堵合时间及大工用银(两)。

### 四、组织机构沿革

黄河档案馆于1985年开始编写黄河水利委员会1980～1990年机关直属各部门设置增减变化情况及科级以上人员任免情况。同时还编写了黄河水利委员会所属河南、山东黄河河务局及中游治理局、三门峡水利枢纽管理局等20余个单位的机构设置、增减变化情况及一级领导人的任免情况。

## 第四节　效　益

黄河水利委员会档案部门40多年来提供大量的治黄档案资料,为黄河的治理与开发服务和为社会服务,均取得了显著的经济效益和社会效益。现将部分利用效益事例,举例如下。

### 一、为治黄工作服务

#### (一)为治黄决策提供依据

中华人民共和国成立后,中央人民政府即着手研究黄河治理问题。为了根治黄河水害、开发黄河水利,从1954年至1984年先后编制过五次黄河规划。黄河水利委员会档案部门及时提供了黄河水文、水土保持、测绘、地质等档案资料,以满足编制黄河历次规划及三门峡水利枢纽工程设计、施工的需要。

三门峡水库从1960年9月开始蓄水拦沙运用以后,根据实测库区水文档案资料计算,泥沙淤积严重,经国务院批准改变三门峡水库的运用方式,大坝进行改建。馆藏的水文档案、资料为三门峡水库的运用方式改变及三门峡工程1964年、1969年的两次改建提供了依据。

1975年淮河发生特大洪水后,黄河水利委员会在制定黄河下游防洪战略方案时,档案科提供清代1662年、1761年、1843年等几次黄河大洪水资料。水文部门据此推算出了各次洪水流量及水位过程线,成为制定黄河下游防洪战略决策的重要参考。这项资料对推求黄河水利水电工程的设计洪水标准和黄河下游堤防加高、加固工程设计标准等都有重要价值。

1986～1987年，黄河水利委员会勘测规划设计院小浪底工程项目组，先后在黄河档案馆查阅了有关小浪底的多项档案、资料，写出了黄河小浪底水利枢纽初步设计报告工程地质勘察部分及黄河小浪底水利枢纽初步设计报告第一卷至第五卷，为小浪底工程的可行性论证提供了依据。

### （二）为治黄科学研究提供条件

1985年，黄河水利委员会水利科学研究所泥沙研究室，在研究“废黄河尾闾演变及其规律问题”、“废黄河海口治理概况及经验总结”、“黄河浚淤历史经验总结”、“论海口对下游河道的影响与治理问题”等课题中，黄河档案馆多次提供了明、清治黄档案中有关海口演变、整治方略和工程实施情况等，并选印了乾隆二年（1737年）至光绪二十四年（1898年）间有关海口问题的历史档案共135件。为课题的研究提供了重要史料。

1986年，黄河档案馆向黄河水利委员会防汛自动化测报计算中心水土保持遥感项目提供了黄河流域上、中、下游干支流1917～1985年的水文泥沙档案、资料，其中大量的原始数据被广泛用于下列课题：1. 利用遥感技术调查黄河流域水土流失及编制黄河流域土壤侵蚀图（80万平方公里）；2. 黄河河口三角洲淤进蚀退；3. 黄河河口土地利用图；4. 黄土高原重力侵蚀研究。

1987年3月，黄河水利委员会勘测规划设计院规划设计处水文室承担了“从分析历年水文资料掌握水温变化情况，进行下游防凌可行性研究”等课题。黄河档案馆先后提供了花园口、三门峡、夹河滩等11个水文站历年水文原始档案411册，档案中记载的大量原始数据，对精确分析各站历年水温变化规律，进行下游防凌可行性研究和完善下游防凌体系都起到了重要作用。

1987年7月，河海大学7位师生研究制定黄河水资源最优分配方案及水资源最优调度。黄河档案馆为他们提供了有关黄河的水资源、水库调度、水资源系统模拟系数等资料及龙羊峡水利枢纽资料共41本，为他们的科学研究攻关项目顺利进行提供了条件。

### （三）为编写黄河史志提供素材

从80年代初开始编写黄河史志，头两年黄河志总编辑室几乎全体工作人员终日都在黄河档案馆查阅档案、资料，以后每天仍有部分人员来馆搜集资料，并有两位编辑搬进档案馆来办公长达4～5年之久。黄河水利委员会所属系统各部门的编志人员来馆查阅档案、资料者络绎不绝。直到 1990 年底他们在黄河档案馆为编写黄河志查阅、辑录了大量史料。与此同时,黄河档案馆还接待了沿黄各省(区)、地(市)、县各有关单位的编志人员,为他们提供、复印了大量的治黄档案、史料。

## 二、为社会服务

黄河档案馆除为黄河服务外,还为社会上各单位提供了很多档案、资料。仅 1976 年至 1990 年就接待了 1017 人次,为他们提供档案材料 1592 本 19276 张,取得了显著的社会效益和经济效益。

### (一)文书档案的利用效益

原黄河水利委员会机械厂 1959 年为申请供电,曾向东风变电站投资 10 万元,但未存凭证。该厂改为郑州电力机械厂后,于 1986 年申请长板供电时,郑州供电局又要求厂方投资 30 万元。黄河档案馆从原黄河水利委员会钢厂筹备处会计档案中查到了付款原始凭证,使电力机械厂节省了 30 万元的二次投资。黄河档案馆于 1990 年 3 月为河南省电业局编志办公室提供了清光绪十四年(1888 年)为修复郑州黄河大堤,清政府购置发电设备,用于复堤工程的夜间照明的文字记载,为记述河南使用电灯照明之始提供了依据。

### (二)科技档案的利用效益

1959 年为铁道部工程建设提供了 17 万多平方公里的航测图片,为国家节约了建设投资。

1981 年前后,陕西、山西省水利部门整治三门峡库区工程,黄河水利委员会档案科先后为之提供了 459 幅 1/万地形图,若重测需投资 314 万元。为此,1983 年 9 月 15 日中央人民广播电台和人民日报播发了《要重视工程档案资料工作》的述评,并引述以上事例做了高度评价。

1986 年 5 月黄河档案馆为内蒙古伊克昭盟杭锦旗人民政府民政局复制了 50 年代黄河宁(夏)托(克托)段 1/万地形图 28 张,使该局处理积压多年的地界划分纠纷案有了可靠的依据,从而妥善地解决了纠纷。

1987 年 3 月,陕西省测绘局第四大队,承担了国家测绘局全国三角、水准统一平差等项测绘任务,急需部分测绘资料。黄河档案馆及时为之提供了 1977 年府谷无定河区三角点加密、航测外业技术总结和任务书以及有关加密选埋检查验收、三角点位置说明等档案、资料复制件共57本9478张。为其顺利开展工作提供了条件。

中国人民解放军总参谋部57653部队承担了测绘信息技术总站的建设与天文大地网统一平差任务。1987年5月，他们以半个多月的时间在黄河档案馆查阅历年的天文、基线、三角测绘档案、资料及1977年府谷无定河区水准成果、小浪底坝址三角、水准成果表、天顶距等64本，复印1032张，为其开展工作提供了依据。

1987年8月，陕西省测绘资料馆受国家测绘局委托，进行天文、大地资料整编及编辑出版全国一、二等三角、水准成果。该馆在黄河档案馆查阅了黄土高原地区三角、水准成果，并复制三角、水准测量标志委托保管书及占地证明，共计173册6599张。据该馆反映，这些档案、资料利用到埋石标志工作中，可大幅度减少工作量和经费开支。

1987年，水利电力部天津勘测设计院承担了南水北调（东线）二期工程可行性研究及引黄入白洋淀工程规划设计勘测工作。黄河档案馆向他们提供了1966年位山东平湖1/万、1/2.5万地形图及1968年航测三门峡温县区1/万地形图，共计34幅112张。这些资料为该院南水北调工程项目提供了科学依据，并缩短了他们的工作时间。

1990年，山西省运城地区水利勘探队，在进行运城地区引水工程的前期测量工作时，黄河档案馆为他们提供了三门峡库区1/万地形图及北干流1/万地形图等，共计11幅。使其节约测量费20万元。

责任编辑　张素秋
责任校对　刘　迎
封面设计　孙宪勇
版式设计　胡颖珺

# 黄河志

（共十一卷）

黄河大事记

黄河流域综述

黄河水文志

黄河勘测志

黄河科学研究志

黄河规划志

黄河防洪志

黄河水土保持志

黄河水利水电工程志

**黄河河政志**

黄河人文志

河南人民出版社

ISBN 978-7-215-10562-1

9 787215 105621 >

本卷定价：230.00元